高等院校“十一五”规划教材

基础化学

杨立静　主　编
曹东杰　郑艳芬　张春梅　副主编

中国石化出版社

内 容 提 要

本书将无机化学、有机化学整合在一起。全书分为无机化学和有机化学两部分。无机化学内容部分包括物质结构、化学反应原理、胶体和溶液化学平衡的知识，并将重点放在四大平衡中。有机化学内容部分在编写中大幅度降低了基础理论知识的难度，删除了“反应历程”、“反应机理”、“对映异构”等内容，增加了“重要的物质”这部分内容，尤其是与环境、食品等有关的有机化合物的介绍，突出了实用性。

本教材紧扣化学基础知识、基本理论和基本技能，在内容深度和广度上注意与后续专业课的衔接。本书适用于高职院校化工、农林、医药卫生等专业，也可作为专科层次其他相关专业的教材和参考书。

图书在版编目（CIP）数据

基础化学/杨立静主编．—北京：中国石化出版社，2010.7（2015.1重印）
高等院校“十一五”规划教材
ISBN 978-7-5114-0456-5

Ⅰ．①基… Ⅱ．①杨… Ⅲ．①化学-高等学校：技术学校-教材 Ⅳ．①06

中国版本图书馆CIP数据核字（2010）第118869号

中国石化出版社出版发行

地址:北京市东城区安定门外大街58号
邮编:100011　电话:(010)84271850
读者服务部电话:(010)84289974
http://www.sinopec-press.com
E-mail:press@sinopec.com
北京科信印刷有限公司印刷
全国各地新华书店经销

*

787×1092毫米 16开本 19.75印张 488千字
2015年1月第1版第4次印刷
定价:40.00元

《基础化学》编委会名单

主　编　杨立静

副主编　曹东杰　郑艳芬　张春梅

编　者（以姓氏笔画为序）

全玉莲（中国环境管理干部学院）

石碧清（中国环境管理干部学院）

马建华（承德石油高等专科学校）

刘　军（中国环境管理干部学院）

郑艳芬（中国环境管理干部学院）

张春梅（华北煤炭学院秦皇岛分院）

陈凯立（中国环境管理干部学院）

杨立静（中国环境管理干部学院）

赵　育（中国环境管理干部学院）

翁爱国（河北省卢龙县第一中学）

曹东杰（中国环境管理干部学院）

前　言

本教材根据环境专业教育教学计划和教学大纲的要求，以实用和够用为基本原则，注重反映相关学科发展前沿动态，可供环境监测、环境工程、环境管理、环境监察、生态环境保护及食品类等有关专业学生使用。

基础化学是环境、生态、食品类等相关专业的重要专业基础学科。本教材在编写过程中，始终贯彻国家教育部关于"全面推进素质教育，深化职业教育教学改革的意见"的精神，围绕职业教育培养目标，树立以全面素质为基础，以能力为本位的指导思想，注重教学内容的提炼，编写模式的创新，强化知识的实践运用和专业能力的训练。

本教材紧扣化学基础知识、基本理论和基本技能，在内容深度和广度上注意与后续专业课的衔接。全书分为无机化学和有机化学两部分，其中无机化学部分有8章内容，有机化学部分有13章内容。

无机化学内容部分在编排上打破了传统的模式，把原子结构、分子结构和晶体结构等内容列入第一章物质结构内容中，第二、三章介绍化学反应原理(化学动力学基础、化学热力学基础)，第四、五、六、七、八章介绍胶体和溶液化学平衡的知识，并将重点放在四大平衡中。

有机化学内容部分在编写中大幅度降低了基础理论知识的难度，删除了"反应历程"、"反应机理"、"对映异构"等内容，增加了"重要的物质"这部分内容，尤其是与环境、食品等有关的有机化合物的介绍，突出了实用性。

另外，为了拓宽学生的知识面，该书还增加了"知识链接"这部分内容。突出化学知识在生态环境和能源问题等方面的应用，作为教材正文的补充，起到了提高学生学习趣味性，扩大知识面的作用。

本教材无机化学部分第一章由曹东杰、石碧清编写，第二章由郑艳芬、全玉莲编写，第三、八章由郑艳芬编写，第四、六章由曹东杰编写，第五章由郑艳芬、石碧清编写，第七章由曹东杰、全玉莲编写。有机化学部分第一、五、六、七章由杨立静编写，第三、四章由马建华、杨立静编写，第二章由杨立静、陈凯立编写，第八章由刘军、张春梅编写，第九、十、十一章由张春梅编写，第十二、十三章由张春梅、赵育编写。本教材有机化学部分特聘请河北师范大学化学系王兰芝教授主审。

在编写过程中，参考了部分高等院校的有关教材，并得到了本书各编者所在单位领导的关心和支持，在此一并表示衷心的感谢。

由于编者水平和编写时间所限，错误和缺点在所难免，恳请各位同仁和广大读者批评指正。

编者

目　录

第一篇　无机化学

第二篇 有机化学

第一篇　无机化学

第一章　物质结构基础

当今环境污染日益严重，造成环境污染的因素很多，而由化学物质引起的污染占80%～90%。这些污染物种类繁多，表现出不同的宏观性质，其根本原因在于物质微观结构的差异。结构化学是在原子、分子水平上，深入到电子层次，研究物质的微观结构及其与宏观性质之间关系的科学。学习原子结构、化学键和晶体结构的基本理论和知识，对于掌握物质的性质及其变化规律，分析污染物质在环境中的迁移、转化规律，进而提出相应的治理措施，具有重要的意义。

第一节　原子结构

一、微观粒子的运动特征

人们对微观粒子的运动规律的认识，经历了一个长期、艰苦的探索与发展过程。19 世纪初，道尔顿提出了原子学说，认为元素的最基本组成是原子，奠定了现代化学的基础。1897 年，汤姆逊发现了电子，打开了认识原子内部结构的大门。1911 年，英国物理学家卢瑟福提出了原子的有核模型：每个原子中心都有一个带正电荷的原子核，集中了几乎全部的原子质量，核外有若干个带负电荷的电子绕核运动。20 世纪初，人工核裂变实验发现原子核是由质子和中子组成。质子带正电荷，电量与一个电子带的负电荷量相等，中子不带电。随后，玻尔引入量子化条件，在卢瑟福原子结构模型的基础上提出了玻尔原子模型。指出原子中电子运动的轨道是分层次的，是以核为圆心的不同半径的同心圆。在不同轨道上运动的电子能量是不连续的，即能量量子化。由此解释原子发射光谱是分立的线状光谱而不是连续光谱，原子能够稳定存在等客观事实。但是玻尔原子结构模型也存在很大的局限性，它基本上仍沿用了牛顿经典力学为基础的理论框架，只是人为地加上量子化条件，以此来描述原子中电子的运动规律，没有真正涉及微观粒子的运动本质。20 世纪 20 年代以后，以微观粒子的波粒二象性为基础发展起来的现代量子力学，正确地描述了电子、原子、分子等微观粒子的运动规律，奠定了现代物质结构理论的基础。

1. 微观粒子的量子化特征

微观粒子运动遵循量子力学规律，与经典力学运动规律不同的重要特征是“量子化”。“量子化”是指微观粒子的运动及运动过程中能量的变化是不连续的，而是以某一最小量为单位呈现跳跃式的变化。

“量子化”这一重要概念是普朗克于 1900 年首先提出的。他根据黑体辐射实验的结果，提出能量的传递与变化是不连续的，是量子化的。这一革命性的科学假说后来发展为量子论。普朗克把能量的最小单位称为能量子，简称量子，以光或辐射形式传递的能量子具有的能量与辐射的频率成正比：

$$\varepsilon = h\nu$$

式中，$h = 6.626 \times 10^{-34}\,\mathrm{J \cdot s}$，称为普朗克常数。

2. 波粒二象性

1905 年，爱因斯坦的光子学说成功地解释了光电效应，使光的微粒性为人们所接受。光在传播时的干涉、衍射等现象，表现出光的波动性。受光的波粒二象性的启发，1924 年德布罗依提出了分子、原子、电子等微观粒子也具有波粒二象性的假说。对于质量为 m、以速度 v 运动着的微观粒子，不仅具有动量 $p = mv$（粒子性特征），也具有相应的波长 λ（波动性特征）。两者之间的相互关系符合下列关系式：

$$\lambda = \frac{h}{p} = \frac{h}{mv}$$

这就是著名的德布罗依关系式，它把物质微粒的波动性和粒子性联系在一起。式中的 λ 称为物质波的波长，或德布罗依波长。

根据德布罗依关系式，可求得电子的波长。例如，以 $1.0 \times 10^{6}\,\mathrm{m \cdot s^{-1}}$ 的速度运动的电子，其德布罗依波波长为：

$$\lambda = \frac{6.626 \times 10^{-34}\,\mathrm{J \cdot s}}{(9.1 \times 10^{-31}\,\mathrm{kg}) \times (1.0 \times 10^{6}\,\mathrm{m \cdot s^{-1}})} = 7 \times 10^{-10}\,\mathrm{m}$$

这个波长相当于分子大小的数量级。因此，当一束电子流经过晶体时，应能观察到由于电子的波动性引起的衍射现象。1927 年，美国科学家戴维逊等人用电子衍射实验证实了德布罗依的假说（图 1－1）。

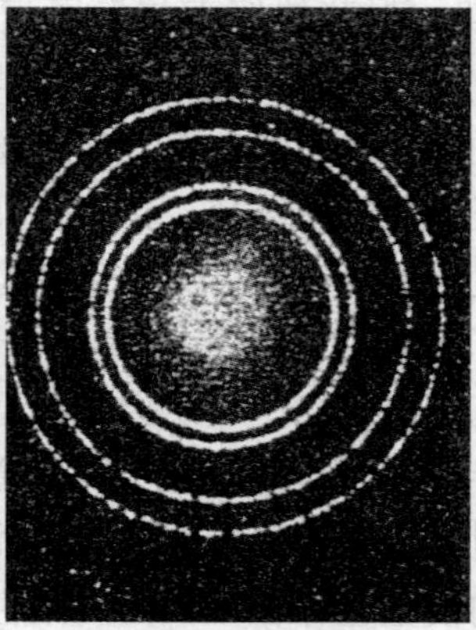

(a)电子衍射图片

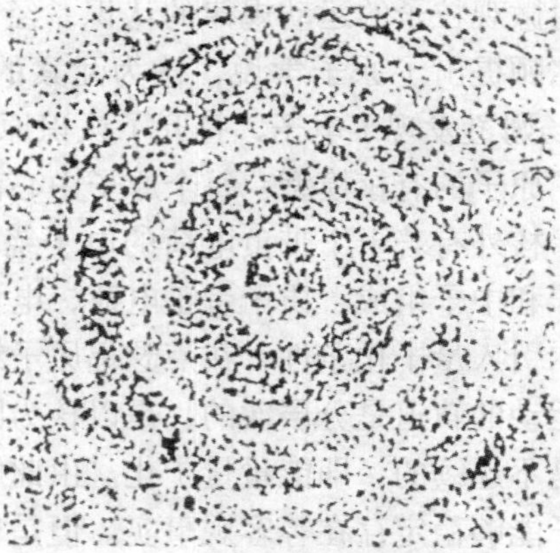

(b)电子衍射示意图

图 1－1 电子衍射示意图

二、原子结构

1. 波函数和原子轨道

由于一切微观粒子都具有波粒二象性，因而原子中的电子运动也具有波粒二象性。1926 年奥地利物理学家薛定谔从电子的波粒二象性出发，参照电磁波的波动方程，提出了描述微观粒子运动规律的波动方程，称为薛定谔方程。

薛定谔方程是一个二阶偏微分方程。解薛定谔方程，就可求出描述微观粒子（如电子）运动状态的数学函数式——波函数 $\psi(x, y, z)$ 及与此状态相应的能量 E。

波函数是空间坐标的函数，若确定了空间坐标，波函数也就有了一定的数值。绘出波函数对应的空间坐标的图形，便能形象地反映出电子在核外空间运动状态。通常把波函数 ψ

称为原子轨道。但应该注意，这里所称的原子轨道并不表示核外电子运动的固定轨道，是指核外电子运动的空间范围或区域，切忌将它和玻尔轨道的概念相混淆。

2. 四个量子数

薛定谔方程在数学上有很多解，但并不是每个解都能用来描述电子运动状态的合理波函数。为了使解得的波函数能够描述电子的空间运动状态，在求解薛定谔方程中，必须使某些常数的取值受到一定的限制，这些受限制的常数称为量子数。它们分别是主量子数 n、角量子数 l 和磁量子数 m，其取值是相互制约的。电子除绕核运动外，本身还具有自旋运动，因此，运用量子力学原理描述电子运动时，还必须引入一个描述电子自旋运动的量子数 m_s。下面介绍这四个量子数的取值和物理意义。

（1）主量子数(n)　表征原子轨道离核的远近，即通常所指的核外电子层的层数。n 是决定原子轨道能级高低的主要因素，故称主量子数。n 值越大，电子层数越多，电子离核越远，能量越高；n 值越小，电子层数越少，电子离核越近，能量越低。

主量子数 n 可取值1，2，3……为自然数，共 n 个取值，分别称为第一电子层、第二电子层、第三电子层……主量子数可分别用相应的光谱符号来标记：

主量子数(n)　1　2　3　4　5　6　7　…

光谱学符号　K　L　M　N　O　P　Q　…

（2）角量子数(l)　表征原子轨道角动量的大小。l 值与原子轨道的空间形状有关，l 值不同，轨道形状、电子云形状也不同。对于多电子原子，角量子数对其能量也产生影响，但不如 n 的影响大。当 n 相同时，l 值越大，电子的能量越高。通常把 n 相同而 l 不同的波函数 ψ 称为不同的电子亚层。

l 的取值：$l=0$，1，2，3，…，$(n-1)$，共 n 个取值。每个 l 值代表一个亚层。亚层可分别用相应的光谱符号来标记：

角量子数(l)　0　1　2　3　…

光谱学符号　s　p　d　f　…

（3）磁量子数(m)　表征原子轨道角动量在外磁场方向上分量的大小。m 值与原子轨道的空间伸展方向有关，它表示在同一角量子数下，电子亚层在空间可能采取不同的伸展方向。

m 的取值：$m=0$，±1，±2，±3，…，$\pm l$ 之间的任何整数。

例如：$l=0$，$m=0$，在空间无方向性，只有一个 s 轨道；$l=1$，$m=0$、±1，在空间有三种取向，三个轨道：p_x、p_y、p_z；$l=2$，$m=0$、±1、±2，在空间有五种取向，五个轨道：d_{xy}、d_{xz}、d_{yz}、d_{x^2}、$d_{x^2-y^2}$；$l=3$，$m=0$、±1、±2、±3，在空间有七种取向，七个轨道。

在无外磁场下，n、l 相同，m 不同的原子轨道，其能量是相同的，称为简并轨道（又称为等价轨道）。

（4）自旋量子数(m_s)　表征自旋角动量在外磁场方向上分量大小，即表征了自旋运动的取向。电子自旋只有顺时针和逆时针两种取向，故 m_s 的取值：+1/2，−1/2。

综上所述，原子中任何一个电子的运动状态，都要用四个量子数来确定，四者缺一不可。n，l，m，m_s 四个量子数一定时，电子的运动状态就完全确定了。四个量子数与各电子层中可能存在的电子运动状态数，见表1-1。

3. 原子轨道的图形

核外电子运动状态，即原子轨道 ψ 可由求解薛定谔方程得到其具体的函数表达式 $\psi_{nlm}=\psi(r, \theta, \phi)$。利用数学上的变量分离法，可将波函数 $\psi(r, \theta, \phi)$ 分解为两个独立函数的乘积：

表1-1 核外电子运动可能存在的状态数

主量子数	电子层	原子轨道符号	原子轨道数	电子运动状态数
$n=1$	K	1s	1	2
$n=2$	L	2s 2p	1 3	8
$n=3$	M	3s 3p 3d	1 3 5	18
$n=4$	N	4s 4p 4d 4f	1 3 5 7	32
n			n^2	$2n^2$

$$\psi(r,\theta,\phi) = R(r) \cdot Y(\theta,\phi)$$

$R(r)$只随电子离核距离r变化，与θ、ϕ无关，即与轨道的空间取向无关，称为波函数的径向部分；$Y(\theta,\ \phi)$只是θ、ϕ的函数，与r无关，即决定于轨道的空间取向，与离核距离无关，称为波函数的角度部分。

将波函数ψ的角度部分$Y(\theta,\ \phi)$随角度(θ、ϕ)变化作图，所得图像称为原子轨道角度分布图。

图1-2是常见s、p、d原子轨道的角度分布图。这些角度分布图实际上应为空间立体图，但通常采用其平面投影图来表示。

原子轨道的径向分布图，通常并不以$R(r)$对r作图，而是采用$D(r)=r^2R^2(r)$对r作图。$D(r)$称为原子轨道的径向分布函数，它表示在离核半径为r的球壳薄层中，电子出现总概率随半径r的分布变化规律。图1-3是氢原子的各种状态的径向分布图。

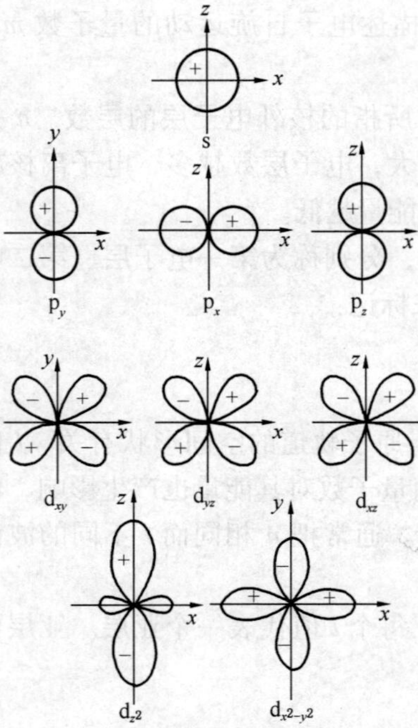

图1-2 s、p、d原子轨道的角度分布图的平面示意图

4. 电子云和概率密度

波函数ψ本身没有直观、明确的物理意义。但$\psi^2(r,\ \theta,\ \phi)$有明确的物理意义，它表示核外电子在空间某位置单位体积内出现的概率大小，称为电子在此空间位置上出现的概率

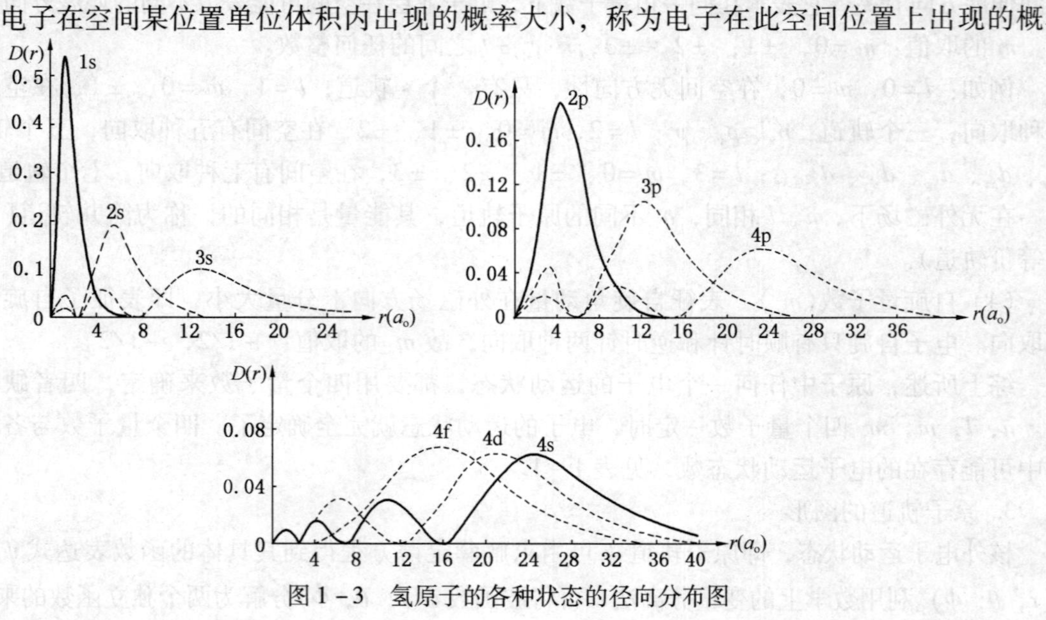

图1-3 氢原子的各种状态的径向分布图

密度。

对于原子核外高速运动的电子，并不能肯定某一瞬间它在空间所处的位置，只能用统计的方法推算出在空间某处出现的概率，或电子在空间某处单位体积内出现的概率，即概率密度。为了形象地表示电子在原子中的概率密度分布情况，常用小黑点的疏密程度来表示，这种图像称为电子云。ψ^2 大的地方，黑点较密；ψ^2 小的地方，黑点较疏。图 1－4 是各种原子轨道的电子云示意图。

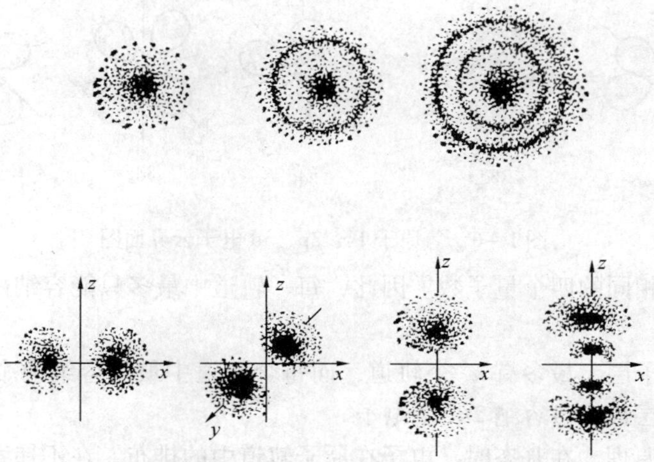

图 1－4　各种原子轨道的电子云示意图

将 ψ^2 的角度部分 $Y^2(\theta, \phi)$ 随角度 (θ, ϕ) 变化作图，所得图像称为电子云的角度分布图。图 1－5 是 s、p、d 电子云角度分布图。电子云角度分布图与相应的原子轨道分布图形状相似，但有两点区别：

① 原子轨道的角度分布图有正、负号，因为 $Y(\theta, \phi)$ 值在不同的 (θ, ϕ) 变化范围内有正、负值；电子云的角度分布图都是正值，因为不管 (θ, ϕ) 取值如何，$Y^2(\theta, \phi)$ 总是正值。

② 电子云角度分布图形比相应的原子轨道分布图要"瘦"一些，因为 $|Y(\theta, \phi)| < 1$，故 $|Y^2(\theta, \phi)| < |Y(\theta, \phi)|$。

电子云界面图也是一种常用的表示核外电子运动范围的一种图形。把电子云概率密度相等的各点联结成一个等电子云密度面，选择其中一个合适的等电子密度面作为电子云的界面，使界面内电子出现的总概率很大（如≥90%），界面外出现的概率很小，这种表示的图形称为电子云界面图。图 1－6 是氢原子 1s、2p、3d 电子云界面图。

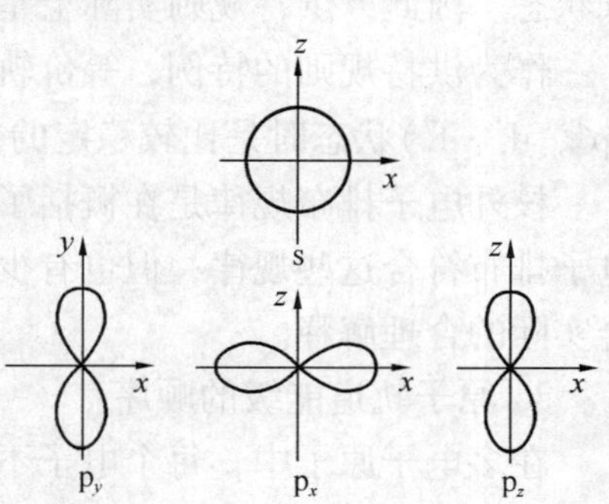

图 1－5　s、p、d 电子云角度分布图

三、原子核外电子的排布

1. 电子在原子轨道中排布的基本原则

（1）泡利不相容原理　在同一原子中，不能有两个电子处于完全相同的状态。即在同一原子中，不可能有

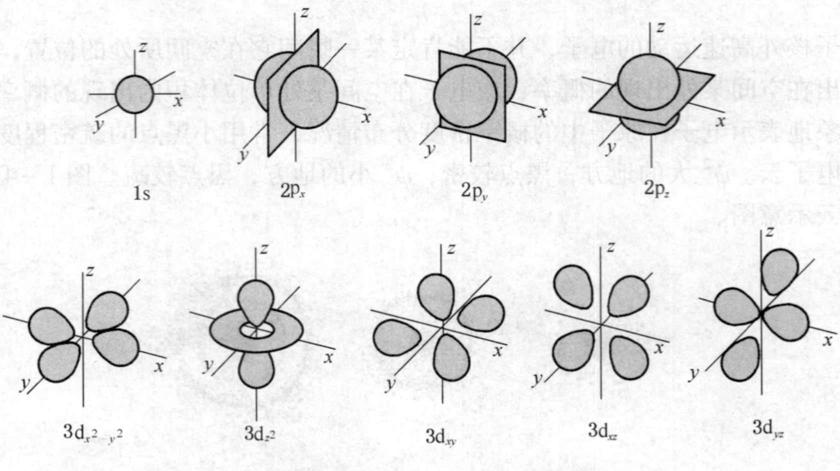

图 1－6 氢原子 1s、2p、3d 电子云界面图

两个电子具有完全相同的四个量子数。因此，每一轨道中最多只能容纳两个自旋方向相反的电子。

已知在每个电子层上最多有 n^2 个轨道，而每个轨道中最多容纳两个自旋方向相反的电子，因此，各电子层最多可容纳 $2n^2$ 个电子。

(2) 能量最低原理　在基态时，电子在原子轨道中的排布，在不违背泡利不相容原理的前提下，总是优先排布在能量最低的原子轨道中。只有当能量最低的轨道占满后，电子才依次排布在能量较高的原子轨道中。

(3) 洪特规则　在能量相同的原子轨道，即所谓的等价轨道（又称简并轨道）上排布电子时，总是尽可能分占不同轨道且保持自旋方向相同。量子力学原理表明，电子的这种排布方式，避免了同一轨道中两个电子间的斥力，无需消耗电子配对能，使整个原子能量处于较低状态。因此，洪特规则实际上是能量最低原理的一种具体体现。

作为洪特规则的特例，等价轨道处于全充满（p^6，d^{10}，f^{14}）、半充满（p^3，d^5，f^7）或全空（p^0，d^0，f^0）状态时是比较稳定的。

核外电子排布规律是在概括了大量实验事实的基础上得出的一般结论，绝大多数元素的电子排布符合这些规律，但也有少数例外，在学习中应当尊重事实，并在此基础上去探求符合实际的合理解释。

2. 原子轨道能级的顺序

在多电子原子中，每个电子不仅受到原子核的吸引，还受到同原子内其他电子的排斥，这两种作用的相对大小，决定了原子轨道能级的高低。其中，原子核对电子的吸引作用主要取决于核电荷数的大小和电子离核的远近距离；而多电子原子内的电子间相互作用，通常归结为屏蔽效应和钻穿效应。

(1) 屏蔽效应　在多电子原子中，可以把其余电子对指定电子的排斥作用近似地看成其余电子抵消了一部分核电荷对该电子的吸引作用，这种效应称为屏蔽效应。如果以 Z 表示核电荷数，σ 表示由于其他电子的排斥作用而使核电荷数被抵消的部分，则（$Z-\sigma$）称为有效核电荷，用符号 Z^* 表示，则有 $Z^*=Z-\sigma$，σ 称作屏蔽常数。

由于电子的屏蔽效应使 $Z^*<Z$。屏蔽效应越大，Z^* 越小，被屏蔽电子受核的吸引力越小，电子的能量升高越多。原子中任一轨道上的电子，受到内层电子的屏蔽要比同层电子的

屏蔽作用大。对于不同层电子间的屏蔽，主量子数 n 越大，该轨道电子受到其他电子的屏蔽作用也越大，因而相应的轨道能级也越高，如：$E_{1s} < E_{2s} < E_{3s} < E_{4s}$。

（2）钻穿效应　这是基于电子云径向分布特点的一种形象化描述。外层电子避开其他电子的屏蔽而钻穿到内层，在离核较近的地方出现，这种效应称为钻穿效应。钻穿效应导致电子在离核较近的区域出现的概率增大，因而受到其他电子的屏蔽减少，受核的吸引增强，相应的能级降低。钻穿效应使各电子层能级的顺序为：$E_{ns} < E_{np} < E_{nd} < E_{nf}$。

（3）能级交错　屏蔽效应使核对电子的有效吸引减弱，有使轨道能级升高的作用；钻穿效应使核对电子的有效吸引加强，有使轨道能级降低的作用。当屏蔽效应的影响占主导地位时，n 越大，能级越高；若钻穿效应占主导地位，则 l 越大，能级反而高。其结果导致出现 $E_{4s} < E_{3d}$、$E_{5s} < E_{4d}$ 的能级顺序，即主量子数较大的原子轨道的能级反而较低，这种现象称为能级交错。

（4）近似能级图　鲍林(L. Pauling)根据光谱实验的结果，总结出多电子原子中原子轨道的近似能级图，如图 1－7 所示。图中每一个小圆圈代表一个原子轨道，每个圆圈所在的位置的相对高低表示原子轨道能量的相对高低。近似能级图按照能量由低到高的顺序排列，并将能量相近的原子轨道划归为一组，称为能级组，以虚线框起来。每个能级组(除第一能级组)都是从 s 能级开始，到 p 能级终止。能级组数等于核外电子层数且等于周期数。

为了便于记忆，可按图 1－7 所示方式，把各电子层按层次由小到大顺序排列，然后按图中箭头所示方向的顺序排列，可得到各能级高低的先后次序。

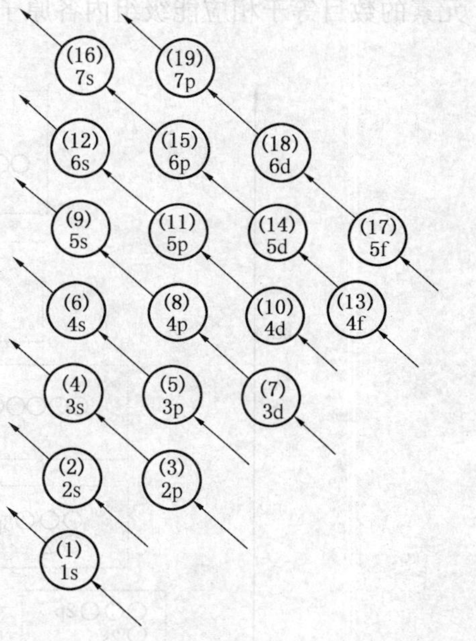

图 1－7　近似能级排序方式示意图

3. 原子中电子的实际排布

电子排布式可按下列方式书写：先将原子中各个可能轨道的符号，如 1s，…，2p，…，3d，…，按 n、l 递增的顺序自左至右排列，然后在各个轨道符号的右上角用一个数字表示该轨道中的电子数，没有填入电子的全空轨道则不必列出。例如钛(Ti)原子有 22 个电子，按电子在原子轨道中排布的三条基本原则和近似能级顺序，电子的排布式为：$1s^2 2s^2 2p^6 3s^2 3p^6 3d^2 4s^2$。

应该指出，按能级的高低，电子的填充顺序虽然是 4s 先于 3d，但在写电子排布式时，仍要把 3d 放在 4s 前面，与同层的 3s3p 轨道连在一起写。

为了书写方便，通常把内层已达稀有元素电子层结构的部分用稀有元素符号加上方括号表示，称为原子实。如 Ti 原子，可写作：$[Ar]3d^2 4s^2$。

更简化一些，把原子的内层排布略去不写，只写出其外层价电子的排布，这种电子排布式称为价层电子排布式。如 Ti 原子，其价层电子排布式：$3d^2 4s^2$。

原子序数为 24 的 Cr 原子和原子序数为 29 的 Cu 原子的电子排布式应分别为：$1s^2 2s^2 2p^6 3s^2 3p^6 3d^5 4s^1$ 和 $1s^2 2s^2 2p^6 3s^2 3p^6 3d^{10} 4s^1$，这种情况为洪特规则的特例。

应该说明，从 41 号元素 Nb 到 48 号元素 Cd，电子排布中出现的例外情况较多，例如，41 号元素 Nb 的价层电子排布为 $4d^4 5s^1$ 而不是 $4d^5 5s^0$；第 45 号元素 Rh 价层电子为

$4d^8 5s^1$，而不是 $4d^7 5s^2$ 等。类似的情况在第 5、6 周期中也经常出现。这是由于相邻轨道能级间的差别愈到后边几个周期变得愈小，因而使得能级交错显得很复杂，电子排布经常出现例外。

四、原子的电子排布和元素周期表

元素的性质随着核电荷数的递增而呈现周期性的变化，这一规律叫做元素周期律。原子核外电子排布周期性是元素周期律的微观基础，元素周期表是元素原子的电子排布方式周期律的集中表现形式。

1. 周期与能级组

在元素周期表中，每一横行称为一个周期，共有七个周期。除第一周期外，其余每个周期的元素原子的最外电子排布都是由 $ns^1 \rightarrow ns^2 np^6$，呈现明显的周期性。元素在周期表中所属周期数等于该元素原子所具有的电子层数，且与能级组的序号完全对应，每个周期内所含元素的数目等于相应能级组内各原子轨道所能容纳的最多电子数，见图 1-8。

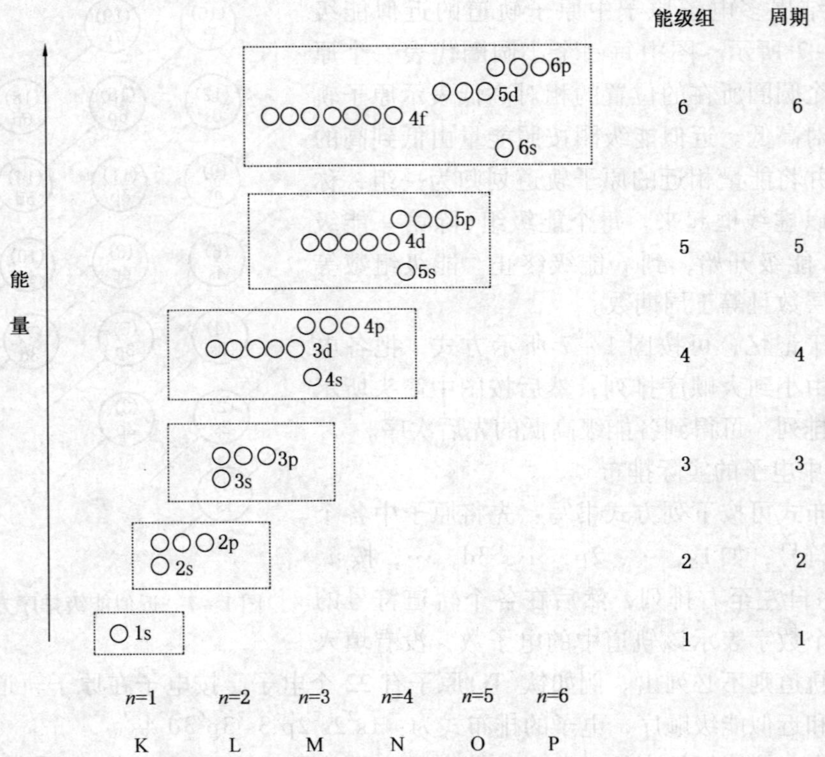

图 1-8　原子轨道近似能级图

第 1 周期里有 2 种元素，为特短周期；第 2、3 周期里各有 8 种元素，为短周期；第 4、5 周期里各有 18 种元素，为长周期；第 6、7 周期称为特长周期；第 6 周期里有 32 种元素，第 7 周期按理也应容纳 32 种元素，但目前只发现 26 种元素，是个未完全的周期。

2. 族与价层电子构型

将元素原子的价层电子分布相同或相似的元素排成一个纵列，称为族。周期表中有共 18 个纵列。除左起第 8、9、10 这三个纵列合称为Ⅷ族外，其余每个纵列称为一族。族序数用罗马数字Ⅰ、Ⅱ、Ⅲ、Ⅳ、Ⅴ、Ⅵ、Ⅶ等表示。元素周期表里有 7 个主(A)族、7 个副(B)族、1 个Ⅷ族、1 个零族，共 16 个族。

3. 周期表元素分区

按各元素原子的价层电子构型的特点，元素周期表可划分为五个区，如图 1-9 所示。

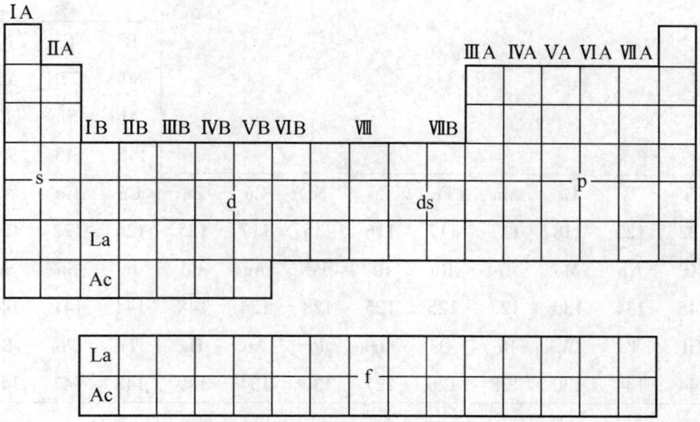

图 1-9　元素周期表分区图

(1) s 区　包括ⅠA 和ⅡA 族，其价层电子构型为 $ns^{1\sim2}$。该区元素容易失去电子形成 +1或 +2 价离子，除 H 元素外，均为活泼金属。

(2) p 区　包括ⅢA ~ ⅦA 族元素和零族元素，其价层电子构型为 $ns^2np^{1\sim6}$（He 为 $1s^2$）。该区的右上方属典型的非金属元素，而左下方元素带有明显的金属性，多为低熔点金属，处于对角线两侧的元素的单质往往具有半导体性质。零族为惰性元素。

(3) d 区　包括ⅢB ~ ⅦB 族和Ⅷ族元素，其价层电子构型为 $(n-1)d^{1\sim10}ns^{1\sim2}$（Pd 为 $4d^{10}5s^0$）。该区元素属过渡金属元素，在化合物中大多具有不同的化合价，常见的稳定价态为 +2、+3 价。

(4) ds 区　包括 IB 和ⅡB 族，其价层电子构型为 $(n-1)d^{10}ns^{1\sim2}$。该区元素亦属过渡金属元素，化合价多为 +1、+2。

(5) f 区　包括镧系元素和锕系元素，其价层电子构型为 $(n-2)f^{1\sim14}(n-1)d^{0\sim2}ns^2$。f 区元素又称内过渡元素，都为金属元素，化合价可为 +3、+4，最常见的为 +3 价。

五、元素性质的周期性

元素性质的周期性变化是元素原子核外电子排布周期性变化的必然结果。

1. 原子半径

按照量子力学的观点，电子在核外运动没有固定轨道，只是概率分布不同。因此，对原子来说并不存在固定的半径。通常所说的原子半径，是指分子或晶体中相邻同种原子的核间距离的一半。根据原子与原子间作用力的不同，原子半径一般可分为三种：共价半径、金属半径和范德华半径。

(1) 共价半径　同种元素的两个原子以共价键结合时，相邻两个原子核间距离的一半，称为该原子的共价半径。

(2) 金属半径　金属晶体中相邻两个金属原子的核间距离的一半，称为金属半径。

(3) 范德华半径　在分子晶体中，分子间以范德华力结合，相邻两个原子核间距离的一半，称为该原子的范德华半径。

同一类型的原子半径可以相互比较，不同类型的原子半径间缺乏可比性，一般不作简单比较。各元素的原子半径见表 1-2。

表 1－2　元素的原子半径/pm

H																	He
28																	54
Li	Be											B	C	N	O	F	Ne
134	90											80	77	55	60	71	71
Na	Mg											Al	Si	P	S	Cl	Ar
154	136											118	113	95	94	99	98
K	Ca	Sc	Ti	V	Cr	Mn	Fe	Co	Ni	Cu	Zn	Ga	Ge	As	Se	Br	Kr
196	174	144	132	122	118	117	117	116	115	117	125	126	122	120	108	114	112
Rb	Sr	Y	Zr	Nb	Mo	Te	Ru	Rh	Pd	Ag	Cd	In	Sn	Sb	Te	I	Xe
216	191	162	145	134	130	127	125	125	128	134	148	144	141	140	130	133	131
Cs	Ba	La	Hf	Ta	W	Re	Os	Ir	Pt	Au	Hg	Tl	Pb	Bi	Po	At	Rn
235	198	169	144	134	130	128	126	127	130	134	149	148	147	146	146	145	

从表 1－2 中可以看出，同周期或同族元素的原子半径有明显的周期性变化规律。

① 同一周期的主族元素，随着核电荷数的递增，原子半径由大逐渐变小。这是由于原子核每增加一个单位正电荷，最外层相应地增加了一个电子。核电荷的增加使原子核对外层电子的吸引力增强，外层电子有向原子核靠近的趋势；同时外层电子的增加又加剧了电子间的相互排斥作用，有使电子远离原子核的趋势。但是，由于增加的电子不足以完全屏蔽增加的核电荷，因而从左向右有效核电荷逐渐增加，原子半径逐渐减小。

② 同一周期的副族元素，从左向右随着核电荷的增加，原子半径减小的程度比主族元素小。这是因为对于过渡元素，随着原子核电荷的增加，新增加的电子是填充到次外层，镧系元素和锕系元素新增加的电子填充到倒数第三层，而决定原子大小的是最外层电子，内层电子对它的屏蔽作用要比最外层中电子间的屏蔽作用大得多，所以同一周期过渡元素，自左向右有效核电荷增加比较少，原子半径减小的趋势就较为缓慢，同一周期的 f 区元素，原子半径减小得更少。从元素 Ce 到元素 Lu 共 14 个元素，原子半径仅减少了 9pm，这个现象称为镧系收缩。

③ 同一主族的元素，从上到下原子半径增大。这是因为从上到下，元素原子的电子层数增多起主要作用，所以原子半径增大。副族元素的原子半径从上到下的变化不很明显。特别是第五、第六周期的一些同族元素，如铌和钽、钼和钨、锝和铼等，它们的原子半径十分相近，这是镧系收缩的结果。

2. 电离能

处于基态(能量最低的状态)的气态原子失去一个电子，形成 +1 价气态正离子所需要的最低能量，称为该元素的第一电离能，用 I_1 表示，单位为 $kJ \cdot mol^{-1}$。由 +1 价离子再失去一个电子所需要的能量，称为第二电离能，记为 I_2，依此类推。对于同一元素，$I_1 < I_2 < I_3 \cdots$，这是由于正离子比原子更难失去电子，而离子正价越高，失去电子越难。

电离能的大小，反映原子失去电子的难易程度，元素的第一电离能越小，表示越容易失去电子，该元素的金属性越强。表 1－3 列出了元素的第一电离能的参考数据。

从表 1－3 可看出：元素原子的第一电离能随原子序数的增加呈现明显的周期性变化。

(1)同一周期：自左向右核电荷增加，原子核对外层电子的吸引力也增加，半径减小，故电离能也随之增大。但在某些地方出现曲折变化，如第三周期 Mg($3s^2$)、P($3s^23p^3$)比前后元素原子的第一电离能均高，这是由于原子轨道全充满和半充满的缘故。

表 1-3　元素原子的第一电离能($kJ \cdot mol^{-1}$)

H																	He
1312																	2372
Li	Be											B	C	N	O	F	Ne
520	900											801	1086	1402	1314	1681	2081
Na	Mg											Al	Si	P	S	Cl	Ar
496	738											578	786	1012	1000	1251	1520
K	Ca	Sc	Ti	V	Cr	Mn	Fe	Co	Ni	Cu	Zn	Ga	Ge	As	Se	Br	Kr
419	590	631	658	650	653	717	759	758	737	746	906	579	762	944	941	1140	1351
Rb	Sr	Y	Zr	Nb	Mo	Tc	Ru	Rh	Pd	Ag	Cd	In	Sn	Sb	Te	I	Xe
403	550	616	660	664	685	702	711	720	805	731	868	558	709	832	869	1008	1170
Cs	Ba	La	Hf	Ta	W	Re	Os	Ir	Pt	Au	Hg	Tl	Pb	Bi	Po	At	Rn
376	503	538	675	761	770	760	840	880	870	890	1007	589	716	703	812	917	1037

(2) 同一主族中，从上到下电子层数增加，原子核对外层电子的吸引力减小，半径增大，电离能也随之减小。

(3) 各周期中稀有气体的电离能最大，这是因为稀有气体元素原子的电子构型十分稳定，从中失去一个电子是相当困难的。

3. 电子亲和能

基态的气态原子得到电子形成 -1 价气态负离子时，所放出的能量称为该元素的第一电子亲和能。元素的电子亲和能愈大，表示原子得到电子的倾向愈大，非金属性也愈强。表 1-4列出了一些元素的电子亲和能。

表 1-4　一些元素的电子亲和能($kJ \cdot mol^{-1}$)(括号内的数值为理论值)

H	72.8									He	(-21)
Li	59.6	Be	(-240)	O	141.0	F	328			Ne	(-29)
Na	52.9	Mg	(-230)	S	200.4	Cl	348.3			Ar	(-35)
K	48.3	Ca	(-156)	Se	195	Br	324.7			Kr	(-39)
Rb	46.9	Sr	(168)	Te	190.1	I	295			Xe	(-40)
Cs	45.5	Ba	(-52)	Po	(180)	At	(270)			Rn	(-40)

一般来说，电子亲和能随原子半径的增大而减小，即在同一族中由上向下递减，而在同一周期中由左到右递增。但应该注意的是，在同族元素中，电子亲和能最大的往往不是该族的第一种元素，而是第二种元素。如 O 和 F，原子半径小，电子云密度较大，因而电子间斥力较大，当获得一个电子形成负离子时，须消耗较多的能量克服电子的斥力，因而放出的电子亲和能就少。但在化学反应中，F 原子和 O 原子得电子的能力在同族中都是最强的，这是因为化学反应时决定一种元素化学活泼性的因素是多方面的，除电子亲和能外，还有成键的强弱等因素。

4. 电负性

电负性是指元素的原子在分子中吸引电子的能力，它较全面地反映了元素金属和非金属性的强弱。电负性是一种相对比较的结果。鲍林指定最活泼的非金属元素 F 的电负性为 4.0，其他元素的原子与 F 相比较，从而得到其他元素的电负性。元素的电负性如表 1-5 所示。

表 1-5 元素的电负性

H																
2.1																
Li	Be											B	C	N	O	F
1.0												2.0	2.5	3.0	3.5	4.0
Na	Mg											Al	Si	P	S	Cl
0.9												1.5	1.9	2.1	2.5	3.0
K	Ca	Sc	Ti	V	Cr	Mn	Fe	Co	Ni	Cu	Zn	Ga	Ge	As	Se	Br
0.8	1.0	1.3	1.5	1.6	1.6	1.5	1.8	1.9	1.9	2.0	1.6	1.6	1.8	2.0	2.4	2.8
Rb	Sr	Y	Zr	Nb	Mo	Tc	Ru	Rh	Pd	Ag	Cd	In	Sn	Sb	Te	I
0.8	1.0	1.2	1.4	1.6	1.8	1.9	2.2	2.2	2.2	1.9	1.7	1.7	1.8	1.9	2.1	2.5
Cs	Ba	La	Hf	Ta	W	Re	Os	Ir	Pt	Au	Hg	Tl	Pb	Bi	Po	At
0.7	0.9	1.1	1.3	1.5	1.7	1.9	2.2	2.2	2.2	2.4	1.9	1.8	1.9	1.9	2.0	2.2

元素的电负性也呈现周期性的变化：同一周期中，从左到右电负性递增；同一主族中，从上到下电负性递减；副族元素的电负性没有明显的变化规律。通常非金属的电负性都较大，除 Si 以外都大于 2.0；金属元素的电负性都较小，除铂系元素和金以外都小于 2.0。

单一元素的电负性值本身并不重要，相互比较的元素间的电负性的差值更有意义，它反映了原子间成键能力的大小和成键后分子的极性大小。

5. 元素的金属性和非金属性

元素的金属性指原子失去电子成为阳离子的能力，通常可用电离能来衡量。元素的非金属性是指原子得到电子成为阴离子的能力，通常可用电子亲和能来衡量。元素的电负性综合反映原子得失电子的能力，故可作为元素金属性和非金属性统一衡量的依据。

同一周期元素从左到右，金属性逐渐减弱，非金属性逐渐增强。同族元素自上而下，金属性逐渐增强，非金属性逐渐减弱。这一趋势在第 2、3 周期中和各主族元素中表现较为典型，规律明显。

最典型的非金属元素在周期表的右上方，F 是非金属性最强的元素；最典型的金属元素在周期表的左下方，Cs 和 Fr 是金属性最强的元素。过渡元素和内过渡元素属金属元素。

第二节　化学键和分子结构

分子是由原子组成，原子要结合成分子必然存在着相互作用力。分子或晶体中，相邻两个或多个原子或离子间强烈的作用力，称为化学键。根据作用力性质的不同，化学键可分为离子键、共价键和金属键等类型。不同的分子或晶体具有不同的化学组成和不同的化学键结合方式，因而具有不同的微观结构和不同的化学性质。

一、离子键

1. 离子键的形成

1916 年，德国化学家柯塞尔（W. Kossel）根据稀有气体原子具有稳定结构的事实提出了离子键理论，解释电负性差别较大的元素间所形成的化学键。

离子键是由正、负离子间的静电引力形成的化学键。当带有相反电荷的离子彼此接近时，由于库仑引力而相互吸引，逐渐靠近，使体系的总能量不断降低。但当它们充分接近时，正、负离子的电子云之间，以及它们的原子核之间的斥力将随着核间距离的缩小而迅速增大，并使整个体系的能量也迅速增大。当原子核间的距离达到某个特定值时，吸引力和排斥力相平衡，体系的总能量降至最低。此时体系处于相对稳定的状态。正、负离子便取得既相互对立又相互联结、相互依存的条件，在它们之间便形成了离子键，见图1-10。

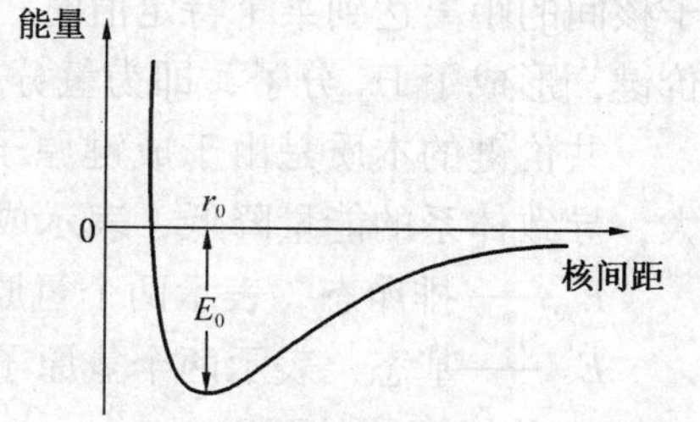

图1-10　离子键形成过程的能量曲线

通过离子键形成的化合物或晶体，称为离子化合物或离子晶体。

下面以NaCl为例来说明离子键的形成。钠是很活泼的金属元素，原子最外层有1个电子；氯是很活泼的非金属元素，原子最外层有7个电子。在一定条件下，当钠原子和氯原子相互作用时，钠原子失去1个电子成为Na^+，氯原子得到1个电子成为Cl^-，分别形成具有稀有气体稳定电子构型的离子。带相反电荷的Na^+和Cl^-，通过静电作用形成离子键。

必须指出，形成离子键时并非所有的离子都必须形成稀有气体原子的电子构型。八隅律通常只适用于ⅠA族、ⅡA族的金属。过渡元素以及锡、铅等金属在形成离子时，即使不符合八隅律也能稳定存在，并形成稳定的离子晶体。

2. 离子键的特征

（1）无方向性　由于离子电荷的分布可看作是球形对称的，在各个方向上的静电效应是等同的，可以在空间任何方向吸引带异号电荷的离子。

（2）无饱和性　同一个离子可以和不同数目的异性电荷离子结合，只要离子周围的空间允许，每一离子尽可能多地吸引异号电荷离子。但不应误解为一种离子周围所配位的异性电荷离子的数目是任意的。

二、共价键

1916年，美国的化学家路易斯(G. N. Lewis)提出了共价键理论，解释同种非金属元素的原子或电负性相差较小的元素的原子形成分子或晶体的原因，认为共价键是由成键原子双方各自提供最外层单电子组成共用电子对所形成的，形成共价键后，成键原子达到稀有气体原子的最外层结构，因而比较稳定。由共价键形成的化合物，称为共价化合物。

1927年，英国物理学家海特勒(W. Heitler)和德国物理学家伦敦(F. London)首次用量子力学方法处理氢分子结构，说明了共价键的本质，进而发展成现代化学键理论。现代化学键理论产生了两种主要的共价键理论：价键理论和分子轨道理论。在此仅对价键理论作简要介绍。

1. 共价键的形成和本质

以氢分子的形成为例来说明共价键的形成，见图1-11。若电子的自旋状态相同，则当两个氢原子相互靠近时，两个原子核间的电子云密度变稀，体系的总能量高于两个单独存在的氢原子能量之和，原子间越靠近，体系的能量越高。因此，不能形成稳定的氢分子，这代表了两个氢原子组成的体系的排斥态。

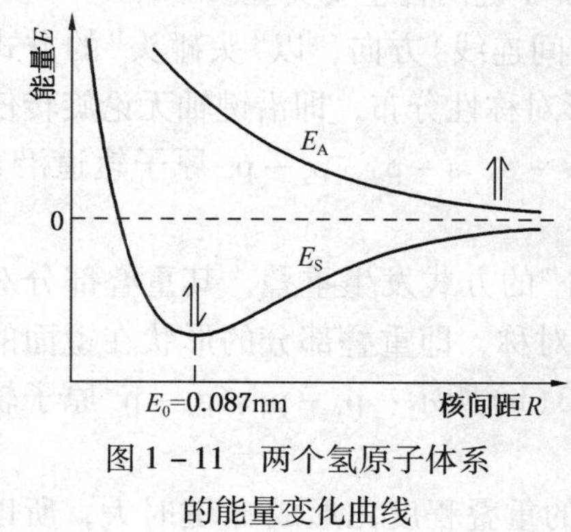

图1-11　两个氢原子体系的能量变化曲线

若电子的自旋状态相反，则当两个氢原子相互靠近时，两个原子核间的电子云密度变密，体系的总能量低于两个单独存在的氢原子能量之和。当两个氢原子核间的距离达到某个特定值时，体系的总能量最低，表示在两个氢原子间生成了稳定的共价键，形成了 H_2 分子，即为氢分子的基态。

共价键的本质是由于成键原子的价层轨道发生了部分重叠，结果使核间电子云密度增大，导致体系的能量降低，表示成键原子相互结合形成了稳定的体系，即形成了分子。

E_A——排斥态，表示两个氢原子相互排斥；

E_S——基态，表示两个氢原子形成 H_2 分子。

2. 价键理论的要点

(1) 电子配对原理　自旋状态相反的含有未成对价电子的原子接近时，它们的未成对价电子可以相互配对，使核间的电子云密度增大，体系的能量降低，形成稳定的共价键。

(2) 最大重叠原理　形成共价键时，将尽可能使成键电子的原子轨道按对称性匹配原则进行最大程度重叠，原子轨道重叠程度越大，共价键越牢固。

以 HCl 分子的形成为例，只有当 H 原子的 1s 轨道与 Cl 原子含有单电子的 3p 轨道沿着键轴（x 轴）方向进行重叠（图 1－12a），才能达到最大程度重叠，形成稳定的共价键。而沿着其他方向接近，原子轨道不能重叠（图 1－12b）或重叠程度很小（图 1－12c），不能成键或形成不稳定的共价键。

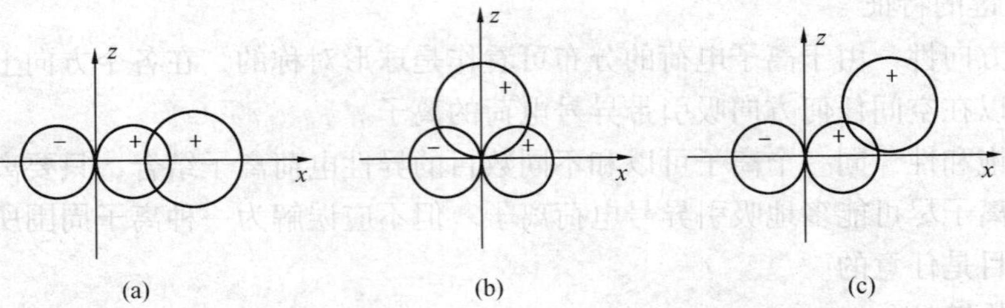

图 1－12　HCl 分子的成键示意图

3. 共价键的特征

(1) 饱和性　一个原子有 n 个未成对电子，只能与其他原子中的 n 个自旋方向相反的未成对电子，形成 n 个共价键。例如，当两个 H 原子结合成 H_2 后，其中的 H 原子已无单电子，即使有第三个 H 原子存在，也不可能再形成共价键，所以不能形成 H_3 分子。

(2) 方向性　原子间形成共价键时，必须符合轨道最大重叠原理和对称性匹配原则，因而总是沿着一定的方向成键，这就是共价键的方向性。

4. 共价键的类型

根据原子轨道重叠方式的不同，共价键可分为 σ 键和 π 键两种主要类型。

(1) σ 键　成键的两个原子轨道沿键轴（成键原子核间连线）方向，以“头碰头”的方式发生重叠，其重叠部分集中在键轴周围，对键轴呈圆柱形对称性分布，即沿键轴无论旋转任何角度，形状、符号都不会改变。如图 1－13（a）所示：$s-s$、$s-p_x$、p_x-p_x 原子轨道沿 x 轴重叠，可形成 σ 键。

(2) π 键　成键的原子轨道沿键轴方向，以“肩并肩”的方式发生重叠，其重叠部分对通过键轴的某一特定平面（xoy 平面或 xoz 平面）呈镜面反对称，即重叠部分的形状在镜面的两侧是对称的，但镜面两边的符号正好相反。如图 1－13（b）所示：p_y-p_y、p_z-p_z 原子轨道重叠，可形成 π 键。

从原子轨道的重叠程度来看，形成 σ 键时原子轨道的重叠程度比形成 π 键时大，所以

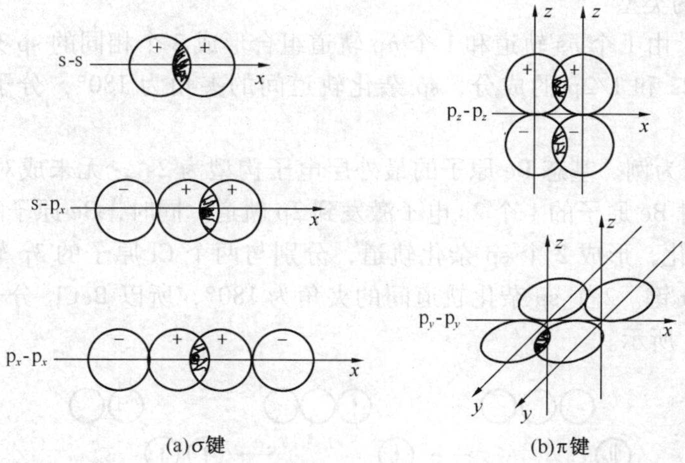

图1－13　σ键和π键(重叠方式)示意图

σ键的稳定性高于π键。π键比σ键活泼，不能单独存在，只能与σ键共存于共价双键或共价叁键中。一般双键含一个σ键，一个π键；叁键含一个σ键，二个π键。

5. 配位键

按共用电子对中电子的来源方式不同，可将共价键分为正常共价键和配位共价键。在上述共价键中，共用电子对是由相互结合的两个原子各提供一个电子而形成的，称为正常共价键。若共价键的共用电子对是由一个成键原子提供的，另一个成键原子提供空轨道，这种共价键称为配位共价键，简称配位键。配位键用A→B来表示，其中A原子提供电子对，是电子对的给予体；B原子提供空轨道接受电子，是电子对的接受体。

下面以NH_4^+为例说明配位键的形成。NH_3分子中的N原子上有一对未与其他原子共用的电子，称为孤对电子。H^+是H原子失去一个1s电子而形成的，具有一个1s空轨道，当NH_3分子与H^+相遇时，NH_3分子中N原子上的孤对电子便与H^+的空轨道结合而形成配位键。

从配位键形成的过程可以看出，形成配位键必须具备下列条件：一是电子对的给予体必须具有孤对电子；二是电子对的接受体必须具有空轨道。

离子键、共价键和配位键可以单独存在于某个分子中，也可以同时存在于同一分子中。如在NaOH中，Na^+和OH^-之间是离子键，而O和H原子之间是共价键。又如在NH_4Cl中，NH_4^+和Cl^-之间是离子键，而NH_4^+中N和H原子之间有三个共价键，一个配位键。

三、杂化轨道理论和分子的空间构型

价键理论虽然能成功地解释许多双原子分子化学键的形成，但对多原子分子的空间构型的解释却遇到了困难。为了解释和预测各种共价分子的几何构型，1931年，美国化学家鲍林在价键理论的基础上，提出了杂化轨道理论。

1. 杂化轨道理论要点

① 当原子相互化合形成分子时，部分能量相近的原子轨道间相互混合、重组、趋于平均化，此过程称为杂化。经杂化后得到的新的平均化的原子轨道，称为杂化轨道。

② 杂化前后原子轨道的总数不变，但杂化后原子轨道的伸展方向、形状发生了改变，使杂化轨道在成键时更有利于轨道间的重叠，即成键能力增强，因此原子轨道经杂化后生成的共价键更牢固，生成的分子更稳定。

2. 杂化轨道的类型

（1）sp 杂化　由 1 个 *n*s 轨道和 1 个 *n*p 轨道组合形成 2 个相同的 sp 杂化轨道，每个 sp 杂化轨道含有 1/2s 和 1/2p 的成分，sp 杂化轨道间的夹角为 180°，分子的空间结构呈直线型。

以 $BeCl_2$ 分子为例。基态 Be 原子的最外层电子构型为 $2s^2$，无未成对电子，在 Cl 原子的影响下，成键时 Be 原子的 1 个 2s 电子激发到 2p 轨道。同时，Be 原子的 1 个 2s 轨道和 1 个 2p 轨道发生杂化，形成 2 个 sp 杂化轨道，分别与两个 Cl 原子的 3p 轨道沿键轴方向重叠，形成了两个 σ 键。2 个 sp 杂化轨道间的夹角为 180°，所以 $BeCl_2$ 分子的空间结构呈直线型，如图 1－14 所示。

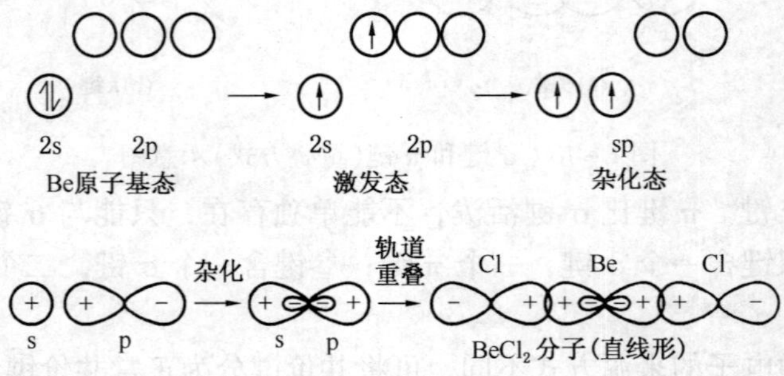

图 1－14　Be 原子轨道 sp 杂化及 $BeCl_2$ 分子的空间结构

（2）sp^2 杂化　由 1 个 *n*s 轨道和 2 个 *n*p 轨道组合形成 3 个完全相同的 sp^2 杂化轨道，每个 sp^2 杂化轨道含有 1/3s 轨道成分和 2/3p 轨道成分，杂化轨道间的夹角为 120°，分子的空间结构呈平面三角形。

以 BF_3 分子为例。基态 B 原子的最外层电子构型为 $2s^22p^1$，在 F 原子的影响下，成键时 B 原子的 1 个 2s 电子激发到空的 2p 轨道上，激发态 B 原子的最外层电子构型为 $2s^12p_x^12p_y^1$。同时 B 原子的 1 个 2s 轨道和 2 个 2p 轨道发生杂化，形成 3 个等价的 sp^2 杂化轨道，分别与三个 F 原子的 2p 轨道重叠，形成三个 σ 键。由于 3 个 sp^2 杂化轨道间的夹角为 120°，所以 BF_3 分子的空间结构呈平面三角形，见图 1－15。

（3）sp^3 杂化　由 1 个 *n*s 轨道和 3 个 *n*p 轨道组合形成 4 个完全相同的 sp^3 杂化轨道，每个 sp^3 杂化轨道含有 1/4s 轨道成分和 3/4p 轨道成分，sp^3 杂化轨道间的夹角为 109.5°，分子的空间结构呈正四面体。

以 CH_4 分子为例。基态 C 原子的最外层电子构型为 $2s^22p^2$，在 H 原子的影响下，成键时 C 原子的 1 个 2s 电子激发到空的 2p 轨道上，激发态 C 原子的最外层电子构型为 $2s^12p_x^12p_y^12p_z^1$。同时 C 原子的 1 个 2s 轨道和 3 个 2p 轨道发生杂化，形成 4 个等价的 sp^3 杂化轨道，分别与四个 H 原子的 1s 轨道重叠，形成四个 σ 键。由于 4 个 sp^3 杂化轨道间的夹角为 109.5°，所以 CH_4 分子的空间结构呈正四面体，见图 1－16。

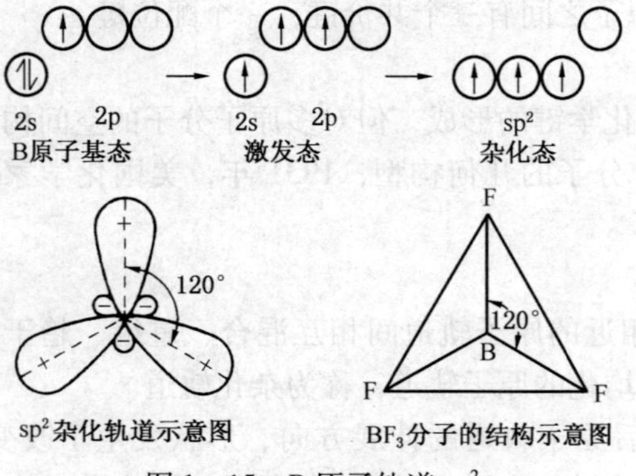

图 1－15　B 原子轨道 sp^2 杂化及 BF_3 分子的空间结构

3. 等性杂化与不等性杂化

（1）等性杂化　在形成分子过程中，所有杂化轨道均参与成键，形成分子后，每一个杂化轨道都生成了一个共价键，整个分子中同一组杂化的每一个杂化轨道是完全等同的，具有完全相同的特性，在空间的立体分布也完全对称、均匀。这种杂化轨道称为等性杂化轨道。前面介绍的 $BeCl_2$ 分子、BF_3 分子、CH_4 分子都属于这一类。

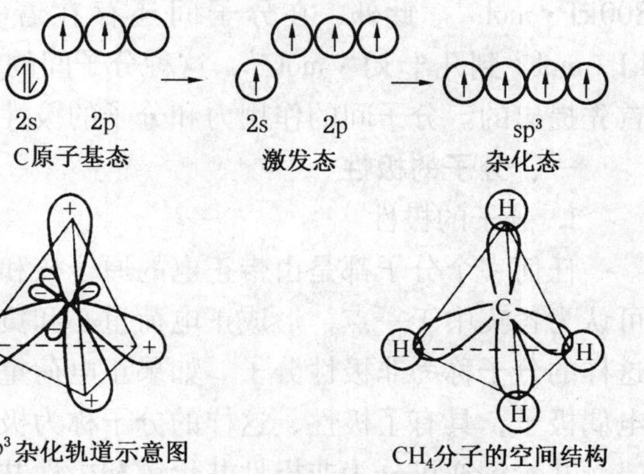

图 1-16　C 原子轨道 sp^3 杂化及 CH_4 分子的空间结构

（2）不等性杂化　在形成分子过程中，杂化轨道中还包含了部分不参与成键的价层轨道（通常这些轨道中已含有孤对电子，不具备形成共价键的能力），形成分子后，同一组杂化轨道分为参与成键的杂化轨道和不成键的杂化轨道两类，这两类杂化轨道的特性是不等同的，因而在空间分布不是完全对称、均匀的。这种杂化轨道称为不等性杂化轨道。NH_3、H_2O 分子就属于这一类。

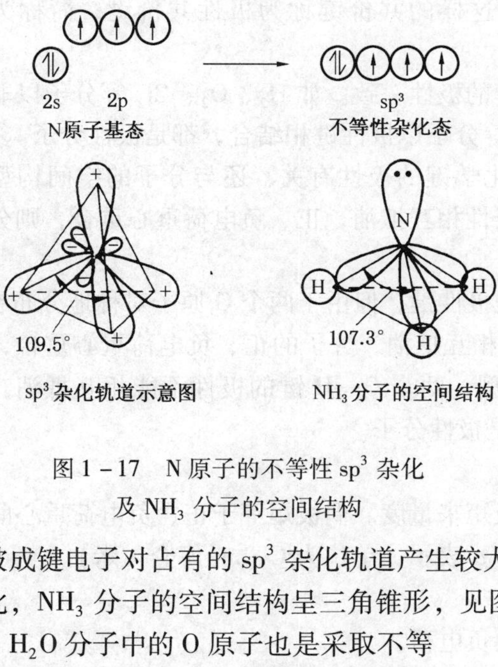

图 1-17　N 原子的不等性 sp^3 杂化及 NH_3 分子的空间结构

基态 N 原子的最外层电子构型为 $2s^22p^3$，在 H 原子的影响下，成键时 N 原子的 1 个 2s 轨道和 3 个 2p 轨道发生了不等性 sp^3 杂化，得到 4 个 sp^3 杂化轨道，其中有 3 个 sp^3 杂化轨道各有一个未成对电子，分别和三个 H 原子形成三个 σ 键，第 4 个 sp^3 杂化轨道中含有一对孤对电子。该孤对电子未与其他原子共用，不参与成键，故较靠近 N 原子，其电子云较密集于 N 原子的周围，从而对其他 3 个被成键电子对占有的 sp^3 杂化轨道产生较大排斥作用，使键角从 109.5°被压缩到 107.3°。因此，NH_3 分子的空间结构呈三角锥形，见图 1-17。

H_2O 分子中的 O 原子也是采取不等性 sp^3 杂化。四个杂化轨道中，两个参与成键的杂化轨道分别与两个 H 原子形成两个 σ 键，未参与成键的两个杂化轨道各有一对孤对电子，对其他两个被成键电子对占有的 sp^3 杂化轨道的排斥作用更大，使键角被压缩到 104.5°。因此，H_2O 分子的空间构型呈 V 形，见图 1-18。

图 1-18　O 原子的不等性 sp^3 杂化及 H_2O 分子的空间结构

第三节　分子的极性、分子间作用力和氢键

离子键、共价键、金属键等化学键都是原子间较强的相互作用，键能约为 100 ~

$800kJ \cdot mol^{-1}$。此外，在分子间还存在着一种较弱的相互作用，其结合能大约只有几 $kJ \cdot mol^{-1}$ 到几十 $kJ \cdot mol^{-1}$，这种分子间的作用力称为范德华力，是由荷兰物理学家范德华首先提出的。分子间的作用力和分子的极性密切相关。

一、分子的极性

1. 分子的极性

任何一个分子都是由带正电的原子核和带负电的电子所组成的体系。分子中正、负电荷可认为各集中于一点，形成正电荷重心和负电荷重心。如果正电荷重心和负电荷重心重合，这样的分子称为非极性分子。如果正电荷重心和负电荷重心不相互重合，就形成了一个小的电偶极子，具有了极性，这样的分子称为极性分子。

共价键亦可分为非极性共价键和极性共价键。由同种元素的原子形成的共价键，如 H—H 键、Cl—Cl 键等，由于两个原子的电负性相同，即吸引共用电子对的能力相同，成键原子不显电性，这样的共价键称为非极性共价键，简称为非极性键。由不同种元素的原子形成的共价键，如 H—Cl 键、H—O 键等，共用电子对必然偏向电负性较大的原子，使其带部分负电荷，电负性较小的原子则带部分正电荷，这样的共价键称为极性共价键，简称为极性键。

对于双原子分子来说，分子的极性与化学键的极性一致。如 H_2、O_2、Cl_2 等分子以非极性键相结合，都是非极性分子；HF、HCl、CO 等分子以极性键相结合，都是极性分子。

对于多原子分子来说，分子的极性不仅与化学键的极性有关，还与分子的空间构型有关。如果分子的空间构型是完全对称的，键的极性相互抵消，正、负电荷重心重合，则分子为非极性分子。反之，则为极性分子。

例如，CO_2 是直线型分子，虽然 C ═O 键是极性键，但由于两个 O 原子对称地分布在 C 原子的两侧(结构式为：O ═C ═O)，键的极性相互抵消，分子的正、负电荷重心重合，因而 CO_2 为非极性分子；H_2O 分子空间构型为 V 型，两个 O—H 键的极性不能相互抵消，整个分子的正、负电荷重心不能重合，因而 H_2O 是极性分子。

2. 偶极矩

分子极性的强弱，可由实验方法测得的偶极矩来量度。偶极矩等于正、负电荷重心间的距离 d 和偶极上一端所带电量 q 的乘积，用符号 μ 表示，单位为 C · m(库仑 · 米)。

$$\mu = q \cdot d$$

偶极矩是一个矢量，其方向是从正电荷指向负电荷。

非极性分子的偶极矩等于零。偶极矩不等于零的分子为极性分子，偶极矩越大，分子的极性越强。偶极矩还可以用来判断分子的空间构型。

二、分子间力

根据分子间作用力产生的特点，可以分为取向力、诱导力和色散力三种类型。

1. 取向力

是极性分子固有偶极间的静电引力。当极性分子相互靠近时(见图1－19a)，由于它们固有偶极间同极相斥、异极相吸的静电作用，使分子发生相对转动而取向，从而使它们在空间按异极相邻形式定向排列(见图 1－19b)，在分子间产生静电作用力。分子的极性越大，取向力越大。

2. 诱导力

诱导偶极与固有偶极之间的静电引力。当极性分子和非极性分子相互靠近时(见图

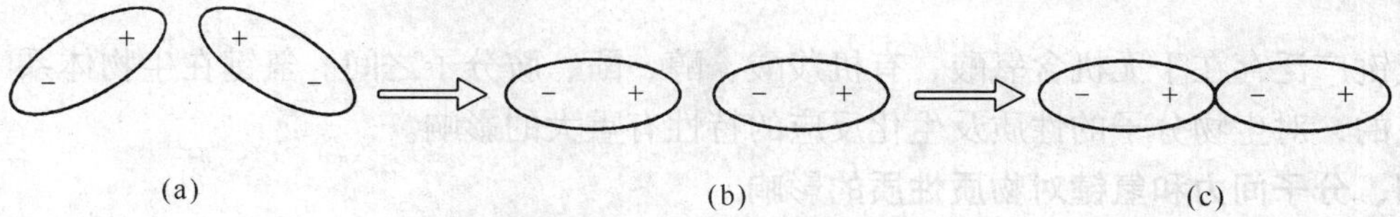

图 1－19　极性分子间的相互作用

1－20a)，非极性分子在极性分子的固有偶极的电场影响下，会产生诱导偶极(见图 1－20b)，从而在分子间产生静电作用力。

同理，当极性分子相互靠近时，在固有偶极的相互影响下，每个极性分子也会产生诱导偶极，因此诱导力也存在于极性分子之间。

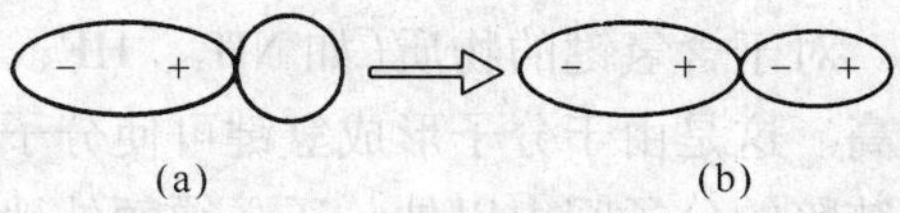

图 1－20　非极性分子与极性分子间的相互作用

3. 色散力

瞬时偶极与瞬时偶极之间的静电引力。分子中的电子和原子核都处在不断的运动中，经常会发生原子核和电子云间的相对位移，使得分子中的正、负电荷重心不断出现暂时的偏移，分子发生瞬时变形，产生了瞬时偶极，从而在分子间产生静电作用力。

图 1－21 是当两个非极性分子相互靠近时，一个分子产生的瞬时偶极会与邻近分子的瞬时偶极相互作用，呈现异极相邻的状态。色散力不仅会在非极性分子中产生，也会产生于极性分子中。一般来说，分子的相对分子质量越大，色散力越大。

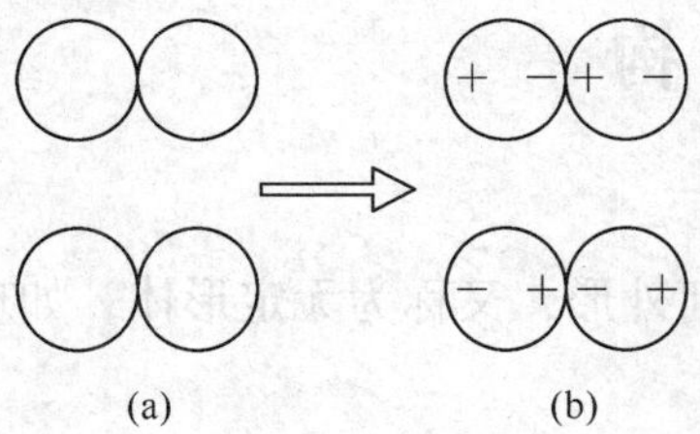

图 1－21　非极性分子间的相互作用

综上所述，取向力只存在于极性分子之间，诱导力存在于极性分子间或极性分子与非极性分子之间，色散力存在于所有分子中。对于大多数分子来说，色散力是主要的；只有极性很强的分子(如 H_2O 分子)，取向力才比较显著；而诱导力通常都很小。

三、氢键

在许多分子间还存在着与分子间力大小相当的另一种作用力——氢键。

1. 氢键的形成

当 H 原子与电负性大、原子半径较小的原子 X(如 F、O、N 等)形成共价键时，共用电子对强烈地偏向 X 原子，使 H 原子几乎成为裸露的质子，可与另一个电负性大、半径较小并含有孤对电子的原子 Y(如 F、O、N 等)之间形成一种弱键，这种键称为氢键。氢键通常用 X—H…Y 表示，其中 X、Y 可以是同种元素(如 O—H…O)，也可以是两种不同元素(如 N—H…O)。

2. 氢键的主要特点

① 氢键的键能一般在 $40kJ \cdot mol^{-1}$ 以下，比化学键弱，与分子间力具有相同的数量级，因此把氢键归入分子间力的范畴，而不看作化学键。

② 氢键具有饱和性。通常一个 X—H 只能与一个 Y 原子形成氢键。原因是 H 原子的半径特别小，当 H 与 Y 形成氢键时，使得 X 和 Y 彼此靠近，第三个电负性大的原子的电子云，受到 X 和 Y 的排斥力远大于受到带正电荷 H 的吸引力而很难接近 H。

③ 氢键具有方向性。为了减少 X、Y 之间的斥力，X—H…Y 之间的键角应尽可能接

近180°。

氢键广泛存在于无机含氧酸、有机羧酸、醇、酚、胺分子之间。氢键在生物体系中是普遍存在的，对生物分子的性质及生化反应的特性有重大的影响。

四、分子间力和氢键对物质性质的影响

分子间力和氢键对物质性质，如熔点、沸点、溶解度等有较大的影响。

1. 物质的熔点和沸点

对于同类型的单质(如 F_2、Cl_2、Br_2、I_2)和化合物，其熔点和沸点一般随相对分子质量的增加而升高。这是由于物质分子间的色散力随相对分子质量的增加而增强的缘故。

对于含氢键的物质(如 NH_3、HF、H_2O 分子等)，其熔点、沸点较同类型无氢键的物质要高。这是由于分子形成氢键可使分子间的结合力加强，欲使固体熔化或液体气化，除要克服纯粹的分子间力以外，还必须额外地提供一份能量来破坏氢键。

2. 物质的溶解性

① 相似相溶。分子极性相近的物质易于互相溶解。例如，I_2 易溶于 CCl_4、苯等，但难溶于水。这是由于 I_2 是非极性分子，与 CCl_4、苯等非极性溶剂有着相似的分子间力(色散力)；而水是极性分子，分子间除色散力外，还有取向力、诱导力和氢键。要使非极性分子能溶于水，必须克服水的分子间力和氢键，因而较为困难。

② 分子间能形成氢键的物质易互相溶解。例如，NH_3、乙醇、羧酸等有机物等易溶于水，因为它们与水分子间能形成氢键，使分子间互相缔合而溶解。

第四节　晶 体 结 构

一、晶体的特征

固态物质可区分为晶体和非晶体。非晶体没有一定的几何外形，又称为无定形体，如玻璃、沥青、树脂等；石墨、金刚石等晶体具有如下特征：

1. 有规整的几何外形和周期性的晶格结构

晶体内部微观粒子(分子、原子、离子等)在空间有规则地重复排列，因而许多晶体都有规则的几何外形。若把晶体内部的微观粒子抽象成几何学上的点，它们在空间有规则的排列所成的点群称为晶格(或点阵)。晶格上排有物质微观粒子的点称为晶格格点。晶格中最小的重复单位称为单元晶胞，简称晶胞。

2. 有固定的熔点

在一定压力下将晶体加热，温度达到其熔点时便开始熔化，继续加热，在晶体没有完全熔化以前，温度保持恒定(此时外界提供的热量用于晶体从固体转变为液体)，直到晶体完全熔化后，温度才开始上升，这说明晶体具有固定的熔点。而非晶体没有固定的熔点，但有一段软化的温度范围。

3. 具有各向异性

晶体的某些性质，如光学性质、力学性质、导电、导热性、溶解性等，从不同方向测量时，常常得到不同的数值。这是由于晶体中各个方向排列的微观粒子间的距离和取向不同，因而在不同方向上有不同的物理化学性质，这种特性称为各向异性。例如，石墨容易分层裂开，其导电率在平行于石墨层的方向比与垂直于石墨层的方向要大得多。非晶体是各向同性的。

二、晶体的基本类型

按照晶体中晶格结点上粒子的种类及其作用力的不同，可把晶体分为四种基本类型：离子晶体、原子晶体、分子晶体和金属晶体。

1. 离子晶体

在晶格结点上交替排列着正离子和负离子，它们之间通过离子键结合而形成的晶体，称为离子晶体。由于离子键没有方向性和饱和性，在空间因素允许的条件下，正、负离子将尽可能多的相互接触，形成不等径圆球的紧密堆积(使每种离子往往具有较高的配位数)，此时体系处于能量最低、结构最稳定的状态。

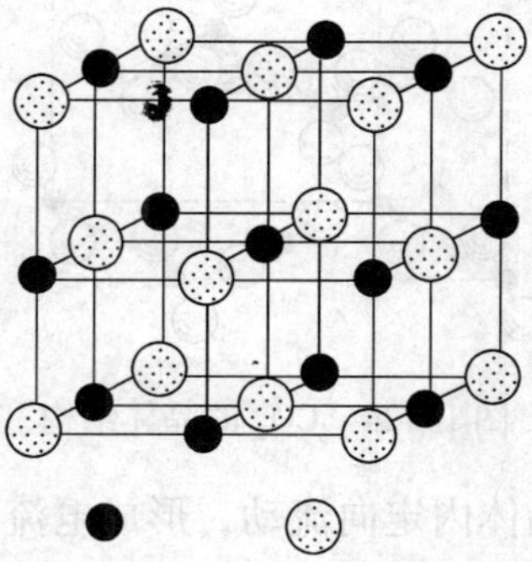

图 1-22 NaCl 的晶体结构

NaCl 晶体就是典型的离子晶体。在离子晶体中不存在独立的小分子，整个晶体可看作一个大分子，常用化学式表示其组成，如 NaCl(仅代表晶体中 Na^+、Cl^- 的个数之比)，见图 1-22。

离子晶体主要有以下特征。具有较高的熔点、沸点和硬度，但比较脆，延展性差；多数易溶于极性溶剂中，在水溶液中或熔融状态下具有优良的导电性，但在固体状态时，离子被限制在晶格的一定位置上振动，因而几乎不导电，导热性也差。

2. 原子晶体

在晶格结点上排列着中性原子，原子间以共价键相结合而形成的晶体，称为原子晶体，又称共价晶体。由于共价键具有方向性和饱和性，因而原子晶体中原子的排列不可能采用紧密堆积方式，如金刚石晶体(见图 1-23)。

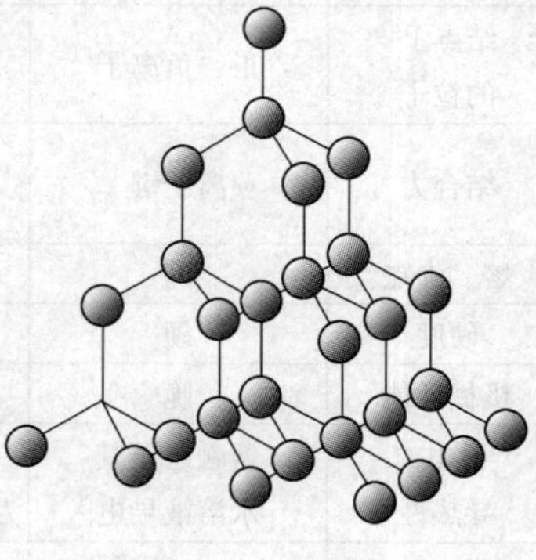

图 1-23 金刚石的晶体结构

原子晶体一般具有很高的熔点和硬度，多被用作耐磨、耐火的工业材料；在大多数溶剂中不溶解；由于原子晶体中没有离子，在固态或熔融态均不导电，但某些原子晶体如 Si、Ge 等，在高温下可表现出一定的导电性，是优良的半导体材料。属于原子晶体的有 C(金刚石)、B、Si、Ge、SiC、B_4C、SiO_2 等。

3. 分子晶体

在晶格结点上排列着分子，分子间以范德华力或氢键相结合(分子内的原子以共价键结合)而形成的晶体，称为分子晶体。由于范德华力没有方向性和饱和性，分子组成晶体时可做紧密堆积，但共价键分子本身具有一定的几何构型，所以分子晶体一般不如离子晶体堆积的紧密。

由于分子间力比离子键、共价键弱得多，所以分子晶体一般具有较低的熔点、沸点和硬度；在固态或熔化时都不导电。只有当极性很强的分子所组成的晶体(如 HCl 晶体)，溶解在水中，才会因电离而导电。

属于分子晶体的有非金属单质(如 H_2、N_2、Cl_2、Br_2、I_2、白磷等)、非金属化合物(如 CO_2、HCl、SO_2、NH_3 等)、固态的稀有气体以及许多有机化合物。固体 CO_2(干冰)是典型的分子晶体，如图 1-24 所示。

4. 金属晶体

在晶格结点上排列着金属原子或金属正离子，它们之间以金属键相结合而形成的晶体，

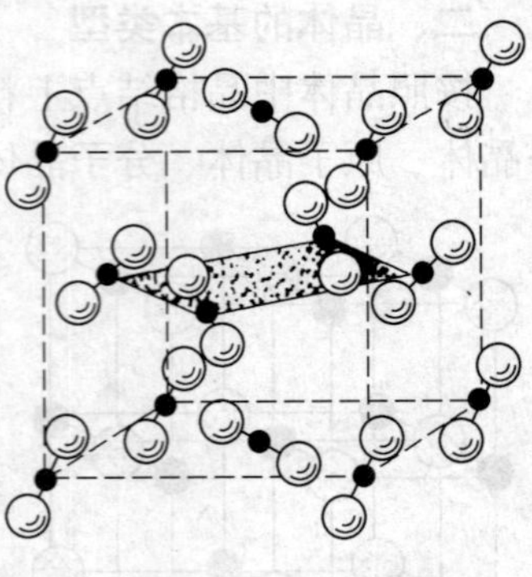
图 1-24 CO_2 的晶体结构

称为金属晶体。金属原子易失去电子变成金属正离子，这些脱离下来的电子并不固定在个别金属原子(或离子)的附近，而是为整个晶体内的全部原子(或离子)所共有，并能在它们之间自由流动，因而称为自由电子。自由电子起到把金属原子(或离子)"黏合"在一起的作用，形成了金属键。金属键没有方向性和饱和性。

在金属晶体中，由于自由电子的存在和晶体的紧密堆积结构，使金属具有以下一些共同的性质：

(1) 金属光泽　金属中的自由电子很容易吸收可见光，并将能量向四周散射，使得金属晶体不透明，具有金属光泽。

(2) 良好的导电性　在外加电场的影响下，自由电子将在晶体内定向流动，形成电流。

(3) 良好的导热性　电子在金属中运动，会不断地与原子或离子碰撞而交换能量。当金属某一部分受热时，通过自由电子的运动把热能传递到邻近的原子或离子，很快使金属整体的温度均一化，因而金属具有良好的导热性。

(4) 良好的延展性　当金属受到外力时，由于自由电子的流动性，一层原子相对于相邻一层原子滑动而不破坏金属键，从而显示出良好的延展性。

表 1-6 归纳了四种基本晶体类型的结构及其性质特征。

表 1-6　四种基本晶体类型的结构及其性质特征

晶体类型	离子晶体	原子晶体	分子晶体		金属晶体
结点上的粒子	正、负离子	原子	极性分子	非极性分子	原子、正离子(间隙处有自由电子)
结合力	离子键	共价键	分子间力(或氢键)	分子间力	金属键
熔、沸点	高	很高	低	很低	较高
硬度	硬	很硬	软	很软	较硬
机械性能	脆	很脆	弱	很弱	有延展性
导电、导热性	熔融态及其水溶液导电	一般为非导体(部分为半导体，可导电)	固态、液态不导电，但水溶液导电	非导体	良导体
溶解性	易溶于极性溶剂	不溶性	易溶于极性溶剂	易溶于非极性溶剂	不溶性
实例	NaCl、MgO	金刚石、SiO_2、SiC	H_2O、HCl、NH_3	I_2、Ar、CO_2	Na、Al、Cu、Zn

知识链接

光谱分析法

光谱分析法是通过测定物质发射、吸收或散射的电磁辐射的波长和强度而进行分析的方法。光谱分析法在环境监测、农产品品质和安全检测、生化临床分析、材料分析等方面有广泛的应用。

根据产生光谱的基本粒子不同，可分为原子光谱和分子光谱。其中原子光谱主要有原子吸收光谱(AAS)、原子发射光谱(AES)、原子荧光光谱(AFS)、X 射线荧光光谱(XFS)；分子光谱主要有紫外-可见分光光度法(UV-Vis)、红外吸收光谱法(IR)、分子荧光光谱法(MFS)。

原子吸收光谱分析法：利用特殊光源发射出待测元素的共振线，并将溶液中离子转变成气态原子后，测定气态原子对共振线吸收而进行的定量分析方法。原子发射光谱法：待测元素的气态原子(或离子)受外能激发后发射出特征光谱，从而进行元素的定性与定量的分析方法。原子荧光光谱法：气态原子吸收特征波长的辐射后，外层电子从基态或低能态跃迁到激发态，然后回到基态或低能态，发射出一定波长的荧光辐射，测定荧光强度进行定量分析的方法。X 射线荧光光谱法：利用初级 X 射线激发待测元素的原子，发射出特征 X 射线，测定其强度进行定量分析。

紫外－可见分光光度法：利用物质的分子(或离子团)对紫外和可见光的特征吸收，根据所产生的吸收光谱图，可进行化合物结构分析，根据最大吸收波长强度变化可进行定量分析。红外吸收光谱法：利用分子中基团吸收红外光，产生的振动－转动吸收光谱，进行定量和有机化合物结构分析的方法。分子荧光光谱法：某些物质被紫外光照射激发后，在回到基态的过程中发射出比原激发波长更长的荧光，通过测量荧光强度进行定量分析的方法。

习　题

一、思考题

1. 说明四个量子数的取值各有哪些限制和各自的物理意义。

2. 写出具有电子构型为 $1s^22s^22p^6$ 的原子中各电子的全套量子数。

3. 试画出原子轨道能级高低的近似能级图。

4. 在下列电子构型中，哪些属于原子基态？哪些属于原子激发态？哪些纯属错误？

(1) $1s^22s^32p^6$　(2) $1s^22s^22p^5$　(3) $1s^22s^12p^6$

(4) $1s^22s^22p^63s^13d^1$　(5) $1s^22s^22p^53d^1$　(6) $1s^22s^22p^63s^23p^8$

5. 完成下表

原子序数	元素符号	电子排布式	价电子排布式	周期	族	区
25						
		$1s^22s^22p^63s^1$				
			$3s^23p^5$			
				4	ⅡB	

6. 从原子结构解释，第二周期元素中的 Be 与 B，N 与 O 的第一电离能出现不符合规律的现象。

7. 说明元素电负性的意义及电负性数据的应用。

8. 从原子半径、电离能、电负性和金属性四方面，比较 Si、Ge、As 三种元素。

9. 说明离子键和共价键是如何形成的？有何区别？

10. 简要说明 σ 键和 π 键、共价键和配位键、键的极性和分子的极性的区别与联系。

11. BF_3 是平面三角形而 NF_3 却是三角锥形，试用杂化轨道理论加以说明。

12. 试用杂化轨道理论判断下列各物质的杂化类型，并预测各分子的空间构型。

SiH_4、CS_2、PH_3、OF_2、BBr_3、SO_2、CO_3^{2-}、CH_4

13. 判断下列分子哪些是极性分子，哪些是非极性分子，并说明原因。

CCl_4、CH_3Cl、CO、BF_3、H_2S、HBr、CO_2、NH_3

14. 在下列各组化合物中，分别指出价键极性最大和最小的化合物。

(1) NaCl、$MgCl_2$、$AlCl_3$、$SiCl_4$、PCl_5

(2) LiF、NaF、KF、RbF、CsF

(3) HF、HCl、HBr、HI

15. 说明下列每组分子之间，存在着什么形式的分子间作用力。

(1) 苯和 CCl_4　　(2) 甲醇和水　　(3) HBr 气体

(4) He 和水　　(5) NaCl 和水　　(6) 碘和酒精

16. 说明下列物质各属何种类型的晶体？

BaO、HCl、O_2、Ag、CaF_2、C(金刚石)、Ar、SiO_2、CO_2、KI

17. 解释事实：NH_3、H_2O、HF 的熔沸点比同族其他元素氢化物的熔沸点高。

18. 判断下列各组物质熔点高低顺序，并说明理由。

(1) SiF_4、$SiCl_4$、$SiBr_4$、SiI_4

(2) CsCl、Au、CO_2、HCl

(3) KCl、BaO、SiC、HI

(4) NaF、KF、RbF、CsF

二、填空题

1. 第二电子层有________个亚层，有________个原子轨道；第四电子层有________个亚层，亚层符号为________，有________个原子轨道。

2. 核外电子排布遵循的 3 个原则是________、________、________。

3. 写出 24 号元素的核外电子排布式：________。

4. 根据元素原子的价电子构型，可将元素周期表划分成 5 个区：________、________、________、________、________。

5. Na、Mg、Al 三元素中，第一电离能最大的是________，电负性最大的是________。

6. 化学键有三种类型：________、________、________。

7. 离子键的本质是________，特征是没有________性和________性。

8. 范德华力一般包括三种作用力：________、________、________。

9. 按照晶体中晶格结点上粒子的种类及其作用力的不同，晶体可分为________、________、________、________。

10. $BaSO_4$ 晶体晶格结点上的微粒是________、________。

三、选择题

1. 下列各组量子数取值合理的是________。

A. $\left(1, 1, 0, \frac{1}{2}\right)$　　B. $\left(3, 0, -1, \frac{1}{2}\right)$

C. $\left(4, 3, 3, -\frac{1}{2}\right)$　　D. (2, 1, 1, 1)

2. 下列离子的电子层结构与 Ne 相同的是________。

A. K^+　　B. Na^+　　C. S^{2-}　　D. Li^+

3. 氮原子的 2p 轨道电子分布为 $2p_x^1 2p_y^1 2p_z^1$，这样排布的原则是________。

A. 泡利不相容原理　　B. 洪特规则

C. 能量最低原理　　D. 最大容量原理

4. 下列各系列中，________系列是按电离能增加的顺序排列的。

A. Li，Na，K　　B. B，Be，Li　　C. O，F，Ne　　D. C，P，As

5. 从下面各元素的价电子构形推断，属于第五周期第ⅢA 族的元素是________。

A. $5s^2 5p^1$　　B. $5s^2 5p^3$　　C. $5s^2 5p^6$　　D. $5s^2$

6. 下列化合物中，中心原子采用 sp^2 杂化的是________。

A. NH_3　　B. BF_3　　C. CH_4　　D. H_2O

7. 下列化合物中既含离子键又含共价键的是________。

A. NaCl　　B. H_2S　　C. $AgNO_3$　　D. K_2O

8. 下列各种含氢化合物中含有氢键的是________。

A. HF　　B. HCl　　C. CH_4　　D. H_2S

四、判断题

1. 因为 H 原子中只有 1 个电子，所以它只有 1 条原子轨道。（　）

2. p 轨道的角度分布为“8”字形，表明电子沿“8”字形轨道运动。（　）

3. 电子云图中黑点越密的地方，表明电子越多。（　）

4. 一个原子中可以存在两个运动状态完全相同的电子。（　）

5. 原子轨道的能级只由主量子数 n 决定，与角量子数 l 无关。（　）

6. s 电子与 s 电子间形成的键是 σ 键，p 电子与 p 电子间形成的键是 π 键。（　）

7. 凡是中心原子采用 sp^3 杂化轨道成键的分子，其分子的空间构型必定是正四面体。（　）

8. 氢键是由氢和其他元素形成的化学键。（　）

第二章　化学热力学基础

运用热力学的基本原理来研究化学现象以及化学变化有关的物理现象，探索化学变化与能量传递、能量交换之间的变化规律，并用以判断化学变化的发生与方向，这样的一门科学称为化学热力学。

第一节　化学热力学基本概念

化学热力学是以热力学第一定律、热力学第二定律及热力学第三定律为基础发展起来的。这些热力学定律都是从大量实验事实中总结归纳出来的，有着牢固的实验基础，热力学第一定律可以计算化学变化中的热效应；热力学第二定律可以判断化学变化的方向和限度，以及化学平衡中的有关问题；热力学第三定律是关于低温现象的定律，它阐述了规定熵的数值。

化学热力学在讨论物质的变化时，着眼于宏观性质的变化，不需涉及物质的微观结构，即可得到许多有用的结论。运用化学热力学方法研究问题时，只需知道研究对象的起始状态和最终状态，而无需知道变化过程的机理。这是化学热力学最成功的一面。应用化学热力学讨论变化过程，没有时间概念，因此不能解决变化进行的速度及其他和时间有关的问题，这也使化学热力学的应用有一定的局限性。化学热力学涉及的内容广且深，在无机化学中只介绍化学热力学的最基本的概念、理论、方法和应用。

一、基本概念和常用术语

1. 体系和环境

宇宙间各事物总是相互联系的。为了研究方便，常把要研究的那部分物质和空间与其他物质或空间人为地分开。被划分出来作为研究对象的那部分物质或空间称为体系，也称系统。体系之外并与体系有密切联系的其他物质或空间称为环境。例如：一杯水，如果只研究杯中的水，水就是体系，则盛水的杯和杯以外的物质以及空间则为环境。

环境和体系合起来，在热力学上称为宇宙。

按照体系和环境之间物质和能量的交换情况，可将体系分为以下三类：

敞开体系——体系和环境之间，既有物质交换，又有能量交换。

封闭体系——体系和环境之间，没有物质交换，但有能量交换。

孤立体系——体系和环境之间，既没有物质交换，也没有能量交换。

2. 状态和状态函数

要描述或研究一个体系，必须先确定它的状态。当体系处于一定的状态时，体系一系列性质如：物质的种类、质量、体积、压力、温度等也都是确定的。当体系的所有性质都有确定值时，就说体系处于一定状态。当体系的这些性质中一种或几种发生变化，则体系状态也就发生变化。这些能够表征体系性质的宏观物理量，称为体系的状态函数。

状态函数的特征就是当体系状态发生变化时，状态函数的改变量只与体系的起始状态和最终状态有关，而与状态变化的具体途径无关。例如：一理想气体，若使其温度由 300K 变为400K，无论是由始态的300K直接加热到终态的400K，或先从始态的300K冷却到298K，再加热到400K，状态函数温度 T 的变化 ΔT 只由体系的初态（300K）和终态（400K）所决定（$\Delta T = 400K - 300K = 100K$），而与变化的途径无关。

体系的各状态函数之间往往是有联系的。因此，通常只需确定体系的某几个状态函数，其他的状态函数也随之而定。例如：一理想气体，如果知道了压力（p）、体积（V）、温度（T）、物质的量（n）这四个状态函数中的任意三个，就能利用理想气体状态方程（$pV = nRT$）来确定第四个状态函数。

有些状态函数，如 V 和 n 等所表示的体系的性质具有加和性，如某体系的体积 $V = 5dm^3$，它等于体系的各部分体积之和。体系的这类具有加和性的性质，称为体系的广度性质或量度性质。

也有些状态函数，如 p 和 T 等所表示的体系的性质，不具有加和性，如有两杯不同温度的水，不能说混合后水的温度是两杯水的温度之和。体系的这类不具有加和性的性质，称为体系的强度性质。

3. 过程和途径

体系的状态发生变化时，从始态到终态的变化经过称为过程。完成变化所经历的具体路线，称为变化的途径。热力学基本过程有以下几种：恒温过程、恒压过程、恒容过程等。

例如某理想气体经历的途径与过程如图2－1所示：

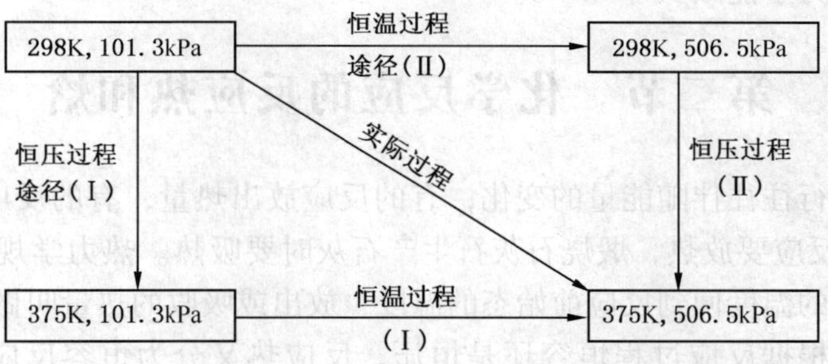

图2－1　某理想气体经历的途径与过程

4. 热和功

热和功是体系状态发生变化时与环境之间交换或传递能量的两种形式。体系和环境之间因温差而传递的能量称为热。除热以外，其他各种形式被传递的能量都称为功。功有多种形式，如电功、机械功等。化学反应涉及较广的是那种由于体系体积变化反抗外力作用而与环境交换的功，也就是体积功，本书只讨论体积功。通常以 W 表示功，以 Q 表示热量，热和功的单位均以焦耳（J）或千焦（kJ）来表示。

根据国际最新规定，以体系的得失能量为标准，$Q > 0$（体系吸热）和 $W > 0$（环境对体系做功，亦即体系得功），均表示体系能量的增加；反之 $Q < 0$（体系放热）和 $W < 0$（体系对环境做功，亦即体系失功），均表示体系能量的减少。如图2－2所示。

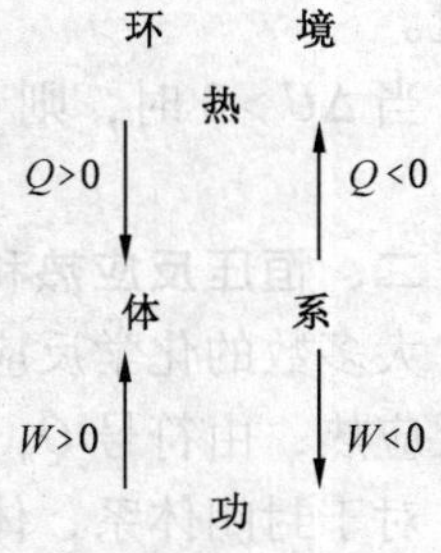

图2－2　体系和环境之间热和功的传递关系

必须注意，热和功都是体系发生某过程时与环境之间交换或传递能量的形式，因此热和功不仅与体系始、终态有关，而且与过程的具体途径有关，所以热和功不是状态函数。

5. 热力学能

体系内部所含的总能量称为体系的热力学能（也称为内能），用符号"U"表示，单位为焦耳（J）或千焦（kJ）。由于体系内部质点运动及相互作用很复杂，因而热力学能的绝对值难以确定。不过既然它是体系自身的属性，体系在一定状态下，其热力学能应有一定的数值，因此热力学能（U）是一个状态函数，其改变量（ΔU）只取决于体系的始、终态，而与体系变化过程的具体途径无关。

二、热力学第一定律

人们经过长期实践认识到：能量是不会自生自灭的，它可以变换形式，但总量不变，这就是所谓的能量守恒定律，在热力学中也称为热力学第一定律。

若一封闭体系，从环境吸热（Q），环境对其做功（W），使其热力学能由 U_1 的状态变化到 U_2 的状态，根据能量守恒定律，体系热力学能的变化（ΔU）为

$$\Delta U = U_2 - U_1 = Q + W \tag{2-1}$$

这就是热力学第一定律的数学表达式。

例 2-1 一体系放出 60kJ 的热，并对环境做了 40kJ 功，体系热力学能的变化 ΔU 为多少千焦?

解：根据热力学第一定律表达式可知：

$$\Delta U = Q + W = -60\text{kJ} - 40\text{kJ} = -100\text{kJ}$$

答：体系的热力学能减少了 100kJ。

第二节 化学反应的反应热和焓

化学反应的进行往往伴随能量的变化，有的反应放出热量，有的反应吸收热量。例如，NaOH 溶液与盐酸反应要放热，煅烧石灰石生产石灰时要吸热。热力学规定：某化学反应发生后，使反应产物的温度回到反应前始态的温度，放出或吸收的热量叫做该化学反应的反应热，也叫热效应。根据反应过程恒容还是恒压，反应热又分为恒容反应热 Q_v 和恒压反应热 Q_P。

一、恒容反应热

如果一个化学反应在固定体积的密闭容器中进行，因为体积恒定，这时的反应热称为恒容反应热，由符号 Q_v 表示。此时体积功 $W=0$，根据热力学第一定律，则：

$$\Delta U = Q_v \tag{2-2}$$

式（2-2）表明：在恒容条件下，化学反应的反应热在数值上等于该反应体系内能的改变量。

当 $\Delta U > 0$ 时，则 $Q_v > 0$，该反应为吸热反应；当 $\Delta U < 0$ 时，则 $Q_v < 0$，该反应为放热反应。

二、恒压反应热和焓

大多数的化学反应都是在恒压条件下（如在敞口容器中）进行的，这时的反应热称为恒压反应热，由符号 Q_p 表示。这里只研究恒压反应热。

对于封闭体系，体系对环境只作体积功的恒压过程，在反应过程中体系对环境所作的体积功为：

$$W = -p_{外}(V_2 - V_1)$$

由热力学第一定律可得出：

$$\Delta U = Q_p + W$$

$$Q_p = \Delta U - W$$

即：

$$Q_p = (U_2 - U_1) + p_{外}(V_2 - V_1)$$

因为恒压：$p_1 = p_2 = p_{外} = p$

∴　$Q_p = (U_2 + pV_2) - (U_1 + pV_1)$

令 $H = U + pV$ 则得：

$$Q_p = H_2 - H_1 = \Delta H \qquad (2-3)$$

U、p、V 皆为状态函数，故其组合成的新函数 H 也为状态函数。热力学上把 H 叫作焓。ΔH 叫做焓的变化，简称焓变。式(2－3)表示恒压反应热在数值上等于体系的焓变。焓变的值取决于体系变化前后的状态，而与变化的途径无关。焓和焓变的单位就采取能和热的单位。

在恒压过程中：$\Delta H > 0$，表示体系的焓值增加，即体系从环境吸热；

$\Delta H < 0$，表示体系的焓值减少，即体系向环境放热。

例如，在恒压条件下：

$$H_2(g) + 1/2O_2(g) \longrightarrow H_2O(g);\ \Delta H = Q_p = -241.82\text{kJ} \cdot \text{mol}^{-1}$$

体系的焓值减小($\Delta H < 0$)，表明此反应为放热反应。

$$H_2O(g) + C(s) \longrightarrow CO(g) + H_2(g);\ \Delta H = Q_p = 131.3\text{kJ} \cdot \text{mol}^{-1}$$

体系的焓值增加($\Delta H > 0$)，表明此反应为吸热反应。

反应热是十分重要的基本热化学数据。研究反应热为我们如何探索新能源、如何合理地利用能源提供十分重要的理论依据。

三、热化学方程式

表示化学反应与热效应关系的方程式称为热化学方程式。例如：

$$H_2(g) + 1/2O_2(g) \longrightarrow H_2O(g);\ \Delta_r H_m = -241.82\text{kJ} \cdot \text{mol}^{-1}$$

上式表示：当反应进度为 $\xi = 1\text{mol}$ 时，即 1mol $H_2(g)$ 与 1/2mol $O_2(g)$ 反应生成 1mol $H_2O(g)$ 时，放出 241.82kJ 的热量。$\Delta_r H_m$ 称为摩尔反应焓变。

由于反应热与反应进行的温度、压力、物质的聚集状态有关，因此书写热化学方程式应注意以下几点：

① 应注明反应的温度和压力。习惯上，对于不注明温度和压力的反应，皆指反应是在 $T = 298.15\text{K}$ 和 $p = 100\text{kPa}$ 进行的。严格说来，反应温度对化学反应的焓变值是有影响的，但一般影响不大，通常可用 298.15K 时的焓变值代替其他温度时的焓变值进行计算。

② 必须标出物质的聚集状态。通常以 g、l 和 s 分别表示气、液和固态。如果固态物质有不同的晶型，还要注明不同的晶型。

例如：$C(石墨) + O_2 = CO_2(g);\ \Delta_r H_m = -393.5\text{kJ} \cdot \text{mol}^{-1}$

$C(金刚石) + O_2 = CO_2(g);\ \Delta_r H_m = -395.4\text{kJ} \cdot \text{mol}^{-1}$

③ 同一反应，反应式系数不同，$\Delta_r H_m$ 值也不同，如上例也可写成：

$$2H_2(g) + O_2(g) \longrightarrow 2H_2O(g);\ \Delta_r H_m = -483.64\text{kJ} \cdot \text{mol}^{-1}$$

逆反应的热效应与正反应的热效应数值相同而符号相反，如：

$$H_2O(g) \longrightarrow H_2(g) + 1/2O_2(g);\ \Delta_r H_m = 241.82\text{kJ} \cdot \text{mol}^{-1}$$

四、盖斯(Hess)定律

反应热一般可以通过实验测出。但是，有些复杂反应的某步反应若难以控制，该步反应的反应热就不易准确测定。例如，在恒温恒压下，碳燃烧生成 CO_2 的反应可以按两种不同途径来完成：一种途径是碳燃烧直接生成 CO_2；另一种是碳先氧化成 CO，CO 再氧化成 CO_2，如图 2－3 所示：其中碳燃烧生成 CO 的反应热很难测定，因为碳不完全燃烧的产物中会混有少量的 CO_2。

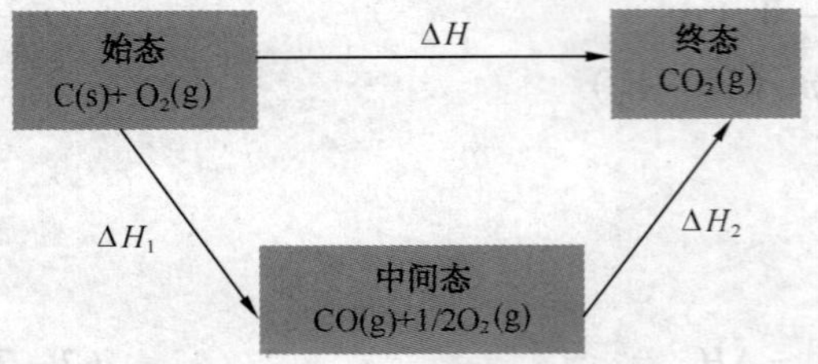

图 2－3　$C(s)+O_2(g) \longrightarrow CO_2(g)$ 的反应途径

俄国化学家盖斯(G. H. Hess)根据大量化学热效应的数据，在 1840 年指出：在恒压或恒容条件下，一个化学反应不论是一步完成或分几步完成，其反应热完全相同，即盖斯定律。盖斯定律是热化学的基本规律，它使热化学方程式可以像普通代数方程那样进行加减运算。

例 2－2　已知在 298.15K 和 100kPa 条件下：

$C(石墨)+O_2(g) \longrightarrow CO_2(g)$；$\Delta_r H_{m_1} = -393.51\text{kJ}\cdot\text{mol}^{-1}$　(1)

$CO(g)+1/2O_2(g) \longrightarrow CO_2(g)$；$\Delta_r H_{m_2} = -282.98\text{kJ}\cdot\text{mol}^{-1}$　(2)

求 $C(石墨)+1/2O_2(g) \longrightarrow CO(g)$ 的 $\Delta_r H_m$

解：反应(2)的逆反应

$$CO_2(g) \longrightarrow CO(g)+1/2O_2(g)\quad \Delta_r H_{m_3}=282.98\text{kJ}\cdot\text{mol}^{-1} \tag{3}$$

(1)＋(3)得：

$$C(石墨)+1/2O_2(g) \longrightarrow CO(g)\quad \Delta_r H_m$$

根据盖斯定律：

$$\begin{aligned}\Delta_r H_m &= \Delta_r H_{m_1} + \Delta_r H_{m_3}\\ &= -393.51\text{kJ}\cdot\text{mol}^{-1} + 282.98\text{kJ}\cdot\text{mol}^{-1}\\ &= -110.53\text{kJ}\cdot\text{mol}^{-1}\end{aligned}$$

即 $C(石墨)+1/2O_2(g) \longrightarrow CO(g)$；$\Delta_r H_m = -110.53\text{kJ}\cdot\text{mol}^{-1}$

应用盖斯定律通过计算不仅可以得到某些恒压反应热，从而减少大量实验测定工作，而且可以计算出难以或无法用实验测定的某些反应的反应热。

五、反应标准摩尔焓变的计算

1. 热力学标准状态与物质的标准摩尔生成焓

在研究问题时，为了避免同一种物质的某热力学状态函数在不同反应体系中数值不同，热力学规定了一个公共的参考状态——标准状态(简称标准态)(表 2－1)。

表 2－1　热力学标准状态

物质	标　准　态
理想气体	标准压力($p^\theta=100\text{kPa}$)下纯理想气体的状态
固体、液体	标准压力(p^θ)下的纯固体、纯液体的状态
溶液	标准压力(p^θ)下浓度为标准浓度 $c=1\text{mol}\cdot\text{L}^{-1}$ 时的状态

应当指出，在对各种标准态的规定中，并未规定统一的温度标准，因此标准态的温度是可以任意选定的，只要求反应物和生成物的温度相同。国际纯粹与应用化学联合会(IUPAC)推荐选用 298.15K 作为参考标准。因此若未特别标明温度通常是指 298.15K。

规定在标准态下，由最稳定的单质生成 1mol 纯物质时反应的焓变叫做该物质的标准摩尔生成焓。用符号 $\Delta_f H_m^\theta$ 表示，符号中的下标“f”表示生成反应，上标“θ”表示标准状态(读作“标准”)，下标“m”表示此生成反应的产物必定是 1mol。$\Delta_f H_m^\theta$ 的单位为 $kJ \cdot mol^{-1}$。

由于物质的焓的绝对值无法测定，为此人们采用了相对值。热力学规定：最稳定单质的标准摩尔生成焓为零。例如，碳有石墨和金刚石等多种单质，其中石墨是最稳定的，其标准生成焓为零。本书附录 3 中列出了 298.15K 下常见物质的标准摩尔生成焓数据。

2. 标准摩尔反应焓变及其计算

标准状态下，当任一化学反应的反应进度 $\xi = 1mol$ 反应的焓变称为该反应的标准摩尔反应焓变。用符号 $\Delta_f H_m^\theta$ 表示。根据盖斯定律，对于任一化学反应，在反应温度下该反应的标准摩尔反应焓变 $\Delta_f H_m^\theta$ 与该温度下各反应组分的标准摩尔生成焓 $\Delta_f H_m^\theta$ 之间有如下关系：

$$\Delta_f H_m^\theta = \Sigma V_i \Delta_f H_m^\theta(\text{生成物}) - \Sigma V_i \Delta H_m^\theta(\text{反应物}) \qquad (2-4)$$

式中 V_i 表示反应式中物质 i 的化学计量数。式(2－4)表明标准摩尔反应焓变等于在相同温度下产物的总标准摩尔生成焓与反应物的总标准摩尔生成焓之差。

例 2－3　计算 298.15K 时，恒压反应 $2Al(s) + Fe_2O_3(s) \longrightarrow Al_2O_3(s) + 2Fe(s)$ 的标准摩尔反应焓变，并判断此反应是吸热还是放热。

解： 由附录 3 查得：$2Al(s) + Fe_2O_3(s) \longrightarrow Al_2O_3 + 2Fe(s)$

$\Delta_f H_m^\theta/(kJ \cdot mol^{-1})$　　0　　－824.2　　－1676　　0

$$\begin{aligned}\Delta_f H_m^\theta &= [\Delta_f H_m^\theta(Al_2O_3, s) + 2\Delta_f H_m^\theta(Fe, s)] - [2\Delta_f H_m^\theta(Al, s) + \Delta_f H_m^\theta(Fe_2O_3, s)] \\ &= [(-1676) + 2\times 0] - [2\times 0 + (-824.2)] \\ &= -851.8 kJ \cdot mol^{-1}\end{aligned}$$

通过计算得知，$\Delta_f H_m^\theta = -851.8 kJ \cdot mol^{-1} < 0$，可判断此反应为放热反应。铝热法(金属铝粉和三氧化二铁的混合物俗称“铝热剂”，点火时反应放出大量的热，可达 2000℃以上)正是利用此反应放出的热量熔化和焊接铁件的。

第三节　化学反应的方向

一、自发过程与自发反应

自然界发生的变化，不论是物理变化还是化学反应，都有一定的方向性。例如水总是自动地从高处流向低处，而不会自动地反方向流动。当两个温度不同的物体相互接触时，热会自动地从高温物体传向低温物体，而反方向不会自动进行。又如铁在潮湿的空气中易生锈，而铁锈决不会自发地还原为金属铁。这种在一定条件下，不需借助外力(即不需环境对体系做功)就能自动进行的过程，称为自发过程。若自发过程为化学过程则称为自发反应。

自发过程的特征：

① 有一定方向性，不能自发的向相反方向进行。

② 非自发过程并不等于不可能发生。例如电解水，$2H_2O(l) \longrightarrow H_2(g) + O_2(g)$ 在环境对体系做功的条件下，反应就能够进行。

③ 有一定限度，即自发地趋向于平衡状态。例如：热由高温物体传递给低温物体，直至两物体温度相等。

那么能否从理论上判断一个具体的化学反应是否为自发反应呢？或者说从理论上确立一个化学反应方向的判据呢？此问题为本节的核心内容。

二、影响化学反应方向的因素

1. 化学反应的焓变

在研究各种体系的变化过程时，人们发现自然界的自发过程一般都向着能量降低的方向进行。能量越低，体系的状态就越稳定。化学反应一般也符合上述能量最低原理。的确，很多放热反应在298.15K、标准状态下都是自发进行的。例如：

$$2Fe(s)+3/2\ O_2(g)=Fe_2O_3(s)\quad \Delta_f H_m^\theta=-844kJ\cdot mol^{-1}$$

$$H_2(g)+1/2\ O_2(g)=H_2O(l)\quad \Delta_f H_m^\theta=-285.8kJ\cdot mol^{-1}$$

所以，有人曾试图以反应的焓变($\Delta_f H_m$)作为反应自发性的判据。认为在等温等压条件下，当$\Delta_f H_m<0$时，化学反应自发进行；

当$\Delta_f H_m>0$时，化学反应不能自发进行。

但实践表明：有些吸热过程($\Delta_r H_m>0$)也能自发进行。例如，冰的溶解、NH_4Cl溶于水以及Ag_2O的分解等都是吸热过程，在298.15K、标准状态下均能自发进行：

$$H_2O(s)=H_2O(l)\quad \Delta_r H_m^\theta(298K)>0$$

$$NH_4Cl(s)\longrightarrow NH_4^+(aq)+Cl^-(aq);\ \Delta_r H_m^\theta=14.7kJ\cdot mol^{-1}$$

$$Ag_2O(s)\longrightarrow 2Ag(s)+1/2O_2(g);\ \Delta_r H_m^\theta=31.05kJ\cdot mol^{-1}$$

显然这些情况不能仅用焓变来解释。这表明在给定条件下要判断一个反应能否自发进行，除了焓变这一重要因素外，还有其他因素。

2. 化学反应的熵变

前面提到的自然界中有一类自发过程的普遍情况，即系统倾向于取得最低的能量。实际上还有一类自发过程的普遍情况。例如，将一瓶氨气放在室内，如果瓶口是敞开的，则不久氨气就会扩散到整个室内。又如在水中滴一滴墨水，墨水就会自发的主动扩散到整杯水中，这表明在上述两种情况下，体系都能自发的向着混乱度增大的方向进行。再如，NH_4Cl晶体中的$NH_4{}^+$和Cl^-，在晶体中的排列是整齐、有序的，把NH_4Cl晶体投入水中后，形成$NH_4{}^+$和Cl^-并在水中扩散，它们的分布情况比NH_4Cl溶解前要混乱得多。又如Ag_2O的分解，反应前后对比，不但物质的种类和数量增多，而且产生了热运动自由度很大的气体，整个物质体系的混乱程度增大了。由此可见，自然界中的物理和化学的自发过程一般都向着混乱程度(简称混乱度)增大的方向进行。

为了描述体系混乱度，人们引进了一个新的热力学函数——熵，其符号为S。一定条件下处于一定状态的体系都有其各自确定的熵值。因此，熵是状态函数。体系的混乱度越大，其熵值就越大，反之亦然。

从体系混乱度的观点来看：物质的聚集状态不同其熵值不同，一般情况下，同种物质气态的熵>液态的熵>固态的熵；物质的熵值随温度的升高而增大。

在绝对零度时，纯物质的完整晶体中，所有的微粒(原子、分子或离子)都处于理想的晶格结点位置上，没有任何热运动，是一种理想的完全有序的排列状态，因此，热力学中规定："在绝对零度时任何纯物质的完整晶体的熵等于零"，这就是热力学第三定律。

根据热力学第三定律：$S_0=0$(下标"0"表示在0K)，并以此为基础，可求得在其他温度下的熵值S_T。例如，我们将一种纯晶体物质从0K升温到任一温度T，并测量此过程的熵变量ΔS，则$\Delta S=S_T-S_0=S_T-0=S_T$，$S_T$即温度$T$为该物质熵值。1mol纯物质在标准状态下的熵值称为该物质的标准摩尔熵S_m^θ，单位为$J\cdot K^{-1}\cdot mol^{-1}$。书中附录表3给出了一些常见物质在 298.15K 下的标准摩尔熵 S_m^θ，显然，即使是纯单质在 298.15K 时的熵值也不为零。

化学反应的熵变 $\Delta_r S_m$ 与反应的焓变 $\Delta_r H_m$ 的计算原则相同，只取决于反应的始态和终态，而与变化的途径无关。因此，对于任一化学反应，在 298.15K 时，用标准摩尔熵 S_m^θ 的数值可以算出化学反应的标准摩尔反应熵变 $\Delta_r S_m^\theta$：

$$\Delta_r S_m^\theta = \sum \nu_i S_m^\theta (\text{生成物}) - \sum \nu_i S_m^\theta \quad (\text{反应物}) \tag{2-5}$$

式中，ν_i 表示反应式中物质 i 的化学计量数。

例 2-4 试计算反应：$2SO_2(g) + O_2(g) \longrightarrow 2SO_3(g)$ 在 298.15K 时的标准摩尔反应熵变 $\Delta_r S_m^\theta$。并判断该反应是熵增还是熵减。

解：由附录 3 查得： $2SO_2(g) + O_2(g) \longrightarrow 2SO_3(g)$

$S_m^\theta/(J \cdot mol^{-1} \cdot K^{-1})$ 248.2 205.14 256.7

$$\Delta_r S_m^\theta = \sum \nu_i S_m^\theta (\text{生成物}) - \sum \nu_i S_m^\theta (\text{反应物})$$
$$= 2 \times 256.7 - [(2 \times 248.2) + 205.14]$$
$$= -188.06 (J \cdot mol^{-1} \cdot K^{-1})$$

$\Delta_r S_m^\theta < 0$，故在 298.15K 标准态下该反应为熵值减小的反应。

虽然熵增有利于反应的自发进行，但是与反应焓变一样，不能仅用熵变作为反应自发性的判据。例如，$SO_2(g)$ 氧化为 $SO_3(g)$ 的反应在 298.15K、标准态下是一个自发反应，但其 $\Delta_r S_m^\theta < 0$。又如水转化为冰的过程，其 $\Delta_r S_m^\theta < 0$，但在 $T < 273.15K$ 的条件下却是自发过程。这表明过程（或反应）的自发性不仅与焓变和熵变有关，而且还与温度条件有关。

3. 化学反应的吉布斯自由能变

为了确定一个过程（或反应）自发性的判据，1876 年，美国科学家吉布斯（J. W. Gibbs）提出一个新的热力学函数——吉布斯自由能 G，他定义：

$$G = H - TS \tag{2-6}$$

由定义式（2-6）可以看出：吉布斯自由能 G 把 H、S 和 T 联系在一起。由于 H、S、T 均为状态函数，吉布斯自由能也是状态函数。

按照吉布斯自由能的定义：对于一封闭体系、等温过程（$T_2 = T_1 = T$），体系由状态 1 变化到状态 2 时，体系的吉布斯自由能变为：

$$\Delta G = G_2 - G_1 = (H_2 - TS_2) - (H_1 - TS_1)$$
$$\Delta G = \Delta H - T\Delta S$$

或写成

$$\Delta_r G_m = \Delta_r H_m - T\Delta_r S_m \tag{2-7}$$

式（2-7）称为吉布斯-赫姆霍兹公式，它是热力学极为重要的方程之一。

三、反应自发性的判断

1. 以 ΔG 为判断标准

根据热力学第二定律：在等温、等压、不做非体积功的条件下，自发的化学反应总是向着体系吉布斯自由能降低的方向进行（也称最小自由能原理），则得：

$\Delta G < 0$ 该反应能自发进行

$\Delta G > 0$ 该反应不能自发进行，逆反应可以自发进行

$\Delta G = 0$ 体系处于平衡状态

上述可以作为判断化学反应自发进行的方向的判据。

由吉布斯-赫姆霍兹公式 $\Delta G = \Delta H - T\Delta S$（等温、封闭体系），可以讨论 ΔH、ΔS 和反应

温度 T 对 ΔG 的值及反应方向的影响。根据 ΔH 和 ΔS 的符号把化学反应分为四类，见表 2－2：

表 2－2 ΔH、ΔS 和 T 对 ΔG 的值及反应方向的影响

类 型	ΔH	ΔS	ΔG	反应自发性
(1) $H_2(g)+Cl_2(g)=2HCl(g)$	－	+	恒－	任意 T，自发
(2) $CO(s)=C(s)+1/2O_2(g)$	+	－	恒+	任意 T，非自发
(3) $CaCO_3(s)=CaO(s)+CO_2(g)$	+	+	升高至某温度时由正变负	$T>T_{转}$，自发
				$T<T_{转}$，非自发
(4) $N_2(g)+H_2(g)=2NH_3(g)$	－	－	升高至某温度时由负变正	$T<T_{转}$，自发
				$T>T_{转}$，非自发

在上述第(3)、第(4)两种类型的反应中，都涉及一个反应方向随温度的改变而逆转的问题，此时的温度称为化学反应的转向温度，简称转向温度，用符号 $T_{转}$ 表示。由于 $T_{转}$ 时，$\Delta G=0$，所以由吉布斯－赫姆霍兹公式(2－7)可求得：

$$T_{转}=\Delta H/\Delta S \qquad (2-8)$$

在 $T_{转}$ 温度时，化学反应处于平衡状态；高于或低于这一温度，反应的方向即发生相应的变化。

在实际应用中我们往往用下式求转化温度：

$$T_{转}\approx\Delta_r H_m^\theta(298.15\text{K})/\Delta_r S_m^\theta(298.15\text{K}) \qquad (2-9)$$

应该指出，热力学只能指出化学反应的方向和限度，但不能说明反应的速率。如果某个反应的 $\Delta G<0$，但是反应速率很慢，这种情况下可以设法寻找催化剂，使反应快速进行。然而对于热力学上不可能发生的反应，催化剂对它也不起作用。

2. 反应的标准摩尔吉布斯自由能变

当一个反应体系的所有物质都处于热力学标准状态时，反应的吉布斯自由能变为该反应的标准吉布斯自由能变。而对于反应进度 $\xi=1\text{mol}$ 时，反应的标准吉布斯自由能变为该反应的标准摩尔吉布斯自由能变，用符号 $\Delta_r G_m^\theta$ 表示。单位为 $\text{kJ}\cdot\text{mol}^{-1}$。规定任何稳定单质的标准摩尔吉布斯自由能变为零。本书附录3 中列出了 298.15K 下常见物质的标准摩尔吉布斯自由能变的数据。

应当指出标准摩尔吉布斯自由能变为温度 T 的函数，同一反应，在不同的温度下，有不同的标准摩尔吉布斯自由能变，这一点必须十分清楚。

3. 反应的标准摩尔吉布斯自由能变的计算

(1) 298.15K 时反应的标准摩尔吉布斯自由能变的计算

①利用物质的 $\Delta_f G_m^\theta(298.15\text{K})$ 的数据计算：

与反应焓变 $\Delta_r H_m^\theta$ 的计算相似，对于任一化学反应，在 298.15K 时，应用标准摩尔吉布斯自由能变 $\Delta_f G_m^\theta$ 的数值可以算出化学反应的标准摩尔吉布斯自由能变 $\Delta_r G_m^\theta$：

$$\Delta_r G_m^\theta=\sum\nu_i\Delta_f G_m^\theta(\text{生成物})-\sum\nu_i\Delta_f G_m^\theta(\text{反应物}) \qquad (2-10)$$

式中 ν_i 表示反应式中物质 i 的化学计量数。

式(2－10)表明 298.15K 时反应的标准摩尔吉布斯自由能变等于同温度下生成物的标准摩尔吉布斯自由能变减去反应物的标准摩尔吉布斯自由能变。

②利用物质的 $\Delta_f H_m^\theta$(298.15K)和 S_m^θ(298.15K)的数据计算：

先算出反应的 $\Delta_r H_m^\theta$(298.15K)和 S_m^θ(298.15K)，再按(2-7)计算：

$$\Delta_r G_m^\theta(298.15\text{K}) = \Delta_r H_m^\theta(298.15\text{K}) - 298.15\text{K}\Delta_r S_m^\theta(298.15\text{K}) \qquad (2-11)$$

(2)其他温度时反应的标准摩尔吉布斯自由能变的计算

对于任一温度 T 时，反应的标准摩尔可通过吉布斯自由能变也可通过公式(2-7)求算：

$$\Delta_r G_m^\theta(T) = \Delta_r H_m^\theta(T) - T\Delta_r S_m^\theta(\text{T})$$

但这里需要指出，由于温度对焓变和熵变的影响较小，通常可认为 $\Delta_r H_m^\theta(T) \approx \Delta_r H_m^\theta(298.15\text{K})$、$\Delta_r S_m^\theta(T) \approx \Delta_r S_m^\theta(298.15\text{K})$这样任一温度 T 时的标准摩尔吉布斯自由能变可按下式作近似计算：

$$\begin{aligned}\Delta_r G_m^\theta(T) &= \Delta_r H_m^\theta(T) - T\Delta_r S_m^\theta(T)\\ &\approx \Delta_r H_m^\theta(298.15\text{K}) - T\Delta_r S_m^\theta(298.15\text{K})\end{aligned} \qquad (2-12)$$

(3)任意态时反应的摩尔吉布斯自由能变的计算

上述几个计算公式都是适用于标准状态的，而实际的条件不一定是标准状态的。以乙烷的燃烧反应为例：

$$C_2H_6(g) + 5/2O_2(g) —— CO_2(g) + 3H_2O(l)$$

系统中涉及的气体至少有 C_2H_6、O_2 与 CO_2 三种。按标准状态的定义，反应中每种气体的分压均应分别为100kPa(不是总压为100kPa)，显然在通常的实际情况下，这一反应的吉布斯自由能变不会是标准状态的 $\Delta_r G_m^\theta$，而是任意态的 $\Delta_r G_m$（注意自发反应的判断标准是 $\Delta_r G_m$ 而不是 $\Delta_r G_m^\theta$）。

反应的 $\Delta_r G_m$ 可根据实际条件用热力学等温方程进行计算，即

$$\Delta_r G_m(T) = \Delta_r G_m^\theta(T) + RT\ln Q \qquad (2-13)$$

式中

$$Q = \frac{\{c(\text{D})/c^\theta\}^d \cdot \{c(\text{E})/c^\theta\}^e}{\{c(\text{A})/c^\theta\}^a \cdot \{c(\text{B})/c^\theta\}^b}$$

Q 称为反应熵，Q 不包括纯液体或纯固体物质的浓度。式中各物质的浓度并非平衡时的浓度，是任意反应状态下的浓度。若反应系统中有气体或全部都是气体参与的反应，则 Q 中的 c/c^θ 就用 p/p^θ 代替。

例2-5 计算石灰石($CaCO_3$)的热分解反应

$$CaCO_3(s) \longrightarrow CaO(s) + CO_2(g)$$

(1) 在298.15K、标准状态下，$CaCO_3$能否分解为CaO和CO_2？

(2) 在1273K、标准状态下，$CaCO_3$能否分解为CaO和CO_2？

(3) 转变温度 $T_{转}$。

解：(1)由附录3查得：

	$CaCO_3(s) \longrightarrow$	$CaO(s)$ +	$CO_2(g)$
$\Delta_f G_m^\theta/(\text{kJ}\cdot\text{mol}^{-1})$	-1128.79	-604.2	-394.36
$\Delta_f H_m^\theta/(\text{kJ}\cdot\text{mol}^{-1})$	-1206.8	-635.09	-393.51
$S_m^\theta/(\text{J}\cdot\text{mol}^{-1}\cdot\text{K}^{-1})$	92.9	40	213.7

解法一：$\Delta_r G_m^\theta(298.15K) = \sum \nu_i \Delta_r G_m^\theta$(生成物) $- \sum \nu_i \Delta_r G_m^\theta$(反应物)

$= [(-394.36kJ \cdot mol^{-1}) + (-604.23kJ \cdot mol^{-1})]$

$-(-1128.79kJ \cdot mol^{-1})$

$= 130.40kJ \cdot mol^{-1}$

由于 $\Delta_r G_m^\theta(298.15K) > 0$，故在 298.15K、标准态下碳酸钙不会自发分解。

解法二：$\Delta_r H_m^\theta(298.15K) = \sum \nu_i \Delta_r H_m^\theta$(生成物) $- \sum \nu_i \Delta_r H_m^\theta$(反应物)

$= (-393.51kJ \cdot mol^{-1}) + (-635.09kJ \cdot mol^{-1})$

$-(-1206.8kJ \cdot mol^{-1})$

$= 178.2kJ \cdot mol^{-1}$

$\Delta_r S_m^\theta(298.15K) = \sum \nu_i S_m^\theta$(生成物) $- \sum \nu_i S_m^\theta$(反应物)

$= 213.7J \cdot mol^{-1} \cdot K^{-1} + 40J \cdot mol^{-1} \cdot K^{-1} - 92.9J \cdot mol^{-1} \cdot K^{-1}$

$= 106.8J \cdot mol^{-1} \cdot K^{-1}$

$\Delta_r G_m^\theta(298.15K) = \Delta_r H_m^\theta(298.15K) - T\Delta_r S_m^\theta(298.15K)$

$= 178.2kJ \cdot mol^{-1} - 298.15K \times 160.8 \times 10^{-3}kJ \cdot mol^{-1} \cdot K^{-1}$

$= 130.40kJ \cdot mol^{-1} > 0$

所以此反应 298.15K，$\Delta_r G_m^\theta(298.15K) > 0$ 标准状态下不能自发进行。

(2) 可利用 $\Delta_r H_m^\theta(298.15K)$ 和 $\Delta_r S_m^\theta(298.15K)$ 的数值，按式(2-12)求得。

$\Delta_r G_m^\theta(1273K) \approx \Delta_r H_m^\theta(298.15K) - 1273K\Delta_r S_m^\theta(298.15K)$

$\approx 178.2kJ \cdot mol^{-1} - 1273K \times 160.6 \times 10^{-3}kJ \cdot mol^{-1} \cdot K^{-1}$

$= -26.11kJ \cdot mol^{-1}$

所以 1273K 的标准状态时，因 $\Delta_r G_m^\theta(1273K) < 0$，故此热分解反应能自发进行。

(3) 石灰石分解反应，属低温非自发，高温自发的吸热的熵增大反应，在标准状态时自发分解的最低温度即转变温度可按式(2-9)求得。

$$T_{转} \approx \Delta_r H_m^\theta(298.15K) / \Delta_r S_m^\theta(298.15K)$$

$$= 178.2 \times 10^3 J \cdot mol^{-1} / 160.6J \cdot K^{-1} \cdot mol^{-1} = 1110.4K$$

知识链接

工业上常用的燃料及其种类

工业上常用的燃料有固体燃料(煤、木材、植物秸杆等)、液体燃料(原油、渣油、柴油等)、气体燃料(天然气、石油气、煤气等)。在我国的能源利用结构中煤的消耗量占了近 76%。近年来我国国内煤炭的年消耗量近 20 亿吨，其中绝大部分是电力、建材、冶金、蒸汽热水生产供应业消耗的。

一、固体燃料

天然固体燃料主要有木材和煤炭，工业上使用的固体燃料主要是煤。煤炭是植物类物质在地热和压力作用下，经过漫长时间逐渐煤化。煤的生成演化过程为：植物→泥煤→褐煤→烟煤→无烟煤。"煤化过程"中氧元素的含量逐渐减少，碳元素的含量逐渐增多，煤炭的热值越来越高。2004 年世界能源消费构成中，原油占 36.8%，煤炭占 27.2%，天然气占 23.7%，水电占 6.2%，核电占 6.1%。煤炭在世界能源中的重要性仅次于原油。

而在中国的能源消费结构中，煤炭占据绝对主导地位，2005 年我国能源消费总量 22.3319 万吨标准煤，其中消费煤炭 153866.791 万吨标准煤，占总消费量的 68.9%，原油占 21.0%，水电占 7.2%，天然气占 2.9%。

煤炭的用途十分广泛，可以根据其使用目的总结为两大主要用途：动力煤和炼焦煤。从世界范围来看，动力煤产量占煤炭总产量的80%以上。美国动力煤产量占其总产量的90%以上；我国动力煤产量也占到煤炭总产量的80%以上。在国外，动力煤绝大部分用于发电，工业锅炉也有一定消耗量。全世界近55%的煤炭是用于发电的，今年煤炭需求的增量部分基本上都消耗在电力部门，我国情况有所不同，由于工业结构落后，在工业化的发展进程中，各行各业对煤炭(动力煤)的需求量都在增加。我国动力煤的主要用途有：发电用煤(我国约55%以上的煤用来发电)、建材用煤(约占动力用煤的10%以上，以水泥用煤量最大，其次为玻璃、砖、瓦等)、一般工业锅炉用煤(用煤量约占动力煤的30%)、生活用煤(约占燃料用煤的20%)、冶金用动力煤(冶金用动力煤主要为烧结和高炉喷吹用无烟煤，其用量不到动力用煤量的1%)。我国炼焦煤资源相对较少，储量仅占我国煤炭总储量27.65%。炼焦煤类包括气煤(占13.75%)，肥煤(占3.53%)，主焦煤(占5.81%)，瘦煤(占4.01%)，其他为未分牌号的煤(占0.55%)；非炼焦煤类包括无烟煤(占10.93%)，贫煤(占5.55%)，弱碱煤(占1.74%)，不焦煤(占13.8%)，长焰煤(占12.52%)，褐煤(占12.76%)，天然焦(占0.19%)，未分牌号的煤(占13.80%)和牌号不清的煤(占1.06%)。炼焦煤的主要用途是炼焦炭。

工业上按照煤炭的灰分和挥发分(固定碳除以挥发分称燃料比，燃料比越高，煤炭的利用价值越高)可以把煤炭分为：

(1) 无烟煤　又称白煤或硬煤，色黑，质硬。无烟煤煤化程度最高，燃料比 >7，固定碳含量75%以上，挥发分在10%以下。着火性能差，燃烧速度缓慢，发热值高，着火温度高，结焦性能差，不易冒烟是无烟煤的特点。工业上无烟煤大量用于煤气化、合成氨、碳素、冶金还原吹煤等生产过程。

(2) 烟煤　又称软煤，煤质黑亮有光泽，燃烧时烟多，故称烟煤。烟煤燃料比在1~7之间，固定碳含量50%以上，挥发分在10%~40%。易燃，燃烧速度快，发热值高，火焰长，易结焦，易冒烟是烟煤的特点。工业上烟煤多用于锅炉燃煤、焦炭和煤炭加工等生产。

(3)褐煤　外表呈褐色的无光泽，质脆，故称褐煤。褐煤燃料比在1~7之间，固定碳含量15%~20%，挥发分在40%~60%。易燃，发热值在4000kcal/kg[1]以下，灰分高是褐煤的特点。褐煤多用于工业动力和煤化工用煤。

(4)焦炭　是将黏结性强、固定碳多的烟煤隔绝空气干馏，是挥发酚挥发和分解，形成一种多孔的人造固体燃料。焦炭燃料比很高，固定碳含量75%~85%，挥发分在1%~6%。焦炭挥发分低，燃烧火焰短、少烟、着火性差、没黏结性，但热值高、燃烧持续性好，发热值在6500~7500kcal/kg以下。工业上主要用于冶金和铸造。

(5)型煤　是人工制作的煤制品，主要指蜂窝煤和煤球。燃烧时比散煤节煤20%~30%，可以减少烟尘和SO_2排放量。型煤主要用于茶炉、大灶等民用锅炉。

二、液体燃料

主要分原油、重油、轻油等，重油包括重油和渣油(石油分馏残余物)，轻油包括柴油、汽油和煤油。

原油是黑色或黄褐色、流动或半流动黏稠液体，成分主要含碳83%~87%、氢11%~14%，含硫0.1%~3%，高位发热值可达9600~12000kcal/kg。原油含碳氢类物质95%~99%，非烃化合类物质(主要是硫、氮、氧)仅1%~4%，非烃化合物含量可高达20%。非烃化合物在石油炼制时，大部分集中在重油和渣油中(大部分硫化物集中在重油中，大部分氮化物集中在渣油中)。

重油是石油蒸馏后的残油，呈黑褐色，包括直馏渣油和裂化残油，主要用于工业燃料。成分主要含碳85%~90%、氢10%~12%、灰分0.3%、硫1%~3%，含氮0.3%~1%。燃烧时产生烟尘、SO_2、NO_x等污染。重油和原油中的硫在燃烧时几乎全部转化为SO_2，氮在燃烧时30%~40%转化为NO_x。

轻油是石油的分馏产物，属有机物链烷、环烷、芳香族等的混合物。常见的汽油、煤油和柴油等轻油类，因其杂质少，燃烧充分，一般不易造成空气污染。

---

[1] 1cal = 4.18J。

三、气体燃料

主要分天然气、液化石油气、人工煤气、高炉及焦炉煤气等。气体燃料的主要组分为CO、氢、甲烷、乙烷、丙烷、丁烷等，气体燃料的点火、燃烧和调节容易，极易完全燃烧，灰分几乎没有、硫、氮成分较少，因此燃烧时基本没有烟尘和SO_2等污染物，只有一定量的NO_x。

1. 天然气

是从地下天然生产出来的可燃气体，成分随产地有所差异，可燃成分主要是甲烷。天然气的密度约0.6~0.7kg/m³，发热值约37600~46000kJ/m³。天然气具有发热值高，不含硫分，不含CO等特性。

2. 液化石油气

液化石油气主要成分是丙烷和丁烷，是石化厂的副产品，液化性能好，易储运，使用方便。液化石油气与天然气性质相近，发热值在104700kJ/m³。

3. 焦炉煤气

焦炉气是煤在高温条件下回收的副产品，主要成分为甲烷和少量氢、CO，一般混有焦油气、阿莫尼亚、硫分等有害杂质，燃烧废气应经过净化。

4. 发生炉煤气

发生炉煤气是煤与水蒸气在缺氧条件下燃烧的产品，主要成分是H_2和CO及少量CO_2和N_2。发热值约在5000kJ/m³，由于成本高，热值较低，一般不用于锅炉。燃烧废气含有少量NO_x和CO。

5. 高炉煤气

是钢铁厂冶炼回收的副产品，主要成分CO占25%~30%，H_2占2%，CO_2占11%，N_2占60%。热值较低约4200kJ/m³，一般钢铁厂自用。燃烧废气含有少量NO_x和CO。

思考题

1. 假设把一台冰箱放在一间密闭的房间里，把冰箱门打开，插上电源让冰箱工作。室内温度会怎样变化？为什么？

2. 预测下列过程的熵变：

① NaCl熔融；

② 建筑物坍塌；

③ 把空气分为温度、压力相同的氧气、氮气和氩气。

3. 什么叫热力学第一、第二、第三定律？如何表示？

4. 什么叫盖斯定律？

5. 如何根据吉布斯自由能变来判断自发反应的方向？

习　题

一、填空题

1. 系统是人们研究的________，根据系统与环境之间的能量与物质交换的情况，系统可分为________、________和________三种。

2. 状态函数的变化与系统的________有关，而与________无关。

3. 热与功是系统状态发生变化时与环境之间的________两种形式。系统向环境放热Q ________ 0，环境对系统做功W ________ 0。

4. 从体系混乱度的观点看，冰、水蒸气、液态水三者的熵值由大到小顺序为________。

二、选择题

1. 下列有关功与热的论述正确的是(　　)。

A. 热等于系统恒压时的焓值

B. 功等于系统的吉布斯自由能值

C. 热等于系统恒容时的热力学能值

D. 功与热是系统发生状态变化时与环境的能量交换形式，与具体的变化途径有关

2. 下列哪一反应的 $\Delta_r H_m^\theta$ 表明的是化合物 $H_2O(g)$ 的标准摩尔生成焓？(　　)

A. $2H_2(g)+O_2(g)\rightarrow 2H_2O(g)$　　B. $H_2(g)+1/2O_2(g)\rightarrow H_2O(g)$

C. $H_2(g)+1/2O_2(g)\rightarrow H_2O(l)$　　D. $H_2O(g)\rightarrow H_2(g)+1/2O_2(g)$

3. 下列说法完全正确的是(　　)。

A. $\Delta_r H_m^\theta<0$ 的反应均为自发反应

B. $\Delta_r S_m^\theta>0$ 的反应均为自发反应

C. $\Delta_r H_m^\theta<0$，$\Delta_r S_m^\theta>0$ 的反应为自发反应

D. $\Delta_r H_m^\theta>0$，$\Delta_r S_m^\theta<0$ 的反应为自发反应

4. 某化学反应的 $\Delta_r H_m^\theta<0$，$\Delta_r S_m^\theta<0$，则对该反应自发进行有利的条件是(　　)。

A. 升高温度　　B. 降低温度　　C. 使用催化剂　　D. 增加压力

5. 如果体系的混乱度降低，则体系的熵值(　　)。

A. 增大　　B. 减小　　C. 没有变化　　D. 等于零

6. 下列叙述正确的是(　　)。

A. $\Delta_r G_m<0$ 的反应一定能自发进行

B. 应用盖斯定律不仅可以计算 $\Delta_r H_m^\theta$，还可以计算 $\Delta_r S_m^\theta$、$\Delta_r G_m^\theta$ 等

C. 对于 $\Delta_r S_m^\theta>0$ 的反应，标准状态下低温时均能正向自发进行

D. 指定温度下，元素稳定单质的 $\Delta_f H_m^\theta=0$，$\Delta_f G_m^\theta=0$，$S_m^\theta=0$

7. 用 $\Delta_r G_m$ 判断反应进行的方向和限度的条件是(　　)。

A. 恒压　　B. 恒温定压

C. 恒温恒压不做非体积功　　D. 恒温定压不做体积功

8. 体系从环境中吸收热量50kJ，同时对环境作功20kJ，则体系内能的改变量为(　　)。

A. −20kJ　　B. −30kJ　　C. 30kJ　　D. 50kJ

9. 反应 $CaO(s)+H_2O(l)\longrightarrow Ca(OH)_2(s)$ 的 $\Delta H<0$、$\Delta S<0$，由此可判断该反应(　　)。

A. 高温下可自发进行　　B. 低温下可自发进行

C. 在温度很大的范围内可自发进行　　D. 以上三种情况都可以

三、判断题

1. 凡是放热反应都能自发进行；凡是熵增反应也能自发进行。(　　)

2. 一个化学反应不管是一步完成还是分几步完成，其焓变都相同。(　　)

3. 系统状态函数的变化与系统变化的具体途径无关，而与系统的始态和终态有关。(　　)

4. 冰在室温下自动融化成水，是熵增起了重要作用的结果。(　　)

5. 室温下，稳定状态的单质的标准摩尔熵为零。(　　)

6. 如果一个反应的 $\Delta_r H_m^\theta>0$，$\Delta_r S_m^\theta<0$，则此反应在任何温度下都是非自发的。(　　)

7. 一个化学反应的 $\Delta_r G_m^\theta$ 值越负，其自发进行的倾向越大，反应速率越快。(　　)

8. 在常压下，当温度低于273K时，水会自动结冰。这个过程体系的熵是减小的，这个现象违背了熵增原理。 （ ）

9. 用吉布斯自由能变 $\Delta_r G_m$ 作为反应方向判据的前提是反应在等温、等压且不做非体积功的条件下进行。 （ ）

四、计算题

1. 试用书末附录中的数据：

① 计算反应 $H_2O(l) = H_2O(g)$ 的 $\Delta_r H_m^\theta(298K)$ 及 $\Delta_r S_m^\theta(298K)$ 的值。

② 计算在298K下2.00mol的 $H_2O(l)$ 蒸发成同温、同压下的水蒸气时的焓变 $\Delta_r H^\theta(298K)$，吸收的热量 Q。

2. 试用书末附录中的数据，计算下列反应的 $\Delta_r G_m^\theta(298K)$，并判断这两反应能否自发进行：

① $4NH_3(g) + 5O_2(g) \longrightarrow 4NO(g) + 6H_2O(l)$ ② $2SO_3(g) \longrightarrow 2SO_2(g) + O_2(g)$

3. 试求反应 $MgCO_3(s) \longrightarrow MgO(s) + CO_2(g)$ 的下列物理量：

① 在298K，100kPa下的 $\Delta_r H_m^\theta(298K)$ 及 $\Delta_r S_m^\theta(298K)$，$\Delta_r G_m^\theta(298K)$；

② 在100kPa压力下（即 $pCO_2 = 100kPa$）进行分解的最低温度。

4. 用CaO(s)吸收高炉废气中的 SO_3 气体，其反应方程式为：

$$CaO(s) + SO_3(g) \longrightarrow CaSO_4(s)$$

根据下列数据计算该反应373K时的 $\Delta_r G_m^\theta$，以说明反应进行的可能性；并计算反应逆转的温度，进一步说明应用此反应防止 SO_3 污染环境的合理性。

	$CaSO_4(s)$	$CaO(s)$	$SO_3(g)$
$\Delta_f H_m^\theta/kJ \cdot mol^{-1}$	-1434.5	-634.09	-395.7
$S_m^\theta/J \cdot mol^{-1} \cdot K^{-1}$	106.5	40	256.7

第三章　化学反应速率和化学平衡

第一节　化学反应速率

各种化学反应进行的快慢是不相同的。有些反应进行得很快，瞬间即可完成，例如各种危险品的爆炸、照相底片的感光、酸碱中和等。有些则进行得很慢，甚至长年累月也看不到明显变化，例如金属的锈蚀、塑料及橡胶制品的老化等。即使是同一化学反应，在不同条件下反应快慢也有不同，例如钢铁在常温下、干燥的环境中氧化速率较慢，在高温高热的环境下发生氧化的速率要快的多。

影响化学反应速率的因素可以概括为两大类：一是反应物的本性，二是反应物的浓度、体系的温度、压力、催化剂以及光、电、磁等宏观量。研究化学反应的速率及其影响因素对于我们解决臭氧层破坏、酸雨产生、废物降解、矿物形成等生态和环境问题等都具有十分重要的意义。

一、化学反应速率

为了比较化学反应快慢，需要明确化学反应速率的概念。目前国际上普遍采用的定义是用反应进度随时间的变化率来表示化学反应的速率。

为此我们先来研究反应进度的概念，人们采用反应中任何一种反应物或生成物 B 在反应某一阶段中物质的量的改变 $dn_B(\Delta n_B)$ 与其化学计量数 ν_B 的商来定义化学反应的反应进度 ξ。

$$d\xi = dn_B/\nu_B \qquad (3-1)$$

$$或\ \xi = \Delta n_B/\nu_B \qquad (3-2)$$

化学计量数 ν_B 就是指化学反应方程式中各物质的相应的反应系数，并规定反应物的化学计量数为负值，而产物的化学计量数为正值。下面我们用一个实例来说明化学进度的表示方法：

$$2H_2(g)+O_2(g)=2H_2O(g)$$

当上述反应进行到反应进度 ξ 时，假定刚好消耗 1.0mol H_2（即 $\Delta n_{H_2}=-1.0mol$），则按方程式推知同时消耗掉的 O_2 的量应为 0.5mol（即 $\Delta n_{O_2}=-0.5mol$），而同时生成了 1.0mol H_2O（即 $\Delta n_{H_2O}=1.0mol$）。按反应进度的定义可求算 ξ：

$$\xi=\Delta n_{H_2}/\nu_{H_2}=\frac{-1.0mol}{-2}=0.5$$

或

$$\xi=\Delta n_{O_2}/\nu_{O_2}=\frac{-0.5mol}{1}=0.5$$

或

$$\xi=\Delta n_{H_2O}/\nu_{H_2O}=\frac{1.0mol}{2}=0.5$$

这就是说用反应进度 $\xi=0.5mol$ 来表示上述反应进行的程度，就意味着反应进行到了消耗 1.0mol H_2，0.5mol O_2，而生成了 1.0mol H_2O 的程度。

应当注意，说到化学反应进度，必须给定一个化学方程式。因为化学计量数 ν_B 与化学反应方程式的书写形式有关。

本书采用浓度为基础的化学反应的速率，即单位时间单位体积内发生的反应进度来定义反应速率。即：

$$v = \frac{1}{V}\frac{d\xi}{dt} \qquad (3-3)$$

根据式(3－1) $d\xi = dn_B/\nu_B$，对于恒容反应 $dc_B = dn_B/V$，上式可以写成化学反应速率的常用定义式：

$$v = \frac{1}{\nu_B} \cdot \frac{dc_B}{dt} \qquad (3-4)$$

上述定义化学反应速率的最大优点是其值与所研究反应中物质 B 的选择无关。即选择任何一种反应物或生成物来表达化学反应速率，都可以得到相同的数值。其单位为 $mol \cdot L^{-1} \cdot s^{-1}$，对于较慢的化学反应也可以用单位 $mol \cdot L^{-1} \cdot min^{-1}$ 或 $mol \cdot L^{-1} \cdot h^{-1}$。

应当注意，说到化学反应速率，与化学反应进度一样，必须给定一个化学方程式。因为化学计量数 ν_B 与化学反应方程式的书写形式有关。

例如：对于合成氨的反应 $N_2 + 3H_2 \rightleftharpoons 2NH_3$，其反应速率：

$$v = \frac{1}{2} \cdot \frac{dc(NH_3)}{dt} = -\frac{dc(N_2)}{dt} = -\frac{1}{3} \cdot \frac{dc(H_2)}{dt}$$

二、化学反应速率理论简介

1. 碰撞理论

1918 年，路易斯(Lewis)运用气体分子运动论的成果，提出了反应速率的碰撞理论。该理论认为：化学反应发生的先决条件是反应物分子间要互相碰撞。但如果反应物分子之间的任何一次碰撞都能发生反应的话，那么，利用分子运动论可以算出，当气体的浓度是 $1mol \cdot dm^{-3}$ 时，每立方厘米，每秒内反应物分子可发生约 10^{28} 次碰撞，只需 $10^{-5}s$ 的时间即可完成反应。换言之，任何反应都可以瞬时完成。但实验事实却不是这样，这说明不是反应物分子的每一次碰撞都能发生反应，而是只有数量少得多的活化分子的直接作用才能发生反应。这种能导致化学反应的碰撞称为有效碰撞。可发生有效碰撞的分子叫做活化分子。显然，单位时间内有效碰撞次数越多，反应速率就越快。活化分子与普通分子的主要区别是它们所具有的能量不同，只有那些具有足够高能量的分子才有可能发生有效碰撞，从而发生反应。活化分子所具有的最低能量(或平均能量)与反应体系中分子的平均能量之差称为反应的活化能 E_a，单位为 $kJ \cdot mol^{-1}$。

活化能的大小与反应速率关系很大。在一定温度下，反应物的平均能量也是一定的。而反应的活化能越大，则活化分子在全体分子中所占的比例就越小，反应就越慢；反之，若反应的活化能越小，则活化分子在全体分子中所占的比例就越大，反应就越快。

实验表明，一般反应的活化能约在 $60 \sim 250kJ \cdot mol^{-1}$ 之间。活化能小于 $40kJ \cdot mol^{-1}$ 的反应速率通常很大，瞬间可以完成。而活化能大于 $400kJ \cdot mol^{-1}$ 的反应速率就很小。

除了能量因素外，还有方位(取向)因素也会影响有效碰撞。碰撞理论认为：只有当活化分子中的各个分子采取适合的方位(取向)进行碰撞时才发生化学反应。

2. 过渡状态理论

过渡状态理论则认为：足够高能量的分子彼此以适当的空间取向靠近到一定程度时(不

一定要发生碰撞），会引起分子或原子内部结构的连续性变化，使原来以化学键结合的原子间的距离变长，而将要结合成键的原子间的距离变短，形成了过渡态的构型，称为活化络合物。将彼此接近时能形成过渡态（活化络合物）的分子称为活化分子。例如，设想反应历程可能为：

$$A + BC \rightarrow [A\cdots B\cdots C]^* \rightarrow AB + C$$

活化络合物

过渡态的能量高于始态也高于终态，由此形成一个能垒，如图3－1所示。要使反应物变成产物，必须使反应物分子爬上这个能垒，否则这个反应不能进行。活化能的物理意义就在于克服这个能垒。显然，在一定温度下反应的活化能越大，可能爬过能垒的分子数越少，反应速率越小。正是由于不同反应的活化能不同，所以在一定温度下各反应的速率是相差很大的。

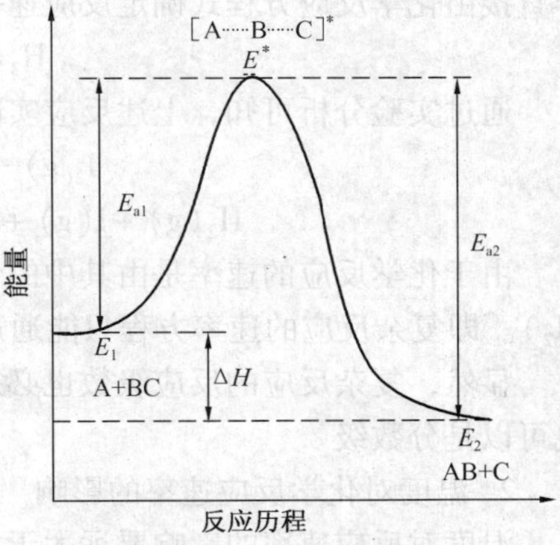

图3－1　反应过程中能量变化示意图

图3－1中简单表示出反应中的活化能。E_1表示反应物分子的平均能量，E_2表示生成物分子的平均能量，E^*表示过渡态活化络合物分子的平均能量，在过渡状态理论中，活化配合物所具有的最低能量和反应物分子的平均能量之差称为活化能。由图3－1可见，E_{a1}与E_{a2}分别表示正、逆反应的活化能。而两者之差就是化学反应的热效应ΔH。对于此反应来说$E_{a1} < E_{a2}$，所以正反应是放热的，逆反应是吸热的。

三、影响化学反应速率的因素

影响化学反应速率的因素有内因和外因。内因是变化的根据，决定于物质的本性和内部结构；外因是变化的条件，外因要通过内因才能起作用，本书主要研究浓度、温度和催化剂等外因对化学反应速率的影响。

1. 浓度对化学反应速率的影响

大量实验表明，在一定温度下，增加反应物的浓度可以加快反应速率。例如，木炭在纯氧中燃烧比在空气中燃烧要快得多。因为对于指定的反应体系而言，在确定温度下，体系中活化分子在全体分子中所占的比例一定，而增加了反应物的浓度，就是增加了反应物分子总数，当然也就增加了活化分子的总数。所以反应速率提高。

实验证明，在给定温度条件下，对于基元反应（又叫简单反应），即反应物只经过一步就直接转化为生成物的反应，其反应速率与各反应物浓度（以化学反应方程式中相应物质的化学计量数为指数）乘积成正比。这个结论称为质量作用定律。

例如：若反应$aA + bB = dD + eE$为基元反应，则

$$v = kc^a(A) \cdot c^b(B) \qquad (3-5)$$

式(3－5)称为质量作用定律表达式或反应速率方程。式中k为反应速率常数，对于某一给定反应，在同一温度、催化剂条件下k是一个不随反应物浓度而改变的定值。当$c(A) = c(B) = 1\text{mol}\cdot L^{-1}$时，上式变为$v = k$，所以速率常数$k$的物理意义是反应物浓度都为单位浓度时的反应速率。式中$a + b$称为反应级数，即在反应速率方程式中，各反应物浓度的指数之和。

举例说明：

$SO_2Cl_2(g) = SO_2(g) + Cl_2(g)$

$$v = kc(SO_2Cl_2) \qquad a+b=1 \qquad \text{一级反应}$$

$2NO_2 = 2NO + O_2$

$$v = kc^2(NO_2) \qquad a+b=2 \qquad \text{二级反应}$$

对于由两个或多个基元反应步骤完成的复杂反应（也叫非基元反应）不能像简单反应那样直接由化学反应方程式确定反应速率方程。如：

$$H_2(g) + I_2(g) = 2HI(g)$$

通过实验分析可知，上述反应实际由以下两步进行：

$$I_{2(g)} \longrightarrow I(g) + I(g) \qquad \text{慢反应}$$

$$H_2(g) + I(g) + I(g) \longrightarrow HI(g) + HI(g) \qquad \text{快反应}$$

由于化学反应的速率是由其中的慢反应决定的，所以整个化学反应的速率方程为 $v = kc(I_2)$。即复杂反应的速率方程只能通过实验获得。

显然，复杂反应的反应级数也必须是通过实验确定的。反应级数可以是整数级、零级，也可以是分数级。

2. 温度对化学反应速率的影响

温度对反应速率的影响要远大于反应物浓度对反应速率的影响。绝大多数化学反应的速率总是随温度的升高而加快。例如：大气中的 N_2 和 O_2 常温下可以长期共存而不发生化学反应，但在汽油燃烧产生高温的情况下，可以化合成 NO。对不同的化学反应，反应速率增大的程度也不同。一般地，在反应物浓度恒定时，反应温度每上升 10K，化学反应速率增加 2~4 倍，这是一条经验规则。

温度对化学反应速率的影响主要是由于温度升高分子运动速度加快，使分子间有效碰撞次数增加，反应速率加快；更重要的是温度升高时，分子的平均能量增大，使普通分子升级而变成活化分子，分子间有效碰撞次数显著增多，化学反应速率也显著增大。

温度对反应速率的影响主要是通过速率常数 k 来体现。瑞典化学家阿仑尼乌斯总结大量实验数据，得出温度与反应速率常数 k 定量关系：

$$k = A \cdot e^{-E_a/RT} \tag{3-6}$$

式(3-6)称为阿伦尼乌斯公式。式中 A 为反应给定的特征常数，称指前因子；E_a 为反应的活化能；R 为摩尔气体常数，$R = 8.314 J \cdot mol^{-1} \cdot K^{-1}$。

其对数式表示为：

$$\ln k = \ln A - \frac{E_a}{RT} \tag{3-7}$$

或

$$\lg k = \lg A - \frac{E_a}{2.303RT} \tag{3-8}$$

一般地，当化学反应的温度变化不大时，E_a 和 A 可以看作常数。若反应在温度 T_1 时的速率常数为 k_1，在温度 T_2 时的速率常数为 k_2，则由式(3-8)可得：

$$\lg k_1 = \lg A - \frac{E_a}{2.303RT_1}$$

$$\lg k_2 = \lg A - \frac{E_a}{2.303RT_2}$$

两式相减得：

$$\lg \frac{k_2}{k_1} = \frac{E_a}{2.303R}\left(\frac{1}{T_1} - \frac{1}{T_2}\right) = \frac{E_a}{2.303R}\left(\frac{T_2 - T_1}{T_1 T_2}\right) \quad (3-9)$$

根据式(3－9)，对于某些反应若已知其在温度 T_1 时速率常数为 k_1 和温度 T_2 时的速率常数为 k_2，就可以求出该反应的活化能 E_a。

在实践中，人们经常采用控制温度的方法来改变化学反应速率。例如：在化工生产和化学实验中，常采用加热的方法来加快化学反应速率。为了防止一些疫苗和酶类试剂变质、失效，通常将其存放在冰箱里或阴凉处，以减慢其反应的进行。

3. 催化剂对化学反应速率的影响

催化剂是一种能改变化学反应速率而本身的化学组成和质量在反应前后都不发生变化的物质。凡能加快反应速率的叫正催化剂，能减慢反应速率的叫负催化剂，通常所说的催化剂一般是指正催化剂。

催化剂之所以能显著地增大化学反应速率，是由于催化剂的加入，与反应物之间形成一种势能较低的活化配合物，改变了反应的历程，与无催化反应的历程相比较，所需的活化能显著降低（如图 3－2 所示：$E_a > E_a'$）从而使活化分子百分数和有效碰撞次数增多，导致反应速率增大。

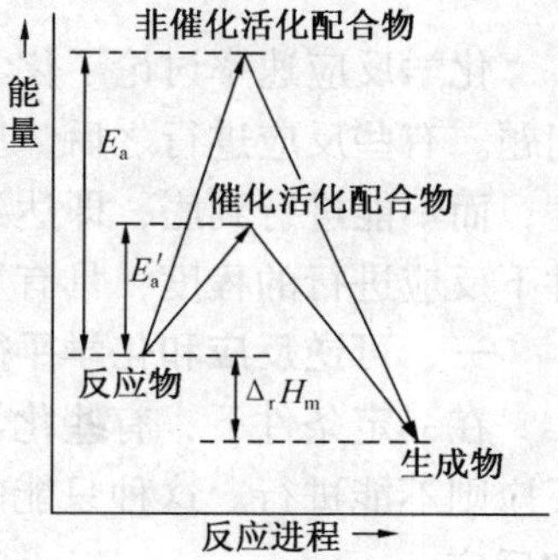

图 3－2　催化剂改变放热反应活化能示意图

催化作用的基本特征：

① 催化剂只能通过改变反应途径来改变反应速率，但不能改变反应的焓变、方向和限度。

② 在反应速率方程式中，催化剂对反应速率的影响体现在反应速率常数 k 上。对确定反应来说，反应温度一定时，采用不同的催化剂一般有不同的 k 值。

③ 对同一可逆反应来说，催化剂等值地降低了正、逆反应的活化能。

④ 催化剂具有选择性。某一反应或某一类反应使用的催化剂往往对其他反应无催化作用。

例如，合成氨反应中使用的铁催化剂无助于 SO_2 的氧化。化工生产上，在复杂的反应系统中常常利用催化剂加速反应并抑制其他反应的进行，以提高产品的质量和产量。催化剂在现代化学、化工中起着极为重要的作用。据统计，化工生产中约有 85% 左右的化学反应需要使用催化剂。尤其在当前的大型化工、石油化工中，很多化学反应用于生产都是在找到了优良的催化剂后才付诸实现的。生物体内的许多生命过程都是在酶催化作用下才得以顺利地进行，假如消化道中没有酶，消化一餐饭将要用 50 年。生物体中的酶在常温常压下即具有极好的催化作用，启发化学工作者把它应用到化工中去，以达到简化工艺过程、降低能耗、减少化学污染、提高产品质量的目的。

生物催化剂和仿生催化剂是催化剂家族中的后起之秀，由于它们具有许多优良的特性，很快成为当今高科技领域的宠儿，引起国内外科学家的高度重视。

生物催化剂主要是指酶一类化合物。酶是生物体内自己合成的一类特殊的蛋白质，它们具有很高的催化活性，生物体中的化学反应几乎都是在各种特定的酶催化作用下进行的。有不少反应，在实验室里即使是高温、高压下等极端条件下都很难完成，可是在生物体内却可以在十分温和的条件下进行。如豆科植物根瘤细菌的固氮作用、叶绿素的光合作用等，都是依靠了有关的生物催化剂的神奇催化作用才得以完成。与一般的催化剂相比，生物催化剂有以下特点：

可以在常温常压接近中性的温和条件下有效地起催化作用。

具有很高的催化效率。

生物催化剂具有更高的选择性，甚至达到专一的程度，称为酶的专一性。专一性是酶与非生物催化剂的最主要的区别。

仿生催化剂是指人类模仿天然生物催化剂的结构、作用特点而设计、合成出来的一类催化剂。其特点是具有和天然生物催化剂相似的性质，但比天然生物催化剂稳定性好，能在生物催化剂无法工作的较恶劣的条件下工作，而且可以大量制得。

第二节 化学平衡

化学反应速率讨论了化学反应进行的快慢问题，化学平衡将要讨论化学反应进行的程度问题。有些反应进行之后，反应物几乎完全转变成生成物，但大多数反应只能进行到一定程度，而不能进行到底，即达到了化学平衡状态。研究化学平衡的规律，从理论上掌握一定条件下反应进行的程度，具有重要的现实意义。

一、可逆反应和化学平衡

在一定条件下，有些化学反应能进行到底，即反应物全部转变为生成物，而相反方向的反应则不能进行。这种只能向一个方向进行的单向反应称为不可逆反应。如强酸与强碱的中和反应：

$$NaOH + HCl = NaCl + H_2O$$

实际上不可逆反应很少，绝大多数化学反应是不能进行到底的，即同一条件下反应物能转变成生成物，生成物也能转变成反应物，两个相反方向的化学反应同时进行。

如工业上合成氨的反应，是用氢气和氮气作原料，在高温高压下化合生成氨，而在同一条件下生成的氨又有一部分重新分解为氢气和氮气。

$$N_2 + 3H_2 \rightleftharpoons 2NH_3$$

这种在同一条件下，既能向一个方向又能向相反方向进行的反应，称为可逆反应。化学方程式中常用“$\rightleftharpoons$”(可逆符号)来表示反应的可逆性。通常把自左向右的反应称为正反应，自右向左的反应称为逆反应。

在合成氨的反应中，反应刚开始时，反应物 N_2 和 H_2 的浓度最大，正反应速率最大，而生成物 NH_3 的浓度为零，因此逆反应速率为零。随着反应的进行，反应物 N_2 和 H_2 不断转化为生成物 NH_3，反应物浓度逐渐减小，因而正反应速率也逐渐减小。同时，随着生成物 NH_3 的浓度逐渐增大，逆反应速率也逐渐增大，经过一段时间后，当反应进行到某一阶段时，正反应速率等于逆反应速率，如图 3-3。

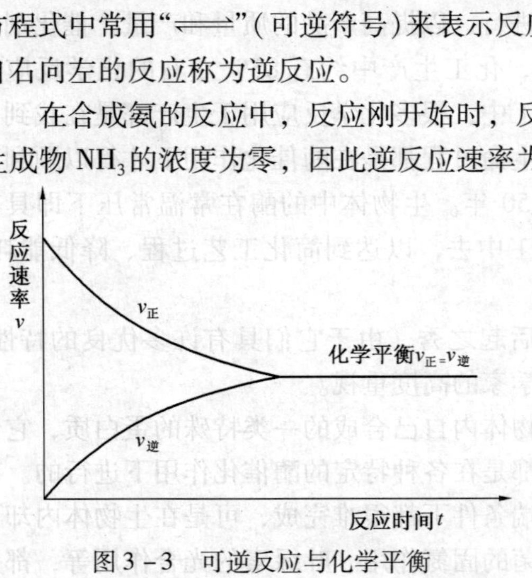

图 3-3 可逆反应与化学平衡

此时单位时间内 N_2 和 H_2 减少的分子数，恰好等于 NH_3 分解生成 N_2 和 H_2 的分子数，只要条件不变，N_2、H_2 和 NH_3 的浓度都保持不变。

如上所述，在一定条件下，可逆反应的正反

应速率等于逆反应速率，反应物浓度和生成物浓度不再随时间而改变的状态，称为化学平衡状态(简称化学平衡)。

化学平衡的主要特征：

① 在平衡状态下，可逆反应仍在进行，只是正反应速率等于逆反应速率；此时反应物和生成物浓度各自保持恒定，不再随时间而改变。

② 化学平衡是一种动态平衡，而且可以双向达到。

③ 化学平衡状态是一定条件下可逆反应进行的最大程度即限度。

④ 化学平衡是有条件的、相对的、暂时的平衡，随着条件的改变，化学平衡会被破坏而发生移动。

二、化学平衡常数

1. 实验平衡常数

在一定条件下，可逆反应达到化学平衡时，反应物和生成物的浓度都保持不变，此时的浓度称为平衡浓度。大量实验证明，在一定温度下，平衡体系中各物质平衡浓度并不相等，而是存在一定的关系。对于溶液中进行的可逆反应：

$$aA + bB \rightleftharpoons dD + eE$$

在一定温度下达到化学平衡时，反应物和生成物的平衡浓度之间存在如下关系：

$$K_c = \frac{c(D)^d \cdot c(E)^e}{c(A)^a \cdot c(B)^b} \quad (3-10)$$

K_c 叫做该反应在该温度下的浓度平衡常数，其意义是：在一定温度下，可逆反应达到化学平衡时，以化学计量数为指数的生成物浓度的乘积与化学计量数为指数的反应物浓度的乘积之比是一个常数。

若上述反应为气相反应，由于温度一定时，气体的分压与浓度成正比($p = CRT$)，而且实际中我们测气体的压力更方便，常用平衡时气体的分压来代替浓度得到压力平衡常数 K_p：

$$K_p = \frac{p(D)^d \cdot p(E)^e}{p(A)^a \cdot p(B)^b} \quad (3-11)$$

浓度平衡常数和压力平衡常数统称为实验平衡常数。可以推出：K_c 和 K_p 有如下关系：$K_p = K_c(RT)^{\Delta n}$，其中 $\Delta n = (d+e) - (a+b)$。若反应前后分子数不同时，K_c 和 K_p 有量纲，且不同反应有不同量纲。为了避免实验平衡常数量纲不统一引起的混乱，我们引入标准平衡常数 K^{θ}。

2. 标准平衡常数

一定温度下，任何可逆反应：

$$aA + bB \rightleftharpoons dD + eE$$

若反应在溶液中进行，则

$$K^{\theta} = \frac{\{c(D)/c^{\theta}\}^d \cdot \{c(E)/c^{\theta}\}^e}{\{c(A)/c^{\theta}\}^a \cdot \{c(B)/c^{\theta}\}^b} \quad (3-12)$$

若为气相反应，则

$$K^{\theta} = \frac{\{p(D)/p^{\theta}\}^d \cdot \{p(E)/p^{\theta}\}^e}{\{p(A)/p^{\theta}\}^a \cdot \{p(B)/p^{\theta}\}^b} \quad (3-13)$$

K^{θ} 为标准平衡常数，简称为平衡常数。与实验平衡常数不同的是标准平衡常数 K^{θ} 无量纲。式中 c^{θ} 为标准浓度，$c^{\theta} = 1\text{mol} \cdot \text{L}^{-1}$；$p^{\theta}$ 为标准压力，$p^{\theta} = 100\text{kPa}$。其中 $\{c(A)/c^{\theta}\}$、

$\{c(B)/c^{\theta}\}$、$\{c(D)/c^{\theta}\}$、$\{c(E)/c^{\theta}\}$为相对浓度，$\{p(A)/p^{\theta}\}$、$\{p(B)/p^{\theta}\}$、$\{p(D)/p^{\theta}\}$、$\{p(E)/p^{\theta}\}$为相对分压。有时为了书写方便可简写为$[A]$、$[B]$、$[D]$、$[E]$。

3. 平衡常数的几点说明

① 平衡常数只是温度的函数，而与反应物或产物的起始浓度无关；

② 平衡常数只表现反应进行的程度，对于同类反应，K^{θ} 越大，反应进行的越完全。而不涉及反应的快慢(即反应速率)问题；

③ 平衡常数的表达式和数值与方程式书写形式有关；

例：$N_2(g) + 3H_2(g) = 2NH_3(g) \quad K_1^{\theta}$

$$1/2\ N_2(g) + 3/2\ H_2(g) = NH_3(g) \quad K_2^{\theta}$$

$$K_1^{\theta} = (K_2^{\theta})^2$$

④ 平衡常数符合多重平衡规则，若干方程式相加(减)，则总反应的平衡常数等于分步平衡常数之乘积(商)。

例：$2NO(g) + O_2(g) \rightleftharpoons 2NO_2(g) \quad K_1^{\theta}$

$$2NO_2(g) \rightleftharpoons N_2O_4(g) \quad K_2^{\theta}$$

$$2NO(g) + O_2(g) \rightleftharpoons N_2O_4(g) \quad K^{\theta} = K_1^{\theta} \times K_2^{\theta}$$

⑤ 稀的水溶液中的反应，H_2O 不写在平衡常数表达式中。

例：$Cr_2O_7^2 + H_2O = 2CrO_4^{2-} + 2H^+$

$$K^{\theta} = \frac{\{c(CrO_4^{2-})/c^{\theta}\}^2 \cdot \{c(H^+)/c^{\theta}\}^2}{\{c(Cr_2O_7^{2-})/c^{\theta}\}}$$

⑥ 反应中纯固体、纯液体的浓度不写在平衡常数表达式中。

例：$CaCO_3(s) \rightleftharpoons CaO(s) + CO_2(g)$

$$K^{\theta} = \{p(CO_2)/p^{\theta}\}$$

三、平衡常数与吉布斯自由能变

通过前面的学习已经知道，在恒温恒压下可用反应的吉布斯自由能变 $\Delta_r G_m$ 来判断反应自发进行的方向，当 $\Delta_r G_m = 0$ 时，系统处于平衡状态。在一定条件下，化学反应达到平衡状态时，其平衡常数为一定值。用平衡常数和 $\Delta_r G_m$ 都可以描述平衡状态。显然，二者之间必定有一定的联系。

如对任一可逆化学反应：

$$aA + bB \rightleftharpoons dD + eE$$

根据式(2-13)　$\Delta_r G_m(T) = \Delta_r G_m^{\theta}(T) + RT\ln Q$

显然，当化学反应处于平衡时 $Q = K^{\theta}$，且 $\Delta_r G_m = 0$ 代入上式得：

$$0 = \Delta_r G_m^{\theta}(T) + RT\ln K^{\theta} \qquad (3-14)$$

$$\Delta_r G_m^{\theta}(T) = -RT\ln K^{\theta} \qquad (3-15)$$

从上式可以看出，平衡常数与反应的标准吉布斯自由能变化有密切关系，通过反应温度 T 时的 $\Delta_r G_m^{\theta}$ 可求得该温度下的平衡常数。还可以看出，$\Delta_r G_m^{\theta}$ 负值越大，K^{θ} 值越大，表示反应进行的程度越大；反之，$\Delta_r G_m^{\theta}$ 负值越小，K^{θ} 值越小，表示反应进行的程度越小。

将式(3-12)代入(2-13)可得：

$$\Delta_r G_m = -RT\ln K^{\theta} + RT\ln Q = -RT\ln\frac{K^{\theta}}{Q} = -2.303RT\lg\frac{K^{\theta}}{Q} \qquad (3-16)$$

利用 Q 和 K^{θ} 进行比较可判断反应进行的方向。

当 $Q<K^{\theta}$ 时，$\Delta_r G_m<0$，正反应自发进行；

当 $Q>K^{\theta}$ 时，$\Delta_r G_m>0$，正反应非自发进行，逆反应自发进行；

当 $Q=K^{\theta}$ 时，$\Delta_r G_m=0$，体系处于平衡状态。

四、化学平衡的移动

化学平衡是在一定条件下建立的相对的、暂时的平衡状态，如果反应条件(浓度、压强、温度等)发生改变，就会对可逆反应的正、逆反应速率产生不同的影响，旧的化学平衡被破坏，经过一段时间的反应后，又可以建立新的化学平衡，但在新的平衡条件下，各反应物和生成物的浓度已不再是原来平衡时的浓度。

由于反应条件的改变，使可逆反应从旧的平衡状态向新的平衡状态转变的过程，称为化学平衡的移动。

在新的平衡状态下，如果生成物的浓度比原来平衡时的浓度增大了，就称平衡向正反应方向移动；如果反应物的浓度比原来平衡时的浓度增大了，就称平衡向逆反应方向移动。影响化学平衡的主要因素有浓度、压力和温度。

1. 浓度对化学平衡的影响

平衡状态下，$Q=K^{\theta}$，任何一种反应物或产物浓度的变化都导致 $Q\neq K^{\theta}$。增加反应物浓度或减少产物浓度时 $Q<K^{\theta}$，平衡将向正反应方向移动；减少反应物浓度或增加产物浓度时 $Q>K^{\theta}$ 平衡将向逆反应方向移动。若增加反应物 A 浓度后，要使减小的 Q 值重新回到 K^{θ}，只能减小反应物 B 的浓度或增大产物浓度，这就意味着提高了反应物 B 的转化率。工业上常常使用此规律通过增加廉价或易得原料的加入量，提高贵重或稀缺原料的转化率。

某反应物的转化率是指平衡时该反应物已转化了的量占初始量的百分数，即

$$\text{转化率}\ \alpha=\frac{\text{平衡时某反应物已反应的量}}{\text{反应开始时该反应物的总量}}\times 100\% \qquad (3-17)$$

例 3-1 250℃时，五氯化磷按下式分解：$PCl_5 \rightleftharpoons PCl_3(g)+Cl_2(g)$ 将 0.700mol PCl_5(g)置于 2.00L 的密闭容器内，达到平衡时有 0.200mol 分解。试计算该温度下的 K^{θ} 和 PCl_5 的平衡转化率 α。

解： 为求 K^{θ} 可根据所给条件，先求出平衡时各气体的物质的量，再根据 $pV=nRT$ 求出相应的平衡分压。

	$PCl_5 \rightleftharpoons$	$PCl_3(g)$ +	$Cl_2(g)$
开始时物质的量，mol	0.700	0	0
变化的物质的量，mol	-0.200	+0.200	+0.200
平衡时物质的量，mol	0.500	0.200	0.200

平衡时各物质的分压：

$$p(PCl)_5=\frac{n(PCl_5)RT}{V}=\frac{0.500\times 8.314\times 523}{2.00\times 10^{-3}}=1087\text{kPa}$$

$$p(PCl_3)=p(Cl_2)\frac{n(PCl_3)RT}{V}=\frac{0.200\times 8.314\times 523}{2.00\times 10^{-3}}=435\text{kPa}$$

$$K^{\theta}=\frac{\{p(PCl_3)/p^{\theta}\}\cdot\{p(Cl_2)/p^{\theta}\}}{\{p(PCl_5)/p^{\theta}\}}=\frac{(435\div 100)\times(435\div 100)}{1087\div 100}=1.74$$

PCl_5 的平衡转化率 $\alpha=\dfrac{0.200}{0.700}\times 100\%=28.6\%$

2. 压力对化学平衡的影响

改变压力的实质是改变浓度，压力变化对化学平衡的影响实际上是通过浓度的变化起作用，同样也能影响转化率。

例 3－2 $N_2O_4(g)$的分解反应 $N_2O_4(g) \rightleftharpoons 2NO_2(g)$，在25℃时，$K^\theta = 0.116$，求在此温度下，当体系的平衡总压为200kPa时，$N_2O_4(g)$的平衡转化率α。

解：因为反应的平衡常数仅是温度的函数，与反应开始时物质的量无关，所以为计算方便，可设反应开始时 $N_2O_4(g)$的物质的量为1mol，平衡转化率为α。

	$N_2O_4(g) \rightleftharpoons$	$2NO_2(g)$
开始时物质的量，mol	1	0
平衡时物质的量，mol	$1-\alpha$	2α
变化的物质的量，mol	α	2α

平衡时总的物质的量 mol　　$n_{总} = (1-\alpha) + (2\alpha) = 1+\alpha$

$$K^\theta = \frac{\{p(NO_2)/p^\theta\}^2}{\{p(N_2O_4)/p^\theta\}} = \frac{(2\alpha/1+\alpha)^2}{1-\alpha/1+\alpha} \cdot \frac{p_{总}}{p^\theta} = 0.116$$

已知 $p_{总} = 200\text{kPa}$，$p^\theta = 100\text{kPa}$，解得

$$\alpha = 12\%$$

25℃，200kPa时，$N_2O_4(g)$的平衡转化率为12%。

压力的变化对固相或液相反应的平衡几乎没有影响。主要对反应前后气体分子数目变化的反应产生影响。增大压力，平衡向着分子数减少的方向移动；减小压力，平衡向着分子数增加的方向移动。

3. 温度对化学平衡的影响

浓度和压力对化学平衡的影响是通过改变体系的Q，使之不再等于K^θ来实现的，这时K^θ不变。温度对化学平衡的影响则不同，它是通过改变K^θ而导致平衡发生移动。

在体系的压力恒定时，对于任一给定的化学反应，由式 $\Delta_r G_m^\theta = -RT\ln K_m^\theta$ 和 $\Delta_r G_m^\theta = \Delta_r H_m^\theta - T\Delta_r S_m^\theta$ 得：

$$\ln K^\theta = -\frac{\Delta_r H_m^\theta}{RT} + \frac{\Delta_r S_m^\theta}{R} \qquad (3-18)$$

如果温度变化不大，可以忽略 $\Delta_r H_m^\theta$ 和 $\Delta_r S_m^\theta$ 随温度的改变。若反应在温度 T_1 下的平衡常数为 K_1^θ，在温度 T_2 下的平衡常数为 K_2^θ，则有：

$$\ln K_1^\theta = -\frac{\Delta_r H_m^\theta}{RT_1} + \frac{\Delta_r S_m^\theta}{R}$$

$$\ln K_2^\theta = -\frac{\Delta_r H_m^\theta}{RT_2} + \frac{\Delta_r S_m^\theta}{R}$$

两式相减得：

$$\ln\frac{K_2^\theta}{K_1^\theta} = \frac{\Delta_r H_m^\theta}{R}\left(\frac{T_2 - T_1}{T_1 T_2}\right) \qquad (3-19)$$

从式(3－15)可以看出温度对化学平衡的影响：

对于吸热反应，$\Delta_r H_m^\theta > 0$，当温度升高($T_2 > T_1$)，$K_2^\theta > K_1^\theta$ 说明平衡常数随温度的升高而增大，即升高温度使平衡向正反应方向——吸热反应方向移动；降低温度($T_2 < T_1$)时，$K_2^\theta < K_1^\theta$，平衡常数随温度的降低而减小，即降低温度使平衡向逆反应方向——放热反应方

向移动。

对于放热反应，$\Delta_r H_m^\theta < 0$，当温度升高($T_2 > T_1$)，$K_2^\theta < K_1^\theta$，表明平衡常数随温度的升高而减小。即升高温度使平衡向逆反应方向——吸热反应方向移动；降低温度($T_2 < T_1$)时，$K_2^\theta > K_1^\theta$，平衡常数随温度的降低而增大，即降低温度使平衡向正反应方向——放热反应方向移动。

总之，不论是吸热反应还是放热反应，当升高温度时，化学平衡总是向吸热反应方向移动；当降低温度时，化学平衡总是向放热反应方向移动。

五、吕·查德里原理——平衡移动的一般规律

当体系达到平衡后，如果改变体系的平衡条件之一(如温度、压力、浓度等)，平衡就向着减弱这个改变的方向移动。这个规律称为吕·查德里原理，又称平衡移动原理。应用此原理可以预测化学平衡移动的方向。

催化剂不会使平衡发生移动，但使用催化剂能降低反应的活化能，加快反应速率，缩短反应达到平衡的时间。

知识链接

光催化剂 TiO_2的应用

光催化剂 TiO_2在可见光或紫外线的作用下具有很强的氧化还原能力，化学性能稳定，能将甲醛、甲苯、二甲苯、氨、氡、TVOC 等有害有机物、污染物、臭气、细菌、病毒、微生物等有害有机物彻底分解成无害的 CO_2和 H_2O，并且不产生二次污染。目前，TiO_2光催化剂已逐步在水污染治理、空气净化、医用卫生、建筑建材以及军事防化等领域获得实际应用。

1. 光催化剂在水处理中的应用

光催化剂具有强的氧化还原能力，可使水中大部分微生物灭活和有机污染物分解。可以将污水中汞、铬、铅、以及氧化物等降解为无毒物质。

2. 在空气净化领域的应用

(1)大气中 NO_x、SO_2的去除　汽车燃料中的 N、S 有机物燃烧后生成的 NO_x 和 SO_2随尾气排放到空气中，与未燃烧完全的其他有机物共同造成空气污染。利用纳米 TiO_2光催化剂的高活性和空气中的 O_2可直接实现 NO_x 和 SO_2的光催化氧化

$$(NO + 1/2O_2 \xrightarrow{h\nu} NO_2,\ 2NO_2 + 1/2O_2 + H_2O \xrightarrow{h\nu} 2HNO_3,\ SO_2 + 1/2O_2 \xrightarrow{h\nu} SO_3,\ SO_3 + H_2O \longrightarrow H_2SO_4)$$

一种表面涂有 TiO_2膜的抗剥离氟树脂薄板在光照 12h 后对低浓度 NO_x 的去除率可达 90% 以上，在建筑物外墙壁或高速公路遮音壁配置这种光催化薄板，在太阳光作用下可有效去除空气中的 NO_x，而且薄板表面聚集的 HNO_3经雨水冲洗，又可恢复光催化活性。若建筑物外墙表面覆上表面涂有 TiO_2薄膜的光催化瓷砖，其对空气的净化效果可相当城市中的绿化带，因而更具有现实意义。

(2)室内空气净化　室内空气污染主要包括两个方面：有机有害气体和病菌。有机有害气体主要来源于有机合成装修材料释放出来的挥发性有机化合物，以甲醛、苯、甲苯等危害为重。空气中的病菌主要是引起皮肤病的真菌(如霉菌)和可通过呼吸道传播的病菌微生物。常规的空气净化器一般利用物理吸附降低污染物浓度，利用负离子、臭氧等去除空气中的有害气体，利用紫外线光照杀菌，其处理效果或使用寿命都有限。而近年来开发出的光催化空气净化器，结合紫外光和 TiO_2的光催化作用共同分解物，较常规空气净化器表现出处理效率高、寿命长、无选择性等优点。目前，光催化净化空气倾向于与其他技术(如负离子)和其他产品(如空调)的结合使用。

(3)抗菌卫生产品　利用 TiO_2的光照灭菌性能，人们开发出多种具有灭菌性能的光催化产品。在国内，

有人将 TiO_2 涂覆在常规瓷砖表面，开发出具有灭菌性能的光催化瓷砖。在日本，东陶(TOTO)公司已开发出适合医院使用的具有消毒杀菌功能的瓷砖，光催化自清洁室内灯罩、光催化自清洁百叶窗等产品也应运而生，设计具有自清洁和灭菌功能的卫生浴室已成为现实。TiO_2 光催化技术在卫生产品市场上表现出了诱人的应用前景。

(4)军事防化领域　化学武器释放到空气中容易形成可长期稳定存在的染毒气体和气溶胶，对人类和其他生物造成严重危害。以芥子气(2，2′－二氯乙硫醚，$ClCH_2CH_2SCH_2CH_2Cl$)为例，它是一种危害巨大的糜烂性毒剂。传统的毒气洗消方法存在效率低、环境危害大、易形成二次污染的弊病；而与纳米技术结合的多相光催化技术，具有处理效率高、分解污染物彻底等特点，在军事防化洗消领域显示出广阔的应用前景。

(5)其他　金属表面的 TiO_2 薄膜还具有防锈作用。金属生锈是金属表面正离子与空气中的水和氧气作用所致，利用 TiO_2 在紫外线作用下所释放出的光致电子可补充金属表面失去的电子，减少金属表面的正离子数，从而达到防锈目的。此项技术的应用意味着钢铁高楼重漆的维护成本会大幅下降。

习　题

一、思考题

1. 化学反应速率的表示方法？

2. 什么叫质量作用定律？如何表示？

3. 影响反应速率的因素有哪几种？其中哪些对反应速率常数有影响？

4. 什么叫化学平衡？化学平衡有何特征？

5. 什么叫化学平衡移动？影响化学平衡移动的因素有哪些？

二、填空题

1. 可逆反应的化学平衡是一个________平衡，平衡时正逆反应均以________的速率在进行。

2. 反应 $2MnO_4^-(aq)+10Cl^-(aq)+16H^+(aq)\rightleftharpoons 2Mn^{2+}(aq)+5Cl_2(g)+8H_2O$ 的标准平衡常数表达式为________。

3. 加入催化剂可使反应速率________；加入催化剂化学平衡移动，但可________达到平衡的时间。

4. 化学平衡常数只与________有关，而与________和无关。

5. 影响化学平衡的因素有________、________、________，对于液体或者固体反应________的影响可以忽略。

6. 已知下列反应的标准平衡常数：

(1) $N_2(g)+3H_2(g)\rightleftharpoons 2NH_3(g)$　K_1^θ

(2) $1/2N_2(g)+3/2H_2(g)\rightleftharpoons NH_3(g)$ K_2^θ

(3) $NH_3(g)\rightleftharpoons 1/2N_2(g)+3/2H_2(g)$　K_3^θ

三个平衡常数之间的关系为________。

7. 催化剂加快反应速率的原因为________。

8. $2NO(g)+Br_2(g)\rightleftharpoons 2NOBr(g)$ 的反应机理为：

(1) $NO(g)+Br_2(g)\longrightarrow NOBr_2(g)$(慢)

(2) $NOBr_2(g)+NO(g)\longrightarrow 2NOBr(g)$(快)

该反应的速率方程为________。

9. 增大反应物浓度时，速率常数 k 值________；升高温度时，速率常数 k 值________。

10. 当 $Q < K^{\theta}$ 时，化学平衡向________方向移动；当 $Q = K^{\theta}$ 时，反应达到________当 $Q > K^{\theta}$ 时，平衡向________方向移动。

11. 改变浓度对化学平衡的影响是改变了________，而改变温度对化学平衡的影响是改变了________。

12. 反应 $N_2 + 2O_2 \rightleftharpoons N_2O_4$，$\Delta_r H_m^{\theta} = 9.16kJ \cdot mol^{-1}$，降低温度，反应速率将________；化学平衡将________。

13. 升高温度使吸热反应速率加快，使放热反应速率________。

三、选择题

1. 对某一指定化学反应，能影响速率常数 k 大小的因素是(　　)。

A. 反应物浓度　B. 反应物压力　C. 反应物温度　D. 以上都对

2. 对于一个化学反应，其正反应的活化能 E_a 正与逆反应的活化能 E_a 逆之间的关系为(　　)。

A. 大小相等　B. 符号相反　C. E_a 正 $< E_a$ 逆　D. 无法确定

3. 恒温下，对于某一化学反应，随着反应的进行将发生(　　)变化。

A. 反应速率不断降低　B. 反应速率常数不断变小

C. 平衡常数不断变小　D. 不能确定

4. 升高温度，可以加快反应速率，其重要原因是(　　)。

A. 加快了分子的运动速率　B. 增加了活化分子的百分数

C. 改变了反应的途径　D. 改变了反应活化能

5. 催化剂加速反应速率的原因是(　　)。

A. 提高平衡常数　B. 降低活化能　C. 增加分子碰撞　D. 提高反应浓度

6. 当化学反应达到平衡时(　　)。

A. 反应物与生成物的浓度相等　B. 正逆反应速率相等

C. 各反应物的浓度等于常数　D. 升高温度，K^{θ} 不变

7. (　　)能使反应达平衡时的产物增加。

A. 升高温度　B. 降低压力　C. 使用催化剂　D. 增加反应物浓度

8. 已知反应 $3O_2(g) \rightleftharpoons 2O_3(g)$　$\Delta_r H_m^{\theta} = 285.4kJ \cdot mol^{-1}$ 有助于提高反应转化率的是(　　)。

A. 高温低压　B. 高温高压　C. 低温低压　D. 低温高压

9. 质量作用定律只适用于(　　)。

A. 可逆反应　B. 不可逆反应　C. 基元反应　D. 复杂反应

10. 某温度下，反应 $NO(g) + O_2(g) = 2NO_2(g)$ 达到平衡，下列说法正确的是(　　)。

A. $NO(g)$ 和 $O_2(g)$ 不再发生反应

B. $NO(g)$、$O_2(g)$、$NO_2(g)$ 的浓度不再改变

C. 正反应速率大于逆反应速率

D. 不能确定

11. 对可逆反应，加入催化剂的目的是(　　)。

A. 提高平衡时产物的浓度

B. 加快正反应速度而减慢逆反应速率

C. 缩短达到平衡的时间

D. 使平衡向右进行

四、判断题

1. 化学反应的活化能愈大，其反应速率愈快。(　　)

2. 催化剂只能缩短平衡达到的时间，不能改变平衡的状态。(　　)

3. 化学反应的 $\Delta_r G_m$ 愈负，其反应速率就愈快。(　　)

4. 活化能是活化分子所具有的能量。(　　)

5. 使用催化剂可以改变反应速率。(　　)

6. 根据反应的化学计量方程式可以写出该反应的速率方程。(　　)

7. 根据反应的化学计量方程式可以写出该反应的标准平衡常数表达式。(　　)

8. 升高温度，吸热反应的速率增大；降低温度，放热反应的速率增大。(　　)

9. 升高温度，吸热反应的标准平衡常数增大；降低温度，放热反应的标准平衡常数大。(　　)

10. 能够发生碰撞的分子都是活化分子。(　　)

11. 可逆反应达到平衡时，正、逆反应的速率都为零。(　　)

五、计算题

1. 写出下列反应的标准平衡常数 K^θ 的表达式：

(1) $NH_3(g) \rightleftharpoons 1/2N_2(g) + 3/2H_2(g)$

(2) $BaCO_3(s) \rightleftharpoons BaO(s) + CO_2(g)$

(3) $Fe_3O_4(s) + 4H_2(g) \rightleftharpoons 3Fe(s) + 4H_2O(g)$

2. 在673K时，$CO + NO_2 \rightleftharpoons CO_2 + NO$ 是一个基元反应，反应速率常数为 $k = 0.5L \cdot mol^{-1} \cdot s^{-1}$，$c_{CO} = 0.025mol \cdot L^{-1}$，$c_{NO_2} = 0.04mol \cdot L^{-1}$，则该反应的反应速率为多少？

3. 若将1.00mol $SO_2(g)$ 和1.00mol $O_2(g)$ 的混合物，在600℃和100kPa下缓慢通过 V_2O_5 催化剂，使生成 $SO_3(g)$，当达到平衡后总压力仍为100kPa，测得混合物中剩余的 O_2 为0.615mol，试计算标准平衡常数 $K^\theta(873K)$。

4. PCl_5 的分解反应为 $PCl_5(g) \rightleftharpoons PCl_3(g) + Cl_2(g)$。在2L密闭容器内盛有2mol PCl_5，某温度时有0.5mol PCl_5 分解，相同温度下若向该密闭容器内通入1mol Cl_2，问有多少 PCl_5 被分解？

第四章　气体、溶液和胶体

一般来说，物质有三种不同的聚集状态，即气态、液态和固态。本章主要对气体和分散体系中的溶液和胶体进行介绍。

第一节　气　　体

一、理想气体状态方程

当气体处于压力不太高、温度不太低的状态时，温度、压力和体积之间存在如下关系：

$$pV = nRT$$

式中：p、V、n、T 分别为气体的压力、体积、物质的量、温度，R 称为摩尔气体常数。该式称为理想气体状态方程式。严格遵从理想气体状态方程式的气体，称为理想气体。

理想气体是一个科学的抽象概念，实际并不存在，它只能看作是实际气体在压力很低时的一种极限情况。从微观角度来看，理想气体分子本身无体积且分子间无作用力。当压力很低时，实际气体体积中所含气体分子的数目很少，分子间距离很大，彼此的引力可以忽略不计，实际气体就接近理想气体。

在标准状况（$p = 101.325 \times 10^3\,\text{Pa}$，$T = 273.15\,\text{K}$）下，1mol 气体的体积 $V = 22.414 \times 10^{-3}\,\text{m}^3$，摩尔气体常数的数值为：

$$R = \frac{pV}{nT} = \frac{101.325 \times 10^3\,\text{Pa} \times 22.414 \times 10^{-3}\,\text{m}^3}{1\,\text{mol} \times 273.15\,\text{K}}$$

$$= 8.314\,\text{Pa} \cdot \text{m}^3 \cdot \text{mol}^{-1} \cdot \text{K}^{-1}$$

$$= 8.314\,\text{J} \cdot \text{mol}^{-1} \cdot \text{K}^{-1}$$

R 的数值与气体的种类无关，又称为通用气体常数。

二、分压定律

在生产和科学实验中，常遇到由几种气体组成的气体混合物。如果混合气体的各组分之间不发生化学反应，则在高温低压下，可将其看作是理想气体混合物。在混合气体中，各组分气体互不干扰，就如各自单独存在一样。在相同温度下，各组分气体占有与混合气体相同体积时，所产生的压力叫做该组分气体的分压。

混合气体中某一组分气体 B 的分压 P_B 可由下式求解：

$$p_B = \frac{n_B RT}{V} = \frac{n_B}{n_{总}} p_{总} = x_B p_{总}$$

式中　x_B 为该组分气体的摩尔分数。

由分压的求解公式可引申出分压定律：混合气体各组分气体的分压之和等于该混合气体的总压力。

在相同温度下，各组分气体具有与混合气体相同压力时，所具有的体积称为该组分气体的分体积。同理，混合气体中某一组分气体的分体积等于混合气体的总体积乘以该组分气体的摩尔分数；混合气体中各组分气体的分体积之和等于混合气体的总体积。

第二节 分 散 体 系

一、分散体系的概念

分散体系是指一种或几种物质被分散在另一种物质中所形成的体系。被分散的物质称为分散质(分散相)；起分散作用的，使分散质在其中分散的物质称为分散剂(分散介质)。例如，消毒用的碘酒就是碘分散在乙醇中形成的分散体系，其中碘是分散质，乙醇是分散剂。

二、分散体系的分类

根据分散质的粒子大小，分散体系可分为如下三类：

(1) 分子或离子分散体系 分散质粒子的直径小于 10^{-9}m，分散质以分子或离子状态分散于分散剂中所形成的分散体系。在这类分散体系中，分散质和分散剂形成了均匀的溶液，是一种单相的分散体系。分散质粒子能透过滤纸和半透膜。如工业酒精、葡萄糖溶液、氯化钠溶液等。

(2) 粗分散体系 分散质粒子的直径大于 10^{-6}m 时形成的分散体系。悬浊液和乳浊液都属于粗分散体系，是一种多相的不均匀体系，分散质粒子不能透过滤纸和半透膜，用一般显微镜甚至肉眼即可观察到。如泥浆水、烟尘、牛奶等。

(3) 胶体分散体系 分散质粒子的直径介于 10^{-9} ~ 10^{-6}m 之间的分散体系，简称胶体。胶体主要包括溶胶和高分子溶液两类。溶胶指的是分散质为分子、原子或离子的聚集体，如 $Fe(OH)_3$溶胶，AgI 溶胶等；高分子溶液指的是分散质为聚合物分子或生物大分子，如蛋白质溶液、聚乙烯醇溶液等。胶体分散质粒子能透过滤纸，不能透过半透膜。

第三节 溶 液

溶液是一种均匀的分散体系，其中分散质称为溶质，分散剂称为溶剂。按照溶液所呈现的聚集态分类，可分为气态溶液(如空气)、液态溶液(如溶解有 CO_2的水、NaCl 的水溶液)、固态溶液(如铜锌合金)三类。通常所称的溶液就是指液态溶液，如无特殊说明，是指以水为溶剂的水溶液。

一、溶液浓度的表示方法

浓度是指一定量溶液中溶质及溶剂相对含量的定量表示，在涉及溶液的定量工作中都必须指明溶液的浓度。溶液浓度的表示方法有物质的量浓度、质量摩尔浓度、摩尔分数、质量分数、质量浓度、体积比浓度、滴定度等。这里主要介绍前五种浓度表示方法。

(1) 物质的量浓度 单位体积溶液中所含溶质的物质的量，称为该溶质的物质的量浓度，用符号 c 表示：

$$c=\frac{n(\text{溶质})}{V(\text{溶液})}$$

式中 c——常用单位是 $mol \cdot L^{-1}$ 或 $mol \cdot dm^{-3}$；

n——单位是 mol；

V——单位是 L 或 dm^3。

(2) 质量摩尔浓度 每千克溶剂中所含溶质的物质的量，称为该溶质的质量摩尔浓度，

用符号 b 表示：

$$b=\frac{n(\text{溶质})}{m(\text{溶剂})}$$

式中 b——单位是 $mol\cdot kg^{-1}$；

n——单位是 mol；

m——单位是 kg。

(3) 摩尔分数 溶液中某组分的物质的量占溶液总物质的量的分数，用符号 x 表示。若某溶液是由 A 和 B 两种组分组成的，它们在溶液中的物质的量分别为 n_A 和 n_B，则：

$$x_A=\frac{n_A}{n_A+n_B}\qquad x_B=\frac{n_B}{n_A+n_B}$$

溶液各组分的摩尔分数之和等于1，即：

$$x_A+x_B=1$$

(4) 质量分数 溶质的质量与溶液的总质量之比，用 ω 表示：

$$\omega=\frac{m(\text{溶质})}{m(\text{溶液})}$$

(5) 质量浓度 单位体积溶液中某组分的质量，称为该组分的质量浓度，用符号 ρ 表示：

$$\rho=\frac{m(\text{溶质})}{V(\text{溶液})}$$

式中，ρ 的单位为 $kg\cdot m^{-3}$ 或 $g\cdot L^{-1}$、$mg\cdot L^{-1}$，废水中污染物的浓度常用质量浓度表示。

二、稀溶液的依数性

难挥发非电解质的稀溶液有一些特殊的共性，这些共性只与溶液中所含的溶质的粒子数有关，而与溶质的本性无关，这种性质称为依数性。溶液的依数性主要包括：溶液的蒸气压下降、沸点升高、凝固点下降、渗透压。

1. 溶液的蒸气压下降

在一定温度下，液体蒸发的速率等于蒸气凝结的速率时，液相与气相处于一种动态平衡的状态，此时的蒸气压力称为该液体的饱和蒸气压，简称蒸气压。蒸气压与液体的本性和温度有关。对某种纯溶剂而言，在一定温度下其蒸气压是一定的。

在同一温度下，如果向纯溶剂中加入少量的难挥发的非电解质，达到平衡时，溶液的蒸气压要比纯溶剂的蒸气压低，这一现象称为溶液的蒸气压下降。这是由于非电解质溶质分子占据了部分溶剂的表面，单位表面内溶剂从液相进入气相的速率减小，因而达到平衡时，溶液的蒸气压下降。蒸气压下降的程度只与溶液的浓度有关，而与溶质的种类本性无关。

法国物理学家拉乌尔(F. M. Raoult)依据实验结果总结出：在一定温度下，难挥发非电解质稀溶液的蒸气压下降与溶质的摩尔分数成正比。这一规律称为拉乌尔定律。

$$\Delta p=p^*-p_1=p^*x_{\text{溶质}}$$

式中 Δp——溶液的蒸气压降低值；

p^*——纯溶剂的蒸气压；

p_1——溶液的蒸气压；

$x_{\text{溶质}}$——溶质的摩尔分数。

溶液的蒸气压下降对植物生长过程有着重要的作用。当外界气温突然升高时，引起有机体细胞中可溶物大量溶解，从而增加细胞汁液的物质的组成量度，降低了细胞汁液的蒸气压，使水分蒸发减慢，表现为一定的抗旱能力。

2. 溶液沸点升高

沸点是指液体的蒸气压等于外界压力时的温度。由于加入难挥发的非电解质后的溶液蒸气压下降，在相同的外压下，溶液的蒸气压达到外界压力时所需的温度必然高于纯溶剂，因而溶液的沸点升高。

溶液的沸点升高与溶液的质量摩尔浓度成正比，而与溶质的本性无关。

$$\Delta T_b = K_b b$$

式中 ΔT_b——溶液的沸点升高值，单位是 K；

K_b——溶剂的沸点升高常数，单位是 $K \cdot kg \cdot mol^{-1}$；

b——溶液的质量摩尔浓度，单位是 $mol \cdot kg^{-1}$。

3. 溶液的凝固点降低

在一定的外压下，物质的固相蒸气压与液相蒸气压相等时的温度，称为该物质的凝固点（或熔点）。由于加入难挥发的非电解质后的溶液蒸气压下降，相同的外压下，在纯溶剂的凝固点时，溶液的蒸气压小于纯溶剂固相的蒸气压，只有在更低的温度下，溶液的蒸气压才与纯溶剂固相的蒸气压相等，因而溶液的凝固点降低。

溶液的凝固点下降与溶液的质量摩尔浓度成正比，而与溶质的本性无关。

$$\Delta T_f = K_f b$$

式中 ΔT_f——溶液的凝固点下降值，单位是 K；

K_f——溶剂的凝固点下降常数，单位是 $K \cdot kg \cdot mol^{-1}$；

b——溶液的质量摩尔浓度，单位是 $mol \cdot kg^{-1}$。

沸点升高常数 K_b 和凝固点下降常数 K_f，只与温度和溶剂的性质有关，与溶质的性质无关。表 4－1 列出了常见溶剂的 K_b、K_f 值。

表 4－1 常见溶剂的 K_b、K_f 值

溶 剂	沸 点	K_b/ $K \cdot kg \cdot mol^{-1}$	凝固点/ K	K_f/ $K \cdot kg \cdot mol^{-1}$
水	373.1	0.512	273	1.85～1.87
氯仿	334.3	3.63		
苯	353.2	2.53	278.7	4.90
醋酸	391.0	3.07	289.8	3.90
萘	491.1	5.80	351.3	6.8～6.9

由于溶液的蒸气压下降而引起的沸点升高和凝固点降低，可以通过水、冰、水溶液的蒸气压曲线（如图 4－1 所示）得到很好的解释。

利用稀溶液凝固点下降的特点，可以制作冷冻剂，例如，将氯化钠和冰混合，温度可以降低到 －22℃；将氯化钙和冰混合，温度可以降低到 －55℃。在防冻方面亦有应用，如在寒冷季节，向汽车水箱中加入醇类（如乙二醇、甲醇），使溶液凝固点下降，以防止结冰。此外，可用测定凝固点下降的方法来测定某些化合物的相对分子质量。

4. 渗透压

(1)渗透和渗透压　如果将蔗糖水溶液与水用半透膜隔开，使膜两侧液面相平，见图4－2(a)。静置一段时间后，可以看到溶液一侧的液面上升；纯水一侧的液面下降，见图4－2(b)。这个实验说明水分子通过半透膜进入溶液中，这一现象称为渗透。

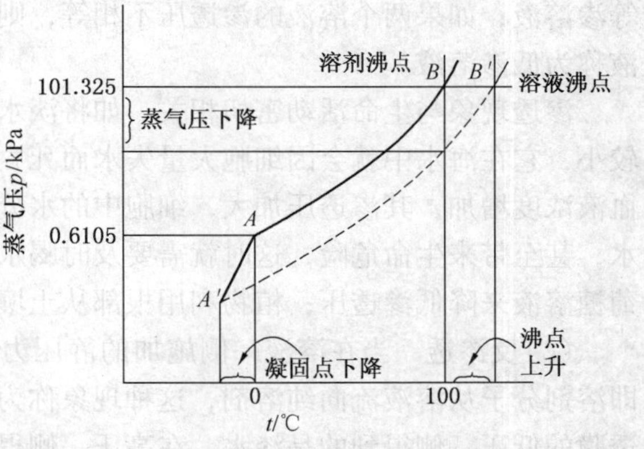

图4－1　水、冰、水溶液的蒸气压曲线图

半透膜是一种特殊的多孔分离膜，它可以选择性地让溶剂分子通过而不让溶质分子通过。在日常生活中，常见的半透膜有鸡蛋膜、鸡的嗉囊、鱼鳔、蚕豆种皮、玻璃纸、青蛙皮、动物膀胱、肠衣、蛋白质胶膜、细胞膜、火棉胶膜、毛细血管壁，以及其他一些可从生物体上剥离的薄膜类物质。

渗透现象的产生是由于半透膜两侧单位体积内溶剂分子数目不相等，纯溶剂的蒸气压大于溶液的蒸气压，所以溶剂将通过半透膜向溶液扩散。如果将两种不同浓度的溶液用半透膜隔开，同样可使稀溶液的溶剂分子通过半透膜进入浓溶液中去。

为了阻止渗透作用，必须在溶液一侧施加相应的压力，见图4－2(c)。这种为了阻止溶剂分子渗透而必须在溶液上方施加的最小额外压力，称为渗透压。

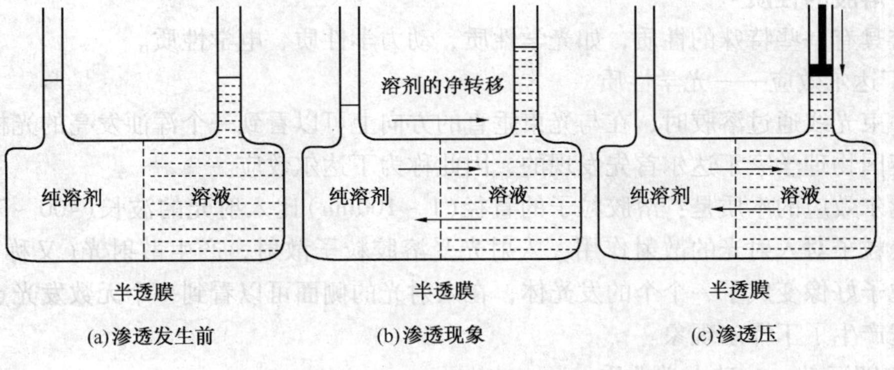

图4－2　渗透现象和渗透压

难挥发非电解质稀溶液的渗透压与溶液的浓度和温度有关，见下式：

$$\Pi = nRT/V = cRT$$

式中　Π——溶液的渗透压，单位kPa；

n——溶质的物质的量，单位mol；

R——摩尔气体常数(8.314J·mol^{-1}·K^{-1})；

T——绝对温度，单位K；

V——溶液的体积，单位L；

c——溶质的物质的量浓度，单位mol·L^{-1}。

这一关系式称为范特霍夫(van′t Hoff)渗透压定律。

该式表明，在一定温度下，稀溶液的渗透压与溶液的物质的量浓度成正比，而与溶液中溶质的本性无关。在相同温度下，相同浓度的两个非电解质稀溶液具有相同的渗透压，称为等渗溶液；如果两个溶液的渗透压不相等，则渗透压高的溶液称为高渗溶液，渗透压低的溶液称为低渗溶液。

渗透现象与生命活动密切相关。如将淡水鱼放在海水中，因其细胞液浓度较低，渗透压较小，它在海水中就会因细胞大量失水而死亡；当人体发烧时，由于体内水分的大量蒸发，血液浓度增加，其渗透压加大，细胞中的水分就会因为渗透压低而向血液渗透，造成细胞脱水，甚至带来生命危险，这时就需要及时喝水或通过静脉注射与细胞液等渗的生理盐水和葡萄糖溶液来降低渗透压；植物利用根部从土壤中吸收水分和营养等。

(2)反渗透　当在溶液一侧施加的静压力大于渗透压时，可以使溶剂分子反方向流动，即溶剂分子从溶液流向纯溶剂，这种现象称为反渗透。例如，用反渗透技术处理海水，在半透膜的低压一侧得到的是淡水，在高压一侧得到的是含有高盐分的卤水。目前，反渗透技术已被广泛应用于废水处理、海水淡化、饮用水净化、溶液的浓缩等方面。

第四节　胶体分散体系

胶体按照分散剂状态的不同，可分为液溶胶、气溶胶、固溶胶三类。分散剂为液体的胶体称为液溶胶(或溶胶)，如 AgI 溶胶、SiO_2溶胶、油水乳状液、泡沫等；分散剂为气体的胶体称为气溶胶，如烟、雾等；分散剂为固体的胶体称为固溶胶，如有色玻璃、照相胶片等。

以下讨论的是指分散质为固体的溶胶系统。

一、溶胶的性质

溶胶具有一些特殊的性质，如光学性质、动力学性质、电学性质。

1. 丁达尔效应——光学性质

将一束光线通过溶胶时，在与光束垂直的方向上可以看到一个浑浊发亮的光柱，这一现象是由英国物理学家丁达尔首先发现的，因此称为丁达尔效应。

丁达尔效应的本质是：溶胶粒子的直径(1～100nm)比入射光的波长(400～700nm)小，产生溶胶粒子对入射光的散射作用，入射光受溶胶粒子散射，产生散射光(又称乳光)，使得溶胶粒子好像变成了一个个的发光体，在入射光的侧面可以看到一个无数发光点组成的光柱，这就产生了丁铎尔现象。

2. 布朗运动——动力学性质

在溶胶中，胶体微粒不停地做无规则运动。这种运动最早由植物学家布朗(Brown)观察花粉颗粒运动时发现，故称为布朗运动。布朗运动是保持溶胶稳定和溶胶粒子分布均匀的重要原因。布朗运动的本质是：分散剂的分子处于无规则的热运动状态，从不同方向不断撞击胶体微粒，使胶体微粒受力不均衡，从而产生不规则运动。实验证明，胶体微粒越小，温度越高，液体介质黏度越小，布朗运动的速率就越大。

3. 电泳和电渗——电学性质

在外加电场作用下，溶胶的分散相与分散介质发生相对移动的现象称为电动现象，主要有电泳和电渗两种。溶胶的电动现象证实了溶胶中胶粒是带电的。

电泳是指在外电场的作用下，胶体粒子在分散介质中发生定向移动的现象。根据胶粒电泳时移动的方向，可以确定胶粒所带电荷的种类。移向阴极的胶粒带正电荷(称为正溶胶)，移向阳极的胶粒带负电荷(称为负溶胶)。

电渗是指在外电场作用下，分散介质相对胶体粒子定向移动的现象，其运动方式与电泳相反。

电泳与电渗现象不仅有助于了解溶胶粒子的结构及电学性质，而且在生产和科研中应用很广。例如，生物化学中利用电泳速率的差异来分离不同的氨基酸、蛋白质、核酸等；陶瓷工业中利用电泳使黏土与杂质分离以得到高纯黏土；橡胶工业中利用电泳的方法使橡胶的乳状液凝结而浓缩；镀漆工业中利用电泳将涂料涂在金属表面或将橡胶电镀在金属、布匹、木材上；电渗也可用于泥炭和泥土的脱水、染料的干燥、水的净化等。

二、溶胶的胶团结构

下面以 AgI 溶胶为例说明胶团的结构。

由 $AgNO_3$ 与 KI 溶液混合制备 AgI 溶胶时，大量 AgI 分子相互聚集成粒径为 1～100nm 大小的颗粒，以 $(AgI)_m$ 表示，它们是形成胶体粒子的核心，称为胶核。胶核具有大的比表面，且优先吸附溶液中与其组分相同的离子。若在制备 AgI 溶胶时，KI 是过量的，$(AgI)_m$ 将优先吸附 I^-，从而带上负电位，然后由于静电作用，还会吸引 K^+，但吸附的 K^+ 数量要比吸附的 I^- 少。胶核与吸附的 I^-（大量）及 K^+（少量）一起构成胶粒。胶粒所带的电荷是由 I^- 决定的，将 I^- 称为电位离子（被优先吸附在内层决定胶粒所带电荷符号的离子）；K^+ 称为反离子；I^- 和 K^+ 称为吸附层。由于胶粒是带电的，在溶液中还会吸引一些反离子，这些反离子称为扩散层（与胶粒的结合相对比较松散）。

吸附层　扩散层

$$[(AgI)_m \cdot nI^- \cdot (n-x)K^+]^{x-} \cdot xK^+$$

胶核　电位离子　反离子　反离子

胶粒

胶团

综上所述，胶核与吸附层组成胶粒，胶粒与扩散层组成胶团。胶粒是带电的，而胶团是电中性的。

当胶体在电场作用下，发生电泳或电渗时，胶团中胶粒与扩散层之间发生分离和相对移动。而胶粒是一个独立运动粒子，其内部的胶核与吸附层之间不发生分离和相对移动。

三、溶胶的稳定性与聚沉

1. 溶胶的稳定性

溶胶是一种高度分散的不均匀多相体系。从热力学分析，胶体是多相分散体系，颗粒小、分散度高、表面积大，有很大的表面能，有自动聚结的倾向，存在着聚结不稳定性。但从动力学分析，溶胶具有相对稳定性，主要原因如下：

① 溶胶中分散相的粒子小，布朗运动强烈，这种运动可以阻止胶粒由于重力作用引发的下沉；

② 同一种溶胶的胶粒带相同的电荷，胶粒间的静电排斥作用阻止了胶粒间的相互聚结；

③ 吸附在胶粒表面的反离子对溶剂分子有吸附作用，使得胶粒表面形成一层溶剂化膜（水化膜），阻止胶粒相互聚结而保持稳定。

2. 溶胶的聚沉

溶胶的稳定性是相对的、有条件的，当保持稳定性的条件被破坏时，小胶粒就会聚集成大颗粒而沉降下来，这种现象称为溶胶的聚沉，得到的沉淀物称为聚沉物。使溶胶聚沉的方法主要有以下几个：

（1）加入电解质　在溶胶中加入电解质，其解离的离子能将胶粒所带电荷部分或全部中和，胶粒的溶剂化作用也随之变弱或消失，从而使溶胶聚沉。如由豆浆做豆腐时，在一定温度下，加入 $CaSO_4$（或其他电解质溶液），豆浆中胶粒所带的电荷被中和，使胶粒聚集而形成胶冻状的豆腐(称为凝胶)。

影响电解质聚沉能力的因素主要是电解质中与胶粒带相反电荷的离子(即反离子)的价态及其水合离子的半径大小。通常，反离子的价态越高，其聚沉能力越强；价态相同的离子，其水合离子半径越小，聚沉能力越强。如氢氧化铁溶胶(正溶胶)中加入相同浓度的KCl、K_2SO_4、K_3PO_4溶液时，则聚沉能力为$K_3PO_4 > K_2SO_4 > KCl$；碘化银溶胶(负溶胶)加入相同浓度的$NaCl$、$CaCl_2$、$AlCl_3$溶液时，则聚沉能力为$AlCl_3 > CaCl_2 > NaCl$。有机化合物的离子往往具有很强的聚沉能力，这与其具有很强的吸附能力有关。

(2)加入带相反电荷的溶胶　电性相反的两种溶胶以适当量混合，就会发生相互聚沉作用。与电解质的聚沉作用不同之处在于两种溶胶用量应恰能使其所带的总电量相等，才能完全聚沉，否则只能部分聚沉，甚至不聚沉。明矾净水就是溶胶相互聚沉的实际应用，明矾中的Al^{3+}水解产生的$Al(OH)_3$正溶胶与天然水中带负电的悬浮粒子发生相互聚沉，且$Al(OH)_3$溶胶的吸附作用可进一步将水中杂质一起吸附下沉，使水得以净化。

(3)加热　加热溶胶，使胶粒运动加剧，增加了胶粒相互碰撞机会，降低了胶粒吸附离子的能力，同时减小胶粒所带电荷，削弱胶粒的溶剂化作用，因而使溶胶聚沉。例如，将硫化砷溶胶加热至沸，可以有黄色的硫化砷沉淀析出；将$Fe(OH)_3$溶胶长时间加热，就会发生聚沉而出现红褐色沉淀。

(4)高分子化合物　在溶胶中，加入高分子化合物既可使溶胶聚沉，也可使溶胶稳定。当加入少量高分子化合物时，溶胶往往可能发生聚沉，这种作用称为敏化作用。敏化作用是由于少量的高分子不能完全覆盖胶粒表面，反而使胶粒吸附在高分子链上，变得易于聚沉。溶胶因敏化作用引起的聚沉常称为絮凝。高分子化合物对溶胶的聚沉作用，广泛应用于工业污水的处理和净化、化工分离和沉淀操作以及有用矿泥的回收等，它比无机聚沉剂效率高，聚沉速度快，且沉淀物块大而疏松，便于过滤。

若在溶胶中加入较多的高分子化合物，许多个高分子化合物分子的一端吸附在同一个胶粒的表面上，或者是许多个高分子环绕在胶粒的周围，形成水化外壳，将胶粒完全包围起来，阻止了胶粒之间或胶粒与电解质之间的直接接触，反而会起到稳定和保护溶胶的作用。高分子化合物对溶胶的保护作用，在工业上得到广泛应用。例如，工业上用的一些贵金属催化剂(如Pt溶胶、Cd溶胶等)，为便于储存和运输，常加入大分子化合物对溶胶进行保护，然后烘干，使用时只要加入溶剂就重新成为溶胶。

高分子溶液对溶胶的保护作用在生理过程中亦有着重要意义。正常人血液中微溶性的$CaCO_3$、$Ca_3(PO_4)_2$的浓度虽比水中大，但它们是以溶胶的形式存在并被蛋白质等高分子所保护，所以在血液中仍然能稳定存在而不聚沉。当血液中的蛋白质减少时，就可使难溶盐的溶胶发生聚沉，沉积在胆、肾等器官中形成结石。医学上用于胃肠道造影的硫酸钡合剂，为了防止其细粉下沉，必须在硫酸钡溶胶中加入适量的高分子化合物阿拉伯胶起保护作用，当病人服用后，硫酸钡胶浆就能均匀地黏着在胃肠壁上形成薄膜，从而有利于造影检查。

知识链接

海水淡化——反渗透法

作为水资源的开源增量技术，海水淡化已经成为解决全球水资源危机的重要途径。到2006年，世界上已有120多个国家和地区在应用海水淡化技术，全球海水淡化日产量约3775万吨，其中80%用于饮用水，解决了1亿多人的供水问题。2007年7月26日，“十一五”国家科技支撑计划“海水淡化与综合利用成套技术研究和示范”重大项目全面启动，该项目的启动和顺利实施，对于发展我国自主创新的大型海水淡化与综合利用技术装备，形成我国自主的海水利用技术、装备、标准和产业化体系，全面提升我国海水利用核心竞争力，推进海水利用产业快速发展，具有重大意义。

海水淡化的技术主要有蒸馏、冻结、反渗透、离子迁移、化学法等。蒸馏法：将水蒸发而盐留下，再将水蒸气冷凝为液态淡水。冷冻法：冷冻海水，使之结冰，在液态淡水变成固态的冰的同时，盐被分离了出去。蒸馏法和冷冻法都有难以克服的弊病。蒸馏法会消耗大量的能源，并在仪器里产生大量的锅垢，相反得到的淡水却并不多。冷冻法同样要消耗许多能源，得到的淡水却味道不佳，难以使用。

反渗透法是利用半透膜，达到将淡水与盐分离的目的。如果用半透膜将海水与淡水隔开，对海水一侧施加大于海水渗透压的外压，海水中的纯水将反渗透到淡水中。反渗透法最大的优点就是节能，生产同等质量的淡水，它的能源消耗仅为蒸馏法的1/40。反渗透法以其设备简单、易于维护和设备模块化的优点迅速占领市场，逐步取代蒸馏法成为应用最广泛的方法。

海水取出后，根据不同的海水水质进行相应的预处理过程，其目的是使海水在进入反渗透膜之前达到相应的控制指标，以确保反渗透膜的使用寿命。经过预处理的合格海水用高压泵加压送入反渗透膜组，透过反渗透膜的水经收集后再经过适当的预处理送入管网系统供用户使用，未能透过反渗透膜的高压浓盐水进入能量回收装置以回收其能量，经过能量回收装置的浓盐水排回大海。

中国海水淡化虽基本具备了产业化发展条件，但研究水平及创新能力、装备的开发制造能力、系统设计和集成等方面与国外仍有较大的差距。当务之急是尽快形成中国海水淡化设备市场的完整产业链条。围绕制约海水淡化成本降低的关键问题，发展膜与膜材料、关键装备等核心技术，研发具有自主知识产权的海水淡化新技术、新工艺、新装备和新产品，提高关键材料和关键设备的国产化率，增强自主建设大型海水淡化工程的能力。

预计到2015年，全球海水淡化市场将有近950亿美元的商机，中国应占有充分份额。根据全国海水利用专项规划，到2010年，中国海水淡化规模将达到每日80万~100万吨，2020年，中国海水淡化能力达到每日250万~300万吨，尤其是国家积极支持海水淡化产业。自2008年1月1日起，企业的海水淡化工程所得将免征所得税。中国海水淡化产业发展前景广阔。

习　题

一、思考题

1. 为什么 $CaCl_2$、P_2O_5 等物质可作为干燥剂使用？

2. 在北方地区，为什么在冬天向汽车水箱中加入乙二醇？

3. 在北方地区，为保证雪天车辆正常行驶，冬季常采取向路面撒盐的方法使雪溶化，解释其原理。

4. 静脉注射时，要采用0.90%的生理盐水或5.0%的葡萄糖溶液，为什么？如果注射液的浓度过大或过小，会产生怎样的后果？

5. 解释如何利用渗透压原理使海水淡化。

6. 用10mL 0.1mol·L^{-1}KCl溶液与20mL 0.01mol·L^{-1} $AgNO_3$溶液制备的AgI胶体，其胶粒所带何种电荷？为什么？

7. 为什么向胶体中加入电解质，可使胶体发生聚沉？影响电解质聚沉能力的因素有哪些？

二、选择题

1. 一般情况下，胶体微粒不易聚集而稳定，主要是因为(　　)。

A. 胶体有丁达尔现象

B. 胶体有布朗运动

C. 胶粒很小，不受重力作用

D. 同种胶粒带同种电荷，它们互相排斥

2. 在外电场作用下，氢氧化铁胶体微粒移向阴极的原因是(　　)。

A. Fe^{3+}带正电荷

B. $Fe(OH)_3$带负电吸引阳离子

C. 氢氧化铁胶体微粒吸附阳离子而带正电

D. 氢氧化铁胶体吸附阴离子而带负电

3. 已知由$AgNO_3$溶液和稍过量的KI溶液制得AgI胶体，当把它和$Fe(OH)_3$胶体相混合时，便析出AgI和$Fe(OH)_3$的混合沉淀。由此可推断(　　)。

A. 该AgI胶粒带正电荷　　B. 该AgI胶粒在电泳时向阴极移动

C. 该AgI胶粒带负电荷　　D. $Fe(OH)_3$胶粒在电泳时向阳极移动

4. 将某溶液逐滴加入$Fe(OH)_3$溶胶内，开始时产生沉淀，继续滴加时沉淀又溶解，该溶液是(　　)。

A. $2mol \cdot L^{-1} H_2SO_4$溶液　　B. $2mol \cdot L^{-1}$ NaOH溶液

C. $2mol \cdot L^{-1} MgSO_4$溶液　　D. 硅酸溶胶

5. 下列各组混合物的分离或提纯方法不正确的是(　　)。

A. 用渗析法分离$Fe(OH)_3$胶体和$FeCl_3$溶液的混合物

B. 用结晶法提纯NaCl和KNO_3混合物中的KNO_3

C. 有蒸馏法分离乙醇和苯酚的混合物

D. 用加热法分离碘和氯化铵的混合物

6. 铁酸钠(Na_2FeO_4)是水处理过程中使用的一种净水剂，它的氧化性比高锰酸钾更强，本身在反应中被还原为Fe^{3+}。下列有关叙述正确的是(　　)。

A. Na_2FeO_4有强碱性，使细菌不能生存

B. Na_2FeO_4有强氧化性，使细菌不能生存

C. Na_2FeO_4可水解生成$Fe(OH)_3$胶体，使水中的悬浮物凝聚沉降

D. Na_2FeO_4的还原产物可在水中生成$Fe(OH)_3$胶体，使水中的悬浮物凝聚沉降

7. 已知土壤胶体带负电荷，在土壤里施用含氮量相等的下列肥料时，肥效较差的是(　　)。

A. $(NH_4)_2SO_4$　　B. NH_4HCO_3　　C. NH_4NO_3　　D. NH_4Cl

8. 在冶金厂和水泥厂常用高压电对气溶胶作用除去大量烟尘，以减少对空气的污染，这种处理方法应用的原理是(　　)。

A. 丁达尔现象　　B. 电泳　　C. 凝聚　　D. 渗析

三、判断题

1. 溶液的蒸气压总是低于纯溶剂的蒸气压。(　　)

2. 导致难挥发非电解质的稀溶液凝固点下降的根本原因是溶液的蒸气压下降。(　　)

3. 渗透压是为阻止溶剂通过半透膜流入溶液所施加于溶液上的额外压力。(　　)

4. 胶体具有较大稳定性的最主要原因是胶粒带有同种电荷。(　　)

5. 往胶体溶液中加入电解质，可增大胶体溶液的稳定性。(　　)

四、计算题

1. 某容器中含有NH_3、O_2、N_2等气体的混合物。取样分析后，其中$n(NH_3)$ =

0.320mol，$n(O_2)=0.180mol$，$n(N_2)=0.700mol$。混合气体的总压 $p=133.0kPa$。试计算各组分气体的分压。

2. 已知浓硫酸的密度为 $1.84g \cdot mL^{-1}$，其质量分数为95.6%，计算1L浓硫酸的 $n(H_2SO_4)$、$c(1/2H_2SO_4)$、$b(H_2SO_4)$、$x(H_2SO_4)$。

3. 已知苯的 K_f 为 $4.90K \cdot kg \cdot mol^{-1}$，如将0.322g萘溶于80g苯中，凝固点下降0.16℃，计算萘的摩尔质量。

4. 在53.2g氯仿（$CHCl_3$）中，溶入0.804g萘（$C_{10}H_8$），溶液的沸点比纯氯仿上升了0.455℃，计算氯仿的 K_b。

第五章 酸 碱 平 衡

酸、碱、盐统称为电解质，根据其在溶液中的电离情况不同，可区分为强电解质和弱电解质。强电解质在稀水溶液中，几乎全部以离子的形式存在，而基本上不存在未电离的分子。弱电解质在溶液中主要以分子的形式存在，只有小部分电离成离子。

强电解质在溶液中的电离过程实际上是不可逆的，因而通常所讨论的酸碱平衡实际是指溶液中与弱电解质有关的酸碱平衡。

第一节 酸碱质子理论

一、酸碱的定义

人们对酸碱的认识经历了一个由浅入深，由低级向高级的逐步深化过程，人们通过对酸碱的性质与组成、结构关系的研究，提出了一系列的酸碱理论，例如阿仑尼乌斯(Arrhenius)电离理论、布朗斯特(Bronsted)和劳瑞(Lowry)质子理论、路易斯的电子理论等。这里介绍前两种理论。

二、酸碱电离理论

电离理论是1887年由瑞典化学家提出的，该理论认为：在水中电离出的阳离子全部是H^+的化合物是酸，电离出的阴离子全部是OH^-的化合物是碱。阿仑尼乌斯的酸碱电离理论把酸和碱局限于水溶液，不能解释一些非水溶液中进行的酸碱反应等问题，例如NH_3和HCl反应生成NH_4Cl(也是酸碱中和反应)。为了克服电离理论的局限性，1923年布朗斯特(Bronsted)和劳瑞(Lowry)同时提出了酸碱质子理论。

三、酸碱质子理论

1. 酸碱的基本概念

酸碱质子理论认为：凡是能给出质子(H^+)的物质都是酸，凡是能接受质子(H^+)的物质都是碱。即酸是质子的给予体，碱是质子的接受体。这样，一个酸给出质子后就得到其对应的碱。质子理论酸和碱的关系可表示为：

$$酸 \rightleftharpoons H^+ + 碱$$

$$HCl \rightleftharpoons H^+ + Cl^-$$

$$HAc \rightleftharpoons H^+ + Ac^-$$

$$H_2PO_4^- \rightleftharpoons H^+ + HPO_4{}^{2-}$$

$$HCO_3^- \rightleftharpoons H^+ + CO_3^{2-}$$

$$NH_4^+ \rightleftharpoons H^+ + NH_3$$

$$H_2O \rightleftharpoons H^+ + OH^-$$

从以上例子可以看出，在酸碱质子理论中酸与碱可以是分子，也可以是阳离子和阴离子。酸失去一个质子后可以变成碱，碱得到一个质子后可以变成酸。酸和碱之间的这种相互对应关系称为共轭关系。仅相差一个质子的一对酸、碱称为共轭酸碱对。左边的酸是右边碱的共轭酸，例如HAc是Ac^-的共轭酸，而右边的碱是左边酸的共轭碱，Ac^-是HAc的共轭碱。而且酸越强，给出质子的能力越强，它的共轭碱接受质子的能力越弱，共轭碱就越弱；反之，酸越弱，其共轭碱就越强。还有些物质，既可以给出质子，也可以接受质子，这些物质称为两性物质，如 H_2O、$H_2PO_4^-$、HCO_3^- 等都是两性物质。

2. 酸碱反应的实质

酸碱质子理论将电离理论中酸碱的电离、中和反应、盐的水解、水的电离等都看作是酸与碱的反应。认为酸碱反应的实质是质子的转移过程。

例如：

$$\overset{H^+}{\longrightarrow}$$

$$\begin{array}{ccccccc} HAc & + & H_2O & \rightleftharpoons & H_3O^+ & + & Ac^- \\ 酸_1 & + & 碱_2 & \rightleftharpoons & 酸_2 & + & 碱_1 \end{array}$$

$$\overset{H^+}{\longrightarrow}$$

$$\begin{array}{ccccccc} NH_3 & + & H_2O & \rightleftharpoons & OH^- & + & NH_4^+ \\ 碱_1 & + & 酸_2 & \rightleftharpoons & 碱_2 & + & 酸_1 \end{array}$$

$$\overset{H^+}{\longrightarrow}$$

$$\begin{array}{ccccccc} Ac^- & + & H_2O & \rightleftharpoons & HAc & + & OH^- \\ 碱_1 & + & 酸_2 & \rightleftharpoons & 酸_1 & + & 碱_2 \end{array}$$

$$\overset{H^+}{\longrightarrow}$$

$$\begin{array}{ccccccc} H_2O & + & H_2O & \rightleftharpoons & H_3O^+ & + & OH^- \\ 酸_1 & + & 碱_2 & \rightleftharpoons & 酸_2 & + & 碱_1 \end{array}$$

以上反应的实质是两对共轭酸碱对间的质子传递反应，反应总是由较强的酸和较强的碱作用，向着生成较弱的酸和较弱的碱的方向进行。

第二节　弱酸、弱碱的电离平衡

一、弱酸、弱碱的电离平衡常数

弱酸、弱碱的电离平衡即酸碱平衡，具有化学平衡的一切特征，遵循平衡的共同规律。因此每一个弱酸或弱碱的电离平衡，都可以用一个相应平衡常数 K 表示。通常用 K_a 表示弱酸的电离平衡常数(简称电离常数)，用 K_b 表示弱碱的电离平衡常数。根据化学平衡原理，电离常数只与温度有关，而与浓度无关。若无特别说明，本书中提到的 $K_a(K_b)$ 指的是 298K 时的标准电离常数。表 5－1 中列出常用的弱酸或弱碱的电离常数。

按照平衡常数的定义，K_a 和 K_b 可以用平衡体系中各组分的相对平衡浓度求算。为了方便起见，本书中用“[　]”表示平衡体系中某一物质的相对平衡浓度。

例如：

$$HAc + H_2O \rightleftharpoons H_3O^+ + Ac^-$$

或简写为：

$$HAc \rightleftharpoons H^+ + Ac^-$$

$$其电离常数\quad K_a = \frac{[H^+][Ac^-]}{[HAc]}$$

又如：
$$NH_3 + H_2O \rightleftharpoons NH_4^+ + OH^-$$
$$其电离常数\ K_b = \frac{[NH_4^+][OH^-]}{[NH_3 \cdot H_2O]}$$

一些常见的弱酸弱碱的电离常数列于表 5-1 中：

表 5-1 常见的弱酸弱碱的电离常数

电解质	电离平衡	温度 t/℃	K_a^θ 或 K_b^θ	pK_a^θ 或 pK_b^θ①
醋酸	$HAc \rightleftharpoons H^+ + Ac^-$	25	1.76×10^{-5}	4.75
硼酸	$H_3BO_3 + H_2O \rightleftharpoons B(OH)_4^- + H^+$	20	7.3×10^{-10}	9.14
碳酸	$H_2CO_3 \rightleftharpoons H^+ + HCO_3^-$ $HCO_3^- \rightleftharpoons H^+ + CO_3^{2-}$	25 25	4.30×10^{-7} 5.61×10^{-11}	6.37 10.25
氢氰酸	$HCN \rightleftharpoons H^+ + CN^-$	25	4.93×10^{-10}	9.31
氢硫酸	$H_2S \rightleftharpoons H^+ + HS^-$ $HS^- \rightleftharpoons H^+ + S^{2-}$	18 18	9.1×10^{-8} 1.1×10^{-12}	7.04 11.96
草　酸	$H_2C_2O_4 \rightleftharpoons H^+ + HC_2O_4^-$ $HC_2O_4^- \rightleftharpoons H^+ + C_2O_4^{2-}$	25 25	5.9×10^{-2} 6.40×10^{-5}	1.23 4.19
蚁　酸	$HCOOH \rightleftharpoons H^+ + HCOO^-$	20	1.77×10^{-4}	3.75
磷　酸	$H_3PO_4 \rightleftharpoons H^+ + H_2PO_4^-$ $H_2PO_4^- \rightleftharpoons H^+ + HPO_4^{2-}$ $HPO_4^{2-} \rightleftharpoons H^+ + PO_4^{3-}$	25 25 25	7.52×10^{-3} 6.23×10^{-8} 2.2×10^{-13}	2.12 7.21 12.67
亚硫酸	$H_2SO_3 \rightleftharpoons H^+ + HSO_3^-$ $HSO_3^- \rightleftharpoons H^+ + SO_3^{2-}$	18 18	1.54×10^{-2} 1.02×10^{-7}	1.81 6.91
亚硝酸	$HNO_2 \rightleftharpoons H^+ + NO_2^-$	12.5	4.6×10^{-4}	3.37
氢氟酸	$HF \rightleftharpoons H^+ + F^-$	25	3.53×10^{-4}	3.45
氨　水	$NH_3 + H_2O \rightleftharpoons NH_4^+ + OH^-$	25	1.77×10^{-5}	4.75

① $pK_a^\theta = -\lg K_a^\theta$，$pK_b^\theta = -\lg K_b^\theta$。

二、水的离子积

水是极弱的电解质，只能电离出少量的 H^+ 和 OH^-：
$$H_2O \rightleftharpoons H^+ + OH^-$$
其电离常数：
$$K_w = [H^+] \cdot [OH^-] \quad (5-1)$$

一定温度下，K_w 是常数，称为水的离子积常数，简称水的离子积。实验测得 25℃时，$K_w = 10^{-14}$。

三、溶液的酸碱性和 pH

常温时溶液的酸碱性与 $[H^+]$ 和 $[OH^-]$ 的关系可表示为：

中性溶液　　$[H^+]=[OH^-]=1\times10^{-7}mol\cdot L^{-1}$

酸性溶液　　$[H^+]>1\times10^{-7}mol\cdot L^{-1}>[OH^-]$

碱性溶液　　$[H^+]<1\times10^{-7}mol\cdot L^{-1}<[OH^-]$

溶液的酸碱性可用$[H^+]$和$[OH^-]$来表示，习惯上常用$[H^+]$表示。但当溶液里的$[H^+]$很小时，用$[H^+]$表示溶液的酸碱性就很不方便。因此常用 pH 来表示溶液的酸碱性。pH 就是氢离子浓度的负对数，即 $pH=-\lg[H^+]$。

例如：酸性溶液$[H^+]=1\times10^{-2}mol\cdot L^{-1}$，则酸性溶液的 $pH=-\lg(1\times10^{-2})=2$；碱性溶液$[H^+]=1\times10^{-11}mol\cdot L^{-1}$，则碱性溶液的 $pH=-\lg(1\times10^{-11})=11$。这样就可以采用 pH 表示溶液的酸碱性：

中性溶液　　$[H^+]=1\times10^{-7}mol\cdot L^{-1}$，$pH=7$

酸性溶液　　$[H^+]>1\times10^{-7}mol\cdot L^{-1}$，$pH<7$

碱性溶液　　$[H^+]<1\times10^{-7}mol\cdot L^{-1}$，$pH>7$

溶液的酸碱性也可以用 pOH 来表示。pOH 就是氢氧根离子浓度的负对数即 $pOH=-\lg[OH^-]$。

因为　$[H^+]\cdot[OH^-]=10^{-14}$，若等号两边取对数，

则　$-\lg[H^+]+(-\lg[OH^-])=-\lg(1\times10^{-14})$

所以　$pH+pOH=14$

注意，当溶液的$[H^+]$大于 $1mol\cdot L^{-1}$时，一般不用 pH 来表示溶液的酸碱性，而是直接用$[H^+]$来表示。

第三节　酸碱溶液 pH 的计算

一、一元弱酸溶液 pH 的计算

一元弱酸 pH 的计算以 HAc 为例，设 HAc 的起始浓度为 c，电离度为 α（弱酸或弱碱在溶液中电离达平衡时，已电离部分的浓度与未电离前的总浓度之比，称为该弱酸或弱碱的电离度，常用 α 表示）。

$$HAc \rightleftharpoons H^+ + Ac^-$$

起始浓度（$mol\cdot L^{-1}$）　c　　0　　0

平衡浓度（$mol\cdot L^{-1}$）　$c-c\alpha$　　$c\alpha$　　$c\alpha$

平衡时$[H^+]=[Ac^-]$，$[HAc]=c-c\alpha$

$$\therefore K_a=\frac{[H^+][Ac^-]}{[HAc]}=\frac{c\alpha\times c\alpha}{c-c\alpha}=\frac{c\alpha^2}{1-\alpha}$$

当 α 很小时，$1-\alpha\approx1$

$$\therefore K_a\approx c\alpha^2 \text{ 或 } \alpha\approx\sqrt{\frac{K_a}{c}} \qquad (5-2)$$

$$\therefore [H^+]=c\alpha\approx\sqrt{K_a\cdot c} \qquad (5-3)$$

$$\therefore pH=-\lg[H^+]\approx-\lg\sqrt{K_a\cdot c} \qquad (5-4)$$

式（5-4）为一元弱酸 pH 的计算的简化公式。通常当 $c/K_a\geq500$ 时这种近似处理总是合理的。

例 5-1　计算 25℃时，$0.10mol\cdot L^{-1}$ HAc 溶液的 pH，电离度 α。

解法一：设 HAc 达到电离平衡后，H^+ 的平衡浓度为 $x$mol·L^{-1}。

由 HAc 的电离平衡	$HAc \rightleftharpoons H^+$	$+ Ac^-$	
起始浓度(mol·L^{-1})	0.10	0	0
平衡浓度(mol·L^{-1})	$0.10-x$	x	x

$$K_a=\frac{[H^+][Ac^-]}{[HAc]}=\frac{x^2}{0.10-x}=1.76\times10^{-5}$$

$\because K_a$ 很小，$x \ll 0.10$，$0.10-x\approx0.10$

$\therefore K_a\approx\frac{x^2}{0.10}=1.76\times10^{-5}$

$\therefore [H^+]=x=1.32\times10^{-3}$

电离度 $\alpha=\frac{1.32\times10^{-3}}{0.10}=1.32\%$

$pH=-\lg[H^+]=-\lg(1.33\times10^{-3})=2.88$

解法二：$\because c=0.10$mol·L^{-1}，查表得 $K_a=1.76\times10^{-5}$

$c/K_a=0.10/(1.76\times10^{-5})>500$

$\therefore$ 可以用简化公式进行计算：

$[H^+]=\sqrt{K_a\cdot c}=1.32\times10^{-3}$mol·$L^{-1}$

$pH=-\lg[H^+]=-\lg(1.32\times10^{-3})=2.88$

$\alpha=\frac{[H^+]}{c}=\frac{1.32\times10^{-3}}{0.10}=1.32\%$

答：0.1mol·L^{-1}HAc 溶液的 pH 为 2.88，电离度 α 为 1.32%。

二、多元弱酸溶液 pH 的计算

在水溶液中能电离出不止一个氢离子的酸叫多元酸，例如 H_2CO_3、H_2S 是二元酸，H_3PO_4 是三元酸。多元弱酸的电离是分步进行的，每一步的电离都构成一级电离平衡，具有一个平衡常数。只有当所有各分步电离都完全达到平衡后，该多元弱酸在水溶液中的总体电离才算达到平衡。反之，当一个多元弱酸在水溶液中达到总体电离平衡时，该弱酸的各分步电离都已分别达到平衡了。各级分步平衡所涉及的成分(分子或离子)都必然存在于平衡体系中，且每种成分最终都只具有一种平衡浓度，而不管该组分实际参与了几个分步平衡。

以二元弱酸 H_2S 的电离平衡为例，其电离是分两步进行的：

第一级电离：$H_2S \rightleftharpoons H^+ + HS^-$，$K_{a1}=\frac{[H^+][HS^-]}{[H_2S]}$

第二级电离：$HS^- \rightleftharpoons H^+ + S^{2-}$，$K_{a2}=\frac{[H^+][S^{2-}]}{[HS^-]}$

式中，K_{a1}、K_{a2}分别称为二元弱酸 H_2S 的第一级电离常数和第二级电离常数。

由于第一步电离出的 H^+ 会强烈抑制第二步的电离，使得二元酸的 $K_{a1}\gg K_{a2}$，因此，多元弱酸的酸性，主要由第一步电离所决定。计算多元酸的 H^+ 的浓度时，可忽略二级电离，与计算一元弱酸 H^+ 的浓度的方法相同，即应用公式$[H^+]=\sqrt{K_a\cdot c}$做近似计算，只是将式中的 K_a 改为 K_{a1} 即可，即$[H^+]=\sqrt{K_{a1}\cdot c}$。

三、一元弱碱溶液 pH 的计算

一元弱碱溶液中，$[OH^-]$简化计算公式的推导与一元弱酸相似。

公式为：　$[OH^-] = \sqrt{K_b \cdot c}$　(5-5)

公式使用条件与一元弱酸相似。

例 5-2　计算 25℃时，$0.10mol \cdot L^{-1} NH_3 \cdot H_2O$ 溶液的 pH。

解：$\because c = 0.10mol \cdot L^{-1}$，$K_b = 1.76 \times 10^{-5}$

$c/K_b = 0.1/(1.76 \times 10^{-5}) > 500$

∴ 可以用简化公式进行计算。

$[OH^-] = \sqrt{K_b \cdot c} = 1.33 \times 10^{-3} mol \cdot L^{-1}$

$pOH = -\lg[OH^-] = -\lg(1.33 \times 10^{-3}) = 2.88$

$\therefore pH = 14 - pOH = 14 - 2.88 = 11.12$

答：$0.1mol \cdot L^{-1} NH_3 \cdot H_2O$ 溶液 pH 为 11.12。

例 5-3　计算 25℃时，$0.10mol \cdot L^{-1}$ NaAc 溶液的 pH。

解：∵ 在 NaAc 溶液中，存在着 Na^+ 和 Ac^-，可以将 Na^+ 近似地看作中性离子，Ac^- 看作是 HAc 的共轭碱，Ac^- 在水溶液中存在这样的电离平衡（在酸碱电离理论中此反应叫做盐的水解反应）：

$$Ac^- + H_2O \rightleftharpoons HAc + OH^-$$

Ac^- 的电离常数　$K_b = \frac{[HAc][OH^-]}{[Ac^-]}$

已知 HAc 的电离常数　$K_a = \frac{[Ac^-][H^+]}{[HAc]}$

$$K_b \cdot K_a = \frac{[HAc][OH^-]}{[Ac^-]} \times \frac{[Ac^-][H^+]}{[HAc]}$$

$$= [OH^-][H^+]$$

$$= K_w$$

所有共轭酸碱对的电离常数之间都有同样的关系即：

$$K_a \cdot K_b = K_w \quad (5-6)$$

虽然 K_b 的值未知，但可以查表得 HAc 的 $K_a = 1.76 \times 10^{-5}$，所以可以求得 Ac^- 的电离常数 $K_b = \frac{K_w}{K_a} = \frac{1.0 \times 10^{-14}}{1.76 \times 10^{-5}} = 5.68 \times 10^{-10}$

也可以用简化公式计算：

NaAc 的 $[OH^-] = \sqrt{K_b \cdot c} = \sqrt{5.68 \times 10^{-10} \times 0.10} = 7.5 \times 10^{-6} mol \cdot L^{-1}$

$POH = -\lg[OH^-] = -\lg(7.5 \times 10^{-6}) = 5.1$

$\therefore pH = 14 - pOH = 14 - 5.1 = 8.9$

答：$0.1mol \cdot L^{-1}$ NaAc 溶液的 pH 为 8.9。

pH 也可以用实验的方法测定，利用 pH 试纸可以粗略地测出溶液的 pH。pH 试纸是由甲基红、溴百里酚蓝、百里酚蓝、酚酞等多种酸碱指示剂按一定比例混合，溶于乙醇，浸泡滤纸而制得的。测定时，将一滴被测液滴加于试纸上，将呈现的颜色和标准比色卡对照就可得知被测液 pH 的近似值，使用起来很方便。如果需要精确测定溶液的 pH，就需要使用 pH 计（或称酸度计）进行测定。

第四节　同离子效应和缓冲溶液

一、同离子效应

在弱电解质溶液中，加入一种与弱电解质含有相同离子的强电解质，使弱电解质电离度降低的现象，称为同离子效应。例如，$NH_3 \cdot H_2O$ 中存在下列平衡：

$$NH_3 \cdot H_2O \rightleftharpoons NH_4^+ + OH^-$$

达到平衡时，溶液里$[NH_3 \cdot H_2O]$、$[NH_4^+]$和$[OH^-]$的浓度不再变化。若向 $NH_3 \cdot H_2O$ 中加入少量 NaOH 或 NH_4Cl，将会抑制 $NH_3 \cdot H_2O$ 的电离。这就是同离子效应，同离子效应实际上是吕·查德里原理在电离平衡中的应用。

例 5－4　在浓度为 $0.10mol \cdot L^{-1}$ HAc 溶液中加入 $0.10mol \cdot L^{-1}$ NaAc(s)，计算此时溶液的 pH 值，电离度 α。

解：设加入 NaAc 后，达到电离平衡时，溶液中 H^+ 的浓度为 $x mol \cdot L^{-1}$

由 HAc 的电离平衡	$HAc \rightleftharpoons$	H^+	$+ Ac^-$
起始浓度$(mol \cdot L^{-1})$	0.10	0	0.10(NaAc 的浓度)
平衡浓度$(mol \cdot L^{-1})$	$0.10 - x$	x	$0.10 + x$

$$K_a = \frac{[H^+][Ac^-]}{[HAc]} = \frac{x \cdot (0.10 + x)}{0.10 - x} = 1.76 \times 10^{-5}$$

$\because K_a$ 很小，$x \ll 0.10$

$\therefore 0.10 + x \approx 0.10 - x \approx 0.10$

$\therefore K_a \approx \dfrac{x \cdot 0.10}{0.10} = 1.76 \times 10^{-5}$

$\therefore [H^+] = x = 1.76 \times 10^{-5}$

$\therefore pH = -\lg[H^+] = -\lg(1.76 \times 10^{-5}) = 4.75$

电离度 $\alpha = \dfrac{1.76 \times 10^{-5}}{0.10} = 0.0176\%$

上述结果与例 5－1 的计算结果比较可以看出，由于向浓度为 $0.10mol \cdot L^{-1}$ HAc 溶液中加入 $0.10mol \cdot L^{-1}$ NaAc(s)，抑制了 HAc 的电离，使得 HAc 的电离度由 1.32% 降到了 0.0176%，显示出强烈的同离子效应。

二、缓冲溶液

1. 缓冲溶液的概念

实验：向纯水(pH＝7.0)中加入少量酸或碱，测得 pH 会发生显著变化；向 HAc－NaAc 混合液中加入少量酸或碱，溶液的 pH 几乎不变。同样向上述混合溶液中加入少量水稀释，pH 也几乎不变。溶液的这种具有抵抗外来少量强酸、强碱或适当稀释而保持其 pH 几乎不变的作用称为缓冲作用，具有缓冲作用的溶液称为缓冲溶液。

2. 缓冲溶液的原理

缓冲溶液为什么能抵抗外来的少量强酸或强碱，而溶液的 pH 几乎不变呢？现以 HAc－NaAc 溶液为例说明缓冲作用原理。

在 HAc－NaAc 组成的缓冲溶液中，由于 HAc 是弱电解质，电离度很小，仅有少量分子电离成 H^+ 和 Ac^-。而 NaAc 是强电解质，在水溶液中完全电离成 Na^+ 和 Ac^-，所以溶液中

Ac^-和 HAc 的浓度都较大。

由 HAc 的电离平衡 $HAc \rightleftharpoons H^+ + Ac^-$

大量　　　　大量

当向此溶液中加入少量强酸时，Ac^-和外加的 H^+结合生成 HAc，使 HAc 的电离平衡向左移动。当建立新的平衡时，溶液中 HAc 的浓度略有增加，Ac^-的浓度略有减少，但 H^+的浓度几乎没有增加，故溶液的 pH 值几乎不变。在这里，Ac^-起到了对抗外来 H^+的作用，由于 Ac^-主要来自于 NaAc，因而 NaAc 是抗酸成分。

当向此溶液中加入少量强碱时，溶液中 HAc 电离出的 H^+和外加的 OH^-结合生成 H_2O，使 HAc 的电离平衡向右移动。当建立新的平衡时，溶液中 HAc 的浓度略有减少，Ac^-的浓度略有增加，但 OH^-的浓度几乎没有增加，故溶液的 pH 几乎不变。在这里，HAc 电离出的 H^+起到了对抗外来 OH^-的作用，因而 HAc 是抗碱成分。

适当稀释时 HAc 的电离平衡基本上不发生移动，H^+的浓度几乎没有改变，故溶液的 pH 几乎不变。

注意当加入外来酸或碱的量过多时，溶液中的抗碱成分和抗酸成分将会消耗尽，缓冲溶液将会失去缓冲作用，因此，缓冲溶液的缓冲能力是有限度的。

3. 缓冲溶液的组成

缓冲溶液具有缓冲作用，是因为溶液里通常含有两种成分，一种能与酸作用，称为抗酸成分；另一种能与碱作用，称为抗碱成分。两种成分之间含有相同离子，而且存在着化学平衡。通常把这两种成分称为缓冲对或缓冲系。缓冲溶液的组成主要有下列三种情况：

(1) 弱酸及其盐

弱酸(抗碱成分)	盐(抗酸成分)
例如：HAc	NaAc
H_2CO_3	$NaHCO_3$
H_3PO_4	NaH_2PO_4

(2) 弱碱及其盐

弱碱(抗酸成分)	盐(抗碱成分)
例如：$NH_3 \cdot H_2O$	NH_4Cl

(3) 多元酸的酸式盐及其次一级盐

多元酸的酸式盐(抗碱成分)	次一级盐(抗酸成分)
例如：$NaHCO_3$	Na_2CO_3
NaH_2PO_4	Na_2HPO_4
Na_2HPO_4	Na_3PO_4

按照酸碱质子理论，缓冲溶液中两种成分之间实质上是互为共轭酸碱对的关系。

4. 缓冲溶液 pH 的计算

每一种缓冲溶液都有一定的 pH，其大小主要决定于组成它的两种物质的性质和浓度。由于缓冲溶液是由共轭酸碱对组成的混合溶液，其在水溶液中存在下列平衡：

$$HA \rightleftharpoons H^+ + A^-$$

式中 HA 表示共轭酸，A^-表示共轭碱，共轭酸的电离常数为：

$$K_a = \frac{[A^-][H^+]}{[HA]} \text{或} [H^+] = K_a \frac{[HA]}{[A^-]}$$

两边取负对数得：$pH = pK_a - \lg \frac{[HA]}{[A^-]}$ (5-7)

式中[HA]、[A^-]分别为弱酸与弱酸盐的平衡浓度，由于体系为缓冲溶液，[HA]、[A^-]在溶液中大量存在，其浓度远远大于因缓冲作用而引起的变化，因此可用弱酸与弱酸盐的起始浓度代替平衡浓度求得溶液的pH。

根据式(5-5)可得出下列几点结论：

① 缓冲液的pH与该酸的电离平衡常数K_a及盐和酸的浓度有关。弱酸一定，但酸和盐的比例不同时，可以得到不同的pH。当酸和盐浓度相等时，溶液的pH与pK_a值相同。

② 酸和盐浓度等比例也增减时，溶液的pH不变。

③ 酸和盐浓度相等时，缓冲液的缓冲效率为最高，比例相差越大，缓冲效率越低，一般地说缓冲液有效缓冲范围为$pK_a \pm 1$。

同样对于弱碱 $B + H_2O \rightleftharpoons HB^+ + OH^-$

$$K_b = \frac{[HB^+][OH^-]}{[B]} \text{或} [OH^-] = K_b \frac{[B]}{[HB^+]}$$

两边取负对数得：$pOH = pK_b - \lg \frac{[B]}{[HB^+]}$

$$pH = 14 - pK_b + \lg \frac{[B]}{[HB^+]} \quad (5-8)$$

同样，式(5-8)中[B]、[HB^+]分别为弱碱与弱碱盐的平衡浓度，可用其起始浓度代替平衡浓度求得溶液的pH。

例5-5 将0.10mol·L^{-1}的HAc溶液与0.10mol·L^{-1}的NaAc溶液以1∶4混合，求缓冲溶液的pH。

解：查表得知HAc的$K_a = 1.76 \times 10^{-5}$

则 $pK_a = -\lg(1.76 \times 10^{-5}) = 4.75$

由于HAc溶液与NaAc溶液是1∶4混合，所以在缓冲溶液中，二者浓度变为：$[NaAc] = \frac{1 \times 0.10}{5} = 0.02(mol \cdot L^{-1})$

$$[HAc] = \frac{4 \times 0.10}{5} = 0.08(mol \cdot L^{-1})$$

$$pH = pK_a - \lg \frac{[HAc]}{[NaAc]} = 4.75 - \lg \frac{0.02}{0.08} = 4.75 + 0.3 = 5.05$$

答：此缓冲溶液的pH是5.05。

例5-6 用10mL 0.10mol·L^{-1}的$NH_3 \cdot H_2O$溶液和10mL 0.10mol·L^{-1}的NH_4Cl溶液混合，求此混合溶液的pH。

解：查表得$NH_3 \cdot H_2O$的$K_b = 1.77 \times 10^{-5}$

则 $pK_b = -\lg(1.77 \times 10^{-5}) = 4.75$

$$pH = 14 - pK_b + \lg \frac{[NH_3 \cdot H_2O]}{[NH_4Cl]}$$

$$= 14 - 4.75 + \lg \frac{10 \times 0.10}{10 \times 0.10} = 9.25$$

答：此缓冲溶液的pH是9.25。

例5－7 如何配制500mL pH约为5.0的缓冲溶液？

解：(1)选择缓冲对

由于HAc的$pK_a = 4.75$，接近所配制缓冲溶液的pH，所以可选用HAc－NaAc缓冲对。

(2)计算

设取浓度均为$0.1 mol \cdot L^{-1}$的NaAc的体积为VmL，HAc的体积为$(500-V)$mL

$$pH = pK_a - \lg \frac{[HAc]}{[NaAc]}$$

$$5.00 = 4.75 - \lg \frac{0.1(500-V)}{0.1V}$$

$$\frac{V}{500-V} = 1.74$$

$$V = 314mL$$

$$500 - 314 = 186mL$$

(3)配制

量取314mL $0.1mol \cdot L^{-1}$的NaAc溶液和186mL $0.1mol \cdot L^{-1}$的HAc溶液混合可配制成500mL pH约为5.0的缓冲溶液。

应该指出，用缓冲溶液公式计算并配制得到的pH值与实际测得的pH值稍有差异，这是因为计算公式忽略了溶液中各离子、分子间的相互影响所致。若配制准确pH的缓冲溶液，按上述方法配制后，还要用pH计加以校正。

5. 缓冲溶液的应用

缓冲溶液在农业、科研、生物、工业等方面都有十分重要的应用。

土壤中由于含有$NaHCO_3 - H_2CO_3$、$Na_2HPO_4 - NaH_2PO_4$以及其他有机酸及其共轭碱组成的多种缓冲对，才使得土壤维持一定的pH，以供植物正常生长。

pH计(又叫酸度计)使用的标准校正液也是缓冲溶液。即$pH = 4.003$(邻苯二甲酸氢钾)、$pH = 6.864$(混合磷酸盐)、$pH = 9.182$(硼酸)，这些标准溶液的pH是已知的，并达到规定的准确度。它们的pH有良好的重现性和稳定性，具有较大的缓冲容量，较小的稀释值和较小的温度系数。

再如，生物体内的许多化学反应都是在酶的催化作用下发生的，而酶只有在一定的pH范围体系中才具有活性。例如，胃蛋白酶所需的pH为1.5～2.0，pH超过4.0时，它将失去效用。

人体血液是由$NaHCO_3 - H_2CO_3$，$Na_2HPO_4 - NaH_2PO_4$，血浆蛋白－血浆蛋白共轭碱、血红蛋白－血红蛋白共轭碱等多种缓冲对组成的缓冲溶液。pH值维持在7.35～7.45之间，稍偏碱性，最适于细胞的代谢及整个机体的生存。在人体代谢过程中产生的酸性或碱性物质以及食入的酸性或碱性物质进入血液后，正是因为这些缓冲对发挥其抗酸抗碱作用，才使血液的pH维持恒定。

知识链接

酸性体质对人体健康的影响

目前人们面临着一个健康的新问题，即酸性体质，它可导致百病丛生。人体内环境需要相对稳定的酸碱平衡，人的血液的pH在7.35～7.45之间；精液的pH在7.2～8.9之间；尿液的pH在6.5左右。机体通过摄取与排泄，不断地调节自身的酸碱环境，使之处于相对稳定状态。

人体内各种体液必须具有适宜的酸碱度，这是维持正常生理活动的重要条件之一。组织细胞在代谢过程中不断产生酸性和碱性物质；还有一定数量的酸性和碱性物质随食物摄入体内。机体可通过一系列的调节作用，最后将多余的酸性或碱性物质排出体外，达到酸碱平衡。

有研究证明，当pH降0.1，胰岛素的活性就下降30%，在酸性环境下，免疫细胞的吞噬与识别功能下降，神经的敏感性降低，内分泌及机体许多重要功能将发生混乱，癌细胞更易生长与扩散，红细胞在缺氧状态下呈串状重叠。因此，不少科学家认为慢性病、癌症及亚健康状态都与酸性体质有关。

体内酸性物质主要来源于糖、脂类和蛋白质及核酸的代谢产物，其次是饮食和药物中的成酸物质及少量酸性物质。体内碱性物质主要来自某些食物和致碱性药物。我们的身体就像一个化学实验室，体内无时无刻不在进行无数的生物化学反应，使新陈代谢正常运转。如果“实验室”内的酸碱失衡，那就会“天下大乱”了。

一、酸性体质的生理表征：

(1) 皮肤无光泽。

(2) 香港脚。

(3) 稍做运动就感觉疲劳。

(4) 上下楼梯容易气喘。

(5) 肥胖，下腹突出。

(6) 步伐缓慢，动作迟缓。

二、为什么会形成酸性体质？

1. 过度摄入酸性食品

(1) 肉类、乳酪制品与蛋、牛肉、火腿等属于酸性食品。

(2) 摄取过量的酸性食品血液会倾向酸性而变得黏稠，不易流到毛细血管的末梢，而易造成手脚或膝盖冷寒症，以及肩膀僵硬和失眠等。

2. 生活步调失常会造成酸性体质

(1) 生活步调失常会造成精神与肉体的压力。

(2) 据统计，晚睡者罹患癌症的几率比正常人高出五倍。

(3) 人类本来就活在节奏的世界里，无法事先储备睡眠或饮食，也不能日夜颠倒。

(4) 人体内脏受自律神经控制，白天主要是交感神经活动，晚上则由副交感神经工作，若使其错乱及倒置，就易百病滋生。

3. 情绪过于紧张

(1) 文明社会会造成的压力。

(2) 工作上或精神上的压力。

(3) 当一个人承受精神压力后，一旦紧张松弛，会造成猝死，称为潜在性副肾皮质机能不全症。

4. 肉体的紧张

(1) 动手术之前应先检查肾上腺皮质机能是否正常。如果副肾皮质机能较差，或手术压力远超过副肾调整功能，则可能造成病人死亡或其他不良影响。

(2) 若发现病患脸部浮肿，需详加询问病史及服药状况，为长期服用肾上腺皮质荷尔蒙者，施以针灸要特别注意反应。

(3) 劳动或运动过度，通宵打牌、开车等压力都应尽量避免。

5. 70%的病人为酸性体质

土壤有酸性和碱性之分，人体血液也有酸性和碱性的不同。正常情况下人的血液pH为7.35～7.45之间，高于此数值表明体液偏碱性，低于此表明体液偏酸性。由于生活与环境的影响，多数人为酸性体液，人类所患疾病的70%与酸性体质有关。体弱多病的老年人其体液明显偏酸性，而健康老人血液pH多在正常范围内。这与血液中氧和二氧化碳含量变化有关，体弱的老年人呼吸功能减弱，氧气吸入量不足，二氧化碳排出也不足，导致血液中氧含量下降，二氧化碳含量上升，因此血液也就偏酸性了。

酸性体质者容易患的疾病有：糖尿病、脑溢血、高血压、心脏病、肾脏病等。

6. 环境对体液的影响

当人在日光照射下，或劳动、或愤怒、或悲哀不安时，体液呈酸性。

与此相反，当人在阴暗的屋里，或宁静休息、或兴奋、或平心静气时，体液呈碱性；洗冷水浴时，体液为酸性，洗温水浴时体液为碱性；登山时体液为碱性，下山时呈酸性。神经与体液的关系为：交感神经兴奋时，体液为酸性；副交感神经兴奋时，体液为碱性。

7. 食品与体液的关系

吃鱼类、肉类等动物性食品和谷类食品时，体液呈酸性。吃谷类以外的植物性食品和水果时，体液呈碱性。喝牛奶后体液呈碱性。有趣的是，蔬菜煮熟时，体液变为酸性，生吃后体液成为弱碱性。因此，吃生菜对许多疾病都有惊人的疗效。

鱼、肉等食物基本上不含有机酸或含量很低，口感上不显酸味，但在人体内彻底分解代谢后，主要留下氯、硫、磷等酸性物质，所以，营养学上称它们为成酸食物。很多水果的口味为酸性，但是这种酸为有机酸，有机酸在体内参与新陈代谢后成为二氧化碳和水；留下的是果蔬中所含的钠、钾、钙、锌等碱性矿物质元素，所以称水果、青菜等为成碱食物。专家告诉我们，每天摄入食物的酸碱比例应该为2:8。

三、增强体液酸碱平衡的调节机能

人体的正常代谢要求体液保持一定的渗透压和本能碱度，以保持体内生物化学条件的恒定。人类有自然调节体液酸碱平衡的能力。当偏食肉类或偏食蔬菜后，不必过分担心。但过于偏重肉食，使体液变为酸性，容易引发一些疾病。人体调节酸碱平衡的主要脏器是肺和肾，另外还有肝脏和血管。

调节人体血液酸碱度可采用两个方法：一是纠正偏食习惯，科学饮食。青少年对酸碱平衡的调节能力较强，应适当多采用呼吸方法，如缩唇呼吸法或腹式深呼吸法。在安静状态下，深吸一口气，然后缩唇缓慢向外呼气，尽可能多向外呼气，反复10min即可。如每天坚持锻炼，体液碱性将有所增加。

四、酸碱误区

误区一：酸碱食物是以口味酸碱来区分，并非味觉上有酸味的食品就属于酸性食品，新鲜的成熟水果，即使其味道是酸的，也是碱性生成物。

误区二：酸性食品是坏的，碱性食品是好的。将食物以酸碱分为好坏是大错特错，饮食并非"碱性越多越好"，人体有良好的酸碱调节系统，使体液保持相对稳定的酸碱数值，只有平衡才能健康。

人体的血液本来就是很好的缓冲溶液，因此酸碱平衡是自动恒定的。另外，人体内还有磷酸盐缓冲系统、碳酸盐缓冲系统以及蛋白质缓冲系统，这些都是协助人体维持酸碱平衡的机制。肺部和肾脏在维持酸碱平衡也扮演了重要角色，它们平衡体内正负离子的比例。

酸性体质的人容易生病。多喝牛奶、多吃蔬菜水果等碱性食物可以调理人体的酸碱平衡。据联合国卫生组织统计，世界上80%的人为酸性体质，酸性体质又是万病之源，痛风、糖尿病、癌症等疾病都是人体酸性化导致的，所以只有改善酸性体质，才能健康。

五、常见食物的酸碱性

1. 强酸性食品：蛋黄、乳酪、白糖做的西点或柿子、乌鱼子、柴鱼等。

2. 中酸性食品：火腿、熏肉、鸡肉、鲔鱼、猪肉、鳗鱼、牛肉、面包、小麦、奶油、马肉等。

3. 弱酸性食品：白米、落花生、啤酒、酒、油炸豆腐、海苔、文蛤、章鱼、泥鳅。

4. 弱碱性食品：红豆、萝卜、苹果、甘蓝菜、洋葱、豆腐等。

5. 中碱性食品：萝卜干、大豆、红萝卜、番茄、香蕉、橘子、番瓜、草莓、蛋白、梅干、柠檬、菠菜等。

6. 强碱性食品：葡萄、茶叶、葡萄酒、海带芽、海带等。尤其是天然绿藻富含叶绿素，是不错的碱性健康食品，而茶类不宜过量，最佳饮用时间为早上九点至十一点。

习　题

一、思考题

1. 强电解质和弱电解质的电离方式有什么不同？它们在水溶液中主要以什么形式存在？

2. 酸碱质子理论的内容？举例说明什么叫共轭酸、共轭碱？

3. 在 H_2S 的电离平衡中，H^+ 与 S^{2-} 离子的浓度是否存在2∶1的比值关系？为什么？

4. 缓冲溶液的缓冲原理是什么？缓冲溶液的缓冲范围和缓冲能力？

二、填空题

1. 已知 $CH_3CH_2CH_2COO^-$ 的 $K_b = 7.69 \times 10^{-10}$，它的共轭酸为______，该酸的 K_a 为______。

2. 组成上相差一个质子的每一对酸碱，称为______，其 K_a 和 K_b 的关系是______。

3. 弱电解质的 α 值随其在溶液中的浓度增大而______，对 HA 型弱电解质，α 与 c 关系是______。

三、选择题

1. 下列溶液中，pH 最小的是(　　)。

A. $0.1mol \cdot L^{-1}$ NaCl　　B. $0.1mol \cdot L^{-1}$ $NH_3 \cdot H_2O$

C. $0.1mol \cdot L^{-1}$ HAC　　D. $0.1mol \cdot L^{-1}$ NH_4Cl

2. 下列各组溶液混合后不能形成缓冲溶液的是(　　)。

A. 30mL $0.10mol \cdot L^{-1}$ NaH_2PO_4溶液与20mL $0.15mol \cdot L^{-1}$ Na_2HPO_4溶液混合

B. 30mL $0.10mol \cdot L^{-1}$ HAc 溶液与20mL $0.15mol \cdot L^{-1}$ NaOH 溶液混合

C. 30mL $0.10mol \cdot L^{-1}$ NH_3溶液与30mL $0.05mol \cdot L^{-1}$ HCl 溶液混合

D. 30mL $0.10mol \cdot L^{-1}$ $NaHCO_3$溶液与30mL $0.05mol \cdot L^{-1}$ HCl 溶液混合

3. 某溶液的 pH = 5，则溶液的 H^+ 浓度为(　　)。

A. $5 \times 10^{-5} mol \cdot L^{-1}$　　B. $1 \times 10^{-5} mol \cdot L^{-1}$

C. $5mol \cdot L^{-1}$　　D. $2 \times 10^{-4} mol \cdot L^{-1}$

4. 将等体积的 $0.1mol \cdot L^{-1}$ NaOH 和 $0.1mol \cdot L^{-1}$ HAc 溶液混合，混合液呈(　　)。

A. 酸性　　B. 碱性　　C. 中性　　D. 无法判断

5. 将下列物质溶于水中，溶液 pH<7 的是(　　)。

A. NH_4Ac　　B. Na_2CO_3　　C. NaCl　　D. NH_4C1

6. 在1L $0.1mol \cdot L^{-1}$ HAc 中加入0.5L $0.1mol \cdot L^{-1}$ NaOH 混匀。在此溶液中再加入少量 $0.1mol \cdot L^{-1}$ HCl，则此时溶液的 pH 将(　　)。

A. 变大　　B. 变小　　C. 几乎不变　　D. 难以判断

7. 判定弱酸的相对强弱的根据是(　　)。

A. 酸分子中氢原子数目　　B. 酸溶液的浓度

C. 酸的纯度　　D. 以上均不对

8. 配制 pH = 10.0 的缓冲液，可考虑选用的缓冲对为(　　)。

A. HAc - NaAc　　B. HCOOH - HCOONa

C. $H_2CO_3 - NaHCO_3$　　D. $NH_3 - NH_4C1$

9. 弱酸的电离常数值由(　　)决定。

A. 溶液的浓度　　B. 酸的电离度

C. 酸分子中含氢数　　　　　　D. 酸的本质和溶液温度

10. 计算二元弱酸的 pH 时，若 $K_{a1} \gg K_{a2}$，经常（　　）。

A. 只计算第一级离解而忽略第二级离解

B. 一、二级离解必须同时考虑

C. 只计算第二级离解

D. 与第二级离解完全无关

四、判断题

1. 标准平衡常数与温度无关，而是随浓度的改变而改变。（　）

2. 将氨水稀释一倍，溶液中的 OH^- 浓度就减少到原来的 1/2。（　）

3. 弱酸浓度越稀，α 值越大，故 pH 越低。（　　）

4. 如果 HCl 溶液的浓度为 HAc 溶液浓度的 2 倍，那么 HCl 溶液的 H^+ 浓度一定是 HAc 溶液里 H^+ 浓度的 2 倍。（　　）

5. 将氨水和 HCl 混合，不论两者比例如何，一定不可能组成缓冲溶液。（　）

6. 在纯水中加入酸后，水的离子积会大于 10^{-14}。（　）

五、计算题

1. 在体积为 1.0L，浓度为 0.2mol·L^{-1} 的 HAc 溶液中，需加入多少克的无水 NaAc（假定总体积不变），才能使 H^+ 离子浓度保持为 6.5×10^{-5}mol·L^{-1}。

2. 向体积为 0.1L 浓度为 2.0mol·L^{-1} 的氨水中，加入质量为 13.2g 的 $(NH_4)_2SO_4$ 固体，再稀释至总体积为 1.0L，求此溶液的 pH。

3. 在烧杯中盛有体积为 2.0×10^{-2}L，浓度为 0.10mol·L^{-1} 的氨水，逐步将其中加入 HCl 的体积为 (1) 1.0×10^{-2} (2) 2.0×10^{-2} (3) 3.0×10^{-2}，求溶液的 pH。

第六章　沉淀－溶解平衡

在工农业生产和科学实验中，经常需要利用沉淀反应来进行物质分离以及重量分析等。怎样判断沉淀能否生成或溶解，如何创造条件，在含有几种离子的溶液中只使某一种或几种离子沉淀完全，而其余离子保留在溶液中，这都是实际工作中经常遇到的问题。本章将讨论沉淀－溶解平衡的规律及其应用。

第一节　沉淀－溶解平衡

一、沉淀－溶解平衡

沉淀－溶解平衡是指难溶的强电解质固体在水溶液中与其组分离子之间建立的多相动态平衡。如将 AgCl 晶体放入水中，在极性分子 H_2O 的作用下，AgCl 晶体表面的部分 Ag^+、Cl^- 脱离晶体表面进入溶液成为水合离子，这个过程称为溶解；另一方面，进入溶液的水合离子 Ag^+、Cl^- 在不断的运动中互相碰撞，又返回到晶体表面，以沉淀的形式析出，这一过程称为沉淀。

$$AgCl(s) \underset{沉淀}{\overset{溶解}{\rightleftharpoons}} Ag^+(aq) + Cl^-(aq)$$

在一定条件下，当沉淀与溶解的速率相等时，便建立了沉淀－溶解平衡。因为平衡是建立在固体（固相）和溶液中离子（溶液相）之间的，所以又称为多相离子平衡。

二、溶度积常数

对于一般难溶的强电解质（A_mB_n），其沉淀－溶解平衡的通式为：

$$A_mB_n(s) \underset{沉淀}{\overset{溶解}{\rightleftharpoons}} mA^{n+}(aq) + nB^{m-}(aq)$$

其平衡常数表达式为：

$$K_{sp}^{\theta}(A_mB_n) = [A^{n+}]^m[B^{m-}]^n$$

此平衡常数 K_{sp}^{θ} 称为溶度积常数（简称溶度积）。

溶度积常数的大小可以用来衡量难溶强电解质生成或溶解能力的强弱。与其他平衡常数一样，K_{sp}^{θ} 是随温度变化的条件常数，当温度一定时，每种难溶强电解质都有确定的溶度积常数。若不指明温度，则指 298K 时的溶度积常数值。一些常见难溶强电解质的溶度积常数值，见表 6－1。

三、溶度积与溶解度

溶解度是指在一定温度和压力条件下，在一定量溶剂（通常为水）中最多能溶解的溶质的量，用 S 表示。溶解度表征了物质在指定溶剂中溶解性的大小。在一定温度、压力下，物质的溶解度大小取决于该物质及指定溶剂本身的特性。根据溶度积的表达式，难溶电解质的溶度积和溶解度 S 可以相互换算，换算时浓度单位采用 $mol \cdot L^{-1}$。另外，由于难溶物质的溶解度很小，可以认为其饱和溶液的密度等于纯水的密度。

表 6-1　常见难溶电解质的溶度积常数(298K)

物质	化学式	溶度积常数 K_{sp}^{θ}
氯化银	$AgCl$	1.77×10^{-10}
溴化银	$AgBr$	5.35×10^{-13}
碘化银	AgI	8.52×10^{-17}
硫化银	Ag_2S	6.69×10^{-50}
铬酸银	Ag_2CrO_4	5.40×10^{-12}
碳酸钡	$BaCO_3$	2.58×10^{-9}
硫酸钡	$BaSO_4$	1.07×10^{-10}
铬酸钡	$BaCrO_4$	1.17×10^{-10}
碳酸钙	$CaCO_3$	4.96×10^{-9}
草酸钙	CaC_2O_4	1.46×10^{-10}
硫化铜	CuS	1.27×10^{-36}
硫化亚铁	FeS	1.59×10^{-19}
氢氧化亚铁	$Fe(OH)_2$	4.87×10^{-17}
氢氧化铁	$Fe(OH)_3$	2.79×10^{-39}
氯化亚汞	Hg_2Cl_2	1.45×10^{-18}
碘化亚汞	Hg_2I_2	5.33×10^{-29}
硫化汞	HgS	6.44×10^{-53}
氢氧化镁	$Mg(OH)_2$	5.61×10^{-12}
碘化铅	PbI_2	8.49×10^{-9}
硫化铅	PbS	9.04×10^{-29}
硫酸铅	$PbSO_4$	1.82×10^{-8}
铬酸铅	$PbCrO_4$	2.80×10^{-13}
硫化锌	ZnS	2.93×10^{-25}

例 6-1　已知 298K 时 AgCl 的溶度积为 1.77×10^{-10}，求在 298K 时 AgCl 的溶解度 S。

解：AgCl 的溶解度 S 为 AgCl 在水中的饱和浓度，即其在饱和溶液中的平衡浓度。

$$AgCl(s) \rightleftharpoons Ag^{+}(aq) + Cl^{-}(aq)$$

平衡浓度/$mol\cdot L^{-1}$　　　S　　　S

$$K_{sp}^{\theta}(AgCl) = [Ag^{+}][Cl^{-}]$$

$$1.77\times10^{-10} = (S/c^{\theta})^2$$

求得：AgCl 的溶解度 $S = 1.33\times10^{-5}\,mol\cdot L^{-1}$

例 6-2　已知 298K 时 Ag_2CrO_4 的溶度积为 5.40×10^{-12}，求在 298K 时 Ag_2CrO_4 的溶解度 S。

解：

$$Ag_2CrO_4(s) \rightleftharpoons 2Ag^{+}(aq) + CrO_4^{2-}(aq)$$

平衡浓度/$mol\cdot L^{-1}$　　　2S　　　S

$$K_{sp}^{\theta}(Ag_2CrO_4) = [Ag^{+}]^2[CrO_4^{2-}]$$

$$5.40\times10^{-12} = (2S/c^{\theta})^2(S/c^{\theta})$$

求得：Ag_2CrO_4 的溶解度 $S = 1.11\times10^{-4}\,mol\cdot L^{-1}$

从例 6-1、例 6-2 可以看出，$K_{sp}^{\theta}(AgCl) > K_{sp}^{\theta}(Ag_2CrO_4)$，但相同温度下，$Ag_2CrO_4$ 的溶解度较 AgCl 的大。因此不同类型的难溶电解质，不能直接由 K_{sp}^{θ} 的相对大小来判断它们溶

解度的相对大小。

四、溶度积规则

任一难溶电解质(A_mB_n)的沉淀－溶解平衡：

$$A_mB_n(s) \rightleftharpoons mA^{n+}(aq) + nB^{m-}(aq)$$

其反应商(在此又称为离子积)为：

$$Q = [A^{n+}]^m[B^{m-}]^n$$

某一难溶电解质在一定条件下，沉淀能否生成或溶解，可以通过其离子积与溶度积的比较来判断。

① $Q = K_{sp}^{\theta}$时，为饱和溶液，沉淀与溶解过程达到动态平衡；

② $Q < K_{sp}^{\theta}$时，为不饱和溶液，无沉淀析出，若体系中尚有沉淀存在，沉淀将被溶解；

③ $Q > K_{sp}^{\theta}$时，为过饱和溶液，有沉淀析出，直至达到饱和状态。

以上三条规则统称为溶度积规则。从中可以看出，通过控制离子的浓度，就可以使沉淀－溶解平衡发生移动，不仅可以使某些离子沉淀分离，而且也可使某些难溶盐溶解，或转化为另一种沉淀。

第二节　沉淀的生成与分步沉淀

一、沉淀的生成

由溶度积规则可知，难溶电解质溶液中生成沉淀的条件为离子积大于溶度积。促使沉淀生成最常用的方法是加入沉淀剂(能使溶液中某种离子产生沉淀的试剂)，此外，一些沉淀反应与溶液的 pH 有关，通过改变溶液的 pH 值，也可以达到沉淀生成的目的。

1. 加入沉淀剂

例 6－3　若在 10mL 0.010mol·L^{-1} $BaCl_2$溶液中，加入 30mL 0.0050mol·L^{-1} Na_2SO_4溶液，是否会产生 $BaSO_4$沉淀？[$K_{sp}^{\theta}(BaSO_4) = 1.07 \times 10^{-10}$]

解：两溶液混合后，各离子浓度为：

$$c(Ba^{2+}) = \frac{0.010 \times 10}{40} = 2.5 \times 10^{-3}\text{mol}\cdot\text{L}^{-1}$$

$$c(SO_4^{2-}) = \frac{0.0050 \times 30}{40} = 3.8 \times 10^{-3}\text{mol}\cdot\text{L}^{-1}$$

$$Q = [Ba^{2+}][SO_4{}^{2-}] = (2.5 \times 10^{-3})(3.8 \times 10^{-3}) = 9.5 \times 10^{-6} > K_{sp}^{\theta}(BaSO_4)$$

所以能生成 $BaSO_4$沉淀。

例 6－4　在 10mL 0.08mol·L^{-1} $FeCl_3$ 溶液中，加入 30mL 含有 0.1mol·L^{-1} NH_3 和 1.0mol·L^{-1} NH_4Cl 的混合溶液，能否产生 $Fe(OH)_3$沉淀。[$K_{sp}^{\theta}[Fe(OH)_3] = 2.79 \times 10^{-39}$]

解：生成 $Fe(OH)_3$沉淀所需的 Fe^{3+} 由 $FeCl_3$ 提供，而 OH^- 由 $NH_3 - NH_4Cl$ 缓冲溶液提供。混合后溶液中各离子浓度为：

$$c(Fe^{3+}) = \frac{10\text{mL} \times 0.08\text{mol}\cdot\text{L}^{-1}}{10\text{mL} + 30\text{mL}} = 0.020\text{mol}\cdot\text{L}^{-1}$$

在 $NH_3 - NH_4Cl$ 缓冲溶液中：

$$c(NH_3) = \frac{30\text{mL} \times 0.1\text{mol}\cdot\text{L}^{-1}}{30\text{mL} + 10\text{mL}} = 0.075\text{mol}\cdot\text{L}^{-1}$$

$$c(NH_4^+)=\frac{30mL\times1.0mol\cdot L^{-1}}{30mL+10mL}=0.75mol\cdot L^{-1}$$

$$[OH^-]=K_b^\theta\frac{[NH_3]}{[NH_4^+]}=1.77\times10^{-5}\times\frac{0.075}{0.75}=1.77\times10^{-6}$$

$$Q=[Fe^{3+}][OH^-]^3=0.020\times(1.77\times10^{-6})^3=1.11\times10^{-19}>K_{sp}^\theta[Fe(OH)_3]$$

所以有 $Fe(OH)_3$沉淀生成。

2. 控制溶液的 pH

有一些离子要沉淀完全(离子浓度$\leqslant10^{-5}mol\cdot L^{-1}$时，可以认为该离子沉淀完全)，除选择加入合适并过量的沉淀剂外，溶液的酸度也影响着沉淀的生成。例如组成沉淀的阴离子为 CO_3^{2-}，PO_4^{3-}，OH^-，S^{2-}等的难溶电解质，沉淀生成的完全程度就取决于溶液的 pH。

例 6-5 计算欲使 $0.010mol\cdot L^{-1}Fe^{3+}$开始沉淀及沉淀完全时溶液的 pH。[$K_{sp}^\theta[Fe(OH)_3]=2.79\times10^{-39}$]

解：

$$Fe(OH)_3(s)\rightleftharpoons Fe^{3+}(aq)+3OH^-(aq)$$

开始沉淀所需的 pH 值：

$$[Fe^{3+}][OH^-]^3=K_{sp}^\theta[Fe(OH)_3]$$

$$[OH^-]^3=\frac{K_{sp}^\theta}{[Fe^{3+}]}=\frac{2.79\times10^{-39}}{0.010}=2.79\times10^{-37}$$

$$[OH^-]=6.5\times10^{-13}$$

$$pOH=12.19$$

$$pH=14-pOH=14-12.19=1.81$$

沉淀完全所需的 pH：

沉淀完全时，

$$[Fe^{3+}]\leqslant1.0\times10^{-5}mol\cdot L^{-1}$$

$$[OH^-]^3\geqslant\frac{2.79\times10^{-39}}{1.0\times10^{-5}}=2.79\times10^{-34}$$

$$[OH^-]\geqslant6.5\times10^{-12}$$

$$pOH\leqslant11.19$$

$$pH\geqslant14-pOH=14-11.19=2.81$$

欲使 $0.010mol\cdot L^{-1}Fe^{3+}$开始沉淀及沉淀完全时溶液的 pH 分别为 1.81 和 2.81。

通过以上计算可以看出，离子沉淀开始和完全时的 pH 不同。不同难溶金属氢氧化物的 K_{sp}^θ不同，它们沉淀所需的溶液 pH 也不同。因此，可以通过控制溶液 pH 来分离金属离子。

二、分步沉淀

在实际工作中，经常会遇到体系中同时含有多种离子，当加入沉淀剂时，这些离子都可能与之生成沉淀。在此情况下，通常是离子积首先超过溶度积的难溶电解质先沉淀出来。这种混合溶液中几种离子发生先后沉淀的现象称为分步沉淀。

例 6-6 向 Cl^-和 I^-浓度均为 $0.010mol\cdot L^{-1}$的溶液中，逐滴加入 $AgNO_3$溶液，问(1)哪一种离子先沉淀？(2)第二种离子开始沉淀时，溶液中第一种离子的浓度是多少？(3)能否用分步沉淀将两者分离？

解：(1)根据溶度积规则，计算 AgCl 和 AgI 开始沉淀所需的[Ag^+]分别为：

$$[Ag^+]=\frac{K_{sp}^{\theta}(AgCl)}{[Cl^-]}=\frac{1.77\times10^{-10}}{0.010}=1.77\times10^{-8}$$

$$[Ag^+]=\frac{K_{sp}^{\theta}(AgI)}{[I^-]}=\frac{8.52\times10^{-17}}{0.010}=8.52\times10^{-15}$$

通过计算可知，AgI 开始沉淀时，需要的$[Ag^+]$低，所以I^-首先沉淀出来。

(2) 当Cl^-开始沉淀时，溶液对 AgCl 来说也已达到饱和，这时$[Ag^+]$必须同时满足这两个沉淀溶解平衡。

所以
$$[Ag^+]=\frac{K_{sp}^{\theta}(AgCl)}{[Cl^-]}=\frac{K_{sp}^{\theta}(AgI)}{[I^-]}$$

当 AgCl 开始沉淀时，Cl^-的浓度为$0.010mol\cdot L^{-1}$，此时溶液中剩余的$[I^-]$为：

$$[I^-]=\frac{K_{sp}^{\theta}(AgI)\cdot[Cl^-]}{K_{sp}^{\theta}(AgCl)}=4.81\times10^{-7}\times0.010=4.81\times10^{-9}$$

即$c(I^-)=4.81\times10^{-9}mol\cdot L^{-1}<1.0\times10^{-5}mol\cdot L^{-1}$

(3) 通过(2)计算结果可知，当 AgCl 开始沉淀时，I^-早已沉淀完全，利用分步沉淀可将二者分离。

一般来说，当溶液中存在几种离子，若是同种类型的难溶电解质，则它们的溶度积相差越大，混合离子就越容易实现分离。此外，沉淀的次序也与溶液中各种离子的浓度有关，若两种难溶电解质的溶度积相差不大时，则适当地改变溶液中被沉淀离子的浓度，也可以使沉淀的次序发生变化。

例 6-7 某溶液中含有Pb^{2+}和Ba^{2+}，(1)若它们的浓度均为$0.10mol\cdot L^{-1}$，问加入Na_2SO_4试剂，哪一种离子先沉淀？两者能否通过分步沉淀实现分离？(2)若Pb^{2+}的浓度为$0.0010mol\cdot L^{-1}$，Ba^{2+}的浓度仍为$0.10mol\cdot L^{-1}$，两者能否通过分步沉淀实现分离？

解：(1)沉淀Pb^{2+}所需的

$$[SO_4^{2-}]=\frac{K_{sp}^{\theta}(PbSO_4)}{[Pb^{2+}]}=\frac{2.53\times10^{-8}}{0.10}=2.53\times10^{-7}$$

沉淀Ba^{2+}所需的

$$[SO_4^{2-}]=\frac{K_{sp}^{\theta}(BaSO_4)}{[Ba^{2+}]}=\frac{1.08\times10^{-10}}{0.10}=1.08\times10^{-9}$$

由于沉淀Ba^{2+}所需的$[SO_4{}^{2-}]$低，所以Ba^{2+}先沉淀。

当$PbSO_4$开始沉淀时：

$$[SO_4^{2-}]=\frac{K_{sp}^{\theta}(PbSO_4)}{[Pb^{2+}]}=\frac{K_{sp}^{\theta}(BaSO_4)}{[Ba^{2+}]}$$

$$[Ba^{2+}]=\frac{K_{sp}^{\theta}(BaSO_4)\cdot[Pb^{2+}]}{K_{sp}^{\theta}(PbSO_4)}=\frac{1.08\times10^{-10}\times0.10}{2.53\times10^{-8}}=4.27\times10^{-4}$$

显然，$PbSO_4$开始沉淀时，$c(Ba^{2+})>10^{-5}mol\cdot L^{-1}$，所以两者不能通过分步沉淀实现分离。

(2) 当$PbSO_4$开始沉淀时：

$$[Ba^{2+}]=\frac{K_{sp}^{\theta}(BaSO_4)\cdot[Pb^{2+}]}{K_{sp}^{\theta}(PbSO_4)}=\frac{1.08\times10^{-10}\times0.0010}{2.53\times10^{-8}}=4.27\times10^{-6}$$

可见，在这种条件下，当$PbSO_4$开始沉淀时，$BaSO_4$已沉淀完全，两种离子能够实现分离。

第三节 沉淀的溶解与转化

根据溶度积规则，要使沉淀溶解，就必须使难溶电解质的离子积小于溶度积。沉淀的转化是指借助于某一试剂的作用，将一种沉淀转化为另一种沉淀的过程。使沉淀溶解或转化的常用方法有：

1. 生成弱电解质使沉淀溶解

例如，向 $Mg(OH)_2$沉淀中，加入酸使其溶解：

$$Mg(OH)_2(s) \rightleftharpoons Mg^{2+} + 2OH^-$$
$$+$$
$$2HCl \longrightarrow 2Cl^- + 2H^+$$
$$\Updownarrow$$
$$2H_2O$$

由于生成弱电解质 H_2O，使 OH^-浓度不断降低，因而 $Mg(OH)_2$不断溶解。

$$Mg(OH)_2(s) \rightleftharpoons Mg^{2+} + 2OH^-$$
$$+$$
$$2NH_4Cl \longrightarrow 2Cl^- + 2NH_4^+$$
$$\Updownarrow$$
$$2NH_3 \cdot H_2O$$

由于生成弱电解质 $NH_3 \cdot H_2O$，使 OH^-浓度不断降低，因而 $Mg(OH)_2$不断溶解。

又如，$BaCO_3$能溶解于酸：

$$BaCO_3(s) \rightleftharpoons Ba^{2+} + CO_3^{2-}$$
$$+$$
$$2HCl \longrightarrow 2Cl^- + 2H^+$$
$$\Updownarrow$$
$$H_2CO_3 \longrightarrow CO_2\uparrow + H_2O$$

由于生成弱电解质 H_2CO_3，并不断分解产生 CO_2和 H_2O，使 CO_3^{2-}浓度不断降低，$BaCO_3$不断溶解。

2. 发生氧化还原反应使沉淀溶解

例如，CuS 能溶于硝酸：

$$3CuS(s) \rightleftharpoons 3Cu^{2+} + 3S^{2-}$$
$$+$$
$$8HNO_3 \longrightarrow 8H^+ + 8NO_3^-$$
$$\Updownarrow$$
$$3S\downarrow + 2NO\uparrow + 4H_2O + 6NO_3^-$$

由于 HNO_3将 S^{2-}氧化生成 S，使 S^{2-}浓度不断降低，因而 CuS 不断溶解。

3. 生成配合物使沉淀溶解

例如，AgCl 能溶于氨水：

$$AgCl(s) \rightleftharpoons Cl^- + Ag^+$$
$$+$$
$$2NH_3 \cdot H_2O$$
$$\Updownarrow$$
$$[Ag(NH_3)_2]^+ + 2H_2O$$

由于 $NH_3 \cdot H_2O$ 与 Ag^+ 生成 $[Ag(NH_3)_2]^+$，降低了溶液中的 Ag^+ 浓度，可使 AgCl 不断溶解。

4. 生成更难溶的物质而使沉淀转化

例如，要除去锅炉内壁锅垢的主要成分 $CaSO_4$（$K_{sp}^\theta = 7.10 \times 10^{-5}$），可以加入 Na_2CO_3 溶液，使 $CaSO_4$ 转变为溶解度更小的 $CaCO_3$（$K_{sp}^\theta = 4.96 \times 10^{-9}$）。转化反应为：

$$CaSO_4(s) \rightleftharpoons SO_4^{2-} + Ca^{2+}$$
$$+$$
$$NaCO_3 \longrightarrow 2Na^+ + CO_3^{2-}$$
$$\Updownarrow$$
$$CaCO_3(s)$$

由于 $K_{sp}^\theta(CaSO_4) < K_{sp}^\theta(CaCO_3)$，所以 CO_3^{2-} 比 SO_4^{2-} 更易与 Ca^{2+} 生成沉淀，因而使 $CaSO_4$ 不断溶解，转化为更难溶的 $CaCO_3$。

转化反应能否发生与两种难溶电解质溶度积的相对大小有关。一般来说，溶度积较大的难溶电解质容易转化为溶度积较小的难溶电解质。两种电解质的溶度积相差越大，沉淀转化得越完全。

知识链接

废水化学沉淀处理法

废水化学沉淀处理法是废水化学处理法之一种。通过向废水中投加可溶性化学药剂，使之与其中呈离子状态的无机污染物起化学反应，生成不溶于或难溶于水的化合物沉淀析出，从而使废水净化的方法。投入废水中的化学药剂称为沉淀剂，常用的有石灰、硫化物和钡盐等。根据沉淀剂的不同，可分为：(1)氢氧化物沉淀法，即中和沉淀法，是从废水中除去重金属有效而经济的方法；(2)硫化物沉淀法，能更有效地处理含金属废水，特别是经氢氧化物沉淀法处理仍不能达到排放标准的含汞、含镉废水；(3)钡盐沉淀法，常用于电镀含铬废水的处理。化学沉淀法是一种传统的水处理方法，广泛用于水质处理中的软化过程，也常用于工业废水处理，以去除重金属和氰化物。

高分子重金属捕集沉淀剂—DTCR，是一种液体螯合树脂，在常温下与废水中 Hg^{2+}、Cd^{2+}、Cu^{2+}、Pb^{2+}、Mn^{2+}、Ni^{2+}、Zn^{2+}、Cr^{3+}、Cr^{6+} 等各种重金属离子迅速反应，生成不溶水的螯合盐，再加入少量絮凝剂，形成絮状沉淀，从而达到捕集去除重金属离子的目的，形成一种新处理方法—螯合沉淀法。广泛应用于电镀工业、电子工业、石化工业、金属加工工业、皮革工业等行业的废水处理。该技术属化学沉淀法，其特点为：(1)处理方法简单，只要投放药剂即可除去重金属，不增加设备费用；(2)去除重金属效果好，各种工业废水中的重金属均可一次除净，达到国家排放标准；(3)沉淀物量少且稳定性好，呈螯合盐状态，无二次污染。

习　题

一、思考题

1. 对 $CaCO_3$ 在以下溶液中的溶解度大小进行排序并简要说明原因。

(1)纯水 (2)$0.1mol \cdot L^{-1}NaHCO_3$溶液 (3)$0.1mol \cdot L^{-1}CaCl_2$溶液 (4)$0.5mol \cdot L^{-1}KNO_3$溶液 (5)$0.1mol \cdot L^{-1}Na_2CO_3$溶液

2. 在草酸($H_2C_2O_4$)溶液中加入$CaCl_2$溶液，得到CaC_2O_4沉淀。将沉淀过滤后，在滤液中加入氨水，又有CaC_2O_4沉淀产生。试从离子平衡观点加以说明。

二、填空题

1. $Fe(OH)_3$、$Ca_3(PO_4)_2$的标准溶度积表达式分别为：________、________。

2. 某难溶电解质A_3B_2在水中的溶解度S为$1.0\times10^{-6}mol \cdot L^{-1}$，则其饱和溶液中$[A^{2+}]$ = ________，$[B^{3-}]$ = ________，K_{sp}^{θ} = ________。

3. 当溶液的pH值减小时，$MgCO_3(s)$的溶解度将________，$K_{sp}^{\theta}(MgCO_3)$将________。

4. 已知$K_{sp}^{\theta}(Ag_2SO_4)=1.2\times10^{-5}$，$K_{sp}^{\theta}(BaSO_4)=1.1\times10^{-10}$，$K_{sp}^{\theta}(PbSO_4)=1.8\times10^{-8}$，$K_{sp}^{\theta}(CaSO_4)=7.1\times10^{-5}$。在含有$Ag^+$、$Pb^{2+}$、$Ba^{2+}$、$Ca^{2+}$(浓度均为$0.10mol \cdot L^{-1}$)等离子的溶液中，加入$Na_2SO_4$溶液(忽略体积变化)，其沉淀顺序为________、________、________、________。

5. 已知$K_{sp}^{\theta}(AgI)=8.5\times10^{-17}$，$K_{sp}^{\theta}(AgCl)=1.8\times10^{-10}$，在含有$0.010mol \cdot L^{-1}I^-$和$0.010mol \cdot L^{-1}Cl^-$的混合溶液中，逐滴加入$AgNO_3$溶液，则AgI开始沉淀时，$c(Ag^+)$应超过________$mol \cdot L^{-1}$；AgCl开始沉淀时，$c(Ag^+)$应超过________$mol \cdot L^{-1}$。

三、选择题

1. 在AgCl饱和溶液中加入$AgNO_3$溶液，平衡时，溶液中(　　)。

A. $K_{sp}^{\theta}(AgCl)$降低　　B. Ag^+浓度降低

C. AgCl的离子浓度乘积降低　D. Cl^-浓度降低

2. MnS(s)在纯水中、$0.01mol \cdot L^{-1}HCl$、$0.01mol \cdot L^{-1}Na_2S$和$0.1mol \cdot L^{-1}MnCl_2$溶液中的溶解度分别为$S_0$、$S_1$、$S_2$、$S_3$，则下列排列次序正确的是(　　)。

A. $S_0>S_1>S_2>S_3$　　B. $S_1>S_0>S_2>S_3$

C. $S_1>S_0>S_3>S_2$　　D. $S_1>S_2>S_3>S_0$

3. 在饱和$Mg(OH)_2$溶液中，$c(OH^-)=1.0\times10^{-4}mol \cdot L^{-1}$。若往该溶液中加入NaOH溶液，使溶液中的$c(OH^-)$变为原来的10倍，则$Mg(OH)_2$的溶解度在理论上将(　　)。

A. 变为原来的10^{-3}倍　　B. 变为原来的10^{-2}倍

C. 变为原来的10倍　　D. 不发生变化

4. 欲使$CaCO_3$在水溶液中溶解度增大，可以采用的方法是(　　)。

A. 加入$1.0mol \cdot L^{-1}Na_2CO_3$　B. 加入$2.0mol \cdot L^{-1}NaOH$

C. 加入$0.10mol \cdot L^{-1}CaCl_2$　D. 降低溶液的pH

5. 欲使$Mg(OH)_2$溶解，可加入(　　)。

A. NaCl　　B. NH_4Cl　　C. $NH_3 \cdot H_2O$　　D. NaOH

四、判断题

1. 一定温度下，AgCl的饱和水溶液中，$[Ag^+]$和$[Cl^-]$的乘积是一个常数。(　　)

2. 根据溶度积规则，$Q<K_{sp}^{\theta}$时，沉淀溶解。(　　)

3. 根据同离子效应，沉淀剂加入越多，其离子沉淀越完全。(　　)

4. 在分步沉淀中，当第一种被沉淀的离子浓度$c\leqslant1.0\times10^{-5}mol \cdot L^{-1}$，而第二种离子还没有生成沉淀时，可称其为两种离子能被分离开。(　　)

5. 在沉淀转化中，只能是溶解大的难溶物质转化为溶解度小的难溶物质。(   )

五、计算题

1. 计算 $Mg(OH)_2$在 0.10mol · $L^{-1}NH_3 \cdot H_2O$ 中的溶解度。

2. 已知 Ag_2CrO_4在纯水中的溶解度为 1.11×10^{-4}mol · L^{-1}。计算(1)在 0.0010mol · L^{-1} $AgNO_3$溶液中的溶解度；(2)在 1.0mol · $L^{-1}K_2CrO_4$溶液中的溶解度。

3. 根据 PbI_2的溶度积常数，计算 25℃时，(1)PbI_2在纯水中的溶解度；(2)PbI_2饱和溶液中的 Pb^{2+}和 I^- 的浓度；(3)PbI_2 在 0.01mol · L^{-1} KI 饱和溶液中 Pb^{2+} 浓度；(4)PbI_2 在 0.01mol · $L^{-1}PbNO_3$溶液中的溶解度。

4. 在 20mL 0.0020mol · L^{-1} Na_2SO_4 溶液中加入 20mL 0.020mol · L^{-1} $BaCl_2$ 溶液。计算(1)能否生成 $BaSO_4$沉淀；(2)若能生成沉淀，SO_4^{2-} 是否沉淀完全？

5. 在 0.10mol · $L^{-1}BaCl_2$溶液中，(1)加入等体积 0.10mol · L^{-1} K_2CrO_4溶液，计算能否生成 $BaCrO_4$沉淀？若能生成沉淀，Ba^{2+} 能否沉淀完全？(2)若加入 K_2CrO_4 固体，使其浓度为 0.20mol · L^{-1}，Ba^{2+}能否沉淀完全？

6. 在含有 0.10mol · $L^{-1}Cl^-$和 0.10mol · $L^{-1}CrO_4^{2-}$ 的混合溶液中，逐滴加入 $AgNO_3$溶液(忽略加入 $AgNO_3$溶液引起的体积变化)，计算(1)哪一种离子先被沉淀出来？(2)当第二种离子开始沉淀时，溶液中第一种离子的浓度是多少？

7. 将 500mL$c(FeCl_2)$ = 0.2mol · L^{-1}和 500mL$c(NH_3 \cdot H_2O)$ = 0.2mol · L^{-1}混合，计算(1)混合后溶液是否有沉淀生成？(2)若有沉淀要加入多少 NH_4Cl，才能使溶液无 $Fe(OH)_2$沉淀？(忽略加入 NH_4Cl 固体引起的体积变化)

8. 在含有 Mg^{2+}和 Fe^{3+}(浓度均为 0.10mol · L^{-1})的混合溶液中。(1)通过生成氢氧化物沉淀的方法使两者完全分离，溶液 pH 应控制在什么范围？(2)若用氨水来分离，在原溶液中加入等体积氨水的浓度应在什么范围？

第七章 原电池与金属腐蚀

原电池、金属腐蚀中的电化学腐蚀都属于电化学的研究范围。电化学是研究化学能与电能相互转化的过程及其规律的科学。电化学反应不同于其他化学反应的本质特点是反应物之间发生了电子转移，称为氧化还原反应。氧化还原反应与环境保护、医学卫生、工农业生产、科学研究等密切相关。如化学需氧量(COD)的测定、饮用水中余氯的测定、维生素C的含量测定、人体内的代谢过程、干电池和蓄电池的生产、金属的腐蚀和防护等。

第一节 氧化还原反应及其方程式的配平

一、氧化数

氧化数表示元素在化合物中所处的化合状态。1970年，国际纯粹和应用化学联合会(IUPAC)确定，氧化数是某一元素一个原子的荷电数，这个荷电数可由假设把每个键中的电子指定给电负性更大的原子而求得。确定氧化数的规则如下：

① 单质中，元素氧化数为零；

② 单原子离子中，元素的氧化数等于该离子所带的电荷数；

③ 离子的总电荷数等于各元素原子氧化数的代数和；中性分子中，所有元素原子氧化数的代数和等于零。

④ 在化合物中，通常规定氢的氧化数为 +1(但在离子型金属氢化物中如 NaH、CaH_2 为 -1)；

⑤ 在化合物中，通常规定氧的氧化数为 -2(但在过氧化物中如 H_2O_2、Na_2O_2 为 -1；氟氧化物如 OF_2 为 +2 等)。

二、氧化还原反应及其方程式的配平

氧化还原反应是反应中发生了电子转移的化学反应。如果用氧化数的概念来定义氧化与还原，则氧化数升高的过程称为氧化；氧化数降低的过程称为还原；氧化还原反应就是元素的氧化数发生变化的化学反应。其中，含有氧化数升高的元素的物质叫还原剂，含有氧化数降低的元素的物质叫氧化剂。

配平氧化还原反应方程式的方法有多种，在此介绍氧化数法和离子 - 电子法。

1. 氧化数法

该方法配平的原则为：在化学反应过程中，氧化反应中元素原子氧化数升高的总数必须等于还原反应中元素原子氧化数降低的总数；反应前后各原子总数必须相等。

配平步骤如下。

① 正确书写反应物和生成物的分子式或离子式；

例如 $P_4 + HClO_3 \longrightarrow HCl + H_3PO_4$

② 找出还原剂分子中所有原子的氧化数的总升高值和氧化剂分子中所有原子的氧化数总降低值；

③ 根据氧化数的升高数值必须等于降低数值的原则，确定基本系数；

④ 用观察法配平氧化数未改变的元素的原子的数目，最终得到

$$3P_4 + 10HClO_3 + 18H_2O = 12H_3PO_4 + 10HCl$$

2. 离子－电子法

该方法配平的原则为：在反应过程中，还原剂失去电子的总数必须等于氧化剂得到电子的总数；反应前后各原子总数必须相等。

配平步骤如下。

① 将反应物和产物以离子形式列出(难溶物、弱电解质和气体均以分子式表示)；

例如 $MnO_4^- + Fe^{2+} + H^+ \longrightarrow Fe^{3+} + Mn^{2+} + H_2O$

② 将反应式分解成两个半反应(一个是氧化反应，另一个是还原反应)；

③ 添加一定数目的电子和 H^+ 或 OH^-(酸性介质条件下：$H^+ - H_2O$；碱性介质条件下：$OH^- - H_2O$)，使半反应两边的原子个数和电荷数相等；

④ 根据氧化还原反应中得失电子数必须相等，将两个半反应乘以相应的系数，合并成一个配平的离子方程式：

$$MnO_4^- + 5Fe^{2+} + 8H^+ = 5Fe^{3+} + Mn^{2+} + 4H_2O$$

第二节 原 电 池

一、原电池

1. 原电池的组成

将 Zn 片放到 $CuSO_4$液中，可以看到：Zn 片逐渐溶解，蓝色的 $CuSO_4$溶液逐渐变浅，同时在 Zn 片上不断析出红色的 Cu。这是 Zn 与 $CuSO_4$之间发生了氧化还原反应的结果：

$$Zn + CuSO_4 \longrightarrow ZnSO_4 + Cu$$

在这个反应中，还原剂 Zn 失去电子，氧化剂 $CuSO_4$得到电子，即在还原剂与氧化剂之间发生了电子转移。但这种电子转移并没有形成电子的定向移动，不能产生电流，反应的化学能直接转变为热能，散发在溶液中。

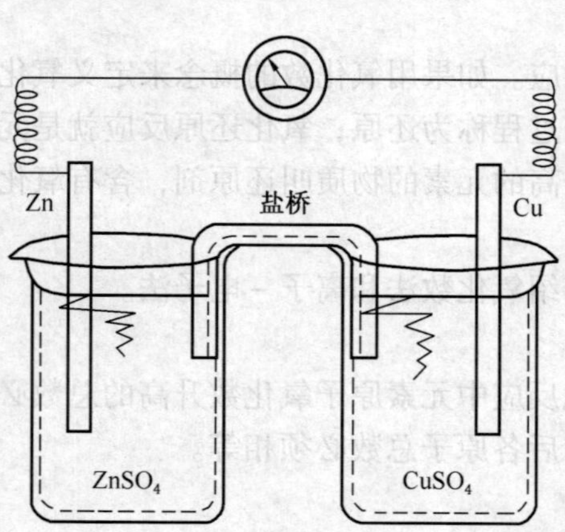

图 7－1 铜锌原电池装置示意图

如果将 Zn 片插入盛有 $ZnSO_4$溶液的烧杯中，Cu 片插入盛有 $CuSO_4$溶液的另一烧杯中，两烧杯中的溶液用盐桥沟通，Zn 片和 Cu 片用导线连接，中间串联一个检流计(如图 7－1 所示)。可观察到：Zn 片不断溶解，Cu 片上有金属 Cu 沉积，同时检流计的指针发生偏转，这说明导线中有电流通过。由指针偏转方向可知，电子从 Zn 片流向 Cu 片，即 Zn 片为负极，Cu 片为正极。

这种将化学能转变成电能的装置称为原电池。原电池是由彼此隔开的两个半电池，及连接两个半电池的内电路组成的。每个半电池则由电极与相应的电解质组成。只有当两个半电池有机地结合在一起，组成一个整体，氧化还原反应才得以进行，原电池才能发挥作用。

在每个半电池中，含有同一元素不同氧化数的两种物质，它们构成一个氧化还原电子

对，简称电对。用 Zn^{2+}/Zn、Cu^{2+}/Cu、Cu^{2+}/Cu^{+}、Fe^{3+}/Fe^{2+}、H^{+}/H_2、AgCl/Ag 这样的符号来表示相应的电对，在写电对符号时，通常把氧化态组分(即高氧化数)写在斜线的前面，而把还原态成分(即低氧化数)写在斜线的后面。

由于氧化还原电对的存在，每个半电池分别存在一个氧化或还原反应，即半电池反应，如上述铜锌电池：

$$Zn(s) - 2e^- \longrightarrow Zn^{2+}(aq)\text{(氧化反应)}$$

$$Cu^{2+}(aq) + 2e^- \longrightarrow Cu(s)\text{(还原反应)}$$

氧化反应放出的电子，通过外电路(导线)源源不断流向另一个半电池，正好供给还原反应的需求。定向流动的电子即形成电流，可被用来做功。Zn^{2+}/Zn、Cu^{2+}/Cu 这两个电对构成了铜锌电池的电极，通常把输出电子的一端称为原电池的负极，输入电子的一端称为正极。显然，在原电池的负极总是发生氧化反应，在正极总是发生还原反应。

在氧化还原反应进行过程中，Zn 氧化成 Zn^{2+}，使负极的电解质溶液因 Zn^{2+} 增加而带正电荷；Cu^{2+} 还原成 Cu 沉积在铜片上，使正极的电解质溶液因 Cu^{2+} 减少而带负电荷。若两个半电池的电解质溶液中积聚的正负电荷不能及时得到中和，整个电池反应将不能持续进行。盐桥即为原电池中的内电路，它的作用就是使氧化还原反应能持续进行。

盐桥通常是 U 形管，其中装入含有 KNO_3、KCl、$KClO_4$ 等盐类的凝胶，凝胶内的盐类强电解质，在外电场的作用下会产生电泳。当铜锌电池的两个半电池因发生氧化还原，而分别积聚正负电荷时，就相当在盐桥的两端加上了一个外电场，盐桥中的正负离子将靠电泳分别进入带多余负电荷和正电荷的电解质溶液，中和其中多余的电荷，保持电解液的电中性。

2. 原电池的符号表达式

原电池可用统一的符号式表示。通常将组成原电池负极的电对写在表达式的左端，正极的电对写在其右端，并在两边加上(+)、(-)号标明。两个半电池中间用"‖"表示盐桥。每个半电池中，用"|"表示电极与离子溶液之间的相界面，对同一相中的不同组分则用逗号分开。c 表示溶液的浓度；p 表示气体的压力。如铜锌原电池可表示为：

$$(-)Zn \mid ZnSO_4(c_1) \parallel CuSO_4(c_2) \mid Cu(+)$$

组成半电池电极的氧化还原电对的物质，除金属与其离子以外，还有非金属单质与其离子(如 Cl_2/Cl^-，O_2/OH^-)、同一种金属不同氧化数的离子(如 Fe^{3+}/Fe^{2+}、Sn^{4+}/Sn^{2+})等。对于后两种电极，在组成原电池时需外加惰性电极，起导电作用，常用铂、石墨等材料做惰性电极。如：

$$(-)(Pt)H_2(100kPa) \mid H^+(1.0mol \cdot L^{-1}) \parallel Cu^{2+}(1.0mol \cdot L^{-1}) \mid Cu(+)$$

$$(-)Pt \mid Sn^{2+}(1.0mol \cdot L^{-1}),\ Sn^{4+}(1.0mol \cdot L^{-1}) \parallel Fe^{3+}(1.0mol \cdot L^{-1}),\ Fe^{2+}(1.0mol \cdot L^{-1}) \mid Pt(+)$$

二、电极电势

在测定铜锌原电池电流方向时，为什么检流计的指针总是指示一个偏转方向，即电子由 Zn 极流向 Cu 极？这是由于原电池正极(Cu 极)的电极电势比负极(Zn 极)的电极电势高。为什么这两个电极的电势不相等？电极电势又是如何产生的？这与金属及其盐溶液间的相互作用有关。

1. 电极电势的产生

将某一金属(M)浸入它的盐溶液中，在金属和溶液接触面上存在两种不同的倾向：一种是金属表面的阳离子受极性水分子的吸引而进入溶液的倾向；另一种是溶液中溶剂化的金属阳离子由于接触到金属表面，受到自由电子的吸引而沉积在金属表面的倾向。这两种对立的倾向在一定条件下，达到一种动态平衡：

$$M - ne^- \longrightarrow M^{n+}$$

如果金属越活泼或溶液中金属离子浓度越小，则金属溶解的趋势大于溶液中金属离子沉积到金属表面的趋势，平衡时金属表面带负电，金属附近的溶液带正电；反之，如果金属越不活泼或溶液中金属离子浓度越大，则金属溶解的趋势小于溶液中金属离子沉积到金属表面的趋势，平衡时金属表面带正电，金属附近的溶液带负电。因而，在金属与溶液之间产生了电势差，这个电势差称为该金属的电极电势，用符号 E 表示，单位为伏特。

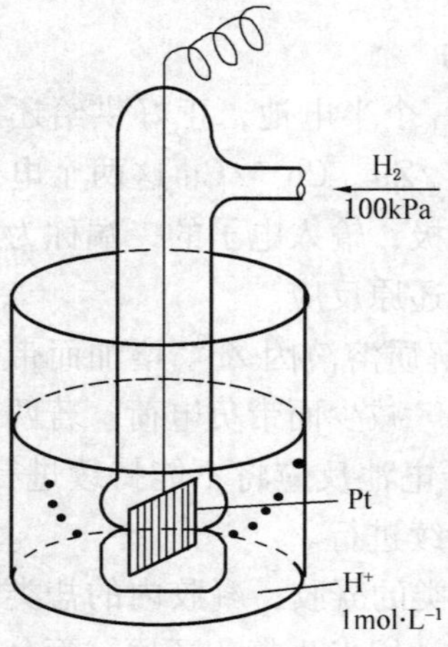

图 7－2　标准氢电极

2. 标准电极电势

（1）电极电势的测量及标准氢电极　虽然单个电极电势的绝对值无法测得，但却可以通过与某一指定电极的比较，求出任何一个电极电势的相对值。国际上规定选用标准氢电极作为测定各种电极的电势相对值的比较标准。

标准氢电极如图 7－2 所示，将镀有一层海绵状铂黑的铂片，置于 H^+浓度为 $1.0mol \cdot L^{-1}$的硫酸溶液中，然后不断通入压力为 100kPa 的纯氢气，使铂黑电极上吸附氢气达到饱和，形成一个由 H_2(100kPa)和 H^+($1.00mol \cdot L^{-1}$)组成的氢电极，其相应的电极反应式为：

$$H_2(100kPa) \rightleftharpoons 2H^+(1.00mol \cdot L^{-1}) + 2e^-$$

规定标准氢电极的电势值为 0.00V。将任何一个电极与标准氢电极相比较，即与标准氢电极组成原电池，测得该电极与标准氢电极之间的电势差，此电势差即为被测电极电势的相对值，称为该电极的电极电势 E。实测的电势差读数只能给出被测电极电势的数值大小，电极电势的正负号由被测电极的属性决定。在与标准氢电极组成原电池时，若被测电极作为正极，说明其电势比标准氢电极高，则电极电势为正值；反之，若被测电极作为负极，则其电极电势为负值。

虽然标准氢电极的电极电势值很稳定，特别适宜作为测量其他电极电势的相对标准，但是标准氢电极要求氢气纯度很高、压力稳定，且铂在溶液中易吸附其他组分而“中毒”，失去活性。因此，实际上常用易于制备、使用方便且电极电势稳定的甘汞电极或氯化银电极等作为电极电势的对比参考，称为参比电极。

饱和甘汞电极是目前普遍使用的参比电极，其电极反应为：

$$Hg_2Cl_2(s) + 2e^- \rightleftharpoons 2Hg(l) + 2Cl^-(aq)$$

（2）标准电极电势

对任一电极而言，若与电极反应有关的所有物种均处于热力学规定的标准状态，则该电极就是标准电极，其电极电势即为标准电极电势。

用各种标准电极与标准氢电极（或参比电极）组成原电池，测得这些电极与标准氢电极（或参比电极）之间的电势差，即可求出各种电极的标准电极电势值。例如，下列原电池：

$$(-)(Pt) \mid H_2(100kPa) \mid H^+(1.00mol \cdot L^{-1}) \parallel Cu^{2+}(1.00mol \cdot L^{-1}) \mid Cu(+)$$

测得原电池的电势差为 0.337V，该原电池中铜极为正极，因此：

$$E^\theta(Cu^{2+}/Cu^+) = 0.337V。$$

表7－1列出了298K时一些常用电对的标准电极电势，它们是按照电极电势的代数值递增顺序排列的。

表7－1 常见的电对的标准电极电势(298.15K)

电对 (氧化态/还原大态)	电极反应 (氧化态＋ne^- ⇌ 还原态)	电极电位/V
K^+/K	$K^+ + e^- \rightleftharpoons K$	－2.931
Na^+/Na	$Na^+ + e^- \rightleftharpoons Na$	－2.71
Al^+/Al	$Al^{3+} + 3e^- \rightleftharpoons Al$	－1.622
Zn^{2+}/Zn	$Zn^{2+} + 2e^- \rightleftharpoons Zn$	－0.7618
Fe^{2+}/Fe	$Fe^{2+} + 2e^- \rightleftharpoons Fe$	－0.447
Cd^{2+}/Cd	$Cd^{2+} + 2e^- \rightleftharpoons Cd$	－0.4030
Ni^{2+}/Ni	$Ni^{2+} + 2e^- \rightleftharpoons Ni$	－0.257
Sn^{2+}/Sn	$Sn^{2+} + 2e^- \rightleftharpoons Sn$	－0.1375
Pb^{2+}/Pb	$Pb^{2+} + 2e^- \rightleftharpoons Pb$	－0.1262
H^+/H_2	$H^+ + e^- \rightleftharpoons 1/2H_2$	0.0000
S/H_2S	$S + 2H^+ + 2e^- \rightleftharpoons H_2S$(水溶液)	＋0.142
Sn^{4+}/Sn^{2+}	$Sn^{4+} + 2e^- \rightleftharpoons Sn^{2+}$	＋0.151
Cu^{2+}/Cu	$Cu^{2+} + 2e^- \rightleftharpoons Cu$	＋0.3419
O_2/OH^-	$1/2O_2 + H_2O + 2e^- \rightleftharpoons 2OH^-$	＋0.401
I_2/I^-	$I_2 + 2e^- \rightleftharpoons 2I^-$	＋0.5355
Fe^{3+}/Fe^{2+}	$Fe^{3+} + e^- \rightleftharpoons Fe^{2+}$	＋0.771
Ag^+/Ag	$Ag^+ + e^- \rightleftharpoons Ag$	＋0.7996
Hg^{2+}/Hg	$Hg^{2+} + 2e^- \rightleftharpoons Hg$	＋0.851
Br_2/Br^2	$Br_2 + 2e^- \rightleftharpoons 2Br$	＋1.066
MnO_2/Mn^{2+}	$MnO_2 + 4H^+ + 2e^- \rightleftharpoons Mn^{2+} + 2H_2O$	＋1.224
O_2/H_2O	$O_2 + 4H^+ + 4e^- \rightleftharpoons 2H_2O$	＋1.229
$Cr_2O_7^{2-}/Cr^{3+}$	$Cr_2O_7^{2-} + 14H^4 + 6e^- \rightleftharpoons 2Cr^{3+} + 7H_2O$	＋1.232
Cl_2/Cl^-	$Cl_2 + 2e^- \rightleftharpoons 2Cl^-$	＋1.35827
PbO_2/Pb^{2+}	$PbO_2 + 4H + 2e^- \rightleftharpoons Pb^{2+} + 2H_2O$	＋1.455
MnO_4^-/Mn^{2+}	$MnO_4^- + 8H^+ + 5e^- \rightleftharpoons Mn^{2+} + 4H_2O$	＋1.507
$S_2O_8^{2-}/SO_4^{2-}$	$S_2O_3^{2-} + 2e^- \rightleftharpoons 2SO_4^{2-}$	＋2.010
F_2/F^-	$F_2 + 2e^- \rightleftharpoons 2F^-$	＋2.866

在使用标准电极电势表时应注意下列两点：

① 标准电极电势值的正负号，不随电极反应的实际方向而改变。如：

$Zn^{2+}(aq) + 2e^- \longrightarrow Zn(s)$(还原反应) $E^\theta(Zn^{2+}/Zn) = -0.76V$

$Zn(s) - 2e^- \longrightarrow Zn^{2+}(aq)$(氧化反应) $E^\theta(Zn^{2+}/Zn) = -0.76V$

②对同一电极而言，其标准电极电势值不随电极反应式中化学计量数的变化而变化。如：

$1/2Cl_2(g) + e^- \rightleftharpoons Cl^-(aq)$ $E^\theta(Cl_2/Cl^-) = 1.36V$

$Cl_2(g) + 2e^- \rightleftharpoons 2Cl^-(aq)$ $E^\theta(Cl_2/Cl^-) = 1.36V$

3. 影响电极电势的因素

电极电势的大小主要取决于电极材料的本性，同时还与参与电极反应的有关物质的浓度或分压、电极反应的温度等因素有关。

能斯特(W. Nernst)从理论上推导出了计算非标准状态下电极电势的公式——能斯特方程，表达了电极电势与浓度或分压、温度之间的定量关系。

对任一电极反应：氧化态物质 + ne^- $\rightleftharpoons$ 还原态物质

能斯特方程表示为：

$$E = E^{\theta} + \frac{RT}{nF}\ln\frac{[氧化态]}{[还原态]} \tag{7-1}$$

式中，E 为电极在指定状态下的电极电势；E^{θ} 为电极在标准状态下的电极电势；R 为摩尔气体常数，取值为 $R = 8.314\text{J}\cdot\text{mol}^{-1}\cdot\text{K}^{-1}$；$T$ 为电极反应的热力学温度，通常情况下，可用 $T = 298.15\text{K}$ 近似代替；n 为电极反应中转移的电子数；F 为法拉第常数，取值为 $F = 96485\text{C}\cdot\text{mol}^{-1}$；[氧化态]、[还原态]分别为指定状态下参与电极反应的氧化态、还原态物质的相对浓度。将上述常数代入，计算后可得到能斯特方程的常用形式：

$$E = E^{\theta} + \frac{0.059}{n}\lg\frac{[氧化态]}{[还原态]} \tag{7-2}$$

应用能斯特方程时，应注意以下几点：

(1)在电极反应中，若有固体或纯液体物质参与反应，它们的相对浓度可看作 1，不写入能斯特方程式中。如：

$$Cu^{2+}(aq) + 2e^- \rightleftharpoons Cu(s)$$

$$E(Cu^{2+}/Cu) = E^{\theta}(Cu^{2+}/Cu) + \frac{0.059\text{V}}{2}\lg[Cu^{2+}]$$

(2)电极反应方程式中，若氧化态、还原态物质的反应系数不为 1，则能斯特方程式中，相应于该物质的相对浓度项，应以其相应的反应系数为指数的幂代入。如：

$$I_2(s) + 2e^- \rightleftharpoons 2I^-(aq)$$

$$E(I_2/I^-) = E^{\theta}(I_2/I^-) + \frac{0.059\text{V}}{2}\lg\frac{1}{[I^-]^2}$$

(3)电极反应中若涉及气态物质，用气体的相对分压代入能斯特方程。如：

$$Cl_2(g) + 2e^- \rightleftharpoons 2Cl^-(aq)$$

$$E(Cl_2/Cl^-) = E^{\theta}(Cl_2/Cl^-) + \frac{0.059\text{V}}{2}\lg\frac{p(Cl_2)}{[Cl^-]^2}$$

(4)若电极反应中，除氧化态和还原态物质外，还有 H^+、OH^- 等离子参加，则这些离子的相对浓度也应根据反应式写在能斯特方程式中。如：

$$MnO_4^- + 8H^+ + 5e^- \rightleftharpoons Mn^{2+} + 4H_2O$$

$$E(MnO_4^-/Mn^{2+}) = E^{\theta}(MnO_4^-/Mn^{2+}) + \frac{0.059\text{V}}{5}\lg\frac{[MnO_4^-][H^+]^8}{[Mn^{2+}]}$$

利用标准电极电势表和能斯特方程式，可以求出任意指定状态下某电极的电势值。

例 7-1 计算在 298.15K 时，Zn^{2+} 浓度为 $0.001\text{mol}\cdot\text{L}^{-1}$ 时的 Zn^{2+}/Zn 电极的电势值。

解：电极反应方程式为：$Zn^{2+}(aq) + 2e^- \rightleftharpoons Zn(s)$

查表得：$E^{\theta}(Zn^{2+}/Zn) = -0.76\text{V}$

当 Zn^{2+} 浓度为 $0.001\text{mol}\cdot\text{L}^{-1}$ 时，由能斯特方程式可求得：

$$E(Zn^{2+}/Zn) = E^{\theta}(Zn^{2+}/Zn) + \frac{0.059V}{2}\lg[Zn^{2+}]$$

$$= -0.76V + \frac{0.059V}{2}\lg 0.001$$

$$= -0.85V$$

例 7－2 计算在 298.15K 时，OH^-浓度为 $0.10mol \cdot L^{-1}$、O_2分压为 100kPa 时的 O_2/OH^-电极的值。

解：电极反应方程式为：$O_2(g) + 2H_2O(l) + 4e^- \rightleftharpoons 4OH^-(aq)$

查表得：$E^{\theta}(O_2/OH^-) = 0.40V$

当 OH^-浓度为 $0.10mol \cdot L^{-1}$、O_2分压为 100kPa 时，由能斯特方程式可求得：

$$E(O_2/OH^-) = E^{\theta}(O_2/OH^-) + \frac{0.059V}{4}\lg\frac{p(O_2)}{[OH^-]^4}$$

$$= 0.40V + \frac{0.059V}{4}\lg\frac{1}{(0.10)^4}$$

$$= 0.46V$$

由例 7－1、例 7－2 可看出，离子浓度对电极电势虽有影响，但通常电极的标准电势值才是决定电极电势高低的主要因素。当电极的组成恒定时，要改变实际的电极电势，一般通过改变相应物质的浓度来实现。

若 H^+、OH^-也参与了电极反应，溶液的酸度往往对电极电势有较大的影响；另外，沉淀、弱电解质和配离子的生成对电极电势也有较大的影响。

例 7－3 计算在 298.15K 时，$c(MnO_4^{2-}) = c(Mn^{2+}) = 1.0mol \cdot L^{-1}$，$c(H^+) = 1.0 \times 10^{-5}mol \cdot L^{-1}$时 MnO_4^{2-}/Mn^{2+}的电极电势。

解：电极反应方程式为：$MnO_4^- + 8H^+ + 5e^- \rightleftharpoons Mn^{2+} + 4H_2O$

查表得：$E^{\theta}(MnO_4^{2-}/Mn^{2+}) = 1.51V$

当 $c(MnO_4^{2-}) = c(Mn^{2+}) = 1.0mol \cdot L^{-1}$，$c(H^+) = 1.0 \times 10^{-5} mol \cdot L^{-1}$时，由能斯特方程式可求得：

$$E(MnO_4^-/Mn^{2+}) = E^{\theta}(MnO_4^-/Mn^{2+}) + \frac{0.059V}{5}\lg\frac{[MnO_4^-][H^+]^8}{[Mn^{2+}]}$$

$$= 1.51V + \frac{0.059V}{5}\lg\frac{1 \times (10^{-5})^8}{1}$$

$$= 1.04V$$

例 7－4 已知 $E^{\theta}(Ag^+/Ag) = 0.80V$，若在此半电池中加入 KCl 溶液，生成的 AgCl 沉淀达到沉淀溶解平衡后，$c(Cl^-) = 1.0mol \cdot L^{-1}$，计算此时 Ag^+/Ag 电极的电势值。

解：当加入 KCl 溶液，存在下列平衡：

$$Ag^+ + Cl^- \rightleftharpoons AgCl(s)$$

$$K_{sp}^{\theta}(AgCl) = [Ag^+][Cl^-]$$

查表得：$K_{sp}^{\theta}(AgCl) = 1.77 \times 10^{-10}$

则 $[Ag^+] = K_{sp}^{\theta}(AgCl)/[Cl^-]$

$$= 1.77 \times 10^{-10}/1$$

$$= 1.77 \times 10^{-10}$$

将[Ag^+]值代入 Ag^+/Ag 电极的能斯特方程，可得加入 KCl 溶液后 Ag^+/Ag 电极的实际电势值：

$$Ag^+(aq) + e^- \rightleftharpoons Ag(s)$$

$$E(Ag^+/Ag) = E^\theta(Ag^+/Ag) + \frac{0.059V}{1}\lg[Ag^+]$$

$$= 0.80V + 0.059V\lg 1.77 \times 10^{-10}$$

$$= 0.22V$$

例 7-5 已知 $E^\theta(H^+/H_2) = 0V$，若在此半电池中加入 NaAc 溶液将生成 HAc。当 $p(H_2) = 100kPa$，$c(Ac^-) = c(HAc)$时，计算 H^+/H_2电极的电势值。

解：当加入 NaAc 溶液将生成 HAc，存在下列平衡：

$$HAC \rightleftharpoons H^+ + Ac^-$$

$$[H^+] = K_a^\theta(HAc) \times [HAc]/[Ac^-]$$

$$= 1.76 \times 10^{-5}$$

将[H^+]值代入 H^+/H_2电极的能斯特方程，可得加入 NaAc 溶液后 H^+/H_2电极的实际电势值：

$$2H^+(aq) + 2e^- \rightleftharpoons H_2(g)$$

$$E(H^+/H_2) = E^\theta(H^+/H_2) + \frac{0.059V}{2}\lg\frac{[H^+]^2}{p(H_2)}$$

$$= 0V + \frac{0.059V}{2}\lg\frac{(1.76 \times 10^{-5})^2}{1}$$

$$= -0.28V$$

第三节 电极电势的应用

一、判断电池反应的方向，计算原电池的电动势

原电池的电动势就是组成原电池的正、负极的电势差值：

$$E_{电池} = E_+ - E_-$$

原电池的电动势恒为正值，即 E_+ 总是大于 E_-，所以由任意两组电对组成原电池时，总是由电势高的电对构成原电池的正极，由电势低的电对构成原电池的负极。例如，由 Zn^{2+}/Zn、Cu^{2+}/Cu 两个电对组成原电池，假设体系处于标准状态。由于 $E^\theta(Zn^{2+}/Zn) = -0.76V$，$E^\theta(Cu^{2+}/Cu) = 0.34V$，所以 Zn^{2+}/Zn 极为原电池的负极，Cu^{2+}/Cu 极为正极。整个电池的反应式为：

$$Zn(s) + Cu^{2+}(aq) \rightarrow Zn^{2+}(aq) + Cu(s)$$

反应方向为从左至右，该电池的电动势

$$E_{电池} = E_+ - E_- = 0.34V - (-0.76V) = 1.10V$$

二、比较氧化剂和还原剂的相对强弱

电极电势的大小反映了电对中氧化型物质得电子能力和还原型物质失电子能力的相对强弱。电极电势的代数值越小，电对中还原态物质的还原能力越强；电极电势的代数值越大，电对中氧化态物质的氧化能力越强。

例 7-6 已知 $E^\theta(Cl_2/Cl^-) = 1.36V$，$E^\theta(Br_2/Br^-) = 1.07V$，$E^\theta(I_2/I^-) = 0.53V$，

$E^{\theta}(Fe^{3+}/Fe^{2+})=0.77V$，$E^{\theta}(Zn^{2+}/Zn)=-0.76V$，$E^{\theta}(MnO_4^{2-}/Mn^{2+})=1.51V$，试列出各氧化型物质的氧化能力和还原型物质还原能力强弱的顺序。

解： 电对 MnO_4^{2-}/Mn^{2+} 的 E^{θ} 值最大，其氧化型物质 MnO_4^{2-} 是最强的氧化剂；电对 Zn^{2+}/Zn 的 E^{θ} 值最小，其还原型物质 Zn 是最强的还原剂。

各氧化型物质的氧化能力由强到弱的顺序为：

$$MnO_4^{2-}>Cl_2>Br_2>Fe^{3+}>I_2>Zn^{2+}$$

各还原型物质的还原能力由强到弱的顺序为：

$$Zn>I^->Fe^{2+}>Br^->Cl^->Mn^{2+}$$

三、判断氧化还原反应的方向

氧化还原反应能否自发进行，可用反应的吉布斯自由能变来判断。若反应的 $\Delta G<0$，反应就能正向自发进行；若反应的 $\Delta G>0$，反应就不能正向自发进行；若反应的 $\Delta G=0$，则反应处于平衡状态。

氧化还原反应的吉布斯自由能变($\Delta_r G$)与原电池电动势($E_{电池}$)的关系为

$$\Delta_r G=-nFE_{电池}$$

其中 n 为氧化还原反应中转移的电子总数，F 为法拉第常数(96485C · mol)均为正值，因而只有当电极电势高的电对中的氧化态物质做氧化剂，电极电势低的电对中的还原态物质做还原剂，其所组成的原电池的电动势 $E_{电池}>0$，才能满足反应正向自发进行的条件。

例 7-7 试判断氧化还原反应：$Pb^{2+}(1mol\cdot L^{-1})+Cu(s)\rightleftharpoons Pb(s)+Cu^{2+}(1mol\cdot L^{-1})$是否能按正反应方向进行。

解： 查表知：$Pb^{2+}(aq)+2e^-\longrightarrow Pb(s)$　$E^{\theta}(Pb^{2+}/Pb)=-0.13V$

$$Cu^{2+}(aq)+2e^-\longrightarrow Cu(s)\quad E^{\theta}(Cu^{2+}/Cu)=0.34V$$

因为 $E^{\theta}(Cu^{2+}/Cu)>E^{\theta}(Pb^{2+}/Pb)$，所以 Cu^{2+} 是比 Pb^{2+} 更强的氧化剂，Pb 是比 Cu 更强的还原剂，则上述氧化还原反应只能从右至左进行。

四、判断氧化还原反应进行的程度

氧化还原反应进行的程度可用氧化还原反应的平衡常数来表征。

例 7-8 氧化还原反应：$Zn+Cu^{2+}\rightleftharpoons Zn^{2+}+Cu$ 在标准状态下进行时，计算其平衡常数。

解：

$$Zn+Cu^{2+}\rightleftharpoons Zn^{2+}+Cu$$

$$K^{\theta}=[Zn^{2+}]/[Cu^{2+}]$$

随着反应的进行，$[Cu^{2+}]$不断减小，$[Zn^{2+}]$不断增大，因而 $E(Cu^{2+}/Cu)$不断减小，$E(Zn^{2+}/Zn)$不断增大。当反应达到平衡状态时，体系的 $\Delta G=0$，由 $\Delta G=-nFE$ 可知，此时原电池的电动势 $E_{电池}=0$，即 $E(Cu^{2+}/Cu)=E(Zn^{2+}/Zn)$，因而可得到以下关系式：

$$E^{\theta}(Cu^{2+}/Cu)+\frac{0.059V}{2}\lg[Cu^{2+}]=E^{\theta}(Zn^{2+}/Zn)+\frac{0.059V}{2}\lg[Zn^{2+}]$$

$$E^{\theta}(Cu^{2+}/Cu)-E^{\theta}(Zn^{2+}/Zn)=\frac{0.059V}{2}\lg\frac{[Zn^{2+}]}{[Cu^{2+}]}$$

$$=\frac{0.059V}{2}\lg K^{\theta}$$

得

$$\lg K^{\theta}=\frac{2[E^{\theta}(Cu^{2+}/Cu)-E^{\theta}(Zn^{2+}/Zn)]}{0.059V}$$

$$= \frac{2[0.34\text{V} - (-0.76\text{V})]}{0.059\text{V}} = 37.3$$

$$= 1.6 \times 10^{37}$$

此 K^θ 值很大，说明上述反应在平衡时进行的很完全。

在 298K 时，对于任意的氧化还原反应，其平衡常数与对应的电对的 E^θ 值有如下关系：

$$\lg K^\theta = \frac{n(E_+^\theta - E_-^\theta)}{0.059\text{V}}$$

或

$$\lg K^\theta = \frac{nE^\theta}{0.059\text{V}}$$

式中，n 为氧化还原反应中转移的电子总数。

通过上式可看出，两个电对的电极电势相差越大，其组成的原电池的氧化还原反应的平衡常数越大，反应进行的越彻底。

第四节　金属腐蚀与防护

一、金属腐蚀的分类

当金属与周围介质接触时，由于发生化学作用或电化学作用而引起的破坏，称为金属腐蚀。金属腐蚀现象十分普遍，例如钢铁制件在潮湿空气中很容易生锈，地下的金属管道遭受腐蚀而穿孔，铝制品在潮湿空气中使用后表面会出现一层白色粉末等。金属遭到腐蚀后，所造成的直接损失和间接伤害是很严重的。因此，研究金属腐蚀的原因和机理，有效防止和控制腐蚀，有十分重要的意义。

根据金属腐蚀的起因不同，主要可分为化学腐蚀和电化学腐蚀两大类。

1. 化学腐蚀

单纯由化学作用而引起的腐蚀，称为化学腐蚀。金属和干燥气体接触，或与非电解质液体(如石油、苯)接触所发生的腐蚀，都属于化学腐蚀。温度对化学腐蚀的影响很大。例如，钢材在高温下容易被氧化，会生成一层由 FeO、Fe_2O_3 和 Fe_3O_4 组成的氧化皮，同时还会发生脱碳现象。这主要由于钢铁中的渗碳体(Fe_3C)按下式与气体介质作用所产生的结果：

$$Fe_3C + O_2 = 3Fe + CO_2$$

$$Fe_3C + CO_2 = 3Fe + 2CO$$

$$Fe_3C + H_2O = 3Fe + CO + H_2$$

反应生成的气体产物离开金属表面，而碳从邻近的、尚未反应的金属内部逐渐扩散到这一反应区，于是金属层中的碳逐渐减少，形成了脱碳层。钢铁表面由于脱碳致使硬度减小、疲劳极限降低。

此外，在原油中含有多种形式的有机硫化物，它们对金属输油管及容器也会产生化学腐蚀。

2. 电化学腐蚀

当金属与电解质溶液接触时，由电化学作用而引起的腐蚀，称为电化学腐蚀。电化学腐蚀的特点是形成原电池(腐蚀电池)。在这种腐蚀电池中，负极上进行氧化反应，通常叫做阳极；正极上进行还原反应，通常叫做阴极。

电化学腐蚀的主要形式有析氢腐蚀、吸氧腐蚀和浓差腐蚀等。

(1)析氢腐蚀 当钢铁暴露在潮湿的空气中时，在表面会形成一层极薄的水膜，空气中 CO_2、SO_2 等气体溶解在水膜中，使其呈酸性。铁与钢铁中的 Fe_3C(或能导电的杂质)形成腐蚀电池，其反应式如下：

阳极(铁) $Fe = Fe^{2+} + 2e^-$

$Fe^{2+} + 2H_2O = Fe(OH)_2 + 2H^+$

阴极(Fe_3C 等) $2H^+ + 2e^- = H_2\uparrow$

总反应 $Fe + 2H_2O = Fe(OH)_2 + H_2\uparrow$

$Fe(OH)_2$ 进一步被空气中的 O_2 氧化生成 $Fe(OH)_3$：

$$4Fe(OH)_2 + 2H_2O + O_2 = 4Fe(OH)_3$$

$Fe(OH)_3$ 及其脱水产物 Fe_2O_3 是红褐色铁锈的主要成分。当介质的酸性较强时，钢铁发生析氢腐蚀。

(2)吸氧腐蚀 在弱酸性或中性介质中，钢铁主要发生吸氧腐蚀。尽管钢铁表面处于一些酸性水膜中，但只要空气中的氧气不断溶解于水膜，并扩散到阴极，由于 O_2/OH^- 电对的电极电势大于 H^+/H^2 电对的电极电势，且腐蚀速率很慢，空气中的氧气可不断溶入水膜中，致使吸氧腐蚀是主要的。吸氧腐蚀的反应式如下：

阳极 $Fe = Fe^{2+} + 2e^-$

阴极 $O_2 + 2H_2O + 4e^- = 4OH^-$

总反应 $2Fe + O_2 + 2H_2O = 2Fe(OH)_2$

$Fe(OH)_2$ 进一步被空气中的 O_2 氧化生成 $Fe(OH)_3$，所得的产物与析氢腐蚀相似。

(3)浓差腐蚀 金属表面常因氧气分布不均匀而引起腐蚀。例如，插入水中的钢管，接近水面的部分氧气浓度(或分压)大，而深入水中的部分氧气浓度(或分压)较小。根据氧电极的反应式：

$$O_2 + 2H_2O + 4e^- = 4OH^-$$

可知 $E(O_2/OH^-) = E^\theta(O_2/OH^-) + \dfrac{0.059V}{4}\lg\dfrac{p(O_2)}{[OH^-]^4}$

在氧气分压较大处，相应电极电势值较大(为阴极)，金属不会被腐蚀，而在氧气分压较小处，相应电极电势值较小(为阳极)，金属被腐蚀。

这种由于氧气浓度不同而引起腐蚀，称为浓差腐蚀(又称为差异充气腐蚀)。其腐蚀反应和吸氧腐蚀相同，但发生的部位不同。在地下管道、石油井架、轮船水线上下等地方会发生浓差腐蚀。

二、金属腐蚀的防护

1. 选择合适的耐蚀金属或合金

根据不同用途选择耐蚀合金，如含 Cr18% 的不锈钢在大气、水中极耐腐蚀，在钢中加 Cr、Ti、V 可防氢蚀，加 Cr、Al、Si 可增加钢的抗氧化性。

2. 隔离介质

将耐腐蚀的非金属材料(如油漆、塑料、橡胶、陶瓷、玻璃等)覆盖在要保护的金属表面，或将耐腐蚀的金属或合金镀在要保护的金属表面。

3. 缓蚀剂法

在腐蚀介质中，加入少量能显著减小腐蚀速率的物质，称为缓蚀剂。缓蚀剂分为无机缓蚀剂和有机缓蚀剂两类。在中性、碱性介质中主要采用无机缓蚀剂，例如，重铬酸盐、铬酸盐、磷酸盐、碳酸氢盐等，他们主要是在金属表面形成氧化膜或沉淀物；在酸性介质中常用乌洛托品[六亚甲基四胺$(CH_2)_6N_4$]、若丁(其主要成分为二邻苯甲基硫脲)等有机缓蚀剂。

4. 阴极保护法

阴极保护法就是用电化学方法将被保护金属作为腐蚀电池的阴极(原电池的正极)或电解池的阴极而达到防腐的方法。前一种是牺牲阳极(原电池的负极)法，后一种是外加电流法。

(1)牺牲阳极法　将较活泼的金属或其合金连接在被保护的金属上，形成腐蚀电池。这时较活泼的金属作为阳极而被腐蚀，被保护的金属则作为阴极而得到保护。牺牲阳极与被保护金属的表面积应有适当的比例，通常是被保护金属表面积的1% ~5%。常用的牺牲阳极材料有铝、镁、锌或其合金等。牺牲阳极法常用于保护海轮外壳、海底设备、锅炉等。

(2)外加电流法　在外加电流作用下，用废钢铁或石墨等难溶性导电物质作为阳极，被保护的金属作为电解池的阴极，从而达到保护阴极的目的。外加电流法常用于防止土壤中金属设备的腐蚀。

知识链接

电解原理及其应用

电解是在外加电能的作用下，迫使氧化还原反应自发进行的过程，此过程将电能转化为化学能，对应的装置称为电解池。在电解池中，与直流电源的负极相连的极叫做阴极，与直流电源的正极相连的极叫作阳极。电子从电源的负极沿导线进入电解池的阴极；另一方面，电子又从电解池的阳极离去，沿导线流回电源正极。这样在阴极上电子过剩，在阳极上电子缺少，电解液(或熔融液)中的正离子移向阴极，在阴极上可得到电子，进行还原反应；负离子移向阳极，在阳极上可给出电子，进行氧化反应。在电解池的两极反应中，氧化态物质得到电子或还原态物质给出电子的过程都叫作放电。

通常把能使电解得以顺利进行的最低电压称为实际分解电压，简称分解电压。各种物质的分解电压是通过实验测定的。以电解水为例说明分解电压的产生。在电解水时，阴极上析出氢气($2H^+ + 2e^- = H_2$)，阳极上析出氧气($2OH^- = H_2O + 1/2O_2 + 2e^-$)，而部分氢气和氧气分别吸附在铂电极表面，组成了氢氧原电池，该原电池的电子流方向与外加直流电源电子流的方向相反，因而需要外加一定值的电压以克服该原电池所产生的电动势，才能使电解顺利进行。由此看来，分解电压是由于电解产物在电极上形成某种原电池，产生反向电动势而引起的。分解电压的理论数值可以根据电解产物及溶液中有关离子的浓度计算得到。

按照能斯特方程计算得到的电极电势，是在电极处于平衡状态而电极上并无电流(或仅有极小量电流)通过的条件下进行的。但当有可察觉量的电流通过电极时，电极的电势会与上述的平衡电势有所不同。这种电极电势偏离了没有电流通过的电极电势值的现象在电化学上统称为极化。电解池中实际分解电压与理论分解电压之间的偏差，除了因电阻所引起的电压降以外，就是由于阴、阳极的极化所引起的。它包括浓差极化和电化学极化两个方面。

浓差极化是由于离子扩散速率缓慢所引起的，它可以通过搅拌和升高温度使离子的扩散速率增大而使之减小；电化学极化是由电解产物析出过程中某一步骤(如离子的放电、原子结合为分子、气泡的形成等)反应速率迟缓而引起电极电势偏离平衡电势的现象，即电化学极化是由电化学反应速率决定的。电解时电解池的实际分解电压与理论分解电压之差，称为超电压。

如果电解的是熔融盐，电极采用铂或石墨等惰性电极，则电极产物只可能是熔融盐的正、负离子分别在阴、阳两极上进行还原和氧化后所得的产物。如果电解的是盐类水溶液，电解液中除了盐类离子外还有水解离出来的H^+和OH^-离子，哪种离子首先在阳极和阴极分别发生氧化和还原反应而析出呢？从热力学角度考虑，在阳极上进行氧化反应的首先是析出电势(考虑超电势因素后的实际电极电势)代数值较小的还原态物质；在阴极上进行还原反应的首先是析出电势代数值较大的氧化态物质。

电解工业在国民经济中具有重要作用，许多有色金属(如钠、钾、镁、铝等)和稀有金属(如锆、铪等)的冶炼及金属(如铜、锌、铅等)的精炼，基本化工产品(如氢、氧、烧碱、氯酸钾、过氧化氢、乙二腈等)的制备，还有电镀、电抛光、阳极氧化等，都是通过电解实现的。

习　题

一、思考题

1. 试将下列氧化还原反应组成一个原电池，并写出电池符号。

$$SnCl_2 + 2FeCl_3 \rightleftharpoons 2FeCl_2 + SnCl_4$$

2. 在酸性溶液中，将下列物质按氧化能力增加的顺序排列。

$KMnO_4$，MnO_2，I_2，O_2，Cl_2，$K_2Cr_2O_7$

3. 在酸性溶液中，将下列物质按还原能力增加的顺序排列。

Cu，Zn，Mg，$FeCl_2$，H_2，Sn

4. 已知 $Cu^{2+} + 2e^- \rightarrow Cu$，$E^\theta = 0.34V$；$Cr^{3+} + e^- \rightarrow Cr^{2+}$，$E^\theta = -0.41V$。判断 Cu^{2+} 与 Cr^{2+} 混合时能否发生氧化还原反应。若能反应，写出反应式。

二、填空题

1. 在氧化还原反应中，氧化数________的物质被氧化，是________剂；氧化数________的物质被还原，是________剂。

2. 将反应 $2Fe^{3+} + Cu = 2Fe^{2+} + Cu^+$ 设计成原电池，正极的电极材料应选________，电极反应式为________；负极的电极材料是________，电极反应式为________；电池符号为________。

3. 在电池(－)Zn ｜ Zn^{2+} ‖ H^+ ｜ H_2(Pt)(＋)中，增大氢气的压力，电池电动势将________；在锌半电池中加入氨水，电池电动势将________。

4. 根据金属腐蚀的起因不同，主要可分为________和________两大类。

三、选择题

1. 下列电对的电极电势值不受介质 pH 影响的是(　　)。

A. MnO_2/Mn^{2+}　　B. H_2O_2/H_2O　　C. S/H_2S　　D. Br_2/Br^-

2. $E^\theta(Sn^{4+}/Sn^{2+}) = 0.15V$，用 $0.1mol \cdot L^{-1} Sn^{2+}$ 和 $1.0mol \cdot L^{-1} Sn^{4+}$ 组成电极，其电极电势是(　　)V。

A. 0.15 + 0.059/2　　B. 0.15 + 0.059　　C. 0.15 − 0.059　　D. 0.15 − 0.059/2

3. 由氧化还原反应 $Cu + Ag^+ = Cu^{2+} + Ag$ 组成原电池，用 E_1、E_2 分别表示 Cu^{2+}/Cu 和 Ag^+/Ag 电对的电极电势，则原电池的电动势 $E_{电池}$ 为(　　)。

A. $E_1 - E_2$　　B. $E_1 - 2E_2$　　C. $E_2 - E_1$　　D. $2E_2 - E_1$

4. 在标准状态下，反应 $MnO_2 + 4HCl = MnCl_2 + Cl_2 + 2H_2O$ 的电极电位分别为 $E^\theta(MnO_2/Mn^{2+}) = 1.22V$，$E^\theta(Cl_2/Cl^-) = 1.36V$，该反应的反应方向是(　　)。

A. 向右进行　　B. 不能向右进行　　C. 处于平衡状态　D. 无法确定

5. 已知 $E^\theta(Fe^{3+}/Fe^{2+}) = 0.77V$，$E^\theta(Cr_2O_7^{2-}/Cr^{3+}) = 1.23V$，$E^\theta(MnO_4^-/Mn^{2+}) = 1.51V$。在标准状态下，氧化性最强的是(　　)。

A. MnO_4^-　　B. $Cr_2O_7^{2-}$　　C. Fe^{3+}　　D. Fe^{2+}

6. 标准状态下，反应 $Cr_2O_7^{2-} + 6Fe^{2+} + 14H^+ = 2Cr^{3+} + 6Fe^{3+} + 7H_2O$ 正向进行，则最强的氧化剂及还原剂分别为(　　)。

A. Fe^{3+}、Cr^{3+}　B. $Cr_2O_7^{2-}$、Fe^{2+}　C. Fe^{3+}、Fe^{2+}　D. $Cr_2O_7^{2-}$、Cr^{3+}

四、判断题

1. 原电池的电动势在反应过程中随反应的进行不断变小。(　　)

2. $E^\theta(Br_2/Br^-) > E^\theta(I_2/I^-)$，所以 Br_2 能氧化 I_2。(　　)

3. 标准氢电极的电极电势为零，说明该电极的金属与溶液形成的双电层的电势差等于零。(　　)

4. 因为 $Cu^{2+} + 2e^- \rightarrow Cu$ 的 $E^\theta = 0.34V$，所以，$2Cu^{2+} + 4e^- \rightarrow 2Cu$ 的 $E^\theta = 0.68V$。(　　)

5. 在一个氧化还原反应中，如果两个电对的电极电势相差越大，则反应速率越快。(　　)

6. 能斯特方程式表明，电极电势与浓度、温度和电子得失数有关。(　　)

五、计算题

1. 电池反应 $Zn(s) + 2H^+(aq) \rightleftharpoons Zn^{2+}(1mol \cdot L^{-1}) + H_2(100kPa)$，测得此原电池电动势为 0.46V，求氢电极中溶液的 pH 是多少？

2. 由镍电极和标准氢电极组成原电池，其中 Ni 为负极。若 $c(Ni^{2+}) = 0.01mol \cdot L^{-1}$，原电池的电动势为 0.32V，计算镍电极的标准电极电势。

3. 25℃时，将反应 $Fe^{2+} + Ag^+ \rightleftharpoons Fe^{3+} + Ag$ 组成原电池，(1) 写出正、负极反应；(2) 写出电池符号；(3) 计算反应的平衡常数；(4) 加入过量银粉于 $0.05mol \cdot L^{-1}$ Fe^{3+} 溶液中，计算平衡时 Ag^+ 的浓度。

4. 将反应 $MnO_4^- + 5Fe^{2+} + 8H^+ \rightleftharpoons Mn^{2+} + 5Fe^{3+} + 4H_2O$ 组成原电池，(1) 写出正、负极反应；(2) 写出电池符号；(3) 计算当 pH = 1，其余离子浓度均为 $1.0mol \cdot L^{-1}$ 时，原电池的电动势；(4) 计算反应的平衡常数。

第八章 配位化合物

第一节 配位化合物的组成、分类和命名

一、配位化合物和配位反应

如果在浅蓝色的$CuSO_4$溶液中滴加氨水，开始溶液中会生成浅蓝色$Cu(OH)_2$沉淀，继续滴加过量氨水，则沉淀溶解而得到深蓝色溶液。实验证明，这种深蓝色的硫酸铜的氨水溶液中，几乎没有游离的Cu离子和自由的NH_3分子存在。也就是说，在此溶液中每个Cu离子都是和4个氨分子紧密结合在一起，在水溶液中主要以复杂的离子$[Cu(NH_3)_4]^{2+}$形式存在。这一反应的本质为：

$$Cu^{2+} + 4NH_3 \cdot H_2O = [Cu(NH_3)_4]^{2+}$$

在反应中形成了一种完全新型的化学键，即配位键，把这种反应称为配合反应或配位反应。

由简单的正离子(或中性原子)与一定数目中性分子(或阴离子)以配位键结合，形成具有一定特性的复杂离子即称为配离子，也称为络离子。如：$[Cu(NH_3)_4]^{2+}$、$[Zn(en)_2]^{2+}$、$[HgI_4]^{2-}$等都是配离子。按配离子自身所带电荷的正负，分别为配阴离子和配阳离子。含有配离子的化合物叫配位化合物，又称配合物或络合物。像$[Cu(NH_3)_4]SO_4$、$[Ag(NH_3)_2]NO_3$、$K_3[Fe(CN)_6]$等含有配离子的盐类称为配盐。在配位反应中还可以生成中性分子，如$[Ni(CO)_4]$、$[Co(NH_3)_3Cl_3]$等，称为配合分子。通常所说的配合物，则是配离子、配盐和配合分子的总称。

二、配位化合物的组成

1. 中心形成体

在配离子或配分子中，能与配位体形成配位键的金属阳离子或中性原子统称为中心形成体简称形成体，又称为中心离子或中心原子。中心形成体为配合物的核心部分。常见的配合物形成体多为过渡元素的离子或原子，如Cr^{3+}、Fe^{2+}、Fe^{3+}、Ni^{2+}、Cu^{2+}、Ni、Fe等。

2. 配位体和配位原子

在形成体的周围并直接与其形成配位键的阴离子或中性分子称为配位体，简称配体，如Cl^-、CN^-、OH^-、NH_3、H_2O等都可做配体。能提供配位体的物质称为配位剂。

在配体中与中心离子直接结合的原子是配位原子，如NH_3中的N原子。配位原子必须具有孤对电子，可以与中心离子共用，形成配位键。在配位体中只有一个配位原子的称为单齿配体或单基配体；含有一个以上的配位原子的配体为多齿配体或多基配体。如en(乙二胺)、EDTA(乙二胺四乙酸)均为多齿配体。

3. 配位化合物的内界和外界

内界为配位化合物的特征部分，是中心形成体和配体之间通过配位键结合而成的一个稳定整体。在分子式中，内界通常用方括号括起来，如：$[Cu(NH_3)_4]^{2+}$；在方括号外的离子，离中心较远，构成外界。

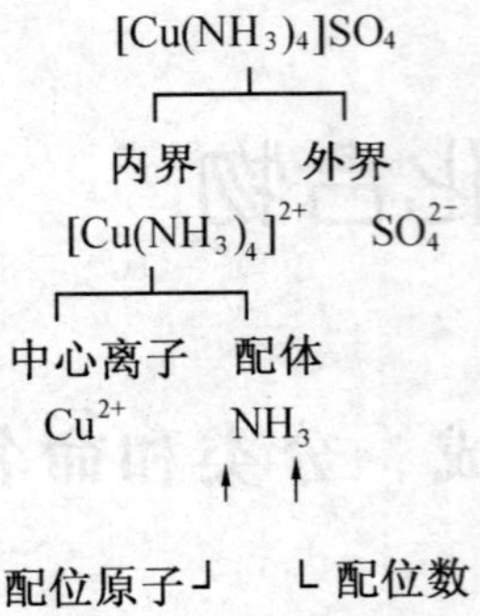

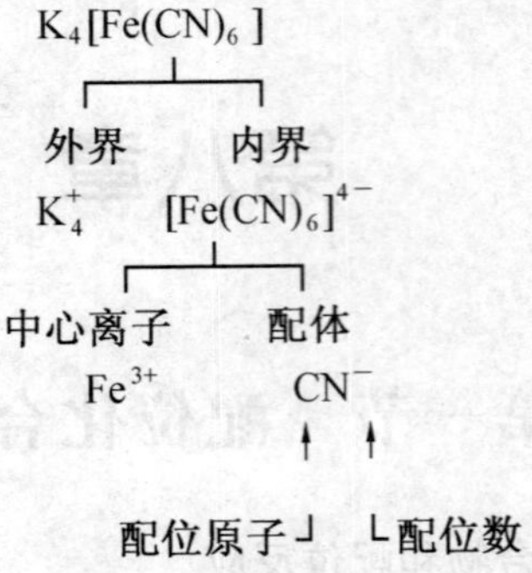

内界和外界之间以离子键结合。配位分子没有外界，如[$Pt(NH_3)_2Cl_2$]。

4. 配位数

在配合物中，与每个中心形成体直接键合的配位原子总数，即为该中心形成体的叫配位数。特别注意：配位数是配位原子数，而不是配位体数。由单齿配体所形成的配合物，配位数等于配体数；由多齿配体形成的配合物，配位数不等于配体数目。如[$Cu(NH_2CH_2CH_2NH_2)_2$]$^{2+}$中，Cu^{2+}离子的配位数是4(配位原子N的总数为4)，而不是2(配位体分子乙二胺的总数为2)。

作为配合物的中心形成体都有自己特征的配位数。各种元素的配位数可以是1，2，3，4，5，6，7，8…，12，其中常见的配位数为2，4，6，而最常见的是4和6。常见配合物的分子组成见表8-1。

表8-1 常见配合物的组成

配合物	内界(配离子)	中心离子	配位体	配位数	外界
[$Ag(NH_3)_2$]Cl	[$Ag(NH_3)_2$]$^+$	Ag^+	NH_3	2	Cl^-
[$Zn(NH_3)_4$]SO_4	[$Zn(NH_3)_4$]$^{2+}$	Zn^{2+}	NH_3	4	$SO_4{}^{2-}$
K_3[$Fe(CN)_6$]	[$Fe(CN)_6$]$^{3+}$	Fe^{3+}	CN^-	6	K^+

三、多齿配体和螯合物

前面已经提到，在一个配体中可能有不止一个配位基，即所谓多齿配体。这些多基配体在配位时可能同时通过两个、三个或多个配位原子对同一个中心形成体配位，这样就必然形成一种具有环状结构的配合物。例如乙二胺就是一种有机配位体，有2个氨基($-NH_2$)，其结构式为：$H_2\ddot{N}—CH_2—CH_2—\ddot{N}H_2$。由于乙二胺分子中有2个配位原子(N原子)，当它和Cu^{2+}配合时，就同时用两个N原子与Cu^{2+}配合形成了一个有五元环结构的稳定配离子，乙二胺分子中的两个氨基($-NH_2$)就像两把螯钳，把Cu^{2+}紧紧钳住，其结构如下(以符号→表示配位键)：

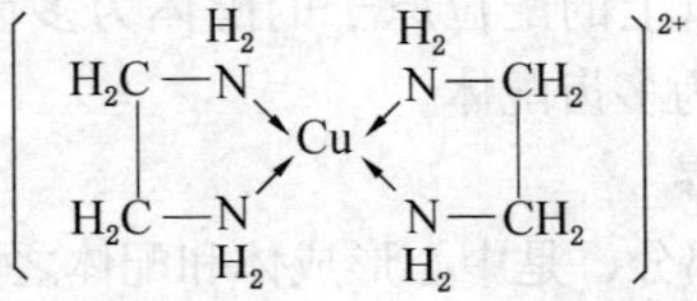

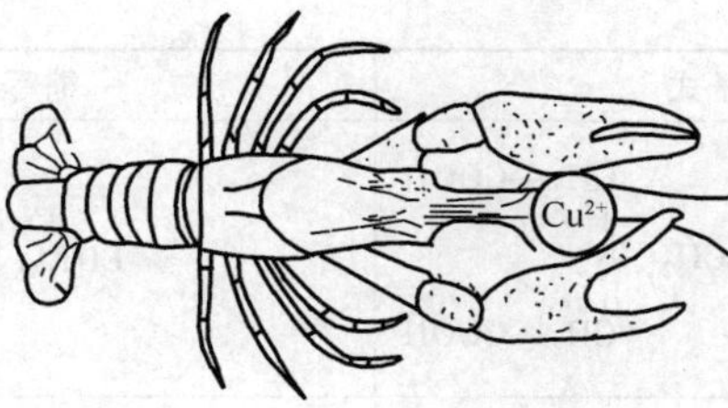

图 8－1 螯合物的螯合示意图

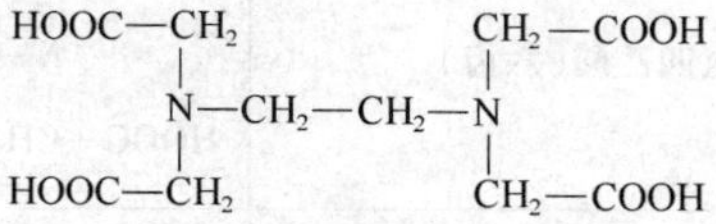

图 8－2 EDTA 分子结构

乙二胺四乙酸(简写成 EDTA)是一种六齿配体，它能与很多金属离子形成十分稳定的配离子。在乙二胺四乙酸分子中，4 个羧基氧原子和 2 个氨基上的氮原子都是配位原子(即每个 EDTA 分子中有 6 个配位原子)。EDTA 分子结构见图 8－1～8－3。

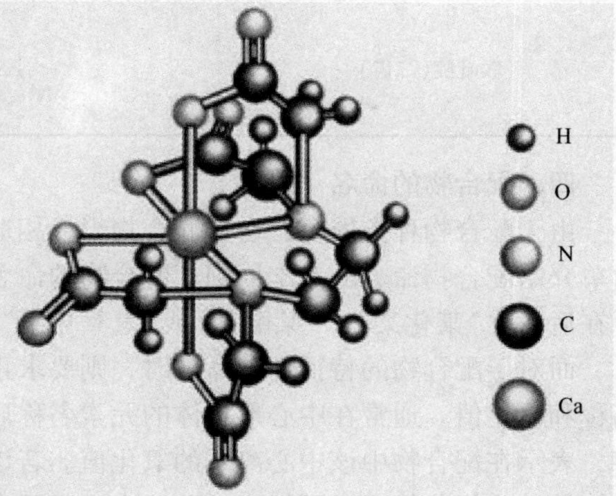

图 8－3 EDTA 螯合物模型

这种具有环状结构的配合物称为螯合物，形成螯合物的配位体称为螯合剂。可见螯合物是配合物的一种，在螯合物的结构中，一定有 2 个或 2 个以上的配位原子提供多对孤对电子与中心离子形成配位键。螯合物通常比简单配合物要稳定，因其结构中具有五元环或六元环结构，更加增强了稳定性，因而螯和物具有许多特殊的性质和用途。大部分螯合剂都是较复杂的有机化合物，其分子式写起来比较冗长麻烦，所以在通常书写螯和物分子式或反应平衡式时，常用一些简单的缩写符号代表螯合剂。常见的螯合剂的名称、分子式及缩写参见表 8－1。

表 8－2 常见螯合剂

名称	分子式	缩写
乙二胺(二齿)	$H_2NCH_2CH_2NH_2$	en
丙二胺(二齿)	$H_2NCH_2CH_2CH_2NH_2$	pn
氮三乙酸(单齿) (氨三乙酸)	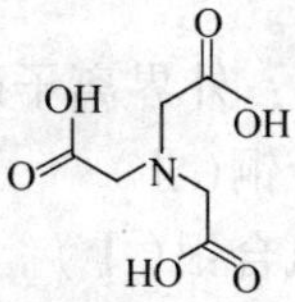	NTN (ATA)
亚氨基二乙酸(二齿)	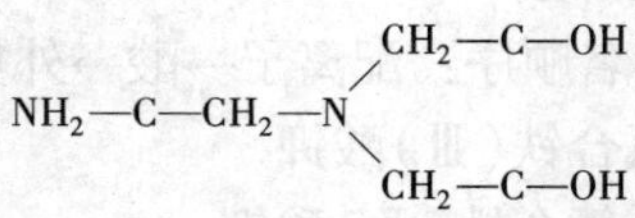	IMDA

续表

名称	分子式	缩写
乙二氨四乙酸(六齿)	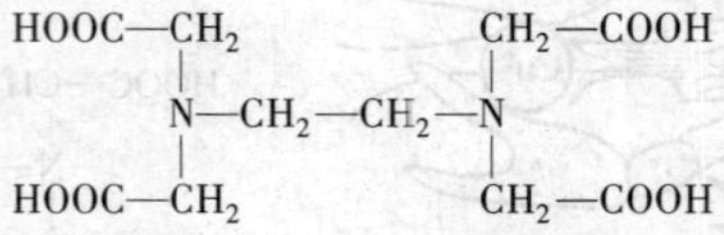	EDTA(Y)
乙酰丙酮(二齿)	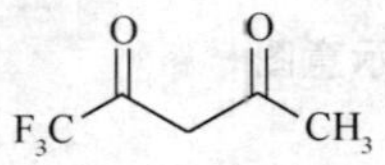	ACAC
联吡啶(二齿)	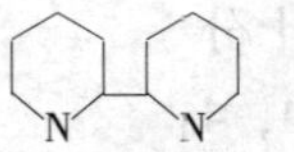	Bipy

四、配合物的命名

由于配合物种类繁多，有些配合物组成相对复杂，因此配合物的命名也较复杂。这里仅简单介绍配合物命名的基本原则。配合物的命名按一般盐类的命名原则，阴离子在前，阳离子在后，称“某化某”、“某酸某”或“氢氧化某”等。

而对于配合物的特征部分命名时，则要求正确表达下列内容：①中心离子或中心原子的名称和氧化值。通常在中心形成体的元素名称后面紧跟一个圆括号，里面写上相应的罗马数字，表示在配合物中该中心离子的氧化值。若该中心形成体只有一个氧化值，并且是大家都熟知的，此氧化值可以不标出。若该中心离子有两个确定的氧化值，也可按无机化合物命名法则，元素名称前冠以“高”、“亚”来加以表示。如Fe(Ⅲ)亦可称为高铁，Fe(Ⅱ)称为亚铁等。②还要表示出各种配体的名称和数目。通常在配体的名称前加上中文数字，表示该种配体的数目。

1. 配离子的命名

配离子的命名顺序为配位体数(用一、二、三、四等数字表示)→配位体→合→中心离子→化合价(用罗马数字Ⅰ、Ⅱ、Ⅲ、Ⅳ等表示)，有的配离子可用简称。例如：

$[Ag(NH_3)_2]^+$　二氨合银(Ⅰ)离子(银氨配离子)

$[Cu(NH_3)_4]^{2+}$　四氨合铜(Ⅱ)离子(铜氨配离子)

$Fe(CN)_6]^{3-}$　六氰合铁(Ⅲ)离子

$[Fe(CN)_6]^{4-}$　六氰合铁(Ⅱ)离子

2. 配离子为阳离子的配合物命名

配离子为阳离子时配合物命名顺序：外界离子(或加“化”字)→配离子，例如：

$[Cu(NH_3)_4]SO_4$　硫酸四氨合铜(Ⅱ)

$[Ag(NH_3)_2]OH$　氢氧化二氨合银(Ⅰ)

$[Co(NH_3)_6]Cl_3$　氯化六氨合钴(Ⅲ)

3. 配离子为阴离子时配合物命名

配离子为阴离子时配合物命名顺序：配离子→酸→外界离子，例如：

$K_3[Fe(CN)_6]$　六氰合铁(Ⅲ)酸钾

$K_4[Fe(SCN)_6]$　六硫氰合铁(Ⅱ)酸钾

4. 有多种配体配合物的命名

如果含有多种配位体，不同的配体之间要用“·”隔开。其命名顺序为：先无机配体，后有机配体(复杂配体写在括号内)；先命名酸根离子，后中性分子(注意在写配离子化学式时，不同配体的书写顺序刚好与命名顺序相反，先写中性配体，再写酸根配体)；配体若都是阴离子时，则按先简单后复杂，先无机后有机酸根离子顺序；配体若都是中性分子时，命名顺序是先简单后复杂：水→NH_3→有机分子。例如：

$[Co(NH_3)_4Cl_2]Cl$　　氯化二氯·四氨合钴(Ⅲ)

$[Pt(NH_3)Cl_3]^-$　　三氯·一氨合铂(Ⅱ)离子

$[Co(NH_3)_5(H_2O)]Cl_3$ 氯化五氨·一水合钴(Ⅲ)

另外，有些配合物有其习惯上沿用的名称，例如：$K_4[Fe(CN)_6]$称为亚铁氰化钾(黄血盐)；$H_2[SiF_6]$称为氟硅酸。

第二节　配位平衡

一、配合物的解离平衡

配合物在水溶液中存在着两种解离方式，配离子和外界是以离子键结合的，与强电解质相似，可认为配合物在水溶液中完全电离为配离子和外界离子。如$[Cu(NH_3)_4]SO_4$的电离：

$$[Cu(NH_3)_4]SO_4 = [Cu(NH_3)_4]^{2+} + SO_4^{2-}$$

解离出来的配离子在水溶液中则和弱电解质相似，会发生部分解离，存在着解离平衡，也称配位平衡。例如：

$$[Cu(NH_3)_4]^{2+} \underset{\text{配位}}{\overset{\text{解离}}{\rightleftharpoons}} Cu^{2+} + 4NH_3$$

对于不同的配离子，解离的程度不同。为定量描述不同配离子在溶液中的解离程度，引入配离子解离常数——不稳定常数$K_{不稳}$和稳定常数$K_{稳}$。

二、配离子的解离常数

当配离子在溶液中解离达平衡时：

$$[Cu(NH_3)_4]^{2+} \Leftrightarrow Cu^{2+} + 4NH_3$$

其平衡常数为：$K_{不稳} = \dfrac{c(Cu^{2+})c^4(NH_3)}{c([Cu(NH_3)_4]^{2+})}$　　(8-1)

$K_{不稳}$称为配离子的不稳定常数。对同一类型(配位体数目相同)的配离子来说，$K_{不稳}$越大，表示配离子越易解离，即配离子越不稳定。

若以配离子的生成表示上述平衡，则相应平衡常数称为该配离子的稳定常数，用$K_{稳}$来表示。如：

$$Cu^{2+} + 4NH_3 \Leftrightarrow [Cu(NH_3)_4]^{2+}$$

$$K_{稳} = \frac{c([Cu(NH_3)_4]^{2+})}{c(Cu^{2+})c^4(NH_3)} \qquad (8-2)$$

对同一类型的配离子来说，$K_{稳}$越大，配离子越稳定，显然，反之则越不稳定。显然，$K_{稳}$与$K_{不稳}$互成倒数关系：

$$K_{稳} = \frac{1}{K_{不稳}} \qquad (8-3)$$

通常配合物的稳定常数都比较大，为了便于书写，常用它的对数值$\lg K_{稳}$来表示，常见配离子的稳定常数和 $\lg K_{稳}$ 值见表 8－3。

表 8－3　一些配离子的稳定常数

配离子	$K_{稳}$	$\lg K_{稳}$	配离子	$K_{稳}$	$\lg K_{稳}$
$[Ag(CN)_2]^-$	1.26×10^{2}	21.1	$[Cu(P_2O_7)_2]^{6-}$	1×10^{9}	9.0
$[Ag(NH_3)_2]^+$	2.89×10^{2}	7.05	$[FeF_6]^{3-}$	2.04×10^{14}	14.3
$[Ag(S_2O_3)_2]^{3-}$	1.12×10^{7}	13.46	$[Fe(CN)_6]^{3-}$	1×10^{42}	42.0
$[AgCl_2]^-$	1.10×10^{5}	5.04	$[Hg(CN)_4]^{2-}$	2.51×10^{41}	41.4
$[AgBr_2]^-$	2.14×10^{7}	7.33	$[HgI_4]^{2-}$	6.76×10^{29}	29.83
$[AgI_2]^-$	5.5×10^{11}	11.74	$[HgBr_4]^{2-}$	1×10^{21}	21.00
$[Ag(Py)_2]^+$	1×10^{10}	10.0	$[HgCl_4]^{2-}$	1.17×10^{15}	15.07
$[Co(NH_3)_6]^{2+}$	1.29×10^{5}	5.11	$[Ni(NH_3)_4]^{2+}$	5.50×10^{8}	8.74
$[Cu(CN)_2]^-$	1×10^{24}	24.0	$[Ni(en)_2]^{2+}$	2.14×10^{18}	18.33
$[Cu(SCN)_2]^-$	1.52×10^{5}	5.18	$[Zn(CN)_4]^{2-}$	5.0×10^{16}	16.7
$[Cu(NH_3)_2]^{2+}$	7.24×10^{10}	10.86	$[Zn(NH_3)_4]^{4+}$	2.87×10^{9}	9.46
$[Cu(NH_3)_4]^{2+}$	2.09×10^{13}	13.32	$[Zn(en)_2]^{2+}$	6.76×10^{10}	10.83

在溶液中配离子的解离和生成都是分步进行的。每一步都有一个对应的不稳定常数或稳定常数，称为逐级不稳定常数或逐级稳定常数。例如：

$$Cu^{2+} + NH_3 \Leftrightarrow [Cu(NH_3)]^{2+} \quad K_{稳1} = \frac{c([Cu(NH_3)]^{2+})}{c(Cu^{2+})c(NH_3)} = \frac{1}{K_{不稳4}}$$

$$[Cu(NH_3)]^{2+} + NH_3 \Leftrightarrow [Cu(NH_3)_2]^{2+} \quad K_{稳2} = \frac{c([Cu(NH_3)_2]^{2+})}{c([Cu(NH_3)]^{2+})c(NH_3)} = \frac{1}{K_{不稳3}}$$

$$[Cu(NH_3)_2]^{2+} + NH_3 \Leftrightarrow [Cu(NH_3)_3]^{2+} \quad K_{稳3} = \frac{c([Cu(NH_3)_3]^{2+})}{c([Cu(NH_3)_2]^{2+})c(NH_3)} = \frac{1}{K_{不稳2}}$$

$$[Cu(NH_3)_3]^{2+} + NH_3 \Leftrightarrow [Cu(NH_3)_4]^{2+} \quad K_{稳4} = \frac{c([Cu(NH_3)_4]^{2+})}{c([Cu(NH_3)_3]^{2+})c(NH_3)} = \frac{1}{K_{不稳1}}$$

若将逐级稳定常数依次相乘，就得到各级累积稳定常数(β_n)：

$$\beta_1 = K_{稳1} = \frac{c([Cu(NH_3)]^{2+})}{c(Cu^{2+})c(NH_3)}$$

$$\beta_2 = K_{稳1}K_{稳2} = \frac{c([Cu(NH_3)_2]^{2+})}{c([Cu(NH_3)]^{2+})c^2(NH_3)}$$

$$\beta_3 = K_{稳1}K_{稳2}K_{稳3} = \frac{c([Cu(NH_3)_3]^{2+})}{c([Cu(NH_3)_2]^{2+})c^3(NH_3)}$$

$$\beta_4 = K_{稳1}K_{稳2}K_{稳3}K_{稳4} = \frac{c([Cu(NH_3)_4]^{2+})}{c([Cu(NH_3)_3]^{2+})c^4(NH_3)}$$

最后一级累积稳定常数为各级配合物的总的稳定常数，用 β_i 表示，则有：

$$\beta_i = K_1K_2K_3\cdots K_i$$

通常在比较简单、粗略的计算中，我们运用的配合平衡常数即为累积稳定常数。$K_{稳}$ 或 $K_{不稳}$ 和其他化学平衡常数一样，不随浓度变化，只随温度变化。

知识链接

配位化合物应用简介

配合物极为普遍，已经渗透到许多自然科学领域和重工业部门，如分析化学、生物化学、医学、催化反应，以及染料、电镀、湿法冶金、半导体、原子能等工业中都得到广泛应用。下面将其几个方面的应用作简单的介绍。

1. 分析化学中的应用

在分析化学中，常应用许多配合物具有特征的颜色来鉴定某些离子的存在。例如：$[Fe(NCS)_n]^{3-n}$呈血红色，$[Cu(NH_3)_4]^{2+}$为深蓝色，$[Co(NCS)_4]^{2-}$在丙酮中显鲜蓝色，等等。它们形成时产生的特征颜色常被认为是有关金属离子存在的依据。又如螯合物中介绍的丁二肟可与Ni^{2+}形成鲜红色的沉淀，这个反应在氨碱性条件下具有灵敏度高、选择性强的特点，这种配位剂也可称为特效剂。

在分析鉴定中，常会因某种金属离子的存在而发生干扰，影响鉴定工作的正常进行。例如，Fe^{3+}的存在对用NCS^-鉴定Co^{2+}就会发生干扰，因为SCN^-与Fe^{3+}和Co^{2+}都能配位分别形成血红色和鲜蓝色的配合物，所以，鉴定Co^{2+}受到Fe^{3+}的妨碍而无法观察清楚。但只要在溶液中加入NaF，F^-与Fe^{3+}可以形成更稳定的无色的$[FeF_6]^{3-}$，使Fe^{3+}不再与SCN^-配位，也就是说，把Fe^{3+}“掩蔽”起来，避免对Co^{2+}鉴定的干扰。

容量分析中的配位滴定法(络合滴定法)，是测定金属含量的常用方法之一，依据的原理就是配合物的形成与相互转化，而最常用的分析试剂就是EDTA。

2. 电镀工业中的应用

许多金属制件，常用电镀法镀上一层既耐腐蚀、又增加美观的Zn、Cu、Ni、Cr、Ag等金属。在电镀时必须控制电镀液中的上述金属离子以很小的浓度，并使它在作为阴极的金属制件上源源不断地放电沉积，才能得到均匀、致密、光洁的镀层。配合物能较好地达到此要求。CN^-可以与上述金属离子形成稳定性适度的配离子。所以，电镀工业中曾长期采用氰配合物电镀液，但是，由于含氰废电镀液有剧毒、容易污染环境，造成公害。近年来已逐步找到可代替氰化物作配位剂的焦磷酸盐、柠檬酸、氨基三乙酸等，并已逐步建立无毒电镀新工艺。

3. 湿法冶金中的应用

配合物的形成，对于一些贵金属的提取起着重要作用。我们知道，贵金属很难氧化，但有配位剂存在时，可形成配合物而溶解。Au、Ag等贵金属的提取就是应用这个原理。用稀的NaCN溶液在空气中处理已粉碎的含Au、Ag的矿石，Au、Ag便可形成配合物而转入溶液：

$$4Au + 8NaCN + 2H_2O + O_2 \rightarrow 4Na[Au(CN)_2] + 4NaOH$$

$$4Ag + 8NaCN + 2H_2O + O_2 \rightarrow 4Na[Ag(CN)_2] + 4NaOH$$

$$2[Ag(CN)_2]^- + Zn \rightarrow [Zn(CN)_4]^{2-} + 2Ag$$

然后用活泼金属(如Zn)还原，可得单质Au或Ag：

$$2[Au(CN)_2]^- + Zn \rightarrow [Zn(CN)_4]^{2-} + 2Au$$

贵金属Pt的提取是利用王水溶解含Pt矿粉，Pt便转化为$H_2[PtCl_6]$，再将$H_2[PtCl_6]$转化为氯铂酸铵沉淀。将沉淀分离出来在高温下分解便可制得海绵状Pt：

$$3Pt + 18HCl + 4HNO_3 \rightarrow 3H_2[PtCl_6] + 4NO + 8H_2O$$

$$H_2[PtCl_6] + 2NH_4Cl \rightarrow (NH_4)_2[PtCl_6] + 2HCl$$

$$3(NH_4)_2[PtCl_6] \xrightarrow{300℃} 3Pt + 16HCl + 2NH_4Cl + 2N_2$$

上述提取贵金属的过程，不同于高温火法冶炼金属，这是在溶液中进行的，因而称为湿法冶金。除Au、Ag、Pt以外，一些稀有金属的提取，也有采用湿法进行的。

4. 配位催化

利用配合物的形成，对反应所起的催化作用称为配位催化(络合催化)，有些已应用于工业生产。例如，以 $PdCl_2$ 作催化剂，在常温常压下可催化乙烯氧化为乙醛：

$$C_2H_4 + PdCl_2 + H_2O \rightarrow [PdCl_2H_2O(C_2H_4)] \rightarrow CH_3CHO + Pd + 2HCl$$

$$2CuCl_2 + Pd \rightarrow 2CuCl + PdCl_2$$

$$2CuCl + 1/2O_2 + 2HCl \rightarrow 2CuCl_2 + H_2O$$

三式相加得总反应：$C_2H_4 + 1/2O_2 \rightarrow CH_3CHO$

配位催化反应具有活性高、反应条件温和(常不需要高温高压)等优点，在有机合成、高分子合成中已有重要的工业化应用。

5. 生物化学中的作用

金属配合物在生物化学中具有广泛而重要的应用。生物体中对各种生化反应起特殊作用的各种各样的酶，许多都含有复杂的金属配合物。由于酶的催化作用，使得许多目前在实验室中尚无法实现的化学反应，在生物体内实现了。生命体内的各种代谢作用、能量的转换、以及 O_2 的输送，也与金属配合物有密切关系。以 Mg^{2+} 为中心的复杂配合物叶绿素，在进行光合作用时，将 CO_2、H_2O 合成为复杂的糖类，使太阳能转化为化学能加以贮存供生命之需。使血液呈红色的血红素结构是以 Fe^{2+} 为中心的复杂配合物，它与有机大分子球蛋白结合成一种蛋白质称为血红蛋白，氧合血红蛋白具有鲜红的颜色。而血红蛋白本身是蓝色的，这就解释了为什么动脉血呈鲜红色(含氧量高)，而静脉血则带蓝色(含氧量低)。

$$血红蛋白\ H_2O(蓝色) + O_2 \rightarrow 血红蛋白\ O_2(鲜红色) + H_2O$$

上述平衡对 O_2 的浓度很敏感。在肺部因有大量的 O_2，平衡右移。O_2 以血红蛋白配合物的形式为红血球所吸收，并输送给各种细胞组织，以供应新陈代谢所需要的 O_2。某些分子或负离子，如 CO 或 CN^-，可以与血红蛋白形成比血红蛋白 $\ddot{Y}O_2$ 更稳定的配合物，可以使血红蛋白中断输 O_2，造成组织缺 O_2 而中毒，这就是煤气(含 CO)及氰化物(含 CN^-)中毒的基本原理。

另外，人体生长和代谢必须的维生素 B_{12} 是 Co 的配合物，起免疫等作用的血清蛋白是 Cu 和 Zn 的配合物；植物固氮菌中的固氮酶含 Fe、Mo 的配合物等。目前，世界各国的科学界都在致力于这些配合物的组成、结构、性能和有关反应机理的研究，探索某些仿生新工艺，这显然是一个十分重要和倍受关注的科学研究领域。

除上述各领域外，在医药领域中，配合物已成为药物治疗的一个重要方面。例如：EDTA 已用作 Pb^{2+}、Hg^{2+} 等中毒的解毒剂；顺式 $[Pt(NH_3)_2Cl_2]$(又称顺铂)具有抗癌作用而用作治癌药物。这方面的研究和发展也很快。再如原子能、半导体、激光材料、太阳能储存等高科技领域，环境保护、印染、鞣革等部门也都与配合物有关。配合物的研究与应用，无疑具有广阔的前景。

习　题

一、思考题

1. 什么叫配位化合物？什么叫配位化合物的中心形成体？什么叫配位化合物的配体？

2. 什么叫配位原子？什么叫配位数？配位数一定等于配位原子数吗？为什么？

3. 什么是配位化合物的内界和外界？

二、填空题

1. 配合物一般分为________和________两个组成部分。

2. NH_3 分子可作配位体是因为 N 原子中有________。

3. 由一个________和一定数目的________以________键结合而成的复杂离子，称配离子，在配离子中，中心离子必须有________。

4. 1 个 EDTA 分子中有________个 N 原子，若用 2 个 EDTA 分子作配位体，则有________个配位原子。

5. 螯合剂必须有________或________能给出________的原子，以便与中心离子配合成

________结构。

三、选择题

1. 下列物质中，含有配位键的化合物是(　　)。

A. H_2O　B. HCl　C. CO　D. CO_2　E. O_2

2. 下列化合物中，属配位化合物的是(　　)。

A. KSCN　B. $NH_4Fe(SO_4)_2$　C. EDTA　D. $K_3[Fe(CN)_6]$　E. NH_3

3. $K_4[Fe(CN)_6]$的中心离子是(　　)。

A. K^+　B. Fe^{2+}　C. Fe^{3+}　D. CN^-　E. $[Fe(CN)_6]^{3-}$

4. 下列是螯合剂的是(　　)。

A. SCN^-　B. Cl^-　C. EDTA　D. NH_3　E. H_2O

5. 配合物$[Cu(NH_3)_4](OH)_2$的配位数是(　　)。

A. 2　B. 4　C. 3　D. 12　E. 7

四、判断题

(1) 标准平衡常数与温度无关，而是随浓度的改变而改变。(　　)

(2) 配合物由内界和外界组成。(　　)

(3) 配位数是中心离子(或原子)接受配位体的数目。(　　)

(4) 配合物中由于存在配位键，所以配合物都是弱电解质。(　　)

(5) 同一种中心离子与有机配位体形成的配合物往往要比与无机配合体形成的配合物更稳定。(　　)

(6) 配合物的配位体都是带负电荷的离子，可以抵消中心离子的正电荷。(　　)

(7) 在螯合物中没有离子键。(　　)

(8) 氨水溶液不能装在铜制容器中，其原因是发生配位反应，生成$[Cu(NH_3)_4]^{2+}$，使铜溶解。(　　)

(9) 在配离子$[Cu(NH_3)_4]^{2+}$解离平衡中，改变体系的酸度，不能使配离子平衡发生移动。(　　)

五、简答题

1. 指出下列配合物的内界、外界及中心离子，并命名。

(1) $K_3[FeF_6]$　(2) $K_2[PtCl_6]$

(3) $[Co(NH_3)_6]Cl_3$　(4) $[Ni(NH_3)_6]SO_4$

2. 根据下列配合物质名称，写出配合物的化学式

(1) 硫酸四氨合锌(Ⅱ)　(2) 四碘合汞(Ⅱ)酸钾

(3) 硫酸四氨合铜(Ⅱ)　(4) 氢氧化二氨合银(Ⅰ)

第二篇 有机化学

第一章 绪 论

第一节 有机化合物概述

物质是人类赖以生存的基础，社会进步的源泉。在大千世界里，物质的种类繁多，数不胜数；人们常常把物质分为无机物和有机物两大类。有机化合物与人类的关系非常密切，在人们的衣、食、住、行、医疗保健、环境保护、工农业生产、能源、材料、生命科学和其他科学技术等领域中都起着重要的作用。

一、有机化合物的概念

像人类认识其他事物一样，人们对有机化合物认识也是逐步深化的。1824 年，德国化学家维勒从氰经水解制得草酸；1828 年他无意中用加热的方法又使氰酸铵转化为尿素。氰和氰酸铵都是无机化合物，而草酸和尿素都是有机化合物。此后，乙酸等有机化合物相继由碳、氢等元素合成，从此人类使有机化学进入了合成时代。人工合成有机物的发展，使人们清楚地认识到：在有机物与无机物之间并没有十分明确的界限，但在组成、结构和性质等方面确实存在着某些不同之处。

由于合成方法的改进和发展，越来越多的有机化合物不断地在实验室中合成出来，人们发现任何一种有机化合物，其分子组成中都含有碳元素，绝大多数还含有氢元素。由于有机化合物分子的氢原子可以被其他的原子或原子团所替代，从而衍变出许许多多其他的有机化合物，所以人们把碳氢化合物及其衍生物称为有机化合物，简称为有机物；研究有机化合物的化学科学称为有机化学。

有机化学是一门历史悠久而充满活力的科学。如今，人们已经能够合成许多自然界已有的或自然界没有的有机物，如合成塑料、合成橡胶、合成树脂、合成纤维、合成药物、合成染料、合成蛋白等。越来越多的人工合成有机物进入家庭，不断充实人们的物质生活，促进了经济发展和社会进步。到 20 世纪末，从自然界发现的和人工合成的有机物约 3000 万种，而且新的有机物仍在不断地被发现和合成出来。

二、有机化合物的性质特点

由于有机化合物分子中都含有碳元素，碳原子的特殊结构就导致了大多数有机物与无机物相比具有下列特性：

(1) 熔点低　挥发性大，熔点、沸点低，一般不超过 400℃。而无机化合物的沸点较高，例如氯化钠的熔点是 800℃，氧化铝的熔点则高达 2050℃。

(2) 溶解度差　水溶性差(大多不溶或难溶于水，易溶于有机溶剂)；除酒精等少数例外，大多数有机化合物难溶或不溶于水，易溶于酒精、乙醚、丙酮、汽油等或苯等有机溶剂。

(3) 可燃性　除了 CCl_4 等极少数例外，有机化合物一般很容易燃烧，而且大多数有机化合物燃烧后变成气体。如棉花、汽油、柴油、液化石油气、天然气、纸、木材、油脂、酒精和乙醚等都容易燃烧。而大部分无机物不能燃烧或难燃烧。

(4) 稳定性差　易受热分解(许多化合物在200～300℃就分解)，有机化合物常因温度、细菌、空气或光照的影响而分解变质。例如维生素 C 片剂是白色的，若长时间放置会被空气氧化而变质呈黄色，失去药效。许多抗生素片剂或针剂常注明失效期，所有的食品都有保质期，就是因为这些药物和食品稳定性差，经过一定时间后会发生变质而失效。

(5) 反应速度比较慢　有机化学反应时常采用加热、加催化剂或用光照等手段，以加速反应。一般来讲，温度增加10℃，反应速度加快一倍至两倍。与无机化学反应相比，有机化学反应速度一般都比较慢。

(6) 反应复杂　有机化学反应常伴有副反应发生，若一个有机化学反应的产量能达到理论产量的60%～70%，就算是比较高产了。

三、有机化合物的结构特点

结构是指有机化合物分子中各原子的结合方式、连接次序和空间排布，它包括构造、构型和构象三层含义。

有机化合物结构的多样性是有机化合物结构的主要特点。有机化合物中普遍存在的同分异构现象是指不同化合物分子的组成相同(分子式相同)而分子结构和性质不相同的现象，例如，C_2H_6O 就可以代表乙醇和甲醚两种不同的化合物。因此只由分子式来表示有机化合物是不够的，一般用结构式表示有机化合物，结构式是用短线和元素符号表示分子中各原子的结合方式和连接顺序的化学式。

通常用的结构式有短线式、缩简式(结构简式)和键线式，见表1-1。

表1-1　有机化合物常用的结构表示方法

结构形式	结构式	化合物名称
短线式	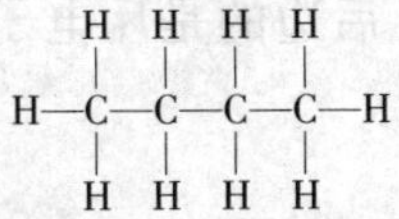	丁烷
结构简式	$CH_3CH_2CH_2CH_2CH_3$	戊烷
键线式	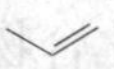	丙烯

第二节　有机化合物分子中的电子效应和有机化学反应类型

一、电子效应

有机化合物中的原子都是以共价键结合起来的，从本质上讲，有机化学是研究共价键化合物的化学，共价键理论(见无机部分第一章)。有机化合物分子中原子、基团和化学键之间的相互影响，是有机化学中普遍存在的极为重要的现象。这种相互影响分为诱导效应和共轭效应。

1. 诱导效应

在有机化合物中，由于成键原子或基团的电负性的不同而使成键电子云向电负性较大的原子团方向偏移，并通过静电诱导作用沿着分子链向某一个方向传递，且随链的增长而迅速减弱或消失，这种原子或基团间的相互影响称为诱导效应，以符号 I 表示。诱导效应是固有的永久性效应，没有外电场的影响也存在。

在分子中引进一个原子或原子团后，可以使分子中电子云的密度分布发生变化，而这种变化不但发生在直接相连部分也可以影响到不直接相连的部分，这种因某一原子或原子团的极性而引起电子云沿着原子链向某一方向移动的效应，即 σ 键的电子移动，称为诱导效应，如一氯乙烷：

$$CH_3 \rightarrow CH_2 \rightarrow Cl$$

因氯原子的电负性较强，因此 C—Cl 键的电子云不能均匀分布，电子云向氯原子移动，产生偶极，偶极带正电的一端碳又吸引邻近碳上的电荷，因此使氯原子邻近的 C—C 键电子云也产生偏移，但这种偏移程度要小些。只不过这种影响随着距离的增大而迅速下降乃至消失，经过三个原子以后的影响就极弱了，超过五个原子便没有了。

$$\overset{\delta\delta\delta^+}{CH_3}—\overset{\delta\delta^+}{CH_2}\rightarrow\overset{\delta^-}{Cl}$$

电子诱导效应移动的方向以 C—H 键中的氢原子作为比较标准，根据取代 C—H 中氢原子的其他原子或基团的电负性不同，诱导效应应分为吸电子诱导效应或亲电子诱导效应（－I）和斥电子诱导效应或给电子诱导效应（＋I）。两种效应表示如下：

$$\overset{\delta^+}{Y}—\overset{\delta^-}{C} \qquad C—H \qquad \overset{\delta^+}{C}—\overset{\delta^-}{X}$$

$$+I \qquad I=0 \qquad -I$$

根据实验结果，常见取代基的电负性大小次序如下：

$$—NO_2 > —CN > —COOH > —F > —Cl > —Br > —I > —OCH_3 > —NHCOCH_3 >$$
$$—C_6H_5 > —CH=CH_2 > —H > —CH_3 > —C_2H_5 > —CH(CH_3)_2 > —C(CH_3)_3$$

在 H 前边的是吸电子基团，在 H 后边的是斥电子基团。诱导效应是一种静电作用，是一种永久性效应。

2. 共轭效应

在单双键交替出现时，p 电子的运动范围不再局限在两个碳原子之间，而是扩充到 4 个碳原子之间，形成共轭体系，共轭体系的电子云密度趋于平均化，体系能量降低，体系更加稳定。共轭效应只存在于具有共轭体系的化合物中。如 1，3－丁二烯：

$$CH_2=CH—CH=CH_2$$

这种共轭分子中任何一个原子受到外界试剂的作用，其他部分可以马上受到影响，电子通过共轭体系的传递方式，叫做共轭效应。共轭效应中电子的传递不受距离的限制。

二、共价键的断裂和有机反应类型

有机化合物发生化学反应时，总是伴随着某些化学键的断裂和新的共价键的形成，共价键的断裂有两种方式。

1. 均裂

成键的一对电子平均分给两个原子或原子团，生成两个自由基。

$$A:B \rightarrow A\cdot + B\cdot$$

自由基

在有机反应中，按均裂进行的反应叫做自由基反应。

2. 异裂

成键的一对电子在断裂时分给某一原子和原子团，生成正负离子。

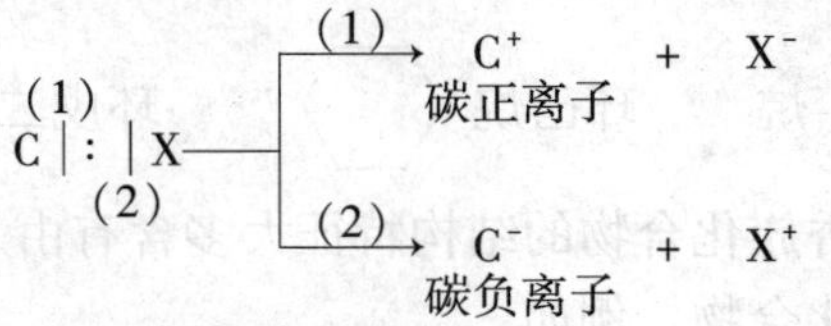

在有机反应中，按异裂进行的反应叫作离子型反应。离子型反应又分为亲电反应和亲核反应。亲电反应，是指由在反应过程中接受电子的试剂(即亲电试剂)进攻而引发的反应。亲核反应，是指由在反应过程中能提供电子的试剂(即亲核试剂)进攻而引发的反应。

三、分子间力

1. 分子间力分类

① 偶极 - 偶极作用力：这种作用力产生在极性分子之间。

$$\overset{\delta^+}{CH_3}—\overset{\delta^-}{Cl}\cdots\cdots\overset{\delta^+}{CH_3}—\overset{\delta^-}{Cl}\cdots\cdots\overset{\delta^+}{CH_3}—\overset{\delta^-}{Cl}$$

② 范德华力：非极性分子虽然没有极性，但在分子中电荷的分配并不总是均匀的，在运动中可以产生瞬间偶极。在非极性分子间，由于这种瞬间偶极所产生的相互作用力称为范德华力(也称色散力)。

③ 氢键：当氢原子与电负性很大、原子半径很小的氟、氧、氮原子相连时，由于这些原子吸电子能力很强，使氢原子带部分正电荷，因而氢原子可以与另一分子的氟、氧、氮原子的未共用电子对以静电引力相结合。这种分子间的作用力称为氢键。

氢键有方向性和饱和性，其强度介于范德华力和共价键力之间，大约是 $10 \sim 30kJ \cdot mol^{-1}$。氢键存在于许多分子中，分子间以氢键结合在一起成为缔合体。氢键不仅对物质的物理性质有很大的影响，而且对蛋白质、糖等许多生物高分子化合物的分子形状、生理功能等都有极为重要的作用。

2. 分子间的作用力对有机化合物的熔点、沸点和溶解度的影响

① 分子极性愈大，偶极 - 偶极作用力就愈大，沸点愈高。

② 如果分子极性相同，则分子量愈大，色散力愈大，故沸点随分子量升高而升高。

③ 如果分子极性相同，分子量也相同，则分子间接触面积大的，色散力也大，沸点高。

④ 如果分子量接近，分子内 O—H 键或 N—H 键愈多，则形成氢键愈多，沸点愈高。

⑤ 对非离子型化合物有一个“相似相溶”经验规律，即极性大的分子与极性大的分子相溶，极性弱的分子与极性弱的分子相溶。

第三节 有机化合物的分类

有机化合物分类的方法主要有两种。

一、按碳架分类

1. 开链化合物

碳原子之间连接成一条链状的碳骨架，称为开链化合物，这类化合物最初是从脂肪中获得的，故又称为脂肪族化合物。例如：丁烷 $CH_3CH_2CH_2CH_3$。

2. 碳环化合物

(1) 脂环化合物　脂环族化合物的性质和开链化合物相似，分子中存在一个由碳原子连接成的环状结构，例如：

 环丁烷　环己烷 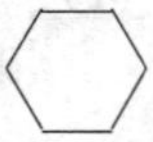　环戊二烯 

(2) 芳香族化合物　芳香族化合物的结构特征大多含有由六个碳原子组成的苯环，它们的性质特殊，不同于脂肪族化合物。例如：

苯 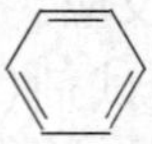　萘 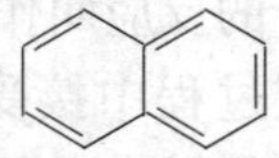

由于这类化合物最初是由具有芳香味的有机物和香树脂中发现的，故称为芳香族化合物。

3. 杂环化合物

分子中至少含有一个环，构成这个环的原子除碳原子以外，还有氧、氮、硫等其他原子（通常这些原子称为杂原子），它们在性质上与芳香族化合物相似。这类化合物称为杂环化合物。例如：

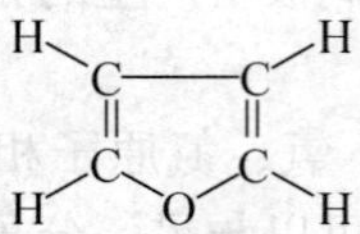 或 

呋喃

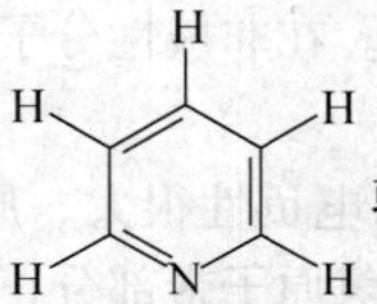 或 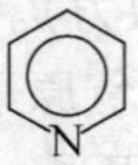

吡啶

二、按官能团分类

像乙烯（$CH_2=CH_2$）、丙烯（$CH_3CH=CH_2$）、丁烯……这类化合物都具有相似的化学特性。这是因为它们分子都含有碳碳双键。这种能决定一类有机化合物化学特性的原子或原子团，称为官能团。或者说，有机化合物分子中特别能起化学反应的原子或原子团称为官能团。

官能团是指有机化合物分子中能起化学反应的一些原子和原子团，官能团可以决定化合物的主要性质。因此，我们可采用按官能团分类的方法来研究有机化合物。常见的重要官能团见表 1－2。

表 1－2　常见有机物的类别、官能团和典型代表

类别		官能团		典型代表	
		结构	名称	结构简式	名称
烃	烷烃			CH_4	甲烷
	烯烃	—C═C—	碳碳双键	$CH_2=CH_2$	乙烯
	炔烃	—C≡C—	碳碳叁键	HC≡CH	乙炔
	卤代烃	—X	卤素原子	CH_3CH_2Cl	氯乙烷
	芳香烃				苯

续表

类别		官能团		典型代表	
		结构	名称	结构简式	名称
烃的衍生物	醇	$-OH$	羟基	CH_3CH_2OH	乙醇
	酚	$-OH$	(酚)羟基	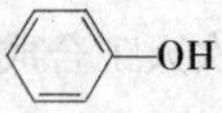	苯酚
	醚	$-O-$	醚键	$C_2H_5-O-C_2H_5$	乙醚
	醛	$-\overset{O}{\overset{\|}{C}}-H$	醛基	CH_3CHO	乙醛
	酮	$CH_3-\overset{O}{\overset{\|}{C}}-$	羰基	$CH_3-\overset{O}{\overset{\|}{C}}-CH_3$	丙酮
	羧酸	$-C(=O)-OH$	羧基	CH_3COOH	乙酸
	酯	$R_1-\overset{O}{\overset{\|}{C}}-O-$	酯基	$CH_3COOC_2H_5$	乙酸乙酯
	胺	$-NH_2$	氨基	CH_3-NH_2	甲胺
	腈	$-C\equiv N$	氰基	$CH_2=CH-CN$	丙烯腈

这两种分类方法均可采用，本教材是按官能团系列编排的。

知识链接

人工合成结晶牛胰岛素

1965年，我国的科学工作者经过六年多坚持不懈的努力，获得了人工合成的牛胰岛素结晶。经鉴定，人工合成的胰岛素的结构、生物活性、物理化学性质、结晶形状，都和天然的牛胰岛素完全一样，这是世界上第一个人工合成的蛋白质。十多年来，这项成果经受了长期实践的检验，证明数据完整可靠，可以重复。

胰岛素是一种蛋白质，它的分子量接近六千。胰岛素的分子具有蛋白质所特有的结构特征，被公认为典型的蛋白质。胰岛素分子由A、B两条链组成，A链有21个氨基酸，两条链通过两个二硫键连在一起。胰岛素分子还具有空间结构，也就是说它的肽链能有规律地在空间折叠起来，具有空间结构的胰岛素分子还可以整齐地排列起来形成肉眼可见的结晶体。

我国的这项工作开始于1958年，首先成功地将天然胰岛素的A、B两条链拆开，再重新连接而得到了重合成的天然胰岛素结晶，为下一步的人工合成确定了路线。随后拿到了人工合成的B链和A链，并分别与天然的A链和B链连接而得到了半合成的胰岛素。最后将人工合成的A链和B链连接而得到了全合成的结晶胰岛素。

蛋白质是生命的重要物质基础。人工合成牛胰岛素的成功，标志着人类在探索生命奥秘的征途中向前跨了重要的一步。开始了用人工合成方法来研究蛋白质结构与功能的新阶段，还推动了我国胰岛素分子空间结构的研究和胰岛素作用原理的研究，使我国的胰岛素研究形成了具有我国特色的体系，并培养了一批优秀的蛋白质和多肽的研究人才。在这项工作完成以后，我国的科学工作者继续改进合成方法，并合成了许多有实际应用价值的多肽激素，同时进行了更大蛋白质分子的人工合成。胰岛素人工合成的成功，为我国蛋白质的基础研究和实际应用开辟了广阔的前景。

结晶牛胰岛素：牛胰岛素的晶状体。牛胰岛素是牛胰脏中胰岛 β – 细胞所分泌的一种调节糖代谢的蛋白质激素。其一级结构 1955 年由英国桑格测定。我国中科院生化研究所、北大化学系及中科院有机化学研究所通力合作，于 1959 年开始工作、1965 年 9 月 17 日获得了用人工方法合成的、有生物活性的结晶牛胰岛素，实现了世界上首次人工合成蛋白质的壮举。

习　题

一、什么是有机化合物？有机化合物的特点是什么？

二、写出下列官能团及化合物中所含官能团的名称。

1. —C≡C—

2. —OH

3. —O—

4. 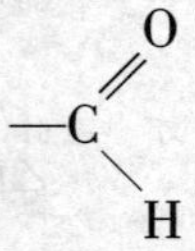

5. 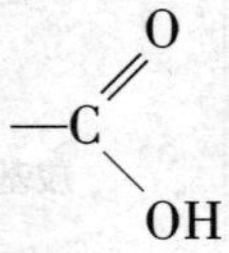

6. $CH_3CH=CHCH_3$

7. CH_3CH_2Cl

8. 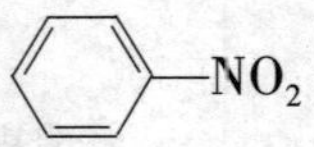

9. 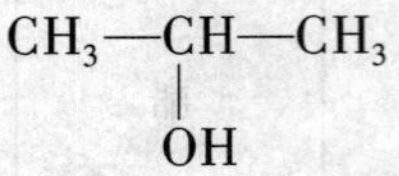

三、计算题

1. 某化合物的实验式为 CH，它的相对分子质量是 78。写出该化合物的分子式。

2. 完全燃烧 0.7g 某有机化合物后，生成 0.05molCO_2 和 0.05molH_2O；0.1g 该化合物蒸气在标准状况下占有 32mL 体积。写出该有机物的分子式。

3. 许多咖啡和可乐饮料中含有兴奋性物质咖啡因。在咖啡因分子中各元素的质量分数分别是 C：49.5%，H：5.20%，O：16.5%，N：28.9%。测得咖啡因的摩尔质量是 194.18g/mol，求它的分子式。

第二章　烷　　烃

分子中只由碳和氢两种元素组成的有机化合物叫做碳氢化合物，简称为“烃”。烃可分为开链烃和环状烃，开链烃又分为饱和链烃和不饱和链烃。饱和烃是含氢最多的烃，又称为烷烃。

- 烃
  - 开链烃（脂肪烃）
    - 饱和链烃（烷烃）
    - 不饱和链烃
      - 烯烃
      - 炔烃
  - 闭链烃
    - 脂环烃
    - 芳香烃

第一节　烷烃的命名

一、伯、仲、叔、季碳原子和伯、仲、叔、季氢原子

在烷烃分子中，有的碳原子只与一个碳原子直接相连，有的则分别和两个、三个或四个碳原子直接相连。把仅与一个碳相连的称作伯碳原子（或一级碳原子），可用1°表示；直接与两个碳相连的称作仲碳原子（或二级碳原子），可用2°表示；直接与三个碳相连的称作叔碳原子（或三级碳原子），可用3°表示；直接与四个碳相连的称作季碳原子（或四级碳原子），可用4°表示。例如：

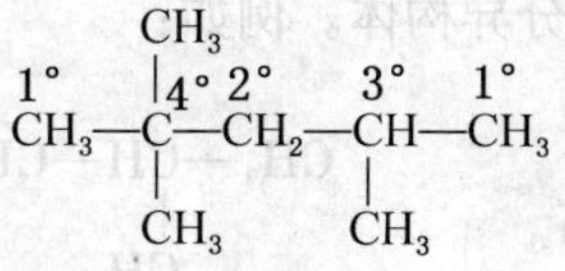

在上述四种碳原子中，除了季碳原子外，其他碳原子都连接氢原子，与伯、仲、叔碳原子相连的氢原子，分别称为伯、仲、叔氢原子。不同类型的氢原子的反应性能有一定的差别。

二、烷基的命名

烷烃分子从形式上消除一个氢原子而剩下的原子团称为烷基，烷基的通式为$—C_nH_{2n+1}$，通常也用R—表示，如：

烷基	名称	通常符号
$CH_3—$	甲基	Me
$CH_3CH_2—$	乙基	Et
$CH_3CH_2CH_2—$	丙基	$n-Pr$
$CH_3CH_2CH_2CH_2—$	丁基	$n-Bu$
……		

由于“基”是原先在普通命名法中衍生出来的，所以仍存在有普通命名法的名称，为了

尊重习俗，IUPAC 命名法允许保留（沿用）下列几种基的名称：

$(CH_3)_2CH-$	异丙基	*i* – Pr
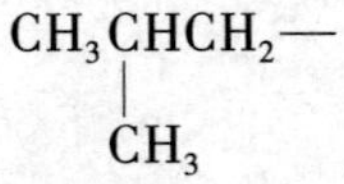	异丁基	*i* – Bu
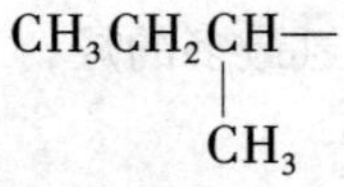	仲丁基	*s* – Bu
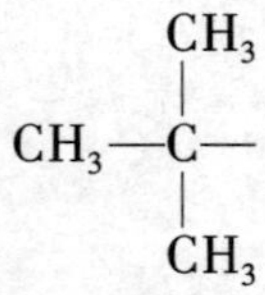	叔丁基	*t* – Bu

烷基大小次序为：甲基 < 乙基 < 丙基 < 丁基 < 戊基 < 己基 < 异戊基 < 异丁基 < 异丙基

三、烷烃的命名

有机化合物的命名的基本要求是必须能够反映出分子结构，使我们看到一个不很复杂的名称就能写出它的结构式，或是看到构造式就能叫出它的名称来。烷烃的命名法是有机化合物命名的基础。

烷烃常用的命名法有普通命名法、衍生命名法和系统命名法。

1. 普通命名法

（1）直链烷烃　根据分子中碳原子数目称为“正某烷”，碳原子数十个以内的依次用甲、乙、丙、丁、戊……癸表示，十以上的用汉字数字表示碳原子数。

（2）支链烷烃　异、新表示同分异构体。例如：

$CH_3-CH_2-CH_2-CH_2-CH_3$

正戊烷

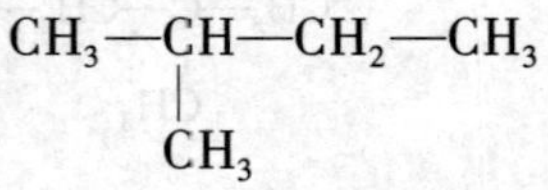

异戊烷

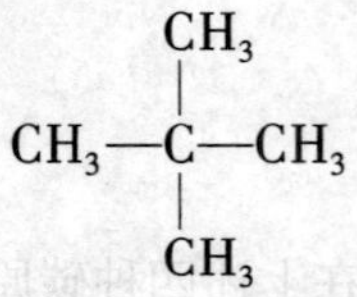

新戊烷

凡是在支链烷烃分子中碳链的一端含有两个甲基的称为“异某烷”，凡是在支链烷烃分子中碳链的一端含有一个季碳原子的称为“新某烷”。

衡量汽油品质的基准物质异辛烷则属例外，因为它的名称沿用日久，已成习惯了。

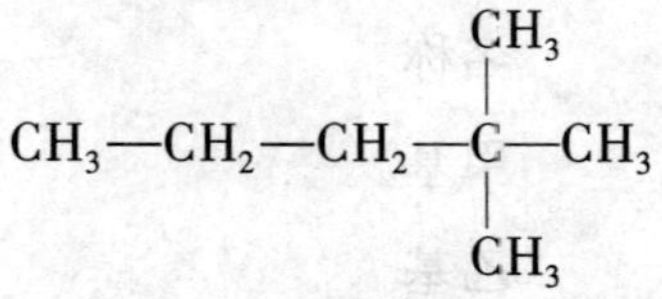

异辛烷

普通命名法简单方便，但只能适用于构造比较简单的烷烃。对于比较复杂的烷烃必须使用系统命名法。

2. 衍生命名法

以甲烷为母体，把其他烷烃看作甲烷的衍生物，在命名时，应选择烷基最多的碳原子作为母体甲烷的碳原子。这种命名法能反映出分子的结构，但是不能适用于结构复杂的烷烃。例如：

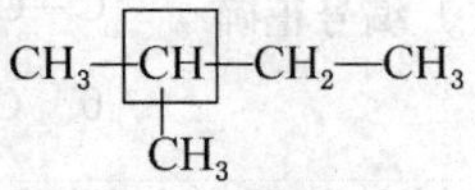

二甲基乙基甲烷

3. 系统命名法(IUPAC 命名法)

1892 年在日内瓦开了国际化学会议，制定了系统的有机化合物的命名法，叫作日内瓦命名法。其基本精神是体现化合物的系列和结构的特点。后来由国际纯粹和应用化学联合会(International Union of Pure and Applied Chemistry，简写 IUPAC)作了几次修订，简称为 IUPAC 命名法。我国参考这个命名法的原则结合汉字的特点制定了我国的系统命名法(1960 年)。1980 年进行增补和修订，公布了《有机化学命名原则》。

在系统命名法中，对于直链烷烃的命名和普通命名法是基本相同的，仅不写上“正”字。如 $CH_3CH_2CH_2CH_2CH_2CH_3$ 普通命名法叫正己烷，系统命名法叫己烷。

对于支链烷烃，把它看作是直链烷烃的烷基取代衍生物。

系统命名法规则如下：

(1) 选取主链(母体)　选一个含碳原子数最多的碳链作为主链。(写出相当于这个主链的直链烷烃的名称)含多取代基时，编号采用“最低序列”原则。所谓“最低序列”指的是碳链以不同方向编号，得到两种或两种以上的不同编号序列，则顺次比较各系列的不同位次，最先遇到的位次最小者为“最低系列”。例如：

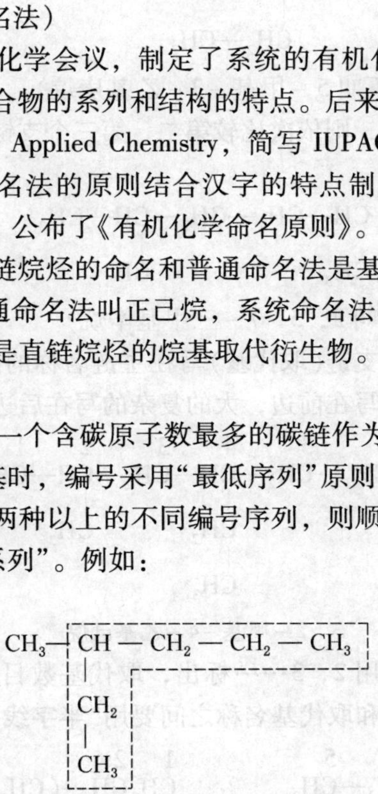

上式中如果选择直线的碳链为主链的话，碳链上含有 5 个碳原子，如果选择虚线内的作为主链，则有 6 个碳原子，所以应选择含 6 个碳原子碳链为主链，故叫作己烷，甲基作为取代基。

当具有相同长度的链可作为主链时，则应选择具有支链数目最多的、支链上的取代基最简单的链作为主链。如：

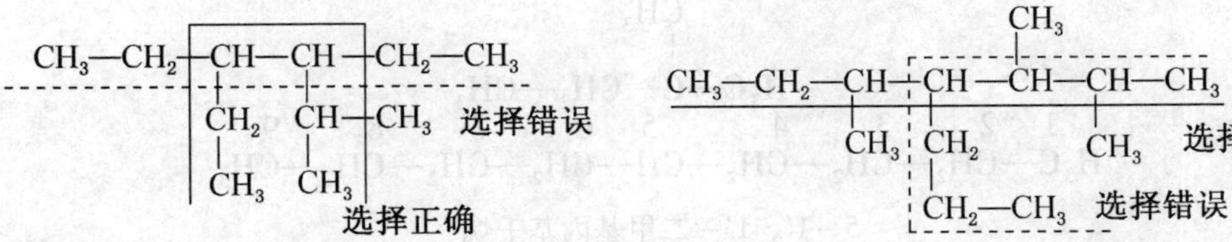

(2) 碳原子的编号　在选定主链以后，就要对主链的位次进行编号，也就是要确定取代基的位次，主链从一端向另一端编号，号数用 1，2，3，4……表示，读成 1 位，2 位，3 位，4 位等。

确定主链位次的原则是要使取代基的位次最小。从距离支链最近的一端开始编号。如：

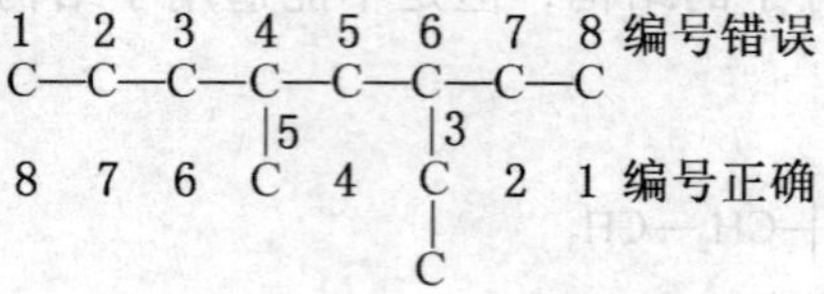

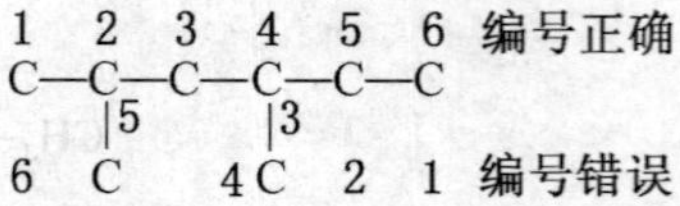

从碳链任何一端开始，第一个支链的位置都相同时，则从较简单的一端开始编号。

例如：

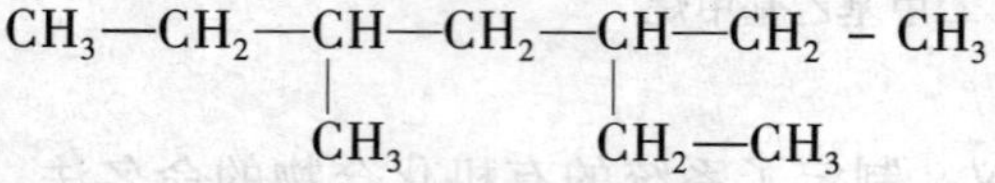

3－甲基－5－乙基庚烷（不叫5－甲基－3－乙基庚烷）

若第一个支链的位置相同，则依次比较第二、第三个支链的位置，以取代基的系列编号最小（最低系列原则）为原则。

例如：

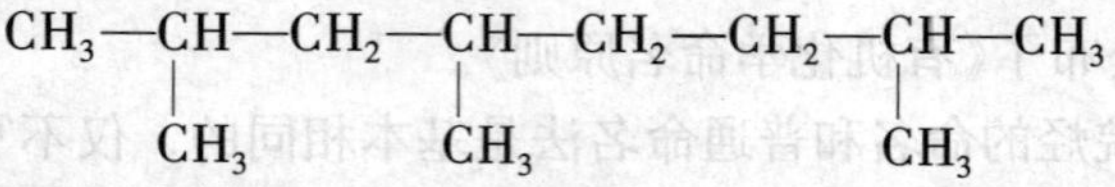

2，4，7－三甲基辛烷（不叫2，5，7－三甲基辛烷）

（3）烷烃名称的写出　将支链（取代基）写在主链名称的前面，取代基按“次序规则”小的基团优先列出，小的简单的写在前边，大的复杂的写在后边。

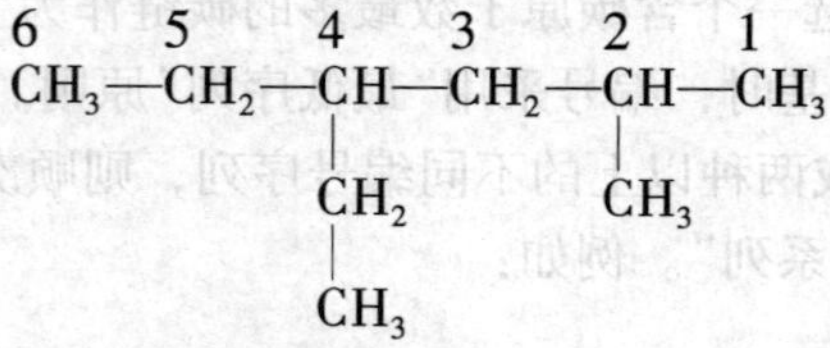

2－甲基－4－乙基己烷

相同基团合并写出，位置用2，3……标出，取代基数目用二，三……标出，表示位置的数字间要用逗号隔开，位次和取代基名称之间要用“半字线”隔开。

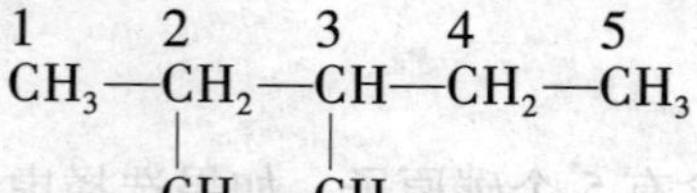

2，3－三甲基戊烷

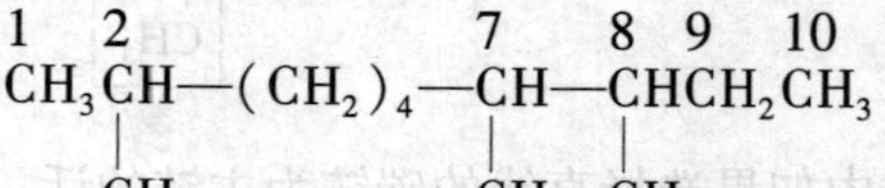

2，7，8－三甲基癸烷

（4）如果支链上还有取代基时　从与主链相连的碳原子开始，把支链的碳原子依次编号，支链上取代基的位置就由这个编号所得的号数来表示。这个取代了的支链的名称可放在括号中，或用带撇的数字来表明支链中的碳原子。如：

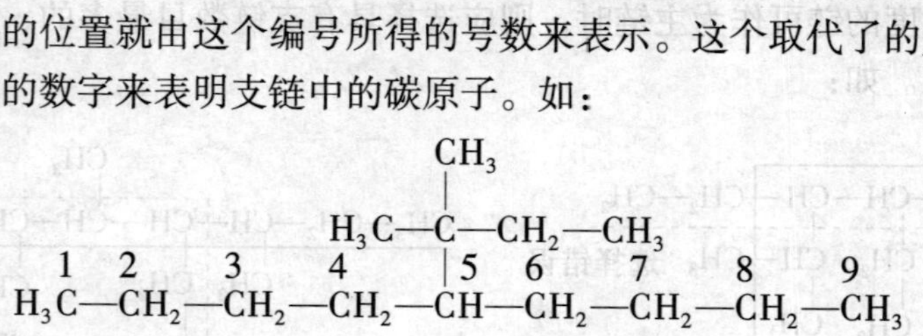

5－1′，1′－二甲基丙基壬烷

第二节　烷烃的同分异构现象

具有统一通式，结构相似，化学性质也相似，物理性质则随着碳原子数的增加而有规律变化的化合物系列，称为同系列。同系列中的化合物互称为同系物，在组成上它们相差 n 个 CH_2(亚甲基)，所以称 CH_2 为同系差。同系物的结构和化学性质相似，其物理性质也随着分子中碳原子数目的增加而呈规律性变化。

一、烷烃的构造异构

在烷烃同系列中，甲烷、乙烷和丙烷碳架只有一种结合方式，没有同分异构体，但从丁烷开始则不只一种结合方式。例如：

$CH_3CH_2CH_2CH_3$

正丁烷

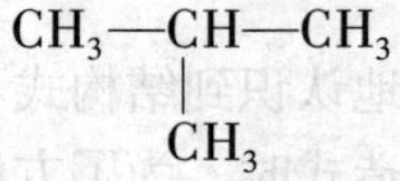

异丁烷

很明显，这两种丁烷是由于分子中碳原子的排列方式不同而产生的。我们把由于分子式相同，而分子中碳原子的排列方式不同而产生的异构体，称为构造异构体，又称为碳链异构体。随着分子中碳原子数目的增加，碳链异构体的数目迅速增多，见表 2－1。

表 2－1 烷烃的同分异构体数目

碳原子数	异构体数	碳原子数	异构体数
4	2	12	355
5	3	13	802
6	5	14	1858
7	9	15	4347
8	18	20	366319
9	35	25	36797588
10	76	30	4111646763

在表 2－1 中的异构体的数目是在 20 世纪 30 年代有人用数学方法推算出来的，当 C_{25} 时异构体数目可达 3679 万多个，数目的确惊人。目前含有十个碳原子以上的高级烷烃的异构体还没有完全合成出来。

对于低级烷烃的同分异构体的数目和结构式，可利用碳链的不同推导出来。现以己烷为例其步骤如下：

① 写出这个烷烃最长的直链式：

C—C—C—C—C—C

(1)　　(省略了氢原子)

② 写出少一个碳原子的直链式作为主链，已烷少了一个碳原子的直链烃就成为正戊烷，把那个碳原子当作支链(即甲基)，依次取代直链上的各个碳原子的氢，就能写出所有可能的同分异构体的构造式。

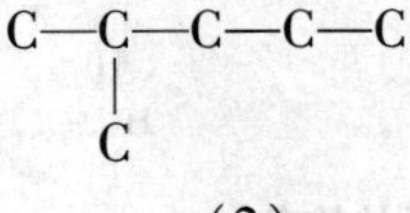

(2)

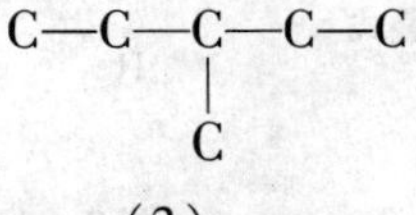

(3)

③ 再写出少两个碳原子的直链式，把两个碳原子当作两个支链(即两个甲基)，或者当作一个支链(即乙基)，分别取代氢原子，两个甲基可以取代一个碳原子上的两个氢原子，也可以分别取代各个碳原子上的氢原子，把重复者删除，共得到己烷如下结构式：

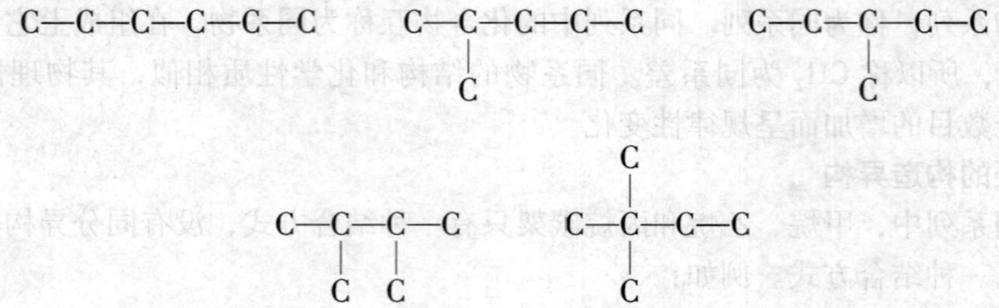

从这里我们已经清楚地认识到结构式不仅代表化合物的分子组成，而且还代表分子中各原子的结合次序。书写构造式时，为了方便起见，还可以使用简化的式子，如：

$$CH_3CH_2CH_2CH_2CH_3 \text{ 或 } CH_3(CH_2)_4CH_3$$

二、烷烃的构象异构

烷烃分子中只存在 C—C 键和 C—H 键（甲烷分子中只有 C—H 键），这些单键都属于 σ 键，其特点：一是电子云沿键轴呈圆柱形分布；二是可自由旋转；三是结合牢固。乙烷是最简单的含有 C—C 单键的烷烃，在乙烷分子中，如使甲基固定而使另外一个甲基沿着 C—C 单键的键轴旋转，则两个甲基中氢原子的相对位置将不断改变，产生许多不同的空间排列方式。这种由于 σ 键旋转而产生的分子中原子或原子团在空间产生不同的排列方式，称为构象。构象是有机化合物中一类最普遍的同分异构现象，构造式相同的化合物可有多种不同的构象。构象对有机化合物的性质和反应有重要的影响，在某些情况下甚至起着决定性的作用，因此熟悉有机化合物的构象是非常必要的。

乙烷分子可以有无穷多的构象，其中有两种典型的极限构象，一种是两个碳原子上的氢原子彼此相距最近的构象，即两个甲基相互重叠的构象，称为重叠式（顺叠式）构象；另一种是两个碳原子上的氢原子彼此相距最远的构象，即一个甲基上的氢原子处于另一个甲基的两个氢原子正中间的构象，称为交叉式（反叠式）构象。通常用透视式（分子的构象直接投影在纸平面上的一种方法）或纽曼（Newman）投影式（将分子的构象采用一定的规则投影到纸平面上，将眼睛正对于键轴上，用圆圈表示后边的碳原子，用原点表示前边的碳原子）表示，如图 2－1 是乙烷分子的透视式和 Newman 投影式。

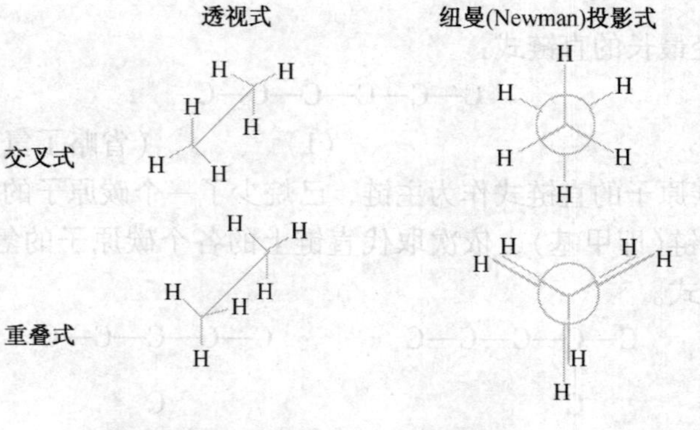

图 2－1　乙烷分子的构象

在重叠式构象中，两个碳原子上的 C—H 键两两相对，之间距离最近，相互排斥作用力（扭转张力）最大，也最不稳定。而交叉式构象则相反，所以是最稳定的构象。重叠式和交叉式构象之间的能量差为 12.6kJ · mol^{-1}，此能量差成为能垒。其他构象的能量介于此二者之间，如图 2－2所示。

在室温时，乙烷分子处于无数构象迅速转化的动态平衡混合体系中。其中以能量较低的交叉式为主，但只有在相当低的温度时，才能得到较稳定的单一交叉式构象的乙烷。随着碳原子个数的不断增加，烷烃的构象也越来越复杂，但对位交叉式是能量最低最稳定的构象。在室温下各种构象达到一种动态平衡，这时大多数以稳定的对位交叉式存在，最不稳定的重叠式构象在平衡混合物中实际上是不存在的，所以直链烷烃分子中的碳链多以锯齿形存在。

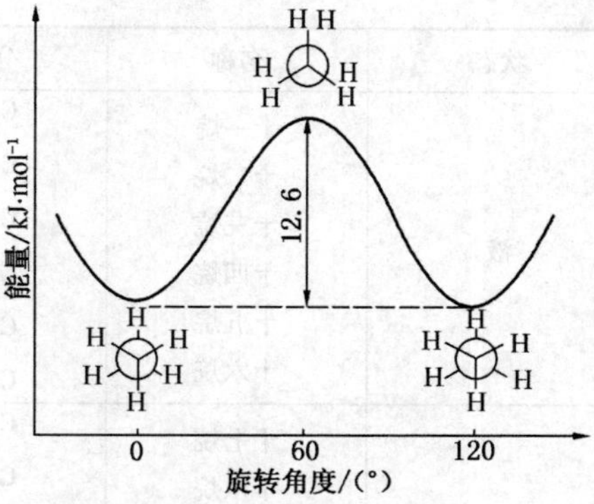

图 2－2 乙烷不同构象的能量曲线图

第三节 烷烃的性质

一、烷烃的物理性质

有机化合物的物理性质通常包括化合物的状态、熔点、沸点、密度、折光率、溶解度、旋光度，这些物理常数是用物理方法测定出来的，可以从化学和物理手册中查出来。一种化合物的物理常数对阐明其结构有一定的价值。

在常温常压下，1 至 4 个碳原子的直链烷烃是气体，5 至 16 个碳原子的是液体，17 个以上的是固体；其熔、沸点随分子量的增大而升高；烷烃比水轻，其密度均比水小，并且也是随着相对分子质量的增加逐渐增大；另外，烷烃是非极性分子，又不具备形成氢键的结构条件，所以不溶于水，而易溶于非极性的或弱极性的有机溶剂中。

从表 2－2 中列出的正烷烃的物理常数中，我们可以清楚地看出正烷烃的物理性质是随相对分子质量的增加而显出一定的递变规律。

表 2－2 烷烃的物理常数

状态	名称	分子式	熔点/℃	沸点/℃	相对密度 d_4^{20}
气	甲烷	CH_4	－182.5	－164	0.466
	乙烷	C_2H_6	－183.3	－88.6	0.572
	丙烷	C_3H_8	－189.7	－42.1	0.5005
	丁烷	C_4H_{10}	－138.4	－0.5	0.6012
	戊烷	C_5H_{12}	－129.7	36.1	0.6262
	己烷	C_6H_{14}	－95.0	68.9	0.6603
	庚烷	C_7H_{16}	－90.6	98.4	0.6838
	辛烷	C_8H_{18}	－56.8	125.7	0.7025
	壬烷	C_9H_{20}	－51	150.8	0.7176
	癸烷	$C_{10}H_{22}$	－29.7	174	0.7298

续表

状态	名称	分子式	熔点/℃	沸点/℃	相对密度 D_4^{20}
液	十一烷	$C_{11}H_{24}$	-25.6	195.9	0.7402
	十二烷	$C_{12}H_{26}$	-9.6	216.3	0.7487
	十三烷	$C_{13}H_{28}$	-5.5	235.4	0.7564
	十四烷	$C_{14}H_{30}$	+5.9	253.7	0.7628
	十五烷	$C_{15}H_{32}$	10	270.6	0.7685
	十六烷	$C_{16}H_{34}$	18.2	287	0.7733
固	十七烷	$C_{17}H_{36}$	22	301.8	0.7780
	十八烷	$C_{18}H_{38}$	28.2	316.1	0.7768
	十九烷	$C_{19}H_{40}$	32.1	329.7	0.7774
	二十烷	$C_{20}H_{42}$	36.8	343	0.7886
	二十二烷	$C_{22}H_{46}$	44.4	368.6	0.7944
	三十二烷	$C_{32}H_{66}$	69.7	467	0.8124

二、化学性质

烷烃是非极性分子，分子中的碳碳键或碳氢键是非极性或弱极性的 σ 键，因此在常温下烷烃是不活泼的，它们与强酸、强碱、强氧化剂、强还原剂及活泼金属都不发生反应，或者反应速度极其缓慢。由于烷烃的稳定性，所以在生产中常常用烷烃作为反应的溶剂。但在一定条件下，烷烃也显示出一定的反应性能。

1. 卤代反应

烷烃分子中的氢原子可被卤素原子取代，生成卤代烃，并放出卤化氢来，这种反应称为卤代反应。若被氯或溴取代分别称为氯代或溴代反应。

烷烃是生产卤代烷的重要原料，氟、氯、溴、碘与烷烃生成一卤代和多卤代烷类，其反应活性为：$F_2 > Cl_2 > Br_2$，碘通常不反应。除氟以外，烷烃在常温和黑暗中不发生或极少发生卤代反应。但在紫外线漫射或高温下，与氯和溴发生反应，有时甚至剧烈到爆炸的程度。

将甲烷与氯气混合，在漫射光或适当加热的条件下，甲烷分子中的氢原子能逐个被氯原子取代，得到多种氯代甲烷和氯化氢的混合物，在日光下能发生剧烈反应，甚至引起爆炸生成氯化氢和游离碳。

$$CH_4 + 2Cl_2 \xrightarrow{\text{黑暗中}} \text{不发生反应}$$

$$CH_4 + 2Cl_2 \xrightarrow{\text{强烈日光}} 4HCl + C \quad \text{猛烈反应}$$

甲烷的氯代反应很难停留在一氯代烷阶段。因为生成的一氯甲烷可以继续被氯代，生成二元、三元、四元氯代烷，往往得到四种产物的混合物，工业上把这种混合物作为溶剂使用。

$$CH_4 + Cl_2 \xrightarrow{h\nu} CH_3Cl + HCl$$

一氯甲烷

$$CH_3Cl + Cl_2 \xrightarrow{h\nu} CH_2Cl_2 + HCl$$

二氯甲烷

$$CH_2Cl_2 + Cl_2 \xrightarrow{h\nu} CHCl_3 + HCl$$

三氯甲烷

$$CHCl_3 + Cl_2 \xrightarrow{h\nu} CCl_4 + HCl$$

四氯化碳

但是，通过控制一定反应条件和原料的用量比，可以使其中一种氯代烷烃成为主要的产物。如用极过量的甲烷，则反应可以几乎控制在一氯代反应阶段（400～450℃，甲烷: 氯 = 10:1）；又如在400℃左右，甲烷: 氯 = 0.263:1 时，则主要生成四氯化碳。

碳链较长的烷烃氯代时，反应可以在分子中不同的碳原子上进行，取代不同的氢得到各种氯代烃，故产物更加复杂。乙烷只能生成一种一氯代乙烷，丙烷、丁烷和异丁烷都能生成两种一氯代烷烃。

$$CH_3CH_2CH_3 \xrightarrow[25℃]{Cl_2，光} CH_3CH_2CH_2Cl + CH_3CHClCH_3$$

1－氯丙烷 43%　　2－氯丙烷 57%

在丙烷分子中伯氢有六个，仲氢有两个，如果只考虑碰撞频率和推测概率因子，我们预计丙烷的氯代将按 3:1 生成。每个氢原子的相对活性为：仲氢/伯氢 =（57/2）/（43/6）= 4，这就是说仲氢和伯氢的相对活性为 4:1。

再如异丁烷：

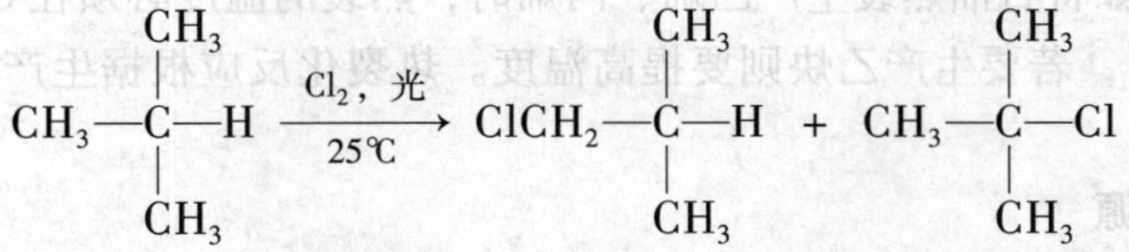

2－甲基－1－氯丙烷 64%　　2－甲基－2－氯丙烷 36%

叔氢与伯氢的相对活性：叔氢/伯氢 =（36/1）/（64/9）= 5/1。

实验结果表明，叔、仲、伯氢在室温时的相对活性为 5:4:1，即每个伯、仲、叔氢被氯取代生成相应氯代烷的相对比例。这说明，烷烃的氯代在室温下有选择性（选择性就是产物有多有少）。据此，可以预测某一烷烃在室温一氯代产物中异构体的几率。

2. 氧化反应

在室温下，烷烃一般不与氧化剂反应，与空气中的氧也不起反应，但是烷烃很容易燃烧，燃烧时发出光并放出大量的热，生成 CO_2 和 H_2O。

$$CH_4 + 2O_2 \xrightarrow{点燃} CO_2 + 2H_2O + 热量$$

$$C_nH_{2n+2} + \frac{3n+1}{2}O_2 \xrightarrow{点燃} nCO_2 + (n+1)H_2O + 热量(Q)$$

$$C_6H_{14} + 9\frac{1}{2}O_2 \longrightarrow 6CO_2 + 7H_2O + 4138kJ/mol$$

烷烃中因为含氢较多，烟尘较少，火焰稳定，是较优质的燃料，这正是汽油、柴油等用以作为内燃机燃料的基本原理。但这种反应通常在氧气不充足的情况下燃烧不完全，会生成大量的 CO，这是汽车尾气中污染物的来源之一。

控制条件时，烷烃可以部分氧化，生成烃的含氧衍生物。例如石蜡（含 20 ~ 40 个碳原子的高级烷烃的混合物）在特定条件下氧化得到高级脂肪酸。其中 C_{12} ~ C_{18} 的脂肪酸可直接与 NaOH 反应，制成高级脂肪酸的钠盐——肥皂。这种制皂方法可节约大量的食用油。

$$RCH_2CH_2R + O_2 \xrightarrow{MnO_2} RCOOH + RCOOH$$

3. 热裂反应

烷烃在高温及没有氧气的条件下使烷烃分子中的 C—C 键和 C—H 键发生断裂的反应称为裂化反应。裂化反应是个复杂的过程，其产物为许多化合物的混合物。而且烷烃分子中所含碳原子数越多，产物越复杂，反应条件不同，产物也不同。但从主要反应的实质上看，无非是 C—C 键和 C—H 键发生断裂的反应。

例如：

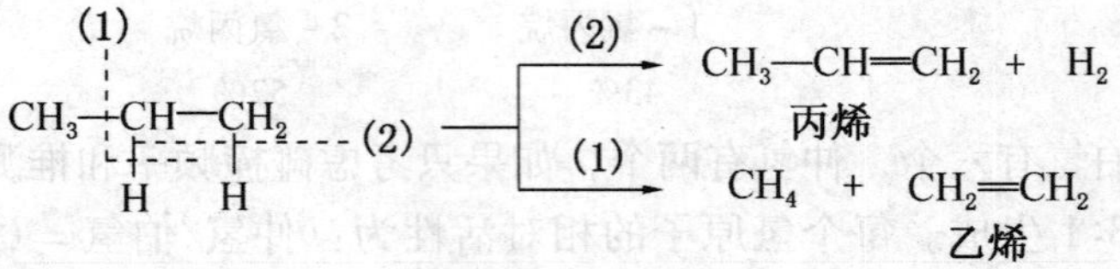

烷烃在 800 ~ 1100℃的热裂产物主要是乙烯，其次是丙烯、丁烯、丁二烯和氢。乙烯是重要的化工原料，如将石油热裂生产乙烯、丙烯时，热裂的温度必须在 800 ~ 1100℃，接触时间要在 0.6s 以下，若要生产乙炔则要提高温度。热裂化反应根据生产目的的不同可采用不同的裂化工艺。

三、烷烃的来源

1. 沼气和天然气

（1）沼气　甲烷是沼气的主要成分，沼气是由沼泽地或湖底冒出的气体，沼气中的甲烷是由腐烂的植物受厌氧微生物的作用而产生的，甲烷也是产生温室效应的气体之一。人们把动物粪便、植物落叶、杂草等隔绝空气发酵，得到气体，其中 65% 为甲烷，是农村重要能源。

（2）天然气　天然气广泛存在于自然界，其中主要成分是低碳数烷烃，通常含 75% 的甲烷、15% 的乙烷、5% 的丙烷。我国四川的天然气中甲烷的含量高达 95% 以上，有些地区的天然气中还同时含有乙烷、丙烷、丁烷等。

2. 石油

（1）石油　石油是古代动、植物体经细菌、地热、压力和无机盐的催化作用生成的物质。它的组成复杂，主要是：链烷烃、环烷烃和芳香烃，还有些含有少量的氧、硫、氮等的化合物。石油的产地不同，组成差别也较大。环烷烃主要是五元环和六元环烃类。从油田得到的黑褐色黏稠液体是石油，需要经过加工才能做能源和石油化工的原料。

（2）石油加工　根据石油中各种烃类的沸点不同，分馏成不同的馏分。例如，可分馏成表 2 - 3 所示的馏分。

原油直接分馏得到的汽油很少，质量也不高。经常将炼厂得到的重馏分（如重柴油）在高温下裂化，得到质量较高的汽油，以直接做燃料用。

表2-3 石油馏分

馏分	组成	馏分区	主要用途
炼厂气	$C_1 \sim C_4$	20℃	燃料、化工原料
石油醚	$C_5 \sim C_6$	20~60℃	溶剂、化工原料
汽油	$C_4 \sim C_8$	40~200℃	溶剂、内燃机燃料
煤油	$C_{10} \sim C_{16}$	170~275℃	飞机燃料
柴油	$C_{15} \sim C_{20}$	250~400℃	柴油机燃料
润滑油	$C_{18} \sim C_{22}$	300℃以上	润滑油
沥青	C_{20}以上	不挥发	防腐绝缘材料、铺路

$$RCH_2CH_2R' \longrightarrow R'H + RCH{=}CH_2$$

为了得到化工原料，把低碳烷烃（如石脑油）进一步裂解成乙烯、丙烯、丁烯、丁二烯等化工基本原料。

有些烷烃是某些昆虫的外激素。所谓“昆虫外激素”是同种昆虫之间借以传递各种信息而分泌的化学物质。昆虫之间的通讯不是靠声音，也不是靠可视信号，而是通过化学品的味道和气味，这种化学品称作信息素。信息素是昆虫体内分泌到体外能引起同种昆虫的特殊生理效应和行为的超微量物质。信息素有性信息素、集合信息素、追踪信息素、警告信息素、产卵信息素等。信息素的结构有多种，有些信息素是一些简单的化合物，有的是一些碳氢化合物。例如，有一种蚂蚁，它们是通过分泌一种有气味的物质来传递警戒信息，经分析，这种气味的物质中含有正十一烷及正十三烷。蟑螂使用的是十一烷 $CH_3(CH_2)_9CH_3$ 作为集合信息素，用它来通知伙伴们集合。母虎蛾的性吸引素是2-甲基十七烷 $(CH_3)_2CH(CH_2)_{14}CH_3$，用它来吸引异性蛾。家蝇的性吸引素是23个碳链烯烃，在9，10位碳上有一个顺式双键，这样人类就可以合成这种昆虫信息素，并利用它将雄虎蛾引致捕集器中而将它们杀死。昆虫激素的作用往往是很专一的，所以可利用它只杀死某一种昆虫而不伤害其他昆虫。这便是近些年发展起来的第三代农药。

烷烃除能被少数细菌或微生物代谢外，绝大部分生物是不能吸收或使它们代谢的，这和烷烃对大多数试剂的相对稳定性是一致的。

知识链接

生物农药

生物农药是指利用生物活体或其代谢产物对害虫、病菌、杂草、线虫、鼠类等有害生物进行防治的一类农药制剂，或者是通过仿生合成具有特异作用的农药制剂。关于生物农药的范畴，目前国内外尚无十分准确统一的界定。按照联合国粮农组织的标准，生物农药一般是天然化合物或遗传基因修饰剂，主要包括生物化学农药（信息素、激素、植物调节剂、昆虫生长调节剂）和微生物农药（真菌、细菌、昆虫病毒、原生动物，或经遗传改造的微生物）两个部分，农用抗生素制剂不包括在内。我国生物农药按照其成分和来源可分为微生物活体农药、微生物代谢产物农药、植物源农药、动物源农药四个部分。按照防治对象可分为杀虫剂、杀菌剂、除草剂、杀螨剂、杀鼠剂、植物生长调节剂等。就其利用对象而言，生物农药一般分为直接利用生物活体和利用源于生物的生理活性物质两大类，前者包括细菌、真菌、线虫、病毒及拮抗微生物等，后者包括农用抗生素、植物生长调节剂、性信息素、摄食抑制剂、保幼激素和源于植物的生理活性物质等。但是，在我国农业生产实际应用中，生物农药一般主要泛指可以进行大规模工业化生产的微生物源农药。

一、生物农药的出现和发展

我国是最早应用杀虫剂、杀菌剂防治植物病虫害的国家之一，早在1800年前就已应用了汞剂、砷剂和藜芦等。直到20世纪40年代初，植物性农药和无机农药仍是防治病害虫的有利武器。20世纪40年代发明有机化学农药之后，极大地增强了人类控制病虫危害的能力，为我们挽回农作物产量损失作出了重大的贡献。但是，长期依赖和大量使用有机合成化学农药，已经带来了众所周知的环境污染、生态平衡破坏和食品安全等一系列问题，对推动农业经济实现持续发展带来许多不利的影响。

生物农药的出现和发展是和生物防治研究的发展及化学农药的使用分不开的，经历了曲折的过程。Agostino Bassi于1853年首次报道由白僵菌引起的家蚕传染性病害"白僵病"，证实了该寄生菌在家蚕幼虫体内能生长发育，采用接种及接触或污染饲料的方法可传播发病；俄国的梅契尼可夫于1879年应用绿僵菌防治小麦金龟子幼虫；1901年日本人石渡从家蚕中分离出一种致病芽孢杆菌——苏云金芽孢杆菌；1926年G. B. Fanford使用拮抗体防治马铃薯疮痂病。这些都是生物农药早期的研究基础，当时并未形成产品。化学农药发展到20世纪60年代，"农药公害"问题日趋严重，在国际上引起了震动，使农药发展发生了转折，引出了生物农药。1972年，我国规定了新农药的发展方向：发展低毒高效的化学农药，逐步发展生物农药。20世纪70～80年代，我国生物农药的发展呈现出蓬勃发展的景象。但是，由于化学农药高效快速，人们仍寄希望于化学农药防治病虫害，对生物农药的研制和应用曾一度漠视忽略。进入20世纪90年代，随着科学技术不断发展进步，减少使用化学农药，保护人类生存环境的呼声日益高涨，研究开发利用生物农药防治农作物病虫害，发展成为国内外植物保护科学工作者的重要研究课题之一。生物农药具有安全、有效、无污染等特点，与保护生态环境和社会协调发展的要求相吻合。因此，近年来我国生物农药的研究开发也开始呈现出新的局面，目前，已发展成为具有几十个品种、几百个生产厂家的队伍。生物农药在病虫害综合防治中的地位和作用显得愈来愈重要。

二、生物农药的优缺点

生物农药与化学农药相比，其有效成分来源，工业化生产途径，产品的杀虫防病机理和作用方式等诸多方面，有着许多本质的区别。生物农药更适合于扩大在未来有害生物综合治理策略中的应用比重。概括起来生物农药主要具有以下几方面的优点。

① 选择性强，对人畜安全。目前市场开发并大范围应用成功的生物农药产品，它们只对病虫害有作用，一般对人、畜及各种有益生物(包括动物天敌、昆虫天敌、蜜蜂、传粉昆虫及鱼、虾等水生生物)比较安全，对非靶标生物的影响也比较小。

② 对生态环境影响小。生物农药控制有害生物的作用，主要是利用某些特殊微生物或微生物的代谢产物所具有的杀虫、防病、促生功能。其有效活性成分完全存在和来源于自然生态系统，它的最大特点是极易被日光、植物或各种土壤微生物分解，是一种来于自然，归于自然正常的物质循环方式。因此，可以认为它们对自然生态环境安全、无污染。

③ 可以诱发害虫流行病。一些生物农药品种(昆虫病原真菌、昆虫病毒、昆虫微孢子虫、昆虫病原线虫等)，具有在害虫群体中的水平或经卵垂直传播能力，在野外一定的条件之下，具有定殖、扩散和发展流行的能力。不但可以对当年当代的有害生物发挥控制作用，而且对后代或者翌年的有害生物种群起到一定的抑制，具有明显的后效作用。

④ 可利用农副产品生产加工。目前国内生产加工生物农药，一般主要利用天然可再生资源(如农副产品的玉米、豆饼、鱼粉、麦麸或某些植物体等)，原材料的来源十分广泛、生产成本比较低廉。因此，生产生物农药一般不会产生与利用不可再生资源(如石油、煤、天然气等)生产化工合成产品争夺原材料.

三、生物农药三大类型

植物源农药以在自然环境中易降解、无公害的优势，现已成为绿色生物农药首选之一，主要包括植物源杀虫剂、植物源杀菌剂、植物源除草剂及植物光活化霉毒等。到目前，自然界已发现的具有农药活性的植物源杀虫剂有杨林股份生产的博落回杀虫杀菌系列、除虫菊素、烟碱和鱼藤酮等。动物源农药主要包括动物毒素，如蜘蛛毒素、黄蜂毒素、沙蚕毒素等。目前，昆虫病毒杀虫剂在美国、英国、法国、俄罗斯、日本及印度等国已大量施用，国际上已有40多种昆虫病毒杀虫剂注册、生产和应用。微生物源农药是利用微生物或其代谢物作为防治农业有害物质的生物制剂。其中，苏云金菌属于芽杆菌类是目前世界上用途最广、开发时间最长、产量最大、应用最成功的生物杀虫剂；昆虫病源真菌属于真菌类农药，对防治松毛虫和水稻黑尾叶病有特效；根据真菌农药沙蚕素的化学结构衍生合成的杀虫剂巴丹或杀暝丹等品种，已大量用于实际生产中。

习　题

一、写出 C_6H_{14} 的构造异构，并用系统命名法命名。

二、用系统命名法命名下列各化合物。

1. $(CH_3CH_2)_4C$

2. 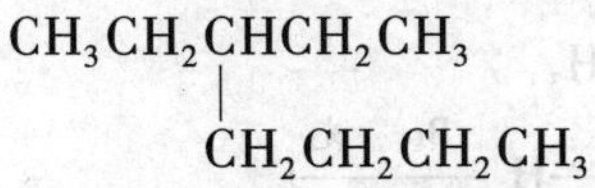

3. $(C_2H_5)_2CHCH(C_2H_5)CH_2CH(CH_3)_2$

4. 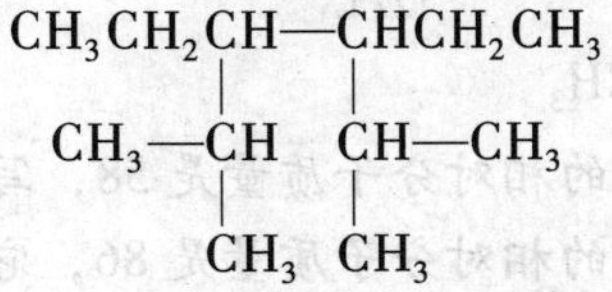

5. 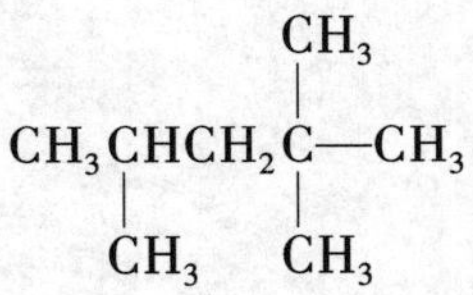

6. 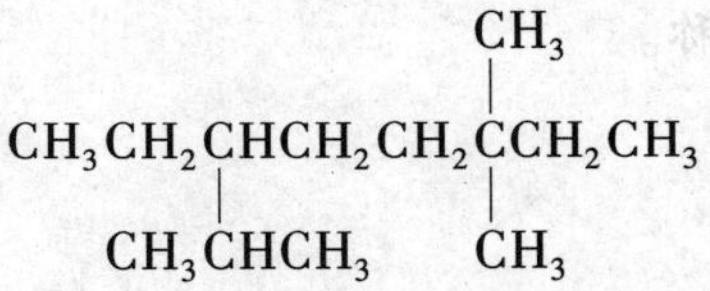

7. 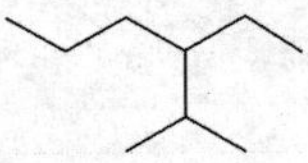

8. 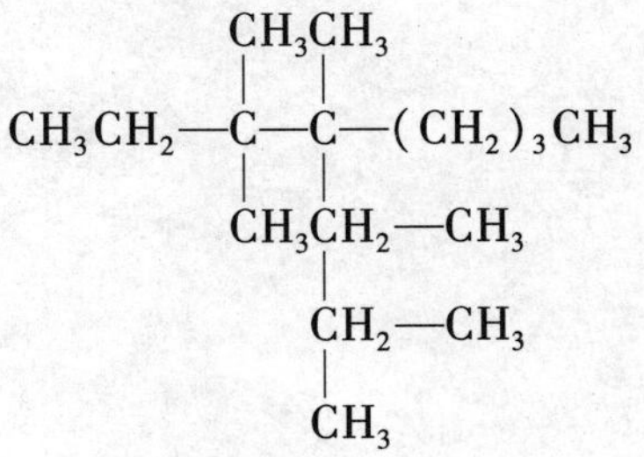

9. 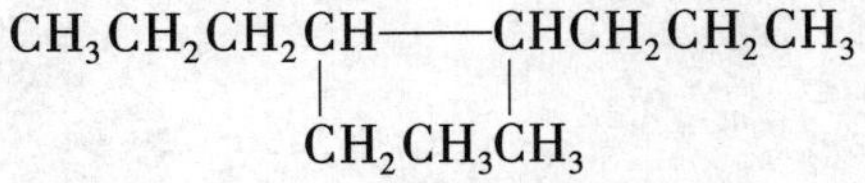

三、写出下列各化合物的结构式。

1. 异庚烷　2. 新戊烷　3. 2，3－二甲基己烷

4. 2,5－二甲基－3－乙基庚烷

5. 2,2,4,－三甲基－6－乙基辛烷

四、写出构造式，并用系统命名法命名之。

（1）C_5H_{12} 仅含有伯氢，没有仲氢和叔氢的。

（2）C_5H_{12} 仅含有一个叔氢的。

（3）C_5H_{12} 仅含有伯氢和仲氢。

五、标出下列化合物中各碳原子的类型（用1°、2°、3°、4°表示）并命名。

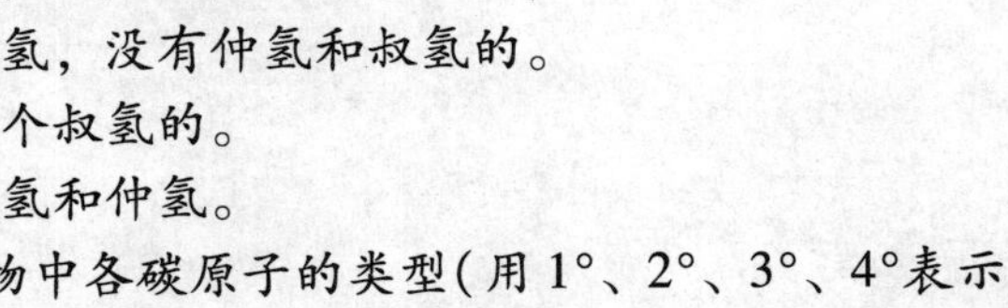

六、写出下列各化合物的结构式，其中有命名不符合系统命名法原则的，予以更正。

(1) 3,4－二甲基戊烷　　(2)2,2－二甲基－3－乙基己烷

(3) 2－甲基－4－丙基庚烷　　(4)3－叔丁基－2－甲基己烷

(5) 2,3,6,6－四甲基－4－乙基辛烷　　(6)2,3,3,－三甲基丁烷

七、试写出下列各反应生成的一元卤代烷，并且判断哪一种是主要产物。

1. $CH_3CH_2CH_3 + Cl_2 \xrightarrow[\text{室温}]{\text{光}}$

2. $(CH_3)_3CCH(CH_3)_2 \xrightarrow[\text{室温，}CCl_4]{Br_2\text{，光}}$

3. $$\begin{array}{c} CH_3 \\ | \\ CH_3—C—H \\ | \\ CH_3 \end{array} \xrightarrow[127℃]{Br_2\text{，光}}$$

八、某烷烃的相对分子质量是58，写出它的可能结构式和名称。

九、某烷烃的相对分子质量是86，它的分子里带有一个侧链甲基。写出该烷烃的可能结构式和名称。

第三章　不　饱　和　烃

含有碳碳重键(碳碳双键或碳碳叁键)开链碳氢化合物，统称为开链不饱和烃或不饱和脂肪烃，简称不饱和烃。其中含有一个碳碳双键的开链烃称为单烯烃，简称为烯烃；含有两个碳碳双键的开链烃称为二烯烃；含有一个碳碳叁键的开链烃称为炔烃；另外，分子中既含有碳碳双键，又含有碳碳叁键的开链烃称为炔烯。由于这些类型的化合物结构相似，有相似的化学性质，因此放在一章学习。

第一节　烯　烃

分子中含有一个碳碳双键的不饱和开链烃称为单烯烃，习惯上简称为烯烃。烯烃比相应的烷烃少了两个氢原子，因此烯烃的的通式：C_nH_{2n}，碳碳双键叫作烯键，是烯烃的官能团。

一、烯烃的同分异构现象

1. 烯烃的构造异构

烯烃的构造异构现象比烷烃的要复杂，主要包括三种情况：一是由于碳架的结合方式不同，而产生的碳架异构；二是由于双键位置不同，而产生的位置异构体；三是由于官能团的种类不同，而产生的官能团异构，即烯烃和环烷烃互为同分异构体。如：

$CH_3—CH_2—CH═CH_2$　　1－丁烯

$CH_3—CH═CH—CH_3$　　2－丁烯

$CH_3—\underset{\large CH_3}{\underset{|}{C}}═CH_2$　　2－甲基丙烯(异丁烯)　　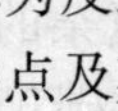 环丁烷

2. 烯烃的构型异构

由于双键不能自由旋转，而双键碳上所连接的四个原子或原子团是处在同一平面的，当双键的两个碳原子各连接两个不同的原子或原子团时，就能产生顺反异构体。

我们把两个相同基团处于同侧的称为顺式，处于异侧的称为反式。然而并不是所有的烯烃都有顺反异构，顺反异构是两种不同的物质，具有不同的沸点及其他物理性质，且两个异构体不能通过键的旋转而互相转化。

例如：

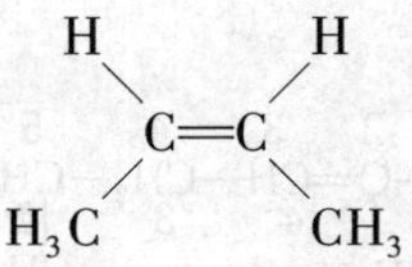

顺－2－丁烯

沸点 3.7℃

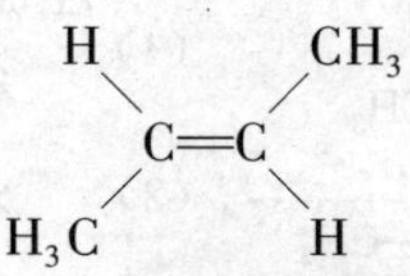

反－2－丁烯

沸点 0.88℃

这种由于组成双键的两个碳原子上连接的基团在空间的位置不同而形成的构型不同的现象称为顺反异构现象。产生顺反异构体的必要条件：构成双键的任何一个碳原子上所连的两个基团要不同。

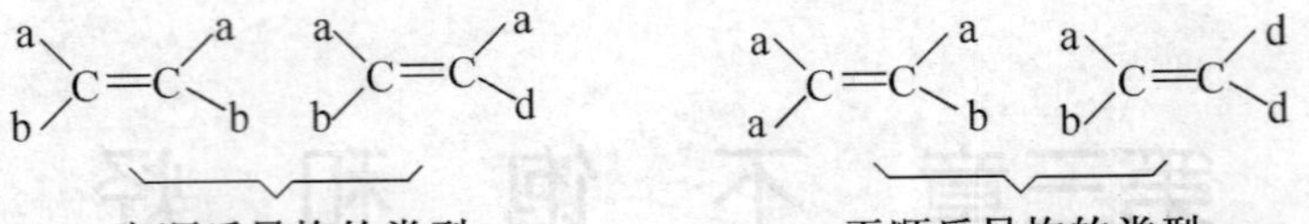

有顺反异构的类型　　　　无顺反异构的类型

顺反异构也不仅局限在烯烃化合物中，在带有支链的环烷烃中也有。

当一个化合物有顺反异构体时，往往其中一个是比较活泼，另一个则比较稳定。顺式与反式不仅理化性质不同，而且生物活性也不同。就化学稳定性而言，一般是反式异构体更稳定，大多数具有顺反异构的药物，在生物体内的作用强度常常有很大的区别，因此，在分子水平研究药物的作用时，一定要考虑药物分子的构型。

二、烯烃的命名

1. 烯基的命名法

当烯烃从形式上去掉一个氢原子后剩下的一价基团叫作烯基。

$CH_2{=}CH—$	乙烯基
$CH_3CH{=}CH—$	丙烯基(1 - 丙烯基)
$CH_2{=}CH—CH_2—$	烯丙基(2 - 丙烯基)
$CH_2{=}C(CH_3)—$	异丙烯基

在烯基的命名中，烯丙基、异丙烯基是 IUPAC 允许沿用的俗名。

2. 烯烃的命名

烯烃通常是用衍生命名法和系统命名法来命名。只有个别烯烃具有习惯名称。如：

$CH_2{=}C(CH_3)CH_3$　　异丁烯

(1)衍生命名法　是以乙烯为母体，把其他烯烃看做乙烯的烷基取代物来命名，如：

$CH_3CH_2C(CH_3){=}CH_2$　　　$CH_3CH(CH_3)CH{=}CH_2$

1 - 甲基 - 1 - 乙基乙烯　　　异丙基乙烯

衍生命名法一般只适合比较简单的烯烃。

(2) 系统命名法　复杂的烯烃的命名法基本和烷烃的相似。其要点是：

① 选主链：选择含碳碳双键的最长碳链为主链(母体)，依主链上碳原子数目称为“某烯”。

② 编号：从最靠近双键的一端开始，将主链碳子依次编号。如：

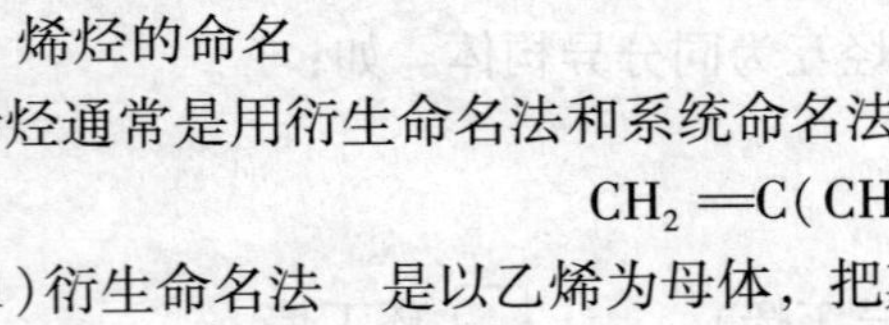

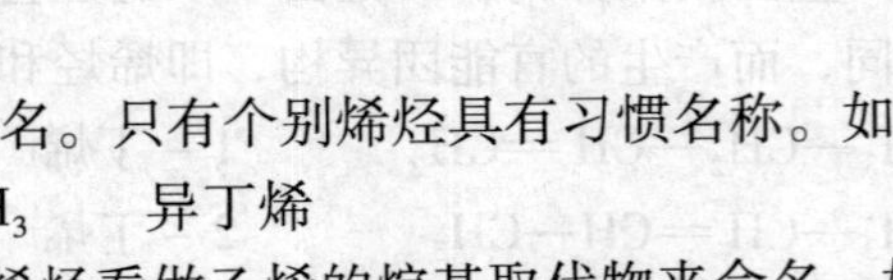

③ 命名：命名原则基本和烷烃相同。只是将双键的位置标明在烯烃名称的前面(只写出双键碳原子中位次较小的一个)。若双键的位次在1位时，1 - 烯烃中的“1”往往省略去。

例如：上两个化合物的命名为　　2 - 乙基 - 1 - 戊烯

2，5 - 二甲基 - 2 - 己烯

3. 顺反异构体的命名

烯烃顺反异构体的命名可采用两种方法——顺反命名法和Z、E命名法

(1) 顺反命名法　对于较简单的顺反异构体，经常用顺反命名法命名。书写时分别冠以顺、反，并用短线与化合物名称相连，

例如：

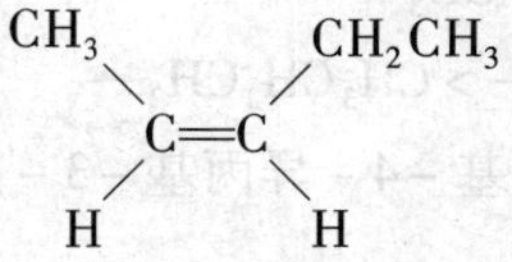

顺-2-戊烯

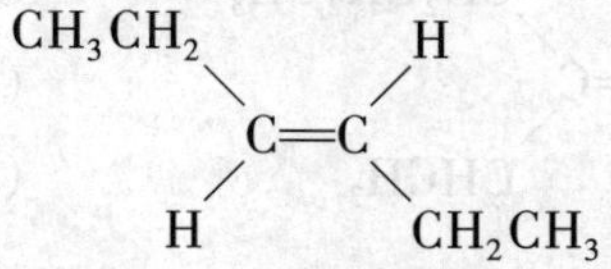

反-3-己烯

顺反命名法有局限性，即在两个双键碳上所连接的两个基团彼此应有一个是相同的，彼此无相同基团时，则无法命名其顺反。

例如：

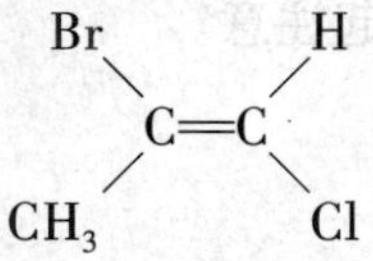

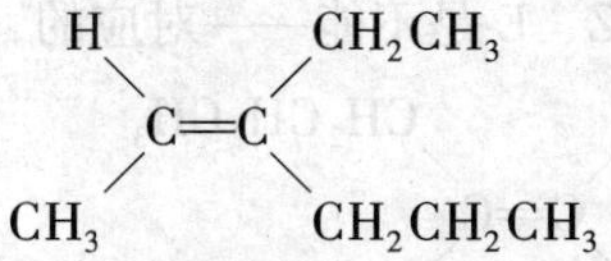

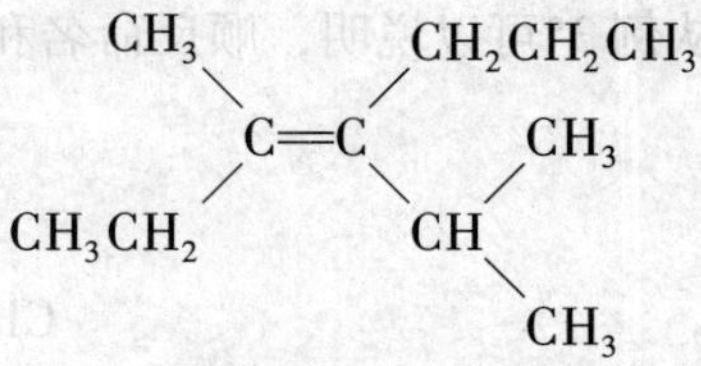

为解决上述构型难以用顺反将其命名的难题，IUPAC规定，用Z、E命名法来标记顺反异构体的构型。

(2) Z、E命名法　一个化合物的构型是Z型还是E型，要由“顺序规则”来决定。

Z、E命名法的具体内容是：

分别比较两个双键碳原子上的取代基团按“顺序规则”排出的先后顺序，如果两个双键碳上排列顺序在前的基团位于双键的同侧，则为Z构型，反之为E构型。

Z是德文Zusammen的字头，是同一侧的意思。E是德文Entgegen的字头，是相反的意思。

① 比较与双键碳原子直接连接的原子的原子序数，按大的在前、小的在后排列。

按照此规则，一些常见基团的优先次序应为：

$$—I > —Br > —Cl > —SH > —OH > —NH_2 > —CH_3 > —D > —H$$

② 如果与双键碳原子直接连接的基团的第一个原子相同时，则要依次比较第二、第三顺序原子的原子序数，来决定基团的大小顺序。

例如：$CH_3CH_2— > CH_3—$（因第一顺序原子均为C，故必须比较与碳相连基团的大小）

$CH_3—$　中与碳相连的是　C(H、H、H)

$CH_3CH_2—$　中与碳相连的是C(C、H、H)　所以$CH_3CH_2—$大。

同理：$(CH_3)_3C— > CH_3CH(CH_3)CH— > (CH_3)_2CHCH_2— > CH_3CH_2CH_2CH_2—$

③ 当取代基为不饱和基团时，则把双键、叁键原子看成是它与多个某原子相连。

例如：

$CH_2{=}CH—$　相当于 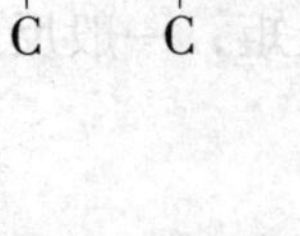　 相当于 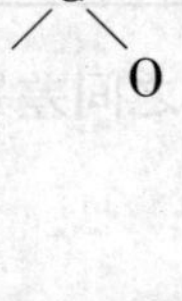

例如：

1° 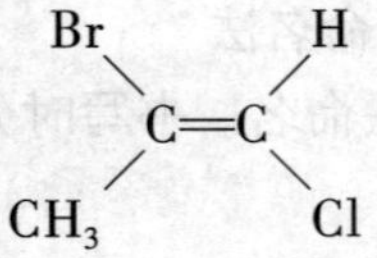

$Br > CH_3—$

$Cl > H$

(E)—1—氯—2—溴丙烯

2° 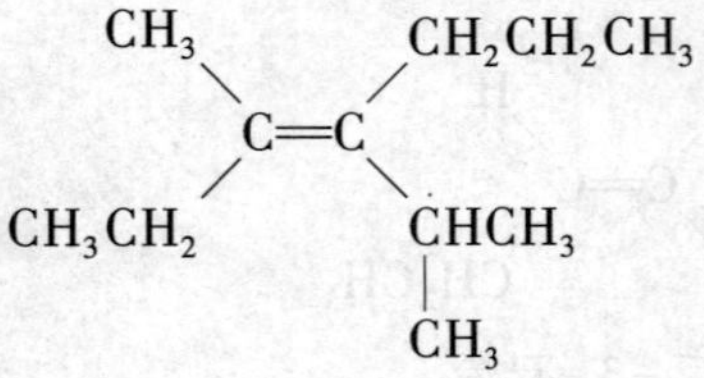

$CH_3CH_2— > CH_3—$

$(CH_3)_2CH— > CH_3CH_2CH_2—$

(Z) –3 –甲基 –4 –异丙基 –3 –庚烯

3° 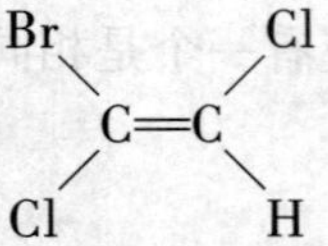

Br > Cl

Cl > H

(Z) –1，2 –二氯 –1 –溴乙烯

从例 3°可以说明，顺反命名和命名 Z、E 是不能一一对应的，应引起注意。

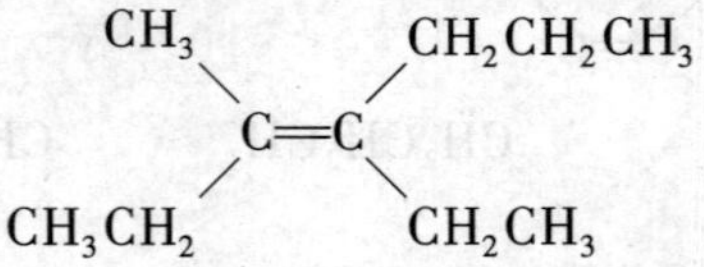

顺 –3 –甲基 –4 –乙基 –3 –庚烯

(E) –3 –甲基 –4 –乙基 –3 –庚烯

三、烯烃的物理性质

在常温下，$C_2 \sim C_4$ 的烯烃为气体，$C_5 \sim C_{16}$的为液体，C_{17}以上为固体。沸点、熔点、相对密度都随相对分子质量的增加而上升，密度都小于 1，都是无色物质，溶于有机溶剂，不溶于水。见表 3 –1。

表 3 –1　常见烯烃的物理常数

状态	结构式	熔点/℃	沸点/℃	相对密度	折射率
气态	$CH_2=CH_2$	–169.2	–103.7	0.579	1.363
	$CH_3CH=CH_2$	–185.3	–47.7	0.5193(20℃)	1.3567(–75℃)
	$CH_3CH_2CH=CH_2$	–185.4	–6.3	0.5951(20℃)	1.3962
	$(CH_3)_2C=CH_2$	–140.4	–6.9	0.5902	1.3962(–25℃)
	(Z)—$CH_3CH=CHCH_3$	–138.9	3.70	0.6213	1.3931(–25℃)
	(E)—$CH_3CH=CHCH_3$	–105.6	0.88	0.6042	1.3848(–25℃)
液态	$CH_3CH_2CH_2CH=CH_2$	–165.2	30.0	0.6405	1.3715(20℃)
	$CH_3(CH_2)_3—CH=CH_2$	–139.8	63.4	0.6731	13837
	$CH_3(CH_2)_4—CH=CH_2$	–119	93.6	0.6970	13998(20℃)
	$CH_3(CH_2)_5—CH=CH_2$	–101.7	121.3	0.7146	1.4087(20℃)
	$CH_3(CH_2)_6—CH=CH_2$	—	146	0.730	
	$CH_3(CH_2)_7—CH=CH_2$	—	172.6	0.740	14215

顺、反异构体之间差别最大的物理性质是偶极矩，一般反式异构体的偶极矩较顺式小，

或等于零，这是因为在反式异构体中两个基团和双键碳相结合的键，它们的极性方向相反可以抵消，而顺式中则不能。

在顺、反异构体中，顺式异构体因为极性较大，沸点通常较反式高。又因为它的对称性较低，较难填入晶格，故熔点较低。

四、烯烃的化学性质

烯烃的双键中含有易断裂的 π 键，所以化学性质比较活泼，易发生加成、氧化、聚合等反应。此外，由于双键的影响，与双键直接相连的碳原子(α－碳原子)上的氢(α－H)也可发生一些反应。

1. 加成反应

加成反应是烯烃的典型反应。在反应中 π 键断开，双键上两个碳原子和其他原子或原子团结合，形成两个 σ 键的反应称为加成反应。

(1) 与双原子分子加成 ①加 H_2：在催化剂 Pt、Pd 或雷内 Ni(Raney Ni)等作用下，烯烃能与氢加成生成烷烃；

$$R—CH=CH_2 + H_2 \xrightarrow{\text{催化剂}} RCH_2CH_3$$

② 加卤素：在室温下，与卤素起加成反应生成邻二卤化物，反应在常温时就可以迅速定量地反应。其中，溴的四氯化碳溶液与烯烃发应，溴的颜色消失，利用这个反应可以来检验烯烃。

$$CH_2=CH_2 + Br_2/CCl_4 \longrightarrow \underset{Br}{\underset{|}{CH_2}}—\underset{Br}{\underset{|}{CH_2}}$$

1，2－二溴乙烷

氟与烯烃的反应太剧烈，往往使碳链断裂；碘与烯烃难于起反应。故烯烃的加卤素实际上是指加氯或加溴。

烯烃也能与卤水等(混合物)发生加成反应，有的在有机合成上很有用。烯烃与卤素加成反应中，烯烃的反应活性如下：

$$(CH_3)_2C=C(CH_3)_2 > (CH_3)_2C=CHCH_3 > (CH_3)_2=CH_2 > CH_3CH=CH_2 > CH_2=CH_2$$

卤素的活性次序为：$F_2 > Cl_2 > Br_2 > I_2$

(2)与含氢化合物加成 烯烃能与卤化物(氯化氢、溴化氢、和碘化氢)、水和硫酸等含氢化合物发生加成反应，分别生成或水解生成相应的卤烷和醇。其反应的通式为：

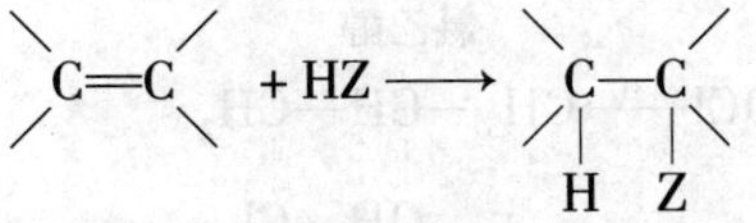

$Z = —X$；$—OH$；$—SO_3H$

不对称烯烃发生加成反应时，有可能生成两种产物，实验事实证明，凡是不对称结构的烯烃加成反应时，氢原子主要加到含氢原子较多的双键碳原子上，其他原子或原子团加到含氢较少的碳原子上，这称为马尔科夫尼科夫加成规则(简称马氏加成规则)。

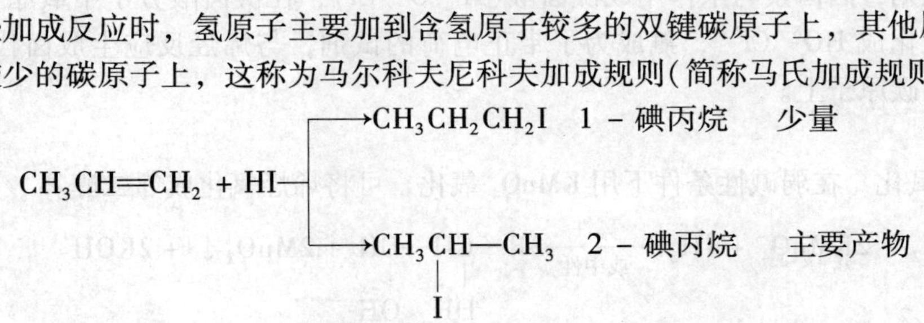

$$CH_3CH{=}CH_2 + HOH \xrightarrow{H_2SO_4} CH_3\underset{\mid \atop OH}{C}HCH_3 \quad 2-\text{丙醇}$$

$$CH_2{=}CH_2 + H{-}O{-}SO_3H \xrightarrow{0\sim15℃} \underset{\text{硫酸氢乙酯}}{CH_3{-}CH_2{-}OSO_3H}$$

硫酸氢乙酯水解生成乙醇，烯烃可以直接加水生成醇，两者的主要产物都符合马氏规则。

$$CH_2{=}CH_2 \xrightarrow{98\%\ H_2SO_4} \underset{\text{硫酸氢乙酯}}{CH_3{-}CH_2{-}OSO_3H} \xrightarrow[90℃]{H_2O} CH_3CH_2OH$$

$$CH_3CH{=}CH_2 + H_2SO_4 \xrightarrow{\text{约 1MPa}} \underset{\text{硫酸氢异丙酯}}{CH_3{-}\underset{\mid \atop OSO_2OH}{CH}{-}CH_3}$$

当烯烃与 HBr 加成，如果是在过氧化物存在下进行时，得到的主要产物与马氏加成规则不一致，称为反马氏加成，这是由于过氧化物的存在而引起的加成定位的改变，叫作过氧化物效应。

$$CH_3CH{=}CH_2 + HBr \xrightarrow{\text{无过氧化物}} CH_3CHBrCH_3$$

$$CH_3CH{=}CH_2 + HBr \xrightarrow{\text{有过氧化物}} CH_3CH_2CH_2Br$$

烯烃和其他卤化氢(HCl，HI)的加成为什么没有过氧化物效应？这是因为 H—Cl 键较牢，H 不能被自由基夺去而生成氯自由基，所以不发生自由基加成反应。H—I 键虽然弱，其中的 H 很容易被自由基夺去，但是生成的碘自由基活性较差，很难与双键发生加成反应。另一方面，HI 很容易和双键进行离子反应，所以这里的自由基加成反应难以实现。此外，HI 是一个还原剂，它能破坏过氧化物。这也抑制了自由基加成反应的发生。

(3)其他加成　烯烃与次卤酸加成：

$$CH_2{=}CH_2 + \underset{(Cl_2\ +\ H_2O)}{HOCl} \longrightarrow \underset{\text{氯乙醇}}{\underset{\mid \atop OH}{CH_2}{-}\underset{\mid \atop Cl}{CH_2}}$$

$$CH_3CH{=}CH_2 + HOCl \longrightarrow CH_3{-}\underset{\mid \atop OH}{CH}{-}\underset{\mid \atop Cl}{CH_2}$$

反应遵守马氏规则，因卤素与水作用成次卤酸(H—O—Cl)，在次卤酸分子中氧原子的电负性较强，使之极化成 $HO^{\delta-}Cl^{\delta+}$，氯成为了带正电荷的试剂，与烯烃反应生成卤代醇，氯加成到含氢较多的碳原子上。

2. 氧化反应

(1) 被 $KMnO_4$ 氧化　在弱碱性条件下用 $KMnO_4$ 氧化，可将烯烃氧化成邻二醇。

$$3RCH{=}CH_2 + 2KMnO_4 + 4H_2O \xrightarrow[\text{或中性}]{\text{碱性}} 3R{-}\underset{\mid \atop OH}{CH}{-}\underset{\mid \atop OH}{CH_2} + 2MnO_2\downarrow + 2KOH$$

反应中 $KMnO_4$ 的紫色褪去，且有褐色 MnO_2 沉淀生成，故此反应可用来鉴定不饱和烃。如果用酸性 $KMnO_4$，氧化反应进行得更快，得到碳链断裂的氧化产物(低级酮或羧酸)。

$$RCH{=}CHR' \xrightarrow[H^+]{KMnO_4} RCOOH + R'COOH$$

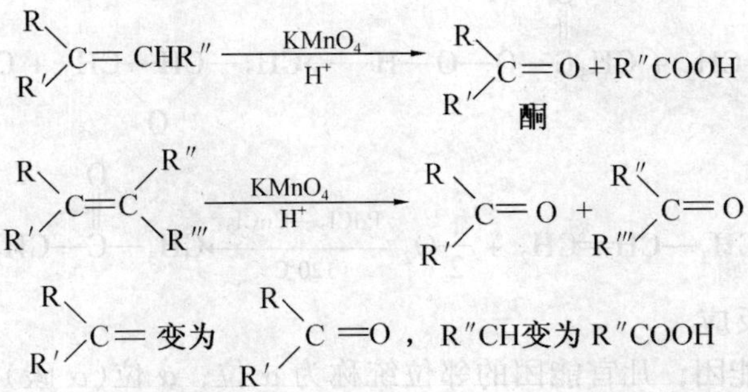

该反应迅速、现象明显，可以用来鉴别双键；根据烯烃氧化后的产物，可以推测原烯烃的结构。

(2) 臭氧化反应(用含有臭氧6% ~8%的氧气作氧化剂)　将含有臭氧(6% ~8%)的氧气通入液态烯烃或烯烃的四氯化碳溶液，臭氧迅速而定量地与烯烃作用，生成臭氧化物的反应，称为臭氧化反应。

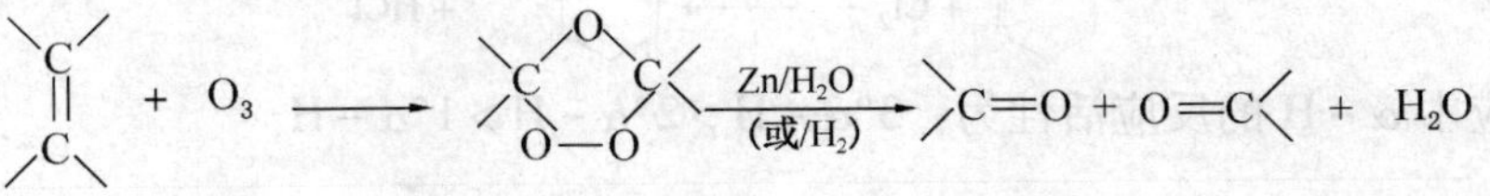

为了防止生成的过氧化物继续氧化醛、酮，通常臭氧化物的水解是在加入还原剂(如 Zn/H_2O)或催化氢化下进行。

例如：

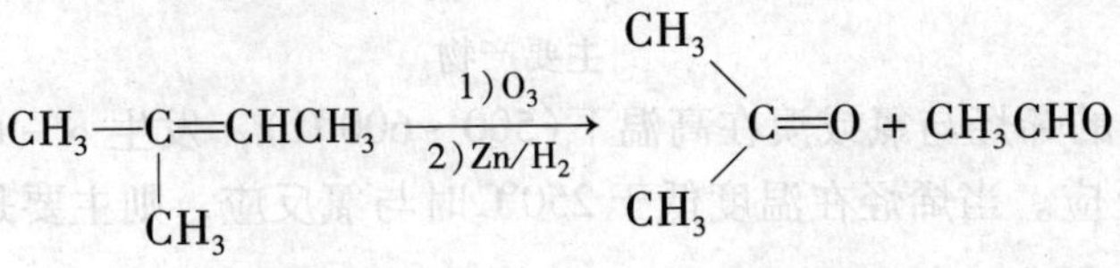

丙酮　　　　乙醛

烯烃臭氧化物的还原水解产物与烯烃结构的关系为：

烯烃结构	臭氧化还原水解产物
$CH_2{=}$	HCHO(甲醛)
$RCH{=}$	RCHO(醛)
$R_2C{=}$	$R_2C{=}O$(酮)

故可通过臭氧化物还原水解的产物来推测原烯烃的结构。

例如：臭氧化还原水解产物，　　　　　　　原烯烃的结构

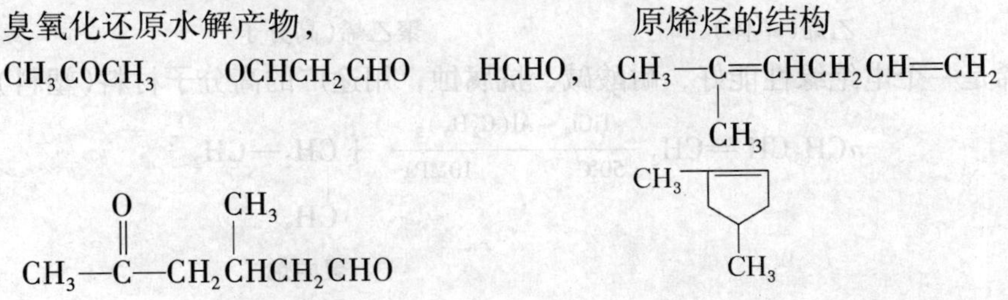

（3）催化氧化　某些烯烃在特定催化剂存在下能被氧化生成重要的化工原料。

此类反应是特定反应，不能泛用。使用不同的催化剂烯烃能被氧化成不同的产物。例如，如要将其他烯烃氧化成环氧烷烃，则要用过氧酸来氧化；丙烯在氯化钯的催化下能被氧化成丙酮。

$$CH_3CH{=}CH_2 + CH_3\overset{\overset{O}{\|}}{C}{-}O{-}O{-}H \longrightarrow CH_3{-}\underset{\diagdown O \diagup}{CH{-}CH_2} + CH_3COOH$$

$$CH_3{-}CH{=}CH_2 + \frac{1}{2}O_2 \xrightarrow[120℃]{PdCl_2-CuCl_2} CH_3{-}\overset{\overset{O}{\|}}{C}{-}CH_3$$

3. α－H 的卤代反应

双键是烯烃的官能团，凡官能团的邻位统称为 α 位，α 位（α 碳）上连接的氢原子称为 α－H（又称为烯丙氢）。α－H 由于受 C ═C 的影响，比其他类型的氢容易起反应，在高温或光照下，可以与卤素发生卤代反应，生成不饱和的卤代烃。

$$CH_3{-}CH{=}CH_2 + Cl_2 \xrightarrow{>500℃} \underset{\underset{Cl}{|}}{CH_2}{-}CH{=}CH_2 + HCl$$

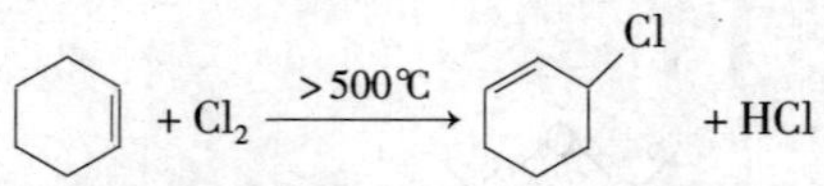

卤代反应中 α－H 的反应活性为：3°α－H > 2°α－H > 1°α－H

例如：

$$CH_3{-}\overset{\overset{CH_3}{|}}{CH}{-}CH{=}CH{-}CH_3 + Br_2(1mol) \xrightarrow{>500℃} \underset{\text{主要产物}}{CH_3{-}\overset{\overset{CH_3}{|}}{\underset{\underset{Br}{|}}{C}}{-}CH{=}CH{-}CH_3} + \underset{\text{次要产物}}{CH_3{-}\overset{\overset{CH_3}{|}}{CH}{-}CH{=}CH{-}\underset{\underset{Br}{|}}{CH_2}}$$

注意：有 α－H 的烯烃与氯或溴在高温下（500～600℃），发生 α－H 原子被卤原子取代的反应而不是加成反应。当烯烃在温度低于 250℃时与氯反应，则主要是进行加成反应。

4. 聚合反应

烯烃在少量引发剂或催化剂作用下，π 键断裂，分子间一个接一个互相加成，形成分子量巨大的高分子化合物，这种由低分子化合物加成为高分子化合物的反应称为聚合反应。参加聚合的小分子叫单体，聚合后生成的高分子化合物叫聚合物。

例如，在烷基铝－四氯化钛络合催化剂的作用下，可使乙烯聚合成聚乙烯。

$$\underset{\text{乙烯(单体)}}{nCH_2{=}CH_2} \xrightarrow[\substack{60\sim75℃\\0.1\sim1MPa}]{TiCl_4-Al(C_2H_5)_3} \underset{\text{聚乙烯(高分子)}}{[CH_2{-}CH_2]_n}$$

聚乙烯是一个电绝缘性能好，耐酸碱，抗腐蚀，用途广的高分子材料（塑料）。

$$nCH_3CH{=}CH_2 \xrightarrow[50℃\quad 10MPa]{TiCl_4-Al(C_2H_5)_3} \underset{\text{聚丙烯}}{[CH_2{-}\underset{\underset{CH_3}{|}}{CH_2}]_n}$$

$TiCl_4-Al(C_2H_5)_3$ 称为齐格勒(Ziegler 德国人)、纳塔(Natta 意大利人)催化剂。1959 年齐格勒－纳塔利用此催化剂首次合成了立体定向高分子，人造天然橡胶。为有机合成作出了具大的贡献。为此，两人共享了 1963 年的诺贝尔化学奖。

第二节　二　烯　烃

分子中含有两个或两个以上碳碳双键的不饱和烃称为二烯烃或多烯烃。二烯烃的通式为 C_nH_{2n-2}。

一、二烯烃的分类和命名

1. 二烯烃的分类

根据二烯烃中两个双键的相对位置的不同，可将二烯烃分为三类：

(1) 累积二烯烃　两个双键与同一个碳原子相连接，即分子中含有 C ═C ═C 结构的二烯烃称为累积二烯烃。例如：丙二烯 CH_2 ═C ═CH_2。

(2) 隔离二烯烃　两个双键被两个或两个以上的单键隔开，即分子骨架为 C ═C—$(C)_n$—C ═C 的二烯烃称为隔离二烯烃。例如，1，4－戊二烯 CH_2 ═CH—CH_2—CH ═CH_2。

(3) 共轭二烯烃　两个双键被一个单键隔开，即分子骨架为 C ═C—C ═C 的二烯烃为共轭二烯烃。例如，1，3－丁二烯 CH_2 ═CH—CH ═CH_2。

孤立二烯烃的性质和单烯烃相似，累积二烯烃的数量少且实际应用也不多，共轭二烯烃在理论和实际应用上都很重要，故本节重点讨论的是共轭二烯烃。

2. 二烯烃的命名

二烯烃的命名与烯烃相似，选择含有两个双键的最长的碳链为主链，从距离双键最近的一端经主链上的碳原子编号，词尾为“某二烯”，两个双键的位置用阿拉伯数字标明在前，中间用短线隔开。若有取代基时，则将取代基的位次和名称加在前面。例如：

CH_2 ═$C(CH_3)CH$ ═CH_2　　2－甲基－1，3－丁二烯

CH_3CH_2CH ═$CHCH_2CH$ ═$CH(CH_2)_4CH_3$　　3，6－十二碳二烯

CH_2 ═CH—CH ═CH—CH ═CH_2　　1，3，5－已三烯

多烯烃的顺、反异构体，则用顺、反或 Z、E 表示：

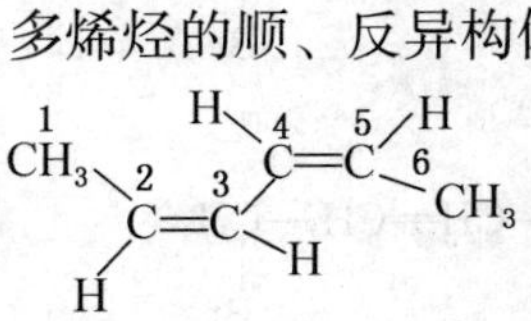

顺，顺－2，4－已二烯
或(Z)，(Z)－2，4－已二烯

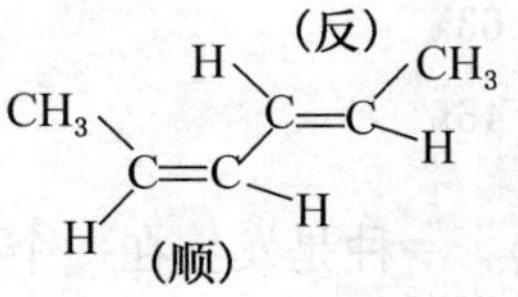

顺，反－2，4－已二烯
或(Z)，(E)－2，4－已二烯

二、共轭二烯烃的结构

1，3－丁二烯分子中，四个碳原子都是以 sp^2 杂化，它们彼此各以一个 sp^2 杂化轨道结合形成碳碳 σ 键，其余的 sp^2 杂化轨道分别与氢原子的 s 轨道重叠形成六个碳氢 σ 键。分子中所有 σ 键和全部碳原子、氢原子都在一个平面上。此外，每个碳原子还有一个未参加杂化的与分子平面垂直的 p 轨道，在形成碳碳 σ 键的同时，对称轴相互平行的四个 p 轨道可

以侧面重叠形成两个 π 键，即 C_1 与 C_2 和 C_3 与 C_4 之间各形成一个 π 键。而此时 C_2 与 C_3 两个碳原子的 p 轨道平行，也可侧面重叠，把两个 π 键连接起来，形成一个包含四个碳原子的大 π 键。但 C_2—C_3 键所具有的 π 键性质要比 C_1—C_2 和 C_3—C_4 键所具有的 π 键性质小一些。像这种 π 电子不是局限于两个碳原子之间，而是分布于四个碳原子的两个分子轨道，称为离域轨道，这样形成的键叫离域键，也称大 π 键。具有离域键的体系称为共轭体系。在共轭体系中，由于原子间的相互影响，使整个分子电子云的分布趋于平均化的倾向称为共轭效应。由 π 电子离域而体现的共轭效应称为 π－π 共轭效应。

共轭效应使 1，3－丁二烯分子中的碳碳双键键长增加，碳碳单键键长缩短，单双键趋向于平均化。由于电子离域的结果，使化合物的能量降低，稳定性增加，在参加化学反应时，体现出与一般烯烃不同的性质。

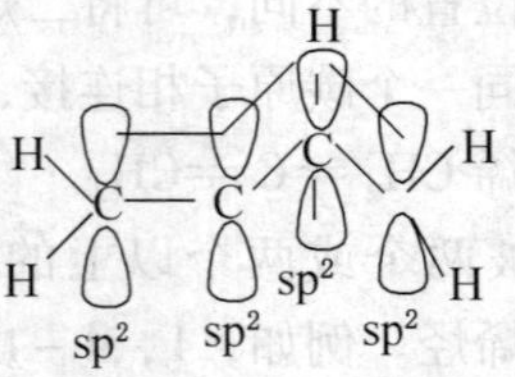

三、共轭二烯烃的化学性质

共轭二烯烃由于具有共轭效应，因此具有一些特殊的性质。下面以 1，3－丁二烯为例，介绍共轭二烯烃的化学性质。

1. 亲电加成

与烯烃相似，1，3－丁二烯能与卤素、卤化氢和氢气发生加成反应。但由于其结构的特殊性，加成产物通常有两种。例如，1，3－丁二烯与溴化氢的加成反应：

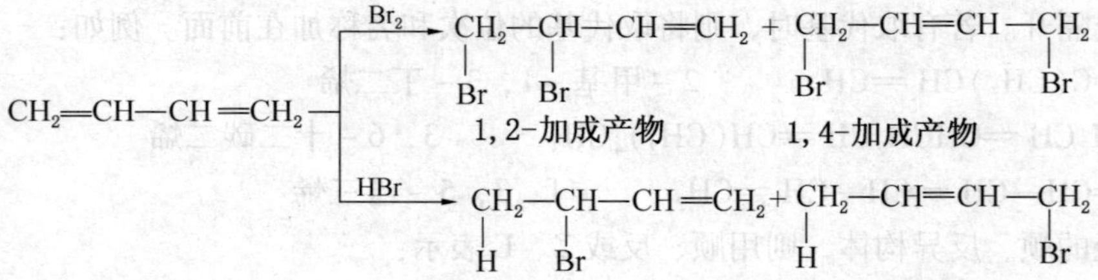

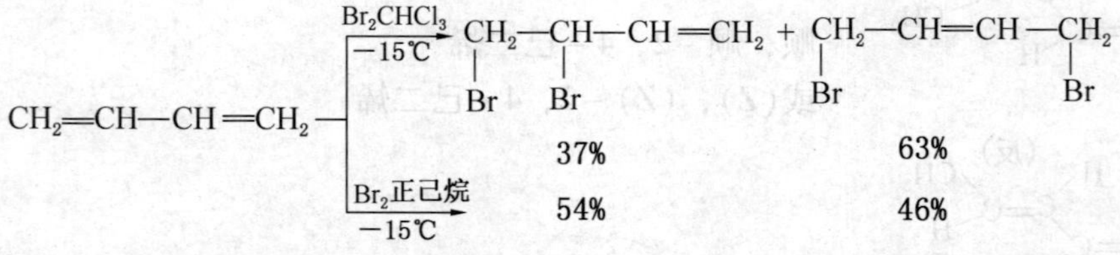

这说明共轭二烯烃与亲电试剂加成时，有两种不同的加成方式。一种是发生在一个双键上的加成，称为 1，2－加成；另一种是试剂的两部分分别加到共轭体系的两端，即加到 C_1 和 C_4 两个碳原子上，分子中原来的两个双键消失，而在 C_2 与 C_3 之间，形成一个新的双键，称为 1，4－加成。

2. 狄尔斯－阿德耳反应(双烯合成)

共轭二烯烃与某些具有碳碳双键的不饱和化合物发生 1，4－加成反应生成环状化合物的反应称为双烯合成，也叫狄尔斯－阿德耳(Diels－Alder)反应。这是共轭二烯烃特有的反应，它将链状化合物转变成环状化合物，因此又叫环合反应。

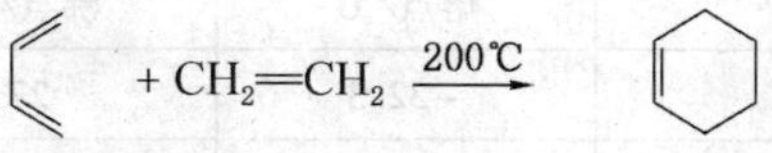

一般把进行双烯合成的共轭二烯烃称作双烯体，另一个不饱和的化合物称为亲双烯体。实践证明，当亲双烯体的双键碳原子上连有一个吸电子基团时，则反应易于进行。如：

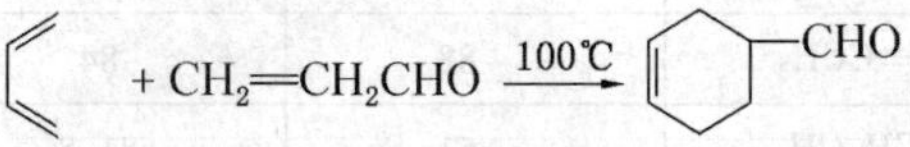

第三节 炔 烃

炔烃是含有碳碳叁键的不饱和烃，通式为 C_nH_{2n-2}。与烯烃相同，也有碳骨架异构、位置异构和官能团异构三种异构现象。

在乙炔分子中，两个碳原子采用 sp 杂化方式，即一个 2s 轨道与一个 2p 轨道杂化，组成两个等同的 sp 杂化轨道，sp 杂化轨道的形状与 sp^2、sp^3 杂化轨道相似，两个 sp 杂化轨道的对称轴在一条直线上。两个以 sp 杂化的碳原子，各以一个杂化轨道相互结合形成碳碳 σ 键，另一个杂化轨道各与一个氢原子结合，形成碳氢 σ 键，三个 σ 键的键轴在一条直线上，即乙炔分子为直线型分子。

每个碳原子还有两个未参加杂化的 p 轨道，它们的轴互相垂直。当两个碳原子的两个 p 轨道分别平行时，两两侧面重叠，形成两个相互垂直的 π 键。

一、炔烃的命名

炔烃的命名原则与烯烃相同，即选择包含叁键的最长碳链作主链，碳原子的编号从距叁键最近的一端开始。

若分子中既含有双键又含有叁键时，则应选择含有双键和叁键的最长碳链为主链，并将其命名为烯炔(烯在前、炔在后)。编号时，应使烯、炔所在位次的和为最小。例如：

$$CH_3CH_2CH{=}CH\underset{\displaystyle CH_3}{\underset{|}{C}}HC{\equiv}CH \qquad 3-甲基-4-庚烯-1-炔$$

但是，当双键和叁键处在相同的位次时，即烯、炔两碳原子编号之和相等时，则从靠近双键一端开始编号。如：

$$CH_2{=}CHC{\equiv}CH \qquad 1-丁烯-3-炔$$

二、炔烃的物理性质

与烯烃相似，乙炔、丙炔和丁炔为气体，戊炔以上的低级炔烃为液体，高级炔烃为固体。简单炔烃的沸点、熔点和相对密度比相应的烯烃要高。炔烃难溶于水而易溶于有机溶剂。炔烃的物理常数见表 3-2。

表 3-2 炔烃的物理常数

名称	构造式	熔点/℃	沸点/℃	相对密度(d_4^{20})
乙炔	$HC{\equiv}CH$	-81.8	-83.6	
丙炔	$CH_3C{\equiv}CH$	-101.51	-23.2	
1-丁炔	$CH_3CH_2C{\equiv}CH$	-122.5	8.1	

续表

名称	构造式	熔点/℃	沸点/℃	相对密度(d_4^{20})
2-丁炔	$CH_3C≡CCH_3$	-32.3	27	0.691
1-戊炔	$CH_3(CH_2)_2C≡CH$	-90	29.3	0.695
2-戊炔	$CH_3CH_2C≡CCH_3$	-101	55.5	0.714
1-己炔	$CH_3(CH_2)_3C≡CH$	-132	71	0.715
2-己炔	$CH_3(CH_2)_2C≡CCH_3$	-88	84	0.730
3-己炔	$CH_3CH_2C≡CCH_2CH_3$	-51	81.8	0.724
1-庚炔	$CH_3(CH_2)_4C≡CH$	-81	100	0.734
2-庚炔	$CH_3(CH_2)_3C≡CCH_2CH_3$		112	0.748
3-庚炔	$CH_3(CH_2)_2C≡CCH_3$		105	0.752
1-辛炔	$CH_3(CH_2)_5C≡CH$	-80	125.2	0.746
2-辛炔	$CH_3(CH_2)_4C≡CCH_3$	-60.2	137.2	0.759
3-辛炔	$CH_3(CH_2)_3C≡CCH_2CH_3$	-105	133	0.752
4-辛炔	$CH_3(CH_2)_2C≡C(CH_2)_2CH_3$	-102	131	0.751

三、炔烃的化学性质

炔烃的叁键是由一个 σ 键和两个 π 键组成，因此，炔烃也有烯烃中 π 键的化学性质，也有加成、氧化和聚合等反应。这些反应都发生在叁键上，所以叁键是炔烃的官能团。但是由于叁键和双键有所不同，所以炔烃有些化学反应与烯烃是有差别的。

1. 加成反应

（1）催化加氢　炔烃的催化加氢分两步进行，第一步加一个氢分子，生成烯烃；第二步再与一个氢分子加成，生成烷烃。

$$CH≡CH + H_2 \xrightarrow{催化剂} CH_2=CH_2 \xrightarrow{催化剂} CH_3—CH_3$$

因此，炔烃氢化时，如选择适当试剂，可以使产物停留在烯烃阶段。工业上用此方法来制造烯烃。

如：

$$CH_3C≡C—C_5H_{11} \xrightarrow{Na,\ NH_3(液)} CH_3CH=CH—C_5H_{11}$$

这种使炔烃氢化停留在烯烃阶段的反应称为部分氢化。选择一定的催化剂，部分氢化还可以控制产物的构型。例如，用附在碳酸钙上的钯并用醋酸铅处理过的称为 Lindlar 催化剂，可以获得顺式烯烃。

如果是烯炔，部分氢化时首先叁键氢化而成烯烃。

$$CH_3CH_2C≡CCH_2CH=CH_3 \xrightarrow{Lindlar\ Pd\ 催化剂} CH_3CH_2CH=CHCH_2CH=CH_3$$

（2）加卤素　炔烃与卤素的加成也是分两步进行的。先加一分子氯或溴，生成二卤代烯，在过量的氯或溴的存在下，再进一步与一分子卤素加成，生成四卤代烷。

$$CH≡CH + Br_2 \longrightarrow CHBr=CHBr \xrightarrow{Br_2} CHBr_2CHBr_2$$

虽然炔烃比烯烃更不饱和，但炔烃进行亲电加成却比烯烃难。例如烯烃可使溴的四氯化碳溶液很快褪色，而炔烃却需要一两分钟才能使之褪色。故当分子中同时存在双键和叁键时，与溴的加成首先发生在双键上。

$$CH_2{=}CHC{\equiv}CH + Br_2(1mol) \longrightarrow CH_2BrCHBrC{\equiv}CH$$

(3) 加卤化氢　炔烃与卤化氢的加成，加碘化氢容易进行，加氯化氢则难进行，一般要在催化剂存在下才能进行。不对称炔烃加卤化氢时，服从马氏规则。例如：

$$CH_3C{\equiv}CH + HI \longrightarrow CH_3CI{=}CH_2 \xrightarrow{HI} CH_3CI_2CH_3$$

在汞盐的催化作用下，乙炔与氯化氢在气相发生加成反应，生成氯乙烯。

$$CH{\equiv}CH + HCl \xrightarrow{HgCl_2} CH_2{=}CHCl$$

在光或过氧化物的作用下，炔烃与溴化氢的加成反应，得到反马氏规则的加成产物。如：$CH_3CH_2CH_2C{\equiv}CH + HBr \rightarrow CH_3CH_2CH_2CH{=}CHBr \xrightarrow{HBr} CH_3CH_2CH_2CH_2CHBr_2$

(4) 加水　在稀酸($10\%\ H_2SO_4$)催化剂作用下，炔烃能与水发生加成反应。例如，在 $10\%\ H_2SO_4$ 和 5% 硫酸汞溶液中，乙炔与水加成生成乙醛，此反应称为乙炔的水化反应或库切洛夫反应。汞盐是催化剂。

$$CH{\equiv}CH + H_2O \xrightarrow{HgSO_4} CH_3CHO$$

其他的炔烃水化得到酮。如：

$$CH_3CH_2C{\equiv}CH + H_2O \xrightarrow{HgSO_4} CH_3CH_2COCH_3$$

(5) 加醇　在碱性条件下，乙炔与乙醇发生加成反应，生成乙烯基乙醚。

$$CH{\equiv}CH + CH_3CH_2OH \xrightarrow{碱} CH_2{=}CHOCH_2CH_3$$

2. 氧化反应

炔烃被高锰酸钾或臭氧氧化时，叁键断裂生成羧酸、二氧化碳等产物。如：

$$RC{\equiv}CH + KMnO_4 \xrightarrow{酸性} RCOOH + CO_2$$

$$RC{\equiv}CR + KMnO_4 \xrightarrow{酸性} RCOOH + RCOOH$$

3. 聚合反应

在不同的催化剂作用下，乙炔可以分别聚合成链状或环状化合物。与烯烃的聚合不同的是，炔烃一般不聚合成高分子化合物。例如，将乙炔通入氯化亚铜和氯化铵的强酸溶液时，可发生二聚或三聚作用。

$$CH{\equiv}CH + CH{\equiv}CH \xrightarrow{Cu_2Cl_2} CH_2{=}CHC{\equiv}CH \quad 乙烯基乙炔$$

$$CH{\equiv}CH + CH{\equiv}CH \xrightarrow{Cu_2Cl_2} CH_2{=}CHC{\equiv}CCH{=}CH_2 \quad 二乙烯基乙炔$$

在高温下，三个乙炔分子聚合成一个苯分子。

$$3CH{\equiv}CH \xrightarrow{300℃} C_6H_6$$

4. 金属炔化物的生成

与叁键碳原子直接相连的氢原子活泼性较大。因 sp 杂化的碳原子表现出较大的电负性，使与叁键碳原子直接相连的氢原子较之一般的碳氢键，显示出弱酸性，可与强碱、碱金属或某些重金属离子反应生成金属炔化物。

乙炔与熔融的钠反应，可生成乙炔钠和乙炔二钠：

$$CH\equiv CH + Na \longrightarrow CH\equiv CNa + Na \longrightarrow NaC\equiv CNa$$

丙炔或其他末端炔烃与氨基钠反应，生成炔化钠：

$$RC\equiv CH + NaNH_2 \xrightarrow{\text{液氨}} RC\equiv CNa + NH_3$$

炔化钠与卤代烃(一般为伯卤代烷)作用，可在炔烃分子中引入烷基，制得一系列炔烃同系物。如：

$$RC\equiv CNa + RX \xrightarrow{\text{液氨}} RC\equiv CR + NaX$$

末端炔烃与某些重金属离子反应，生成重金属炔化物。例如，将乙炔通入硝酸银的氨溶液或氯化亚铜的氨溶液时，则分别生成白色的乙炔银沉淀和红棕色的乙炔亚铜沉淀：

$$CH\equiv CH + [Ag(NH_3)_2]NO_3 \longrightarrow AgC\equiv CAg\downarrow + NH_4NO_3 + NH_3$$

$$CH\equiv CH + [Cu(NH_3)_2]Cl \longrightarrow CuC\equiv CCu\downarrow + NH_4Cl + NH_3$$

上述反应很灵敏，现象也很明显，常用来鉴别分子中的末端炔烃。

利用此反应，也可鉴别末端炔烃和叁键在其他位号的炔烃。

$$RC\equiv CH + [Ag(NH_3)_2]NO_3 \longrightarrow RC\equiv CAg$$

$$RC\equiv CR + [Ag(NH_3)_2]NO_3 \longrightarrow \text{不反应}$$

第三节 重要的不饱和烃

一、乙烯

乙烯的分子式：C_2H_4；结构式：$CH_2=CH_2$。在常温常压下，为无色、易燃烧、易爆炸气体，燃烧时火焰比甲烷明亮并有黑烟。在医药上，乙烯与氧的混合物可作为麻醉剂。它是制药工业的基本原料之一。在农业上，乙烯是一种调节生长、发育和衰老的植物激素。所有果实在发育期间都会产生微量乙烯，在果实未成熟时，乙烯含量很低，在果实进入成熟时，会出现乙烯高峰，与此同时果实内部的淀粉含量下降，可溶性糖含量上升，有色物质和水溶性果胶含量增加，果实硬度和叶绿素含量增加，果实特有的色香味出现。采用相当的措施就能延缓果实后熟，延长果实的贮藏寿命。

在工业上，乙烯是合成纤维、合成橡胶、合成塑料(聚乙烯及聚氯乙烯)、合成乙醇(酒精)的基本化工原料，也用于制造氯乙烯、苯乙烯、环氧乙烷、醋酸、乙醛、乙醇和炸药等。乙烯是世界上产量最大的化学产品之一，乙烯工业是石油化工产业的核心，乙烯产品占石化产品的70%以上，在国民经济中占有重要的地位。世界上已将乙烯产品作为衡量一个国家石油化工生产水平的重要标志之一。

二、丙烯

丙烯(propane，$CH_2=CHCH_3$)常温下为无色、无臭、稍带有甜味的气体。相对分子质量42.08，密度0.5139g/cm³(20/4℃)，冰点 −185.3℃，沸点 −47.4℃。易燃，爆炸极限为

2% ~11%。不溶于水，溶于有机溶剂，是一种低毒类物质。

丙烯用量最大的是生产聚丙烯，另外丙烯可制丙烯腈、异丙醇、苯酚和丙酮、丁醇和辛醇、丙烯酸及其酯类以及制环氧丙烷和丙二醇、环氧氯丙烷和合成甘油等。

三、乙炔

纯乙炔为无色无味的易燃、有毒气体。而电石制的乙炔因混有硫化氢 H_2S、磷化氢 PH_3、砷化氢，而带有特殊的臭味。熔点(118.656kPa) -80.8℃，沸点 -84℃，相对密度 0.6208(-82/4℃)。在空气中爆炸极限2.3% ~72.3%。在液态和固态下或在气态和一定压力下有猛烈爆炸的危险，受热、震动、电火花等因素都可以引发爆炸，因此不能在加压液化后贮存或运输。微溶于水，易溶于乙醇、苯、丙酮等有机溶剂。在15℃和1.5MPa时，乙炔在丙酮中的溶解度为237g/L，溶液是稳定的。因此，工业上是在装满石棉等多孔物质的钢瓶中，使多孔物质吸收丙酮后将乙炔压入，以便贮存和运输。为了与其他气体区别，乙炔钢瓶的颜色一般为白色，橡胶气管一般为黑色，乙炔管道的螺纹一般为左旋螺纹(螺母上有径向的间断沟)。

乙炔燃烧时能产生高温，氧炔焰的温度可以达到3200℃左右，用于切割和焊接金属。供给适量空气，可以安全燃烧发出亮白光，在电灯未普及或没有电力的地方可以用作照明光源。乙炔化学性质活泼，能与许多试剂发生加成反应。在20世纪60年代前，乙炔是有机合成的最重要原料，现仍为重要原料之一。

四、1，3 -丁二烯

分子式 C_4H_6；结构式为 $CH_2=CHCH=CH_2$，常温下是略带芳香味的无色气体，相对分子质量为54.09，熔点 -108.9℃，微溶于水，易溶于乙腈、糠醛、二甲基甲酰胺等有机溶剂。它是石油化学工业的基本原料之一，是生产多种合成橡胶的单体，其用量约占全部合成橡胶原料消耗的60%。因此，丁二烯的产量及其生产技术不但标志一个国家的合成橡胶工业水平，而且也标志着石油化学工业的发展水平。

知识链接

植物激素

植物激素是植物体内合成的对植物生长发育有显著作用的几类微量有机物质。也被称为植物天然激素或植物内源激素。

植物激素有五类，即生长素(Auxin)、赤霉素(GA)、细胞分裂素(CTK)、脱落酸(ABA)和乙烯(ethyne，ETH)。它们都是些简单的小分子有机化合物，但它们的生理效应却非常复杂、多样。例如从影响细胞的分裂、伸长、分化到影响植物发芽、生根、开花、结实、性别的决定、休眠和脱落等。所以，植物激素对植物的生长发育有重要的调节控制作用。植物激素的化学结构已为人所知，有的已可以人工合成，如吲哚乙酸；有的还不能人工合成，如赤霉素。目前市场上售出的赤霉素试剂是从赤霉菌的培养过滤物中制取的。这些外加于植物的吲哚乙酸和赤霉素，与植物体自身产生的吲哚乙酸和赤霉素在来源上有所不同，所以作为植物生长调节剂，也有称为外源植物激素。

几种植物激素的合成、分布和生理作用

植物激素	主要合成部位	分布	生理作用
赤霉素	生长中的种子和果实、幼叶、根和茎尖	较多存在于植株生长旺盛的部位，如茎端、嫩叶、根尖、果实和种子	调节细胞的伸长、促进蛋白质和RNA的合成，从而促进茎的伸长、抽薹、叶片扩大、种子发芽、果实生长，抑制成熟和衰老等

续表

植物激素	主要合成部位	分布	生理作用
细胞分裂素	根、生长中的种子和果实	主要分布于进行细胞分裂的部位，如茎尖、根尖、未成熟的种子、萌发的种子、生长着的果实	促进细胞分裂，诱导芽的分化，促进侧芽生长，抑制不定根和侧根形成，延缓叶片的衰老等
乙烯	成熟中的果实、衰老中的组织、茎节	各器官都存在	促进细胞扩大，促进果实成熟，促进器官脱落等
脱落酸	根冠、老叶、茎	各器官、组织中都有，将要脱落或休眠的器官和组织中较多，逆境条件下会增多	抑制核酸和蛋白质的合成，表现为促进叶、花、果的脱落，促进果实成熟，抑制种子发芽、抑制植株生长等

植物的一部分器官(或组织)合成而转移到另一部分器官(或组织)并专一性地影响其中生理过程的极微量的非营养性物质。植物不像动物那样有产生激素的特殊腺体，其作用部位也不像动物激素那样局限于特殊的靶器官。达尔文父子早在 1880 年就观察到麦胚芽鞘向光弯曲的现象。F. W. 温特研究这个现象后证明了生长素的存在。1934 年 F. 克格尔等从人尿中分离出生长素，并确定其化学结构为吲哚－3－乙酸(IAA)。以后又陆续发现几种其他激素，包括早已知道其结构及其对植物的影响的乙烯。

习　　题

一、写出下列化合物的名称。

1. $CH_3CH_2CH=CH_2$

2. 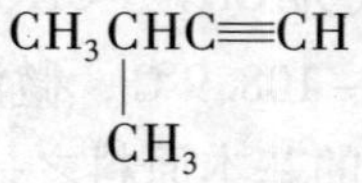

3. 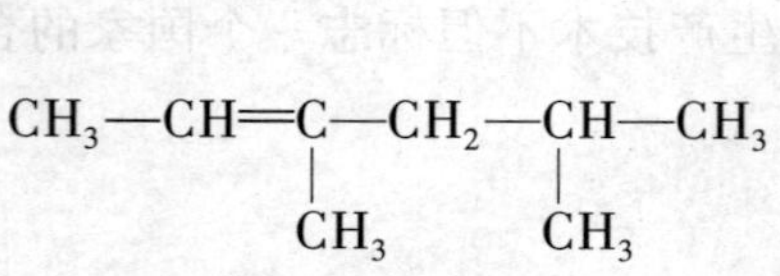

4. 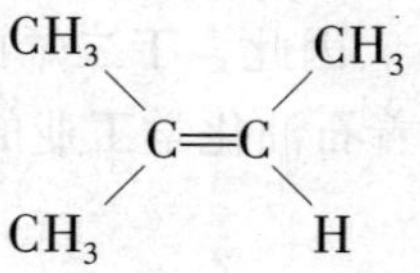

5. 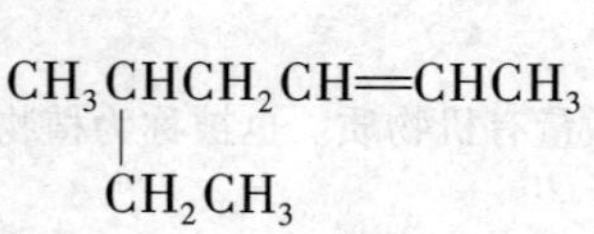

6. 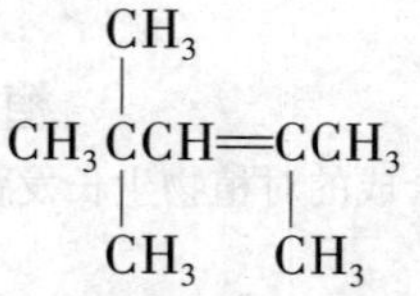

7. 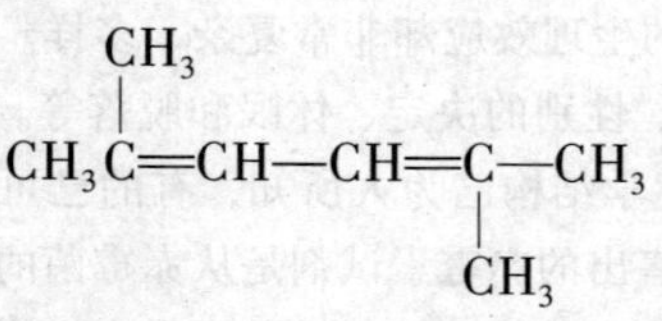

8. 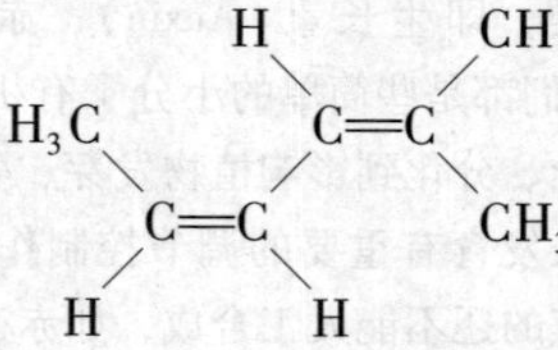

9. 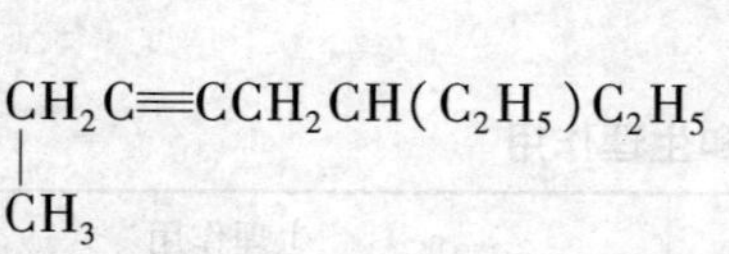

10. 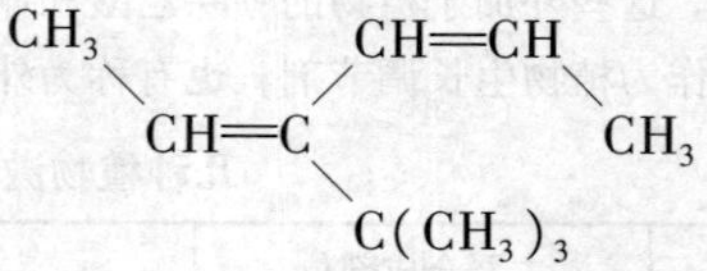

二、写出下列化合物的结构式。

1. 2－丁炔　　2. 3－甲基－2－戊烯

3. 2，3－二甲基－1－丁烯　　4. 3，3－二甲基－1－己炔

5. 反－2－戊烯　　6. 3，5－二甲基－2－己烯

7. 异戊二烯　　8. (Z)－1－氯－1－溴－1－丁烯

9. (E)－3，4－二甲基－2－戊烯　　10. 2－甲基－1，3－环戊二烯

三、完成下列反应式。

1. $CH_3C{\equiv}CH + 2H_2 \xrightarrow{Pt}$

2. $CH_3{-}CH{=}CH{-}CH_2{-}CH_3 + Cl_2 \longrightarrow$

3. $CH_3CH_2CH{=}CH_2 + HCl \longrightarrow$

4. $CH_3CH_2C{\equiv}CH + 2HCl \longrightarrow$

5. $CH_3CH{=}CH_2 \xrightarrow{KMnO_4/H^+}$

6. $HC{\equiv}CCH_2CH_3 + [Ag(NH_3)_2NO_3] \longrightarrow$

7. $nCH_2{=}CH_2 \xrightarrow{催化剂}$

8. $CH_2{=}C(CH_3)CH{=}CH_2 + HCl(1moL) \longrightarrow$

9. $CH_3C{\equiv}CCH_2CH{=}CH_2 + Br_2(1mol) \longrightarrow$

10. 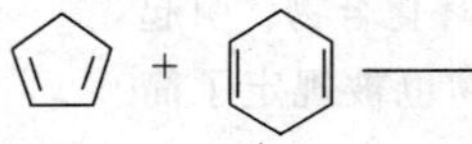

11. $CH_3CH{=}CHCH{=}CH_2 +$ 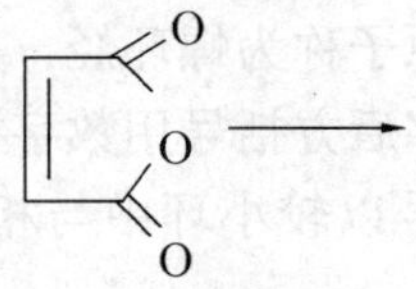

12. 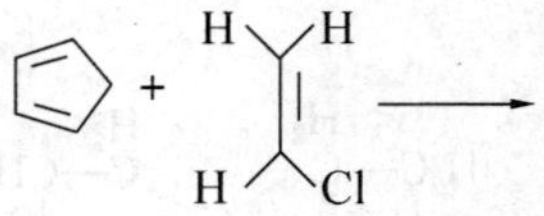

四、用化学方法鉴别下列各组化合物。

1. 1－戊炔与2－戊炔

2. 丁烷、1－丁烯、1－丁炔

五、分子式为 C_4H_6 的化合物，既能使高锰酸钾溶液褪色，又能与硝酸银的氨溶液发生反应，试写出该化合物的结构式。

六、有一分子式为 C_4H_8 的烃，被高锰酸钾酸性溶液氧化后得到乙酸。试推出该烃的结构式，并写出有关反应式。

七、雄性家蝇的性引诱剂分子式为 $C_{23}H_{46}$，催化氢化生成分子式为 $C_{23}H_{48}$ 的烷烃，而臭氧氧化/还原水解得到的化合物为 $CH_3(CH_2)_7CHO$ 和 $CH_3(CH_2)_{12}CHO$，试推测其结构。

八、有三个化合物A、B、C都具有分子式 C_5H_8，它们都能使溴的四氯化碳溶液褪色。化合物A与硝酸银溶液作用可生成沉淀，B、C则不能；当用热的高锰酸钾氧化时，化合物A得到丁酸和二氧化碳，化合物B得到乙酸和丙酸。化合物C得到戊二酸($HOOCCH_2CH_2CH_2COOH$)。试推测出A、B、C的结构式。

第四章　脂　环　烃

脂环烃是指碳干为环状而性质和开链烃相似的烃类。脂环烃及其衍生物广泛存在于自然界，尤其是在石油和植物中。由植物的花、叶、茎、根、果皮等提取出来的香精油（挥发油），都含有大量的不饱和脂环烃及其含氧的脂环化合物。它们大多具有生理活性。

第一节　脂环烃的分类

① 根据脂环烃中含有的碳环数目，脂环烃分为单环脂环烃、二环脂环烃、多环脂环烃等。

脂环烃：
- 单环脂环烃：小环（3～4元）；普通环（5～7元）；中环（（8～12元）和大环（十二碳以上），其中以五环、六环最常见。
- 二环脂环烃（桥环，螺环）
- 多环脂环烃：近年来对桥环化合物及具有笼形结构的脂环化合物进行了很多研究，合成了很多新型结构的多环化合物，引起了有机化学家的很大兴趣。这些化合物也被规定了简称，如后边列出的金刚烷、立方烷等。

脂环烃分子中两个碳环共有一个碳原子称为螺环烃，共用的碳原子称为螺原子，其命名根据成环碳原子的总数称为螺某烷，螺字后方括号用数字标出。两个碳环上除了共有碳原子外的碳原子数目，小的数字排前面，编号以较小环中与相邻 C 开始，数字用圆点隔开，代表碳原子数。如：

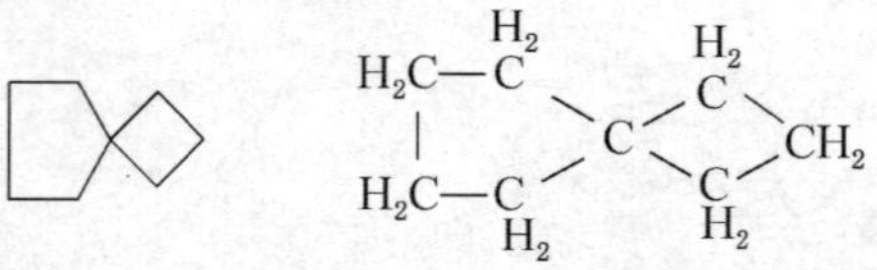

螺[3.4]辛烷

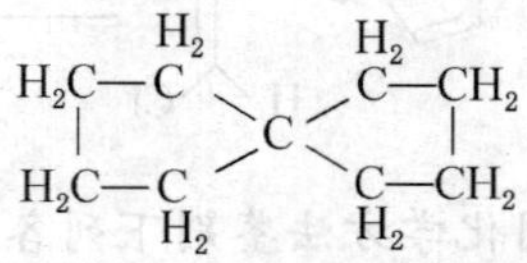

螺[4.4]壬烷

螺环的编号是从较小环中邻接于螺原子的一个碳原子开始，编完小环再编螺原子和大环。若有取代基和不饱和键，编号时，绕环的方向应使不饱和键及取代基的编号尽可能小。例如：

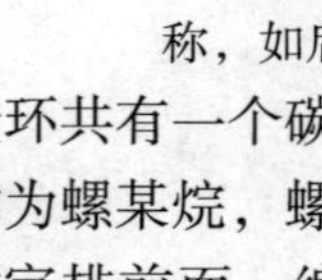

1-甲基-5-乙基螺[3.5]壬烷

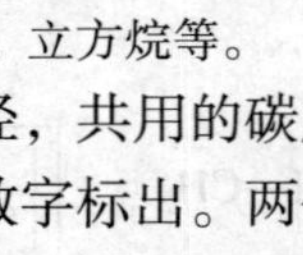

1-甲基螺[3.5]壬-5-烯

两个碳环共用两个（以上）碳原子时称为桥环烃，命名时用二环、三环等作词头，再根据环碳原子总数称某烷。环字后面方括号中用数字标出桥上两个桥头碳原子之间的碳原子数。

编号时，从一个桥头碳原子开始，沿着最长的桥到另一个桥头碳原子，然后再沿着次长的桥回到开始的那个桥头碳原子，最短的桥上的碳原子最后编号。若有不饱和键或取代基，编号时，从最长桥靠近不饱和键或取代基的桥头碳原子开始。例如：

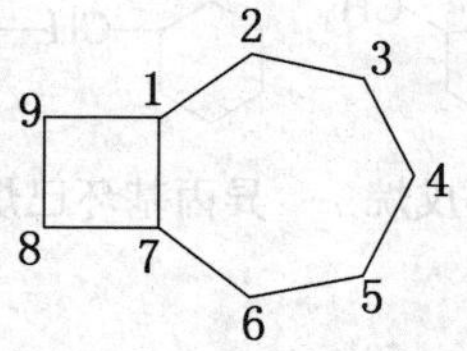
二环[5.2.0]壬烷

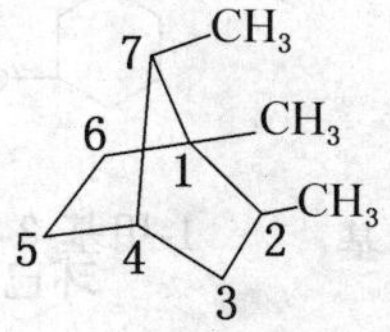

1，2，7-三甲基二环[2.2.1]庚烷

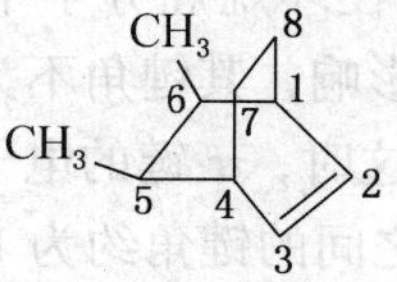

5，6-二甲基二环[2.2.2]辛-2-烯

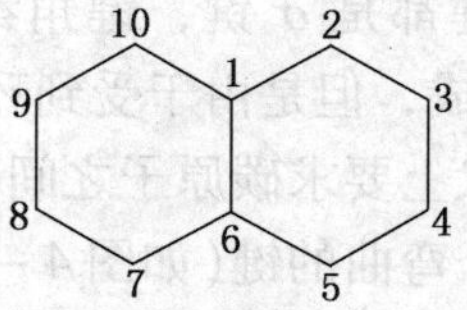
十氢萘

多环烷烃不管天然还是人工合成的种类都很多。这里举几个近些年来合成的几个奇形怪状的多环烷烃，如下图所示。

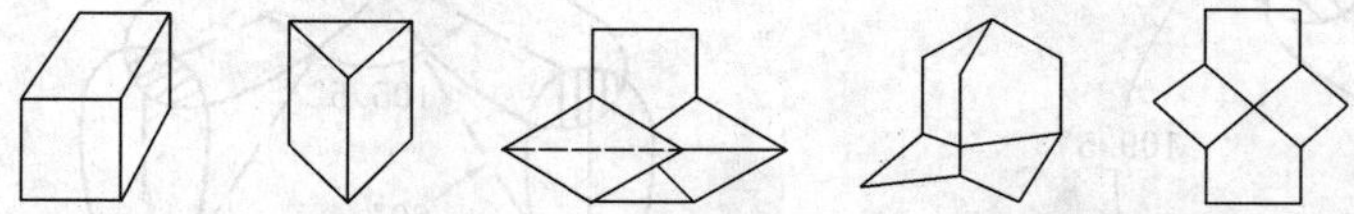
立方烷　棱烷　蓝烷　金刚烷　扭烷

这些化合物的合成，对有机化合物的结构理论提出了新的挑战。

② 按照碳环中是否含有重键，脂环烃可分为饱和和不饱和脂环烃。

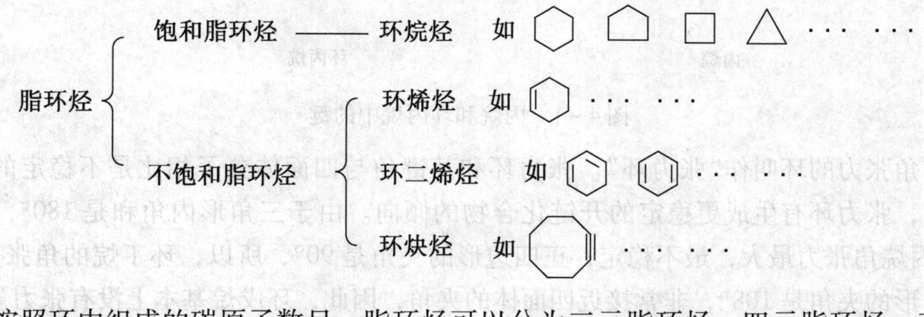

③ 按照环中组成的碳原子数目，脂环烃可以分为三元脂环烃、四元脂环烃、五元脂环烃等。

第二节　单环环烷烃

环烷烃主要是用于有机合成中间体和制取芳烃的原料。注意：环烷烃都有麻醉作用，吸入过量甚至会导致死亡。单环环烷烃的通式为 C_nH_{2n}，和烯烃互为同分异构体。

一、单环环烷烃命名

单环环烷烃的命名与烷烃相似，只是在名称之前加一个“环”字，叫作环某烷。当环上连有两个或两个以上取代基时，由连有较小取代基的碳原子开始，依次将环上的碳原子编号，并使取代基的位次尽可能小，然后将取代基的名称和位次写在环某烷的前面。例如：

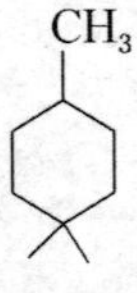

1,4,4-三甲基环己烷

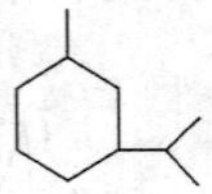

1-甲基-3-异丙基环己烷

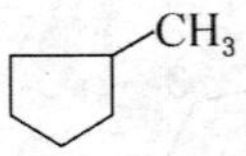

甲基环戊烷

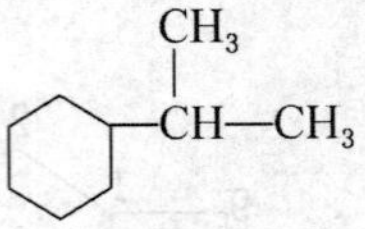

异丙基环己烷

二、环的张力及环己烷的构象

1. 环的张力

在烷烃中单键都是 σ 键，键角都是 109.5°。而在环烷烃分子中，碳原子之间也是由 C—C σ 键连接而成，但是由于受到环的几何形状的影响，其键角不为 109.5°。如环丙烷是三角形，几何形状上要求碳原子之间的夹角为 60°，这时，σ 键的电子云重叠只能呈弯曲形状，从而形成一个弯曲的键(如图 4-1)，碳碳原子之间的键角约为 105°，这种键的稳定性差，有断裂恢复原有键角的趋势，使整个分子具有张力，此张力称为角张力。

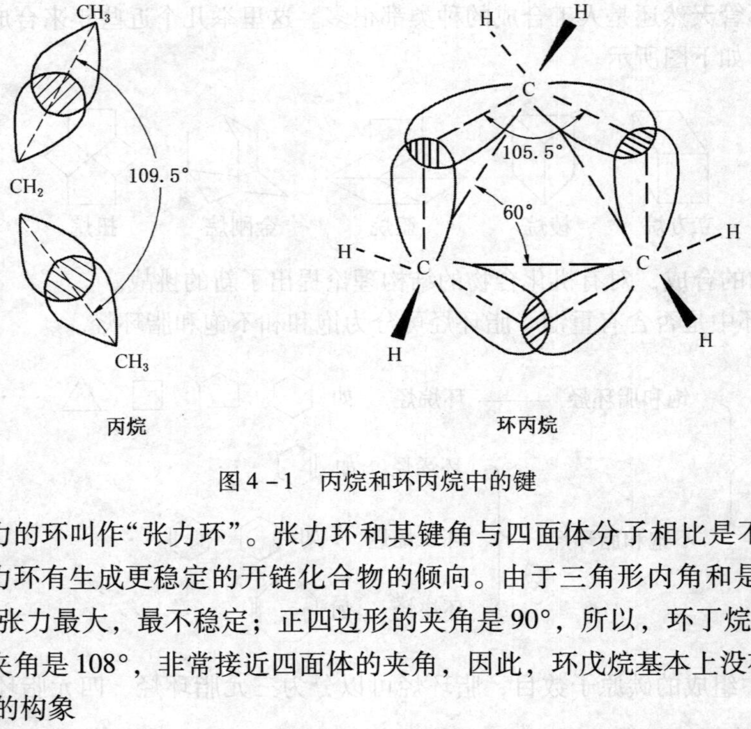

图 4-1 丙烷和环丙烷中的键

具有角张力的环叫作"张力环"。张力环和其键角与四面体分子相比是不稳定的，为了减小张力，张力环有生成更稳定的开链化合物的倾向。由于三角形内角和是 180°，每个角 60°，环丙烷角张力最大，最不稳定；正四边形的夹角是 90°，所以，环丁烷的角张力减小；而正五边形的夹角是 108°，非常接近四面体的夹角，因此，环戊烷基本上没有张力。

2. 环己烷的构象

在环己烷分子中，六个碳原子不在同一平面内，碳碳键之间的夹角可以保持 109.5°，因此环很稳定，不易被破坏，这一结构单元广泛地存在于天然化合物中。

环己烷通过环内碳碳键的旋转，可以有无限种构象，但有两种极限构象，即椅式和船式。如图 4-2 所示。

在椅式构象中，六个碳原子是等同的，相邻的碳上的 C—H 键全部是交叉式，因而没有扭转张力。另外，碳原子上的氢原子相距较远，不产生空间张力，这是椅式稳定的原因。而在船式构象中，船底四个碳原子在一个平面上，相邻的碳上的 C—H 键为重叠构象，存在较

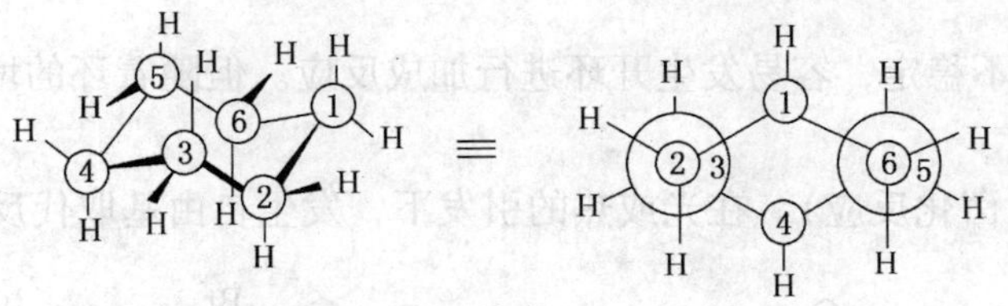

(a)椅式

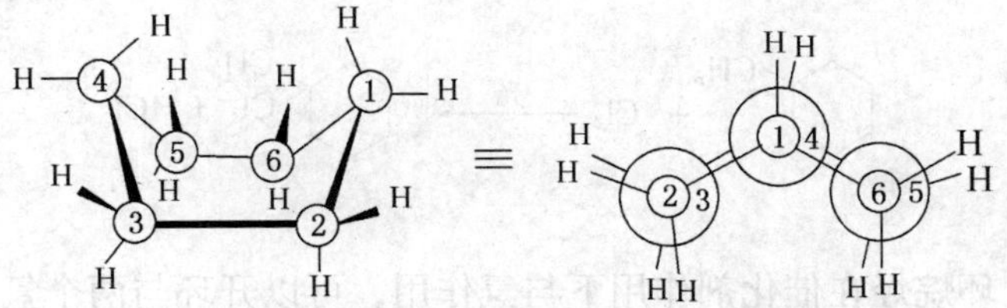

(b)船式

图 4-2 环己烷的构象

大的斥力(位阻)作用。另外，两个船头碳上有伸向环内侧的两个氢原子，因而存在范德华斥力。因此，船式构象比椅式构象能量高 29kJ·mol^{-1}。

环己烷的船式和椅式的两种极限构象可以通过 C—C 键的转动而互相转变，且一种椅式构象可以通过 C—C 键的转动而变成另一种椅式构象，这种构象的互变，叫转环作用，是由分子热运动所产生，而不经过碳碳键的破裂。在室温下，就能迅速转环，每秒钟10^4 ~ 10^5 次。

三、单环环烷烃的性质

1. 物理性质

环烷烃是无色、具有一定气味的物质。环烷烃的熔点、沸点、相对密度都较含同数碳原子的开链烷烃高。从表 4-1 可以看到结构对它们所起的作用。链状化合物可以比较自由地摇动，分子间"拉"得不紧，容易挥发，所以沸点低一些。由于这种摇动，它比较难以在晶格内作有次序的排列，所以它的熔点也低一些。环烷烃排列得紧密一些，所以相对密度就高一些。

表 4-1 直链烷烃与环烷烃的物理常数比较

化合物	熔点/℃	沸点/℃	相对密度(d_4^{20})
环丙烷	-127.4	-32.9	0.720(-79℃)
丙烷	-187.7	-42.07	0.5005(在沸点时)
环丁烷	-50	12	0.703(0℃)
丁烷	-138.4	-0.5	0.6012(在加压下)
环戊烷	-93.8	49.3	0.745
戊烷	-129.72	36.7	0.6262
环己烷	6.5	80.7	0.7786
己烷	-93.5	68.95	0.658

2. 化学性质

大环烷烃的化学性质与烷烃相似，在一般情况下，不与强酸、强碱、强氧化剂等发生反应。

小环烷烃分子不稳定，容易发生开环进行加成反应。但随着环的增大，其反应性能逐渐减弱。

(1)取代反应(卤化反应) 在光或热的引发下，发生自由基取代反应。例如：

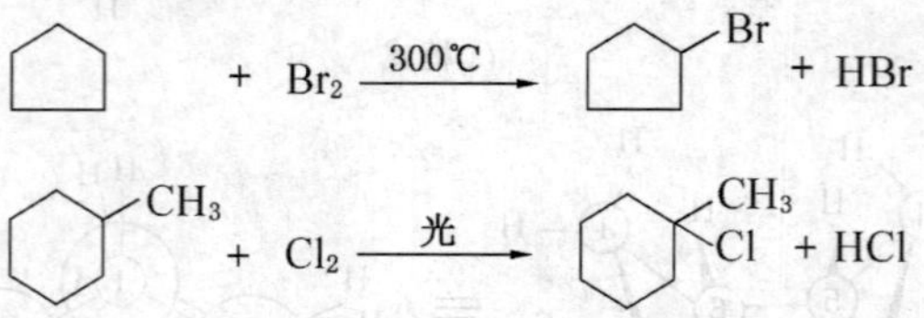

(2) 加成反应

① 加氢反应：环烷烃在催化剂作用下与氢作用，可以开环与两个氢原子结合生成烷烃。

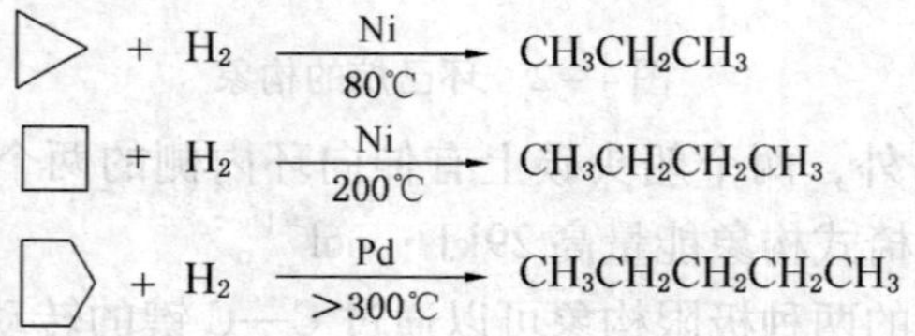

从反应条件可以看出，小环较易开环发生加成反应，而环戊烷则较稳定，需要强烈的条件才能开环加成。高级环烷烃加氢则更为困难。

② 与卤素加成反应：常温下三环和四环易发生开环加成，开环加成的位置发生在含 H 最多和最少的两个 C 原子之间；与溴加成有明显的颜色变化(由红棕色变成无色)，因此可以用来鉴别环丙烷及其衍生物。

例如：

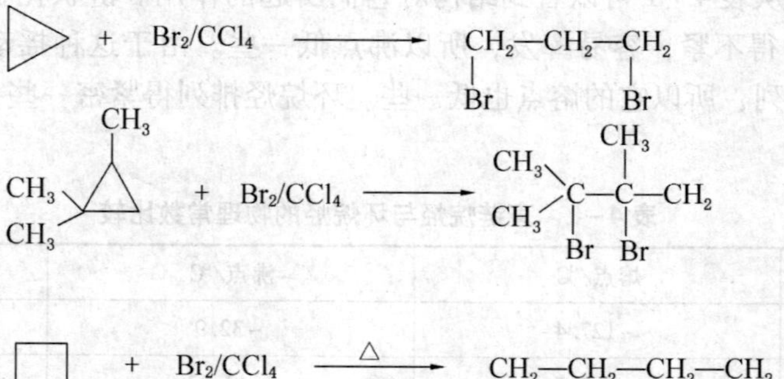

③ 加 HX：环丙烷在常温下可与卤化氢发生加成反应。环丙烷的衍生物与卤化氢发生加成反应时，其产物也符合马氏加成规则。

但是环丙烷不能被高锰酸钾氧化，此性质可将环丙烷和烯烃、炔烃区别。

四、重要的环烷烃

1. 环丙烷

环丙烷为无色气体，沸点 -33℃，有类似石油醚的特殊气味，易溶于乙醇和乙醚，与氧气或空气的混合物接触火焰会爆炸。其为气体麻醉药中作用最强者。诱导时间约为 3 ~ 5min，比乙醚还快，停药后 10 ~ 15min 内即醒。骨骼肌松弛程度较强，但次于乙醚，毒性

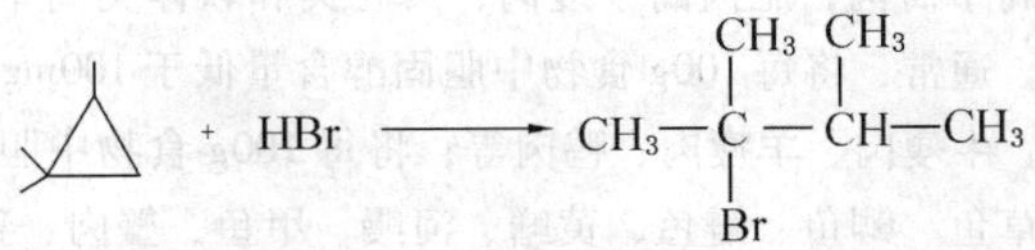

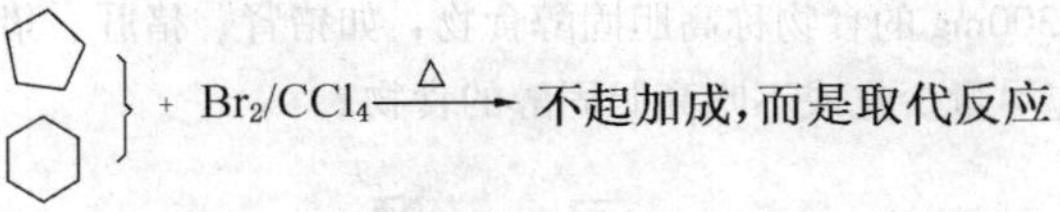

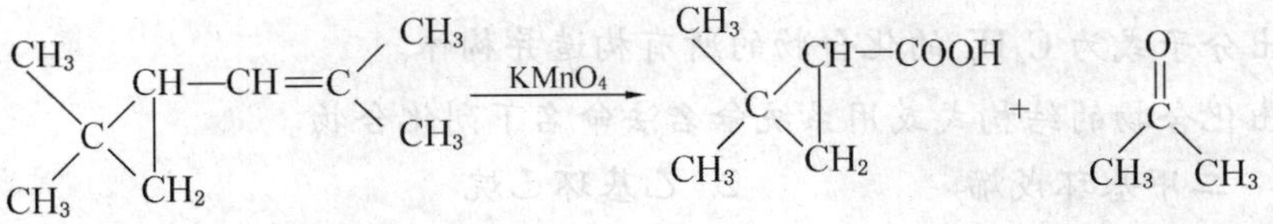

低，几乎可以用作各种手术的麻醉药。

2. 环戊烷

环戊烷分子式为 C_5H_{10}，相对分子质量为 70，相对密度 0.745，不溶于水，可与乙醇、乙醚、丙酮、苯按任何比例互溶。

3. 环已烷

分子式为 C_6H_{12}，是透明的、基本上不溶于水的、具有刺激性气味的非腐蚀性液体。易挥发，易燃。主要作为尼龙 6 和尼龙 66 的原料。环已烷也是纤维素醚、树脂、蜡、油脂、沥青和橡胶的优良溶剂。在做溶剂时，通常用环已烷和其他烃类的混合物。

4. 环戊二烯

环戊二烯是 1，3－环戊二烯的简称，也称茂。分子式为 C_5H_6，无色液体，不溶于水，溶于乙醇、乙醚、石油醚、苯和四氯化碳等。反应活性很高，可与多种烯烃共聚合，或参与各种有机化学反应，因而在工业上有着广泛的用途。

知识链接

胆 固 醇

一般都知道，脂类物质主要分为两大类。脂肪(主要是甘油三酯)是人体内含量最多的脂类，是体内的一种主要能量来源；另一类叫类脂，是生物膜的基本成分，约占体重的5%，除包括磷脂、糖脂外，还有很重要的一种叫胆固醇(cholesterol)。

胆固醇又称胆甾醇，一种环戊烷多氢菲的衍生物。早在 18 世纪人们已从胆石中发现了胆固醇，1816 年化学家本歇尔将这种具脂类性质的物质命名为胆固醇。胆固醇广泛存在于动物体内，尤以脑及神经组织中最为丰富，在肾、脾、皮肤、肝和胆汁中含量也高。其溶解性与脂肪类似，不溶于水，易溶于乙醚、氯仿等溶剂。胆固醇是动物组织细胞所不可缺少的重要物质，它不仅参与形成细胞膜，而且是合成胆汁酸，维生素 D 以及甾体激素的原料。

胆固醇又分为高密度胆固醇和低密度胆固醇两种，前者对心血管有保护作用，通常称之为“好胆固醇”，后者偏高，冠心病的危险性就会增加，通常称之为“坏胆固醇”。血液中胆固醇含量每单位在 140 ~ 199mg 之间，是比较正常的胆固醇水平。

胆固醇是由甾体部分和一条长的侧链组成。人体中胆固醇的总量大约占体重的 0.2%，骨质约含 10mg，骨骼肌约含 100mg，内脏多在 150 ~ 250mg 之间，肝脏和皮肤含量稍高，约为 300mg。脑和神经组织中含量最高，每 100g 组织约含 2g，其总量约占全身总量的 1/4。

胆固醇虽然存在于动物性食物之中，但是不同的动物以及动物的不同部位，胆固醇的含量很不一致。

一般而言，兽肉的胆固醇含量高于禽肉，肥肉高于瘦肉，贝壳类和软体类高于一般鱼类，而蛋黄、鱼子、动物内脏的胆固醇含量则最高。通常，将每100g食物中胆固醇含量低于100mg的食物称为低胆固醇食物，如鳗鱼、鲳鱼、鲤鱼、猪瘦肉、牛瘦肉、羊瘦肉、鸭肉等；将每100g食物中胆固醇含量为100～200mg的食物称为中度胆固醇食物，如草鱼、鲫鱼、鲢鱼、黄鳝、河鳗、甲鱼、蟹肉、猪排、鸡肉等；而将每100g食物中胆固醇含量为200～300mg的食物称高胆固醇食物，如猪肾、猪肝、猪肚、蚌肉、蛀肉、蛋黄、蟹黄等。高胆固醇血症的患者应尽量少吃或不吃高胆固醇的食物。

习　题

一、写出分子式为 C_4H_6 的化合物的所有构造异构体。

二、给出化合物的结构式或用系统命名法命名下列化合物。

1. 1，3－二甲基环戊烯　　2. 乙基环己烷

3. 环己二烯　　4. 1，3－二甲基环庚烷

5. 1，1－二乙基环丙烷　　6. 1，1，4，4－四甲基环己烷

7. 1，2－二甲基环戊烷　　8. 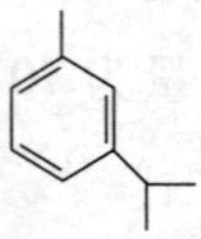　　9. 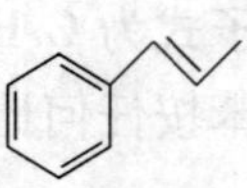

10. 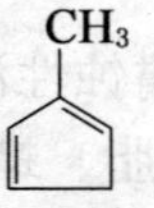

11. 
12. 

13. 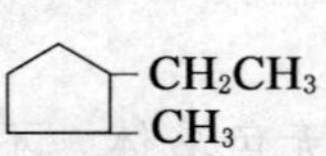

14. 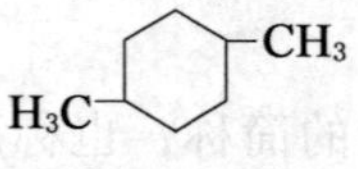

15. 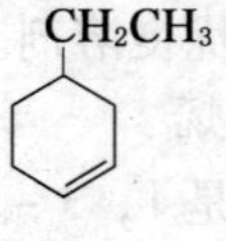

三、用化学方法区别下列各组化合物。

1. 环丙烷和丙烷　　2. 环丙烷和丙烯

3. 环己烷、环己烯、1－己炔、丙基环丙烷

四、完成下列反应。

1. 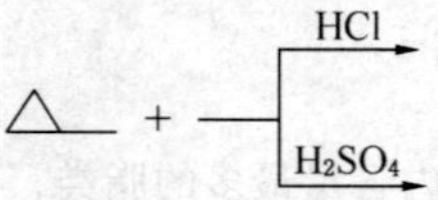

2. 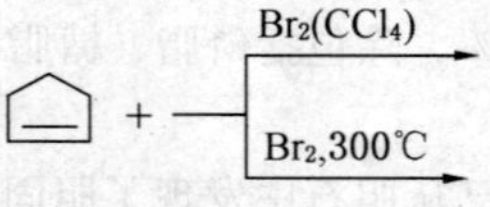

3. 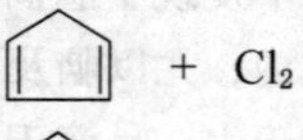

4. 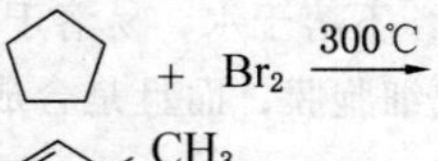

5. 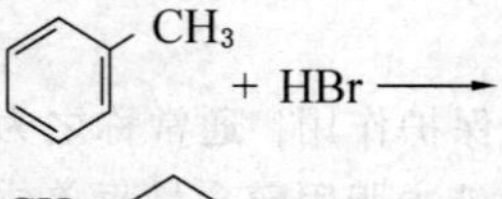

6. 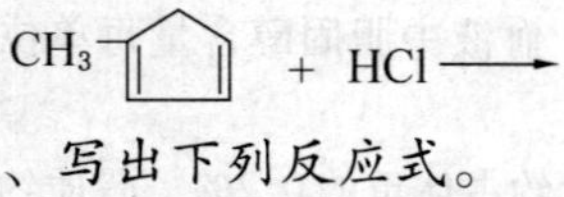

五、写出下列反应式。

1. 环丙烷和环己烷各与溴作用

2. 1－甲基环戊烯与HCl作用

3. 1，2－二甲基－1－乙基环丙烷

4. 乙烯基环己烷与 $KMnO_4$ 溶液作用

六、有一饱和烃，其分子式为 C_7H_{14}，并含有一个伯碳原子，写出该化合物的可能构造式。

七、化合物(A)分子式为 C_4H_8，它能使溴溶液褪色，但不能使高锰酸钾溶液褪色。1mol(A)与 1molHBr 作用生成(B)，(B)也可以从(A)的同分异构体(C)与 HBr 作用得到。化合物(C)也能使溴溶液褪色，也能使高锰酸钾溶液褪色。试推测化合物(A)、(B)、(C)可能的构造式。

八、丁二烯聚合时，除生成高分子化合物外，还有一种环状结构的二聚体生成。该二聚体能发生下列反应：(1)还原生成乙基环己烷；(2)溴化时，可以加上四个溴原子；(3)氧化时，生成 β - 羧酸己二酸。试推测该二聚体的结构。

第五章　芳　香　烃

芳香族碳氢化合物称为芳香烃，简称芳烃。绝大多数的芳香族化合物分子中都含有苯环结构，因此我们通常所说的芳香烃，一般是指分子中含有苯环结构的烃。

在有机化学发展的初期，人们从天然产物中发现了一些具有芳香气味的物质，如从安息香树脂中得到苯甲酸和苯甲醇等，为了与脂肪族化合物相区别，于是将此类物质称为芳香族化合物。后来发现此类化合物的分子结构中都含有苯环（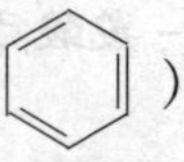），芳香族化合物的定义就演变为“含有苯环结构的化合物”。需要指出的是，含苯环的化合物并不都具有芳香气味，有些还有相当难闻的气味。因此这里的“芳香”一词已失去其历史原意，其真实含义是“含苯的”。随着有机化学的进一步发展，又发现一些不具有苯环结构的环烃，也具有含苯化合物的特性。不饱和环烃的难加成、难氧化、易取代的性质在有机化学上称之为“芳香性”。目前把具有芳香性的一大类碳环化合物称为芳香族化合物。芳香族化合物的母体就是芳香烃。

第一节　芳烃的分类和结构

一、芳烃按其结构分类

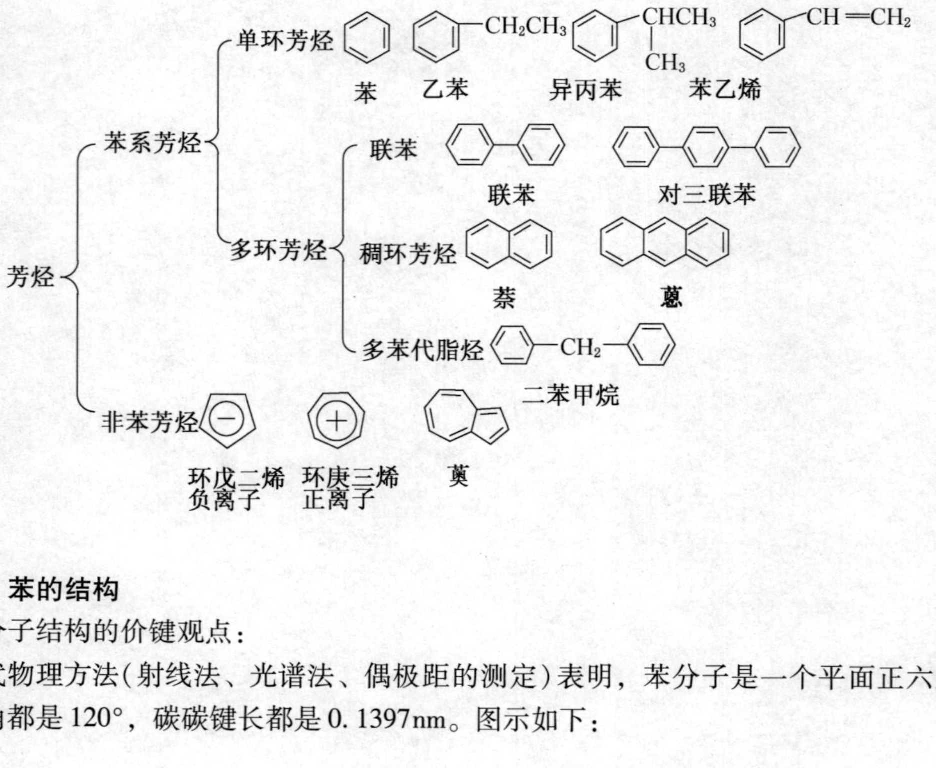

二、苯的结构

苯分子结构的价键观点：

现代物理方法（射线法、光谱法、偶极距的测定）表明，苯分子是一个平面正六边形构型，键角都是120°，碳碳键长都是0. 1397nm。图示如下：

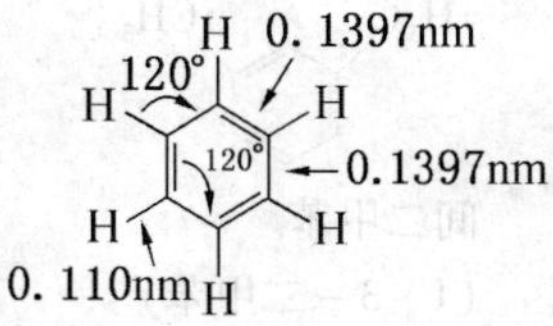

杂化轨道理论解释：

苯分子中的碳原子都是以 sp^2 杂化轨道成键的，故键角均为120°，所有原子均在同一平面上。未参与杂化的 p 轨道都垂直于碳环平面，彼此侧面重叠，形成一个封闭的共轭体系，由于共轭效应使 π 电子高度离域，电子云完全平均化，故无单双键之分。见图 5－1。

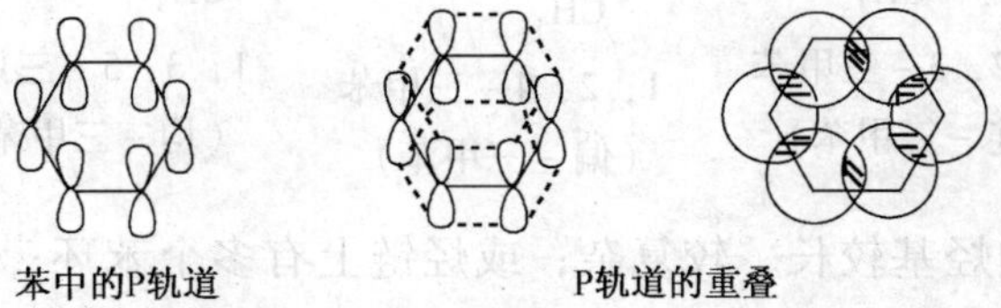

图 5－1 苯分子中形成一个封闭的共轭体系

苯分子的大 π 键是三个成键轨道叠加的结果，由于 π 电子都是离域的，所以碳碳键长完全相同。

第二节 单 环 芳 烃

一、单环芳烃的命名

1. 芳基的命名

芳烃分子去掉一个氢原子所剩下的基团称为芳基(Aryl)用 Ar 表示。重要的芳基有：

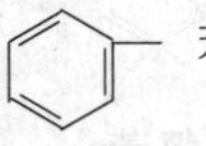 苯基,用 Ph 或 φ 表示

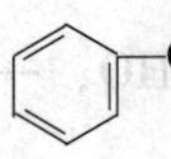 —CH_2—（$C_6H_5CH_2$—）苄基(苯甲基),用 Bz 表示

2. 烃基苯的命名

简单的烃基苯的命名，以苯环为母体，烷基作为取代基，称为某烷基苯(“基”可以省略)。

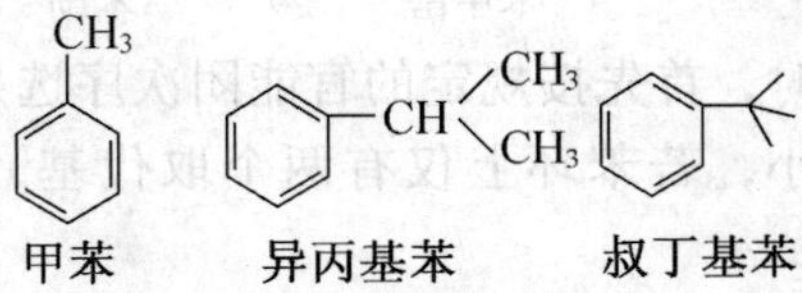

甲苯　异丙基苯　叔丁基苯

当苯环上连有两个或多个取代基时，命名方法如下：

有两个取代基的位置用邻、间、对等字头或阿拉伯数字 1，2；1，3；1，4 表示。

例如：

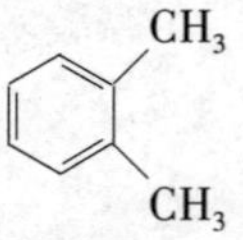

邻二甲苯
（1，2－二甲苯）
o－二甲苯

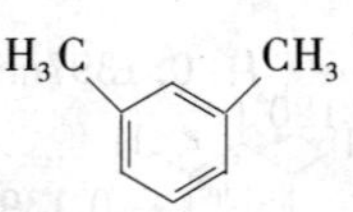

间二甲苯
（1，3－二甲苯）
m－二甲苯

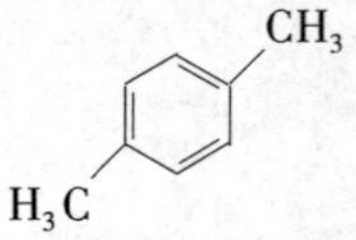

对二甲苯
（1，4－二甲苯）
p－二甲苯

当苯环上连接三个相同的取代基则如下命名：

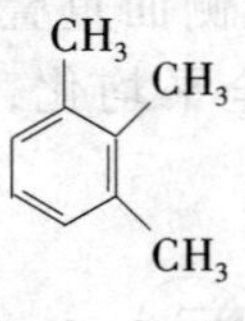

1，2，3－三甲苯
（连－三甲苯）

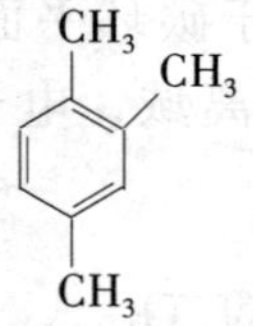

1，2，4－三甲苯
（偏－三甲苯）

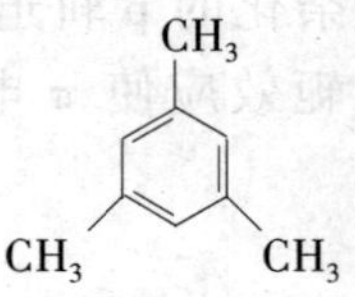

1，3，5－三甲苯
（均－三甲苯）

若苯环上所连接的烃基较长、较复杂；或烃链上有多个苯环；或是不饱和烃基，命名时，通常以烃链为母体，苯环作为取代基。例如：

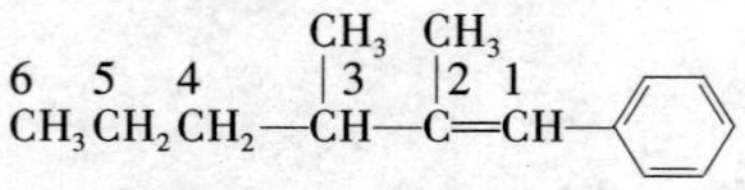

2，3－二甲基－1－苯基－1－己烯

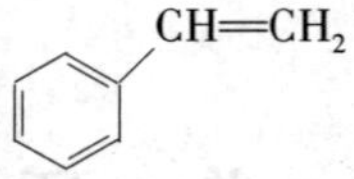

苯乙烯

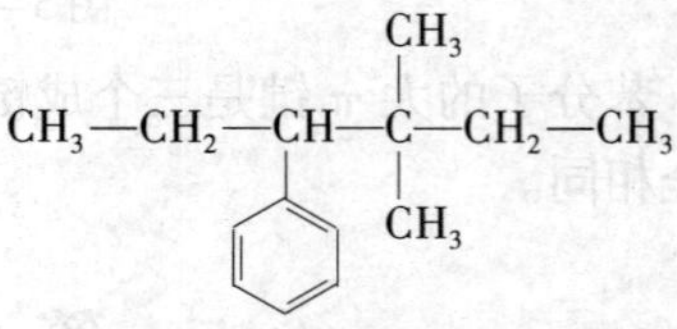

3，3－二甲基－4－苯基己烷

3. 芳烃衍生物的命名

① 某些取代基（硝基—NO_2，亚硝基—NO，卤素—X 等）通常只做取代基而不做母体。具有这些取代基的芳烃衍生物，命名时，芳烃为母体，叫作某取代芳烃。如：

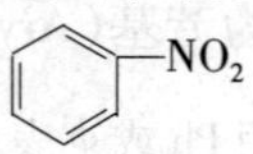

硝基苯

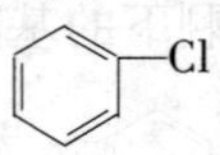

氯苯

② 当苯环上连有—COOH，—SO_3H，—NH_2，—OH，—CHO，—CH ═CH_2 时，则把苯环作为取代基。例如：

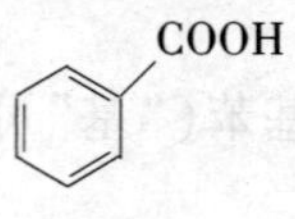

苯甲酸

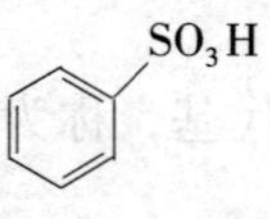

苯磺酸

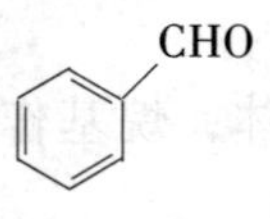

苯甲醛

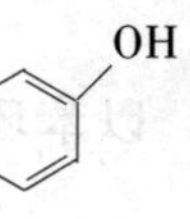

苯酚

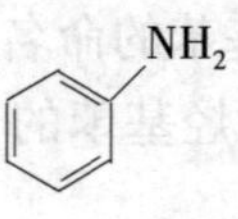

苯胺

③ 当环上有多种取代基时，首先按规定的官能团次序选好母体，其他取代基作为支链依次编号，使支链号码和最小，若苯环上仅有两个取代基，也常用邻、间、对等字头来表示。

按以下排列次序，排在前面的为母体，排在后面的作为取代基

选择母体的顺序如下：正离子（如：—N^+R_3 铵盐）>—COOH 羧酸 >—SO_3H（磺酸）>—COOR（酯）>—COX（酰卤）>—$CONH_2$（酰胺）>—CN（腈）>—CHO（醛）>—COR（酮）>—OH（醇、酚）>—SH（硫醇）>—NH_2（胺）>—O—（醚）>—S—（硫醚）>—R（烷基）

>—OR(烷氧基)>—X>—NO_2 等。

例如：

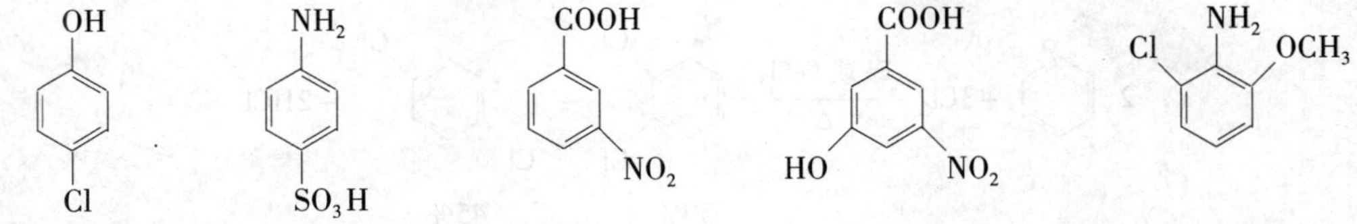

对氯苯酚　对氨基苯磺酸　间硝基苯甲酸　3-硝基-5-羟基苯甲酸　2-甲氧基-6-氯苯胺

二、单环芳烃的物理性质

单环芳烃是具有特殊气味的气体，与苯在组成上相差 n 个 CH_2，化学性质也相似的一类物质，和苯互称为同系物，通式为 $C_nH_{2n-6}(n\geqslant 6)$。苯及其同系物一般为无色有芳香味的液体，不溶于水，但比相对分子质量相近的烷烃和烯烃的相对密度大，相对密度在 0.86～0.93，是良好的溶剂，有一定的毒性，尤其是蒸气，毒性更大，长期吸入它们的蒸气会引起中毒。表 5-1 列出了单环芳烃的一些物理常数。

表 5-1　单环芳烃的物理常数

名称	熔点/℃	沸点/℃	相对密度(d_4^{20})
苯	5.5	80.1	0.879
甲苯	-95	110.6	0.867
邻二甲苯	-25.2	144.4	0.880
间二甲苯	47.9	139.1	0.864
对二甲苯	13.2	138.4	0.861
乙苯	-95	136.0	0.867
正丙苯	-99.6	159.3	0.862
异丙苯	-96	152.4	0.862
连三甲苯	25.5	176.1	0.894
偏三甲苯	-43.9	169.2	0.876
均三甲苯	-44.7	164.6	0.865

三、单环芳烃的化学性质

因为苯分子中形成一个封闭的共轭体系，使苯及其同系物的化学性质很稳定，反应主要发生在苯环上，通常表现为难加成，难氧化，容易发生取代反应的芳香性。

1. 亲电取代反应

(1) 卤化反应　在铁或三卤化铁等催化剂作用下，苯与卤素发生取代反应，生成卤代苯，此反应称为卤化反应。在比较强烈的条件下，卤化反应的主要产物是邻位和对位二卤苯取代物。对于不同的卤素，与苯发生卤化反应的活性次序是：氟>氯>溴>碘。其中氟化反应很猛烈，碘化反应很慢，所以氟化物和碘化物通常不用此法制备。

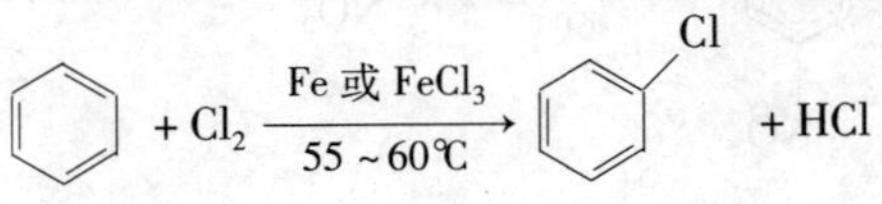

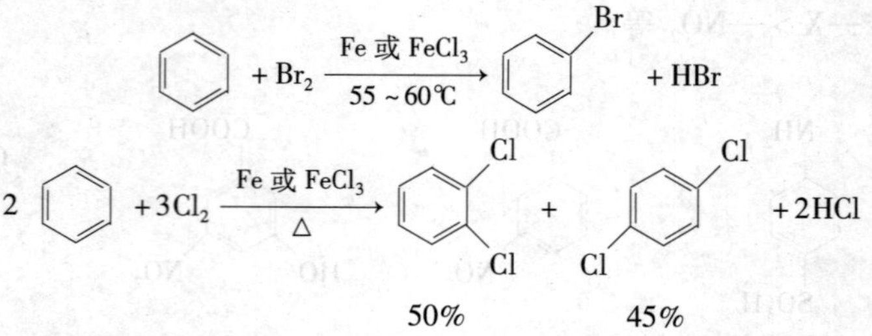

在铁或三卤化铁等催化剂作用下，烷基苯的卤化反应也发生在苯环上，反应比苯容易，主要得到邻和对位取代物。但当没有催化剂存在时，将 Cl_2 通入沸腾的烷基苯或在紫外线照射下，烷基苯的侧链 α 碳原子上的氢原子将逐个被取代。

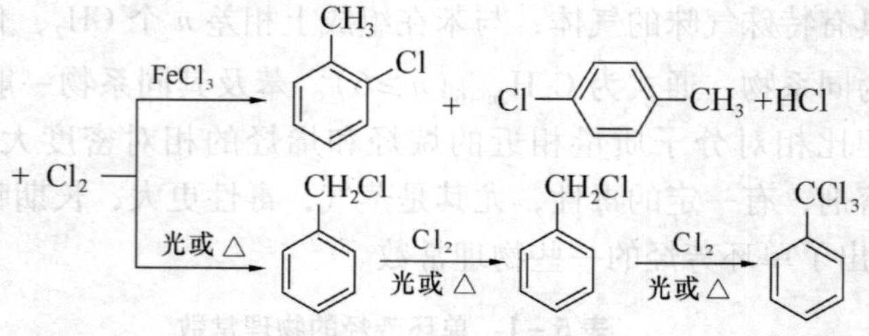

氯化苄（苯氯甲烷）　苯二氯甲烷　苯三氯甲烷

（2）硝化反应　苯在浓硫酸与浓硝酸的混合物（通常称为混酸）中、在 50～60℃时反应，苯环上的氢原子被硝基取代，生成硝基苯。向有机化合物分子中引入硝基的反应称为硝化反应。硝基苯为浅黄色液体，毒性很强，能与血液中的血红素作用。

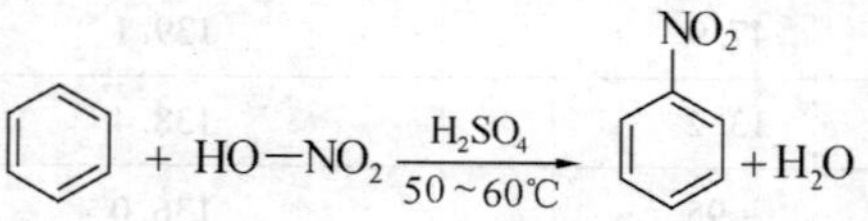

若在较高的温度下，硝基苯可继续与混酸作用，则主要生成间二硝基苯。硝基苯继续硝化比苯困难。

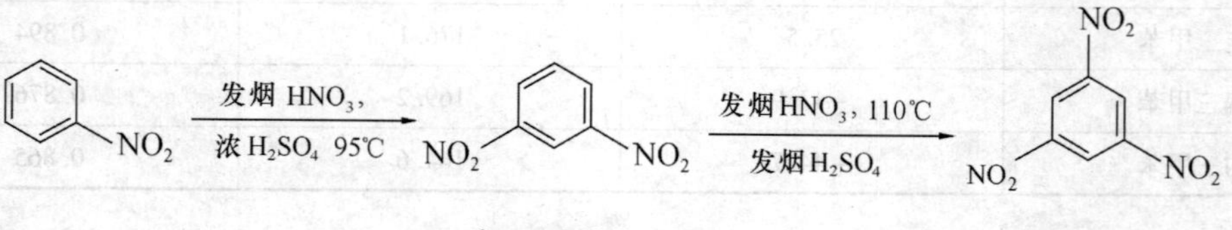

间二硝基苯88%　极少量

烷基苯比苯易硝化，主要生成邻位和对位产物，进而生成 2,4,6 – 三硝基甲苯，俗名 TNT。TNT 是黄色结晶，是一种猛烈的炸药，有毒，味苦，不溶于水而溶于有机溶剂。

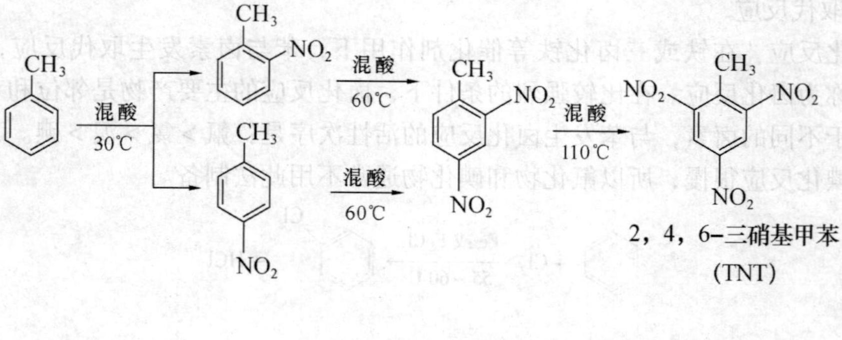

2，4，6–三硝基甲苯

(TNT)

(3) 磺化反应　苯在浓硫酸或发烟硫酸作用下，环上的一个氢原子被磺酸基取代生成苯磺酸，这类反应称为磺化反应。

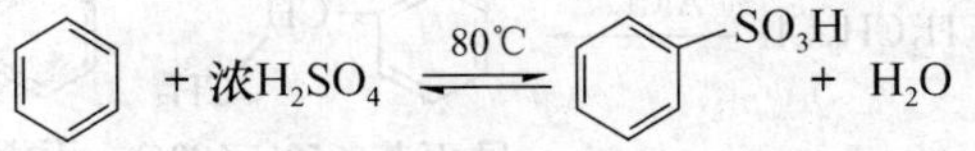

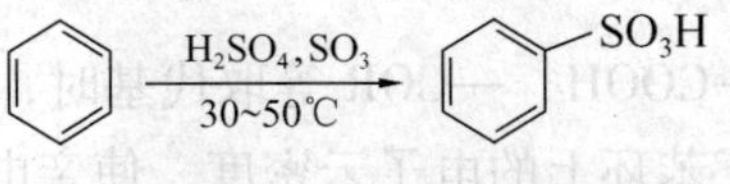

烷基苯比苯易磺化，主要生成邻对位取代物，随反应条件的不同取代产物的产率不同。

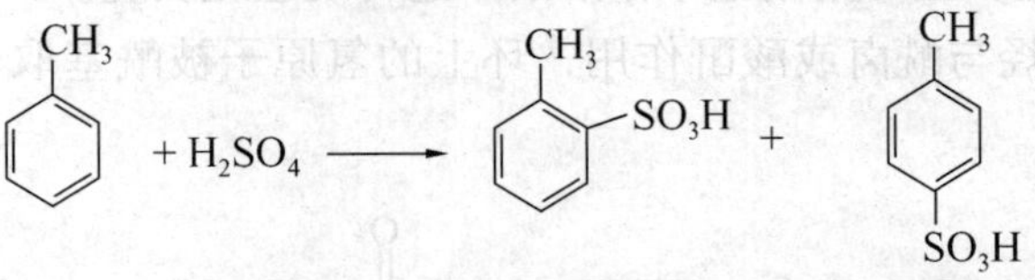

	邻甲基苯磺酸	对甲基苯磺酸
0℃	43%	53%
25℃	32%	62%
100℃	13%	79%

磺化反应是可逆的，苯磺酸与稀硫酸共热时可水解脱下磺酸基。

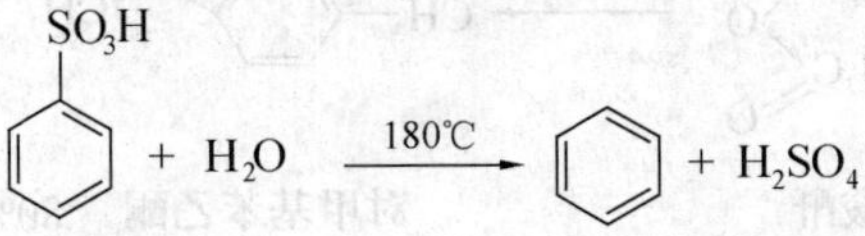

此反应常用于有机合成上控制环上某一位置不被其他基团取代，或用于化合物的分离和提纯。

(4) 傅瑞德－克拉夫茨反应　1877 年法国化学家傅瑞德和美国化学家克拉夫茨发现了在催化剂无水三氯化铝(或 $FeCl_3$、BF_3、无水 HF、$ZnCl_2$、H_3PO_4 等)催化下，由芳烃制备烷基苯和芳酮的反应，称为傅瑞德－克拉夫茨反应，简称为傅－克反应。

① 傅－克烷基化反应：苯与卤代烷、烯烃或醇等烷基化试剂在路易斯酸的催化下生成烷基苯的反应称为傅－克烷基化反应。能够使芳烃发生傅－克烷基化反应的试剂，称为烷基化试剂。

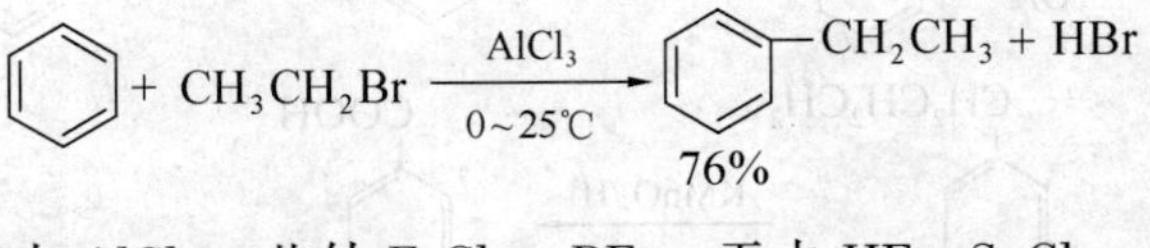

常用的催化剂是无水 $AlCl_3$，此外 $FeCl_3$、BF_3、无水 HF、$SnCl_4$、$ZnCl_2$、H_3PO_4、H_2SO_4 等都有催化作用。当所有烷基化试剂只含有一个碳原子时，通常在反应中有多烷基苯生成。

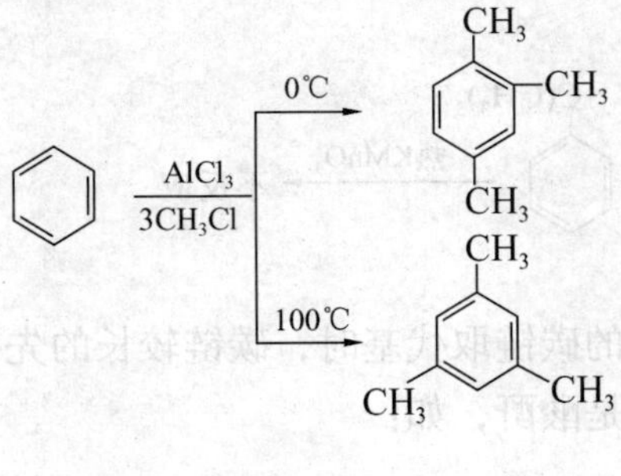

而当烷基化试剂含有三个碳以上时，引入的烷基会发生碳链异构现象。

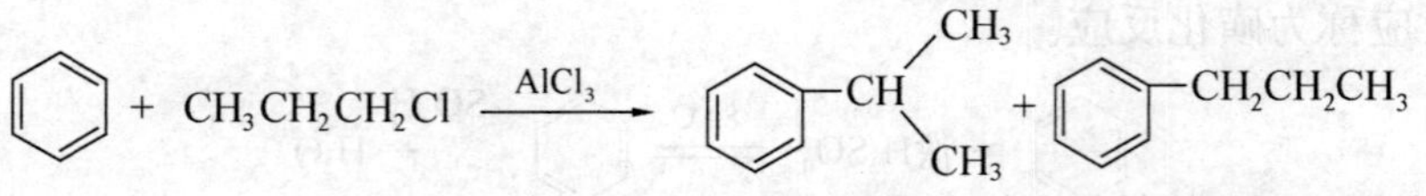

异丙苯(65%~69%)　正丙苯(35%~31%)

苯环上已有—NO_2、—SO_3H、—COOH、—COR 等取代基时，不会发生烷基化反应。因这些取代基都是强吸电子基，降低了苯环上的电子云密度，使亲电取代不易发生。例如，硝基苯就不能起傅－克反应，且可用硝基苯作溶剂来进行烷基化反应。

② 酰基化反应：芳烃与酰卤或酸酐作用，环上的氢原子被酰基取代的反应，称为傅－克酰基化反应。

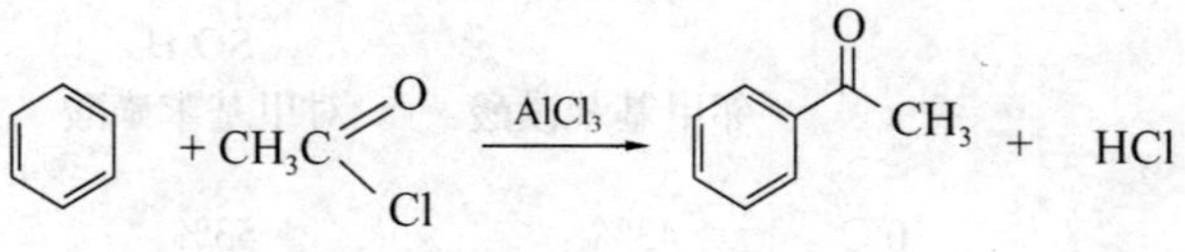

乙酰氯　苯乙酮　97%

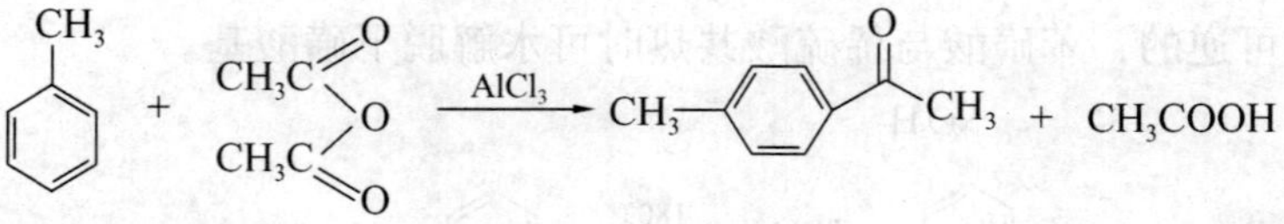

乙酸酐　对甲基苯乙酮　80%

酰基化反应的特点是产物纯、产量高(因酰基不发生异构化，也不发生多元取代)。

2. 氧化反应

(1) 苯环侧链的氧化　烃基苯侧链可被高锰酸钾或重铬酸钾的酸性或碱性溶液或稀硝酸所氧化，并在与苯环直接相连的碳氢键开始，如果与苯环直接相连的碳上没有氢时，不被氧化。氧化时，不论烷基的长短，最后都变为羧基，苯环不容易氧化。

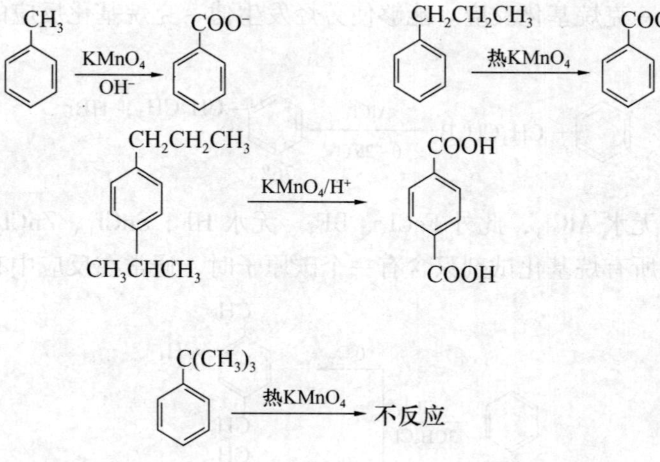

当苯环上含有两个不等长的碳链取代基时，碳链较长的先被氧化；当苯环上有两个处于邻位的烷基，氧化的最后产物是酸酐，如：

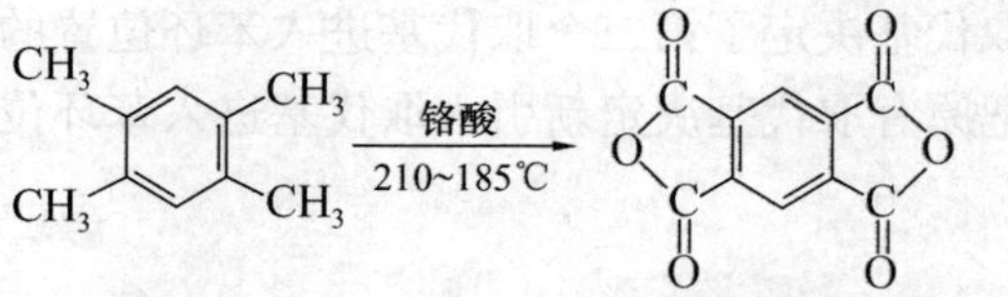

均苯四甲酸二酐

（2）苯环的氧化　在高温和催化剂作用下，苯环被氧化生成顺丁烯二酸酐。

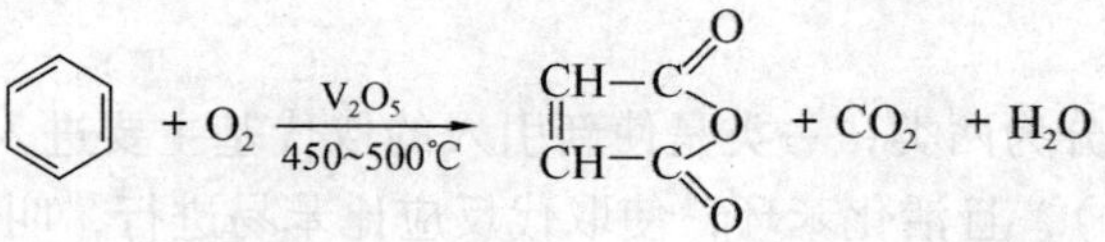

3. 加成反应

芳烃容易发生取代反应而难于加成，这就是化学家早期在实践中反复观察到的“芳香性”，但在一定条件下还是能加成的。

（1）催化氢化　苯在高温和催化剂存在下加氢，生成环已烯，这是工业上生产环已烯的方法，所得产物纯度较高。

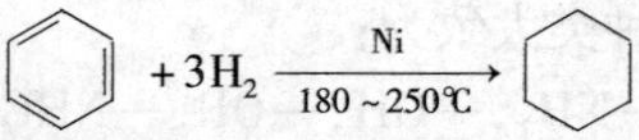

（2）加氯　在紫外线照射下，苯与氯加成，可以生成六氯化苯，六氯化苯又称为1,2,3,4,5,6－六氯环已烷，俗称六六六，属于有机氯农药，过去主要用于防治蝗虫、稻螟虫、小麦吸浆虫和蚊、蝇、臭虫等。由于对人、畜都有一定毒性，20世纪60年代末停止生产或禁止使用。

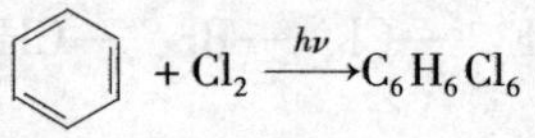

六氯环已烷（俗称“六六六”）

第三节　苯环上取代反应的定位规则

一取代苯有两个邻位，两个间位和一个对位，在发生一元亲电取代反应时，都可接受亲电试剂进攻，如果取代基对反应没有影响，则生成物中邻、间、对位产物的比例应为2∶2∶1。但从前面的性质讨论可知，原有取代基不同，发生亲电取代反应的难易是不同的，而且第二个取代基进入苯环的相对位置也不同。例如：

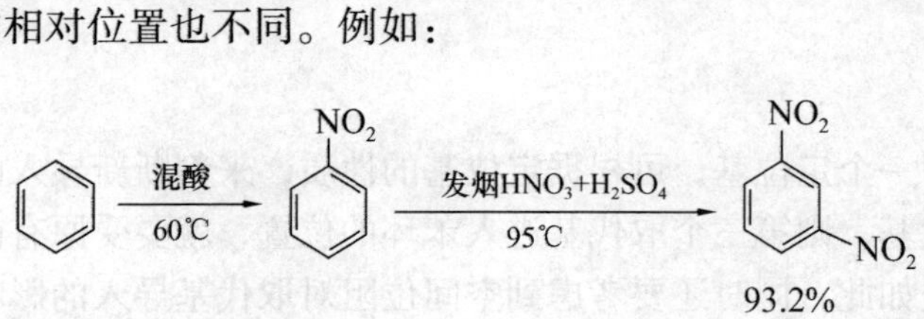

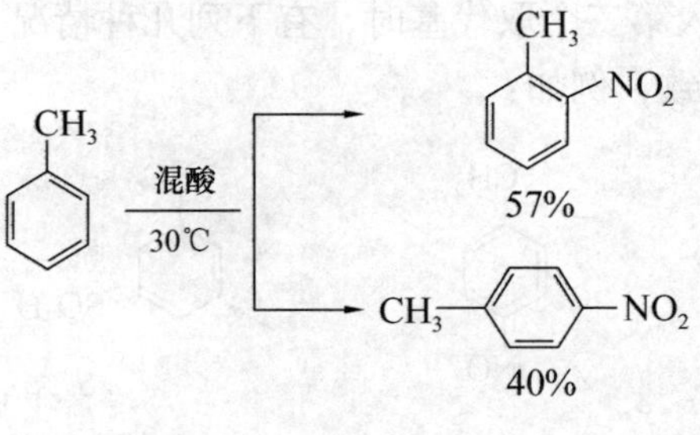

可见，苯环上原有取代基决定了第二个取代基进入苯环位置的作用，也影响着亲电取代反应的难易程度。我们把原有取代基决定新引入取代基进入苯环位置的作用称为取代基的定位效应。

一、定位基的分类

根据原有取代基对苯环亲电取代反应的影响——新引入取代基导入的位置和反应的难易分为两类。

1. 邻、对位定位基

邻、对位定位基又分为两类，一类是使新引入的取代基主要进入原基团邻位和对位(邻对位产物之和大于60%)，且活化苯环，使取代反应比苯易进行，叫作致活邻对位定位基。

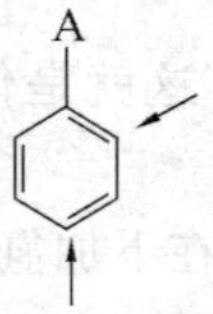

其定位基的定位能力强弱和种类大致为：

$$—O^-, —NR_2, —NHR, —NH_2, —OH, —OR, —NHCOR, —OCOR, —R, —Ar$$

另一类定位基是致钝邻对位定位基，使新引入的取代基主要进入原基团邻位和对位，但使苯环略微钝化，取代反应比苯难进行。其中卤素比$—CH_2Cl$的定位能力强，但是比致活邻对位定位基弱。

$$—F、—Cl、—Br、—CH_2Cl$$

2. 致钝间位定位基

使新引入的取代基主要进入原基团间位(间位产物大于50%)，且钝化苯环，使取代反应比苯难进行。这类基团多是不饱和的缺电子基团，具有强烈的吸电子性。

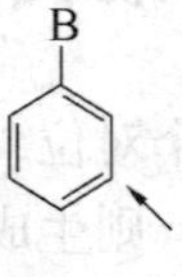

其定位强弱和种类如下：$—NR_3^+$，$—NO_2$，$—CF_3$，$—CCl_3$，$—CN$，$—SO_3H$，$—CHO$，$—COR$，$—COOH$

二、定位规则

如果苯环上只有一个定位基，可根据定位基的性质，来判断新导入的取代基的位置。如果苯环上有两个取代基，则第三个取代基进入苯环的位置，就要受原有的两个取代基的性质和位置的影响，不仅如此，同时还要考虑到空间位阻对取代基导入的影响

苯环上已有两个取代基时，引入第三个取代基时，有下列几种情况：

① 原有两个基团的定位效应一致，例如：

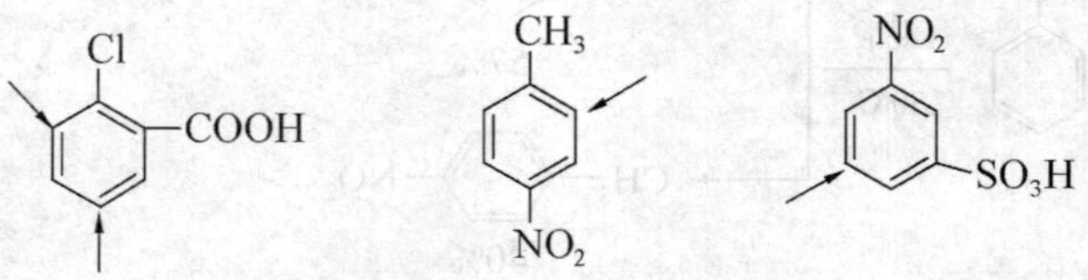

② 原有两个取代基同类，而定位效应不一致，则主要由强的定位基指定新导入基进入苯环的位置。例如：

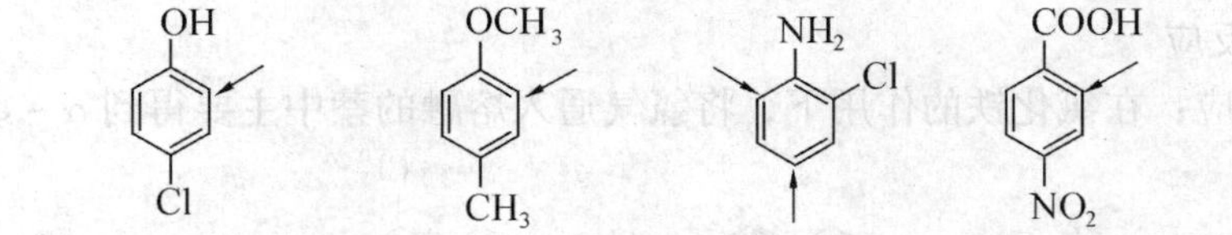

定位基强弱 —OH＞—Cl　CH_3O—＞—CH_3　—NH_2＞—Cl　—NO_2＞—COOH

③ 原有两个取代基不同类，且定位效应不一致时，新导入基进入苯环的位置由邻对位定位基指定。例如：

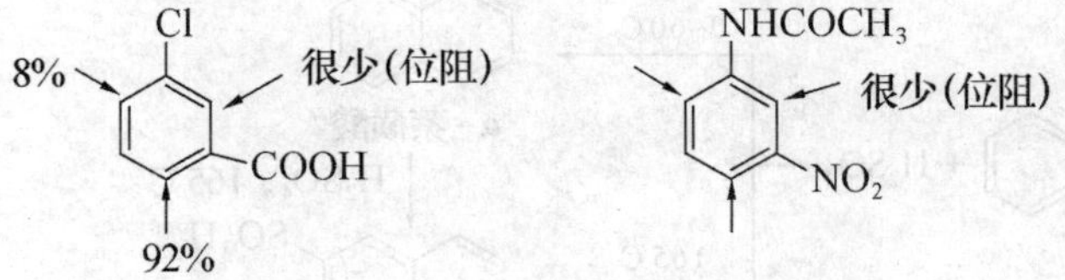

在生产实践和科学实验中，应用定位规律，可以预测反应的主要产物，确定合理的合成路线，得到较高产量和容易分离的有机化合物。

第四节　稠 环 芳 烃

一、萘

萘是煤焦油中含量最多的物质之一，白色闪光状晶体，熔点为 80.6℃，高温煤焦油中含萘约为 10%。萘是重要的化工原料，也常用做防腐剂，市售卫生球就是用萘压制而成的。

萘的分子式为 $C_{10}H_8$，是由两个苯环共用两个相邻的碳原子稠合而成的，与苯相似，也具有平面结构，即两个苯环处在同一个平面上。但又与苯不一样，其电子云不是均匀分布在 10 个碳原子上，分子中十个碳原子不是等同的，为了区别，对其编号如下：

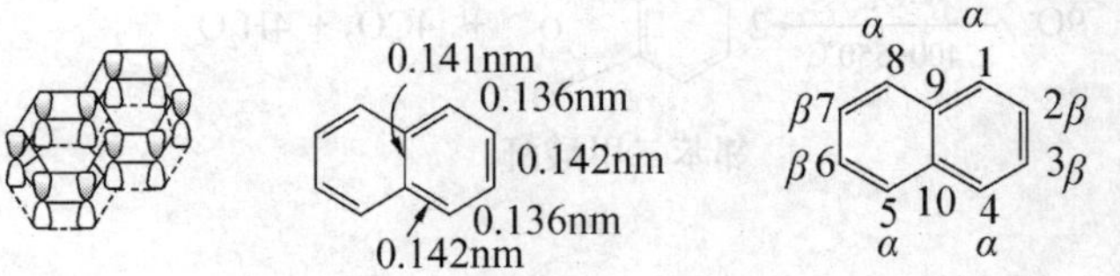

1、4、5、8 位又称为 α 位
2、3、6、7 位又称为 β 位
电荷密度 α＞β

1. 萘的衍生物的命名

与苯的衍生物命名相似，选择母体同样要用到“优先次序”，只是编号应遵守萘环的编号原则。

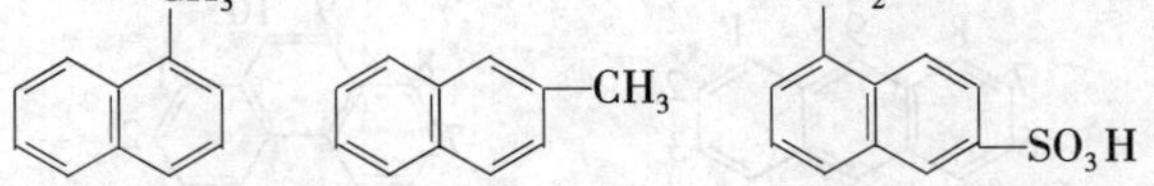

1－甲基萘　α－甲基萘　　2－甲基萘　β－甲基萘　　5－硝基－2－萘磺酸

2. 萘的性质

由于萘环上闭合大 π 键电子云密度分布不是完全平均化的，因此它的芳香性比苯差。萘比苯更容易发生亲电取代、加成和氧化等反应，在进行时，α 位易于 β 位。

（1）取代反应

① 卤化反应：在氯化铁的作用下，将氯气通入熔融的萘中主要得到 α – 氯萘。

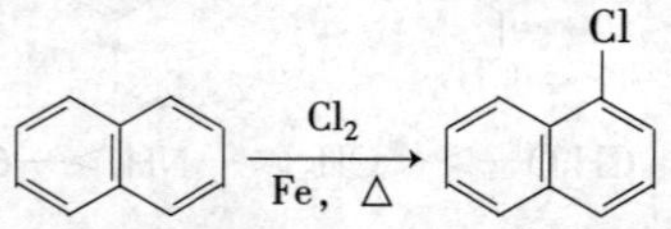

② 磺化反应：磺化反应的产物与反应温度有关。低温时多为 α – 萘磺酸，较高温度时则主要是 β – 萘磺酸。α – 萘磺酸在硫酸里加热到165℃时，大多数转化为 β – 异构体。其反应式如下：

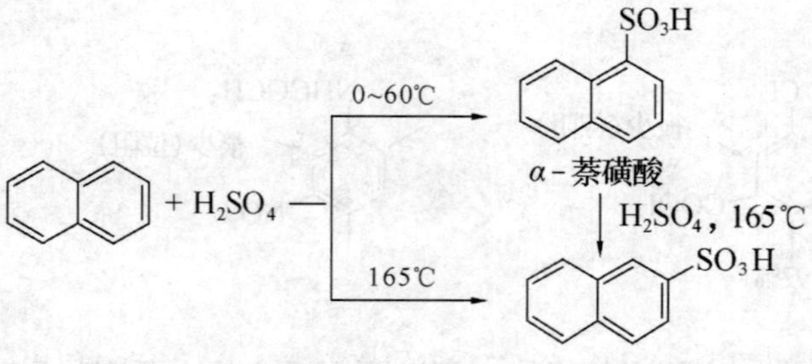

β – 萘磺酸　有机合成的重要中间体

③ 硝化反应：萘与混酸在常温下就可以反应，几乎全是 α – 硝基萘。

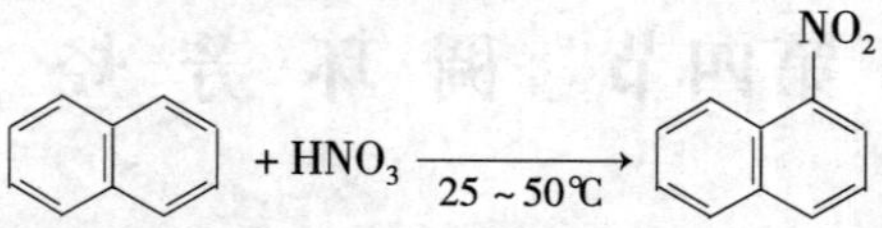

（2）加成反应：萘比苯易加成，在不同的条件下，可发生部分或全部加氢。

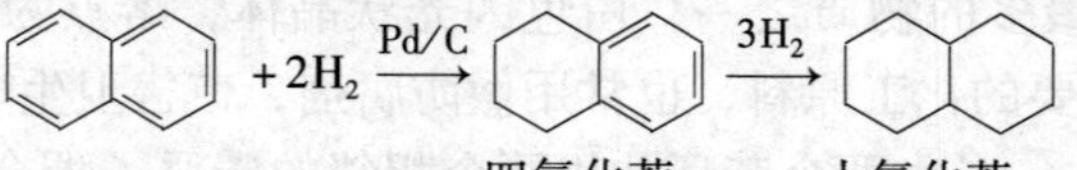

四氢化萘　十氢化萘

（3）氧化反应　萘比苯易氧化：

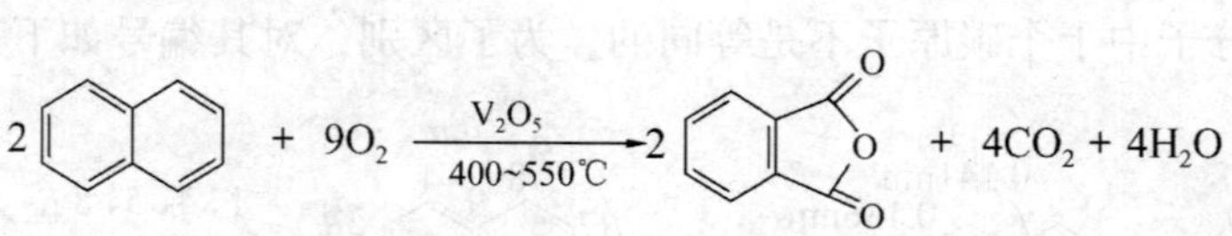

邻苯二甲酸酐

二、蒽和菲

蒽和菲的分子式都是 $C_{14}H_{10}$，互为同分异构体。它们都是由三个苯环稠合而成的，并且三个苯环都处在同一平面上。不同的是，蒽的三个苯环的中心在一条直线上，而菲的三个苯环的中心不在一条直线上。

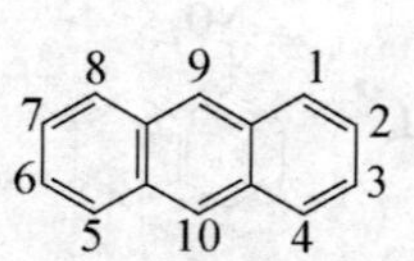

蒽的结构式

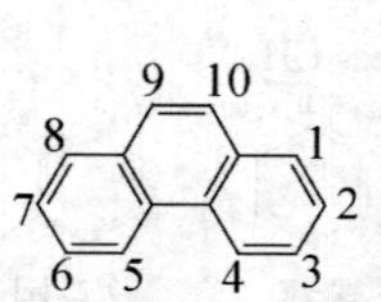

菲的结构式

蒽、菲每个碳原子上的 p 轨道互相平行，从侧面重叠形成闭合大 π 键，因此它们都具有芳香性。但各个 p 轨道重叠的程度不完全等同，环上电子云密度分布比萘环更加不均匀，所以蒽、菲的芳香性比萘差。

在蒽环和菲环上，9，10 位(也称 γ 位)的电子云密度最高，使得 9，10 位最活泼，大部分反应发生在这两个位置上。

蒽为无色片状晶体，有蓝紫色荧光，熔点 215℃，沸点 340℃，不溶于水，难溶于乙醇、乙醚等，易溶于热苯。

蒽的化学性质比萘更加活泼，容易发生氧化、加成及亲电取代反应。

菲为带光泽的白色片状晶体，溶液发蓝色荧光。熔点 100. 5℃，沸点 340℃，不溶于水，能溶于乙醚、乙醇、氯仿和冰醋酸等。可用于制造农药和塑料，也用作高效低毒农药和无烟火药的稳定剂。

除萘、蒽、菲外，煤焦油还含有一些其他稠环芳烃。例如：

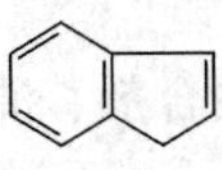
茚

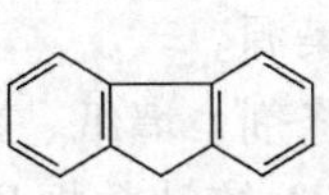
芴

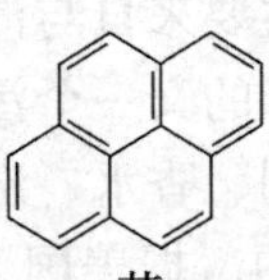
芘

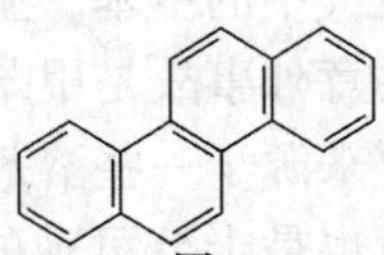
屈

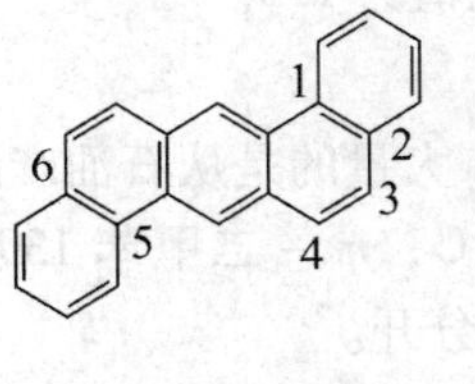
1,2,5,6-二苯并蒽

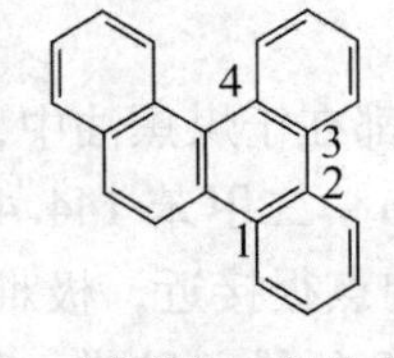
1,2,3,4-二苯并菲

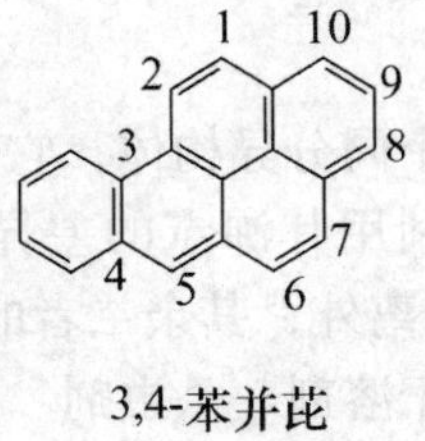
3,4-苯并芘

煤、烟草、木材等不完全燃烧也会产生较多的稠环芳烃，其中某些稠环芳烃具有致癌作用，如苯并芘类稠环芳烃，特别是 3,4 – 苯并芘有强烈的致癌作用。3,4 – 苯并芘为浅黄色晶体，1933 年从煤焦油分离得来。煤的干馏、煤和石油等的燃烧焦化时，都可产生 3,4 – 苯并芘，在煤烟和汽车尾气污染的空气以及吸烟产生的烟雾中都可检测出 3,4 – 苯并芘，这是环境化学值得注意的严重问题。测定空气中 3,4 – 苯并芘的含量，是环境监测项目的重要指标之一。

第五节 几种重要的单环芳烃

一、苯

俗名天那水。苯为无色透明、有芳香味、易挥发的有毒液体，难溶于水，能与乙醇、乙醚、丙酮、四氯化碳、二硫化碳、乙酸任意混合，是煤焦油蒸馏或石油裂化的产物，常温下即可挥发、形成苯蒸气，温度愈高，挥发量愈大。职业活动中，苯主要以蒸气形态经呼吸道进入人体，短时间吸入高浓度苯蒸气和长期吸入低浓度苯蒸气均可引起作业工人身体损害。

苯是重要的化工原料，我国纯苯消费结构如下：27. 25% 用于合成苯乙烯，聚酰胺树脂(环己烷)约占 12. 65%，苯酚约占 11. 37%，氯代苯约占 10. 98%，硝基苯约占 9. 8%，烷基苯约占 7. 84%，农用化学品约占 5. 56%，顺酐约占 4. 71%，其他医药、轻工及橡胶制品业等约占9.84%。

苯类能被农作物吸收，也能在作物可食部位残留，但残留量很小。据测定，用含苯类25mg/L的水灌溉农作物，苯在农产品中的残留量小麦为0.10~0.11mg/kg，扁豆、白菜、番茄、黄瓜和萝卜等蔬菜为0.05mg/kg左右；灌溉水中的苯类含量控制在5mg/L以下时，农产品中没有残留。

二、甲苯

甲苯是无色、易燃、易爆的液体。甲苯具有挥发性，在环境中比较不易发生反应。由于空气的运动使其广泛分布在环境中，并且通过雨和从水表面的蒸发使其在空气和水体之间不断地再循环，最终可能因生物的和微生物的氧化而被降解。对世界上很多城市空气中的平均浓度进行汇总，结果表明甲苯浓度通常为112.5~150μg/m^3，这主要来自与汽油有关的排放（汽车废气、汽油加工），也来自于工业活动所造成的溶剂损失和排放。

甲苯是重要的化工原料，也是燃料的重要成分，使用甲苯的工厂、加油站，汽车尾气是主要污染源。城市空气中的甲苯，主要来自与汽油有关的排放及工业活动造成的溶剂损失和排放。贮运过程中的意外事故是甲苯的又一个污染源。

室内的甲苯主要来源于一些溶剂、香水、洗涤剂、墙纸、黏合剂、油漆等，在室内环境中吸烟产生的甲苯量也是十分可观的。据美国EPA统计数据显示，无过滤嘴香烟，主流烟中甲苯含量大约是100~200μg，侧/主流烟甲苯浓度比值为1.3。

三、二甲苯

二甲苯有三个同分异构体，它们都在于煤焦油中，大量的是从石油产品歧化而得，其中除邻二甲苯可以利用其沸点的差异（*o*－二甲苯144.4℃，*m*－二甲苯139.1℃，*p*－二甲苯138.38℃）分馏分离外，其余二者的沸点很接近，极难分开。

二甲苯来源于溶剂、杀虫剂、聚酯纤维、胶带、黏合剂、墙纸、油漆、湿处理影印机、压板制成品和地毯等。

二甲苯可经呼吸道、皮肤及消化道吸收，其蒸气经呼吸道进入人体，有部分经呼吸道排出，吸收的二甲苯在体内分布以脂肪组织和肾上腺中最多，后依次为骨髓、脑、血液、肾和肝。工业用二甲苯三种异构体的毒性略有差异，均属低毒类。据报告，三名工人吸入浓度为43.1g/m^3的二甲苯，18.5h后一名死亡，尸检可见肺淤血和脑出血，另两名工人丧失知觉达19~24h，伴有记忆丧失和肾功能改变。此外，吸入高浓度的二甲苯可使食欲丧失、恶心、呕吐和腹痛，有时可引起肝肾可逆性损伤。同时二甲苯也是一种麻醉剂，长期接触可使神经系统功能紊乱。

四、苯乙烯

苯乙烯会聚合生成聚苯乙烯，所以贮存时往往加入阻聚剂（如对苯二酚等）。

苯乙烯（styrene）是一种重要的化学单体，主要用于合成塑料、树脂及橡胶，在化学工业中已得到广泛应用．同时，苯乙烯也广泛存在于环境中，在香烟烟雾、汽车尾气、饮用水和食品包装中均有发现。过去一致认为苯乙烯属于低毒类化合物，近十年来，国内外有关苯乙烯对人体危害的报道较多。对眼和上呼吸道黏膜有刺激和麻醉作用。急性中毒：高浓度时，立即引起眼及上呼吸道黏膜的刺激，出现眼痛、流泪、流涕、喷嚏、咽痛、咳嗽等，继之头痛、头晕、恶心、呕吐、全身乏力等；严重者可有眩晕、步态蹒跚。眼部受苯乙烯液体污染时，可致灼伤。慢性影响：常见神经衰弱综合征，有头痛、乏力、恶心、食欲减退、腹胀、忧郁、健忘、指颤等。对呼吸道有刺激作用，长期接触有时引起阻塞性肺部病变。皮肤粗糙、皲裂和增厚。对环境有严重危害，对水体、土壤和大气可造成污染。本品易燃，为可疑致癌物，具刺激性。

五、异丙苯

异丙苯在液相于100～120℃通入空气，催化氧化而生成异丙苯过氧化氢。后者与稀硫酸作用分解成苯酚和丙酮。不溶于水，溶于醇、乙醚、苯、四氯化碳等多数有机溶剂。用于有机合成和用作溶剂。急性中毒表现与苯、甲苯相似，但麻醉作用出现较慢而持久。表现有黏膜刺激症状以及头晕、头痛、恶心、呕吐、步态蹒跚等。严重中毒可发生昏迷、抽搐等。本品对造血系统影响不明显。本品易燃，遇明火、高热或与氧化剂接触，有引起燃烧爆炸的危险。

知识链接

日本米糠油事件

1968年3月，日本的九州、四国等地区的几十万只鸡突然死亡。经调查，发现是饲料中毒，但因当时没有弄清毒物的来源，也就没有对此进行追究。然而，事情并没有就此完结，当年6～10月，有4家庭人因患原因不明的皮肤病到九州大学附属医院就诊，患者初期症状为痤疮样皮疹，指甲发黑，皮肤色素沉着，眼结膜充血等。此后3个月内，又确诊了112个家庭325名患者，之后在全国各地仍不断出现。至1977年，因此病死亡人数达百余人，1978年，确诊患者累计达1684人。

这一事件引起了日本卫生部门的重视，通过尸体解剖，在死者五脏和皮下脂肪中发现了多氯联苯，这是一种化学性质极为稳定的脂溶性化合物，可以通过食物链而富集于动物体内。多氯联苯被人畜食用后，多积蓄在肝脏等多脂肪的组织中，损害皮肤和肝脏，引起中毒。初期症状为眼皮肿胀，手掌出汗，全身起红疹，其后症状转为肝功能下降，全身肌肉疼痛，咳嗽不止，重者发生急性肝坏死、肝昏迷等，以至死亡。

专家从病症的家族多发性了解到食用油的使用情况，怀疑与米糠油有关。经过对患者共同食用的米糠油进行追踪调查，发现九州一个食用油厂在生产米糠油时，因管理不善，操作失误，致使米糠油中混入了在脱臭工艺中使用的热载体多氯联苯，造成食物油污染。由于被污染了的米糠油中的黑油被用做了饲料，还造成数十万只家禽的死亡。这一事件的发生在当时震惊了世界。

第二次世界大战后的最初十年可以说是日本的经济复苏时期。在这个时期，日本对追赶欧美趋之若鹜，发展重工业、化学工业，跨入世界经济大国行列成为全体日本国民的兴奋点。然而，日本人在陶醉于日渐成为东方经济大国的同时，却没有多少人想到肆虐环境将带来的灭顶之灾。正是由于这种急功近利的态度，20世纪初期发生的世界8件重大公害事件中，日本就占了4件，足见日本当时环境问题的严重性。

习　题

一、写出下列化合物的名称。

(1) 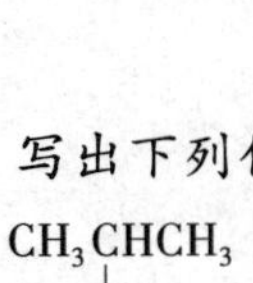

(2) 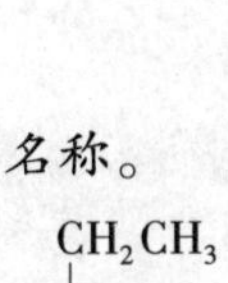

(3) 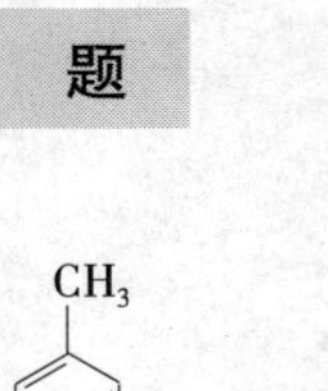

(4) 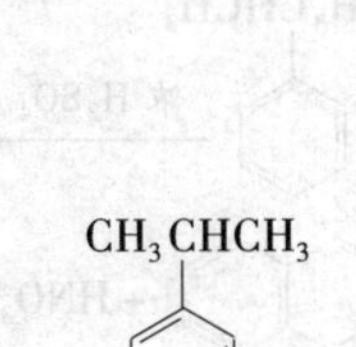

(5) 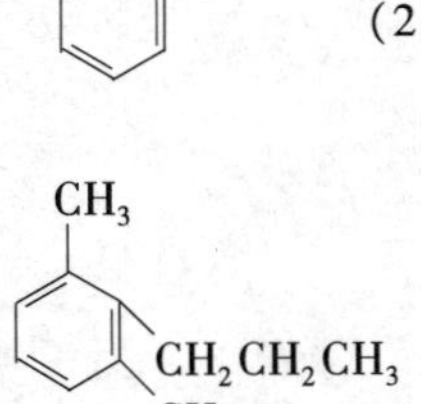

(6) 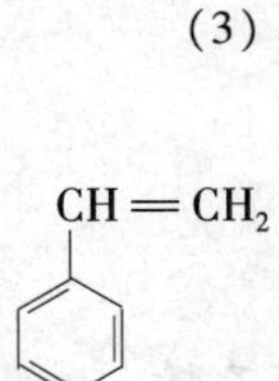

(7) 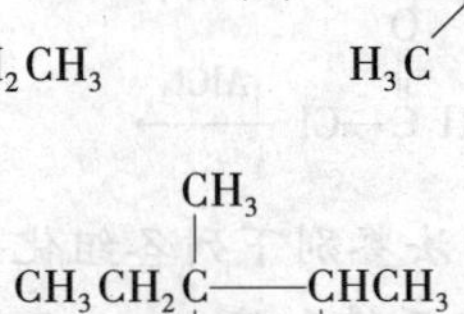

(8) 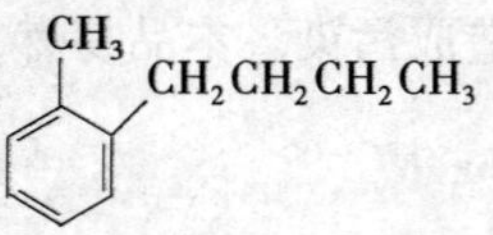

(9) 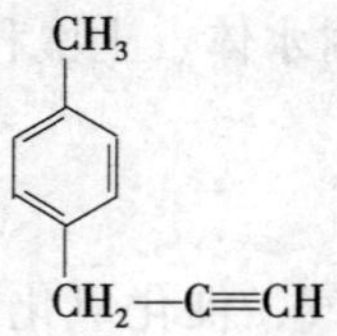

二、写出下列化合物的结构式。

1. 2-硝基-3，5-二溴甲苯　2. 环己基苯　3. 2-硝基对甲苯磺酸

4. 间氯甲苯　5. 对甲乙苯　6. 2，6-二硝基-3-甲氧基甲苯

7. 对氨基苯甲酸　8. 3-苯基戊烷　9. 间溴苯乙烯

三、完成下列反应式。

1. 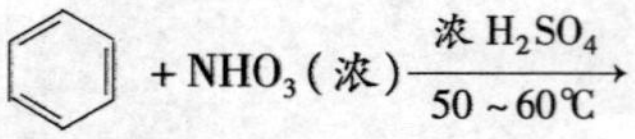

2. 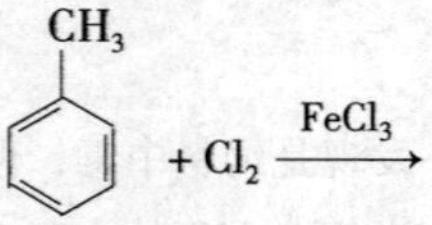

3. 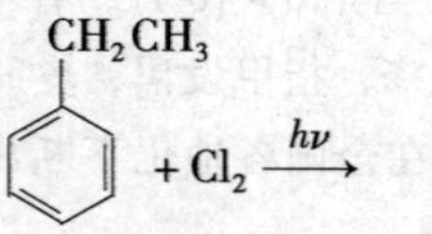

4. 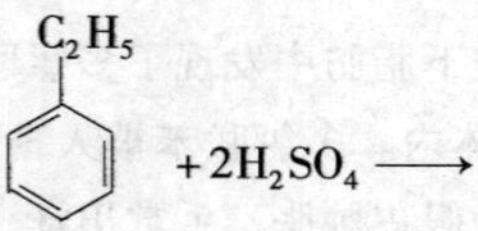

5. 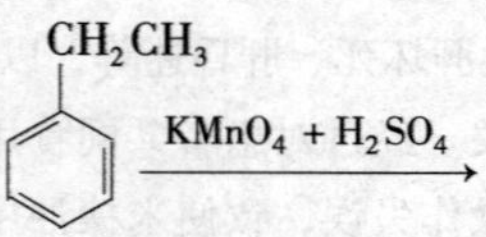

6. 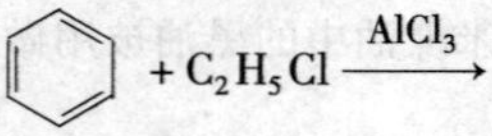

7. 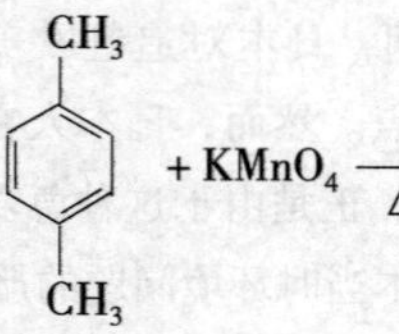

8. 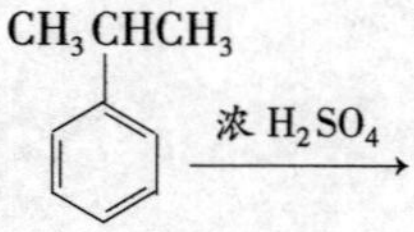

9. 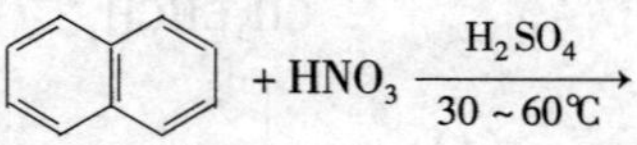

10. 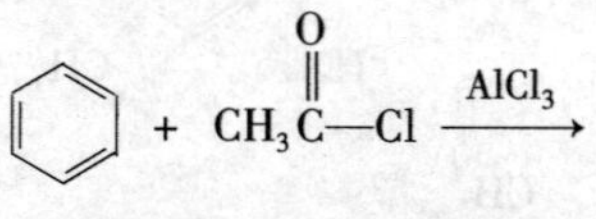

四、用化学方法鉴别下列各组化合物。

1. 环己烷、环己烯和苯　2. 乙苯与苯乙烯

五、将下列化合物进行一次硝化，试用箭头表示硝基进入的位置(指主要产物)。

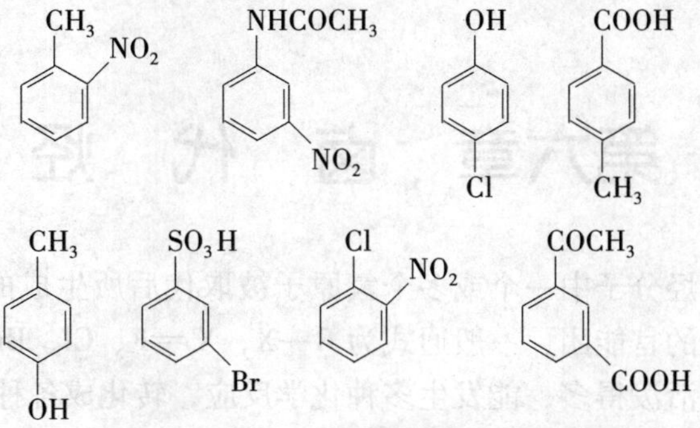

六、化合物 A 和 B 的分子式都为 C_8H_{10}，用高锰酸钾氧化后，A 生成苯甲酸，B 生成邻苯二甲酸，写出 A、B 的结构式和名称。

七、某芳烃其分子式为 C_9H_{12}，用 $K_2Cr_2O_7$ 硫酸溶液氧化后得一种二元酸，将原来芳烃进行硝化所得的一元硝基化合物主要有两种，问该芳烃的可能构造式如何？并写出各步反应式。

八、甲，乙，丙三种芳烃分子式同为 C_9H_{12}，氧化时甲得一元羧酸，乙得二元酸，丙得三元酸。但经硝化时甲和乙分别得到两种一硝基化合物，而丙只得一种一硝基化合物，求甲，乙，丙三者的结构。

第六章 卤 代 烃

卤代烃可以看作是烃分子中一个或多个氢原子被取代后所生成的化合物，简称为卤烃。其中卤原子就是卤代烃的官能团，一般通式为 R—X，X ═F、Cl、Br、I。

卤代烃的性质比烃活泼得多，能发生多种化学反应，转化成各种其他类型的化合物。所以，引入卤原子，往往是改造分子性能的第一步加工，在有机合成中起着桥梁的作用。自然界极少含有卤素的化合物，绝大多数是人工合成的。

第一节 卤代烃的分类和命名

一、卤代烃的分类

1. 按分子中所含卤原子的数目

一元卤代烃，例如：RCH_2X

二元卤代烃，例如：$RCHX_2$

多元卤代烃，例如：RCX_3

2. 按分子中卤原子所连烃基类型

卤代烷烃 $R—CH_2—X$

卤代烯烃 $R—CH═CH—X$

$R—CH═CH—CH_2—X$

$R—CH═CH(CH_2)_n-X \geqslant 2$

卤代芳烃

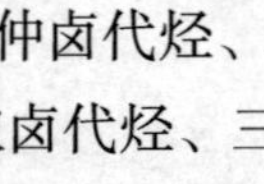

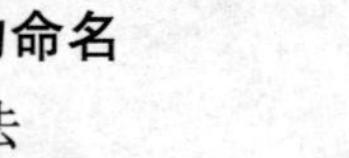

3. 按卤素所连的碳原子的类型

$R—CH_2—X$ 伯卤代烃、一级卤代烃(1°)

$R_2CH—X$ 仲卤代烃、二级卤代烃(2°)

$R_3C—X$ 叔卤代烃、三级卤代烃(3°)

二、卤代烃的命名

1. 普通命名法

结构简单的卤代烃可以按卤原子相连的烃基的名称来命名，称为卤代某烃或某基卤。如$(CH_3)_2CHBr$，溴代异丙烷(异丙基溴)；$C_6H_5CH_2Cl$，氯代苄(苄基氯)。

2. 系统命名法

较复杂的卤代烃按系统命名法命名：

① 卤代烷，以含有卤原子的最长碳链作为主链，将卤原子或其他支链作为取代基，称为某烷。

② 命名时，从靠近取代基的一段开始编号，取代基按“顺序规则”较优基团在后列出；或以多个取代基号码和小为原则：

$CH_3—CH_2—CH—CH—CH_3$ （2位 H_3C，3位 Cl） 3－甲基－2－氯戊烷

$CH_3—CH_2—CH—CH_2—CH—CH_2—CH_3$ （3位 CH_3，5位 Cl） 3－甲基－5－氯庚烷

1 2 3 4 5 6
$CH_3CH_2—CH_2—CHCH_2CH_3$ （2位 Cl，4位 CH3） 4－甲基－2－氯己烷

$CH_3—CH_2—CH—CH—CH_2—CH_3$ （Br，Cl） 3－氯－4－溴己烷

③ 卤代烯烃命名，选择含双键的最长碳链为主链，以双键的位次最小为原则进行编号。

1 2 3 4
$CH_2═CH—CH—CH_2Cl$ （3位 CH_3） 3－甲基－4－氯－1－丁烯

$CH_2═CH—CH_2Br$ 3－溴丙烯

④ 卤代芳烃一般以芳烃为母体，但如果侧链氯代芳烃，常以烷烃为母体，卤原子和芳环作为取代基。如：

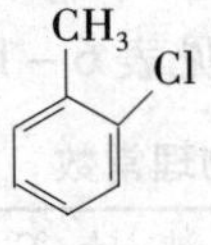

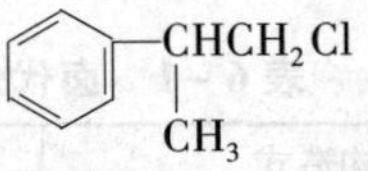

2－氯甲苯　　2－苯基－1－氯丙烷

⑤ 卤代环烷则一般以脂环烃为母体命名，卤原子及支链都看作是它的取代基。较小的(原子序数小的)基团，编号最小。卤代环烷还存在顺反异构，如：

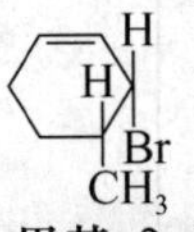

顺－1－甲基－2－溴环己烷

3. 有些卤代烷有特别的名称，如：

$CHCl_3$　　CHI_3　　CCl_2F_2

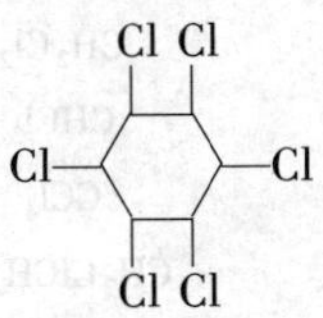

氯仿　　碘仿　　氟利昂－1，2　　六六六(林丹)

三、同分异构现象

卤代烷的同分异构体数目比相应的烷烃的异构体数多。如一卤代烷除了具有碳干异构体外，卤原子在碳链上的位置不同，也会引起同分异构现象。

$CH_2CH_2CH_2Cl$　　CH_3CHCH_3 （2位 Cl）

一氯丁烷有四种同分异构体：

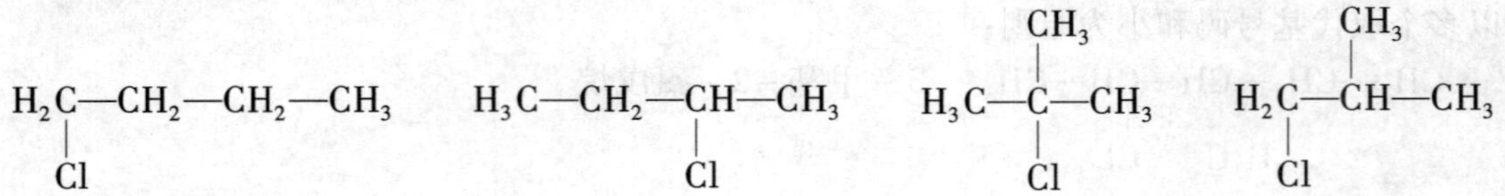

第二节 卤代烷烃

一、卤代烷烃的物理性质

常温常压下，氯甲烷、氯乙烷和溴甲烷是气体，其他卤代烷为液体，C_{15}以上的卤代烷为固体。一卤代烷的沸点随碳原子数的增加而升高。烷基相同而卤原子不同时，以碘代烷沸点最高，其次是溴代烷与氯代烷。在卤代烷的同分异构体中，直链异构体的沸点最高，支链越多，沸点越低。

一氯代烷相对密度小于1，一溴代烷、一碘代烷及多卤代烷相对密度均大于1。在同系列中，相对密度随碳原子数的增加而降低，这是由于卤素在分子中所占的比例逐渐减少的缘故。

卤代烷不溶于水，易溶于乙醇、乙醚等有机溶剂。某些卤代烷如$CHCl_3$、CCl_4等本身就是良好的溶剂。纯净的卤代烷是无色的，碘代烷因易受光、热的作用而分解，产生游离碘而逐渐变为红棕色。卤代烷在铜丝上燃烧时能产生绿色火焰，可以作为鉴定有机化合物中是否含有卤素的定性分析方法（氟代烃例外）。物理常数见表6－1。

表6－1 卤代烷的物理常数

名　称	构造式	沸　点/℃	相对密度
氯甲烷	CH_3Cl	－24	0.920
氯乙烷	CH_3CH_2Cl	12.2	0.910
1－氯丙烷	$CH_3CH_2CH_2Cl$	46.6	0.892
溴甲烷	CH_3Br	3.5	1.732
溴乙烷	CH_3CH_2Br	38.4	1.430
1－溴丙烷	$CH_3CH_2CH_2Br$	71.0	1.351
碘甲烷	CH_3I	42.5	2.279
碘乙烷	CH_3CH_2I	72.3	1.933
1－碘丙烷	$CH_3CH_2CH_2I$	102.4	1.747
二氯甲烷	CH_2Cl_2	40	1.336
三氯甲烷	$CHCl_3$	61.2	1.489
四氯甲烷	CCl_4	76.8	1.595
1，2－二氯乙烷	CH_2ClCH_2Cl	83.5	1.257
1，2－二溴乙烷	CH_2BrCH_2Br	131	2.17

注：一卤代烷有不愉快的气味，其蒸气有毒。

二、卤代烷的化学性质

卤代烷的性质比烃活泼的多，卤原子很容易离去，能发生多种化学反应，转化成各种其他类型的化合物。所以引入卤原子，往往是改造分子性能的第一步，卤代烷在有机合成中起着重要的桥梁作用。

1. 取代反应

卤原子具有较大的电负性，卤代烷分子中的卤原子带部分负电荷，与卤原子直接相连的 α 碳原子带部分正电荷，C—X 键是极性共价键，因此卤代烷易发生 C—X 键断裂，从而发生取代反应。

（1）水解反应　卤代烷与氢氧化钠或氢氧化钾的水溶液共热，卤原子被羟基取代生成醇。此反应也称为卤代烷的水解。

$$RCH_2—X + NaOH \xrightarrow{水} RCH_2OH + NaX$$

该反应为可逆反应，为了加快反应速度且使反应完全，通常加 NaOH 或 KOH 中和生成的 HX，使反应成为不可逆，提高了醇的产率。工业上用此反应是制备醇的一种方法，但制备一般醇无合成价值，可用于制取引入—OH 比引入卤素困难的醇。

（2）醇解反应　卤代烷与醇钠（RONa）反应，卤原子被烷氧基（—OR）取代生成醚，该反应称为卤代烷的醇解反应。反应通常在相应的醇溶液中进行，工业上用伯卤代烷的醇解反应制备两个烃基不同的醚。

$$R—X + R'ONa \longrightarrow \underset{醚}{R—OR'} + NaX$$

（3）氨解反应　卤代烷与过量的氨反应，卤原子被氨基（—NH_2）取代，生成伯胺，该反应称为卤代烷的氨解反应。主要用于制备伯胺。

$$R—X + NH_3(过量) \longrightarrow R—NH_2 + NH_4X$$

（4）氰解反应　卤代烷与氰化钠（钾）反应，卤原子被氰基（—CN）取代，生成腈（R—CN）。此反应主要用于制备腈。另外，卤代烷转变为腈后，分子中增加一个碳原子，这是有机合成中增长碳链的主要方法之一。而且—CN 可进一步转化为—COOH，—$CONH_2$ 等基团。

$$RCH_2X + NaCN \xrightarrow{醇} \underset{腈}{RCH_2CN} + NaX$$

注意：氰化钠剧毒。

（5）与 $AgNO_3$ - 醇溶液反应

$$R—X + AgNO_3 \xrightarrow{醇} \underset{硝酸酯}{R—ONO2} + AgX\downarrow$$

此反应可用于鉴别卤化物，因卤原子不同、或烃基不同的卤代烷，其亲核取代反应活性有差异。卤代烷的反应活性为：

$$R_3C—X > R_2CH—X > RCH_2—X$$

$$R—I > R—Br > R—Cl$$

三级卤代烷在室温下就能立即生成 AgX 沉淀，一级和二级卤代烷需要加热才能生成 AgX 沉淀。一般可利用卤代烷与硝酸银溶液生成卤化银的速度鉴别各类卤烷。

（6）卤化物互换　这是一个可逆反应，通常将氯代烷或溴代烷的丙酮溶液与碘化钠共热，由于碘化钠溶于丙酮，而反应生成的氯化钠、溴化钠在丙酮中的溶解度很小，使平衡向右移动，促使反应继续进行。

反应通式如下：

$$R—Cl + NaI \xrightarrow{丙酮} RI + NaCl$$

$$R—Br + NaI \xrightarrow{丙酮} RI + NaBr$$

这是制备碘代烷比较方便而且产率较高的方法。

2. 消除反应

从分子中脱去一个简单分子生成不饱和键的反应称为消除反应。卤代烷与 NaOH(KOH)的醇溶液作用时，脱去卤素与相邻碳原子上的氢原子而生成烯烃。

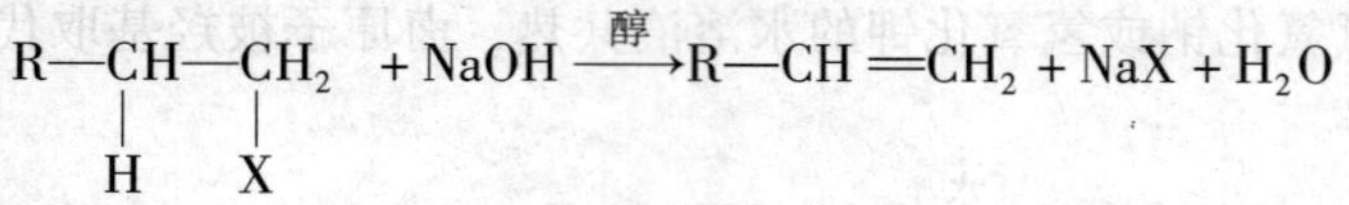

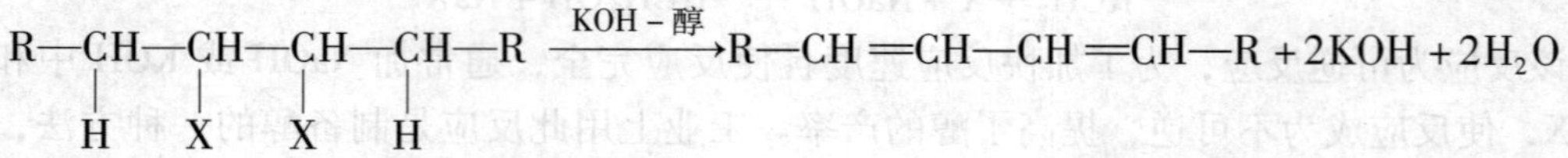

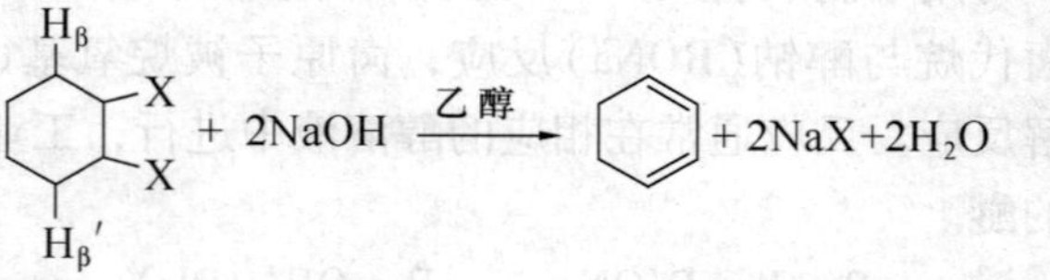

消除反应的次序为：三级卤代烷 > 二级卤代烷 > 一级卤代烷

2°、3°卤代烷脱卤化氢时，反应可在碳链上的两个不同方向进行，因此可能得到两种不同的产物，如：

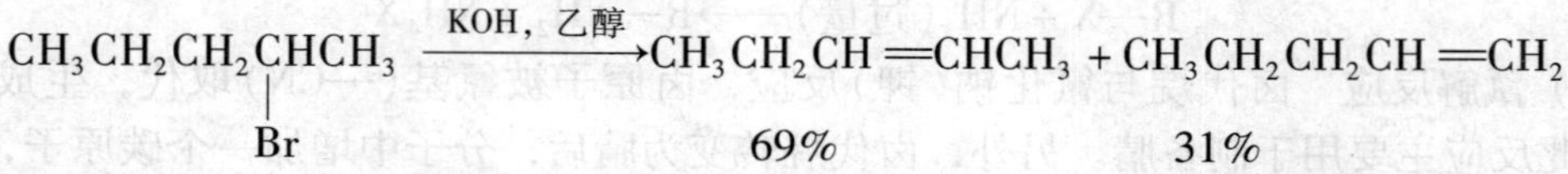

实验证明，产物主要是双键上连接烃基最多的烯烃，这个经验称为查依采夫(Sayzeff)规则——卤代烃脱去卤化氢时，一般从含氢较少的相邻碳原子上脱去氢原子。例如：

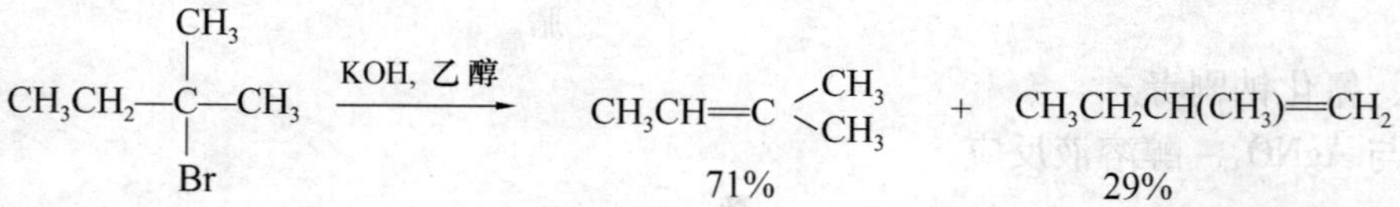

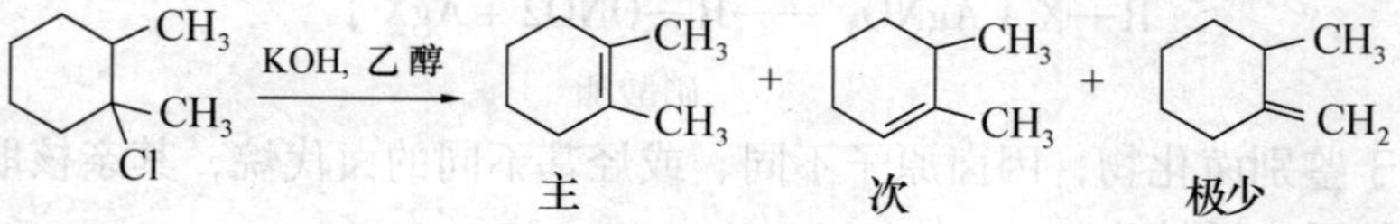

另外，消除反应与取代反应在大多数情况下是同时进行的，为竞争反应，哪种产物占优，则与反应物结构和反应的条件有关。

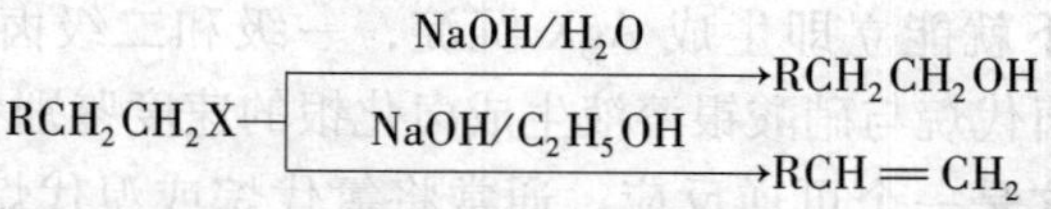

一般有如下规律：碱浓度越大时，消除反应越明显；伯卤烷与氢氧化钠、醇钠、氨等试剂一般容易发生取代反应；仲卤烷和叔卤烷尤其是叔卤烷主要发生消除反应；水溶液有利于取代反应，醇溶液有利于消除反应。

$$CH_3(CH_2)_2CH_2Br + NaOH(H_2O) \xrightarrow{\triangle} CH_3(CH_2)_2CH_2OH + NaBr$$

$$CH_3(CH_2)_2CH_2Br + NaOH(\text{浓乙醇溶液}) \xrightarrow{\triangle} CH_3CH_2CH═CH_2 + NaBr$$

3. 与金属的反应

卤代烷能与某些金属发生反应，生成有机金属化合物——金属原子直接与碳原子相连接的化合物。

如格氏试剂就是卤代烷与金属镁反应的产物。

$$R—X + Mg \xrightarrow{\text{无水乙醚}} RMgX$$

$$X = Cl、Br$$

格氏试剂的结构还不完全清楚，一般认为是由 R_2Mg、MgX_2、$(RMgX)_n$ 多种成分形成的平衡体系混合物，一般用 RMgX 表示。$^{\delta-}C—Mg^{\delta+}$ 键是极性很强的键，电负性 C 为 2.5，Mg 为 1.2，所以格氏试剂非常活泼，能起多种化学反应。

与含活泼氢的化合物作用：

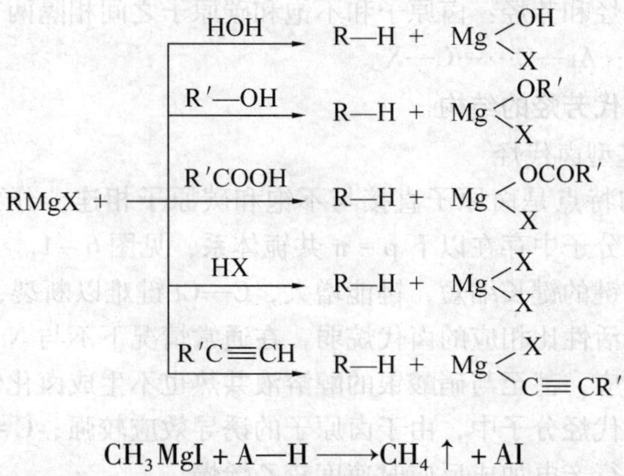

$$CH_3MgI + A—H \longrightarrow CH_4\uparrow + AI$$

上述反应是定量进行的，通过测定生成甲烷的体积，可用于有机分析中测定化合物所含活泼氢的数量目(叫作活泼氢测定)。

格氏试剂遇水就分解，所以，在制备和使用格氏试剂时都必须用无水溶剂和干燥的容器。操作要采取隔绝空气中湿气的措施。苯、四氢呋喃(THF)和其他醚类也可作为溶剂。

在利用 RMgX 进行合成过程中还必须注意含活泼氢的化合物。

另外卤代烷还可以与金属钠反应(Wurtz 武兹反应)

$$2R—X + 2Na \longrightarrow R—R + 2NaX$$

此反应可用来从卤代烷制备含偶数碳原子，结构对称的烷烃(只适用于同一伯卤代烷，不同烷基无实用价值)。

4. 卤代烷的还原反应

卤代烷可以被还原为烷烃，还原剂采用氢化锂铝。反应只能在无水介质中进行。

$$R—X + LiAlH_4 \longrightarrow R—H$$

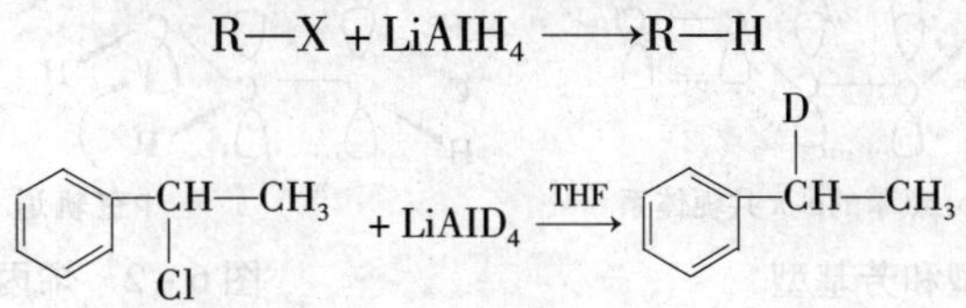

79%光学活性

硼氰化钠是一个比较温和的还原剂，在还原过程中，分子中同时存在—COOH、—CO—OR、—CN 等易于被还原的基团时，不能使用氢化铝锂，因为这些基团也会被还原，但可以使用硼氰化钠。硼氰化钠可溶于水，呈碱性，在水溶液中不会被分解，但是在酸性溶剂中易分解，溶于甲醇，在乙醇中也会慢慢分解。

第三节　卤代烯烃与卤代芳烃

根据一卤代烯烃和一卤代芳烃分子中卤原子和双键的相对位置可以分为三类：

（1）乙烯式卤代烃和苯基型卤代烃　卤原子和不饱和碳原子直接相连：C ═C—X；Ar—X。

（2）烯丙基式卤代烃和苄基型卤代烃　卤原子和不饱和碳原子之间相隔一个饱和碳原子：C ═C—C—X；Ar—C—X。

（3）孤立式卤代烯烃和芳烃：卤原子和不饱和碳原子之间相隔两个或两个以上饱和碳原子；C ═C—C……—X；Ar—C……C—X。

一、卤代烯烃与卤代芳烃的结构

1. 乙烯基型和芳基型卤代烃

这类卤代烃的结构特点是卤原子直接与不饱和碳原子相连，分子中存在 p－π 共轭体系。例如氯乙烯和氯苯分子中存在以下 p－π 共轭体系，见图 6－1。

共轭效应使 C—Cl 键的键长缩短，键能增大，C—Cl 键难以断裂，卤原子的反应活性显著降低。因此卤原子的活性比相应的卤代烷弱，在通常情况下不与 NaOH、C_2H_5ONa、NaCN 等亲核试剂发生取代反应，甚至与硝酸银的醇溶液共热也不生成卤化银沉淀。

另外在乙烯基型卤代烃分子中，由于卤原子的诱导效应较强，C ═C 双键上的电子云密度有所下降，所以在进行亲电加成反应时速度较乙烯慢。

2. 烯丙基型和苄基型卤代烃

现在以烯丙基氯和苄基氯为例，讨论烯丙基型和苄基型卤代烃的结构和性质特点。

当烯丙基氯或苄基氯失去氯原子后，原来与氯原子连接的碳原子，变成碳正离子，并与 C ═C 双键构成共轭体系，因此该离子内部电荷分布均匀，体系趋于稳定。所以氯原子较容易离去。见图 6－2。

$$CH_2 ═CH \rightarrow \overset{+}{C}H_2$$

烯丙基碳正离子的 p－π 共轭体系

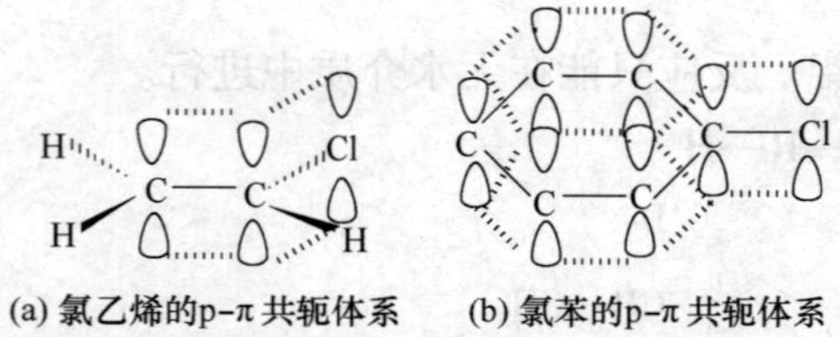

图 6－1　乙烯基型和芳基型卤代烃的 p－π 共轭体系

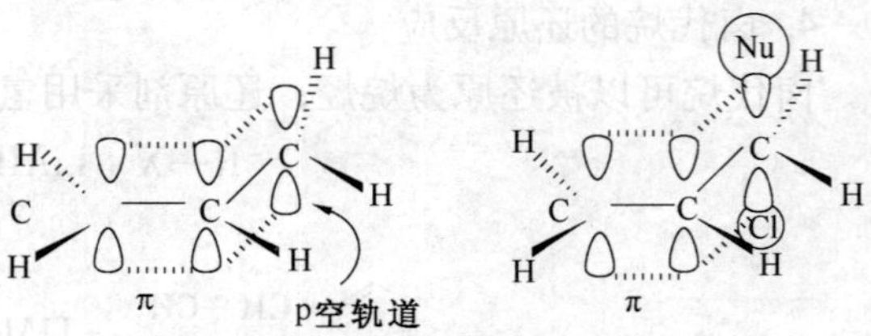

图 6－2　烯丙基型和苄基型卤代烃的 p－π 共轭体系

3. 隔离型卤代烯烃和卤代芳烃

隔离型卤代烯烃和卤代芳烃分子中的卤原子与碳碳双键或芳环相隔较远，彼此相互影响很小，化学性质与相应的烯烃或卤代烷相似。加热条件下可与硝酸银的醇溶液作用产生卤化银沉淀。

二、卤代烯烃与卤代芳烃的性质

在卤代烯烃与卤代芳烃中，一卤代烯烃中氯乙烯为气体。一卤代芳烃为液体，苄基卤有催泪性，一卤代芳烃都比水重，不易溶于水，易溶于有机溶剂。

卤代烯烃与卤代芳烃的化学反应活性决定于它们的结构特点，其化学活性次序：

① 烃基的结构：烯丙式 > 孤立式 > 乙烯式

② 卤素的性质：　$R—I > R—Br > R—Cl$

综合考虑，卤代烃的化学活性为：

对烃基结构　$CH_2=CHCH_2—X > R_2CH—X > CH_2=CH—X$

$$3°R—X > 2°R—X > 1°R—X$$

对卤素性质　$R—I > R—Br > R—Cl$

(1) 与 NaOH、NaOR、NaCN、NH_3 的取代反应　乙烯基型和苯基型卤代烃很难发生取代反应，但是烯丙基型和苄基型较容易发生取代反应。

$$CH_2=CHCH_2Cl + NaOH \xrightarrow{H_2O} CH_2=CHCH_2OH + NaOH(\text{易进行})$$

$$CH_2=CH—Cl + NaOH \xrightarrow{H_2O} \times (\text{不反应})$$

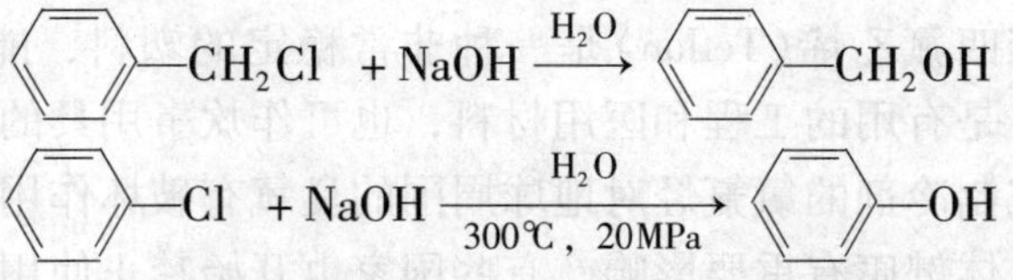

(2) 与硝酸银反应　乙烯基型和苯基型卤代烃很难和 $AgNO_3$ 的醇溶液反应，但是烯丙基型和苄基型较容易与 $AgNO_3$ 的醇溶液反应。常用这一性质来鉴别烯丙基型和苄基型化合物。表 6-2 中将烯丙基型和苄基型卤代烃和卤代烷烃、乙烯基型和苯基型卤代烃与 $AgNO_3$ 的醇溶液反应情况进行对比。

$$R—X + AgNO_3 \xrightarrow{\text{醇}} RONO_2 + AgX\downarrow$$

表 6-2　与 $AgNO_3$ 的醇溶液反应情况进行对比

$CH_2=CHCH_2—X$ 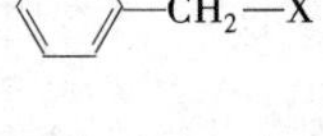 $(CH_3)_3C—X$　$R—I$	$R_2CH—X$ $R—CH_2—X$ $CH_2=CH(CH_2)_n—X$　$n\geq 2$	$CH_2=CH—X$ 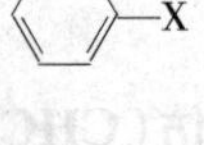
室温下立即生成 AgX↓	加热才能生成 AgX↓	加热也不生成 AgX↓

(3) 与金属镁的反应　乙烯基型和苯基型卤代烃在干乙醚中难与金属镁反应，需要在四氢呋喃中才能生成格氏试剂，但是烯丙基型和苄基型较容易反应。

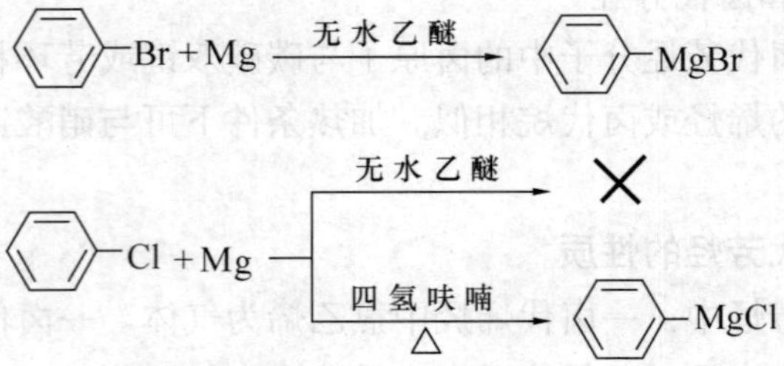

第四节 其他卤代烃

一、有机氟化物

一氟代烷在常温时很不稳定，容易自行失去HF而变成烯烃。

$$\underset{\displaystyle\text{F}}{CH_3-\underset{|}{CH}-CH_3} \longrightarrow CH_3-CH{=}CH_2 + HF$$

当同一碳原子上有两个氟原子时，性质就很稳定，不易起化学反应。如：CH_3CHF_2，$CH_3CF_2CH_3$。全氟化烃的性质极其稳定。它们有很高的耐热性和耐腐蚀性。

氟代烃的用途引人注目。①$ClBrCHCF_3$ 可作麻醉药，不易燃烧，比环丙烷，乙醚安全。②某些氟化物是氧的良好运输体，可作为血液代用品。③CCl_2F_2，CCl_3F，$F_2ClC-ClF_2$ 是很多喷雾剂（杀虫剂，清洁剂）的推进剂。④CCl_2F_2（Freon－12），$HCClF_2$（Freon－22）是电冰箱和空调的制冷剂。⑤聚四氟乙烯（Teflon）是一种非常稳定的塑料，能耐高温、强酸、强碱、无毒性、有自润作用，是有用的工程和医用材料，也可作炊事用具的“不粘”内衬。

做喷雾剂推进剂或制冷剂的氯氟烃对地球周围的臭氧有破坏作用，臭氧层能滤除致皮肤癌的太阳紫外线，对人体健康有重要影响。有些国家也开始禁止使用含氯氟烃作为推进剂的喷雾剂。（$F_{\times\times\times}$代号表示，F表示它是一个氟代烃。F右下角的数字，个位氟原子，十位氢原子数加一，百位数碳原子数减一。如：F—12（CCl_2F_2）。

二、多卤代烃

随着烷烃中卤原子的再导入，卤原子的化学活性明显地降低。如：烷烃溴代物的化学活性次序为：

$CH_3Br > CH_2Br_2 > CH_3Br > CHBr_3 > CBr_4$。正因为多卤代烃的化学惰性和热稳定性，可用作冷冻剂、工业溶剂、烟雾剂、灭火剂等。如：CCl_4。

第五节 重要的卤代烃

一、氯仿（$CHCl_3$）

氯仿是工业上广泛使用的强挥发性试剂，也是一种常见的环境污染物。在人们的生活饮用水中氯仿的浓度有时可以达到每升几百微克。在一些食品中也检出了氯仿，含量为1～30μg·kg^{-1}。氯仿可经口、呼吸道和皮肤三个途径被人体吸收，在体内产生几种有活性的代谢中间产物。氯仿有中等毒性，可经消化道、呼吸道、皮肤接触进入机体。其主要急性毒性作用是对中枢神经系统有麻醉作用，对眼及皮肤有刺激作用，并能损害心脏、肝脏、肾脏，另外可脱脂。人口服10ml(140mg·kg^{-1})可致命。

氯仿的急性中毒表现为：头痛、头晕、乏力、恶心、呕吐，患者先兴奋后麻醉，出现肝、肾损伤等，严重者可因呼吸麻痹、心室纤颤而死亡。皮肤若接触氯仿可出现红斑、水肿、水疱、冻伤等。长期接触氯仿者，主要出现肝脏损害，并伴有消化不良、抑郁、失眠、共济失调等。少数人可引起嗜氯仿癖，饮酒还可增加氯仿的肝脏毒性。

二、碘仿(CHI_3)

为黄色有光泽的晶粉，有异臭，光滑感，易挥发。稍溶于水，可任意溶于苯和丙酮中。碘仿本身无防腐作用，与组织液接触时，能缓慢分解出游离碘而呈现防腐作用，作用持续约1~3d。对组织刺激性小，能促进肉芽形成。具有防腐、除臭和防蝇作用。用于瘘管和深部创伤等。

三、氟利昂

分子中含有氟和氯或溴的多卤代烷，叫作氟氯代烷。商品名称叫做氟利昂。氟利昂的种类很多，其中可以用作致冷剂的有：氟利昂-12，即二氟二氯甲烷，分子式为CF_2Cl_2，沸点为-29.8℃；氟利昂-11，即一氟三氯甲烷，分子式为$CFCl_2$，沸点为23.7℃；氟利昂-22,即二氟一氯甲烷，分子式为CHF_2Cl_2，沸点为-40.8℃。它们都是无色，无味、无毒、无腐蚀性的气体。由于它们很容易液化，所以是一种很好的致冷剂。其中以氟利昂-12应用的最早和最广，它已有五十多年的应用历史。目前我国和大多数国家仍在广泛应用。

使用氟利昂也有很多缺点，特别是氟利昂-12和氟利昂-11，它们的渗透能力很强，容易漏气，且不易发现。这种气体遇到明火，或温度达到400℃以上时，便分解成有毒的氟化氢和氯化氢，并放出有毒的光气。更重要的是这种气体还能破坏臭氧层，使臭氧层造成空洞。再加之它的价格贵，对橡胶、塑料有腐蚀作用，现在国际上已禁止氟利昂-12和氟利昂-11再作致冷剂使用，但氟利昂-22并不在禁止之列。

四、四氟乙烯

四氟乙烯常温下为无色气体，不溶于水。聚四氟乙烯(商品名为Feflon)具有特殊的化学稳定性，能耐高温(可以在-100~+300℃范围内使用)，耐强酸耐强碱，无毒性，有自润作用，是一种性能非常优良的塑料，号称“塑料王”，可用做工程和医用材料，也可作为炊事用具的“不粘”内衬。

知识链接

臭 氧 空 洞

臭氧由太阳辐射使氧分子分解后，一个氧原子和另一个氧分子结合而成，通常生成于日照强烈的赤道上空。大气层中的臭氧总量计约33亿吨，但在整个大气层中所占比重极小——如果将之平铺在地表，将不过3mm的厚度，只有一粒绿豆的高度。

臭氧有吸收太阳紫外辐射的特性，臭氧层会保护我们不受到阳光紫外线的伤害，所以对地球生物来说是很重要的保护层。不过，随着人类活动，特别是氟氯碳化物(CFCs)和海龙(halons)等人造化学物质被大量使用，很容易就会破坏臭氧层，使大气中的臭氧总量明显减少，在南北两极上空下降幅度最大。在南极上空，约有2000多万平方千米的区域为臭氧稀薄区，其中14~19km上空的臭氧减少达50%以上，科学家们形象地将之称为“臭氧空洞”。臭氧水平的持续降低，将会使人类受到过量的太阳紫外辐射，导致皮肤癌等疾病的发病率显著增加。

臭氧空洞指的是因空气污染物质，特别是氮氧化物和卤化代烃等气溶胶污染物的扩散、侵蚀而造成大气臭氧层被破坏和减少的现象。

人们已经认识到氟利昂等人造物质对臭氧层造成破坏，所以，国际组织通力合作来降低这些破坏性化合物的使用量，24 个国家于 1987 年签订了限制使用氟利昂等化学品的条约。荷兰、墨西哥和美国三位科学家研究的结果，确认了人造物质对臭氧层的破坏，因而获得了 1995 年的诺贝尔化学奖。

这几年来，它们在大气里的含量也的确降低了一点。臭氧最少的地方在南极上空，这就是我们平常说的南极臭氧空洞。科学家们一直关注着南极上空的这个空洞，因为它在不停地变化着。

除了南北两极之外，近年来，在青藏高原上空也发现了臭氧分布稀薄区。人类对臭氧层的保护已显得更为紧迫。

习 题

一、命名下列化合物。

1. 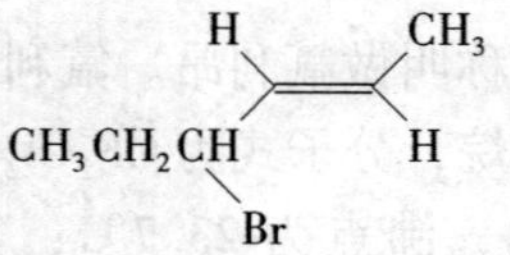

2. 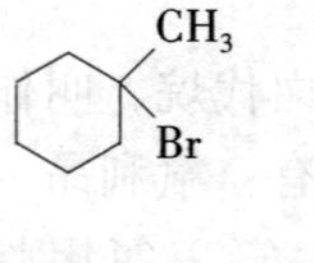

3. 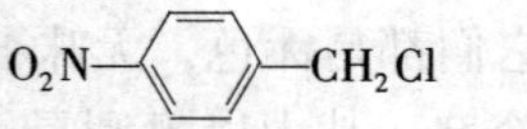

4. 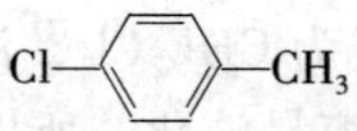

5. 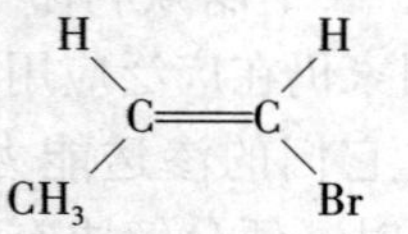

6. 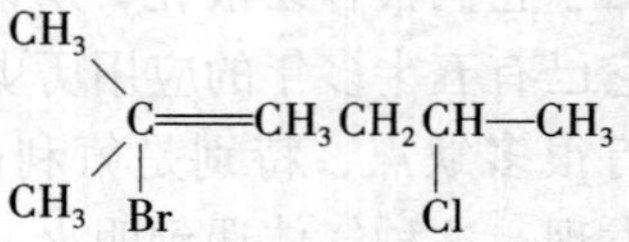

7. 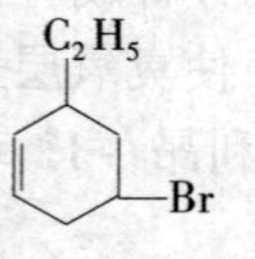

8. 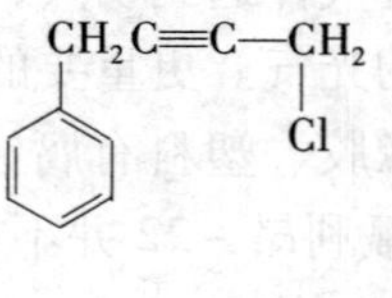

9. 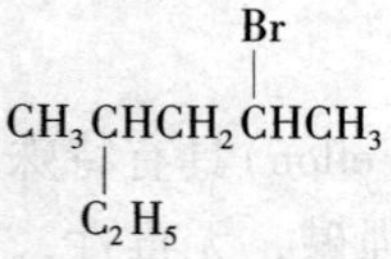

二、写出下列化合物的结构式。

1. 2,4,4－三甲基－2－溴－戊烷
2. 2－甲基－5－氯－2－溴己烷
3. 2－溴－1－己烯－4－炔
4. (Z)－1－溴－1－丙烯
5. 顺－1－氯－3－溴环己烷
6. 3,3－二甲基－1－碘戊烷
7. 2－甲基－3－乙基－5－氯庚烷
8. 2,5－二甲基－3－氯－2,4－己二烯
9. 3－溴－1－丁炔

三、完成下列反应。

(1) $CH\equiv C-CH_2Br \xrightarrow[H_2O]{NaOH}$

(2) $CH_3CH_2CH_2Cl \xrightarrow[C_2H_5OH,\ \triangle]{NaOC_2H_5}$

(3) $CH_3-CH=CH_2 \xrightarrow{HCl} \xrightarrow{KCN}$

(4) $CH_3-CH_2-CH_2-\underset{\displaystyle Br}{\underset{|}{CH_2}} + NH_3 \xrightarrow[\triangle]{C_2H_5OH}$

(5) 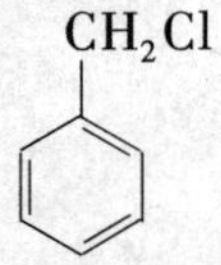 $\xrightarrow{NaOH}$

(6) $CH_2=CHCH_2Cl + AgNO_3 \longrightarrow$

(7) 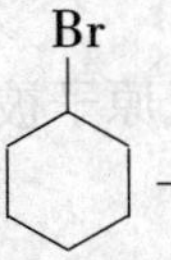 $\xrightarrow[C_2H_5OH,\ \triangle]{KOH}$

(8) $CH_3CH_2Br + NaI \longrightarrow$

(9) 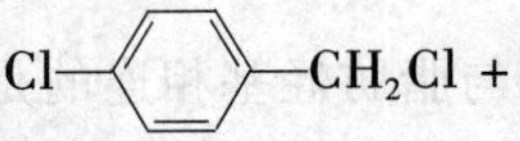 $+ NaOH + H_2O \longrightarrow$

四、2－氯丁烷分别与下列试剂作用，写出各反应主要产物的结构式。

(1) NaCN(醇)　(2) CH_3OH(醇)　(3) NaI(丙酮)　(4) $AgNO_3$(乙醇)

(5) NaOH(水)　(6) KOH(乙醇)　(7) NH_3　(8) Mg(无水乙醚)

五、用化学方法鉴别下列化合物。

(1) 2－甲基－3－氯－2－戊烯、2－甲基－4－氯－2－戊烯、2－甲基－5－氯－2－戊烯

(2) 3－溴环己烯、氯代环己烯、碘代环己烯、甲苯、环己烷

六、某氯代烃 A 与 KOH 的醇溶液加热生成的主要产物 B，B 经过臭氧氧化进一步还原水解生成甲醛和异丁醛。写出 A 和 B 的结构式及有关反应式。

七、化合物 A 的分子式为 C_5H_{10}，紫外光照射下与等物质量的溴作用得化合物 B，其分子式为 C_5H_9Br。B 与 KOH 的醇溶液共热生成化合物 C，其分子式为 C_5H_8。化合物 C 经氧化得化合物戊二醛。试写出化合物 A、B、C 的结构式。

八、分子式为 $C_5H_{11}Cl$ 的化合物(A)与氢氧化钠的醇溶液共热时生成 C_5H_{10}(B)，(B)氧化得一分子乙酸和一分子酮，(B)与 HCl 作用得(A)的异构体(C)，推测(A)、(B)、(C)的结构。

九、卤代烃 A 的分子式为 $C_6H_{13}I$。用热浓 NaOH 乙醇溶液处理后得产物 B，B 经高锰酸钾氧化生成 $(CH_3)_2CHCOOH$ 和 CH_3COOH，写出 A、B 的结构简式。

第七章　醇、酚、醚

醇、酚、醚是烃的含氧衍生物之一。也可以把它们看作是水分子中的氢原子被烃基取代的化合物。

H—OH　R—OH　Ar—OH　(Ar)R—O—R′(Ar′)

水　　醇　　酚　　醚

醇和酚的分子中均含有羟基(—OH)官能团。羟基直接与脂肪烃基相连的是醇类化合物，直接与芳基相连的是酚类化合物。例如：

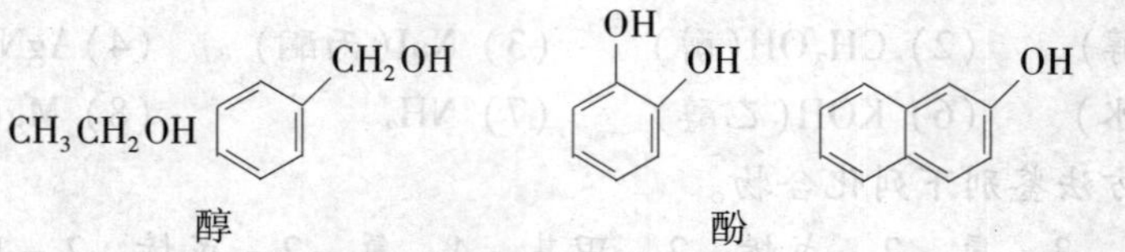

醇　　　　酚

醚是氧原子直接与两个烃基相连的化合物(R—O—R、Ar—O—Ar 或 R—O—Ar)，通常是由醇或酚制得，是醇或酚的官能团异构体。

醇和醚广泛存在于自然界中，如：甲醇最早是从木材干馏中得到的副产物木焦油分离回收得到的；乙醇则来自粮食发酵，而发酵所得副产品杂醇油可分离得到丙醇、异丁醇和异戊醇；对苯二酚是植物中分布较广的一种，其他如间苯二酚、地衣酚(5-甲基-1，3-苯二酚)、间苯三酚及邻苯二酚、邻苯三酚等在某些植物中存在。

由于硫和氧同属于第ⅥA 族元素，有机含硫化合物与有机含氧化合物有一些相似的性质，所以把硫醇和硫醚也放在本章中一起讨论。

第一节　醇

一、醇的结构、分类和命名

1. 醇的结构

在结构上，醇可以看成是烃分子中的氢原子被羟基(—OH)取代后的生成物或衍生物，饱和一元醇的通式为 R—OH。

2. 分类

① 根据分子中烃基的类别分为：脂肪醇、脂环醇和芳香醇(芳烃侧链上的氢被羟基取代的醇)。

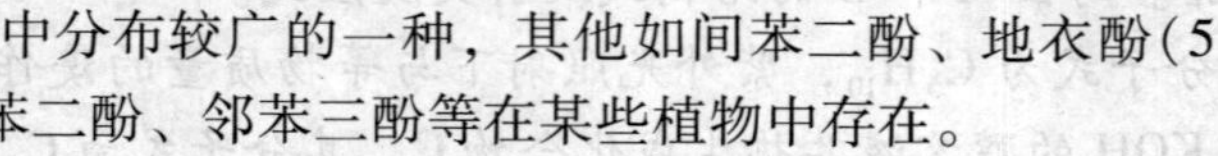

脂肪醇(乙醇)　脂环醇(环己醇)　芳香醇(苯甲醇)

② 根据分子中所含羟基的数目分为：一元醇、二元醇和多元醇。

$CH_3—CH_2—OH$　　$CH_2(OH)—CH_2(OH)$　　$CH_2(OH)—CH(OH)—CH_2(OH)$

乙醇　　乙二醇　　丙三醇

在一元醇中，羟基连接在一级碳原子上的叫伯醇(或称为一级醇)，羟基连接在二级、三级碳原子的叫仲醇(或称二级醇)、叔醇(或称三级醇)。

两个羟基连在同一碳上的化合物不稳定，这种结构会自发失水，故同碳二醇不存在。另外，烯醇是不稳定的，容易互变成为比较稳定的醛和酮。

③ 按烃基是饱和的还是不饱和的，醇可分为饱和醇和不饱和醇。例如：

饱和醇：CH_3OH

甲醇

不饱和醇：$CH_2{=}CHCH_2OH$　　$CH{\equiv}C{-}CH_2OH$

2－丙烯醇(烯丙醇)　　2－丙炔醇

3. 醇的命名

(1) 普通命名法　普通命名法也称习惯命名法，适用于命名结构比较简单的醇。命名时可根据羟基所连接烃基的名称来命名，在烃基的后面加上“醇”即可，“基”字可以省略。例如：

$CH_3{-}CH_2{-}CH_2{-}CH_2{-}OH$

正丁醇

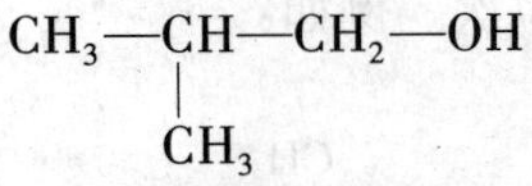

异丁醇

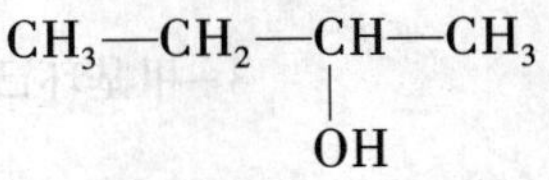

仲丁醇

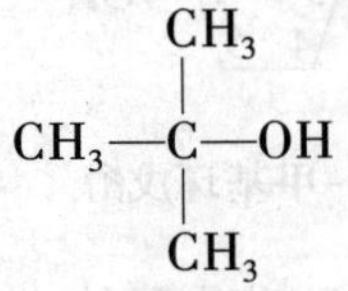

叔丁醇

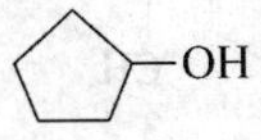

环戊醇

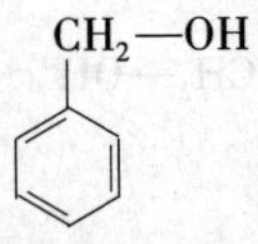

苯甲醇(苄醇)

(2) 衍生命名法　简单的一元醇可以将其以甲醇为母体，看作是甲醇的烃基衍生物。如：

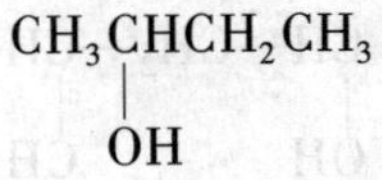

甲基乙基甲醇

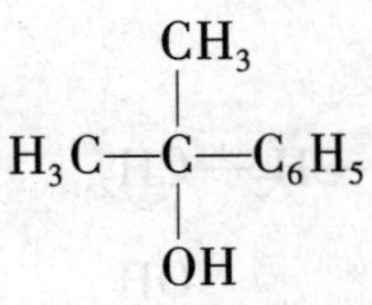

二甲基苯基甲醇

(3) 系统命名法　对于结构比较复杂的醇，采用系统命名法。

首先选择一条包括羟基所连接的碳原子在内的最长的碳链作为主链，按主链上所含碳原子的数目称为“某醇”。然后从靠近羟基的一端开始，用阿拉伯数字依次给主链碳原子编号，把表示羟基位次的编号写在“某醇”之前，中间用短线隔开，若羟基在1位碳时，位次可以省略。把支链作为取代基，并按取代基从小到大的顺序，将取代基的位次、数目、名称依次写在醇名的前面，并用短线连接，阿拉伯数字与汉字之间用短线隔开。醇的系统名称为：取代基位次—取代基名称—官能团位次—主体名称(某醇)。例如：

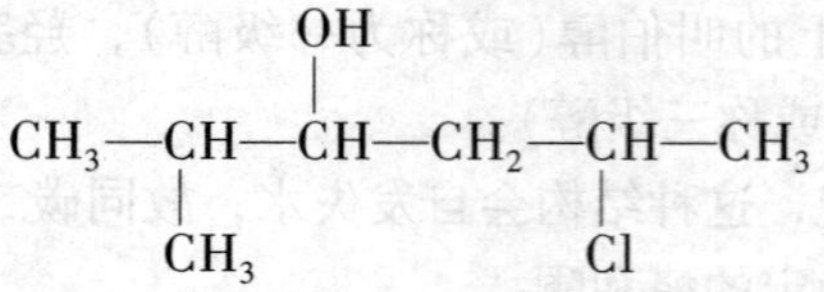
2－甲基－5－氯－3－己醇

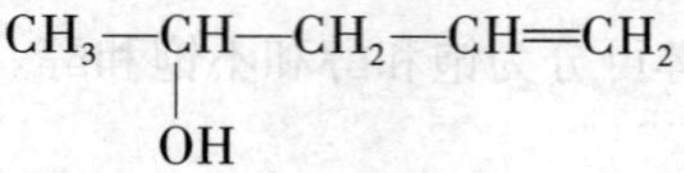
4－戊烯－2－醇

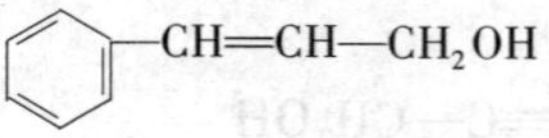
3－苯基－2－丙烯醇

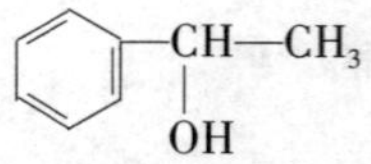
1－苯基乙醇（α－苯乙醇）

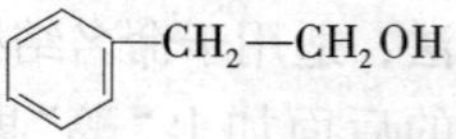
2－苯基乙醇（β－苯乙醇）

脂环醇的命名以醇为母体，并从羟基所连的环碳原子开始编号，编号时尽可能使环上其他取代基处于较小位次。例如：

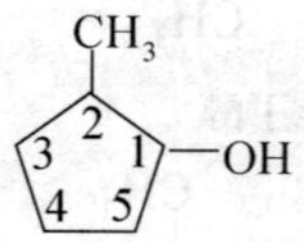
2–甲基环戊醇

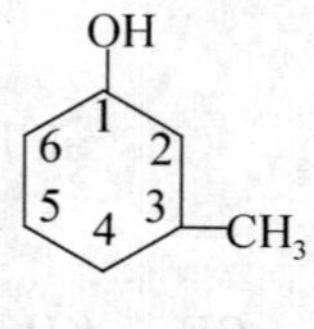
3－甲基环己醇

芳香醇命名时，以脂肪醇为母体，把芳香烃基作为取代基。例如：

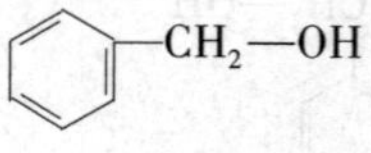
苯甲醇

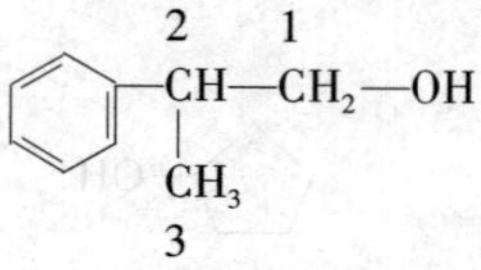
2－苯基丙醇

多元醇命名时，应尽可能选择连有多个羟基在内的最长碳链作为主链。羟基的位次写在“某醇”的前面，例如：

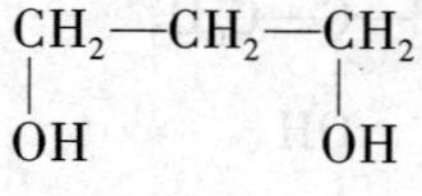
1，3－丙二醇

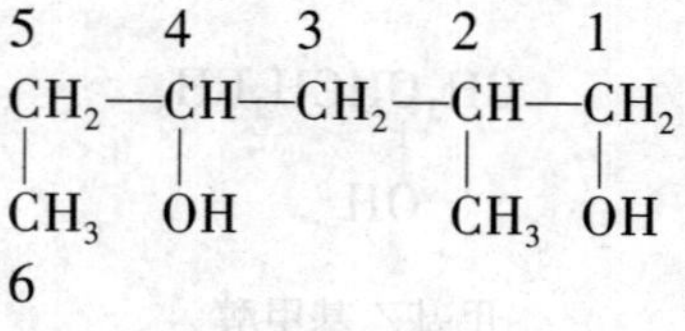
2－甲基－1，4－己二醇

此外，根据醇的来源或性质，医药学中还常用到俗名，例如：乙醇俗称酒精，丙三醇俗称甘油等。

二、醇的物理性质

直链饱和一元醇中，含 C_4 以下的醇为无色易挥发的液体，具有特殊的气味和辛辣味道，含 C_5～C_{11} 的为具有不愉快气味的油状液体，C_{12} 以上的醇为无臭无味的脂状固体。一些醇的物理常数见表 7－1。

表 7-1 醇的物理性质

名 称	沸点/℃	熔点/℃	相对密度(20℃)	折射率(20℃)
甲 醇	64.96	-93.9	0.7914	1.3288
乙 醇	78.3	-117.3	0.7893	1.3611
正丙醇	97.4	-126.5	0.8035	1.3850
正丁醇	117.25	-89.53	0.8098	1.3993
正戊醇	137.3	-79	0.8144	1.4101
正十二醇	255.9	26	0.8309	
2-丙醇	82.4	-89.5	0.7855	1.3776
2-丁醇	99.5	-114.7	0.8063	1.3978
2-甲基-1-丙醇	108.39	-108	0.802	1.3968
2-甲基-2-丙醇	82.2	25.5	0.7877	1.3878
2-戊醇	118.9		0.8103	1.4053
2-甲基-1-丁醇	128		0.8193	1.4102
3-甲基-1-丁醇	128.5		0.8092	1.4053
2-甲基-2-丁醇	102	-8.4	0.8059	1.4052
环戊醇	140.85	-19	0.9478	1.4530
环己醇	161.1	25.15	0.9624	1.4641
苯甲醇	205.35	-15.3	1.0419	1.5396
三苯甲醇	380	164.2	1.1994	-
乙二醇	198	-11.5	1.1088	1.4318
丙三醇	290	20	1.2613	1.4746

直链饱和一元醇的沸点变化与烷烃相似，也是随着碳原子数的增加而有规律的上升，每增加一个系差(CH_2)，沸点将升高 18~20℃，碳原子数相同的醇则含支链越多，沸点越低。

但是由于醇具有—OH，所以其物理性质又有一些与烷烃不相似的地方。一方面低级醇的沸点比和它相对分子质量相近的烷烃要高得多。这是由于在液体状态下，醇分子间形成了氢键，要使液态的醇变成蒸气，不仅要破坏范德华力，而且还要消耗一定的能量来破坏氢键，所以，低级醇具有较高的沸点。但是随着直链饱和醇的相对分子质量增加，醇分子中的烃基的存在对缔合有阻碍作用，其沸点也与相应的烷烃接近。

另一方面，醇在水中的溶解度与烷烃不同。低级醇分子和水分子之间也能形成氢键，所以低级醇能与水以任意比混溶，但随着醇分子中烃基的增大，羟基在分子中所占比例减小，醇的羟基与水分子形成氢键的能力减小，醇在水中的溶解度也随之降低。

多元醇分子中含有两个以上的羟基，可以形成更多氢键，因此沸点更高，在水中溶解度也更大，如乙二醇的沸点为197℃，甘油的沸点为290℃，它们都能与水相溶。

低级醇还能和一些无机盐类($MgCl_2$、$CaCl_2$、$CuSO_4$)等形成结晶状的分子化合物，称为结晶醇，如 $MgCl_2 \cdot 6CH_3OH$，$CaCl_2 \cdot 4C_2H_5OH$，$CaCl_2 \cdot 4CH_3OH$ 等。结晶醇不溶于有机溶剂而溶于水。在实际工作中常利用这一性质使醇与其他有机化合物分开或从反应物中除去醇类。例如，工业用的乙醚中，常杂有少量乙醇，利用乙醇和 $CaCl_2$ 生成结晶醇的性质，便可除去乙醚中的少量乙醇。

三、醇的化学性质

醇的化学性质主要由羟基官能团所决定，同时也受到烃基的一定影响，从化学键来看，反应的部位有 C—OH、O—H、和 C—H。

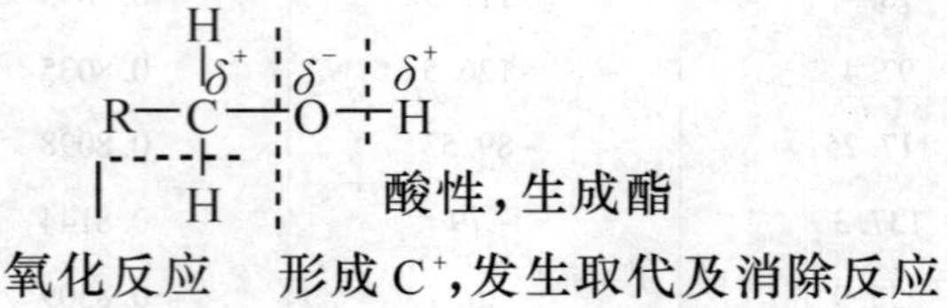

分子中的 C—O 键和 O—H 键都是极性键，因而醇分子中有两个反应中心。又由于受 C—O 键极性的影响，使得 α－H 具有一定的活性，所以醇的反应主要发生在这三个部位上。

1. 酸性

在结构上，醇和水有相似之处，醇羟基中的氢原子能被活泼金属原子(钾、钠等)置换，生成金属醇化物(醇淦)并放出氢气。生成的乙醇钠溶解在过量的乙醇中。若使反应在无水乙醚中进行，可以得到固体状态的乙醇钠。

$$\underset{\text{}}{CH_3CH_2OH} + \underset{K}{Na} \longrightarrow \underset{\text{黏稠固体(溶于过量乙醇中)}}{CH_3CH_2O\underset{K}{Na}} + 1/2H_2$$

Na 与醇的反应比与水的反应缓慢得多，反应所生成的热量不足以使氢气自燃，故常利用醇与 Na 的反应销毁残余的金属钠，而不发生燃烧和爆炸。醇还可以与钠、镁、铝汞齐作用生成氢气和醇钠，表现出酸性，但是醇的酸性比水还弱。

该反应的活性随着醇分子中烃基的增大而减弱，所以不同类型的脂肪醇的酸性强弱的次序是：

$$\text{甲醇} > \text{伯醇} > \text{仲醇} > \text{叔醇}$$
$$pK_a \quad 15.09 > 15.93 > 19$$

2. 酯化反应

醇与酸脱水可以生成酯，此反应叫酯化反应，在反应中所用酸可以是有机酸或含氧无机酸。

(1) 与无机含氧酸反应　醇与含氧无机酸硫酸、硝酸、磷酸反应生成无机酸酯。

$$CH_3CH_2OH + HOSO_2OH \rightleftharpoons \underset{\text{硫酸氢乙酯(酸性酯)}}{CH_3CH_2OSO_2OH} + H_2O$$

$$CH_3CH_2OSO_2OH \xrightarrow{\text{减压蒸馏}} \underset{\text{硫酸二乙醇(中性酯)}}{(CH_3CH_2O)_2SO_2} + H_2SO_4$$

$$\left.\begin{array}{l} CH_3OSO_2OCH_3 \\ CH_3CH_2OSO_2OCH_2CH_3 \end{array}\right\} \text{有机合成中的烷基化剂，有剧毒}$$

高级醇的硫酸酯是常用的合成洗涤剂之一。如 $C_{12}H_{25}OSO_2ONa$(十二烷基磺酸钠)。

$$\begin{array}{l} CH_2—OH \\ | \\ CH—OH \\ | \\ CH_2—OH \end{array} + 3HNO_3 \longrightarrow \begin{array}{l} CH_2—ONO_2 \\ | \\ CH—ONO_2 \\ | \\ CH_2—ONO_2 \end{array} + 3H_2O$$

三硝酸甘油酯

$$3C_4H_9OH + (HO)_3P{=}O \rightleftharpoons (C_4H_9O)_3P{=}O + 3H_2O$$

磷酸三丁酯（做萃取剂，增塑剂）

甘油三硝酸酯俗称硝化甘油或硝酸甘油，它就是诺贝尔发明的烈性炸药。另外，临床上甘油三硝酸酯有扩张冠状动脉的作用，用于治疗心绞痛。注意：多元醇的硝酸酯都是猛烈炸药，受热或震动易发生爆炸。

（2）与有机酸反应

$$ROH + CH_3COOH \xrightleftharpoons{H^+} CH_3COOR + H_2O$$

酯化反应也可由酰卤、酸酐等反应。由于酯化反应是可逆的，因此，在反应过程中，常采用增加反应物的浓度或除去反应生成的水等办法提高产率。

3. 脱水反应

醇与催化剂浓硫酸共热即发生脱水反应，随反应条件而异可发生分子内或分子间的脱水反应。

（1）分子内脱水　在适当条件下，从一个有机化合物分子中脱去一个小分子（如水，卤化氢等）生成不饱和化合物的反应称为消除反应（也称消去反应）。醇在较高温度下可以发生分子内脱水生成烯烃，如果有 Al_2O_3、H_3PO_4、浓 H_2SO_4 催化下，可以在低温下进行。

例如：

$$CH_3CH_2CH_2CH_2OH \xrightleftharpoons[140℃]{75\%\ H_2SO_4} CH_3CH{=}CHCH_3$$

$$CH_3CH_2CH(OH)CH_3 \xrightarrow[100℃]{60\%\ H_2SO_4} CH_3CH{=}CHCH_3 \quad 80\%$$

$$(CH_3)_3C{-}OH \xrightarrow[85\sim90℃]{20\%\ H_2SO_4} CH_3{-}C(CH_3){=}CH_2 \quad 100\%$$

仲醇和叔醇的脱水反应，如有两种不同的取向，则遵守查依采夫消除规则，即氢原子从含氢较少的碳原子上脱去。

例如：

$$CH_3CH_2CH(OH)CH_3 \xrightarrow{H^+} \underset{80\%}{CH_3CH{=}CHCH_3} + \underset{20\%}{CH_3CH_2CH{=}CH_2}$$

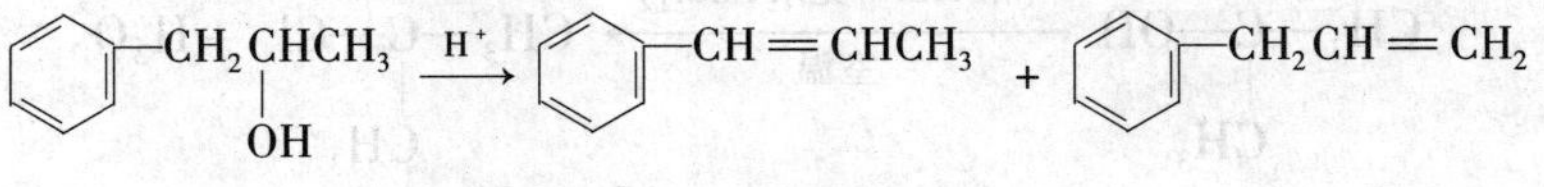

（主）

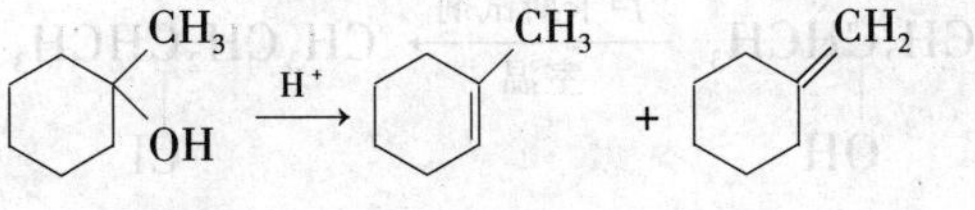

（主）

不同结构的醇，发生分子内脱水反应的难易是不一样的，叔醇最容易脱水，其次是仲醇，伯醇最难脱水。即反应活性顺序为：叔醇 > 仲醇 > 伯醇。醇分子内脱水也常发生在人体的代谢过程中，某些含羟基的化合物在酶的催化下也会脱水形成含有双键的化合物。

（2）分子间脱水　乙醇与浓硫酸共热到140℃左右时，发生分子间脱水生成乙醚。脱水是由一分子醇中的羟基与另一分子醇羟基中的氢原子间进行，这种方式属于取代反应，反应式为：

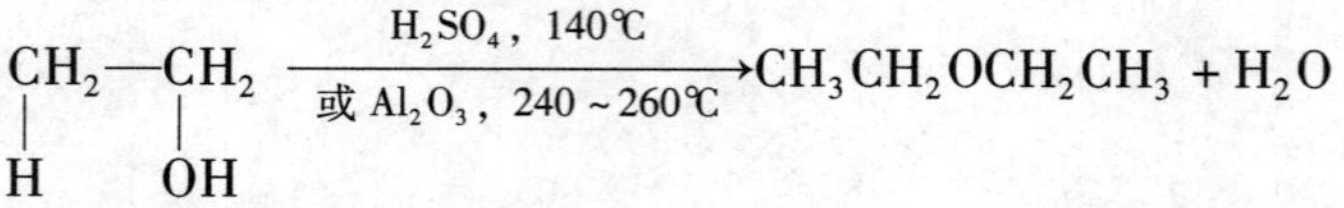

醇分子去掉羟基中的氢原子以后，剩下的原子团称为烃氧基。例如：

$CH_3—O—$　　甲氧基

$CH_3—CH_2—O—$　　乙氧基

一般情况下，较高温度下有利于醇的分子内脱水，低温度有利于醇的分子间脱水。

4. 取代反应

醇可与卤化氢反应生成卤代烷，这是制备卤代烷的一种重要方法。

$$R—OH + HX \longrightarrow R—X + H_2O$$

这个反应是卤代烃水解反应的可逆反应，为了提高卤烷的产量，可使一种反应物过量或移去产物，使平衡向右移动。

醇的取代反应速度与氢卤酸的活性和醇的结构有关。

卤化氢的反应活性次序为：HI > HBr > HCl

如：

$$CH_3CH_2CH_2CH_2OH + HI(47\%) \xrightarrow{\triangle} CH_3CH_2CH_2CH_2I + H_2O$$

$$+ HBr(48\%) \xrightarrow[\triangle]{H_2SO_4} CH_3CH_2CH_2CH_2Br + H_2O$$

$$+ HCl \xrightarrow[\triangle]{ZnCl_2} CH_3CH_2CH_2CH_2Cl + H_2O$$

伯醇与 HI(47%)一起加热就可以有碘代烃生成；而与 HBr(48%)作用时，必须在硫酸的存在的条件加热，才能生成溴代烃；与浓 HCl 作用必须有 $ZnCl_2$ 存在，并加热才能产生氯代烃。其中 $ZnCl_2$ 和浓 HCl 配制成溶液，称为卢卡斯试剂。

醇的活性次序：烯丙式醇 > 叔醇 > 仲醇 > 伯醇 > CH_3OH

例如，醇与卢卡斯(Lucas)试剂(浓盐酸和无水氯化锌)的反应：

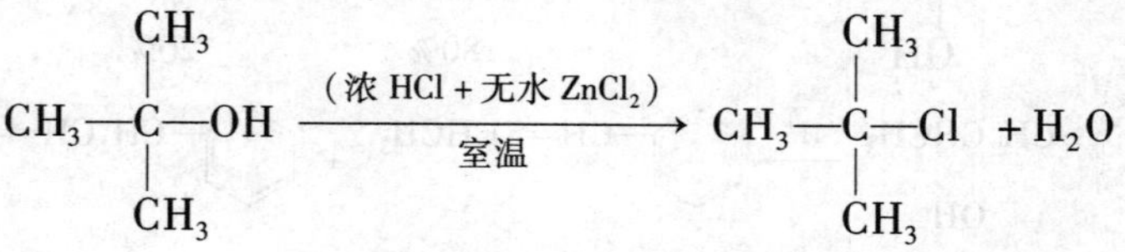

1min 混浊，放置分层

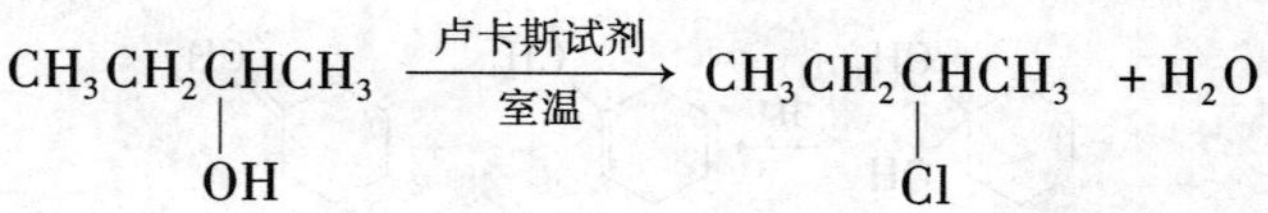

10min 混浊，放置分层

$$CH_3CH_2CH_2CH_2OH \xrightarrow[\text{室温}]{\text{卢卡斯试剂}} CH_3CH_2CH_2CH_2Cl + H_2O$$

放置1h也不反应(混浊)

加热才起反应(先混浊，后分层)

卢卡斯(Lucas)试剂可用于区别伯、仲、叔醇，但一般仅适用于3~6个碳原子的醇。

另外，醇与三卤化磷反应，可以得到不发生重排反应的卤化烃，此方法一般用来植被溴代烃或碘代烃；醇与氯化亚砜反应，可以得到氯代烃，且产品纯净。

$$3ROH + PX_3 \longrightarrow 3RX + P(OH)_3$$

$$ROH + SOCl_2 \xrightarrow[\triangle]{\text{醚}} RCl + SO_2\uparrow + HCl\uparrow$$

5. 氧化和脱氢反应

(1) 氧化 伯醇、仲醇分子中的 $\alpha-H$ 原子，由于受羟基的影响比较活泼，容易被高锰酸钾或重铬酸钾($H_2Cr_2O_7$)氧化，或在高温下通过催化剂活性铜脱氢，生成羰基化合物。叔醇因与羟基直接相连，碳上没有氢原子，在上述条件下一般不被氧化。

伯醇被氧化为羧酸。

$$RCH_2OH \xrightarrow{K_2Cr_2O_7+H_2SO_4} RCHO \xrightarrow{[O]} RCOOH$$

$$\underset{\text{橙红}}{CH_3CH_2OH + Cr_2O_7^{2-}} \longrightarrow CH_3CHO + \underset{\text{绿色}}{Cr^{3+}}$$

$$CH_3CHO \xrightarrow{K_2Cr_2O_7} CH_3COOH$$

此反应用重铬酸钾为氧化剂，氧化前后溶液的颜色将由 Cr^{6+} 的橙红色，变为 Cr^{3+} 绿色。检查醇的含量，例如，检查司机是否酒后驾车的仪器——呼吸分析仪，就有根据此反应原理设计的。在100mL血液中如含有超过80mg乙醇(最大允许量)时，呼出的气体所含的乙醇即可使仪器得出正反应。(若用酸性 $KMnO_4$，只要有痕迹量的乙醇存在，溶液颜色即从紫色变为无色，故仪器中不用 $KMnO_4$)。

仲醇一般被氧化生成酮，较稳定，不易继续氧化，所以由仲醇氧化制备酮产量较高。脂环醇可继续氧化为二元酸。

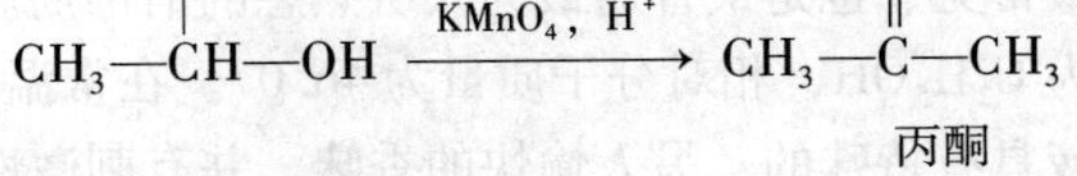

丙酮

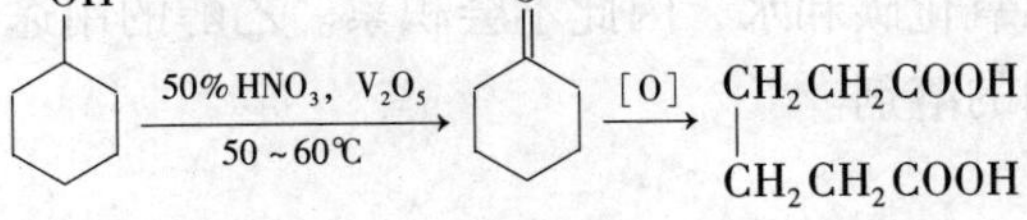

环己醇 环己酮 己二酸

叔醇分子中没有 α-氢，所以在上述条件下很难氧化。但在剧烈条件下氧化则碳链断裂生成小分子氧化物。

(2) 脱氢 伯、仲醇的蒸气在高温下通过催化活性铜时发生脱氢反应，伯醇去氢生成醛，仲醇去氢生成酮。例如：

$$RCH_2OH \xrightarrow{Cu,\ 325℃} RCHO + H_2$$

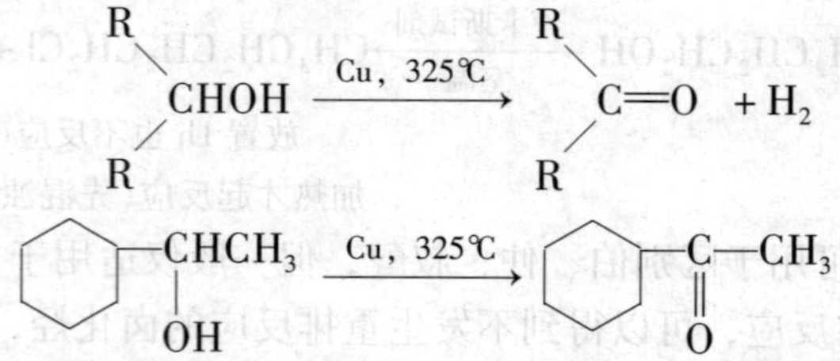

脱氢反应是吸热的可逆反应，若将醇与适量的空气或氧通过催化剂进行氧化脱氢，则氢被氧化成水，反应可进行到底，现在工厂中由甲醇制甲醛，乙醇制乙醛都是采用这个方法。

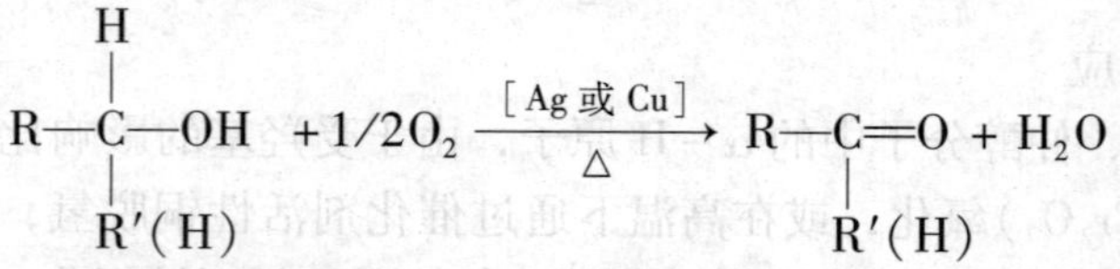

叔醇没有 α－氢，不能脱氢，只能脱水生成烯烃。

四、重要的醇

1. 甲醇

甲醇：木醇，木酒精，甲基氢氧化物。无色、透明、高度挥发、易燃液体。略有酒精气味。推测人吸入空气中甲醇浓度 39.3～65.5g/m^3，30～60min，可致中毒。人口服 5～10mL，可致严重中毒；一次口服 15mL，或 2 天内分次口服累计达 124～164mL，可致失明。有报告，一次口服 30mL 可致死。甲醇主要作用于神经系统，具有明显的麻醉作用，可引起脑水肿。对视神经和视网膜有特殊的选择作用，易引起视神经萎缩，导致双目失明。甲醇蒸气对呼吸道黏膜有强烈刺激作用。甲醇的毒性与其代谢产物甲醛和甲酸的蓄积有关。以前认为毒性作用主要为甲醛所致，甲醛能抑制视网膜的氧化磷酸化过程，使膜内不能合成 ATP，细胞发生变性，最后引起视神经萎缩。近年研究表明，甲醛很快代谢成甲酸，急性中毒引起的代谢性酸中毒和眼部损害，主要与甲酸含量相关。甲醇在体内抑制某些氧化酶系统，抑制糖的需氧分解，造成乳酸和其他有机酸积聚以及甲酸累积，而引起酸中毒。一般认为，甲醇的毒性是由其本身及其代谢产物所致的。

2. 乙醇

乙醇俗称酒精，是最常见、也是最普通最为人所熟悉的消毒剂。乙醇具有香味而刺鼻的无色透明液体。分子式为 C_2H_5OH，相对分子质量为 46.07。在常温、常压下易燃、易挥发。一定浓度范围内的水溶液具有特殊的、另人愉快的香味，并有刺激性，可作为饮料。乙醇在人体内能被完全氧化成二氧化碳和水，因此不会积累。乙醇的用途极广，是合成各种有机产品的重要原料，也是常用的溶剂。

3. 乙二醇

制法：

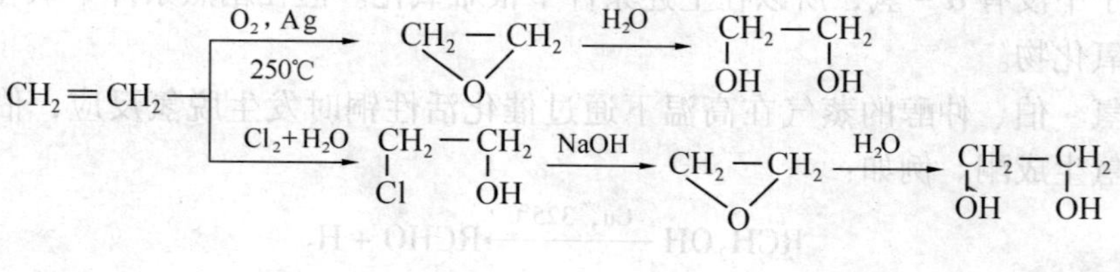

乙二醇是合成纤维“涤纶”等高分子化合物的重要原料，又是常用的高沸点溶剂。乙二醇可与环氧乙烷作用生成聚乙二醇。聚乙二醇工业上用途很广，可用作乳化剂、软化剂、表面活化剂等。

近年来，随着我国聚酯工业的快速发展，我国乙二醇的消费量不断增加。2002 年表观消费量突破 300 万吨，达到 302 万吨，成为超过美国的世界第一大乙二醇消费国家。2005 年表观消费量为 509 万吨，2000 ~ 2005 年表观消费量的年均增长率约为 21%。虽然我国乙二醇的生产能力和产量增长较快，但由于聚酯等工业的强劲需求，仍不能满足国内市场日益增长的需求，每年都要大量进口，且进口量呈逐年增加的态势。据海关统计，2005 年进口量达到 400 万吨，出口量为 1.3 万吨，产品进口的依存度 78.6%，2000 ~ 2005 年进口量的年均增长率约为 31%。目前，我国乙二醇产品主要用于生产聚酯、防冻液以及黏合剂、油漆溶剂、耐寒润滑油、表面活性剂和聚酯多元醇等，其中聚酯是我国乙二醇的主要消费领域。近年来，我国聚酯(包括聚酯纤维、聚酯树脂和薄膜等)的生产发展很快，2004 年达到 1650 万吨，2005 年增加到 2150 万吨。2004 年我国聚酯产品的产量约为 1170 万吨，共消费乙二醇约 410 万吨，约占国内乙二醇总消费量的 95%；2005 年产量约为 1390 万吨，消耗乙二醇约 487 万吨，约占国内总消费量的 96%。根据中国聚酯协会预测，2008 年我国聚酯的产量将达到约 1730 万吨，对乙二醇的需求量将达到约 605 万吨；2010 年聚酯的产量将达到约 1900 万吨，届时对乙二醇的需求量将达到约 665 万吨。加上在防冻剂以及其他方面的消费量，预计 2008 年我国对乙二醇的总需求量将达约 636 万吨，2010 年总需求量将达到约 710 万吨。

4. 1,2 - 丙二醇

对皮肤有原发性刺激作用；对眼无刺激和损害，未见生产性中毒报道。本品可燃，具刺激性。储存于阴凉、通风的库房。远离火种、热源。应与氧化剂、还原剂等分开存放，切忌混储。配备相应品种和数量的消防器材。储区应备有泄漏应急处理设备和合适的收容材料。

5. 丙三醇(甘油)

无色、透明、无臭、黏稠液体，味甜，具有吸湿性，可燃，低毒。熔点 18.17℃。沸点 290℃(分解)。密度 1.261g/cm^3。自燃点 392.8℃。折射率(20℃)1.474。黏度(20℃)1499mPa · s。蒸气压(100℃)26Pa。表面张力(20℃)63.4mN/m。与水和乙醇混溶，水溶液为中性。溶于 11 倍的乙酸乙酯，约 500 倍的乙醚。不溶于苯、氯仿、四氯化碳、二硫化碳、石油醚、油类。无毒，即使饮入总量达 100g 的稀溶液也无害，在机体内水解后氧化而成为营养源。在动物实验中，如使之饮用极大量时，具有与醇相同的麻醉作用。

6. 苯甲醇

本品为无色液体；具有微弱香气及灼味；遇空气逐渐氧化生成苯甲醛及苯甲酸。本品在水中溶解，与乙醇、氯仿或乙醚能任意混合。①用 2% 注射液作青霉素的溶剂，但由于有溶血作用，并对肌肉有刺激性，是否值得采用，需进一步研究。②用于治牙痛。③用 10% 软膏或其洗剂(本品: 醇: 水 =1:1:1)均可作为局部止痒剂。④在药剂防腐上也可采用本品。局麻药，消毒防腐药。

7. 肌醇

肌醇是一种水溶性维生素；维生素 B 族中的一种，肌醇和胆碱一样是亲脂肪性的维生素；肌醇和胆碱结合形成卵磷脂；有代谢脂肪和胆固醇的作用；还未订出每天必需的摄取量，健康成人每天大约应摄入1g；肌醇和胆碱一样，在供给脑细胞营养上扮演重要的角色。

效用：降低胆固醇；促进健康毛发的生长，防止脱发。

知识链接

乙醇在体内是如何吸收、分布、代谢与排泄的?

乙醇俗称酒精，分子式为 C_2H_5OH，是谷类(小麦、高粱、大米等)、白薯、土豆以及水果等发酵的产物。每克乙醇供能29.73kcal，没有营养价值。

饮酒后，乙醇主要在小肠、十二指肠、空肠中被吸收，胃及结肠次之，口腔中极少吸收。影响乙醇吸收的因素很多，总的来说，乙醇浓度越高，吸收越快，蒸馏酒的吸收要比葡萄酒或啤酒快。此外，饮酒速度及饮酒量也影响乙醇吸收。饮酒同时进食，可稀释胃内乙醇，延缓胃排空，使血中乙醇峰浓度降低且延迟醉酒。此外，一些药物以及躯体状况也会对乙醇的吸收产生影响。

乙醇吸收之后被分布到体内的各个器官系统。由于乙醇具有水溶性高而脂溶性低的特点，故乙醇选择性地集中于血液供应及组织液丰富的器官。其总的原则是，头侧器官组织的乙醇浓度要比尾侧器官组织高。

肝脏是乙醇代谢的最主要器官，研究发现大约90%～98%的乙醇在肝脏内代谢，其余少量由呼吸道、尿液、汗液以原形排出。乙醇在体内的代谢为逐步氧化过程，每一步均经酶促反应。乙醇首先被乙醇脱氢酶氧化成乙醛，而乙醛再经乙醛脱氢酶而转化为乙酸，乙酸进入枸橼酸循环，最后变成水和二氧化碳排出体外。

酒精中毒的家庭护理

酒精中毒俗称醉酒，是由于一次饮用大量的酒类饮料后引起的中枢神经系统的兴奋及抑制状态。日常饮用的各类酒，都含有不同量的酒精(乙醇)，饮料含乙醇量越高，吸收越快，越易醉人。

一旦饮酒过量，就会醉酒，引起急性酒精中毒。醉酒后，对中度以上酒精中毒的病人，应尽快送往医院，进行洗胃、输液等治疗，如果抢救及时，一般不会留后遗症。对轻度酒精中毒者，应迅速采取解酒措施，减轻酒精对机体的伤害。

解酒的措施：①使醉酒者安静睡下，冬天注意保暖，头部给予冷敷。②尽快催吐，可用筷子刺激咽部催吐，减轻酒精对胃黏膜的刺激。③可多喝水(温开水、淡盐水、糖水或蜂蜜水、绿豆汤等)，降低血中酒精浓度，并加快排尿，使酒精迅速随尿排除。④多吃水果，如梨、橘子、苹果、西瓜、番茄等，用果糖把乙醇烧掉。⑤可服用维生素B1和维生素E，促进乙醇的分解。⑥醉意较浓的，可取白糖5g加食醋30mL，待白糖溶解后，一次饮服。

第二节 酚

羟基直接与苯环相连的化合物叫做酚。其通式为：Ar—OH。根据羟基所连芳环的不同，酚类可分为苯酚、萘酚、蒽酚等；根据羟基的数目，酚类又可分为一元酚、二元酚和三元酚，其中二元以上的称为多元酚。

一、酚的命名

最简单也是最重要的一元酚为苯酚。酚类的命名是在酚字的前面加上芳环的名称作为母体，再加上芳环上的取代基的名称和位次。若芳环上连有羧基、磺酸基、羰基、氰基等基团序列优先于羟基时，则酚羟基作为取代基，按取代基的排列次序的先后来选择母体。

如：

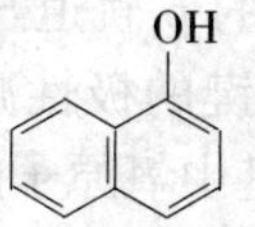

1－萘酸或α－萘酚

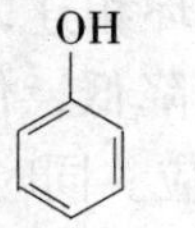

苯酚(石炭酸)

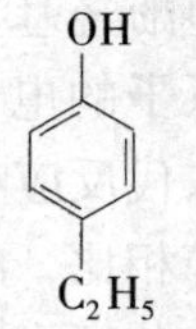

4－乙基苯酚

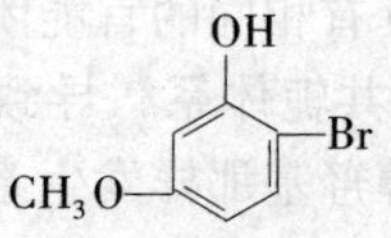

5－甲氧基－2－溴苯酚

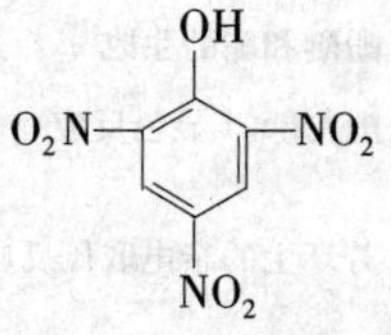

2,4,6－三硝基苯酚(苦味酸)

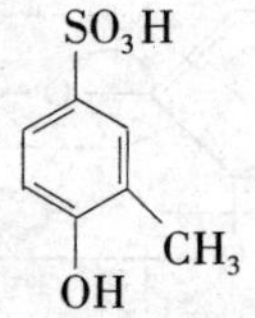

3－甲基－4－羟基苯磺酸

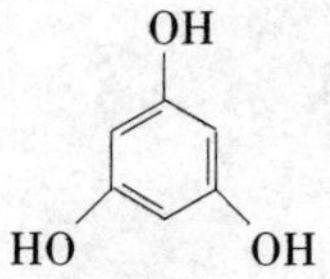

1,3,5－苯三酚(均苯三酚)

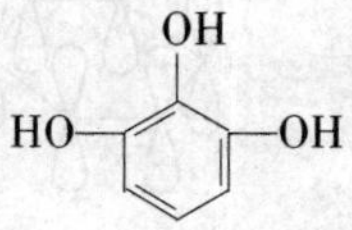

1,2,3－苯三酚(连苯三酚)

二、酚的物理性质

常温下，除了少数烷基酚为液体外，大多数酚为固体。由于酚分子间、酚与水分子间可以形成氢键，因此酚的沸点和熔点都比分子量相近的烃要高。邻位上有氟、羟基或硝基的酚，分子内可形成氢键，但分子间不能发生缔合，它们的沸点低于其间位和对位异构体。

纯净的酚是无色固体，但因容易被空气中的氧氧化，常含有有色杂质。酚在常温下微溶于水，加热则溶解度增加。随着羟基数目增多，酚在水中的溶解度增大。酚能溶于乙醇、乙醚、苯等有机溶剂。注意：酚毒性很大，口服致死量为530mg/kg体重。

表7－2列举了一些常见酚的物理常数。从中可以看出苯酚在100g水中的溶解约9g(25℃)，但加热时在水中可以无限地溶解。

表7－2 常见酚的物理常数

名 称	熔点/℃	沸点/℃	溶解度/g·(100g水)$^{-1}$	pK_a/25℃
苯 酚	43	181.7	9.3	9.89
邻甲苯酚	30.9	191	2.5	10.20
间甲苯酚	11.5	202.2	2.6	10.01
对甲苯酚	34.8	201.9	2.3	10.07
邻氯苯酚	9	174.9	2.8	8.49
邻硝基苯酚	45～46	216	0.2	7.17
间硝基苯酚	97	197^{70}	1.4	8.28
对硝基苯酚	114～116	279(分解)	1.7	7.15
2,4－二硝基苯酚	115～116	升华	0.6	3.9615
邻苯二酚	105	245	45.1	9.4
间苯二酚	111	178^{16}	111	9.4
对苯二酚	173～174	285^{730}	8	10.35
1,2,3－苯三酚	133～134	309	62	7.0
1,3,5－苯三酚	218～219	升华	1	7.0
α－萘酚	96	288(升华)	不溶	9.34
β－萘酚	123～124	295	0.1	9.51

三、酚的化学性质

酚和醇具有相同的官能团，但酚羟基直接与苯环相连，氧原子的 p 轨道与芳环的 π 轨道形成 p－π 共轭体系，导致氧原子的电子云密度降低，使得碳氧键的极性减弱而不易断裂，不能像醇羟基那样发生亲核取代反应或消除反应。同时，酚羟基中氧原子的电子云密度降低致使氧氢键的极性增加，与醇相比，酚的酸性明显增强。另外，由于酚羟基的给电子效应，使苯环上的电子云密度增加，芳环上的亲电取代反应更容易进行。

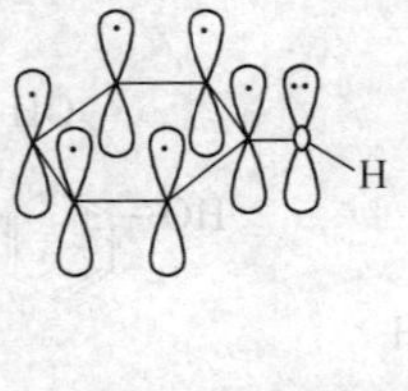

苯酚中 p－π 共轭示意图

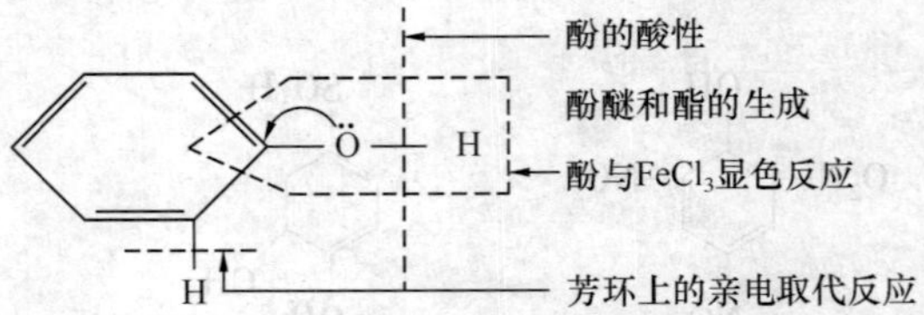

酚的化学性质主要表现在酚羟基的反应和苯环上的反应。

1. 酚羟基上的反应

酚类化合物呈酸性，大多数酚的 pK_a 都在 10 左右，酸性强于水和醇，能与强碱溶液作用生成盐。

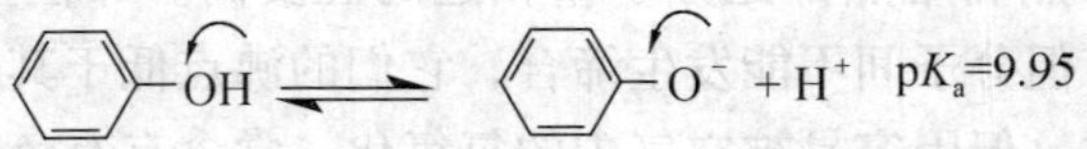

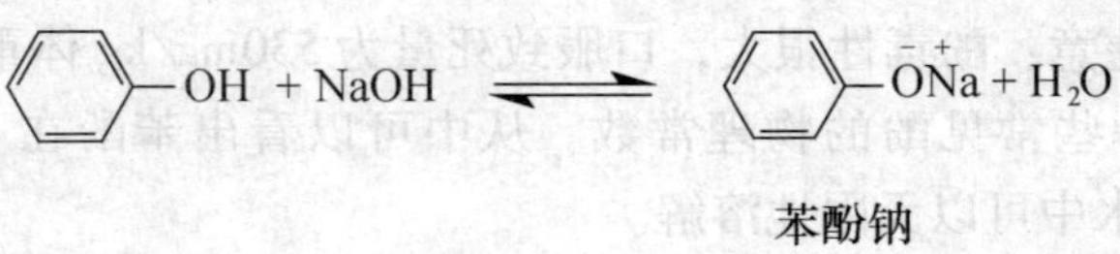

苯酚的酸性比碳酸弱，能溶于碳酸钠溶液，但不能溶于碳酸氢钠溶液，也不能使石蕊试纸变色，在苯酚钠的溶液中通入二氧化碳能使苯酚游离出来。利用此性质可进行苯酚的分离和提纯。

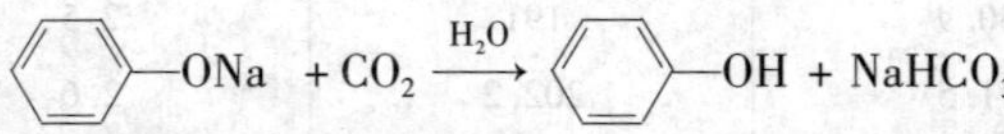

芳环上取代基的性质对酚的酸性影响很大。当芳环上连有供电子基时，使酚羟基的氧氢键极性减弱，释放质子的能力减弱，因而酸性减弱；当芳环上连有吸电子基时，使酚羟基的氧氢键极性增强，释放质子的能力增强，酸性增强。例如：

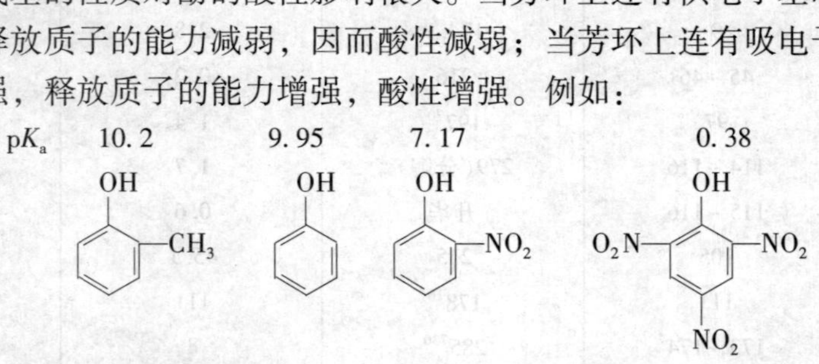

2. 与三氯化铁的显色反应

多数酚与三氯化铁溶液作用生成紫、蓝、绿、棕等有色的配合物（表 7－3），如：

$$6C_6H_5OH + FeCl_3 \longrightarrow [Fe(C_6H_5O)_6]^{3-} + 6H^+ + 3Cl^-$$

（紫色络离子）

表 7－3　各类酚与三氯化铁反应所显颜色

酚	苯酚	对甲苯酚	间甲苯酚	邻甲苯酚	邻苯二酚	间苯二酚	连苯二酚	α－萘酚	β－萘酚
与 $FeCl_3$ 显色	蓝紫色	蓝色	蓝紫色	暗绿色结晶	深绿色	蓝紫色	淡棕红色	紫红色沉淀	绿色沉淀

不同的酚与三氯化铁作用产生的颜色不同。除酚以外，凡具有稳定的烯醇式结构（$>C{=}C{-}OH$）的脂肪族化合物都可发生此反应。因此，可利用此反应来鉴别酚类化合物和具有稳定烯醇式结构的化合物。

3. 酚醚和酚酯的生成

由于酚羟基与苯环形成 p－π 共轭体系，酚不能直接进行分子间的脱水反应生成醚，也不能直接与羧酸反应生成酯。通常是用酚盐与卤代烃反应来制备醚，用酚与活性更高的酰卤或酸酐反应来制备酯。例如：

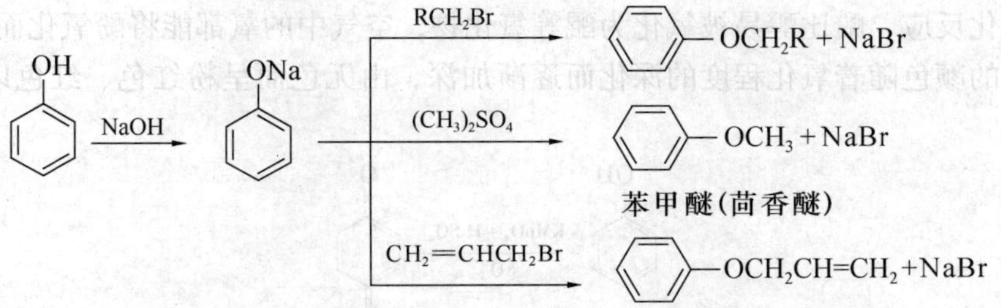

苯甲醚（茴香醚）

苯基烯丙基醚

酚生成酯的反应比醇困难，退热药阿斯匹林就是通过酚的酯化反应制备的。

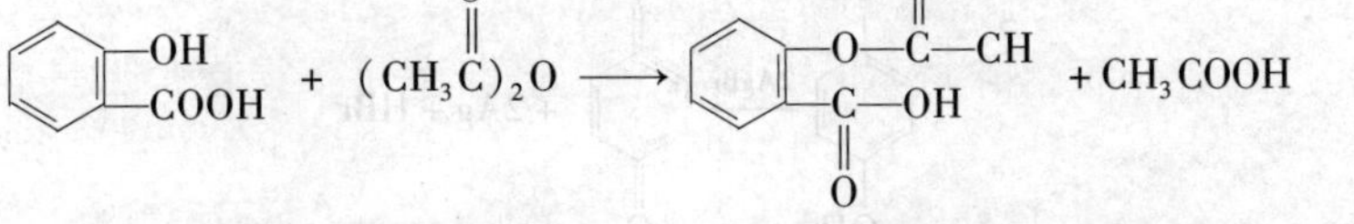

水杨酸　　　　　乙酰水杨酸（阿司匹林）

4. 芳环上的取代反应

芳环受羟基的影响，其上的苯环比苯更容易发生亲电取代反应，而且还可以生成多元取代物。苯酚羟基是邻对位定位基，进入的基团位于羟基的邻对位。

（1）卤化　苯酚与溴水在常温下就可以立刻生成白色沉淀。

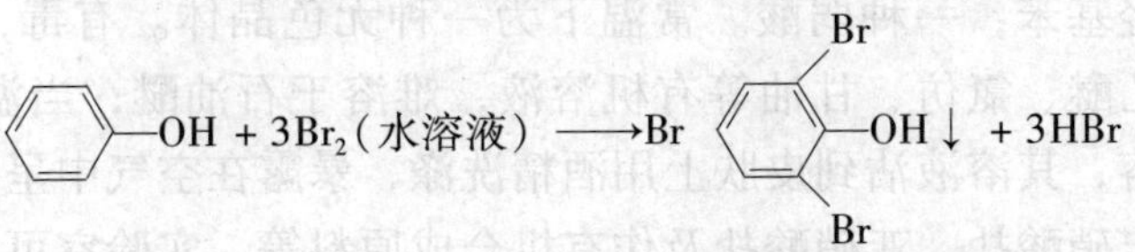

2,4,6－三溴苯酚（白色沉淀）

此反应灵敏度高，一般溶液中苯酚含量达 10mg/kg 即可检出，且反应是定量的，所以常用于苯酚的定性和定量分析及饮用水的监测。

（2）硝化　苯酚的硝化反应一般在室温下进行，生成邻对位硝基苯酚。但苯酚与浓硝酸作用，可生成2,4,6－三硝基苯酚（俗称苦味酸）。例如：

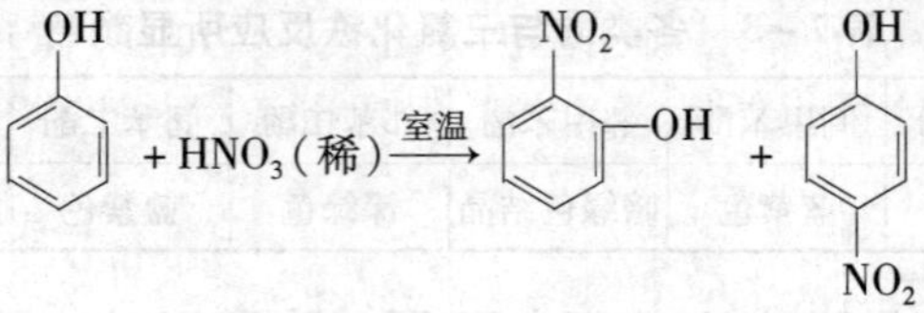

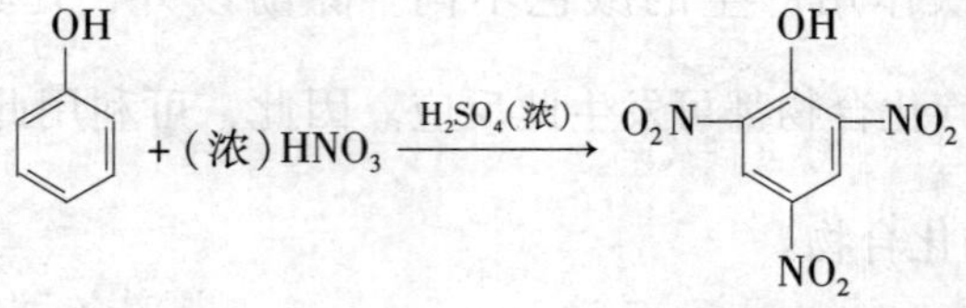

2,4,6－三硝基苯酚(苦味酸)

2,4,6－三硝基苯酚中的羟基受到三个硝基的影响，其水溶液酸性很强($K_a = 1.6 \times 10^{-1}$)，苦味酸是黄色结晶，熔点122℃，可溶于乙醇、乙醚及热水中。苦味酸和它的盐类都极易爆炸，可用作炸药及制造染料。

(3) 氧化反应　酚比醇易被氧化为醌等氧化物，空气中的氧都能将酚氧化而生成有色物质，氧化物的颜色随着氧化程度的深化而逐渐加深，由无色而呈粉红色、红色以致深褐色。例如：

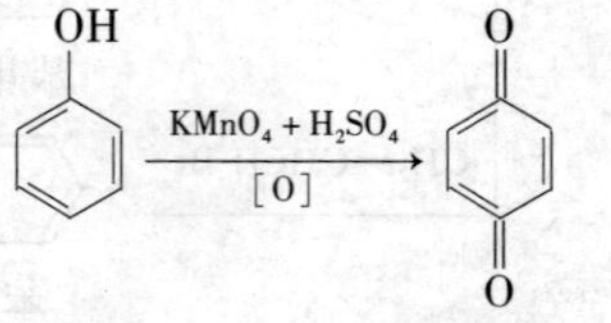

对苯醌(棕黄色)

多元酚更易被氧化。

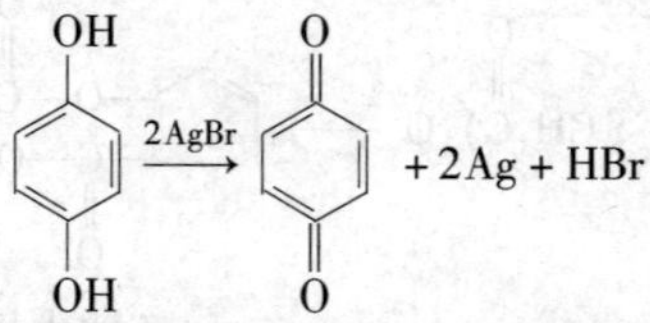

对苯二酚是常用的显影剂，被氧化成对苯醌(棕黄色)。酚易被氧化的性质常用来作为抗氧剂和除氧剂。

四、重要的酚

1. 苯酚

又名石炭酸、羟基苯，一种弱酸。常温下为一种无色晶体。有毒，有腐蚀性，微溶于水，易溶于乙醇、乙醚、氯仿、甘油等有机溶液，难溶于石油醚；当温度高于65℃时，能跟水以任意比例互溶，其溶液沾到皮肤上用酒精洗涤，暴露在空气中呈粉红色。

苯酚常用于测定硝酸盐、亚硝酸盐及作有机合成原料等，实验室可用溴及$FeCl_3$检验。

苯酚产量大，1984年，世界总生产能力约为5Mt。苯酚用途广泛。第一次世界大战前，苯酚的唯一来源是从煤焦油中提取，绝大部分是通过合成方法得到，有磺化法、氯苯法、异丙苯法等方法。

苯酚工业生产以异丙苯法为主，该法具有产品纯度高、原料和能源消耗低等优点，但其发展受联产物丙酮的制约。近年来，人们开始研究苯直接羟基化(也称氧化)制苯酚的方法，其中有些成果已显示出工业化前景。目前研究的氧化剂类型主要有N_2O、H_2O_2、O_2/H_2等。

苯酚主要用于生产酚醛树脂、己内酰胺、双酚 A、己二酸、苯胺、烷基酚、水杨酸等，此外还可用作溶剂、试剂和消毒剂等，在合成纤维、合成橡胶、塑料、医药、农药、香料、染料以及涂料等方面具有广泛的应用。

2. 苯二酚

苯二酚有三种异构体，邻苯二酚又名茶酚，间苯二酚又名雷琐辛；对苯二酚又名氢醌。对苯二酚是无色固体，熔点 170℃，沸点 285.2℃，溶于水、乙醇、乙醚等溶剂中．对苯二酚极易被氧化成醌，它是一种强还原剂，可用作抗氧剂、显影剂、高分子单体的阻聚剂等。

对苯二酚可由苯胺氧化成对苯醌后，再经还原而得。间苯二酚具有杀灭细菌和真菌的能力，在医药上曾用于治疗皮肤病。对苯二酚和邻苯二酚易被氧化，可做还原剂。在生物体内，它们则以衍生物存在。例如，人体代谢的中间产物 3,4－二羟基苯丙氨酸(又名多巴)和医学上常用的肾上腺素中均含有儿茶酚(邻－苯二酚)的结构，具有升高血压和止喘的作用。

3. 萘酚

萘酚有二种异构体：

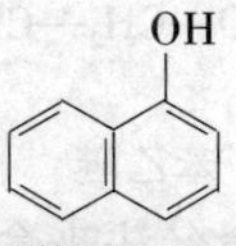

α－萘酚(1－萘酚)

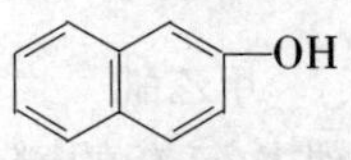

β－萘酚(2－萘酚)

α－萘酚是黄色结晶，与三氯化铁水溶液作用生成紫色沉淀。β－萘酚是无色结晶，与三氯化铁作用生成绿色沉淀。这两种萘酚都是合成染料的原料。此外，α－萘酚可作为鉴定糖类的试剂，β－萘酚则具有抗细菌、霉菌和寄生虫的作用。

第三节　醚

由两个烃基通过一个氧原子连接起来的化合物称为醚。或者说，水分子中的两个氢原子都被烃基取代后生成的化合物称为醚。醚也可以看作是醇或酚羟基上的氢原子被烃基取代的产物。醚的通式为：R—O—R，R—O—R′，Ar—O—R 或 Ar—O—Ar。

一、醚的分类和命名

1. 分类

醚
- 饱和醚
  - 简单醚　$CH_3CH_2OCH_2CH_3$
  - 混和醚　$CH_3OCH_2CH_3$
- 不饱和醚　$CH_3OCH_2CH{=}CH_2$　　$CH_2{=}CHOCH{=}CH_2$
- 芳香醚　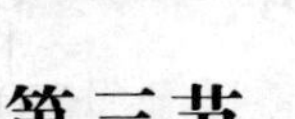 
- 环醚 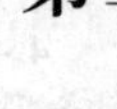　
- 大环多醚（冠醚）

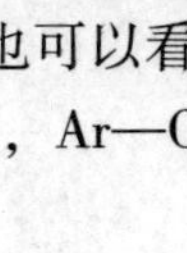
15－冠(醚)－5

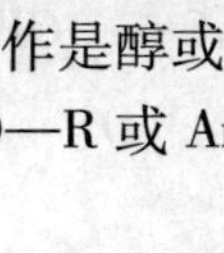
18－冠(醚)－6

当与氧原子连接的两个烃基相同时称为简单醚（或单醚），两个烃基不同时为混和醚（或混醚）；2 个烃基中有 1 个是不饱和基和芳基的称不饱和醚或芳醚；如果烃基与氧原子连接成环则称环醚；分子中具有（$—OCH_2CH_2O—)_n$ 重复单位，由于它们的形状似皇冠，称为冠醚。

2. 命名

（1）习惯命名法　醚的命名用得比较普遍的是习惯命名法。通常是先写出与氧原子相连的烃基名称（基字可以省略），再加上醚字。在单醚的名称中往往把“二”省略（但对芳香醚和某些不饱和烃基习惯上保留“二”字）。例如：

$CH_3CH_2—O—CH_2CH_3$

乙醚

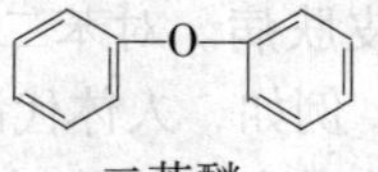

二苯醚

命名脂肪混醚时，把较小的烃基放在较大烃基的前面，芳香烃基在烷基前面，把“基”字全部省略，后面加醚字。例如：

$CH_3—O—CH_2—CH_3$

甲乙醚

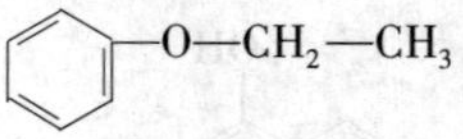

苯乙醚

（2）系统命名法　对于结构复杂的醚，可用系统命名法来命名。取最长碳链的烃基为母体，以含碳原子数少的烃氧基（RO—、ArO—）为取代基，称为某烷氧基某烷；当有不饱和烃基存在时，则选取不饱和程度最大的烃基为母体。例如：

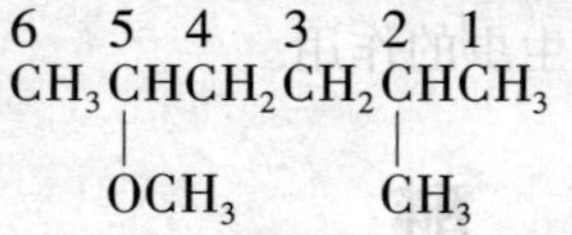

2－甲基－5－甲氧基己烷

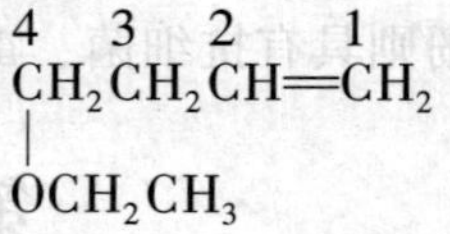

4－乙氧基－1－丁烯

环醚可以称为环氧“某”烷，也可以按杂环化合物的名称命名。例如：

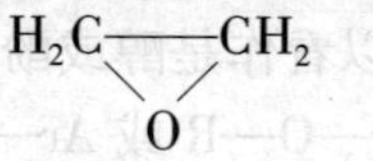

环氧乙烷

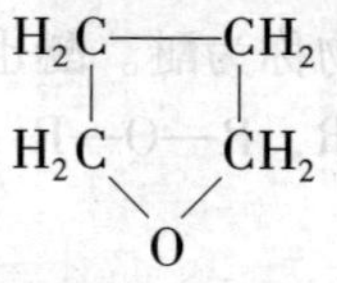

四氢呋喃

多元醚命名时，首先写出多元醇的名称，再写出另一部分烃基的数目和名称，最后加上醚字。如：

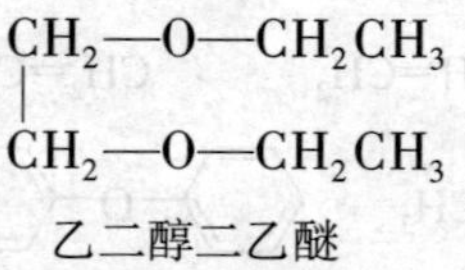

乙二醇二乙醚

$CH_3OCH_2CH_2OH$

乙二醇一甲醚

醚与同碳原子数的醇互为同分异构体，属于官能团异构。例如甲醚和乙醇互为同分异构体。

二、醚的物理性质

常温下，大多数醚为易挥发、易燃烧、有香味的液体。醚分子中因无羟基而不能在分子间生成氢键，因此醚的沸点比相应的醇低得多，与相对分子质量相近的烷烃相当。常温下，甲醚、甲乙醚、环氧乙烷等为气体，大多数醚为液体。

醚分子中的碳氧键是极性键，氧原子采用 sp^3 杂化，其上有两对未共用电子对，两个碳氧键之间形成一定角度，故醚的偶极矩不为零，易于与水形成氢键，所以醚在水中的溶解度与相应的醇相当。甲醚、1，4－二氧六环、四氢呋喃等都可与水互溶，乙醚在水中的溶解度为每100g水溶解约7g，其他低分子量的醚微溶于水，大多数醚不溶于水(表7－4)。

乙醚能溶于许多有机溶剂，本身也是一种良好的溶剂。乙醚有麻醉作用，极易着火，与空气混合到一定比例能爆炸，所以使用乙醚时要十分小心。

表7－4　醚的物理常数

名　　称	熔点/℃	沸点/℃	相对密度
甲醚	－138.5	－23	
甲乙醚		10.8	0.7252
乙醚	－116.62	34.51	0.7137
丙醚	－122	90.1	0.7360
异丙醚	－85.89	68	0.7241
正丁醚	－95.3	142	0.7689
正戊醚	－69	190	0.7833
乙烯基醚	－101	28	0.773
苯甲醚	－37.5	155	0.9961
苯乙醚	－29.5	170	0.9666
二苯醚	26.84	257.93	1.0748
环氧乙烷	－111	13.5(0.03MPa)	0.8824_{10}^{10}
四氢呋喃	－65	67	0.8892
1，4－二氧六醚	11.8	101(0.1MPa)	1.0337

三、醚的化学性质

醚是一类相当不活泼的化合物(环醚除外)。醚链对碱、氧化剂、还原剂都十分稳定。醚在常温下和金属钠不起反应，可以用金属钠来干燥。醚的稳定性稍次于烷烃，酸性不很强的试剂进行反应时可用醚做溶剂。但其稳定性是相对的，由于醚键(C—O—C)的存在，它又可以发生一些特有的反应。

1. 锌盐的生成

醚分子中的氧原子在强酸性条件下，可接受一个质子生成锌盐：

$$CH_3OCH_3 + H_2SO_4(浓) \rightleftharpoons [\,CH_3\underset{\displaystyle H}{\overset{+}{O}}CH_3\,]HSO_4^-$$

锌盐

锌盐可溶于冷的浓强酸中，用水稀释会分解析出原来的醚。所以不溶于水的醚能溶于强酸溶液中，利用醚的这种弱碱性，可分离提纯醚类化合物，也可鉴别醚类化合物。

2. 醚键的断裂

在较高温度下，浓氢碘酸或浓氢溴酸等强酸能使醚键断裂，生成卤代烃和醇或酚。若使用过量的氢卤酸，则生成的醇将进一步与氢卤酸反应生成卤代烃。

$$R—O—R' + HI(\text{过量}) \xrightarrow{\triangle} RI + R'OH \rightarrow R'I + H_2O$$

脂肪族混合醚与氢卤酸作用时，一般是较小的烷基生成卤代烷，当氧原子上连有三级烷基时，则主要生成三级卤代烷。例如：

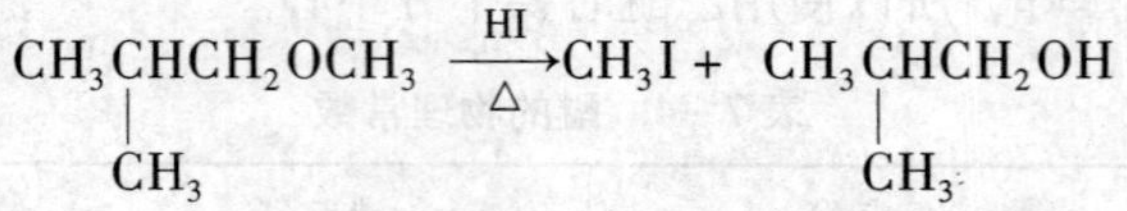

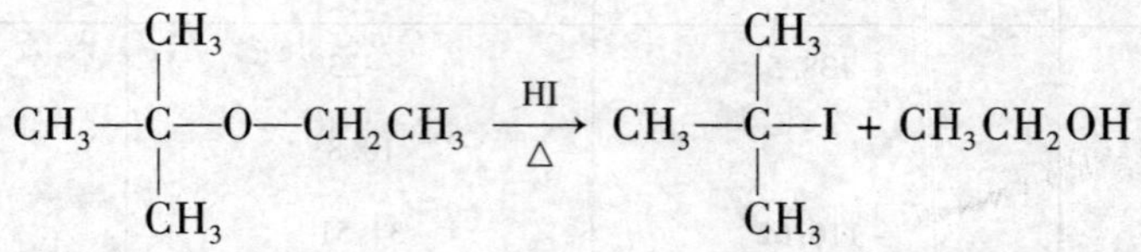

芳香醚由于氧原子与芳环形成 p-π 共轭体系，碳氧键不易断裂，如果另一烃基是脂肪烃基，则生成酚和卤代烷，如果两个烃基都是芳香基，则不易发生醚键的断裂。例如：

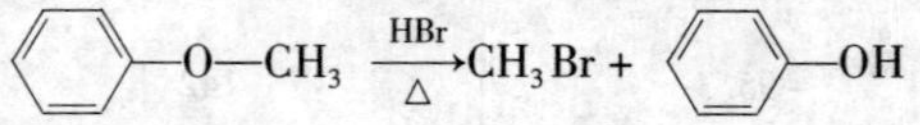

3. 过氧化物的生成

醚类化合物虽然对氧化剂很稳定，但许多烷基醚在和空气长时间接触下，会缓慢地被氧化生成过氧化物，氧化通常在 α-碳氢键上进行：

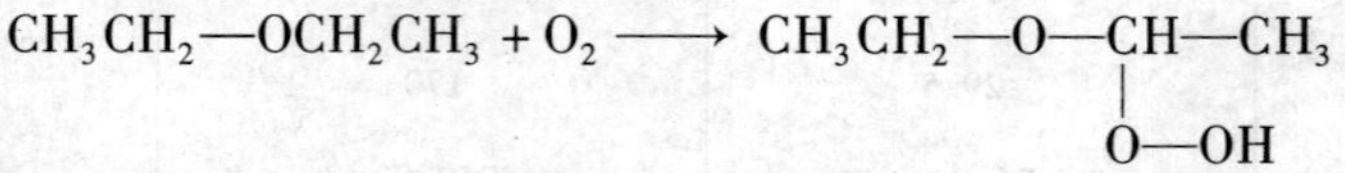

过氧化物不稳定，受热时容易分解而发生猛烈爆炸，因此在蒸馏或使用前必须检验醚中是否含有过氧化物。常用的检验方法是用碘化钾的淀粉溶液，或硫酸亚铁与硫氰化钾溶液，若前者呈深蓝色，或后者呈血红色，则表示有过氧化物存在。除去过氧化物的方法是向醚中加入还原剂（如 $FeSO_4$ 或 Na_2SO_3），使过氧化物分解。为了防止过氧化物生成，醚应用棕色瓶避光储存，并可在醚中加入微量铁屑或对苯二酚阻止过氧化物生成。

四、重要的醚

1. 乙醚

乙醚是醚类中最重要的一种，是医药上常用的全身吸入性麻醉剂，也是工业上常用的有机溶剂。乙醚是具有特殊气味的无色液体，沸点是 34.5℃，难溶于水，易溶于乙醇和氯仿中。因沸点低，极易挥发和着火。乙醚蒸气和空气混合到一定比例时，遇明火会引起爆炸，所以使用乙醚时要特别小心。

人体吸入少量的过氧化乙醚对呼吸道有刺激作用，吸入多量时能引起肺炎和肺水肿，另外还可引起恶心、呕吐等副作用。目前，作为麻醉剂用的乙醚已逐渐被性质更稳定、效果更好的安氟醚和异氟醚所替代。

2. 环氧乙烷

环氧乙烷可由乙烯在银的催化下氧化制得：

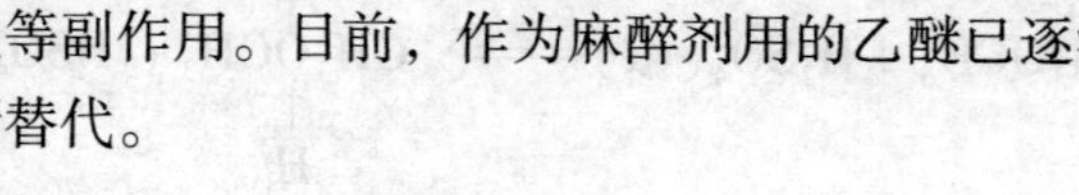

环氧乙烷是三元环醚，由于极性的碳氧键使环的角张力和扭转张力增大，所以与一般的

醚不同，其化学性质非常活泼，易和含活泼氢的试剂作用开环生成双官能团化合物：

$$\underset{\diagdown O \diagup}{CH_2—CH_2} \begin{cases} \xrightarrow{H_2O} HOCH_2CH_2OH \\ \xrightarrow{HBr} HOCH_2CH_2Br \\ \xrightarrow{NH_3} HOCH_2CH_2NH_2 \\ \xrightarrow{ROH} HOCH_2CH_2OR(\text{乙二醇醚}) \end{cases}$$

乙二醇醚具有醚和醇的双重性质，是很好的溶剂，俗称溶纤剂，广泛用于纤维工业和油漆工业中。

环氧乙烷还可与格氏试剂反应，产物经水解可得到比格氏试剂烃基多两个碳原子的伯醇，是制备伯醇的重要方法：

$$RMgX + \underset{\diagdown O \diagup}{CH_2—CH_2} \longrightarrow RCH_2CH_2OMgX \xrightarrow{H_3O^+} RCH_2CH_2OH$$

3. 大环多醚——冠醚(crown ethers)

它们的结构特征是分子中具有—$(OCH_2CH_2)_n$—重复单位。这类化合物具有特有的简化命名法，名称 x－冠－y 中的 x 是代表环上原子的总数，y 字代表氧原子总数。

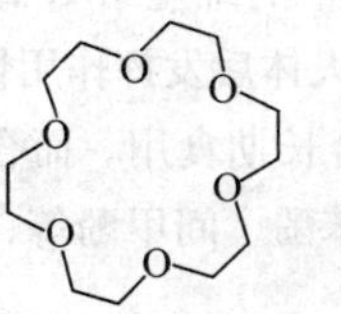

18–冠–6

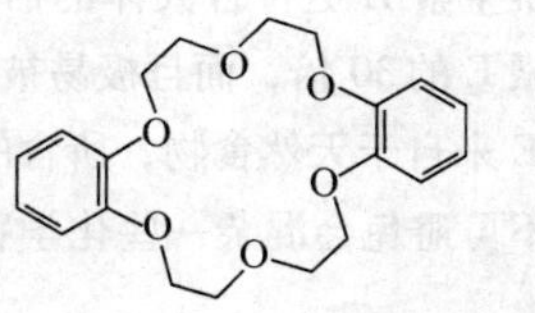

二苯基–18–冠–6

冠醚的重要特点是具有特殊的络合能力，因此根据环中间的空穴大小，可以与不同离子络合，如 12－冠－4 可以络合 Li^+，但不能络合 K^+；而 18－冠－6 可以络合 K^+，但不络合 Li^+ 或 Na^+。

冠醚的另一个特点是可与许多有机物互溶。这点在有机合成上也很有用，因为有机合成常用无机试剂，而有机物与无机物常常找不到一个共同适合的溶剂，从而影响反应顺利地进行，冠醚在这方面可以起到很突出的作用。

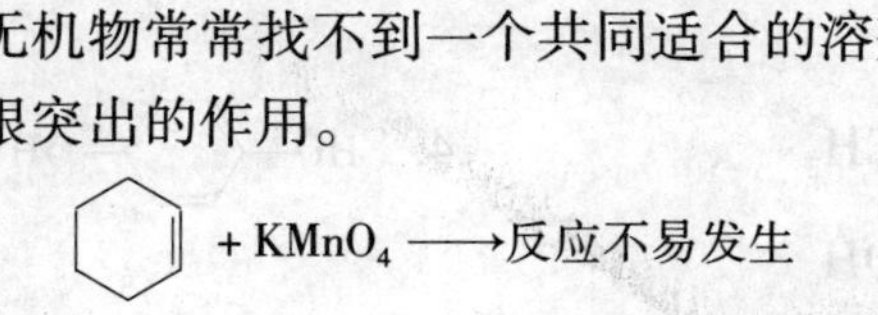

这是由于该醚能与 K^+ 络合，使高锰酸钾能以络合物形式溶于环己烯中，使氧化剂能很好地和反应物接触。因而氧化反应速率大大加快。产率也大为提高，在这个反应中冠醚实际上是促使氧化剂由水转移到有机相，是相转移剂，所以冠醚被称为相转移催化剂。冠醚毒性大，价钱高。

$$\underset{\text{固相或水相}}{KMnO_4} + \text{18–冠–6} \rightleftharpoons \text{(}K^+\text{)}\ KnO_4^- \quad \text{溶于有机相}$$

知识链接

维生素 E

维生素 E 是一种脂溶性维生素，又称生育酚，是最主要的抗氧化剂之一。维生素 E 是一种天然存在的酚，广泛存在于各种食物中，在麦胚油中含量最高，各种油料种子、坚果类、谷类、豆类中含量也很丰富。因它与动物生殖功能有关，故又称为生育酚，生育酚在自然界中有 α、β、γ、δ 等多种异构体，其中 α - 生育酚(即维生素 E)活性最高。

维生素 E 是黄色油状物，熔点 2.5～3.5℃，临床上常用以治疗先兆流产和习惯性性流产，近年来还用于治疗痔疮、冻疮、各种类型的肌痉挛、胃及十二指肠溃疡等。维生素 E 可作为体内自由基的清除剂或抗氧化剂，具有延缓衰老的作用。

在众多的抗氧化剂中，维生素 E 可称得上是其中的佼佼者，维生素 E 是防御体内脂质过氧化反应的第一道防线，它能中止自由基对细胞膜的攻击和伤害，保护细胞膜中不饱和脂肪酸免受自由基的攻击，是细胞膜维持稳定性所不可缺少的抗氧化成分。因此不少中老年人通过它来延缓衰老，很多女性则喜欢选用添加了维生素 E 的护肤品，以更好地美容嫩肤，维生素 E 已经成为许多现代人日常必备的抗氧化剂。

虽然补充维生素 E 已是一种流行的“投资”，但在日常应用中却很少有人会注意它的来源。维生素 E 分两种：一种是天然维生素 E，一般从天然植物提取精制而成；另一种是合成维生素 E，一般以石油化工副产物为原料制成。很多人认为天然植物提取和人工化学合成的维生素 E 效果相差无几，其实天然维生素 E 的活性作用要比合成品至少高出一倍多，而且更安全。

根据长期的研究发现，天然维生素 E 更符合人体的需要。如小麦胚芽中的维生素 E 高达 22mg/100g，其生理活性效能是人工合成维生素 E 的 30 倍，而且极易被人体吸收，进入人体后发挥作用快，可发挥更强的抗氧化能力。由于天然维生素 E 来自于天然食物，所含的杂质少，更适合长期食用。而合成维生素 E 主要经化学途径合成，生产过程中不可避免会混杂一些化学物质，如三甲基苯酚、间甲酚等，对人体有一定的副作用。

习　题

一、写出下列化合物的名称。

1. 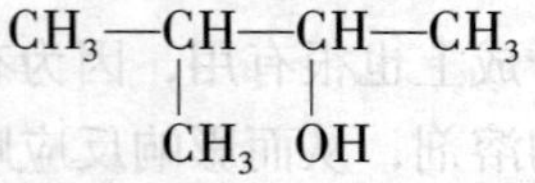

2. 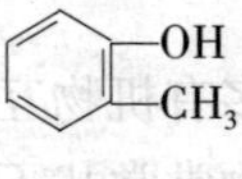

3. 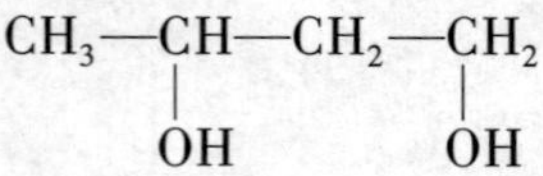

4. 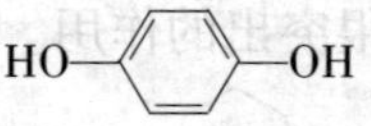

5. 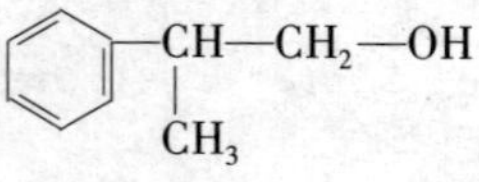

6. 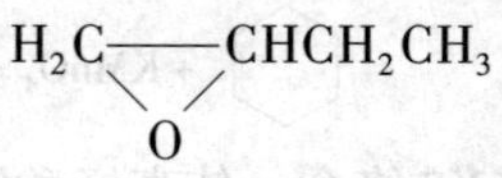

7. 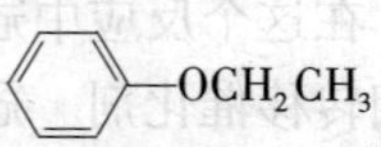

8. 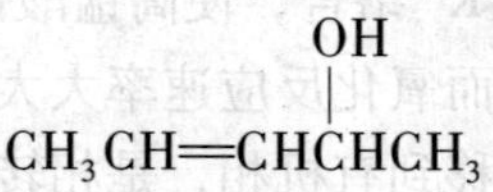

二、写出下列化合物的结构式。

1. 3 - 己炔 -2 - 醇　　2. 石炭酸　　3. 苄醇　　4. 苦味酸

5. 2 - 甲氧基丁烷　　6. 苯甲醚　　7. 2,4 - 二甲基苯甲醇　　8. 间氯苯酚

三、完成下列反应式。

1. $CH_3-\underset{CH_3}{\overset{CH_3}{\underset{|}{\overset{|}{C}}}}-OH \quad + HCl \xrightarrow[20℃]{ZnCl_2}$

2. $CH_3CH_2\overset{CH_3}{\overset{|}{C}}H\underset{OH}{\underset{|}{C}}HCH_3 \xrightarrow[\triangle]{浓\ H_2SO_4}$

3. $CH_3-CH_2-CH-CH_2-CH_3 \xrightarrow{[O]}$

4. 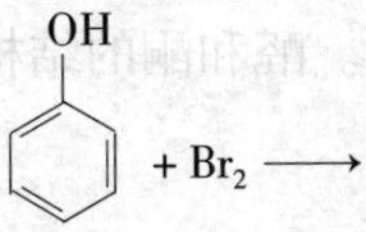

5. $CH_3\underset{OH}{\underset{|}{C}}HCH_2CH_3 \quad + HBr \xrightarrow{\triangle}$

6. $CH_3\underset{OH}{\underset{|}{C}}HCH_3 \xrightarrow{KMnO_4}$

7. 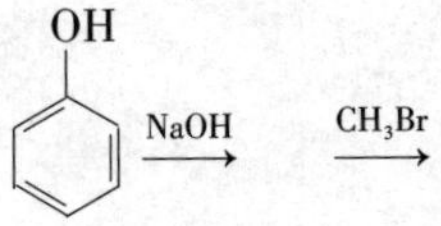

8. $CH_3-O-CH_2CH_2CH_3 \xrightarrow[\triangle]{HI}$

9. $C_2H_5-O-C_2H_5 \xrightarrow{O_2} \quad \xrightarrow[\triangle]{HI}$

四、用化学方法鉴别下列各组化合物。

1. 2－丁烯－1－醇、2－丁醇、2－甲基－2－丁醇
2. 丁醇、乙醚、叔丁醇
3. 苯甲醇、对甲基苯酚、苯

五、分子式为 C_3H_8O 的三种有机化合物 A、B、C。A 与金属钠不反应；C 和 B 都能与金属钠反应放出氢气；B 氧化生成醛，C 氧化生成酮。根据上述性质试写出 A、B、C 的结构简式和名称。

六、分子式为 $C_5H_{12}O$ 的化合物 A，能与金属钠作用放出氢气；能被中性高锰酸钾氧化生成 B；能与浓硫酸共热生成 C。C 经酸性高锰酸钾氧化得到丙酮和乙酸，试推出 A、B、C 的结构式，写出各步反应的化学方程式。

七、分子式为 C_7H_8O 的芳香族化合物 A，与金属钠无反应；与浓氢碘酸作用生成 B 和 C，B 能与 NaOH 反应，并与 $FeCl_3$ 作用显紫色。C 与硝酸银乙醇溶液作用产生黄色沉淀，推断 A、B、C 的结构，写出各步反应的化学方程式。

第八章　醛、酮、醌

醛、酮、醌分子中含有官能团羰基（ >C═O ），故称为羰基化合物。

羰基的碳原子分别与烃基及氢相连的化合物称为醛（甲醛例外，羰基与 2 个氢原子相连接）。把连有一个氢原子的羰基称为醛基（—CHO），醛基是醛的官能团。羰基与 2 个烃基相连的化合物称为酮。酮分子中的羰基又称为酮基，酮基是酮的官能团。醛和酮的结构通式分别如下：

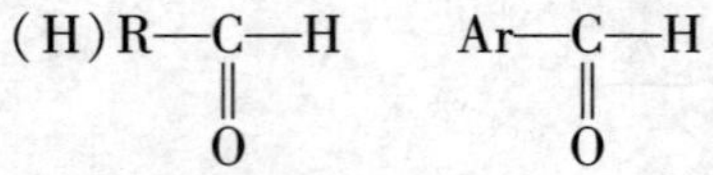

醛

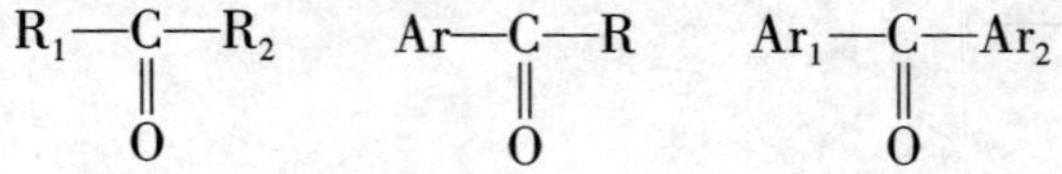

酮

醌是环已二烯二酮类化合物。例如：

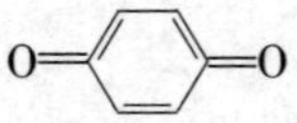

对苯醌

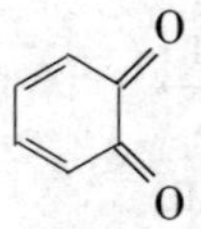

邻苯醌

羰基化合物广泛存在于自然界，它们既是参与生物代谢过程的重要物质，如甘油醛（$HOCH_2CHOHCHO$）和丙酮酸（$HOOCCOCH_3$）是细胞代谢作用的基本成分，又是有机合成的重要原料和中间体。

第一节　醛、酮

一、醛、酮的分类和命名

1. 醛、酮的分类

根据羰基所连烃基的结构，醛、酮可以分为脂肪族、脂环族和芳香族醛、酮等。

醛、酮
- 脂肪醛、酮
  - 饱和醛、酮，例如：CH_3CHO　CH_3COCH_3
  - 不饱和醛、酮，例如：$CH_2═CHCH_2CHO$　$CH_2═CHCH_2COCH_2CH_3$
- 芳香醛、酮，例如：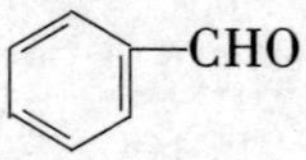　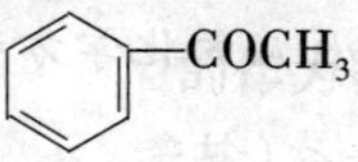
- 脂环醛，酮，例如：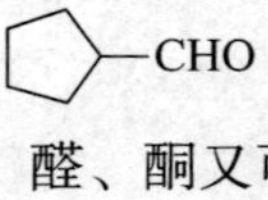　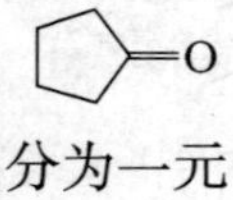

根据分子中羰基的数目，醛、酮又可以分为一元、二元和多元醛、酮等。例如：

OHC—CHO 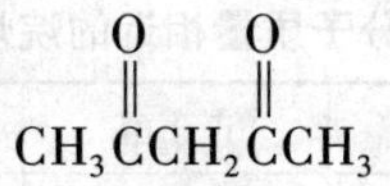 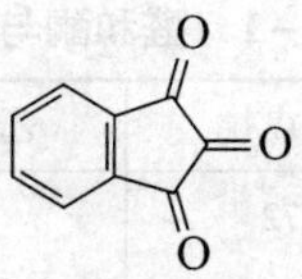

二元醛　　二元酮　　多元酮

碳原子数相同的饱和一元醛、酮互为位置异构体，具有相同的通式：$C_nH_{2n}O$。

2. 醛、酮的命名

脂肪醛、酮的系统命名与醇的命名相似，选择分子中含羰基碳原子在内的最长碳链为主链，并从靠近羰基的最近端开始给主链碳原子编号。将主链上的取代基、不饱和键、酮基的位置、数目、名称写在醛、酮的前面，先写小基团后写大基团，并用“－”将它们隔开。按主链碳原子数目称为某醛或某酮。例如：

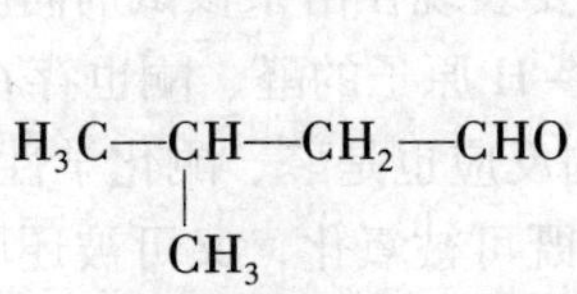

3－甲基丁醛

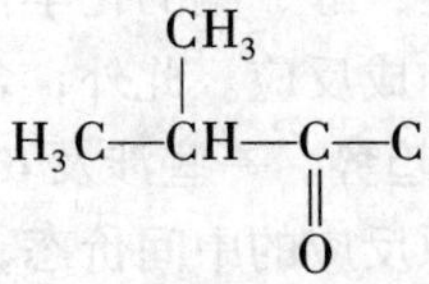

3－甲基－2－丁酮

芳香醛的命名可将芳香烃基作为取代基如苯甲醛、苯乙醛等；芳香酮的命名类似于简单的脂肪酮的命名，例如：

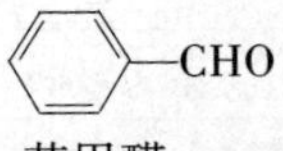

苯甲醛

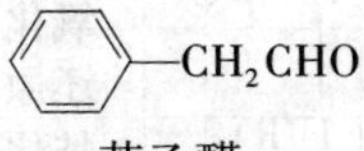

苯乙醛

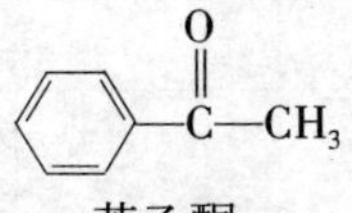

苯乙酮

酮也可以按照羰基所连接的两个烃基而采用普通命名法命名。如把丁酮称为甲乙酮，3－戊酮称为二乙酮，一般用于简单的低级酮。

碳原子的位置也可用希腊字母表示，与官能团(醛基或羰基)相连的第一个碳原子称为α－碳，第二个碳原子称为β，其他以此类推。例如：

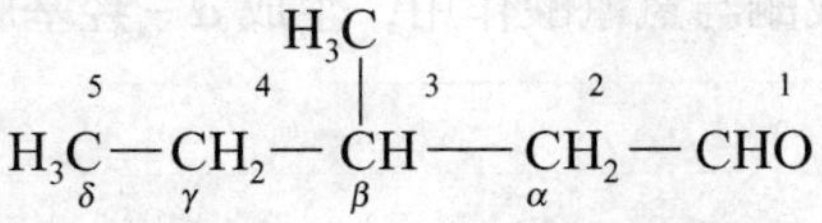

3-甲基戊醛　(β-甲基戊醛)

此外，醛、酮还可根据它最初的来源或它氧化后所生成酸的俗名来命名，例如：

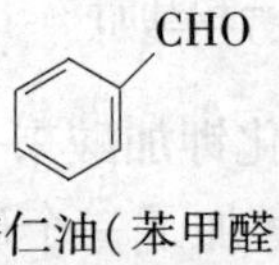

杏仁油(苯甲醛)

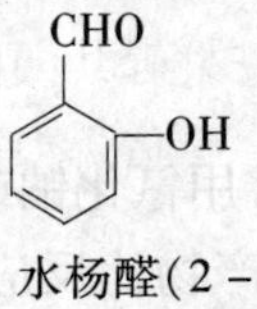

水杨醛(2－羟基苯甲醛)

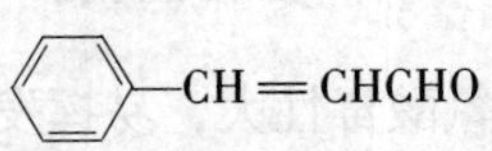

肉桂醛(3－苯基丙烯醛)

二、醛、酮的物理性质

室温下，除甲醛是气体外，十二个碳原子以下的脂肪醛、酮为液体，高级脂肪醛、酮和芳香酮多为固体。酮和芳香醛具有愉快的气味，低级醛具有强烈的刺激气味，中级醛具有果香味，所以含有 $C_9 \sim C_{10}$个碳原子的醛可用于配制香料。

由于羰基的极化度相当大，所以醛、酮的沸点比相应的烷烃和醚都高。但因为醛、酮分子间不能形成氢键。故其沸点低于相应的醇。例如表 8－1。

表 8-1 醛和酮与相对分子质量相近的烷烃和醚、醇和酸沸点比较

化合物	正戊烷	乙 醚	正丁醛	丁 酮	正丁醇	丙 酸
相对分子质量	72	74	72	72	74	74
沸点/℃	36	35	76	80	118	141

醛、酮的羰基能与水分子形成氢键，所以四个碳原子以下的低级醛、酮易溶于水，如甲醛、乙醛、丙醛和丙酮可与水互溶，其他醛、酮在水中的溶解度随相对分子质量的增加而减小。高级醛、酮微溶或不溶于水，易溶于一般的有机溶剂。

三、醛、酮的化学性质

醛、酮虽然是两类不同的化合物，但它们分子中也有共同的结构特征，即分子中都含有羰基，由于羰基的极性，醛、酮的化学性质主要表现在由亲核试剂向电子云密度较低的羰基碳进攻而引起的亲核加成反应。此外，含有 α-H 原子的醛、酮也存在超共轭效应，有促使 α-H 原子变为质子的趋势。一些涉及 α-H 的反应也是醛、酮化学性质的主要部分。另外，醛、酮处于氧化-还原反应的中间价态，它们既可被氧化，又可被还原，所以氧化-还原反应也是醛、酮的一类重要反应。

综上所述，醛、酮的化学反应可归纳如下：

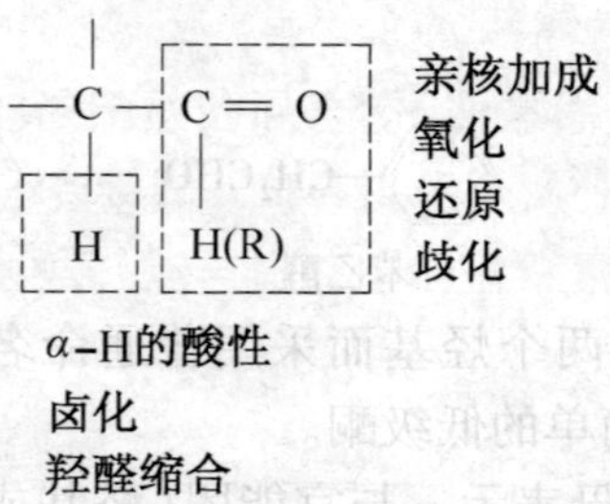

1. 亲核加成反应

(1) 与氢氰酸加成　醛或酮与氢氰酸作用，生成 α-羟基腈。反应是可逆的，少量碱存在可加速反应进行。

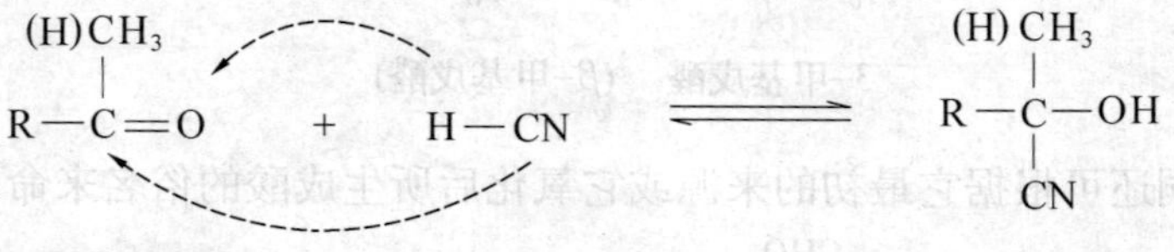

醛或甲基酮　　　　　　α-羟基腈

由于氢氰酸毒性大，易挥发，在实验室中，常用氰化钠或氰化钾加酸来代替氢氰酸。

α-羟基腈可进一步水解成 α-羟基酸。由于产物比反应物增加了一个碳原子，所以该反应是有机合成中增长碳链的方法。

醛酮的分子结构对其亲核加成反应有影响。羰基碳的电子云密度越低、空间位阻越小，反应越容易进行。酮与醛相比较，酮的羰基与两个供电子的烷基相连，醛与1个供电子烷基相连，羰基上的2个烷基占有较大的空间形成空间位阻，亲核试剂难以进攻，所以酮的加成反应活性较醛低。如上述反应，所有的醛都可与氢氰酸加成，而酮则限于脂肪族甲基酮和少于8个碳的环酮，其他的酮则很难发生反应。

（2）与亚硫酸氢钠加成　醛、脂肪族甲基酮和少于8个碳的环酮与饱和亚硫酸氢钠溶液作用，生成α-羟基磺酸钠。反应是可逆的，必须加入过量的饱和亚硫酸氢钠溶液，以促使平衡向右移动。

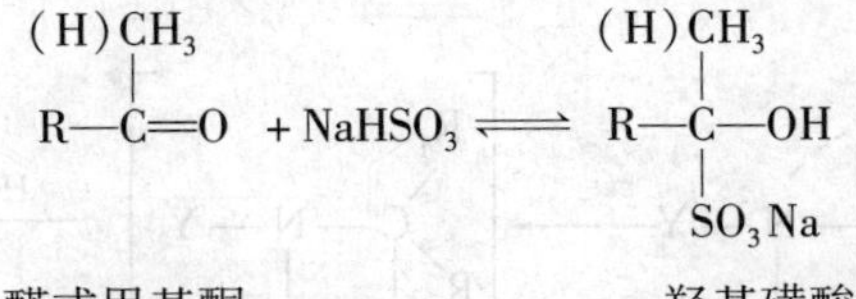

醛或甲基酮　　　　α-羟基磺酸钠

由于α-羟基磺酸钠不溶于饱和亚硫酸氢钠溶液，以白色沉淀析出，所以此反应可用来鉴别醛、酮。另外，α-羟基磺酸钠溶于水而不溶于有机溶剂，与稀酸或稀碱共热可分解析出原来的羰基化合物，所以此反应也可用于分离提纯某些醛、酮。

（3）与醇加成　在干燥氯化氢的作用下，醇可与醛中的羰基亲核加成生成半缩醛，分子中同时产生半缩醛羟基。

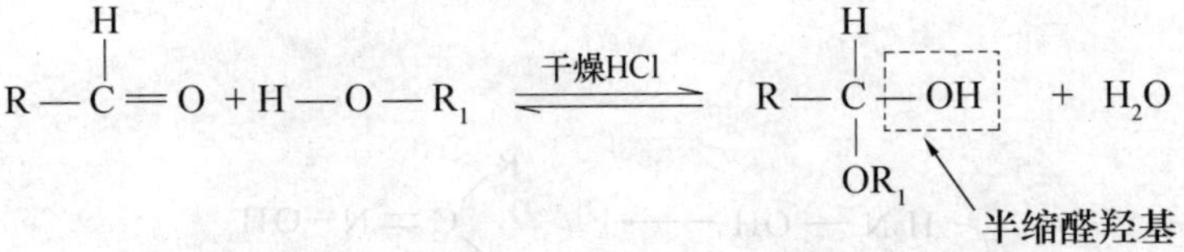

半缩醛羟基一般较活泼，在相同条件下，过量的醇与半缩醛进一步反应，失去一分子水生成较稳定的缩醛。

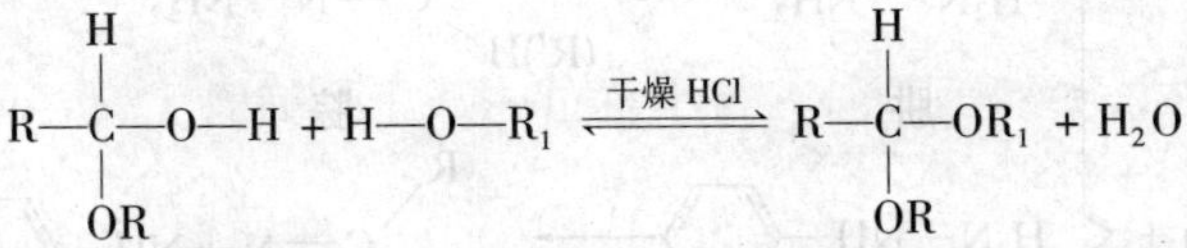

半缩醛性质不稳定，易分解成醛和醇；环状的半缩醛比较稳定，是糖类环状结构的基础。在同样条件下，酮难以形成半缩酮和缩酮，但在无水酸催化下，酮能与乙二醇等二元醇反应生成环状缩酮。

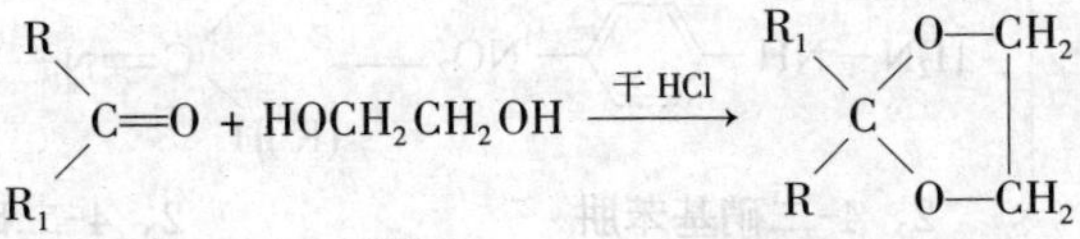

缩醛对碱、氧化剂、还原剂等都比较稳定，但在酸性溶液中易水解为原来的醛和醇，因此，在羰基化合物与醇的加成反应中要使用干燥的 HCl 为催化剂。

在有机合成中，常利用生成缩醛的方法来保护醛基，使活泼的醛基在反应中不被破坏，一旦反应完成后，再用酸水解释放出原来的醛基。

（4）与氨的衍生物加成　醛酮可以和某些氨的衍生物发生加成反应。

常见氨的衍生物有：

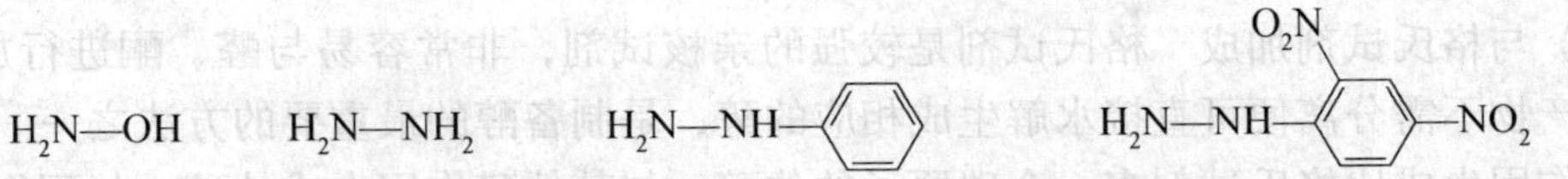

羟胺　　肼　　苯肼　　2, 4-二硝基苯肼

氨的衍生物分子中氮原子上含有未共用电子对。醛、酮能与许多氨的衍生物（又称羰基

试剂，用 NH_2—Y 表示，Y 代表不同的取代基）进行亲核加成，生成不稳定的加成产物，继而消除一分子水，形成含有 >C═N—Y 结构的化合物。

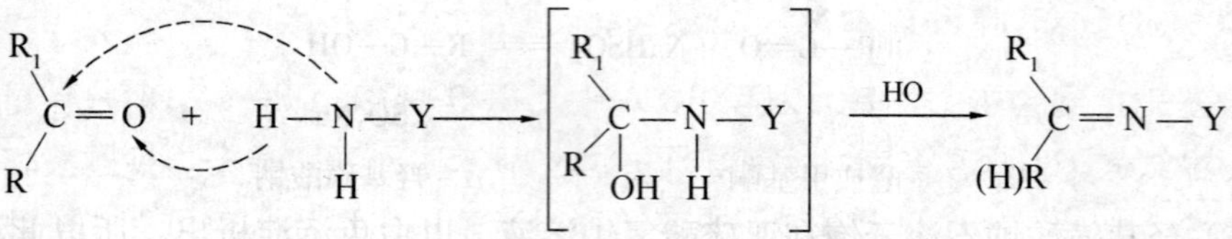

也可以直观地写为：

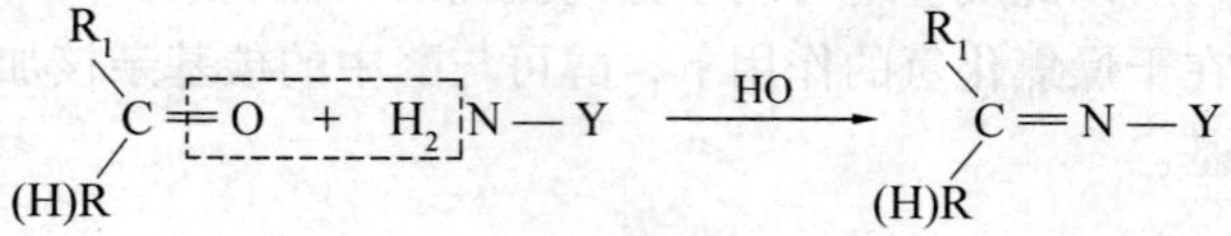

如：

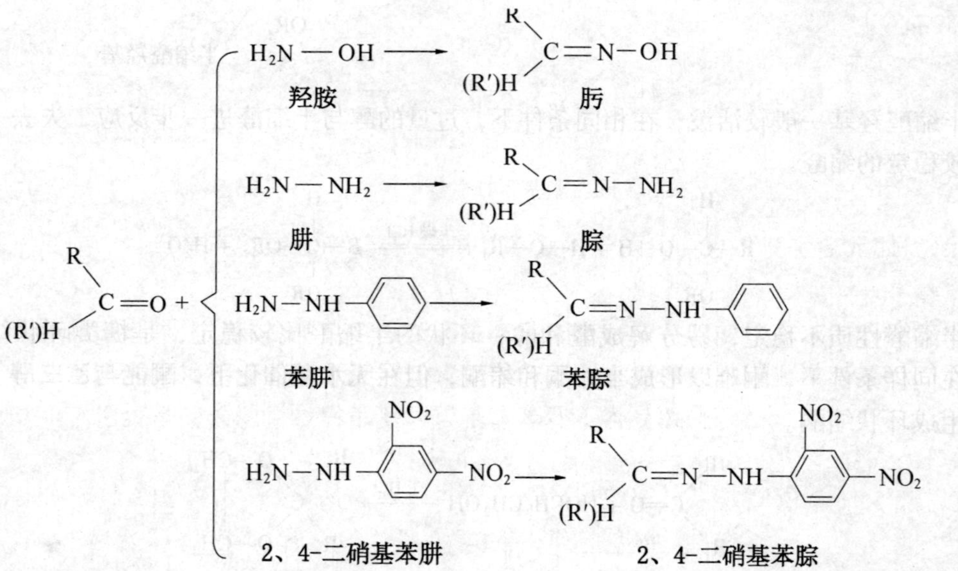

上述加成产物，如肟、苯腙、2,4－二硝基苯腙等一般为固体结晶，且具有固定的熔点，容易分离和提纯，与稀酸共热水解为原来的醛、酮，故常用于醛、酮的鉴别、分离和提纯。上述试剂也被称为羰基试剂，尤其是2,4－二硝基苯肼与醛、酮反应的生成物2,4－二硝基苯腙为鲜明的黄色晶体或棕色晶体，易于观察，更常用于醛、酮的鉴定。临床上用2,4－二硝基苯肼与丙酮酸起反应，通过测定生成物丙酮酸2,4－二硝基苯腙量的多少，来测定转氨酶的活性。

（5）与格氏试剂加成　格氏试剂是较强的亲核试剂，非常容易与醛、酮进行加成反应，加成的产物不需分离便可直接水解生成相应的醇，是制备醇的最重要的方法之一。格氏试剂与甲醛作用生成比格氏试剂多一个碳原子的伯醇，与其他醛作用生成仲醇，与酮作用生成叔醇。反应通式如下：

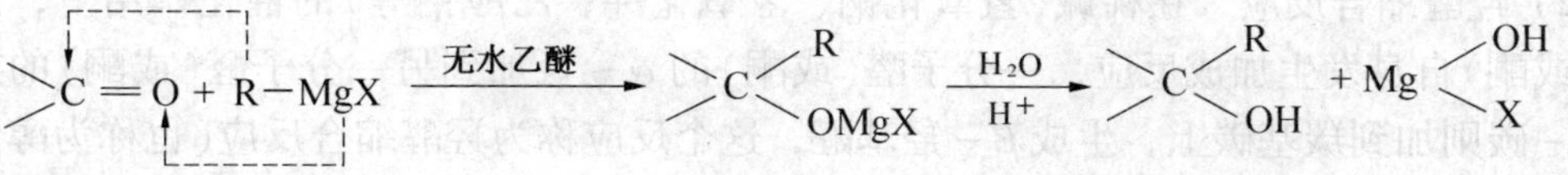

由于产物比反应物增加了碳原子，所以该反应是有机合成中增长碳链的方法。

2. α-H 的反应

醛、酮分子中与羰基直接相连的碳原子，称为α-碳原子，α-碳原子上的氢称为α-氢原子(α-H)。α-氢原子因受羰基的影响而变得活泼，可发生卤代反应和缩合反应。

(1) 卤代及碘仿反应　在酸或碱的催化下，醛、酮分子中的α-H可逐步被卤素取代生成α-卤代醛、酮。在酸催化下，可通过控制反应条件，得到一卤代物。在碱的催化下，能使反应达到二卤代物或三卤代物阶段。利用这个反应可以制备各种卤代醛、酮。

$$-\underset{\large H}{\overset{|}{\underset{|}{C}}}-\overset{O}{\overset{\|}{C}}- + X_2 \xrightarrow{H^+\text{或}OH^-} -\underset{\large X}{\overset{|}{\underset{|}{C}}}-\overset{O}{\overset{\|}{C}}- + HX(X=Cl, Br, I)$$

具有 $CH_3-\overset{O}{\overset{\|}{C}}-H(R)$ 结构的醛、酮(如乙醛和甲基酮)，在碱的催化下，能生成三卤代物。三卤代物在碱性溶液中不稳定，立即分解成三卤甲烷(卤仿)和羧酸盐。

$$(H)R-\overset{O}{\overset{\|}{C}}-CH_3 \xrightarrow{X_2+NaOH} (H)R-\overset{O}{\overset{\|}{C}}-CX_3$$

$$(H)R-\overset{O}{\overset{\|}{C}}-CX_3 + NaOH \longrightarrow (H)RCOONa + CHX_3$$

由于有卤仿生成，故称为卤仿反应。如用次碘酸钠，产物为碘仿，其反应就称为碘仿反应。碘仿是不溶于水的黄色固体，并有特殊气味，易于观察。因此常用碘和氢氧化钠溶液来鉴别乙醛或甲基酮。

反应过程分为三步：首先，碘和氢氧化钠生成次碘酸钠；然后，醛、酮中的3个α-H被碘取代生成三碘化物；最后三碘化物分解成碘仿和羧酸盐。其总反应式为：

$$CH_3-\overset{O}{\overset{\|}{C}}-H(R) + 3I_2 + 4NaOH \longrightarrow CHI_3\downarrow + (R)H-\overset{O}{\overset{|}{C}}-ONa + 3NaI + 3H_2O$$

由于 NaOI 具有氧化性，能把乙醇和具有 $CH_3-\overset{OH}{\overset{|}{C}H}-$ 结构的醇氧化成相应的乙醛或甲基酮，因此具有 $CH_3-\overset{OH}{\overset{|}{C}H}-$ 结构的醇也能发生碘仿反应。

$$CH_3CH_2OH \xrightarrow{NaOI} CH_3CHO \xrightarrow{NaOI} CHI_3\downarrow + HCOONa$$

$$R-\overset{OH}{\overset{|}{C}H}-CH_3 \xrightarrow{NaOI} R-\overset{O}{\overset{\|}{C}}-CH_3 \xrightarrow{NaOI} + CHI_3\downarrow + RCOONa$$

所以碘仿反应也可作为乙醇和具有 $CH_3-\overset{OH}{\overset{|}{C}H}-$ 结构的醇的鉴别反应。

(2) 羟醛缩合反应　在稀碱(氢氧化钠、氢氧化钾、乙醇钠等)的催化作用下，两分子的醛(或酮)自身发生加成反应，一分子醛(或酮)的 α－氢加到另一分子醛(或酮)的羰基氧上，α－碳则加到羰基碳上，生成 β－羟基醛，这个反应称为羟醛缩合反应(也称为醇醛缩合反应)，这也是有机合成中增长碳链的一种方法。例如：

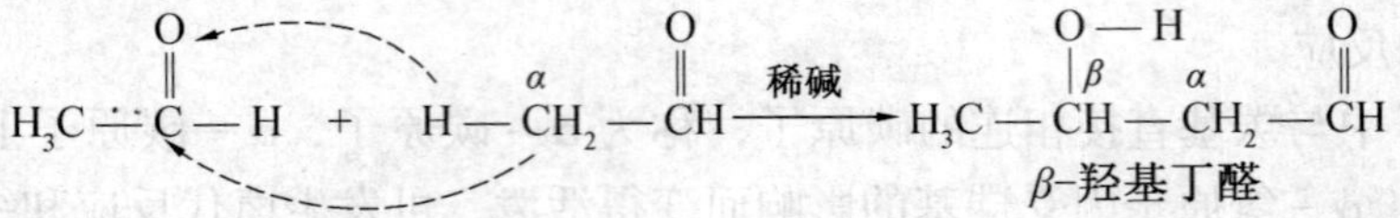

反应生成的 β－羟基醛，加热时容易脱水生成 α，β－不饱和醛：

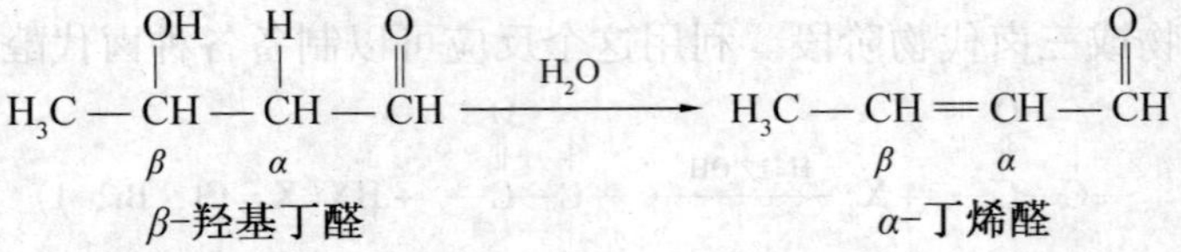

在羟醛缩合反应中，①两种不含 α－H 的醛或酮不能发生羟醛缩合反应。②如果使用两种不同的含有 α－H 的醛，则可得到四种羟醛缩合产物的混合物，不易分离，无制备意义。③如果一个含 α－H 的醛和另一个不含 α－H 的醛发生交叉缩合反应，则可得到收率好的单一产物。例如：

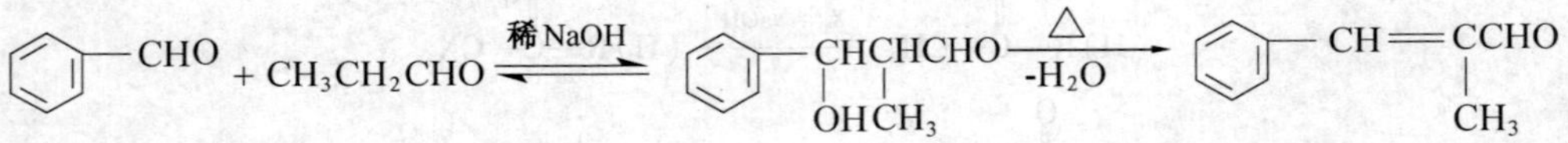

④两分子酮进行缩合时，由于电子效应和空间效应的影响，在同样的条件下，只能得到少量缩合产物。

3. 还原反应

醛和酮可以被多种还原剂还原成醇，利用醛和酮的还原反应，可以制备相应的醇。在不同的条件下，还原的产物不同。

① 羰基还原为羟基：用催化氢化的方法，醛、酮可分别被还原为伯醇或仲醇，常用的催化剂是镍、钯、铂。

$$RCHO + H_2 \xrightarrow{Ni} RCH_2OH$$

$$\underset{R_1}{\overset{R}{>}}C=O + H_2 \xrightarrow{Ni} \underset{R_1}{\overset{R}{>}}CHOH$$

催化氢化的选择性不强，分子中同时存在的不饱和键也同时会被还原。例如：

$$CH_3CH=CH-CHO + H_2 \xrightarrow{Ni} CH_3CH_2CH_2CH_2OH$$

某些金属氢化物如硼氢化钠($NaBH_4$)、异丙醇铝($Al[OCH(CH_3)_2]_3$)及氢化铝锂($LiAlH_4$)有较高的选择性，它们只还原羰基，不还原分子中的不饱和键。例如：

$$CH_3CH=CH-CHO \xrightarrow{NaBH_4} CH_3CH=CHCH_2OH$$

② 羰基还原为亚甲基：用锌汞齐与浓盐酸可将羰基直接还原为亚甲基，这个方法称为克莱门森还原法。

$$\rangle C{=}O \xrightarrow[\text{浓 HCl}]{Zn-Hg} \rangle CH_2$$

该方法是在浓盐酸介质中进行的。因此，分子中若有对酸敏感的其他基团，如醇羟基、碳碳双键等不能用这个方法还原。

用伍尔夫－吉日聂尔－黄鸣龙还原法也可将羰基还原为亚甲基。伍尔夫－吉日聂尔的方法是将羰基化合物与无水肼反应生成腙，然后在强碱作用下，加热、加压使腙分解放出氮气而生成烷烃。

$$\rangle C{=}O + NH_2NH_2(\text{无水}) \longrightarrow \rangle C{=}NNH_2 \xrightarrow[\text{加热加压}]{KOH} \rangle CH_2 + N_2\uparrow$$

这个反应广泛用于天然产物的研究中，但条件要求高，操作不便。1946 年，我国化学家黄鸣龙改进了这个方法。他采用水合肼、氢氧化钠和一种高沸点溶剂与羰基化合物回流生成腙，再将水及过量肼蒸出，然后升温至 200°C 回流 3～4h 使腙分解得到烷烃。改进后的方法提高了产率，应用更加广泛。

该反应是在碱性介质中进行的，不适用于对碱敏感的分子。

伍尔夫－吉日聂尔－黄鸣龙还原法可与克莱门森还原法互相补充。

4. 歧化反应

不含 $\alpha-H$ 的醛，如 HCHO、R_3C—CHO 等，与浓碱共热发生自身的氧化－还原反应，一分子醛被氧化成羧酸，另一分子醛被还原为醇，这个反应叫作歧化反应，也叫作康尼扎罗反应。例如：

$$2HCHO \xrightarrow{\text{浓 NaOH}} HCOO^- + CH_3OH$$

两种无 $\alpha-H$ 的醛进行交叉歧化反应的产物复杂，不易分离，因此无实际意义。但如果用甲醛与另一种无 $\alpha-H$ 的醛进行交叉歧化反应时，甲醛总是被氧化为甲酸，另一种醛被还原为醇。例如：

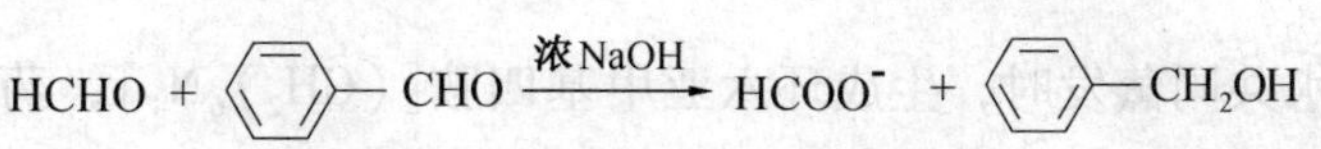

5. 氧化反应

醛羰基碳上连有氢原子，所以醛很容易被氧化为相应的羧酸，甚至空气中的氧都可将醛氧化。酮一般不被氧化，在强氧化剂作用下，则碳碳键断裂生成小分子的羧酸，无制备意义，只有环酮的氧化常用来制备二元羧酸。若使用弱氧化剂，则醛能被氧化而酮不被氧化，这是实验室区别醛、酮的方法。常用的氧化剂有下列几种：

（1）托伦（Tollens）试剂　托伦试剂的制备：在硝酸银溶液中滴加稀氨水，边加边振荡，直到最初产生的褐色的氧化银沉淀恰好溶解，所得的无色透明溶液即为银氨溶液或托伦试剂。托伦试剂的主要成分是银氨络离子 $[Ag(NH_3)_2]^+$。化学反应如下：

$$AgNO_3 + 3NH_3 \cdot H_2O \longrightarrow [Ag(NH_3)_2]OH + NH_4NO_3 + H_2O$$

当托伦试剂与醛共热时，生成羧酸和银，银在试管内壁上形成明亮的银镜，故此反应称为银镜反应。

$$(Ar)R—CHO + 2[Ag(NH_3)_2]OH \xrightarrow{\triangle} (Ar)R—COONH_4 + 2Ag\downarrow + 3NH_3\uparrow + H_2O$$

所有醛都能发生银镜反应，酮不发生此反应，因此银镜反应可用于鉴别醛、酮。

（2）斐林（Fehling）试剂　由 A、B 两种溶液组成，A 为硫酸铜溶液，B 为酒石酸钾钠和氢氧化钠溶液，使用时等量混合组成斐林试剂。其中酒石酸钾钠的作用是使铜离子形成配合物而不致在碱性溶液中生成氢氧化铜沉淀。费林试剂的主要成分等同于 $Cu(OH)_2$。

脂肪醛与斐林试剂反应，生成氧化亚铜砖红色沉淀。

$$RCHO + Cu^{2+} \xrightarrow{OH^-} RCOO^- + Cu_2O\downarrow$$

酮及芳香醛不与斐林试剂反应，所以可以用新制的斐林试剂来鉴别脂肪醛和芳香醛。

6. 与希夫(Schiff)试剂的反应

品红是一种红色染料，在其水溶液中通入二氧化硫，红色褪去成为无色溶液，即希夫试剂，因此希夫试剂又称为品红亚硫酸试剂。醛与希夫试剂作用立即呈现紫色，反应灵敏。酮不与希夫试剂反应。这是鉴别醛、酮的简便方法。

加入希夫试剂后，甲醛所显的颜色加硫酸后不消失，而其他醛所显的颜色加硫酸后褪去，故可用此法鉴别甲醛与其他醛。

在做本检测反应时，不能加热，溶液中也不能含有碱性物质及氧化剂，因为它们都能与亚硫酸作用使试剂变回原来品红的颜色。品红的颜色虽然同试剂与醛反应后所呈现的颜色稍有不同，但是难以区别，容易误认为有醛存在，出现假阳性。

四、重要的醛和酮

1. 甲醛　HCHO

甲醛俗名蚁醛，是最简单的醛。甲醛是一种无色、有强烈刺激性气味的气体。易溶于水、醇和醚。甲醛在常温下是气态，沸点 -21℃，易溶于水，通常以水溶液形式出现。

甲醛具有凝固蛋白质的作用，具有杀菌和防腐能力，因此常用作消毒剂和防腐剂。质量分数为 0.35～0.40 的甲醛水溶液称为福尔马林，可用于保存动物标本和尸体。

甲醛易发生聚合反应，生成多聚甲醛固体。长期放置的福尔马林会产生混浊或白色沉淀，这是由于甲醛聚合生成了多聚甲醛。多聚甲醛加热到 160～200℃时，能解聚生成甲醛。

甲醛溶液与氨水共同蒸发时，生成环六亚甲基四胺[$(CH_2)_6N_4$]，药名乌洛托品。乌洛托品是具有吸湿性的白色晶体，在医药上可用作尿道消毒剂，这是因为它能在病人体内慢慢分解产生甲醛，由尿道排除时将细菌杀死。

2. 乙醛　CH_3CHO

乙醛是一种无色、具有刺激性气味的液体，易挥发，沸点 21℃，易溶于水和乙醇、乙醚等有机溶剂中。乙醛也容易发生聚合反应，生成三氯乙醛，用来保存乙醛。

在乙醛中通入氯气，氯原子取代乙醛分子中的三个 α-氢原子而生成三氯乙醛，三氯乙醛与水加成后得到水合三氯乙醛(CCl_3—$CHO \cdot H_2O$)，其药名为水合氯醛。

水合氯醛为白色固体，能溶于水，有刺激性臭味。在临床上它用于催眠和抗惊厥。

3. 丙烯醛　CH_2═CHCHO

丙烯醛是催泪氧气的一种主要成分，也是工业上的一种重要原料，被广泛用于合成树脂生产。丙烯醛的污染来源于生产和使用它的过程中排出的废水和废气。灌溉水中丙烯醛含量小于 5mg/L 时对作物的生长发育无害，但对土壤微生物活性有抑制作用；当灌溉水中丙烯醛含量大于 5mg/L 时，能对农作物造成不同程度的危害。作物种子在发芽过程中受害时，出苗率低、出苗慢，严重时不出苗；植株受害时，一般呈现失水萎蔫、根系短稀呈鸡爪状，具体受害症状因作物种类而异。

丙烯醛毒害不仅阻碍作物生长发育造成减产。而且会使植物产品品质变劣，降低食用价值。

4. 三氯乙醛　CCl_3CHO

三氯乙醛主要来源于化工、医药和农药厂等生产中排放的废水。三氯乙醛是对小麦生长危害最大的污染物。在小麦种子萌发时，它能使第一片心叶外壁形成一层坚固的叶鞘，阻止心叶顶土出苗；在苗期，它能使麦苗停止从土壤中吸收水分和养分，慢慢干枯死亡。

三氯乙醛进入土壤以后，会在土壤中残留一段时间且能被作物吸收导致毒害。土壤呈酸性、通气好、温度高、微生物活性强时，其中的三氯乙醛能很快被分解，残留时间短。

5. 苯甲醛 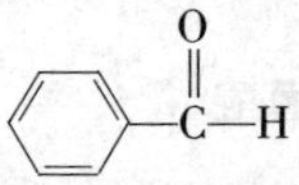

苯甲醛是最简单的芳香醛。苯甲醛是无色有苦杏仁味的液体，熔点 $-26℃$，沸点 179℃，闪点 63℃，易潮解，微溶于水，易溶于乙醇和乙醚中，易氧化成苯甲酸，受日光照射更甚。苯甲醛常以结合状态存在于桃、杏等水果的核仁中，又称苦杏仁精（油），是合成药物、香料、调味料等的原料。

6. 丙酮　CH_3COCH_3

丙酮是最简单的饱和酮。是一种无色透明液体，有特殊的辛辣气味。易溶于水和甲醇、乙醇、乙醚、氯仿、吡啶等有机溶剂。易燃、易挥发，化学性质较活泼。

丙酮是人体内脂肪代谢的中间产物。正常情况下，血液中丙酮的浓度很低。糖尿病患者由于代谢紊乱，体内常有过量的丙酮产生，并从尿液中排出或随呼吸呼出。临床上检查丙酮，可向尿液中滴加亚硝酰铁氰化钠[$Na_2Fe(CN)_5NO$]溶液和氢氧化钠溶液，如有丙酮存在，尿液即呈鲜红色。也可用碘仿反应，即在尿液中滴加碘的氢氧化钠溶液，如有丙酮存在，就有黄色的碘仿沉淀析出。

丙酮在工业上主要作为溶剂用于炸药、塑料、橡胶、纤维、制革、油脂、喷漆等行业中，也可作为合成烯酮、醋酐、碘仿、聚异戊二烯橡胶、甲基丙烯酸、甲酯、氯仿、环氧树脂等物质的重要原料。

7. 樟脑 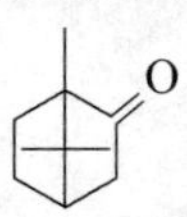

樟脑是一种脂环族酮类化合物，学名 2-莰酮。它存在于樟树中，特产于我国，中国产量居世界第一位。樟脑为无色半透明固体，具有特殊的芳香气味，熔点 176～177℃，在常温下即挥发。它不溶于水，能溶于有机溶剂和油脂中。樟脑在医药上用途甚广，能兴奋呼吸、血管运动中枢，同时能兴奋心肌，挽救垂危病人。100g/L 的樟脑酒精溶液称樟脑酊，有良好止咳功效。成药清凉油、十滴水、消炎镇痛膏等均含有樟脑。樟脑也可用于驱虫防蛀。

第二节　醌

一、醌的结构和命名

醌是 α、β-不饱和环二酮，包括一系列化合物。例如：

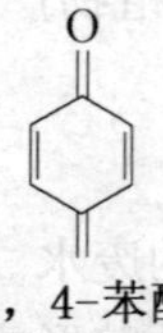

1，4-苯醌
（对苯醌）

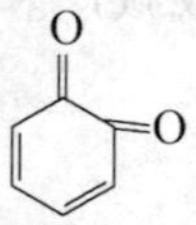

1，2-苯醌
（对苯醌）

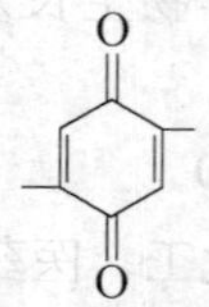

2,5-二甲基-1,4苯醌

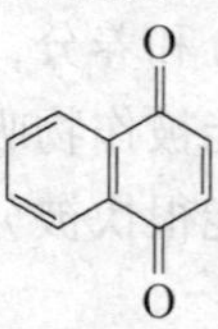

1,4-萘醌

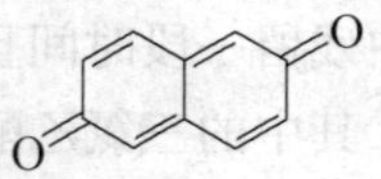

2,6-萘醌

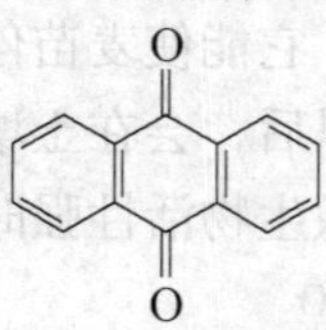

9,10-蒽醌

醌的命名法是以苯醌、萘醌作为母体，用较小数字标出两个羰基的位置，写在醌的前面。有时也用邻、对、α、β 等前缀标明两个羰基的相对位置。母体上如有取代基，则把取代基的位置、个数和名称写在醌的名称前面。

在醌类的化合物中最简单的是苯醌，包括对苯醌和邻苯醌（没有间苯醌）。它们具有的结构叫醌型结构。

除苯醌以外，还有萘醌、蒽醌等结构化合物。

二、醌的性质

具有醌型结构的化合物都有颜色。对位的醌多是黄色，邻位的多是红色或橙色。所以醌多是许多染料和指示剂的母体。

对位醌具有刺激性气味，可随水蒸气汽化，邻位醌没有气味，不随水蒸气汽化。

醌分子中含有碳碳双键和碳氧双键的共轭体系，因此醌具有烯烃和羰基化合物的典型反应，能发生多种形式的加成反应。

1. 加成反应

（1）羰基的加成　醌分子中的羰基能与羰基试剂等加成。如对苯醌和羟氨作用生成单肟和二肟。

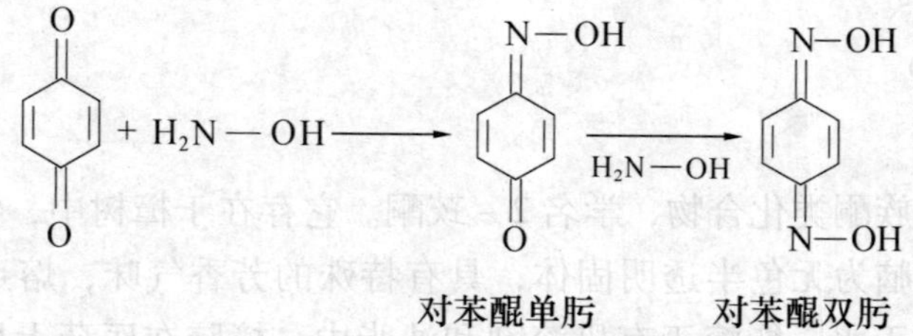

对苯醌单肟　　对苯醌双肟

（2）双键的加成　醌分子中的碳碳双键能和卤素、卤化氢等亲电试剂加成。如对苯醌与氯气加成可得二氯或四氯化物。

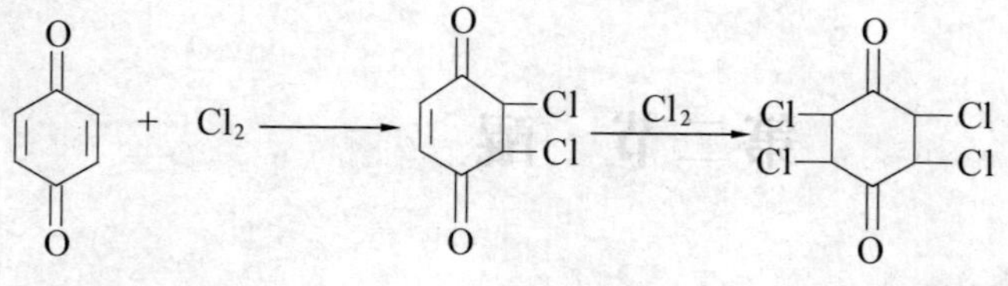

2,3,5,6-四氯-1，4-环己二酮

（3）1,4－加成　由于碳碳双键与碳氧双键的共轭，所以醌可以发生 1，4－加成反应。如对苯醌与氯化氢加成后，生成对苯二酚的衍生物。

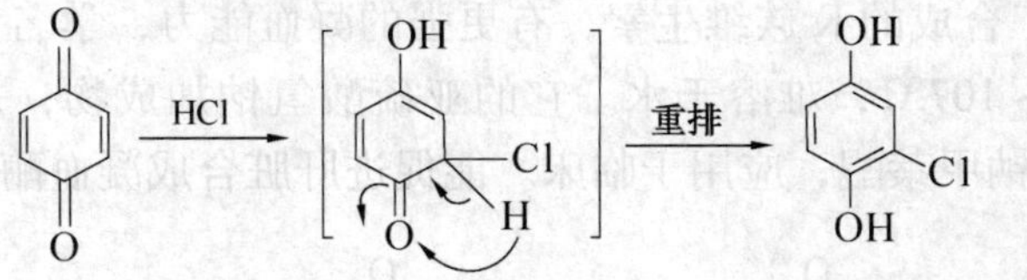

2. 还原反应

对苯醌容易被还原为对苯二酚（或称氢醌），这是对苯二酚氧化的逆反应。在电化学上，利用二者之间的氧化－还原性质可以制成氢醌电极，用来测定氢离子的浓度。

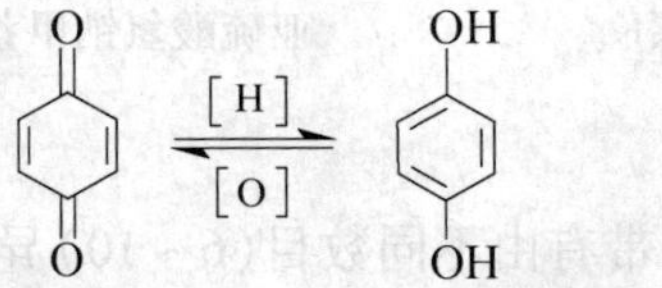

对苯醌　　对苯二酚（氢醌）

这一反应在生物化学过程中有重要的意义。生物体内进行的氧化还原作用常是以脱氢或加氢的方式进行的，在这一过程中，某些物质在酶的控制下所进行的氢的传递工作可通过酚醌氧化还原体系来实现。

三、重要的醌

1. 苯醌

包括邻苯醌（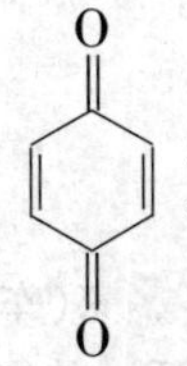）和对苯醌（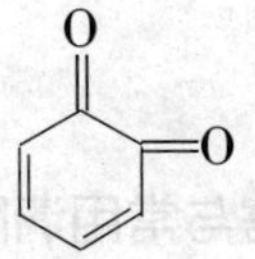）。其中对苯醌为黄色晶体，有特殊刺激气味。密度 1.307g/cm^3，熔点 116℃，能升华。微溶于冷水，易溶于热水、乙醇和乙醚。能与蒸汽一同挥发。还原时易转变为对苯二酚。用于制备对苯二酚和染料等。高浓度的对苯醌强烈刺激黏膜、上呼吸道、眼睛和皮肤。接触后出现烧灼感、咳嗽、喘息、喉炎、气短、头痛、恶心和呕吐。口服可致死。

2. 维生素 K

维生素 K 包含维生素 K_1 和 K_2，属于 α－萘醌化合物，它们是 2－甲基－1,4 萘醌的衍生物。结构式如下：

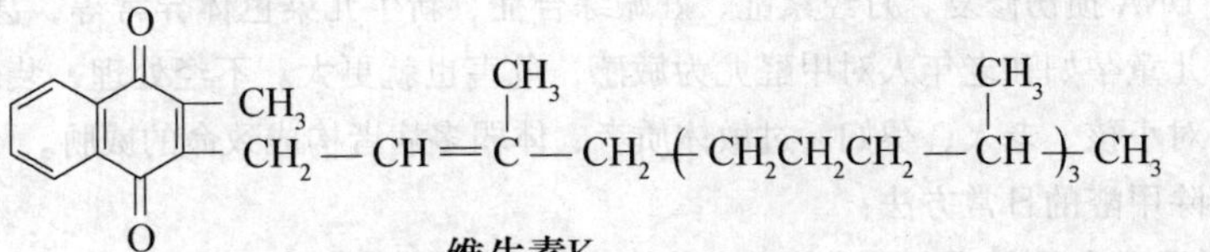

维生素K_1

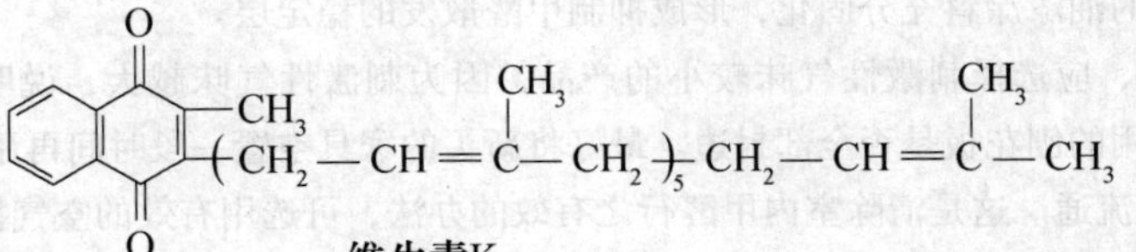

维生素K_2

维生素 K_1 和 K_2 在猪肝和苜蓿中含量最丰富，其他一切绿色植物、蛋黄、肝脏中也含量较多。维生素 K_1 和 K_2 都能促进血液凝固，是止血剂。

维生素 K_3 是人工合成的 K 族维生素，有更强的凝血能力，学名为 2－甲基－1,4 萘醌，黄色结晶，熔点 105～107℃，难溶于水。它的亚硫酸氢钠加成物，是白色结晶性粉末，易溶于水，叫亚硫酸氢钠甲萘醌，应用于临床。能促进肝脏合成凝血酶原，产生止血作用。

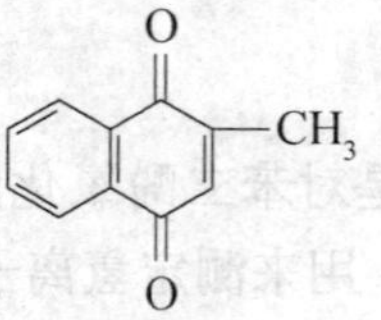

维生素K_5

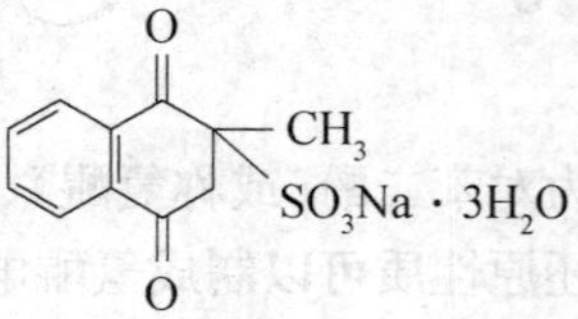

亚硫酸氢钠甲萘醌

3. 泛醌（辅酶 Q）

为一类脂溶性醌类化合物，带有由不同数目（6～10）异戊二烯单位组成的侧链。其苯醌结构能可逆地加氢还原成对苯二酚化合物。是呼吸链中的氢传递体。

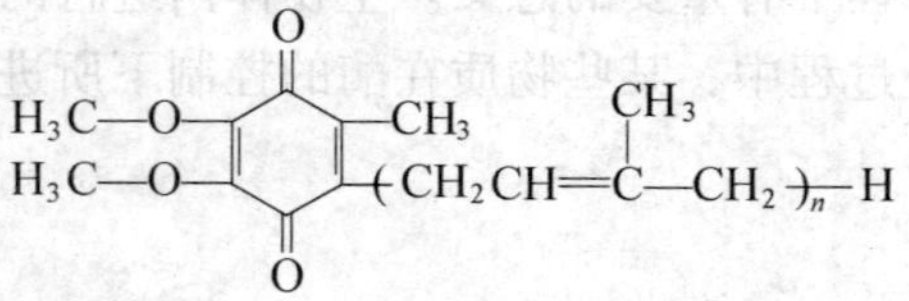

知识链接

甲醛的危害与常用清除法

装修过房子或购买过车的人都有这样的感触：装修或购车都有一段时间了，家（车）内仍会时不时地发出些刺鼻的异味，在房间（车）里呆久了更会感到头晕脑胀、眼睛难受等不适。其实，这就是“甲醛”在作怪！

研究表明：甲醛具有强烈的致癌和促进癌变作用。大量文献记载，甲醛对人体健康的影响主要表现在嗅觉异常、刺激、过敏、肺功能异常、肝功能异常等方面。室内空气中甲醛浓度达到 0.06～0.07mg/m³ 时，儿童就会发生轻微气喘；达到 0.1mg/m³ 时，就有异味和不适感；达到 0.5mg/m³ 时，可刺激眼睛，引起流泪；达到 0.6mg/m³，可引起咽喉不适或疼痛；浓度更高时，可引起恶心呕吐，咳嗽胸闷，气喘甚至肺水肿；达到 30mg/m³ 时，会立即致人死亡。

长期接触低剂量甲醛可引起各种慢性呼吸道疾病，引起青少年记忆力和智力下降；引起鼻咽癌、细胞核基因突变、抑制 DNA 损伤修复、月经紊乱、妊娠综合症、新生儿染色体异常等，甚至可以引起白血病。在所有接触者中，儿童孕妇和老年人对甲醛尤为敏感，危害也就更大。不经处理，装修材料 3～15 年都会释放出甲醛，容易对小孩、老人、孕妇、过敏体质者、体弱多病者构成致命的威胁。

新装修房间清除甲醛的日常方法：

① 尽量采用低甲醛含量和不含甲醛的室内装饰和装修材料，这是降低室内空气中甲醛含量的根本。在施工中，让表面装饰的油漆涂料充分固化，形成抑制甲醛散发的稳定层。

② 在选购家具时，应选择刺激性气味较小的产品，因为刺激性气味越大，说明甲醛释放量越高。同时，要注意查看家具用的刨花板是否全部封边。最好将新买的家具空置一段时间再用。

③ 保持室内空气流通。这是清除室内甲醛行之有效的办法，可选用有效的空气换气装置，或者在室外空气好的时候打开窗户通风，有利于室内材料中甲醛的散发和排出。

④ 装修后的居室不宜立即迁入，而应当有一定的时间让材料中的甲醛以较高的力度散发。

⑤ 合理控制调节室内温度和相对湿度。甲醛是一种缓慢挥发性物质，随着温度的升高，其挥发得会更快一些。

⑥ 在室内吊花、植草(如芦荟，吊兰，绿萝兰)会对降低室内有害气体的浓度起辅助作用。

⑦ 活性炭吸附法清除甲醛。活性炭是国际公认的吸毒能手。每屋放两至三碟，72h 可基本除尽室内异味。中低度污染可选此法。

⑧ 土法：在两脸盆热水中泡入 300g 红茶，放入居室中，并开窗透气，48h 内室内甲醛含量将下降 90% 以上，刺激性气味基本消除。

习　题

一、命名下列化合物。

1. 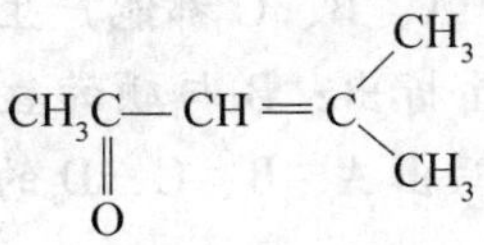

2. 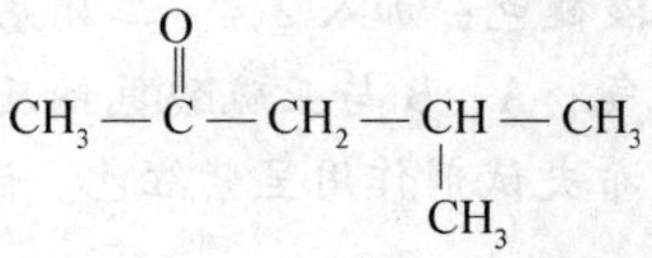

3. 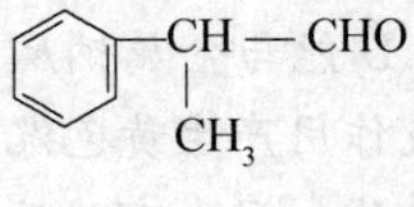

4. 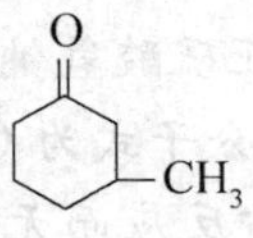

5. 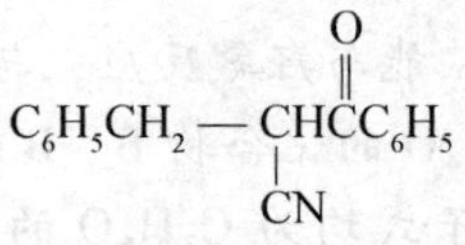

6. 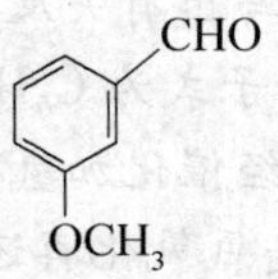

二、写出下列化合物的结构式。

1. 3 - 乙基环戊酮　2. 2 - 甲基 - 1,4 苯醌　3. 4 - 甲基 - 3 - 戊烯醛

4. 2,5 - 二甲基 - 3 - 己酮　5. 对甲氧基苯乙酮　6. 对羟基苯甲醛

三、完成下列反应式。

1. $C_6H_5—CH=CH—\overset{\overset{O}{\|}}{C}—C_6H_5 \xrightarrow[(EtOH,\ HAc)]{NaCN}$

2. $CH_3—\overset{\overset{O}{\|}}{C}—CH_3 + NaHSO_3 \longrightarrow$

3. 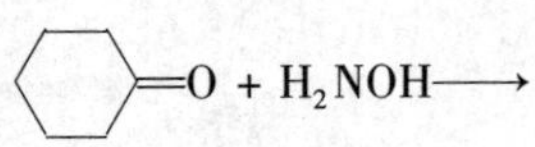

4. 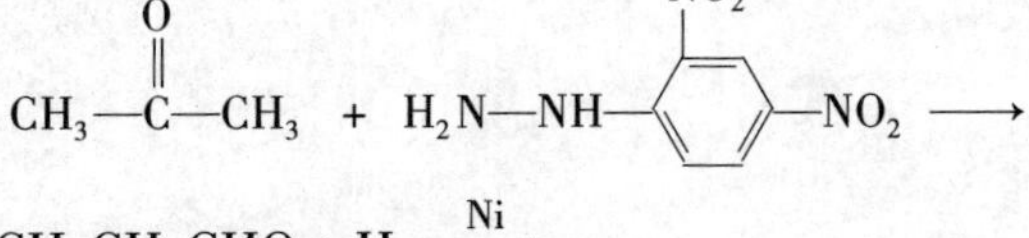

5. $CH_3CH_2CHO + H_2 \xrightarrow{Ni}$

6. $CH_3CH_2CH_2CHO + [Ag(NH_3)_2]OH \longrightarrow$

7. $CH_3CH_2CHO + 2CH_3CH_2OH \longrightarrow$

8. 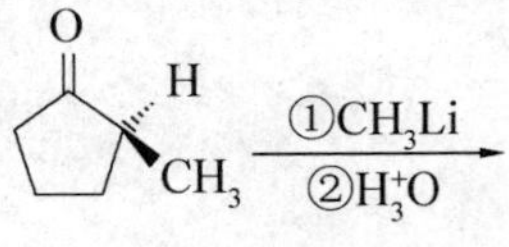

9. $CH_3CH_2COCH_3 \xrightarrow{I_2 + NaOH}$

10. $CH_3CH=CHCH_2CHO \xrightarrow{LiAlH_4}$

四、用化学方法鉴别下列各组化合物：

1. 丙醛、丁酮和丙醇　　2. 丙醛、苯乙醛和苯乙醇

3. 苯酚、苯乙醛、丙酮　　4. 乙醛、2－戊酮和3－己酮

五、推断题

1. 化合物(A)分子式为 $C_{10}H_{12}O_2$，不溶于 NaOH 溶液，能与羟胺反应，且与氨基脲反应，但不与 Tollen's 试剂作用。(A)经 $LiAlH_4$ 还原得(B)，(B)的分子式 $C_{10}H_{14}O_2$，(A)和(B)都能发生碘仿反应。(A)与 HI 作用生成(C)，(C)的分子式 $C_9H_{12}O_2$，能溶于 NaOH 溶液，经克莱门森(Clemmensen)还原生成(D) $C_9H_{12}O$。(A) $KMnO_4$ 氧化成对甲氧苯甲酸。试推出(A)、(B)、(C)、(D)的结构式。

2. 现有分子式为 $C_5H_{10}O$ 的四种非芳香族无侧链的有机物 A、B、C、D。实验证明：它们都不能使 Br_2 的四氯化碳溶液褪色；加入2,4－二硝基苯肼后，A、B、C 都能产生黄色沉淀；D 能与金属钠反应放出氢气；A、B 与亚硫酸氢钠反应有结晶析出；B 与碘的氢氧化钠溶液作用产生黄色沉淀；A 与希夫试剂作用呈紫红色。试推断并写出 A、B、C、D 的结构式和名称，写出有关反应方程式。

3. 分子式为 $C_6H_{12}O$ 的化合物 A，能与羟氨反应，与托伦试剂或饱和亚硫酸氢钠均不起反应。A 经催化加氢得分子式为 $C_6H_{14}O$ 的化合物 B。B 和浓硫酸共热生成分子式为 C_6H_{12} 的 C。C 经臭氧氧化再还原水解生成分子式均为 C_3H_6O 的 D 和 E。D 有碘仿反应而无银镜反应，E 有银镜反应而无碘仿反应。推测 A、B、C、D、E 的结构，并写出各步的化学反应。

第九章　羧酸及其衍生物

羧酸及其衍生物，广泛存在于自然界中。其中许多物质是动植物代谢的中间产物；有些参与动植物的生命过程；有些具有强烈的生物活性，能防病治病；有些在药物合成、化工生产中有着重要作用。它们是与人们的生活、工农业生产、医药工业等都有着密切联系的有机化合物。

第一节　羧　酸

分子中具有羧基 $-\overset{\overset{\displaystyle O}{\|}}{C}-OH$ 的化合物，称为羧酸。它的通式为 R(Ar)COOH。

一、羧酸的分类和命名

1. 羧酸的分类

羧酸的分类主要有以下几种方法：根据羧酸分子中烃基的不同，羧酸可以分为脂肪酸、脂环酸和芳香酸；根据烃基中是否有不饱和键，又可分为饱和羧酸和不饱和羧酸；根据羧酸分子中所含羧基数目的不同，羧酸还可以分为一元酸、二元酸和多元酸。

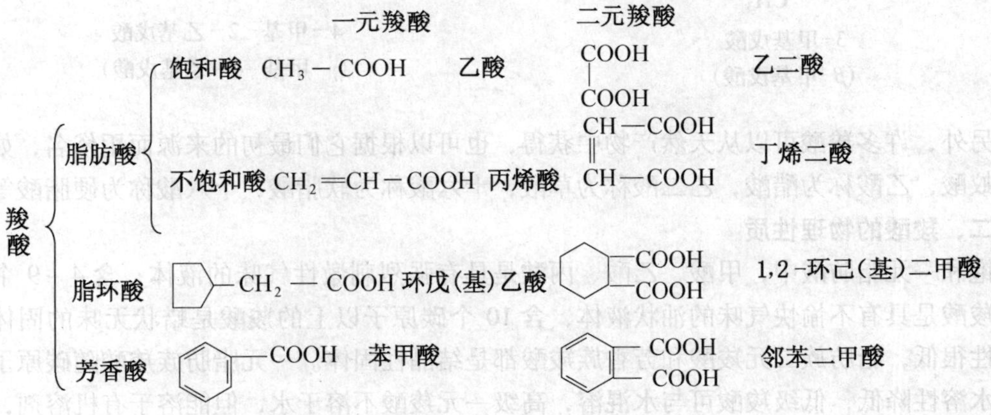

2. 羧酸的命名

羧酸的系统命名法与醛的命名相似，只需相应地将“醛”字改成“酸”字。

(1) 饱和脂肪酸的命名　选择包括羧基在内的最长碳链作为主链，根据主链碳原子数称为“某酸”，从羧基碳原子开始编号，确定支链或其他取代基的位次。例如：

$CH_3CH_2CH_2COOH$　　丁酸

$CH_3CH_2\underset{\displaystyle CH_3}{\underset{|}{C}H}\ \underset{\displaystyle CH_3}{\underset{|}{C}H}CH_2COOH$　　3,4-二甲基己酸

(2) 不饱和脂肪酸的命名　选择包括羧基和不饱和键在内的最长碳链为主链，称为“某烯酸”，注明双键的位置，当主链碳原子数大于10时，应在中文数字之后加一个“碳”字，

以避免表示主链碳原子的数目与双、叁键数目数字混淆。例如：

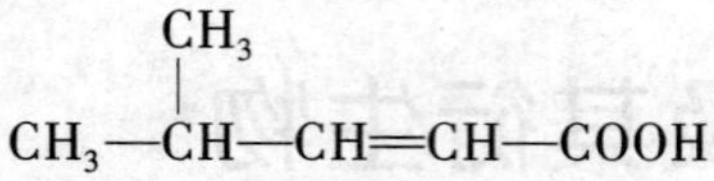

$CH_3(CH_2)_7CH=CH(CH_2)_7COOH$

4－甲基－2－戊烯酸　　　　9－十八碳烯酸

（3）脂环酸和芳香酸的命名　以脂肪酸为母体，将脂环烃基和芳香烃基作为取代基。例如：

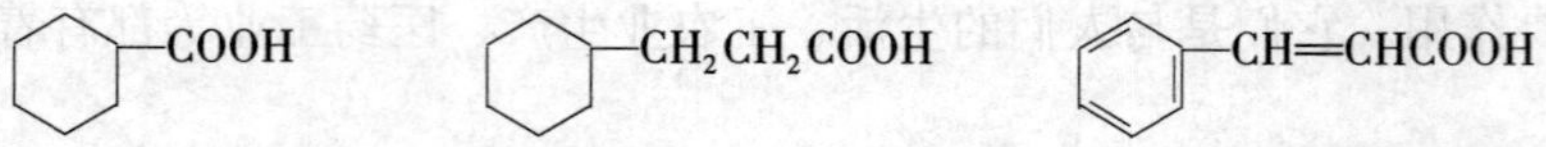

环己基甲酸　　3－环己基丙酸　　3－苯基丙烯酸

（4）二元羧酸的命名　选择包括两个羧基在内的最长碳链作为主链，按主链的碳原子数称为"某二酸"。例如：

$HOOCCH_2COOH$　　$HOOCCH_2CH_2COOH$　　$HOOCCH=CHCOOH$

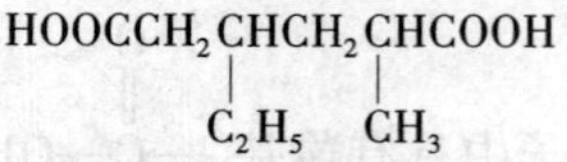

丙二酸　　丁二酸　　丁烯二酸　　2－甲基－4－乙基己二酸

（5）对于简单的羧酸，也可用希腊字母编号，与羧基直接相连的碳原子定为 α 位，其余依次定为 β、γ、δ……ω 等，碳链末端有时也用 ω 表示。

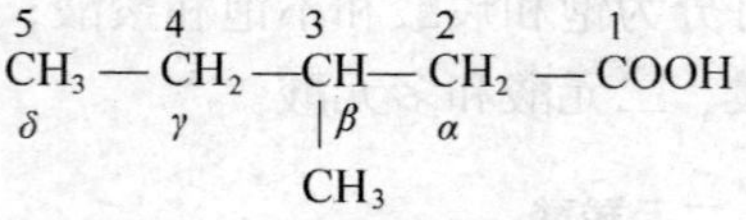

3-甲基戊酸
（β-甲基戊酸）

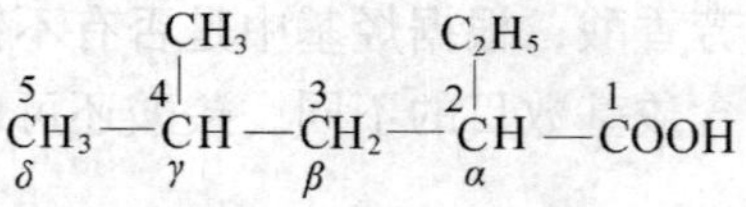

4－甲基－2－乙基戊酸
（γ－甲基－α－乙基戊酸）

另外，许多羧酸可以从天然产物中获得，也可以根据它们最初的来源而用俗名，如甲酸称为蚁酸，乙酸称为醋酸，乙二酸称为草酸，十六酸称为软脂酸，十八酸称为硬脂酸等。

二、羧酸的物理性质

饱和一元脂肪酸中，甲酸、乙酸、丙酸是具有强烈刺激性气味的液体；含 4～9 个碳原子的羧酸是具有不愉快气味的油状液体，含 10 个碳原子以上的羧酸是蜡状无味的固体，其挥发性很低，脂肪族二元羧酸和芳香族羧酸都是结晶性固体。一元脂肪族羧酸随碳原子数增加，水溶性降低，低级羧酸可与水混溶，高级一元羧酸不溶于水，但能溶于有机溶剂，多元羧酸的水溶性大于相同碳原子的一元羧酸。

羧酸的沸点比相对分子质量相近的醇还要高。如甲酸的沸点为 101℃，而与其相对分子质量相近的乙醇沸点为 78℃。这种沸点相差的原因，是由于羧酸分子之间能由两个氢键相互结合，形成双分子缔合的二聚体，其结构如下：

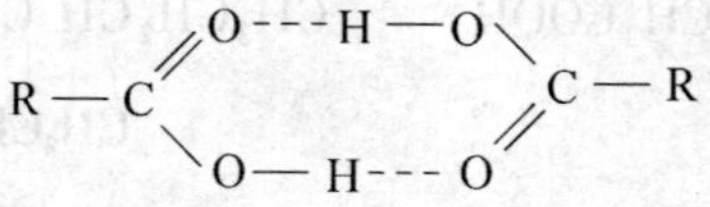

在固态和液态时，羧酸主要以二聚体形式存在。根据物理方法测定，低级羧酸在蒸气状态时还保持双分子缔合。一些羧酸的物理常数见表 9－1。

表9-1 某些羧酸的物理常数

化 合 物	结构式	沸点/℃	熔点/℃	pK_a	溶解度/g
甲酸(蚁酸)	HOOH	100.5	8.4	3.77	∞
乙酸(醋酸)	CH_3COOH	118	16.6	4.76	∞
丙酸(初油酸)	CH_3CH_2COOH	141	-22	4.88	∞
丁酸(酪酸)	$CH_3(CH_2)_2COOH$	162.5	-4.7	4.82	∞
异丁酸	$(CH_3)_2CHCOOH$	154.4	-47	4.85	溶
戊 酸	$CH_3(CH_2)_3COOH$	187	-34.5	4.81	3.7
己酸(羊油酸)	$CH_3(CH_2)_3COOH$	205	-1.5	4.85	1.0
庚酸(毒水芹酸)	$CH_3(CH_2)_4COOH$	223.5	-11	4.89	
辛酸(羊脂酸)	$CH_3(CH_2)_5COOH$	237	16	4.85	0.7
十六酸(软脂酸)	$CH_3(CH_2)_{14}COOH$		62.9		不溶
十八酸(硬脂酸)	$CH_3(CH_2)_{16}COOH$		70	6.37	不溶
丙烯酸	$CH_2=CHCOOH$	141	13	4.26	∞
3-丁烯酸	$CH_2=CHCH_2COOH$	163	-39	4.35	
3-苯基丙烯酸(肉桂酸)	$C_6H_5CH=CHCOOH$		133	4.44	不溶
乙二酸(草酸)	HOOC—COOH	>100 升华	189	1.46440	10
丙二酸	$HOOCCH_2COOH$		135	2.80585	140
丁二酸(琥珀酸)	$HOOC(CH_2)_2COOH$	235(失水)	185	4.17564	6.8
己二酸	$HOOC(CH_2)_4COOH$	276	151	4.33552	2
苯甲酸(安息香酸)	C_6H_5COOH	249	121.7	4.17	0.34
苯乙酸	$C_6H_5CH_2COOH$	265	78	4.31	1.66
邻甲基苯甲酸	*o*-$CH_3C_6H_4COOH$	259	106	3.89	0.12
间甲基苯甲酸	*m*-$CH_3C_6H_4COOH$	263	112	4.28	0.10
对甲基苯甲酸	*p*-$CH_3C_6H_4COOH$	275	180	4.35	0.03

三、羧酸的化学性质

羧酸的官能团是羧基(—COOH)，羧酸是由烃基和羧基组成，其化学性质主要取决于它的官能团羧基。羟基氧原子上的未共用电子对与羰基的π键形成p-π共轭体系，产生给电子的p-π共轭效应，如图9-1。又因碳—氧双键中氧原子的强电负性，羧基中的成键电子云向羰基的氧原子方向转移，电子云密度平均化，结果使羟基氧原子的电子云密度降低，氢氧键的极性增强，有利于氢离子的解离，而表现出酸性；同时羟基所连接的碳原子的电子云密度增高，降低了亲核试剂与之反应的活性，所以无一般羰基的性质，如与氢氰酸、羟胺、苯胺等都不反应。

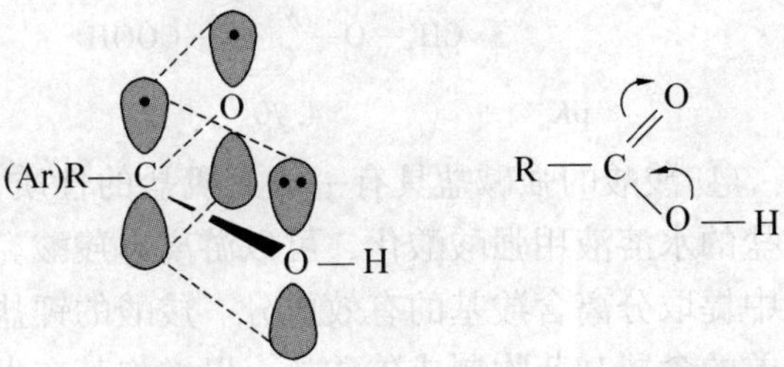

图9-1 羧基的P-π共轭体系

由于共轭作用，使得羧基不是羰基和羟基的简单加合，所以羧基中既不存在典型的羰基，也不存在着典型的羟基，而是两者互相影响的统一体。

羧酸的化学性质主要表现在：

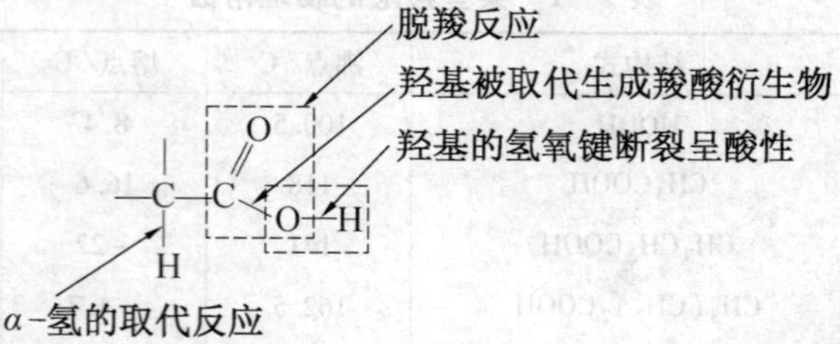

1. 羧酸的酸性

① 羧酸表现出明显的酸性，其酸性远强于醇。羧酸在水中即可解离出质子，pK_a 一般为3~5。

$$RCOOH \rightleftharpoons RCOO^- + H^+$$

羧酸的酸性强于碳酸（$pK_a = 6.5$），它能分解碳酸盐和碳酸氢盐，放出二氧化碳，此反应可用于羧酸与酚的鉴别。

$$RCOOH + NaHCO_3 \longrightarrow RCOONa + CO_2\uparrow + H_2O$$

羧酸、碳酸、酚和醇的酸性顺序为：

$$RCOOH > H_2CO_3 > C_6H_5OH > H_2O > C_2H_5OH$$

pK_a 3~5 6.5 10 15.7 17

② 羧酸的酸性强弱与它的结构有关。在饱和一元羧酸中，甲酸的酸性最强，是因为甲酸的羧基上没有斥电子的烷基，O—H 键的极性较大，氢易于解离。而其他饱和一元羧酸分子中都连有斥电子的烷基，斥电子诱导效应使羧基中 O—H 键极性降低，使氢难于解离，因此酸性较弱。通常饱和脂肪酸的酸性随着烷基的碳原子数和斥电子能力的增加而减弱。例如：

$$(CH_3)_3CCOOH > (CH_3)_2CHCOOH > CH_3CH_2COOH \gg CH_3COOH$$

pK_a 5.05 4.87 4.86 4.76

③ 取代基位置对苯甲酸酸性的影响。芳环是吸电子基团，所以芳香羧酸的酸性比一般饱和一元羧酸的酸性强，但大多数芳香羧酸的酸性比甲酸弱，这是因为苯环的大 π 键与羧基可以形成 π-π 共轭体系，是环上的电子云像羧基方向转移，其结果是苯甲酸羧基上的 O—H 键极性减弱，氢的解离能力降低，苯甲酸酸性相对于甲酸要弱。同时，芳环上的取代基对芳香羧酸的酸性也有影响。斥电子基团使酸性减弱，吸电子基团使酸性增强。例如：

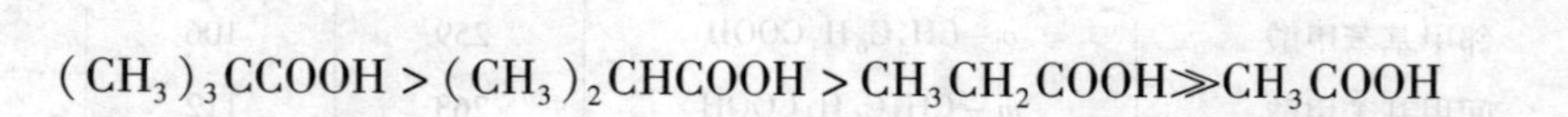

pK_a 4.70 4.17 3.43

④ 羧酸的强碱盐具有一般无机盐的性质，在水中的溶解度较大，并可以全部电离。羧酸盐的水溶液用强酸酸化，可以游离出羧酸。用此性质可以分离、精制羧酸，也可以从中草药中提取分离含羧基的有效成分。羧酸的钾盐、钠盐及铵盐易溶于水，医药上常将一些水溶性差的含羧基药物制成羧酸盐，以增加其在水中的溶解度，便于临床使用。例如，抗菌药青霉素 G 常制成青霉素 G 钾或青霉素 G 钠，供注射用。

2. 羧基上的羟基(—OH)的取代反应——羧酸衍生物的生成

羧基上的羟基被其他原子或原子团取代后的产物，称为羧酸的衍生物。如：羧酸酯、酰卤、酸酐、酰胺等。

羧酸分子中消去—OH 基后的剩下的部分（ $R-\overset{O}{\overset{\|}{C}}-$ ）称为酰基。

（1）酰卤的生成　羧酸分子中羧基上的羟基被卤素原子取代生成的化合物叫作酰卤。羧酸（除甲酸外）能与三卤化磷、五卤化磷或亚硫酰氯（$SOCl_2$）反应，生成相应的酰卤。

$$3RCOOH + PCl_3 \longrightarrow \underset{\text{酰氯}}{3RCOCl} + \underset{\text{亚磷酸}}{H_3PO_3}$$

$$3RCOOH + PCl_5 \longrightarrow RCOCl + \underset{\text{三氯氧磷}}{POCl_3} + HCl\uparrow$$

$$RCOOH + SOCl_2 \longrightarrow RCOCl + SO_2\uparrow + HCl\uparrow$$

酰氯很活泼它是一类具有高度反应活性的化合物，广泛用于药物和有机合成中。

（2）酸酐的生成　一元羧酸（除甲酸外）与脱水剂（如 P_2O_5）共热时，两分子羧酸可脱去一分子水，生成酸酐。

$$R-\overset{O}{\overset{\|}{C}}-OH + HO-\overset{O}{\overset{\|}{C}}-R \xrightarrow[\Delta]{P_2O_5} \underset{\text{酸酐}}{R-\overset{O}{\overset{\|}{C}}-O-\overset{O}{\overset{\|}{C}}-R} + H_2O$$

1,4 和 1,5 二元酸不需要任何脱水剂，加热就能脱水生成环状（五元或六元）酸酐。例如：

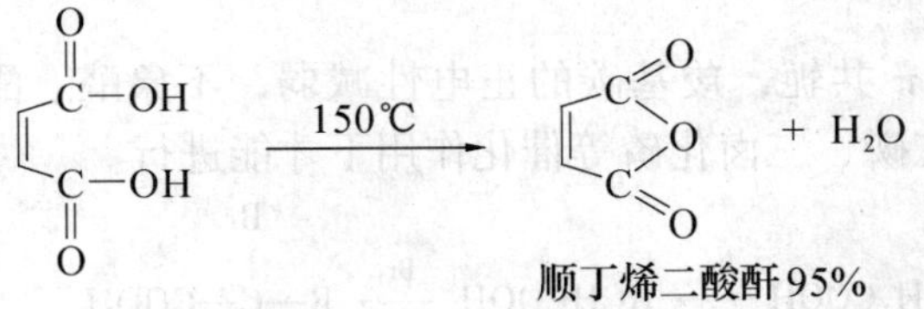

顺丁烯二酸酐 95%

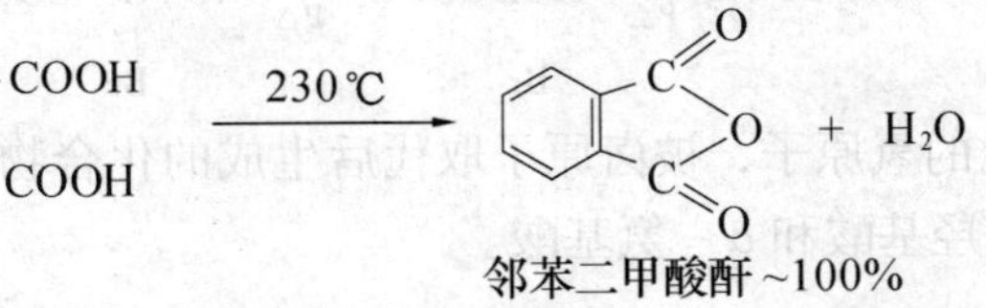

邻苯二甲酸酐 ~100%

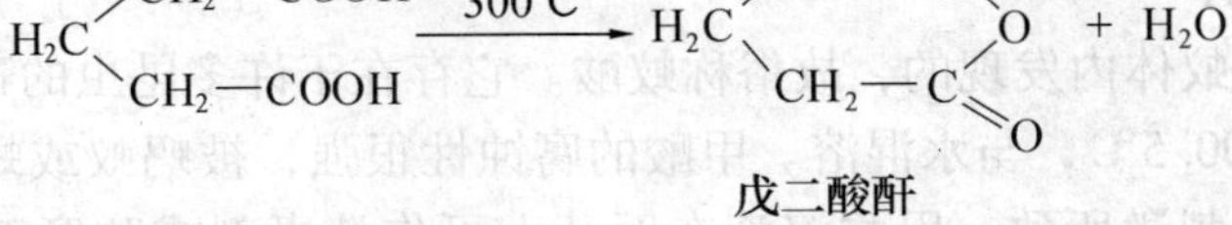

戊二酸酐

（3）酯化反应　羧酸与醇脱水生成酯的反应称为酯化反应。酯化反应的速率很慢，当加入催化剂后可以大大加快反应速率。在实验室里通常使用浓硫酸作催化剂。

$$R_1-\overset{O}{\overset{\|}{C}}-OH + HO-R_2 \underset{\Delta}{\overset{H^+}{\rightleftharpoons}} R_1-\overset{O}{\overset{\|}{C}}-O-R_2 + H_2O$$

酯化反应是可逆反应。在同样的条件下，酯也可以水解为羧酸和醇。为了提高酯的产率，可以增加反应物的浓度，或不断地从反应体系中移出一种生成物，促使平衡向右移动。

（4）酰胺的生成　羧酸分子中羧基上的羟基被氨基（$-NH_2$）取代生成的化合物叫作酰

胺。在羧酸中通入氨气或加入碳酸铵得到羧酸的铵盐，铵盐加热后分子内失水即生成酰胺。

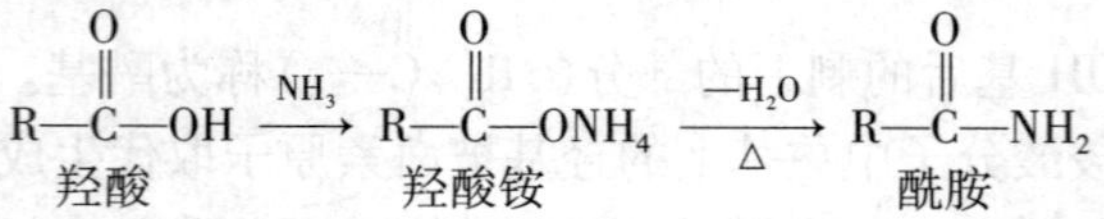

3. 脱羧反应

羧酸分子脱去羧基放出二氧化碳的反应称为脱羧反应。饱和一元羧酸比较稳定，一般情况下，不容易发生脱羧反应；只有在特殊条件下，一元羧酸才能进行脱羧反应。例如，羧酸的碱金属盐与碱石灰(NaOH/CaO)共热，可以发生脱羧反应。

$$R—COONa + NaOH(CaO) \xrightarrow{强热} R—H + Na_2CO_3$$

当羧基的 α 位或 α、β 位连有羰基时，脱羧较容易。例如：

$$HOOC—COOH \longrightarrow HCOOH + CO_2\uparrow$$

在生物体内，脱羧反应是在脱羧酶的作用下直接进行的。脱羧反应是人体产生 CO_2 的主要代谢反应。

4. 还原反应

羧酸很难被还原，只能用强还原剂 $LiAlH_4$ 才能将其还原为相应的伯醇，还原时常用无水乙醚或四氢呋喃作溶剂。H_2/Ni、$NaBH_4$ 等都不能使羧酸还原。

$$H_2C=CHCH_2COOH \xrightarrow[2.\ H_2O]{1.\ LiAlH_4,\ Et_2O} H_2C=CHCH_2CH_2OH$$

注意：双键不受影响。

5. α－H 的卤代反应

羧酸的 α－H 由于 p－π 共轭，羧基碳的正电性减弱，不象醛、酮中的羰基那样活泼，所以卤代反应需要在少量红磷、三卤化磷等催化作用下才能进行。

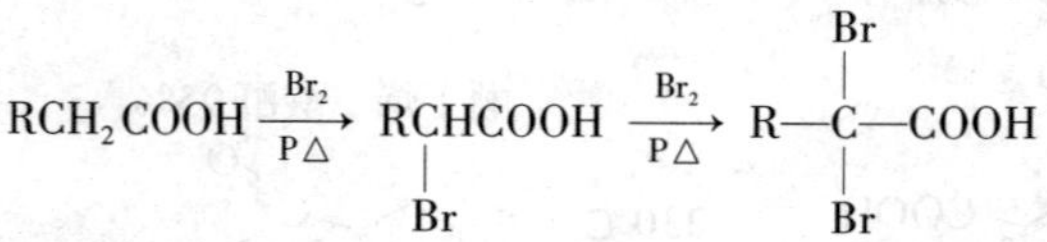

羧酸分子中烃基上的氢原子，被卤原子取代后生成的化合物称为卤代酸。α－卤代酸很活泼，常用来制备 α－羟基酸和 α－氨基酸。

四、重要的羧酸

1. 甲酸　HCOOH

甲酸最初是从蚂蚁体内发现的，故俗称蚁酸。它存在于许多昆虫的毒液中，是无色有刺激性的液体，沸点100.5℃，与水混溶。甲酸的腐蚀性很强，被蚂蚁或蜂类蜇伤引起皮肤红肿和疼痛，就是甲酸刺激所致。甲酸溶液在医药上可作消毒剂或防腐剂，还可用来治疗风湿病。

甲酸的结构比较特殊，分子中的羧基与氢原子相连，既具有羧基的结构又有醛基的结构，因而，甲酸既有羧酸的性质又有醛的某些性质，例如，甲酸具有较强的酸性，且其酸性强于其他羧酸；甲酸还具有还原性，能发生银镜反应或使高锰酸钾溶液褪色。

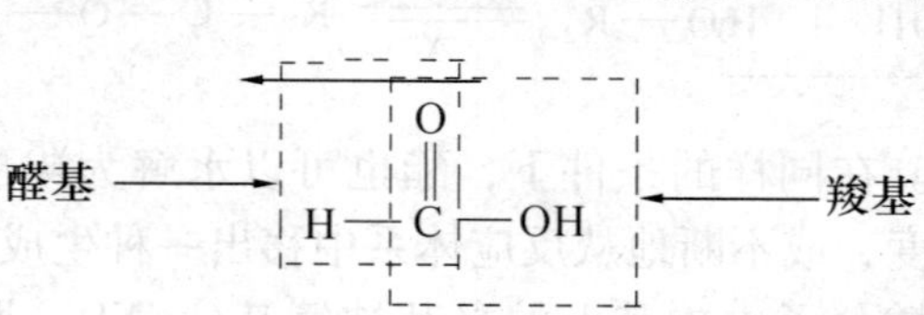

2. 乙酸　CH_3COOH

乙酸是食醋的主要成分，俗名醋酸，食醋中约含有6% ~8%的乙酸。乙酸为无色有刺激性气味的液体，易溶于水，熔点16.6℃，沸点118℃。乙酸在16.6℃以下能凝结成冰状固体，所以常将无水乙酸称为冰醋酸。

乙酸是人类最早使用的一种酸，是重要的化工原料，可以合成许多有机物。例如醋酸纤维、乙酐、乙酸乙酯等。乙酸还广泛用作溶剂。医学上常用乙酸稀溶液作为消毒和防腐剂，利用其蒸气来对空气消毒，预防流感。

3. 乙二酸　HOOC—COOH

乙二酸俗称草酸，是无色晶体，常以盐的形式存在于草本植物中。草酸的熔点189℃，加热到150℃即可分解生成甲酸及二氧化碳。

二元羧酸的酸性比一元羧酸强，草酸的酸性比其他二元羧酸强，草酸具有还原性，在分析化学中常用来标定$KMnO_4$溶液的浓度。

草酸很容易与钙离子结合生成溶解度非常小的草酸钙$(COO)_2Ca$，草酸钙不易消化和吸收。因此日常饮食中，应注意避免同时食用含这两种化合物的食物，如菠菜与豆腐。

4. 苯甲酸　C_6H_5COOH

苯甲酸俗称安息香酸，是最简单的芳香酸，为白色鳞片状或针状的有光泽的晶体，熔点121.7℃，微溶于水，受热易升华。

苯甲酸有抑菌、防腐作用，苯甲酸及其钠盐常作防腐剂，苯甲酸可作治疗癣病的外用药。

5. 丁烯二酸　HOOCCH ═CHCOOH

含有双键的二元酸。有顺反两种异构体，顺丁烯二酸俗称马来酸或失水苹果酸，无色晶体，从水中结晶，熔点138 ~139℃，从醇或苯中结晶，熔点130 ~131℃，易溶于水、乙醇，微溶于醚，不溶于苯。受热时易失水而成顺丁烯二酸酐。用于合成树脂和松香脂等，也用作油和脂肪的防腐剂。反丁烯二酸俗称富马酸或延胡索酸，白色结晶粉末，熔点300 ~302℃，稍溶于冷水，较易溶于热水，溶于乙醇、微溶于乙醚和苯，难脱水形成酸酐。反丁烯二酸广泛存在于动植物体内，是生物体内物质代谢的重要中间产物之一。

第二节　取　代　酸

羧酸分子中烃基上的氢原子被其他官能团取代后的化合物称为取代酸。

取代酸主要分为卤代酸、羟基酸、酮酸和氨基酸等几大类，它们在有机合成和生命代谢中都是十分重要的化合物。

取代羧酸具有2种或2种以上的官能团。由于官能团的相互影响，它们不仅表现出各官能团的典型性质，而且也表现出一些特殊性质。本节主要讨论羟基酸和酮酸。

一、羟基酸

1. 羟基酸的命名

羧酸分子中烃基上的氢原子被羟基取代后生成的化合物叫做羟基酸。根据羟基所连的烃基不同，可分为醇酸和酚酸。羟基连接在脂肪烃基上的羟基酸叫醇酸，羟基连接在芳环上的羟基酸叫酚酸。如：

$$\underset{\displaystyle |\atop OH}{CH_3CHCOOH}$$

2－羟基丙酸(乳酸)

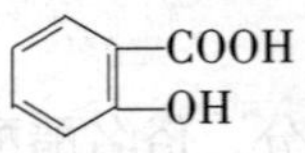

邻羟基苯甲酸(水杨酸)

羟基酸的命名是以羧酸为母体，羟基作为取代基，羟基的位置用阿拉伯数字或希腊字母表示，酚酸还可用邻、间、对来表示羟基的位置。由于许多羟基酸源于天然产物，因此多用俗名。

$CH_3CH(OH)COOH$　α－羟基丙酸(乳酸)

$HO—CH(—COOH)—CH_2—COOH$　羟基丁二酸(苹果酸)

$HO—CH—COOH$ / $HO—CH—COOH$　2,3－二羟基丁二酸(酒石酸)

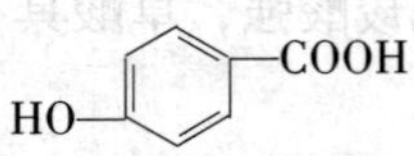

对羟基苯甲酸

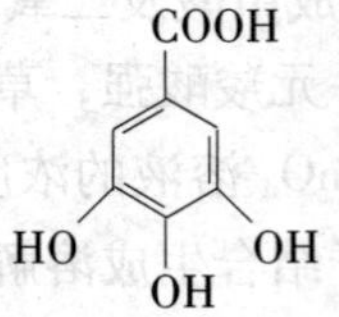

3,4,5－三羟基苯甲酸(没食子酸)

2. 羟基酸的性质

羟基酸具有醇和酸的共同性质，但羟基和羧基的相对位置不同，使羟基酸又表现出特有的性质。

(1) 羟基酸的酸性　在醇酸中，羟基是一个吸电子基，能增强羧酸的酸性。羟基的位置也对酸性产生一定的影响，如：

	$H_3CCH(H)COOH$	$H_3CCH(OH)COOH$	$H_2C(OH)CH_2COOH$
pK_a	4.78	3.86	4.51

(2) α－羟基酸的氧化反应　羟基酸中的羟基比醇中的羟基更容易被氧化，如托伦试剂或稀硝酸不能氧化醇，却能氧化α－羟基酸。根据羟基所连的碳原子不同，反应产物不同。若羟基连接在伯碳原子上，氧化产物为二元酸；若羟基连接在仲碳原子上，氧化产物是酮酸。

$$CH_2(OH)CH_2COOH \xrightarrow{[O]} HOOCCH_2COOH$$

β－羟基丙酸　　丙二酸

$$CH_3CH(OH)CH_2COOH \xrightarrow{[O]} CH_3C(=O)CH_2COOH$$

β－羟基丁酸　　β－丁酮酸

生物体在代谢过程中也产生羟基酸，它们在酶作用下发生脱氢氧化。例如：

$$HOOCCH(OH)CH_2COOH \xrightarrow[\text{酶}]{-2H} HOOCC(=O)CH_2COOH$$

(3)α－羟基酸的分解反应　α－羟基酸与稀硫酸共热，羧基与α－碳原子之间的键断裂，生成醛(或酮)和甲酸。例如：

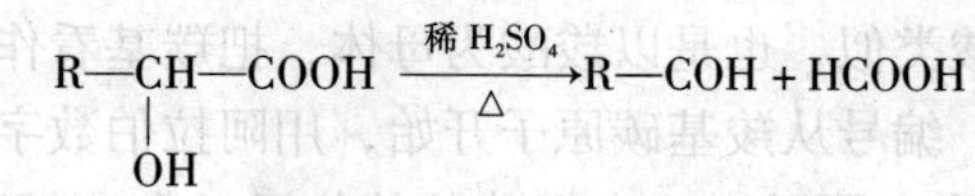

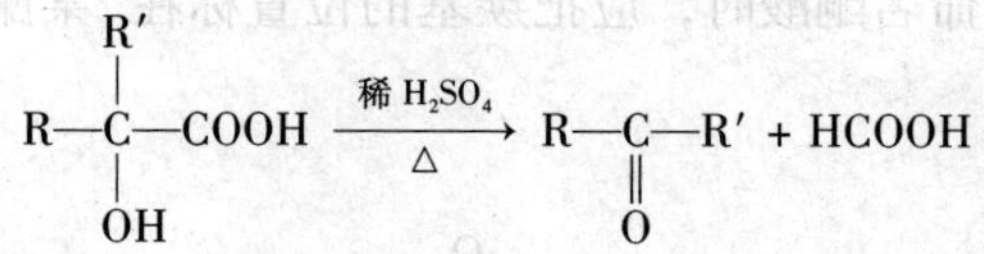

（4）脱水反应

① α－羟基酸的脱水反应：α－羟基酸受热时发生分子间的脱水反应，生成环状交酯。

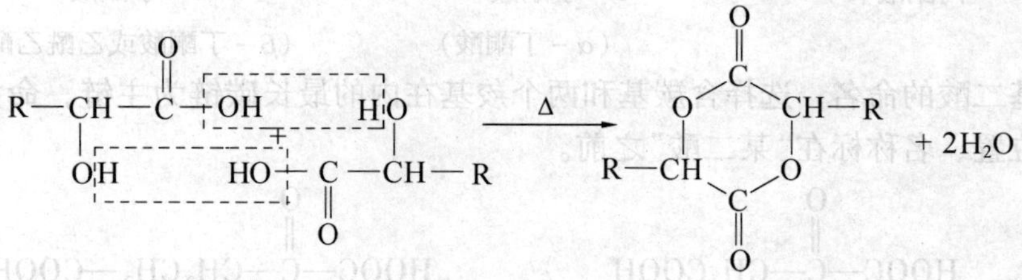

② β－羟基酸的脱水反应：β－羟基酸受热时发生分子内脱水反应，羟基与 α－H 结合脱去 1 分子水生成 α，β－烯酸。例如：

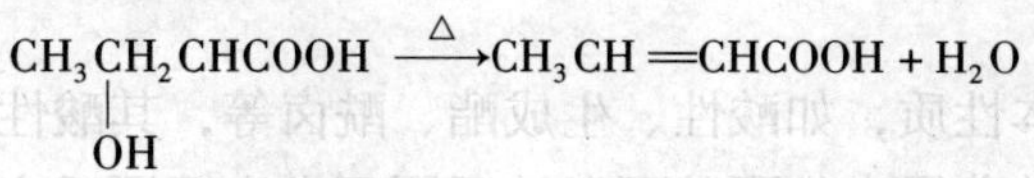

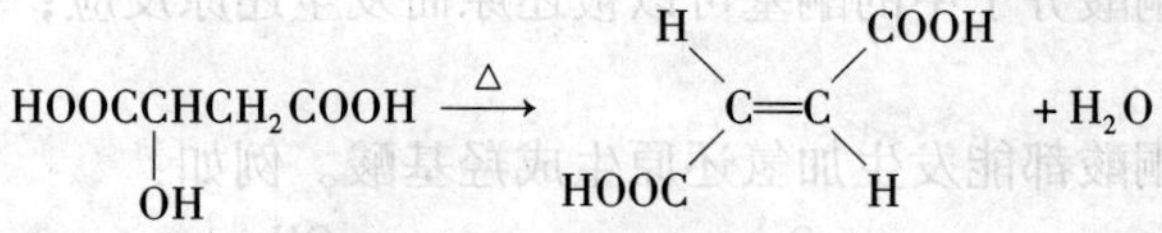

③ γ 及 δ 羟基酸的脱水反应：γ 及 δ－羟基酸受热时，发生分子内的酯化反应，生成五元或六元的环状内酯。

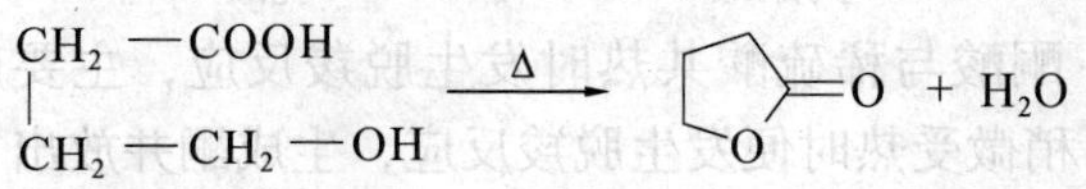

γ－羟基丁酸　　　　γ－丁内酯

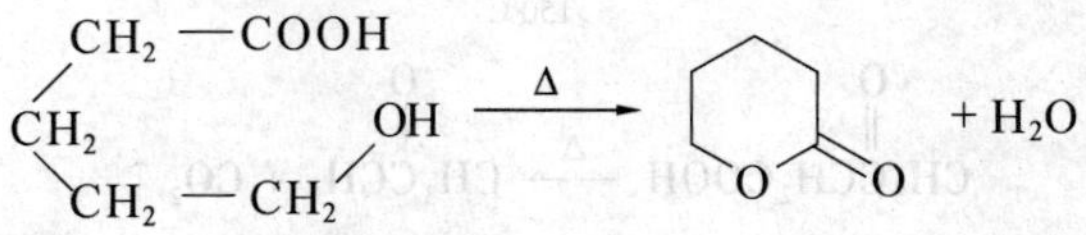

δ－羟基戊酸　　　　δ－戊内酯

（5）酚酸的反应　酚酸中含有酚羟基，能与 $FeCl_3$ 发生显色反应。例如，$FeCl_3$ 与水杨酸显紫色反应。

二、酮酸

1. 酮酸的命名

分子中既含有羧基，又含羰基的化合物称为羰基酸。根据羰基的位置不同，羰基酸可分为醛酸和酮酸。羰基连在碳链端位的称为醛酸，羰基连在碳链中其他位置的都称为酮酸。酮酸还可以根据羰基距羧基的距离不同分为 α－酮酸，β－酮酸、γ－酮酸等。人体内糖、脂肪和蛋白质代谢的中间产物里就有 α－酮酸或 β－酮酸。

羰基酸的命名与羟基酸类似，也是以羧酸为母体，把羰基看作取代基来命名。选择含羧基和酮基的最长碳为主链，编号从羧基碳原子开始，用阿拉伯数字或希腊字母依次编号，称为“某醛酸”或“某酮酸”。命名酮酸时，应把羰基的位置标在“某酮酸”之前。许多酮酸，也常使用俗名来命名。

例如：

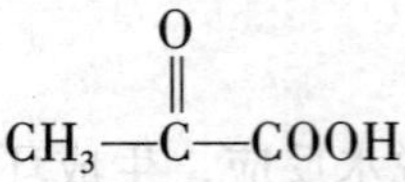

丙酮酸

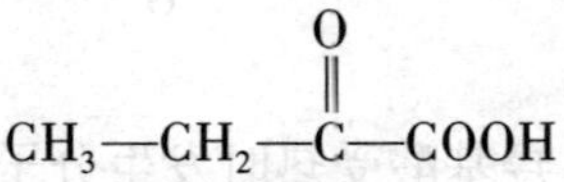

2－丁酮酸

（α－丁酮酸）

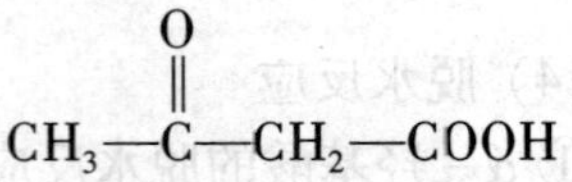

3－丁酮酸

（β－丁酮酸或乙酰乙酸）

对于羰基二酸的命名，选择含羰基和两个羧基在内的最长碳链为主链，命为“某二酸”，并把羰基的位置、名称标在“某二酸”之前。

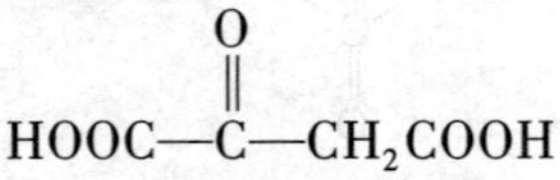

2－酮丁二酸

（α－酮丁二酸或草酰乙酸）

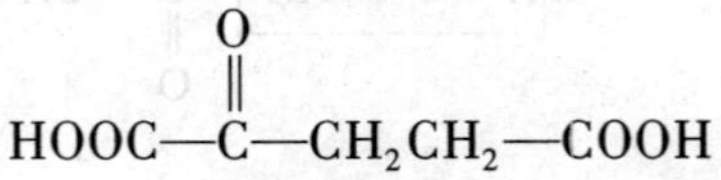

2－酮戊二酸

（α－酮戊二酸）

2. 酮酸的性质

酮酸具有羧酸的基本性质，如酸性、生成酯、酰卤等，其酸性强于相应的醇酸，更强于相应的羧酸。此外，酮酸分子中的酮基可以被还原而发生还原反应；受酮基的影响，酮酸易发生脱羧反应。

（1）还原反应　酮酸都能发生加氢还原生成羟基酸。例如：

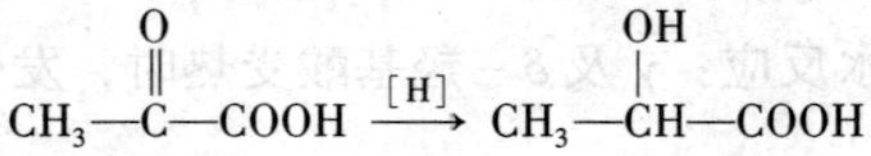

丙酮酸　　乳酸

（2）脱羧反应　α－酮酸与稀硫酸共热时发生脱羧反应，主要产物是少一个碳原子的醛；β－酮酸更易脱羧，稍微受热时便发生脱羧反应，生成酮并放出 CO_2。

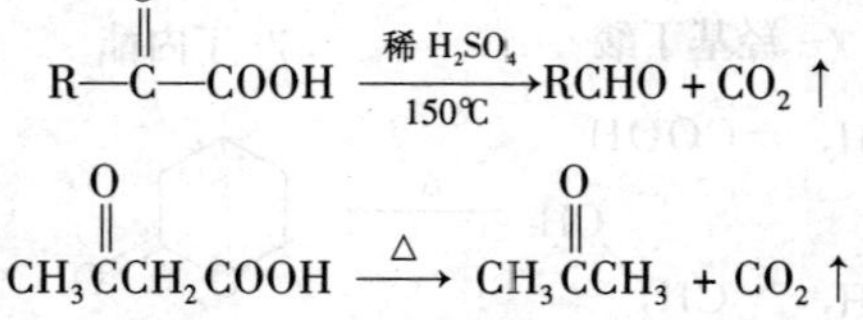

三、重要的取代酸

1. 乳酸 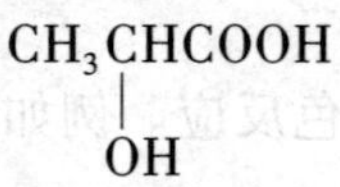

化学名称为α－羟基丙酸，乳酸存在于酸牛奶中，也是肌肉中糖原的代谢产物。纯净的乳酸是无色或淡黄色黏稠液体，熔点 18℃，有强吸水性，可溶于水、乙醇和乙醚。乳酸的用途极广泛，可用于空气消毒，其钙盐用作治疗佝偻病等缺钙症，钠盐用作解除酸中毒的药物。

2. 苹果酸 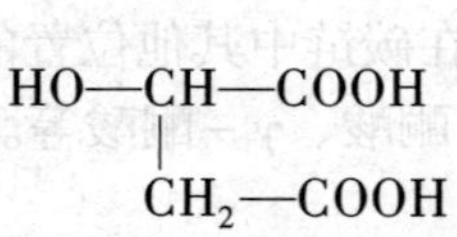

化学名称为羟基丁二酸，最初是从未成熟的苹果中得到而得名，为针状结晶，易溶于水和乙醇，微溶于乙醚。苹果酸在酶的催化下生成草酰乙酸。苹果酸在食品工业中用作酸味剂。

3. 酒石酸 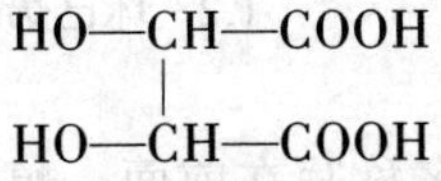

化学名为2,3－二羟基丁二酸，其盐广泛存在于果实中，以葡萄中含量最多，是透明棱形晶体，有很强的酸味，易溶于水。食品工业上酒石酸常用于配制饮料，也用做酸味剂，酒石酸锑钾俗称吐酒石，可用作催吐剂和治疗血吸虫病，酒石酸钾钠用于配制斐林试剂。

4. 柠檬酸 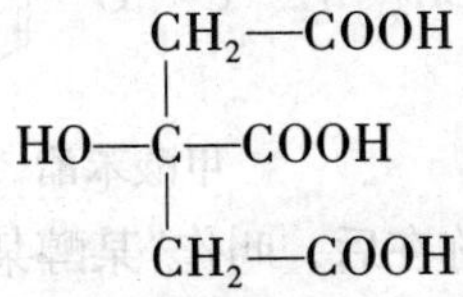

化学名为3－羟基－3羧基戊二酸，广泛存在于果实中，尤以柠檬中含量最高(未成熟的柠檬中含量可达6%)。无色透明晶体，含一分子结晶水，熔点153℃，易溶于水、乙醇和乙醚，有强酸味。食品工业上，柠檬酸常用于配制清凉饮料和作糖果的调味剂，也是制药工业的重要原料。柠檬酸钠是抗凝血剂。

5. 水杨酸 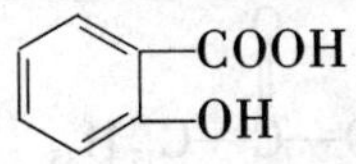

化学名为邻羟基苯甲酸，又名柳酸，主要存在于柳树或水杨树皮中。为无色针状结晶，熔点159℃，易升华，微溶于冷水，易溶于乙醇、乙醚和热水。水杨酸具有杀菌能力，其钠盐可用作食品等的防腐剂，水杨酸的衍生物——乙酰水杨酸(阿司匹林)，是常用的解热镇痛药。

第三节　羧酸衍生物

羧酸衍生物是羧酸分子中的羟基被取代后的产物，重要的羧酸衍生物有酰卤、酸酐、酯和酰胺。羧酸衍生物都含有酰基，因此又称为酰基化合物。

酰基是含氧酸分子中去掉酸性基团“—OH”后余下的基团。可根据相应酸的名称来命名酰基，将“某酸”改为“某酰基”。

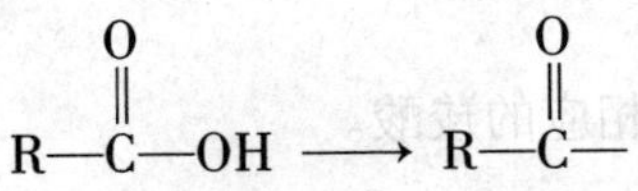
某酰基

一、羧酸衍生物的命名

1. 酰卤和酰胺

酰卤和酰胺的命名由酰基名称加卤素原子或胺，当酰胺的氮原子上连有烃基时，用“N”表示烃基的位置。例如：

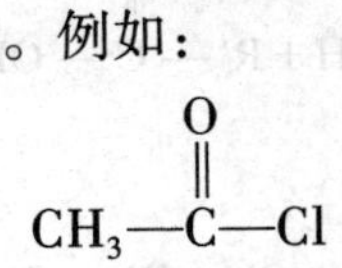
乙酰氯

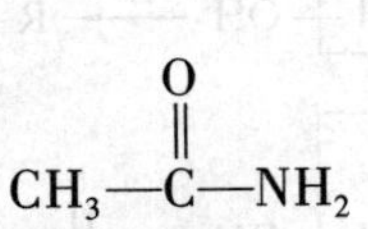
乙酰胺

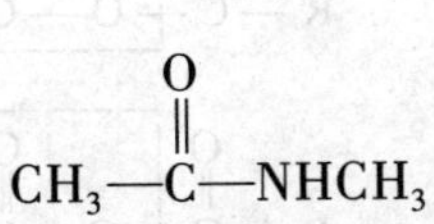
N－甲基乙酰胺

2. 酸酐

酸酐的命名是在相应羧酸的名称之后加一“酐”字。例如：

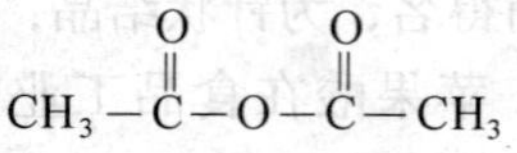

乙酸酐

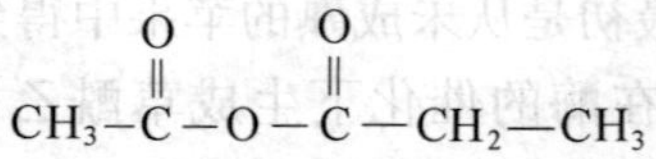

乙酸丙酸酐

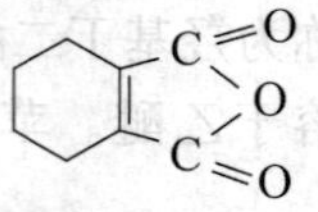

1,2-环己烯二甲酸酐

3. 酯的命名

根据形成它的羧酸和醇的名称而命名。即把羧酸的名称写在前面，醇的名称写在后面，并把“醇”字改成“酯”字，称为“某酸某酯”。例如：

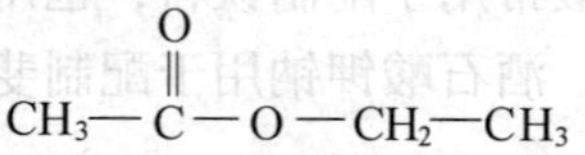

乙酸乙酯

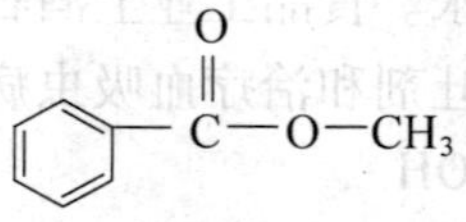

苯甲酸甲酯

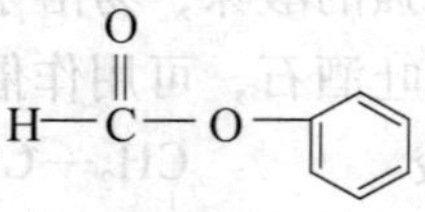

甲酸苯酯

由多元醇和一元酸形成的酯，醇的名称在前，酸的名称在后，叫作“某醇某酸酯”。例如：

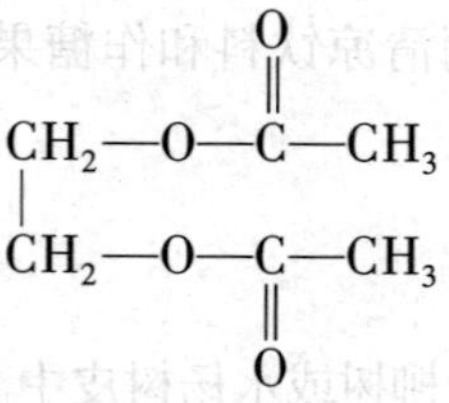

乙二醇二乙酸酯

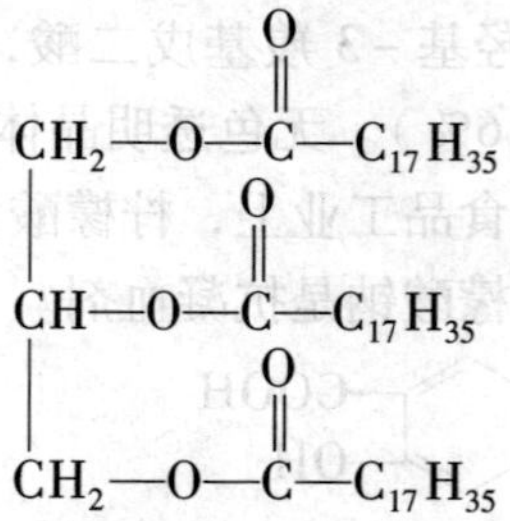

丙三醇三硬脂酸酯

二、羧酸衍生物的性质

室温下，酰氯、酸酐、酯和酰胺大多为液体或低熔点的固体。低级酰氯有强烈刺激性气味，低级酸酐有不愉快气味，低级酯有果香味。

酰氯、酸酐和酯的分子间不能通过氢键缔合，它们的沸点比相对分子质量相近的羧酸低。酰胺分子间能形成氢键，其沸点比相对分子质量相近的羧酸高。所有羧酸衍生物均易溶于有机溶剂，如乙醚、丙酮等，难溶于水。

羧酸衍生物分子中都有酰基，能发生一些相似的化学反应，但因酰基所连的基团不同，反应活性有一定的差异。

1. 水解

四种羧酸衍生物都能水解，生成相应的羧酸。

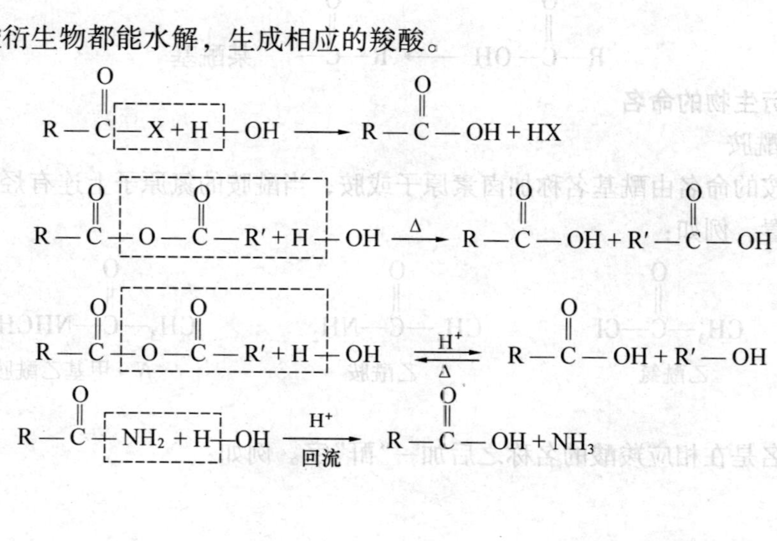

不同的羧酸衍生物水解反应进行的难易次序为：酰氯＞酸酐＞酯＞酰胺。

2. 醇解

酰氯、酸酐和酯都能发生醇解，与醇作用生成相应的酯。

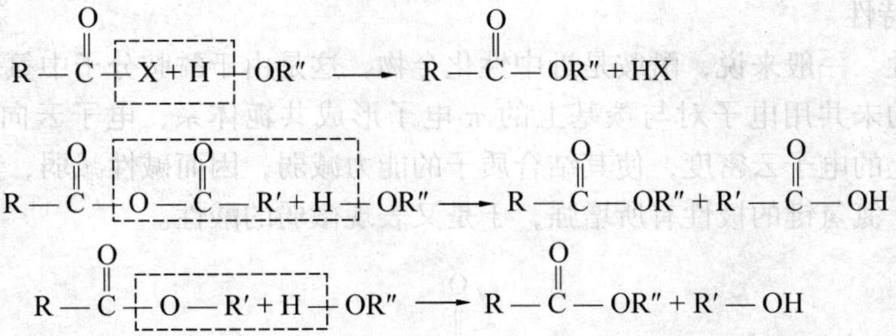

酯的醇解也称为酯交换反应，酯交换反应通常是“以小换大”，生成较高级的酯。例如：

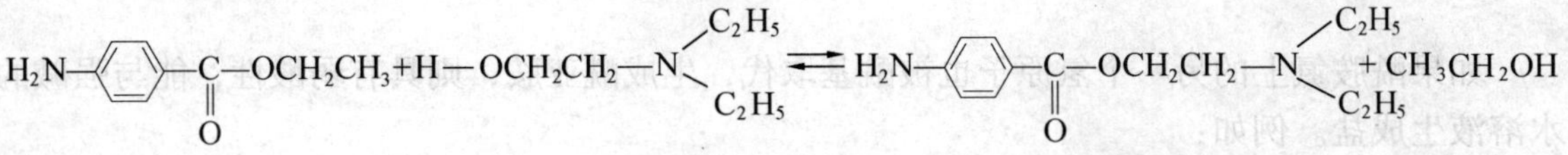

普鲁卡因(局部麻醉药)

3. 酯的特性

(1) 酯的还原 酯比羧酸易还原，容易被 $LiAlH_4$ 与钠和醇等还原剂还原。还原产物为两分子醇。例如：

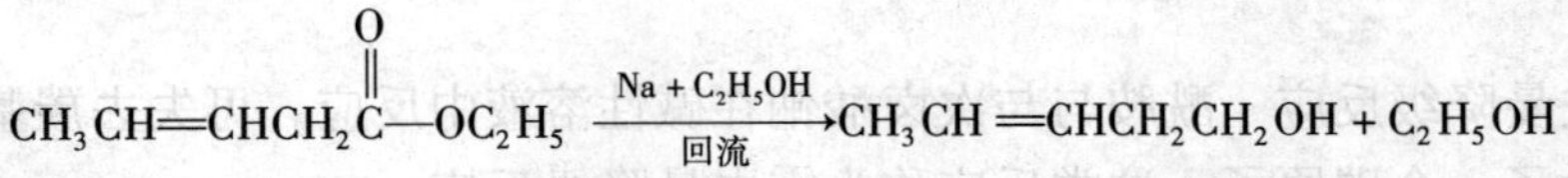

(2) 酯缩合反应 有 $\alpha-H$ 的酯在强碱(一般是用乙醇钠)的作用下与另一分子酯发生缩合反应，失去一分子醇，生成 $\beta-$酮基酯的反应叫做酯缩合反应，又称为克莱森(Claisen)缩合。例如：

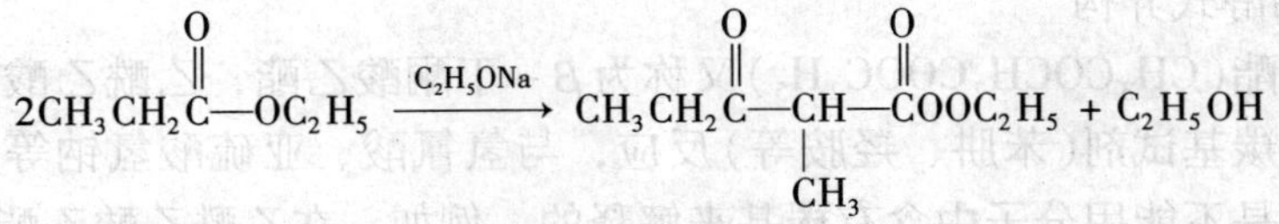

两种不同的有 $\alpha-H$ 的酯的酯缩合反应产物复杂，无实用价值。无 $\alpha-H$ 的酯与有 $\alpha-H$ 的酯的酯缩合反应产物纯，有合成价值。例如：

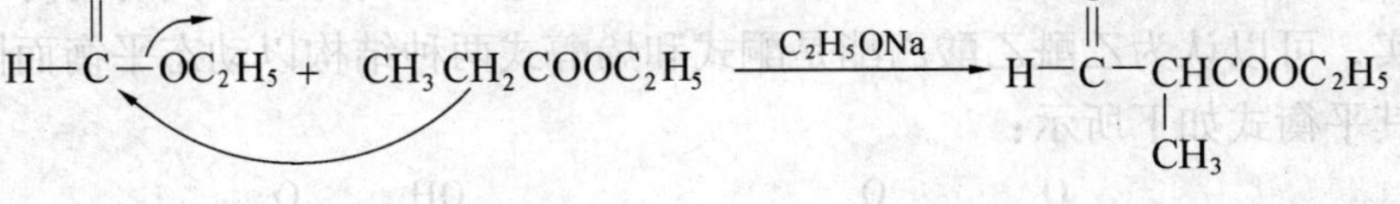

酯缩合反应在有机和药物合成方面具有重要价值。酯缩合反应也是生物体内一个重要的生化反应。例如，在某些酶催化下，丙酮酸与草酰乙酸经酯缩合反应生成柠檬酸。起反应如下：

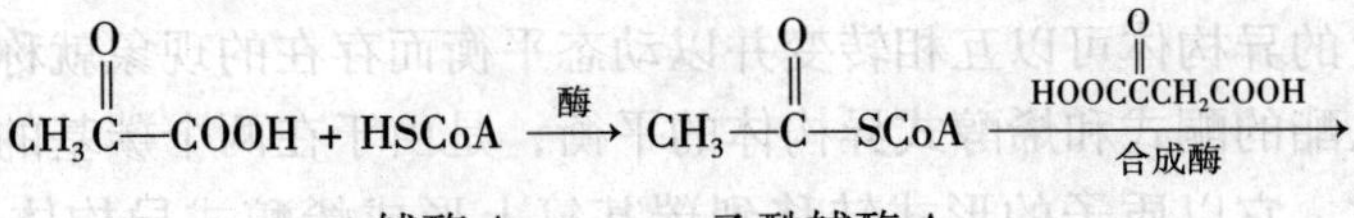

辅酶 A　　乙酰辅酶 A

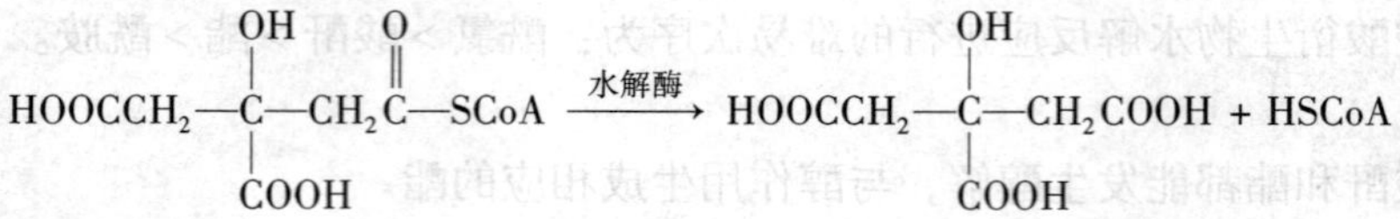

4. 酰胺的特性

(1) 酸碱性　一般来说，酰胺是近中性化合物，这是由于酰胺分子中氨基和羰基直接相连，氮原子上的未共用电子对与羰基上的 π 电子形成共轭体系，电子云向羰基方向移动，降低了氮原子上的电子云密度，使其结合质子的能力减弱，因而碱性减弱，其溶液不能使石蕊变色。同时，氮氢键的极性有所增强，于是又表现微弱的酸性。

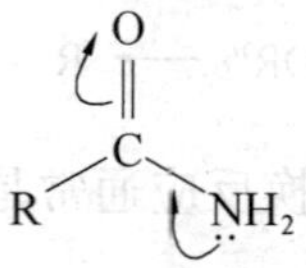

如果酰胺氮上的另一个氢原子也被酰基取代，生成酰亚胺，则具有弱酸性，能与强碱的水溶液生成盐。例如：

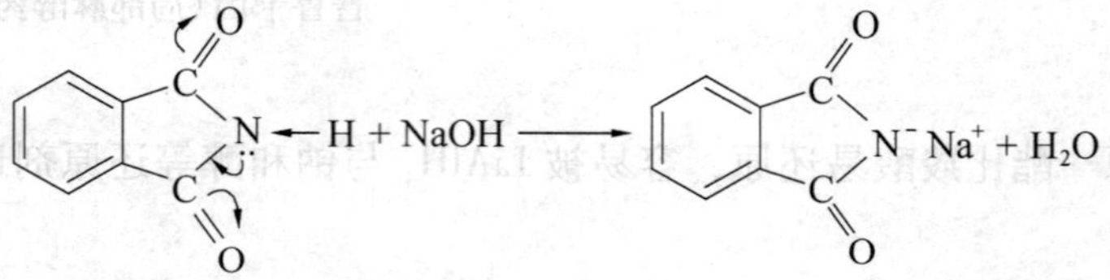

(2) 霍夫曼降级反应　酰胺与与次卤酸钠在碱性溶液中反应，可失去羰基生成胺，反应后使碳链减少了一个碳原子，这类反应称为霍夫曼降级反应。

$$RCONH_2 + NaOX + 2NaOH \longrightarrow RNH_2 + Na_2CO_3 + NaX + H_2O$$

利用此反应可制备伯胺。

5. 酮式和烯醇式异构

乙酰乙酸乙酯($CH_3COCH_2COOC_2H_5$)又称为 β – 丁酮酸乙酯，乙酰乙酸乙酯具有酮的性质，例如它能与羰基试剂(苯肼、羟胺等)反应，与氢氰酸、亚硫酸氢钠等起加成反应。但是还有一些反应是不能用分子中含有羰基来解释的。例如，在乙酰乙酸乙酯中加入溴的四氯化碳溶液，可使溴的颜色消失，说明分子中有碳碳双键存在；它可以与金属钠反应放出氢气，生成钠的衍生物，这说明分子中含有活泼氢；与乙酰氯作用生成酯，说明分子中有醇羟基；乙酰乙酸乙酯还能与三氯化铁水溶液作用呈紫红色，说明分子中具有烯醇式结构。根据上述实验事实，可以认为乙酰乙酸乙酯是酮式和烯醇式两种结构以动态平衡而同时存在的互变异构体。其平衡式如下所示：

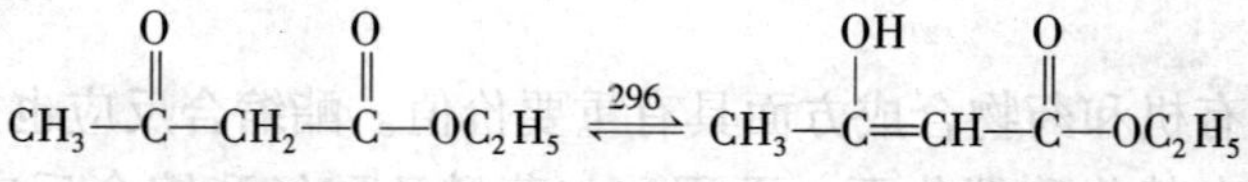

酮式(93%)　　　　烯醇式(7%)

乙酰乙酸乙酯的酮式和烯醇式异构体在室温时，彼此互变很快，不能把它们分离。凡是两种或两种以上的异构体可以互相转变并以动态平衡而存在的现象就称为互变异构现象。

乙酰乙酸乙酯的酮式和烯醇式异构体的平衡，是由于在两个羰基的影响下，亚甲基上的氢原子比较活泼，它以质子的形式转移到羰基氧上形成烯醇式异构体。除了乙酰乙酸乙酯外，还有许多物质，如β-二酮，某些糖等，也存在互变异构现象。

三、重要的羧酸衍生物

1. 乙酰氯 CH_3COCl

乙酰氯是无色有刺激性气味的液体，沸点52℃，遇水剧烈水解，并放出大量的热量，空气中的水分能使它水解产生氯化氢而冒白烟，能与乙醚、氯仿、冰醋酸、苯和汽油混溶。乙酰氯是常用的乙酰化试剂。

2. 乙(酸)酐 $(CH_3CO)_2O$

乙酐又名醋(酸)酐，是无色有极强醋酸气味的液体，沸点139.8℃，微溶于水，溶于乙醚、苯和氯仿。乙(酸)酐是一种优良的溶剂，也是常用的乙酰化试剂，用于制药、染料等工业中。

3. 乙酸乙酯 $CH_3COOC_2H_5$

乙酸乙酯是无色可燃性的液体，有芳香气味，易挥发，沸点77.2℃，微溶于水，溶于醇、酮、醚、氯仿等多数有机溶剂。乙酸乙酯用途很广，主要用作溶剂，及用于染料和一些医药中间体的合成。

4. 丙二酸二乙酯 $CH_2(COOC_2H_5)_2$

简称丙二酸酯，无色透明液体，微具芳香气味，沸点198.9℃，微溶于水，易溶于乙醇、乙醚等有机溶剂。用于有机合成，也是染料、香料的中间体，并作为医药的原料。

5. 乙酰乙酸乙酯 $CH_3COCH_2COOC_2H_5$

又称为β-丁酮酸乙酯，是具有清香气味的无色液体，沸点181℃，微溶于水，易溶于乙醚，乙醇。广泛应用于食用香精中，主要用以调配苹果、杏、桃等食用香精。乙酰乙酸乙酯在制药工业中，用于制造氨基比林、维生素B等。染料工业中用作合成染料的原料和用于电影基片染色等。

知识链接

生命活动中的羟基酸和酮酸

羟基酸和酮酸广泛存在于生物体内，并在生物氧化等代谢中起着重要的作用。三羧酸循环是糖、脂肪、蛋白质代谢的中枢过程，其中包含着许多羟基酸、酮酸脱氢、脱水、脱二氧化碳等化学反应：琥珀酸、苹果酸等在相应酶的催化下脱氢，生成相应的酮酸或烯酸，异柠檬酸、α-酮戊二酸发生脱羧、脱氢反应，烯酸如延顺乌头酸、延胡索酸包含碳碳双键，能与水发生加成反应，见下图：

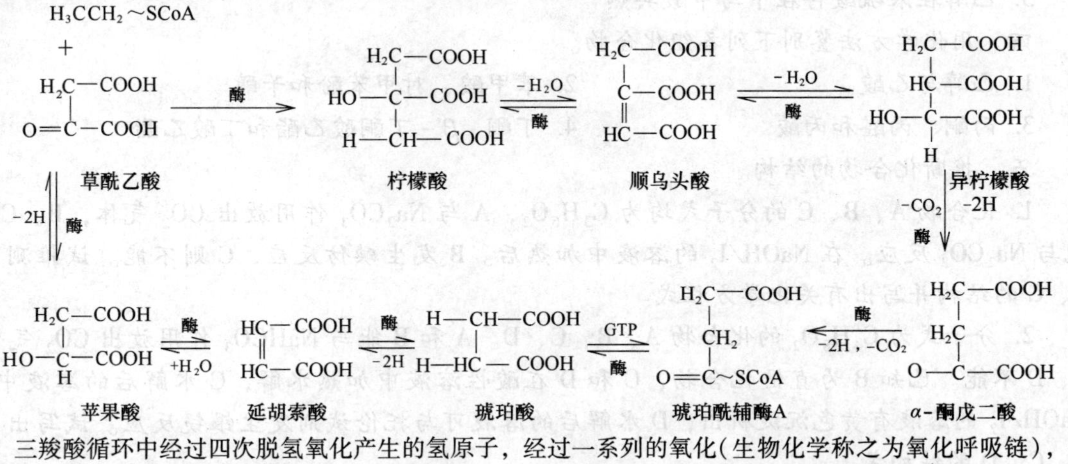

三羧酸循环中经过四次脱氢氧化产生的氢原子，经过一系列的氧化(生物化学称之为氧化呼吸链)，最终与氧原子结合生成水，在这一系列的氧化步骤中逐步释放出能量，每一次循环可以产生12个ATP(三磷

酸腺苷)——它可以为生物维持物质代谢和生命活动提供能量。

三羧酸循环中有二次脱羧反应，即进入循环中的乙酰辅酶 A(CH_3CH_2-CoA)的 2 个碳原子经过一次循环转化为 2 个 CO_2 分子。

羟基酸和酮酸在脂肪酸的代谢中也起着重要作用。β－丁酮酸、β－羟基丁酸和丙酮三者在医学上合称为酮体。酮体是脂肪酸在肝脏中的代谢产物，酮体在肝外组织中迅速分解，因此正常人血液中只含有微量酮体。正常情况下，人体血液中酮体的含量很少(0.8～5mg/100mL)，每昼夜从尿中排出约 40mg 酮体。糖尿病患者的代谢发生障碍，使血液和尿中酮体增加，就会使血液的酸性增强，有发生酸中毒的可能，所以检查血液和尿中酮体的含量，可帮助诊断疾病。临床上检查酮体主要是对酮体中丙酮的测定。

酮体在体内的相互转化可用下式表示：

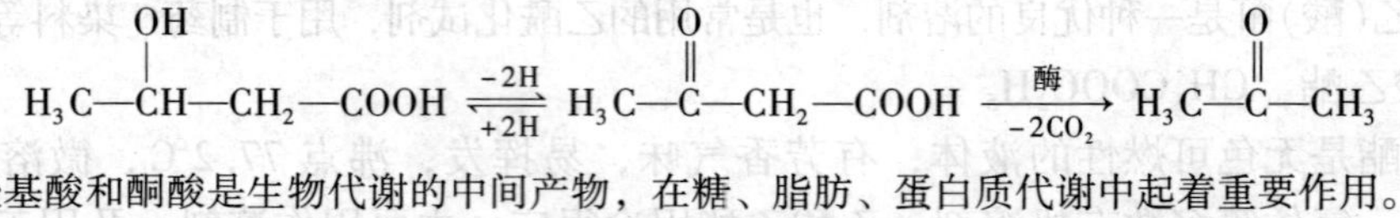

总之，羟基酸和酮酸是生物代谢的中间产物，在糖、脂肪、蛋白质代谢中起着重要作用。

习　　题

一、写出下列化合物的名称。

1. 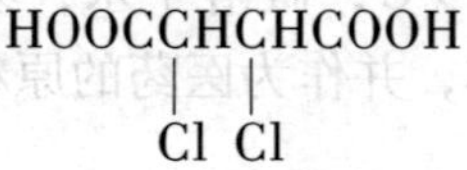

2. 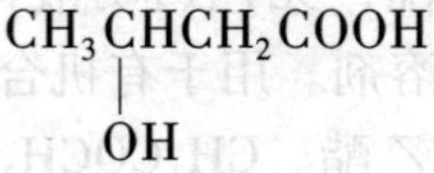

3. 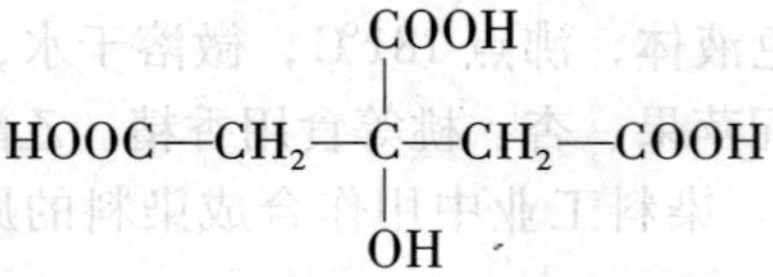

4. 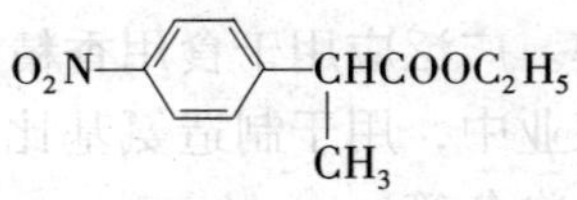

5. HOOC—CH_2—CH_2—COOH

二、写出下列化合物的结构简式。

1. 乳酸　2. 水杨酸　3. β－丁酮酸　4. 苹果酸

5. 甲酸乙酯　6. 2－丁烯酸　7. 草酰乙酸

三、完成下列化学反应。

1. 乙酸与氢氧化钾作用　2. 丙酸与金属钙作用

3. 草酸固体加热　4. 乳酸脱氢氧化

5. 乙醇在浓硫酸存在下与甲酸共热

四、用化学方法鉴别下列各组化合物。

1. 乙醇与乙酸　2. 苯甲酸、对甲苯酚和苄醇

3. 丙酮、丙醛和丙酸　4. 丁酮、β－丁酮酸乙酯和丁酸乙酯

五、推断化合物的结构。

1. 化合物 A、B、C 的分子式均为 $C_3H_6O_2$，A 与 Na_2CO_3 作用放出 CO_2 气体，B、C 不能与 Na_2CO_3 反应。在 NaOH/I_2 的溶液中加热后。B 发生碘仿反应，C 则不能。试推测 A、B、C 的结构并写出有关化学方程式。

2. 分子式为 $C_4H_8O_2$ 的化合物 A、B、C、D。A 和 B 能与 $NaHCO_3$ 作用放出 CO_2 气体，C、D 不能。已知 B 为直链化合物，C 和 D 在酸性溶液中加热水解，C 水解后的溶液中加 NaOH/I_2 的溶液有黄色沉淀析出，D 水解后的溶液可与托伦试剂发生银镜反应。试写出 A、B、C、D 的结构式。

第十章　含氮有机化合物

含氮有机化合物通常可看作是烃分子中一个或几个氢原子被各种含氮官能团取代后的衍生物。含氮有机化合物种类很多，例如，硝基化合物、胺及其衍生物、(含氮)杂环化合物等。胺及其衍生物有的对人体有害，如β-萘胺是强烈的致癌物质，N-甲基苯异丙胺(冰毒)是毒品，吸食冰毒对心、肺、肝、肾及神经系统有毒害作用；而有的在医学上有重要的作用，如盐酸普鲁卡因是局部麻醉药，对乙酰氨基酚为解热镇痛药。本章主要介绍硝基化合物、胺、季铵盐和季铵碱、芳香族重氮及氰。

第一节　硝基化合物

硝基化合物是指烃分子中的一个或几个氢原子被硝基($—NO_2$)取代后的化合物。天然硝基化合物很少，绝大多数硝基化合物是人工合成制备的。

一、硝基化合物的分类和命名

根据分子中烃基种类不同，硝基化合物可以分为脂肪族硝基化合物和芳香族硝基化合物；根据所连碳原子不同，可分为伯、仲、叔硝基化合物(或简称1°2°3°硝基化合物)；根据分子中硝基的数目，分为一硝基化合物和多硝基化合物。

硝基化合物的命名与卤代烃相似，以烃为母体，硝基作为取代基，称硝基某烷。例如：

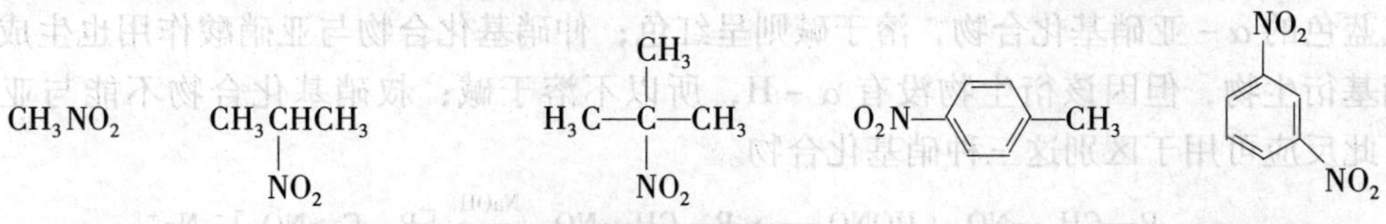

硝基甲烷　2-硝基丙烷　2-甲基-2-硝基丙烷　对硝基甲苯　间二硝基苯

二、硝基化合物的物理性质

脂肪族硝基化合物多数是无色而具有香味的液体，难溶于水，而易溶于醇和醚；大部分芳香族硝基化合物都是淡黄色固体。由于硝基具有较高的极性，所以硝基化合物得熔沸点较高。多数硝基化合物在受热时一般易分解而发生爆炸。硝基化合物均有毒，能使血红蛋白变性而引起中毒，较多地吸入它们的蒸气或粉尘，或者长期与皮肤接触都能引起中毒。硝基化合物的物理常数见表10-1。

表10-1　硝基化合物的物理常数

名　　称	结 构 式	熔点℃	沸点℃
硅基甲烷	CH_3NO_2	-28.5	100.8
硝基乙烷	$CH_3CH_2NO_2$	-50	115
1-硝基丙烷	$CH_3CH_2CH_2NO_2$	-108	131.5
2-硝基丙烷	$(CH_3)_2CHNO_2$	-93	120
硝基苯	$C_6H_5NO_2$	5.7	210.8
间二硝基苯	$1,3-C_6H_4(NO_2)_2$	89.8	303

续表

名　　称	结 构 式	熔点℃	沸点℃
1,3,5－三硝基苯	1,3,5－$C_6H_3(NO_2)_3$	122	315
邻硝基甲苯	1,2－$CH_3C_6H_4NO_2$	－4	222.3
对硝基甲苯	1,4－$CH_3C_6H_4NO_2$	54.5	238.3
2,4－二硝基甲苯	1,2,4－$CH_3C_6H_3(NO_2)_2$	71	300
2,4,6－三硝基甲苯	1,2,4,6－$CH_3C_6H_2(NO_2)_3$	82	分解

三、硝基化合物的化学性质

硝基是强吸电子基，所以硝基化合物可以被还原。脂肪族硝基化合物中，硝基的吸电子性使α－H活泼，所以，脂肪族硝基化合物的化学性质主要集中在α－H上；而在芳香族硝基化合物，硝基为间位定位基，能钝化苯环，并对苯环上邻、对位产生一定影响。

1. 脂肪族硝基化合物的化学性质

（1）酸性　脂肪族硝基化合物中，由于硝基的吸电子性使α－H活泼，所以有α－H的脂肪族硝基化合物能产生假酸式－酸式互变异构，但该反应速度较慢，从而使有α－H的脂肪族硝基化合物具有一定的酸性，能溶于强碱的水溶液生成盐类。可以借此分离伯、仲硝基化合物与叔硝基基化合物。

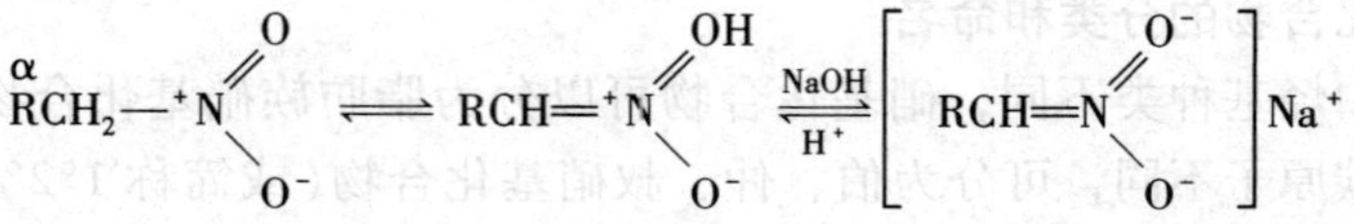

假酸式(主)　　　酸式(少)

（2）与亚硝酸的反应　伯、仲硝基化合物可与亚硝酸反应。伯硝基化合物与亚硝酸作用生成蓝色的α－亚硝基化合物，溶于碱则呈红色；仲硝基化合物与亚硝酸作用也生成蓝色的亚硝基衍生物，但因该衍生物没有α－H，所以不溶于碱；叔硝基化合物不能与亚硝酸反应。此反应可用于区别这三种硝基化合物。

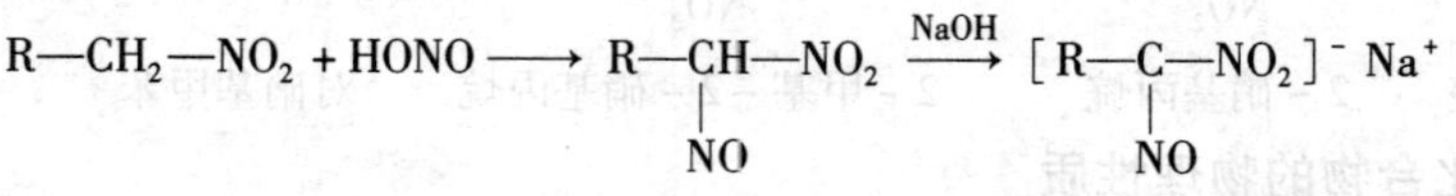

蓝色结晶　　　溶于NaOH呈红色溶液

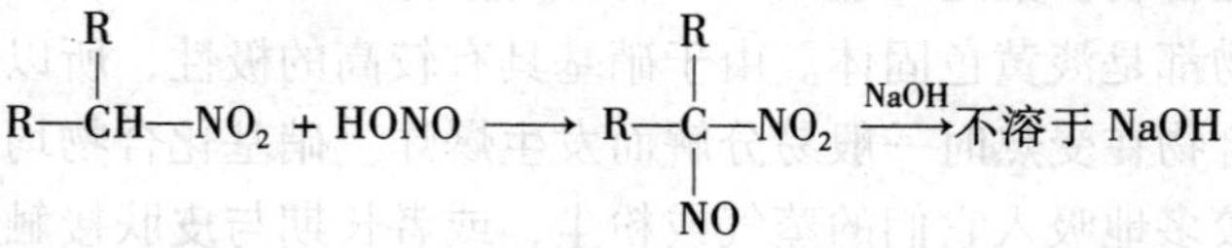

蓝色结晶　　　蓝色不变

（3）与羰基化合物缩合　有α－H的脂肪族硝基化合物在碱性条件下能与某些羰基化和物发生缩合反应。

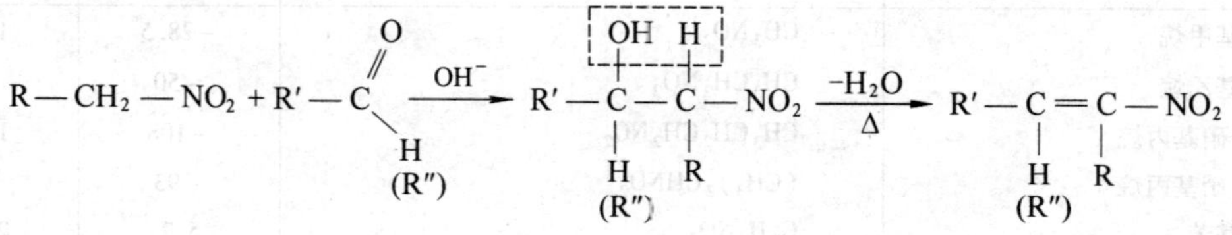

（4）还原反应　硝基化合物容易被还原，不同条件下还原产物不同。在强还原条件下还

原产物为伯胺；若在中性条件下用金属作还原剂，则得到 N－烷基羟胺。

$$R—NO_2 \xrightarrow{LiAlH_4} R—NH_2 + 2H_2O$$

$$R—NO_2 \xrightarrow{Zn/NH_4Cl} R—NHOH + H_2O$$

2. 芳香族硝基化合物的化学性质

（1）苯环上的亲电取代反应　硝基为间位定位基，能使苯环钝化，不利于亲电试剂的进攻，因此芳香族硝基化合物的亲电取代反应主要发生在间位，且取代反应速度比苯慢。例如：

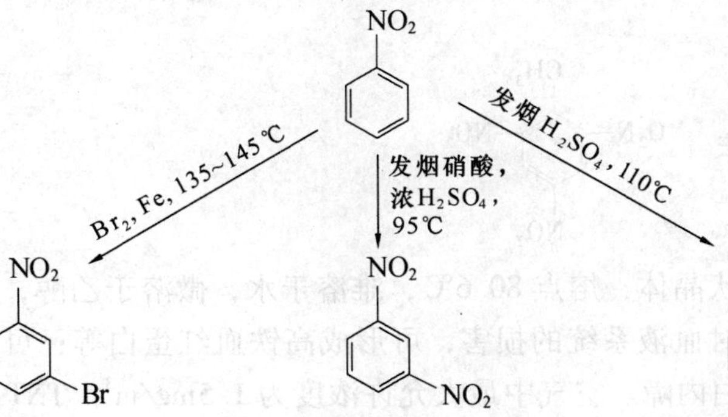

（2）硝基对苯环邻、对位上取代基的影响　硝基是强吸电子基，对苯环呈现强的吸电子诱导效应和吸电子共轭效应，使苯环电子云密度降低，特别是硝基的邻、对位电子云密度降低更为显著，而间位的电子云密度相对较高。所以在苯环上的亲电取代反应中，硝基是钝化苯环的间位定位基，如果硝基邻、对位连有其他基团，它们也要受到硝基的影响。

① 增强卤苯的活性：在卤代苯分子中，由于卤原子与芳环的 p－π 共轭效应，使卤原子与苯环碳原子结合得更加紧密，因此卤原子很不活泼，在一般条件下，卤代苯不能发生亲核取代反应。但如果在其邻、对位引入硝基，则其亲核取代在没有催化剂条件下即可发生。

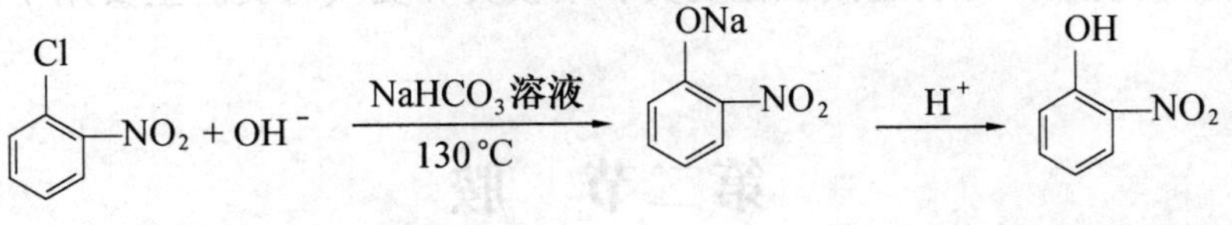

② 使酚的酸性增强：硝基使邻、对位的酚酸性明显增强，而对间位的酚影响要小的多。芳环上引入的硝基越多，酚的酸性越强。

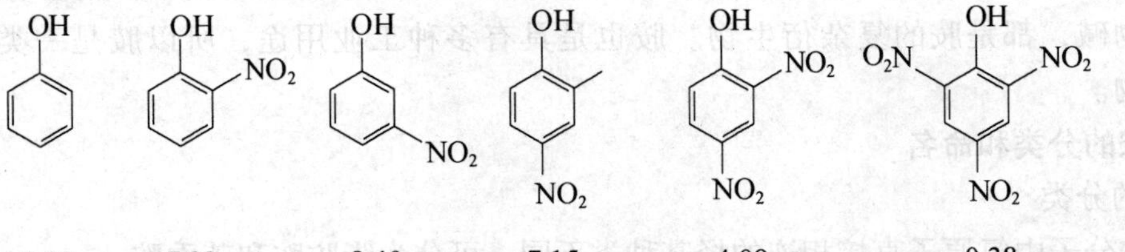

pK_a

9.89　　7.23　　8.40　　7.15　　4.09　　0.38

③ 还原反应：在不同的条件下芳香族硝基化合物的产物不同。一般在酸性条件下还原，催化加氢或用金属（Fe、Sn）和酸（通常是盐酸）作还原剂还原时，产物是伯胺。

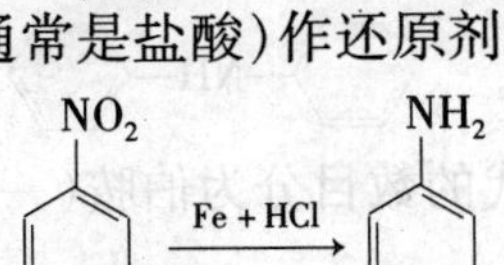

四、重要的硝基化合物

1. 硝基苯 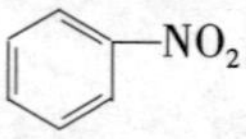

又名苦杏仁油。无色或微黄色具苦杏仁味的油状液体，熔点5.7℃，沸点210.9℃，难溶于水，密度比水大；易溶于乙醇、乙醚和苯。遇明火、高热会燃烧、爆炸，空气中最大允许浓度为1μg/g，在空气中爆炸极限为1.8%（下限，体积分数）。硝基苯毒性较强，吸入大量蒸气或皮肤大量沾染，可引起急性中毒，使血红蛋白氧化或络合，血液变成深棕褐色，并引起头痛、恶心、呕吐等。

2. 2,4,6-三硝基甲苯 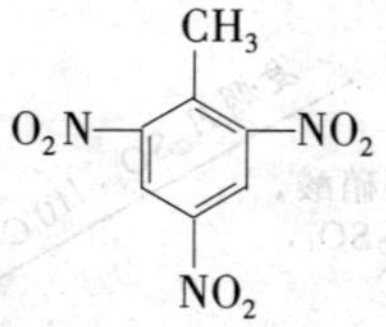

简称TNT，淡黄色针状晶体，熔点80.6℃，难溶于水，微溶于乙醇，溶于苯、芳烃和丙酮。属高度危害毒物，对血液系统的损害，可形成高铁血红蛋白等；可引起中毒性肝损伤；对眼睛可引起中毒性白内障。空气中最大允许浓度为1.5mg/m^3。TNT主要用于制造染料、医药、炸药等。

3. 2,4,6-三硝基苯酚 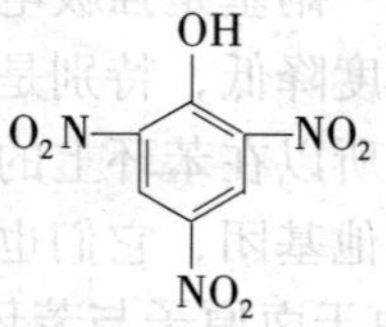

又名苦味酸，淡黄色结晶固体，熔点121.812℃，无臭，味苦，不溶于冷水，溶于热水、醇、苯乙醚等。受热，接触明火、高热或受到摩擦震动、撞击时可发生爆炸。有毒，吸入、食入或经皮肤吸收，可引起接触性皮炎、结膜炎和支气管炎。主要用于制造炸药、染料等。

第二节 胺

胺可以看作是氨分子中的氢原子被烃基取代后的衍生物。胺类化合物广泛存在于自然界中，和生命活动有着密切的联系。胺类化合物具有重要的生理活性，许多激素、抗生素和生物碱，都是胺的复杂衍生物。胺也是具有多种工业用途，所以胺是一类重要的含氮化合物。

一、胺的分类和命名

1. 胺的分类

根据胺分子中氮原子直接相连的烃基种类不同，可分为脂肪胺和芳香胺。

脂肪胺 $H_3C—NH_2$ $H_3C—NH—CH_3$ 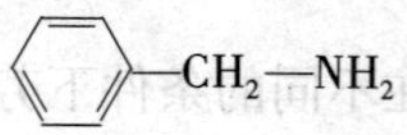

芳香胺 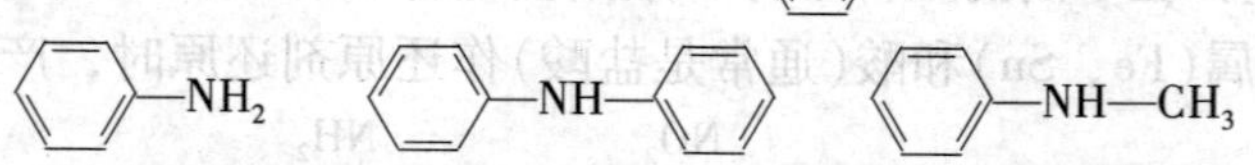

根据氨分子中氢原子被烃基取代的数目分为伯胺（一级胺）、仲胺（二级胺）和叔胺（三级胺）。

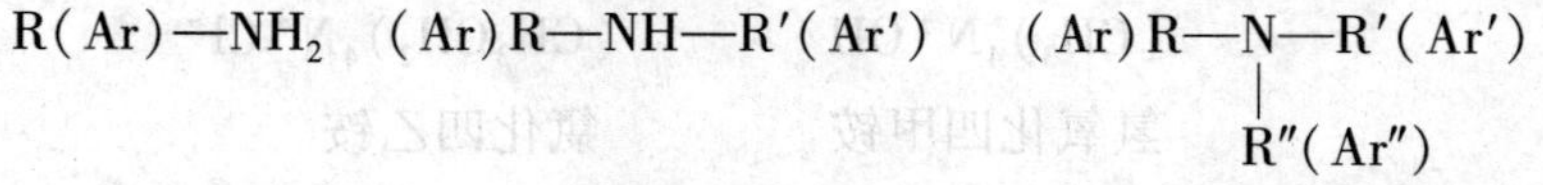

伯胺　　　　仲胺　　　　叔胺

（一级胺或 1°胺）　（二级胺或 2°胺）　（三级胺或 3°胺）

铵盐或氢氧化铵中的四个氢原子被四个烃基取代而生成的化合物称为季铵盐或季铵碱。

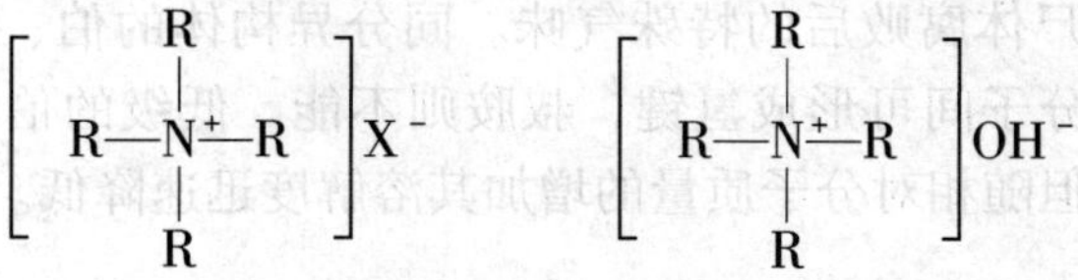

季铵盐　　　　季铵碱

应该注意的是：伯、仲、叔胺的分类方法与伯、仲、叔醇的分类方法不同。伯、仲、叔醇是以它们分子中的羟基分别与伯、仲、叔碳原子的连接不同而分类。而伯、仲、叔胺是按氮原子所连接的烃基数目来确定的。例如：叔丁醇和叔丁胺，二者都具有叔丁基，但前者属叔醇而后者属伯胺。

叔丁醇（叔醇）　　　　叔丁胺（伯胺）

注意：“氨”、“胺”及“铵”的用法，在表示基时，如氨基、亚氨基，则用“氨”；表示 NH_3 的烃基衍生物时，用“胺”；而季铵类化合物则用“铵”。

2. 胺的命名

（1）衍生命名法　简单胺的命名是以胺为母体，把与氮原子相连的相同烃基的数目和名称写在“胺”的前面。与氮原子相连的不同烃基，则按由小到大的顺序写出。例如：

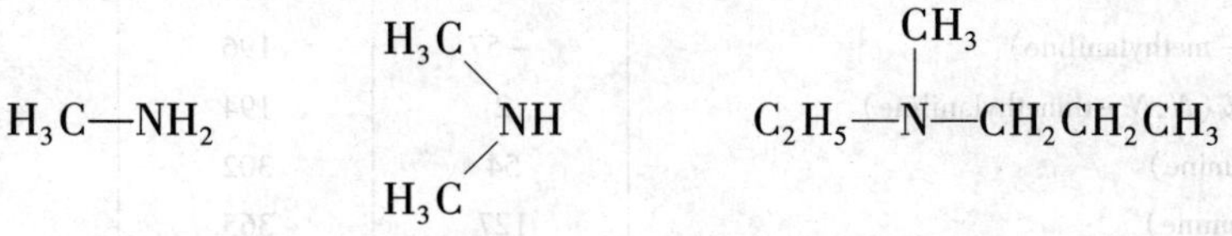

甲胺　　　　二甲胺　　　　甲乙丙胺

（2）系统命名法　比较复杂的胺则以烃为母体，把氨基作为取代基来命名。例如：

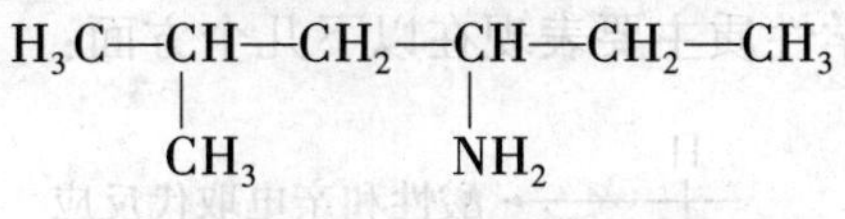

2－甲基－4－氨基己烷

当脂肪烃基连在芳香胺的氮原子上，命名时常以芳香胺作为母体，脂肪烃基为取代基，在脂肪烃基的前面标上“*N*－”或“*N*，*N*－”，以表示脂肪烃基连在氮原子上。例如：

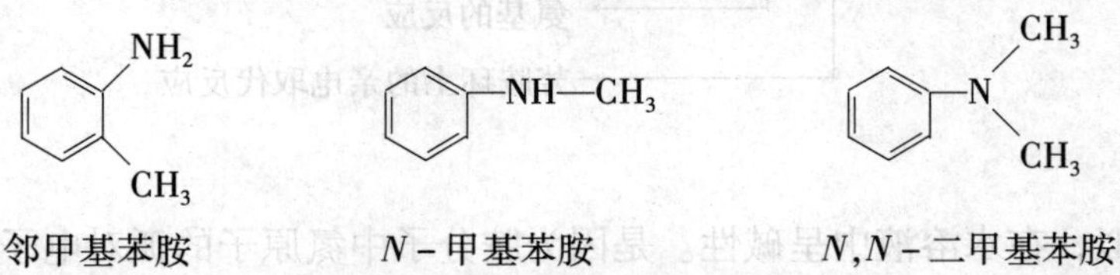

邻甲基苯胺　　　　*N*－甲基苯胺　　　　*N*，*N*－二甲基苯胺

季铵类化合物的命名与氢氧化铵或铵盐相似，称为某化某铵。

$(CH_3)_4N^+OH^-$　　　$(CH_3CH_2)_4N^+Cl^-$

氢氧化四甲铵　　　氯化四乙铵

二、胺的物理性质

室温下，低级脂肪胺，如甲胺、二甲胺和三甲胺等，在常温下是气体，丙胺以上是液体，十二碳以上的胺为固体。低级胺的气味与氨相似，三甲胺有鱼腥味，有的二元胺如丁二胺和戊二胺等有动物尸体腐败后的特殊气味。同分异构体的伯、仲、叔胺，其沸点依次降低。这是因伯、仲胺分子间可形成氢键，叔胺则不能。低级的伯、仲、叔胺与水能形成氢键，因此能溶于水，但随相对分子质量的增加其溶解度迅速降低。一些一元胺类化合物的物理常数见表 10－2。

芳香胺为无色高沸点的液体或低熔点的固体，具有特殊气味，而且毒性很大，无论吸入其蒸气或皮肤与之接触，都能引起中毒。如苯胺可以通过吸入、食入或透过皮肤吸收而中毒，食入 0.25mL 就严重中毒。β－萘胺与联苯胺是引致恶性肿瘤的物质。

表 10－2　一元胺的物理性质

化　合　物	熔点/℃	沸点/℃	pK_a（共轭酸）H_2O，25℃
甲胺（methylamine）	－93	－7	10.66
乙胺（ethylamine）	－81	17	10.80
丙胺（propylamine）	－83	49	10.58
丁胺（butylamine）	－50	77.8	
二甲胺（dimethylamine）	－96	7	10.73
二乙胺（diethylamine）	－42	56	11.09
三甲胺（trimethylamine）	－117	3.5	9.80
三乙胺（triethylamine）	－115	90	10.85
三丁胺（tributylamine）		213	
苄胺（benzylamine）		185	9.34
苯胺（aniline）	－6	184	4.58
N－甲基苯胺（*N*－methylaniline）	－57	196	4.85
N,*N*－二甲基苯胺（*N*,*N*－dimethylaniline）	2	194	5.06
二苯胺（diphenylamine）	54	302	0.8
三苯胺（triphenylamine）	127	365	

三、胺的化学性质

从结构上分析，胺的化学性质主要表现在以下几个方面：

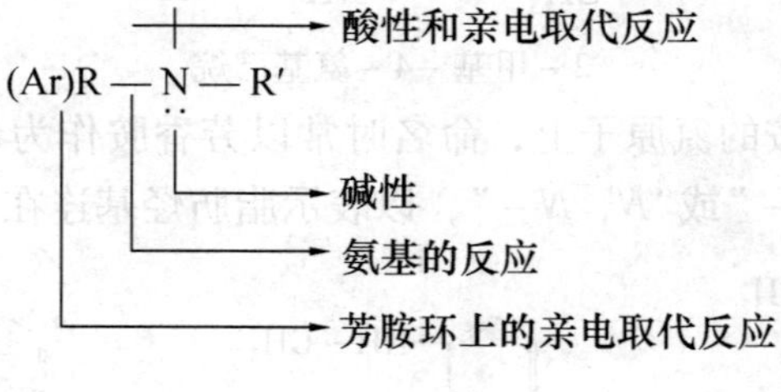

1. 碱性

胺和氨相似，在水溶液中呈碱性。是因为胺分子中氮原子的孤对电子易与质子相结合。

$$NH_3 + H_2O \rightleftharpoons NH_4^+ + OH^-$$

$$RNH_2 + H_2O \rightleftharpoons RNH_3^+ + OH^-$$

胺的碱性强弱与氮原子与质子的结合能力的强弱和空间效应有关。可用 K_b（或 pK_b）来表示。胺的 K_b 值愈大（或 pK_b 愈小），则碱性愈强。

	$(CH_3)_2NH$	CH_3NH_2	$(CH_3)_3N$	NH_3	$C_6H_5NH_2$	$(C_6H_5)_2NH$
pK_b	3.29	3.36	4.24	4.75	9.30	13.00

从以上数据可以看出，脂肪胺的碱性稍强于氨，而芳香胺的碱性比氨弱。这是因为在水的溶剂化作用下，伯胺的共轭酸较叔胺的共轭酸的水合作用强，所以其共轭酸较稳定，酸性小，即伯胺的碱性较叔胺强。所以在溶液中脂肪胺的碱性强弱顺序为：仲胺 > 伯胺 > 叔胺 > 氨。在芳香胺中，氮原子的孤对电子与苯环的 π 电子形成共轭体系，使氮原子上的电子云向苯环方向移动，降低了氮原子的电子云密度，从而使氮原子结合质子的能力减弱，因此芳香胺碱性比氨弱。季铵碱为离子型化合物，是强碱，其碱性与氢氧化钠相近。

各类胺的碱性强弱顺序大致如下：季铵碱 > 脂肪胺 > 氨 > 芳香胺。

此外，胺的碱性强弱不仅与电子效应、空间效应有关，还与水的溶剂化效应等多种因素有关。

胺有碱性，能与强酸形成稳定的盐，但胺盐遇强碱又游离出胺来。

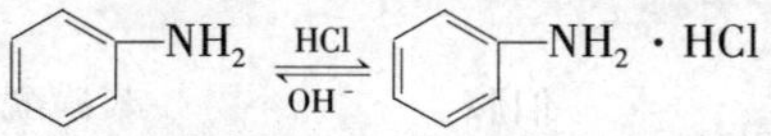

这些性质可用于某些胺类药物的制备及鉴别。例如，局部麻醉药普鲁卡因，在水中的溶解度小，所以常把它制成盐酸普鲁卡因，增大水溶性，便于制成注射液。盐酸普鲁卡因水溶液加氢氧化钠溶液，则析出普鲁卡因白色沉淀，这是鉴别盐酸普鲁卡因的一种方法。

2. N—H 键的酸性和氢原子的亲电取代反应

（1）氮上的烷基化反应　胺与卤代烷、醇、酚等反应能在氮原子上逐渐引入烃基，这个反应称为胺的烷基化反应。在一般条件下，反应难以停留在生成仲胺或叔胺这一步，而得到一个混合物。

$$CH_3CH_2NH_2 + R—Br \longrightarrow CH_3CH_2NHR$$

$$CH_3CH_2NHR + R—Br \longrightarrow CH_3CH_2NR_2$$

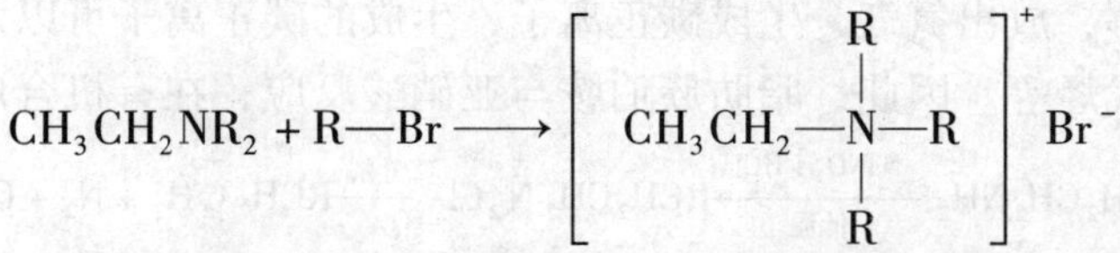

（2）氮上的酰化反应　在胺或氨分子中引入酰基的反应称为酰化反应。提供酰基的试剂被称为酰化剂。常见的酰化剂有酰卤和酸酐。例如：

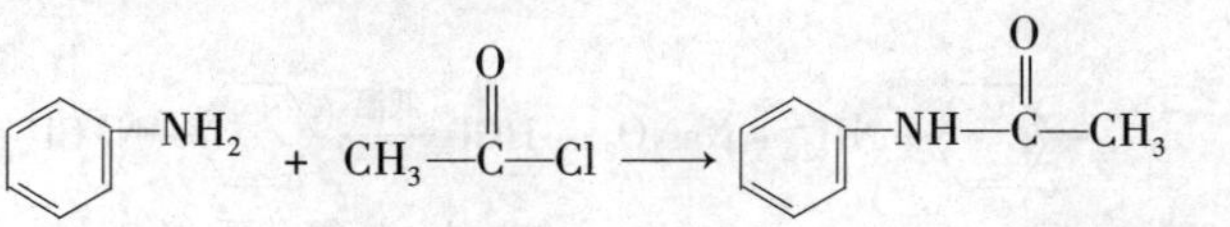

苯胺　　　　乙酰氯　　　　乙酰苯胺

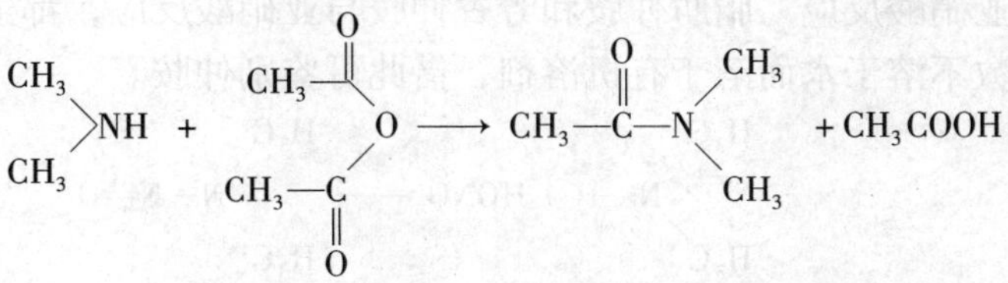

二甲胺　　　　乙酐　　　　N,N-二甲基乙酰胺

伯胺、仲胺的氮原子上都有氢原子，可以被酰基化；叔胺氮原子上没有氢原子，不能被酰基化。因此利用此反应可以使叔胺与伯胺、仲胺分离。

酰化反应常用于胺类的分离、提纯和鉴别。在有机合成上用以保护芳环上活泼的氨基，使它在反应过程中免被破坏。也可以用于药物的合成，如对氨基苯酚用乙酸酐酰化即生成对乙酰氨基酚。乙酰化反应是药物代谢反应之一，如芳伯胺药物磺胺嘧啶主要在肝脏经乙酰化的代谢而失效。

（3）磺酰化反应　在碱性条件下，苯磺酰氯、对甲苯磺酰氯与伯胺、仲胺作用生成磺酰胺的反应叫磺酰化反应，又称为兴斯堡反应。生成的苯磺酰伯胺和苯磺酰仲胺是白色固体沉淀，叔胺因为氮上没有氢原子而不跟苯磺酰氯发生反应，没有沉淀生成。苯磺酰伯胺氮原子上还有 1 个氢原子，受苯磺酰基的强吸电子诱导效应的影响，显示弱酸性，可与碱反应生成盐而溶于反应体系的碱性溶液中。苯磺酰仲胺的氮原子上没有氢原子，所以，不能溶于碱性溶液中，而析出固体。可见，当伯胺、仲胺和叔胺混合在一起时，可以通过磺酰化反应将它们分离和鉴别。

苯磺酰氯　　伯胺　　苯磺酰伯胺

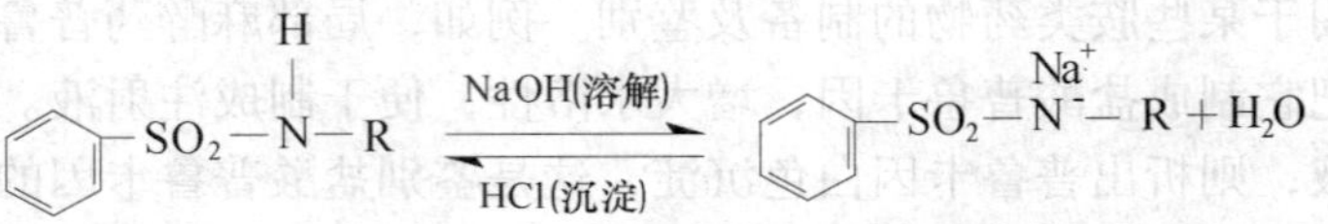

苯磺酰伯胺钠盐（溶于水）

3. 与亚硝酸反应

亚硝酸(HNO_2)不稳定，反应时由亚硝酸钠与盐酸或硫酸作用而得。不同的胺反应结果不同，

（1）伯胺与亚硝酸反应　脂肪族伯胺与亚硝酸反应生成氮气和重氮盐。放出氮气是定量的，可以用来测定氨基含量测定。尿素的含量测定也可以采用此方法。生成重氮盐极不稳定，立即分解，放出氮气，生成碳正离子，生成的碳正离子可以发生各种不同的反应生成烯烃、醇和卤代烃等。因此，脂肪族伯胺与亚硝酸反应，在有机合成上用途不大。

$$RCH_2CH_2NH_2 \xrightarrow[\text{低温}]{NaNO_2+HCl} RCH_2CH_2\overset{+}{N}_2Cl^- \xrightarrow{\text{分解}} RCH_2\overset{+}{C}H_2 + N_2 + Cl^- \xrightarrow{\text{水解}} RCH_2CH_2OH$$

芳香伯胺与亚硝酸反应，生成芳基重氮盐，芳基重氮盐比烷基重氮盐稳定，在强酸性水溶液中，0 ~ 5℃可以保存一段时间。芳基重氮盐是重要的有机合成中间体，可以合成多种芳香族化合物。

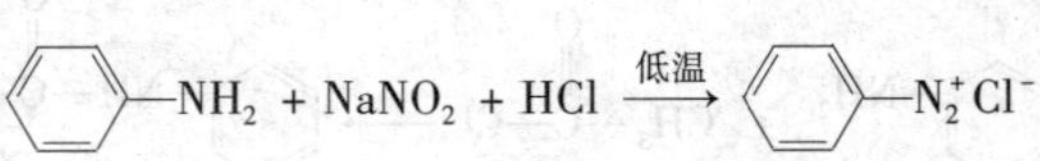

氯化重氮苯

（2）仲胺与亚硝酸反应　脂肪仲胺和芳香仲胺与亚硝酸反应，都生成黄色油状液体 *N*－亚硝基胺，大多数不溶于水而溶于有机溶剂，借此可鉴别仲胺。

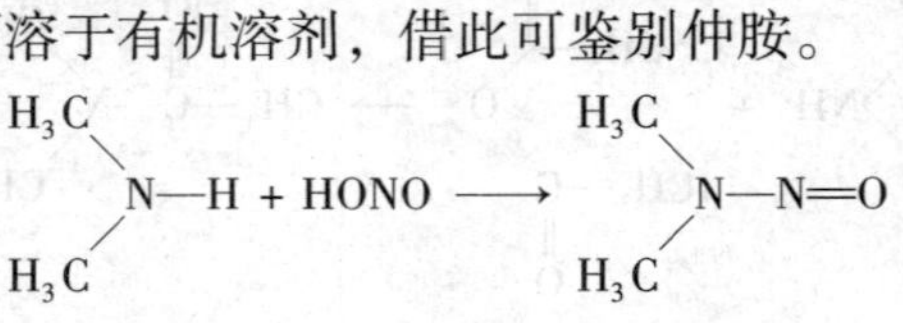

N－亚硝基二甲胺

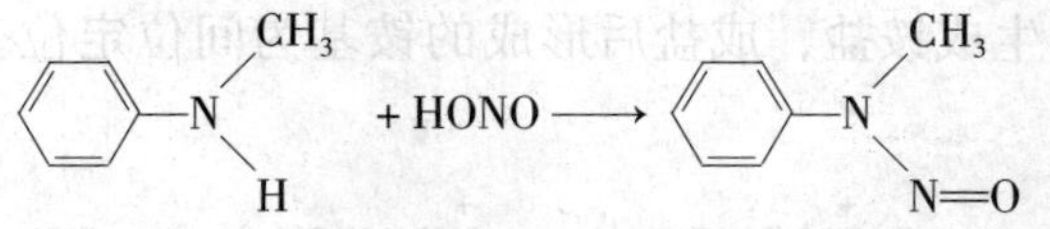

N-甲基-*N*-亚硝基苯胺

亚硝基胺是强致癌物质，食品添加剂亚硝酸钠在体内可转化为亚硝基胺。因此国家标准对亚硝酸钠进行了严格的限量规定，以保障人们的身体健康。

(3) 叔胺与亚硝酸的反应　脂肪叔胺与亚硝酸不反应，芳香叔胺在同样条件下可以与亚硝酸反应，但是芳香叔胺与亚硝酸反应不是在氮上而是在芳环上导入亚硝基，生成对亚硝基胺。

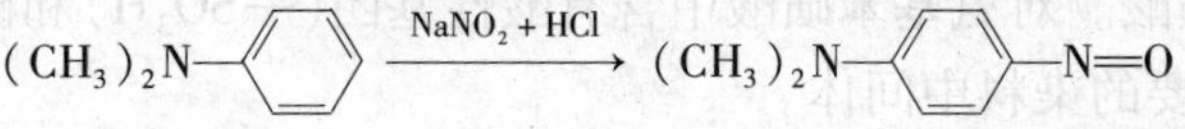

对亚硝基-*N*,*N*-二甲基苯胺

芳香亚硝基化合物毒性很强，是很强的致癌物质。

4. 胺的氧化

胺形成的盐很稳定，但胺容易氧化，用不同的氧化剂产物不同。脂肪胺中叔胺氧化最有意义。例如：

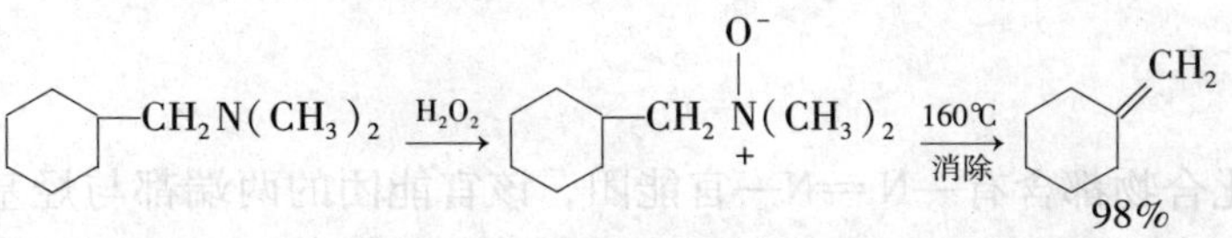

芳胺更易氧化，例如新制的苯胺是无色或淡黄色的液体，放置一段时间后，成为红色，是因为有醌和偶氮化合物生成。所以苯胺贮存时加一些抗氧化剂或制成芳胺的盐。苯胺遇漂白粉溶液即呈紫色(含有醌型结构的化合物)，可以此来检验苯胺。苯胺用二氧化锰低温氧化，则生成对苯醌。

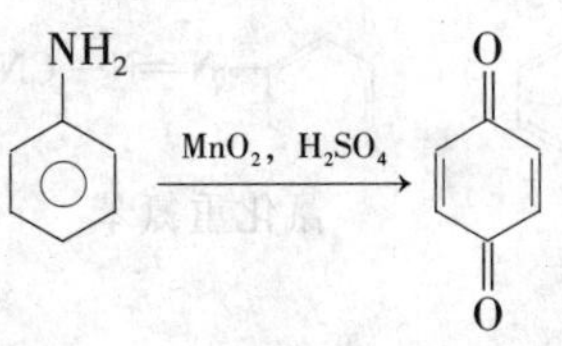

5. 芳胺环上的亲电取代反应

氨基是强邻、对位定位基，使芳环活化，易发生卤化、硝化和磺化等亲电取代反应。

(1) 卤化　苯胺直接与卤素迅速发生反应，生成多卤代物，反应难以停留在一卤代阶段。如苯胺与溴水的反应，立即生成2,4,6-三溴苯胺的白色沉淀，反应很灵敏，可用作苯胺的定性和定量测定，也可用于鉴别苯胺。

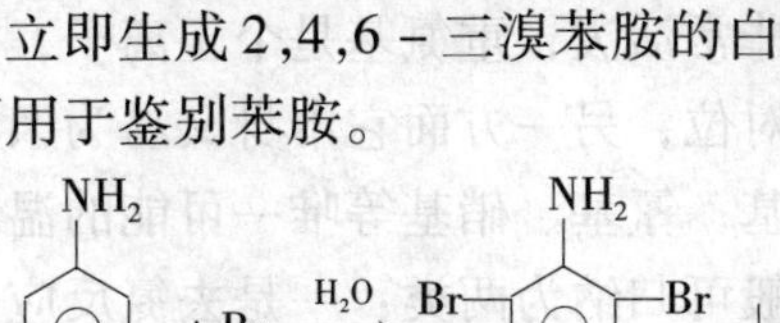

(2) 硝化　芳伯胺易氧化，往往产率较底，芳胺不采用直接硝化，需保护氨基(乙酰化或成盐)再硝化。硝化后，在水解得到硝基取代的苯胺衍生物。例如：

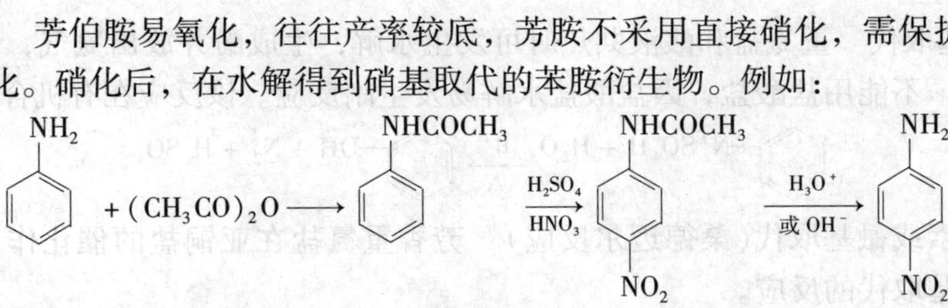

在强酸条件下，苯胺生成铵盐，成盐后形成的铵基为间位定位基，同时也钝化了苯环。例如：

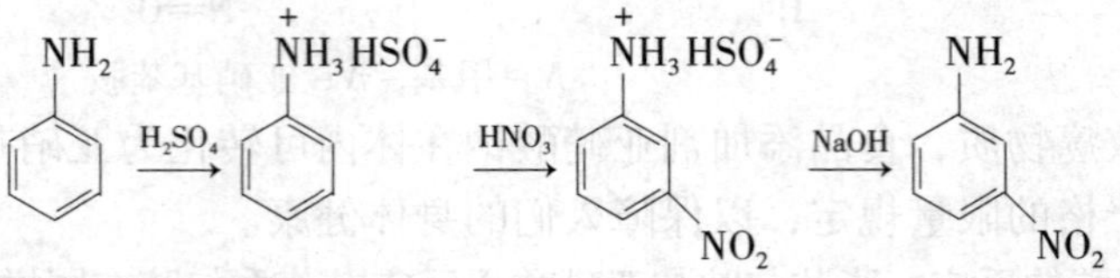

（3）磺化　芳香胺的磺化是先将苯胺溶于浓硫酸中生成硫酸盐，然后升温至 180～200℃得到对氨基苯磺酸。对氨基苯磺酸中含有酸性基团（$—SO_3H$）和碱性基团（$—NH_2$），可以形成内盐，它是重要的染料中间体。

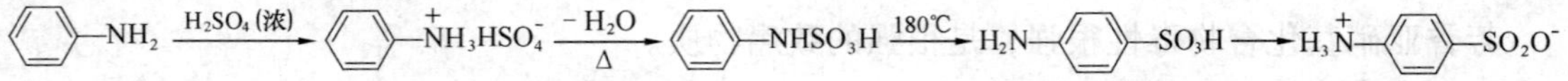

第三节　芳香族重氮和偶氮化合物

重氮和偶氮化合物都含有—N ═N—官能团，该官能团的两端都与烃基相连的化合物称为偶氮化合物。若该官能团的一端与烃基相连，另一端与其他原子（非碳原子，—CN 是例外）或原子团相连的化合物称为重氮化合物，通式为 $R_2C{=}N{\equiv}N$ 。分子中含有重氮正离子（ $—\overset{+}{N}{\equiv}N$ ）的盐叫作重氮盐。

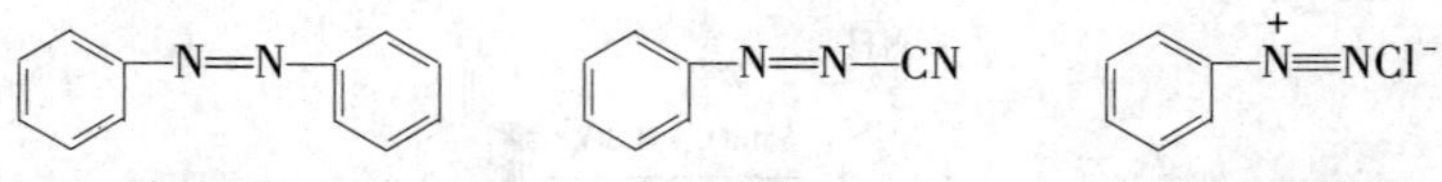

偶氮苯　　氰化重氮苯　　氯化重氮苯

一、芳香重氮盐的反应

重氮盐是离子型化合物，具有盐的性质。纯净的重氮盐是白色固体，溶于水，不溶于有机溶剂。干燥的重氮盐很不稳定，在空气中颜色迅速变深，受热或震动会引起爆炸。重氮盐水溶液在低温较稳定，所以制成的重氮盐宜在反应液中不经分离而尽快使用。

芳香族的重氮盐的化学性质非常活泼，重氮基是个正离子，是一亲电试剂，能进攻活化了的芳环如酚羟基或氨基的邻、对位，另一方面它本身又易为亲核试剂所取代，是芳环上能导入负性基团如卤素、羟基、氨基、氰基、硝基等唯一可能的温和的途径，所以在合成上非常有用。芳香族重氮盐的反应一般可归纳为两类：一是去氮反应：重氮基被取代并释放出氮气，二是保留氮的反应：反应产物分子中仍保留两个氮原子。

1. 去氮反应

（1）被羟基取代　重氮盐和酸液共热时可发生水解，生成酚并放出氮气，此时的重氮盐只能用硫酸盐，不能用盐酸盐，因盐酸盐水解易发生副反应。该反应在有机合成很重要。

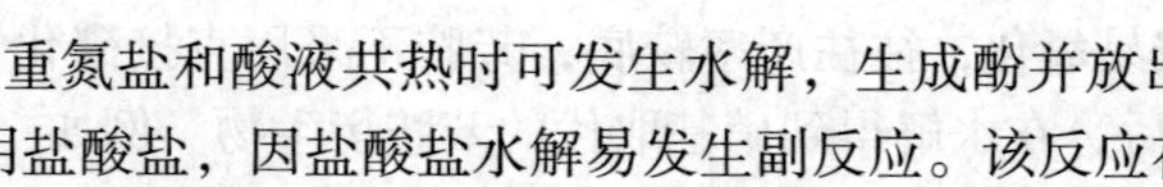

（2）被卤素或氰基取代（桑德迈尔反应）　芳香重氮盐在亚铜盐的催化作用下，重氮基被氯、溴和氰基取代的反应。

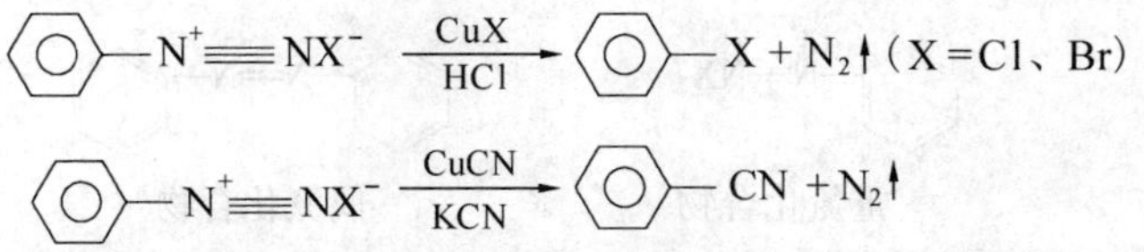

如果要在苯环上引入碘原子，只要碘化钾和芳香重氮盐共热即可。

(3) 被氢原子取代　许多还原剂如次磷酸、乙醇、碱性甲醛溶液等都可以使重氮基被氢原子取代。

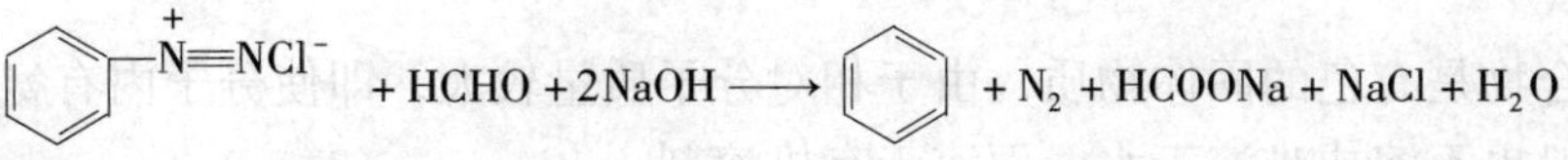

2. 保留氮的反应

(1) 还原反应　重氮盐可被氯化亚锡、锡和盐酸、锌和乙酸等还原剂还原成苯肼，苯肼是有毒物质，使用时应注意。

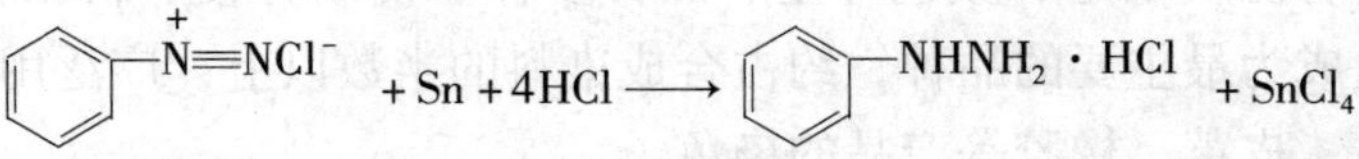

苯肼盐酸盐

苯肼盐酸盐用碱处理就释放出苯肼。

(2) 偶联反应　重氮盐与芳香胺或酚作用，由偶氮基(—N ═N—)将两个分子偶联起来，生成有颜色的偶氮化合物的反应称为偶联反应。偶联反应总是优先发生在羟基(或氨基)对位，对位被占则发生在邻位。

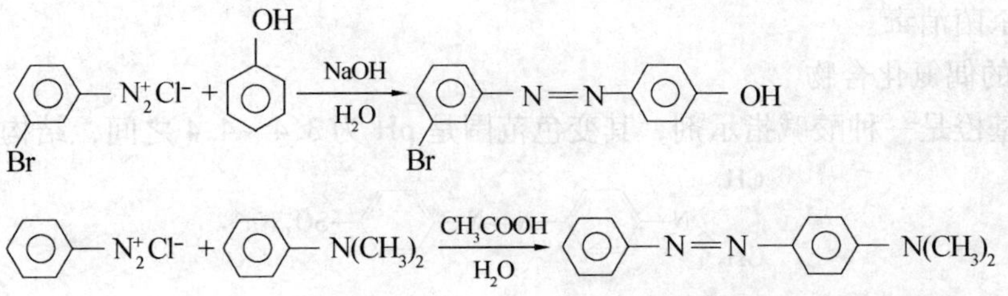

对-*N,N*-二甲氨基偶氮苯

一般，在弱碱性($8 < pH < 10$)条件下重氮盐可与酚偶联；在中性或弱酸性($5 < pH < 6$)条件下重氮盐可与芳香胺偶联。另外，重氮盐只能与活泼的芳环(酚、胺)偶联，其他芳香族化合物则不能。在重氮基的邻、对位有吸电子基时，对偶联有利。

二、重要的重氮化合物——重氮甲烷

室温下，重氮甲烷(CH_2N_2)是黄色有毒气体，具爆炸性，所以在制备及使用时，要特别注意安全。它能溶于乙醚，并且比较稳定，一般均使用它的乙醚溶液。重氮甲烷非常活泼，能够发生多种类型的反应，它是最理想的甲基化剂，它能溶于有机溶剂，反应速率快，不需要催化剂，分解成 N_2，无分离问题，产率很高，所以是有机合成上的一个重要试剂。重氮甲烷很难用甲胺和亚硝酸直接作用制得，最常用而又非常方便的制备重氮甲烷方法是是 *N*－亚硝基－*N*－甲基－对甲苯磺酰胺的碱作用下分解。

三、偶氮化合物

1. 结构和性质

偶氮化合物与重氮化合物分子中都有 2 个氮原子，但两者的结构不同。

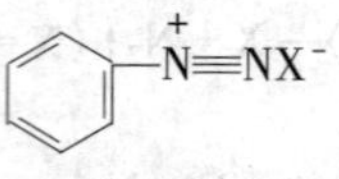

重氮化合物

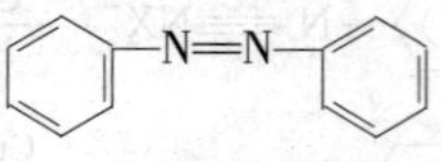

偶氮化合物

重氮化合物的 2 个氮原子不同，其中有 1 个带正电荷；偶氮化合物的 2 个氮原子相同，都不带电荷。

比较重要的偶氮化合物是芳香族偶氮化合物，所以偶氮化合物常书写成芳香族偶氮化合物的结构通式。

偶氮化合物是有色的固体物质，由于相对分子质量较大，即使分子内有氨基或羟基等亲水基团，一般也不溶或难溶于水，而溶于有机溶剂。

2. 偶氮染料

偶氮染料是以分子内具有一个或几个偶氮基(—N ═N—)为特征的合成染料。

偶氮染料具有性质稳定、颜色齐全、品种多样、使用方便、价格便宜、易于制取等优点，在印染工业成为最主要的品种，约占合成染料的半数以上，广泛用于天然纤维、合成纤维及塑料、食品、皮革、橡胶等产品的染色。

近年来，像毛巾、服装等纺织品脱色现象严重。针对其中化学染料残留检测分析发现，一些偶氮染料残留的胺类物质通过皮肤接触对人体会造成慢性伤害，甚至致癌。

还有些偶氮化合物的颜色能随着溶液的 pH 不同而发生灵敏显著的变化，这样的偶氮化合物一般不适宜作染料，但在分析检验工作中常用作酸碱指示剂。

有的偶氮染料能使细菌着色，用作染制切片的染色剂；有的偶氮染料能凝固蛋白质，在临床上用于杀菌消毒。

3. 常见的偶氮化合物

(1) 甲基橙是一种酸碱指示剂，其变色范围是 pH 为 3.4~4.4 之间，结构：

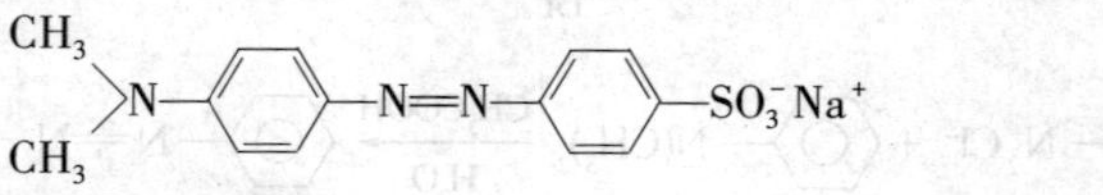

在甲基橙溶液中存在着下列平衡关系：

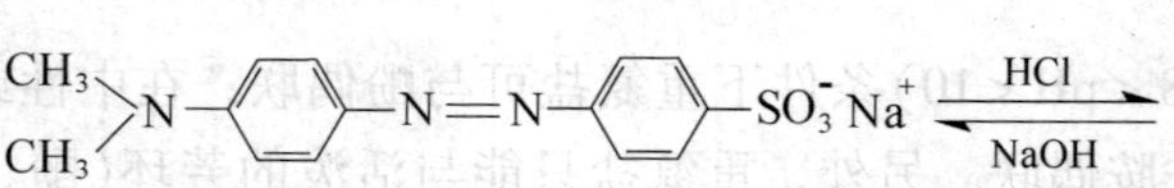

钠盐（黄色 pH >4.4)

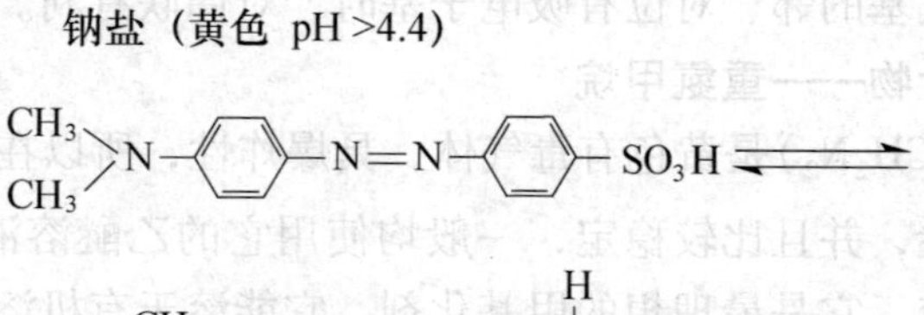

内盐（红色 pH < 3.4)

当甲基橙在 pH > 4.4 溶液中时，平衡向左移动，主要以钠盐形式存在，所以呈黄色。当在 pH <3.4 的溶液中时，平衡向右移动，分子结构发生变化，主要以内盐形式存在，所以颜色改变呈红色，当 pH 在 3.3~4.4 之间时，则呈现橙色。这就是甲基橙的变色原理。

(2) 刚果红 是粉红色粉末，溶于水和醇，不溶于醚，用作酸碱指示剂，其 pH 变色范围为 3 ~5。结构：

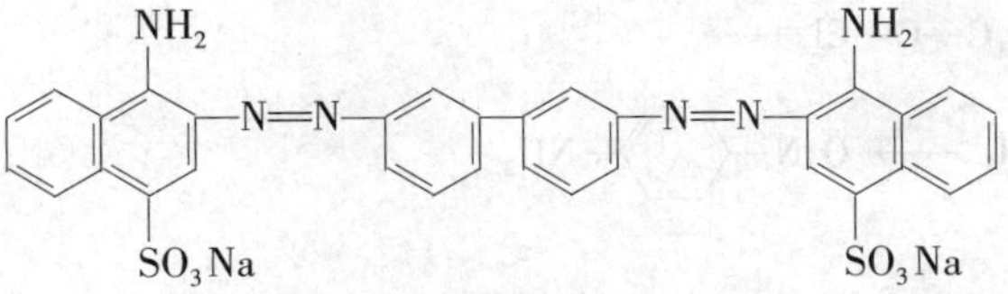

在 pH >5 的溶液中，刚果红以钠盐形式存在，溶液呈红色，在 pH <3 的强酸溶液中，刚果红以内盐形式存在，出现邻醌式结构，而使溶液变为蓝色，若在 pH 的变色范围 3 ~5 之间，则呈紫色。刚果红的内盐结构式如下：

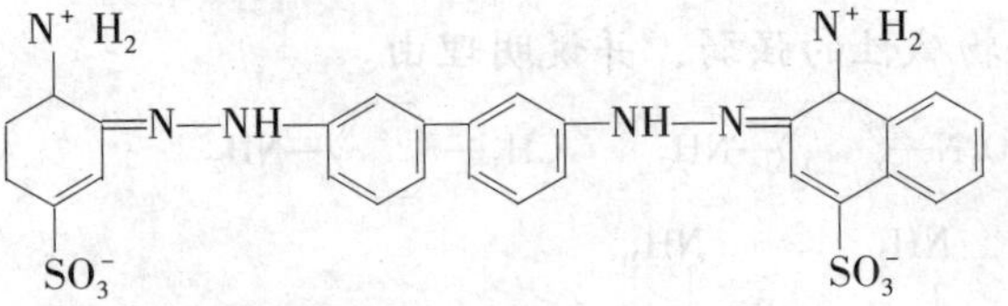

内盐(蓝色 pH <3)

知识链接

含氮有机药物

中国药典(2005 年版)收载的有机原料药有 620 多种，含有氮原子的有 480 多种。含氮有机药物按结构可分为含硝基药物、胺类药物、含氮杂环类药物、生物碱类药物、氨基酸类药物和部分抗生素类等。如甲硝唑、盐酸雷尼替丁和硝西泮含有硝基。胺类药物很多，按结构可分为脂肪胺类、芳香胺类、芳烃胺类、季铵盐类、磺胺类、酰胺类和巴比妥类等。脂肪胺类药物如抗结核病药盐酸乙胺丁醇和抗组胺药马来酸氯苯那敏；芳香胺类药物如抗结核病药对氨基水杨酸钠、局麻药苯佐卡因和盐酸丁卡因；芳烃胺类药物如平喘药硫酸沙丁胺醇、抗休克药盐酸多巴胺和重酒石酸间羟胺；季铵盐类药物如抗胆碱酯酶药溴新斯的明；磺胺类药物是一类具有对氨基苯磺酰胺结构的合成抗菌药物，如磺胺醋酰钠和磺胺嘧啶；酰胺类药物如中枢兴奋吡拉西坦和局麻药盐酸利多卡因；巴比妥类药物如镇静催眠药苯巴比妥。含氮杂环类药物种类繁多，是临床上应用最广泛的一大类药物。这里仅举吡啶类、咪唑类和吩噻嗪类。如有机磷中毒解毒药碘解磷定和中枢兴奋药尼可刹米含有吡啶环；组胺 H_2 受体拮抗剂西咪替丁、抗蠕虫药阿苯达唑和抗厌氧菌及滴虫药替硝唑含有咪唑环；抗精神病药物盐酸氯丙嗪、氟奋乃静和盐酸三氟拉嗪含有吩噻嗪母核结构。作为药用的生物碱如吗啡、可待因、东莨菪碱、阿托品、麻黄碱、长春碱、高三尖杉酯碱和小檗碱等。营养药氨基酸制剂可分为用于补充营养的平衡型、疾病适应型和小儿用氨基酸三类，它们都是复合氨基酸制剂，如复方氨基酸注射液(18AA)含有 18 种氨基酸。抗生素是临床上重要的一类药物，大部分的抗生素含有氮原子，如青霉素含有 β - 内酰胺结构，四环素含有二甲氨基和甲酰胺基结构，阿奇霉素是含氮的 15 元大环内酯类抗生素，氨基糖苷类抗生素硫酸阿米卡星分子中含有氨基和酰胺基。

由此可见含氮有机药物应用广泛，在药物占有重要的地位。

习 题

一、写出下列化合物的名称。

1. $C_6H_5\overset{+}{N}(CH_3)_3Cl^-$

2. 

3. 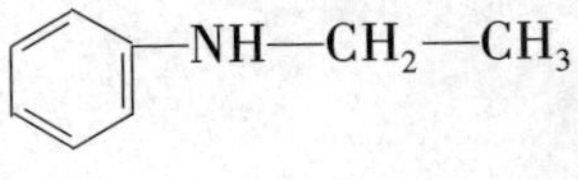

4. $CH_3CH{=}CHCN$

二、完成下列反应方程式。

1. 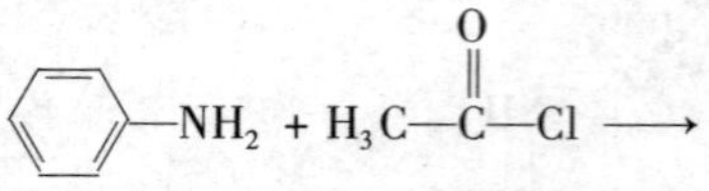

2. 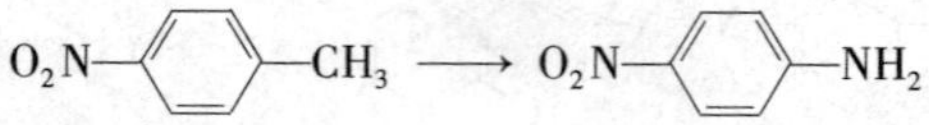

3. 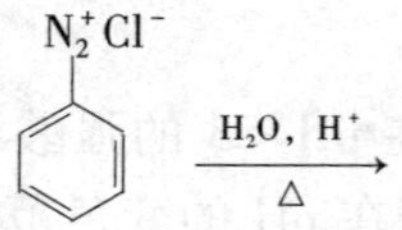

4. 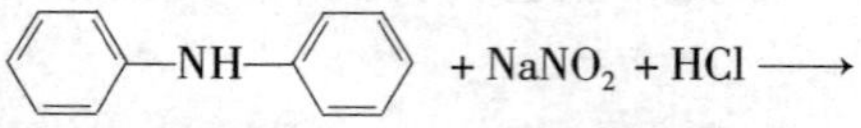

三、判断下列化合物碱性的强弱，并说明理由。

1. 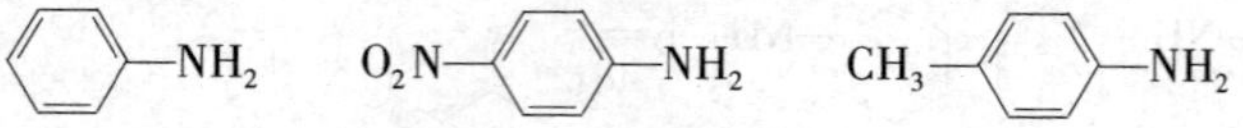

2. 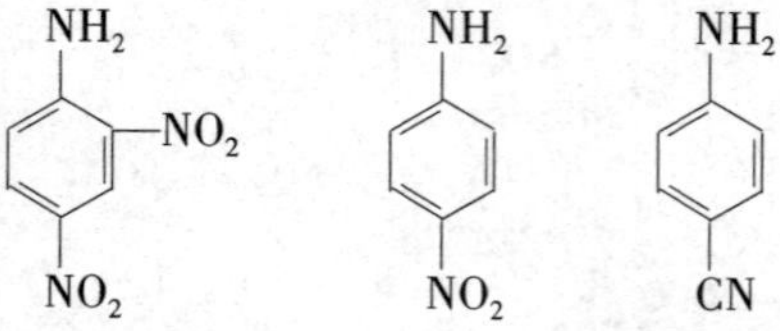

四、写出苯胺与下列试剂的反应。

1. $(CH_3CO)_2O$ 2. CH_3CH_2Cl（过量）

3. H_2SO_4（浓） 4. $NaNO_2+HCl$（0～5℃）

五、写出氯化对甲基重氮苯与下列试剂的反应。

1. $CuCl+HCl$ 2. $H_3PO_2+H_2O$

3. Na_2SO_3 4. 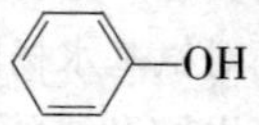 （$8<pH<10$）

六、推断题

1. 某化合物分子式为 C_6H_7N（A）具有碱性。使 C_6H_7N 的盐酸盐与亚硝酸作用生成 $C_6H_5N_2Cl$（B）。在碱性溶液中，化合物（B）与苯酚作用生成具有颜色的化合物 $C_{12}H_{10}ON_2$。试推测原化合物（A）的结构，并写出各步反应式。

2. 某化合物 A 的分子式为 $C_5H_{10}N_2$，能溶于水，其水溶液呈碱性，可用盐酸滴定。A 经催化加氢得到 B（$C_5H_{14}N_2$）。A 与苯磺酰氯不发生反应，但 A 和较浓的 HCl 溶液一起煮沸时则生成 C（$C_5H_{12}O_2NCl$），C 易溶于水。试推测 A、B、C 的可能结构式。

第十一章 杂环化合物

环状有机化合物中，构成环的原子除碳原子外，还含有非碳原子的化合物称为杂环化合物。环中的非碳原子称为杂原子，最常见的杂原子是氧、硫和氮。但是极易开环的含杂原子的环状化合物不属于杂环化合物，因为它们的性质与相应的开链化合物相似，所以一般把它们归在脂肪族化合物的范围内。如环氧乙烷，环丁酯等。

杂环化合物在自然界分布很广，大多数具有生理活性。例如天然药物中的有效成分生物碱大多是含氮杂环化合物，动物体内的血红素、核酸的碱基都是含氮杂环化合物，部分维生素、抗生素及组成蛋白质的某些氨基酸也含有杂环结构。本节主要讨论芳香杂环化合物。杂环化合物分子中具有闭合共轭体系，环系比较稳定，这类杂环化合物常称为芳香杂环化合物。例如：

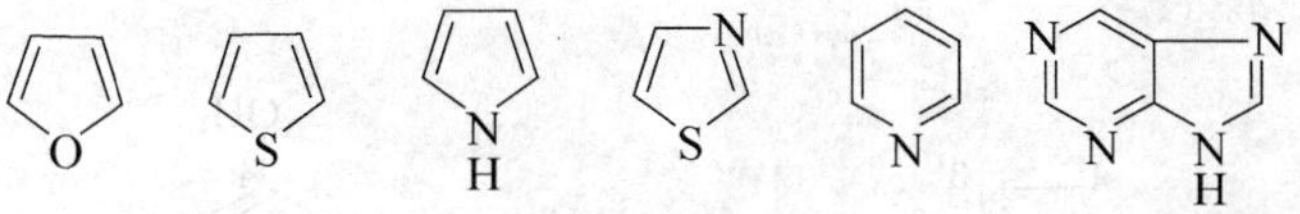

第一节 杂环化合物的分类、命名

一、杂环化合物的分类

杂环化合物可分为单杂环和稠杂环两大类。最常见的单杂环是五元杂环和六元杂环。稠杂环是由苯环与单杂环或单杂环与单杂环稠合而成。见表 11－1。

表 11－1 部分杂环化合物的分类和名称

分类		含有一个杂原子	含有两个杂原子
五元杂环化合物	单杂环	 (furan) 呋喃 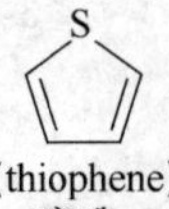 (thiophene) 噻吩 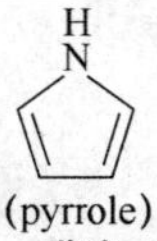 (pyrrole) 吡咯	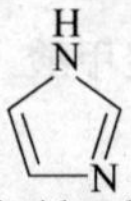 (imidazole) 咪唑 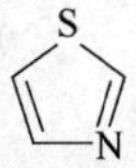 (thiazole) 噻唑
	稠杂环	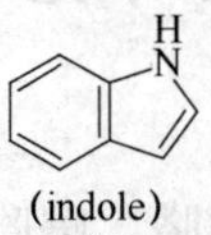 (indole) 吲哚	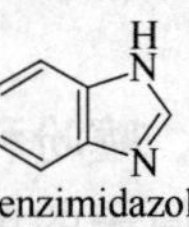 (benzimidazole) 苯并咪唑
六元杂环化合物	单杂环	 (pyridine) 吡啶	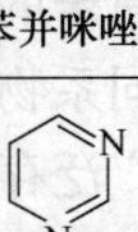 (pyrimidine) 嘧啶
	稠杂环	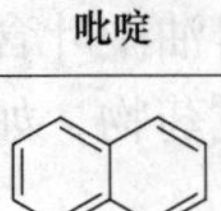 (quinoline) 喹啉	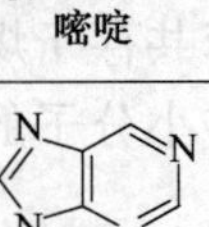 (purine) 嘌呤

二、杂环化合物的命名

① 杂环母核的命名常用音译法，即按英文名称音译成带“口”字旁的同音汉字。见表 11－1。

② 当杂环上有取代基时，以杂环为母体，取代基的位次、数目和名称写在杂环母体名称的前面。只有 1 个杂原子的杂环，一般从杂原子开始，顺环依次用 1、2、3……编号（或靠近杂原子的碳原子为 α 位，顺次为 β 位，γ 位）。如

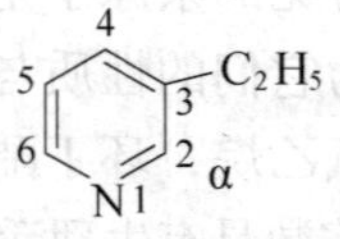

3-乙基吡啶
（或：β－乙基吡啶）

环上有不同的杂原子时，则按 O、S、NH、N 的顺序编号，编号时杂原子的位次数字之和为最小。例如：

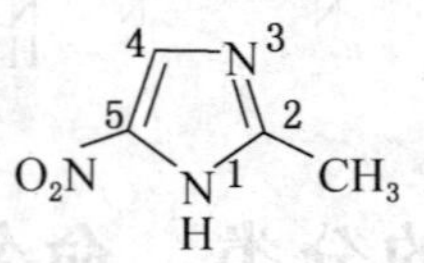
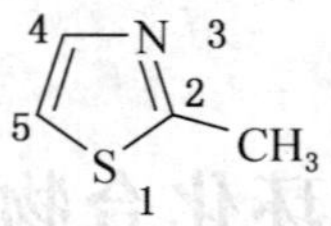
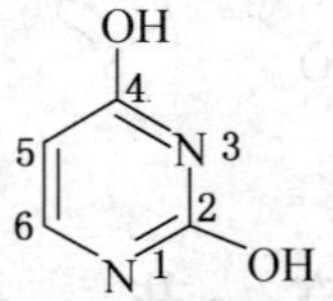

2-二甲基-5-硝基咪唑　2-甲基噻唑　2，4-二羟基嘧啶

为了命名方便，有时也将杂环作为取代基。例如：

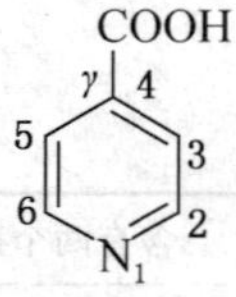
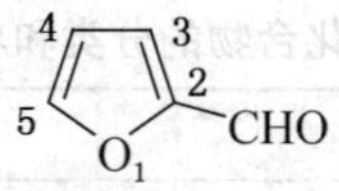
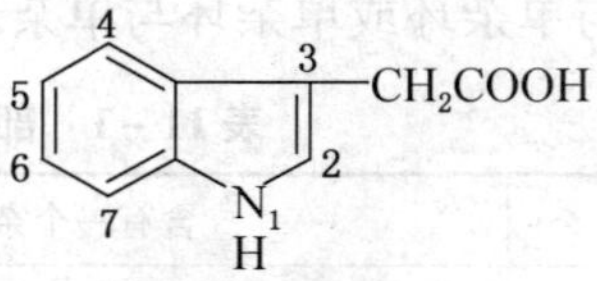

γ-吡啶甲酸　2-呋喃甲醛　3-吲哚乙酸

第二节　五元杂环化合物

一、吡咯、噻吩和呋喃

含一个杂原子的单环五元杂环化合物主要有吡咯、噻吩和呋喃。

吡咯及其同系物存在于骨焦油、页岩油、煤焦油及某些石油经催化裂化得到的煤油中。吡咯的衍生物广泛存在于自然界，如叶绿素、血红素、维生素 B_{12} 及多种生物碱中均含有吡咯环。吡咯用于检测水源中硒元素，工业上主要用于合成医药中间体。

噻吩与苯共存于煤焦油中，此外，石油和页岩油中叶含有噻吩及其衍生物，洋葱、芦笋中存在有一些小分子的噻吩衍生物。噻吩用于合成药物，如噻嘧啶等，还用于有机合成和染料工业。

呋喃存在于松木焦油中。呋喃及其衍生物广泛用于制药、食品、染料、农药、油漆及树脂等工业。如呋喃甲硫醇是新鲜面包中的特征香味成分；5－硝基呋喃具有较强的抗菌作用，

性质稳定，服用方便，但有一定的毒性；呋喃可用于制备四氢呋喃。

1. 吡咯、噻吩和呋喃的物理性质

吡咯为无色液体，沸点 130℃ ~131℃，有弱的苯胺气味，微溶于水，易溶于乙醇和乙醚，吡咯在空气中易氧化，颜色迅速变深。吡咯的蒸气遇盐酸浸湿的松木片则呈红色，可用来检验吡咯及其低级同系物。

噻吩为无色液体，沸点 84.2℃，不溶于水，可溶于乙醇、乙醚、丙酮、苯等。噻吩具有芳香性。噻吩和靛红(又称松蓝)在浓硫酸作用存在下加热，可生成蓝色，反应很灵敏，可用于检验噻吩。注意：噻吩有中等程度的毒性。

呋喃是无色易挥发的液体，沸点 31.4℃，不溶于水，溶于丙酮、苯，易溶于乙醇、乙醚等多数有机溶剂，有氯仿气味。呋喃蒸气遇盐酸浸湿的松木片呈绿色，用此反应可检验呋喃。

2. 吡咯、噻吩和呋喃的化学性质

吡咯、噻吩和呋喃在结构上具有共同点，即成环的 5 个原子在同一平面上，其中杂原子上的孤对电子参与共轭形成 6 个电子的共轭体系。因此五元杂环有芳香性，氮气芳香性不如苯环。另外，吡咯、噻吩和呋喃也可以和苯一样发生取代反应和加氢反应。它们的分子结构见图 11-1。

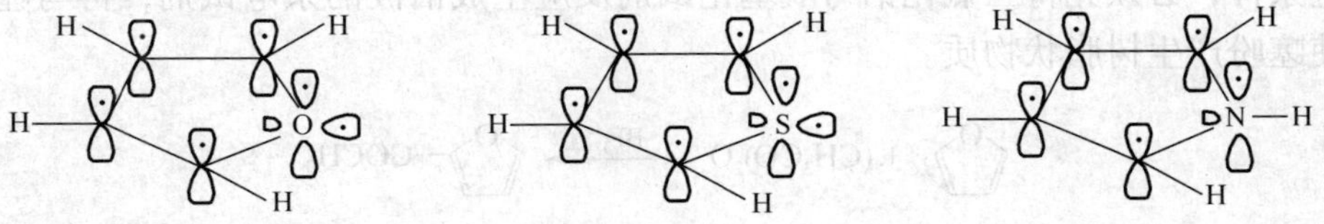

呋喃　　　　噻吩　　　　吡咯

图 11-1　呋喃、噻吩和吡咯的分子结构

3. 亲电取代反应

五元杂环化合物的环上 5 个原子共有 6 个 π 电子，故 π 电子几率密度比苯环大，其亲电取代反应速率也比苯环快得多。亲电取代反应活性为：吡咯 > 呋喃 > 噻吩 > 苯。这里要说明的是，在比较各种杂环的反应活性时，必须以同一种反应为依据，而不能用不同的反应比较。吡咯、噻吩和呋喃的亲电取代反应主要进入 α 位，且对试剂及反应条件必须有所选择和控制。

(1) 卤代反应　噻吩和呋喃在室温下与氯或溴反应很强烈，得到多卤代物的产物，碘代反应则需在催化条件下进行。

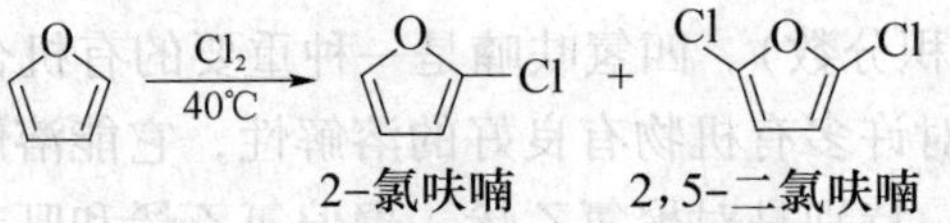

2-氯呋喃　　2,5-二氯呋喃

(2) 硝化反应　吡咯、噻吩和呋喃易被氧化，硝酸是强氧化剂，一般不用硝酸直接氧化。而用较缓和的硝酸乙酰酯并在低温下进行。

$$(CH_3CO)_2O + HNO_3 \longrightarrow CH_3COO-NO_2 + CH_3COOH$$

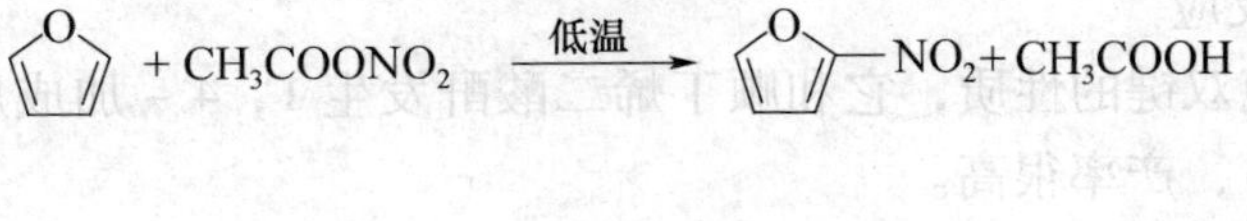

（3）磺化反应　吡咯和呋喃的磺化反应也需要在比较缓和的条件下进行，常用吡啶与三氧化硫的络合物做磺化剂。

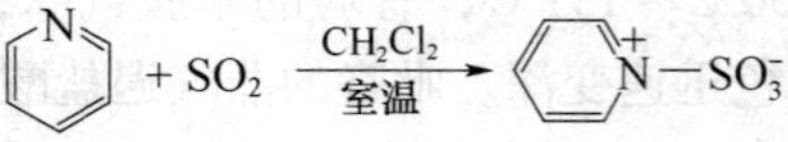

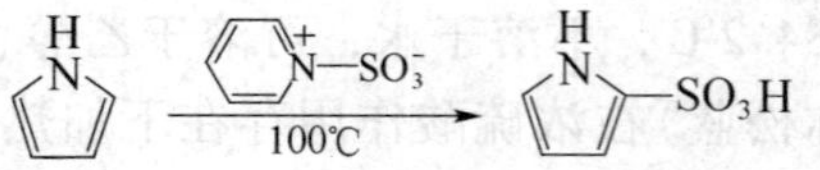

α－吡咯磺酸

噻吩比较稳定，可直接用浓硫酸磺化，但产率相对较低。生成的 α－噻吩磺酸可溶于下层的硫酸中，利用这个性质可从粗苯中除去噻吩。

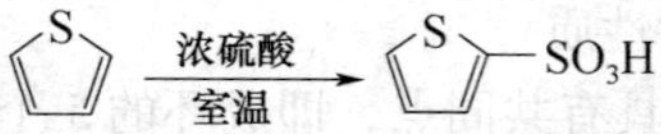

α－噻吩磺酸

（4）酰基化反应　吡咯、噻吩和呋喃可与酸酐或酰氯发生酰基化反应。其中呋喃与酸酐反应用三氟化硼催化产率较高；吡咯与乙酸酐在 150～200℃ 直接酰化；噻吩酰化时要注意控制反应条件，必须先将三氯化铝与酰基化试剂反应生成活泼的亲电试剂，再与噻吩反应，否则易使噻吩产生树脂状物质。

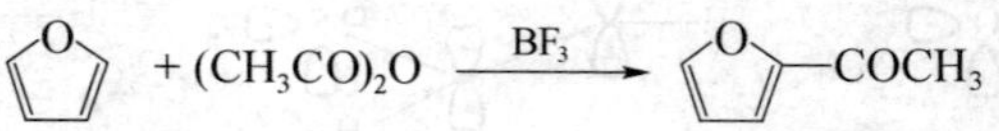

α－乙酰基呋喃

注意：吡咯、噻吩和呋喃及其衍生物的亲电取代反应中，呋喃、吡咯环遇强酸容易开环或产生聚合物，所以使用的亲电试剂一般比较温和，但噻吩很稳定，遇酸不发生反应。

4. 加氢反应

吡咯、噻吩和呋喃的芳香性比苯差，易发生催化加氢反应，被还原为饱和的杂环化合物，并失去芳香性。

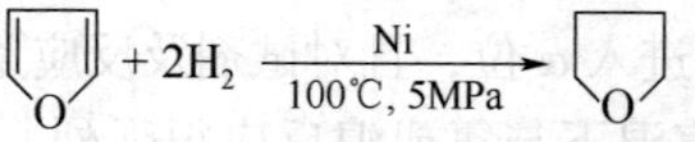

四氢呋喃(THF)

四氢呋喃为无色液体，沸点 65℃，有毒，空气中最高容许浓度为 200×10^{-6}，空气中爆炸极限 1.8%～11.8%（体积分数）。四氢呋喃是一种重要的有机合成原料和优良的溶剂，具有广泛的用途，四氢呋喃对许多有机物有良好的溶解性，它能溶解除聚乙烯、聚丙烯及氟树脂以外的所有有机化合物，特别是对聚氯乙烯、聚偏氯乙烯和叮苯胺有良好的溶解作用，被广泛用作反应性溶剂，有“万能溶剂”之称。作为常用溶剂，四氢呋喃已普遍用于表面涂料、保护性涂料、油墨、萃取剂和人造革的表面处理，四氢呋喃是生产聚四亚甲基醚二醇（PTMEG）重要原料，也是制药行业的主要溶剂。

5. 呋喃的特性反应

呋喃也具有共轭双键的性质，它和顺丁烯二酸酐发生 1，4－加成反应，即双烯合成反应（又称 A－D 反应），产率很高。

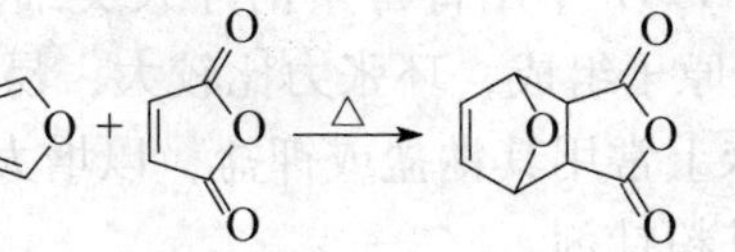

6. 吡咯的特性反应

（1）吡咯的酸碱性　吡咯虽可看作是个环状的仲胺，但由于 N 上的未共用电子对参与了杂环上的共轭体系，不易与质子结合，故而碱性极弱（比一般的仲胺弱得多）。它遇酸不能形成稳定的盐。而由于 N 上的氢原子反而显弱酸性（$pK_a = 17.5$），与氢氧化钠或氢氧化钾成盐，吡咯钾盐可用来合成吡咯衍生物。

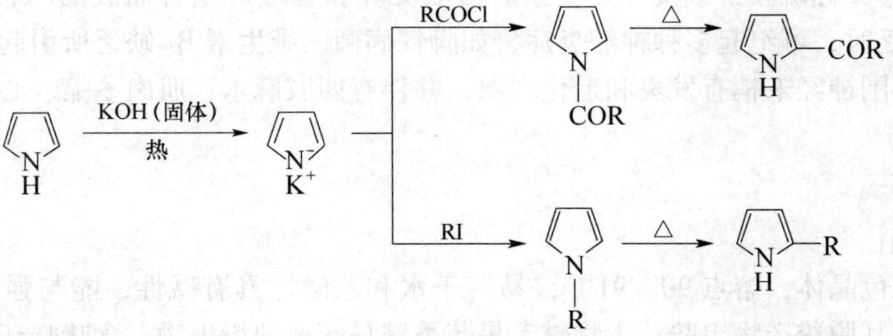

（2）吡咯与格式试剂作用放出 RH，生成吡咯卤化镁。吡咯卤化镁也可用来合成吡咯衍生物。

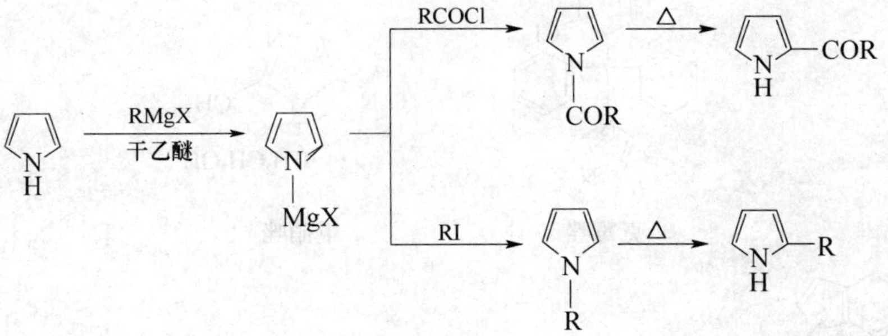

二、其他重要的五元杂环化合物及其衍生物

1. 噻唑 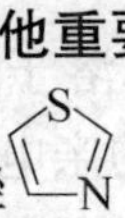

噻唑是具有两个杂原子的五元杂环。一般将含有两个杂原子，并且其中一个是氮原子的单环五元杂环化合物称为“唑”。唑类化合物的结构与含一个杂原子单环五元杂环化合物相似，所以化学性质和吡咯相似，而物理性质中，溶解度比吡咯、噻吩和呋喃要大。

噻唑是无色有吡啶臭味的液体，沸点 117℃，与水互溶。噻唑具有弱碱性。许多重要的药物如维生素 B_1、青霉素 G 等都含有噻唑环。例如：

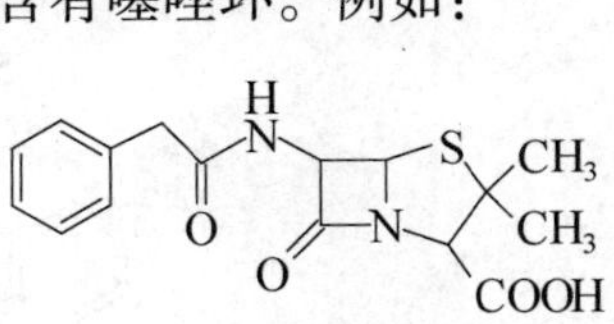

青霉素 G

1929 年英国微生物学家弗莱明发现青霉素的抑菌作用。1940 年弗洛里和钱恩从青霉菌

培养液中提取出青霉素晶体。1941 年用青霉素治疗人类细菌感染取得成功。由于青霉素分子中的 β－内酰胺环是由 4 个原子组成，环张力比较大，易开环导致青霉素失活。青霉素是一种有机酸，微溶于水，临床上常用其钠盐或钾盐，以增大其水溶性；青霉素水溶液在室温下易分解，因此临床上使用其粉针剂。

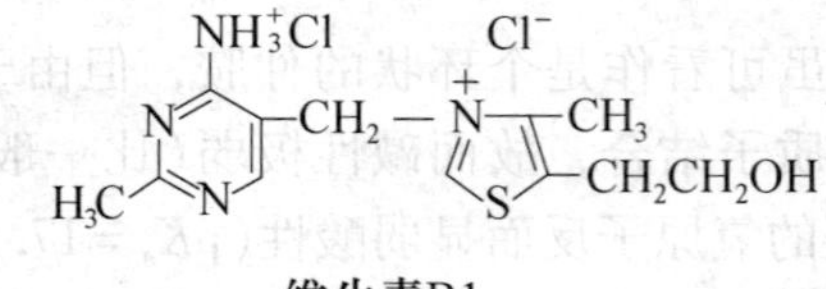

维生素B1

维生素 B_1 又称硫胺素或抗神经炎素。由嘧啶环和噻唑环结合而成的一种 B 族维生素。维生素 B_1 缺乏时，可纪起多种神经炎症，如脚气病菌。维生素 B_1 缺乏所引起的多发性神经炎，患者的周围神经末梢有发炎和退化现象，并伴有四肢麻木、肌肉萎缩、心力衰竭、下肢水肿等症状。

2. 咪唑 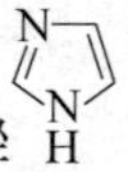

咪唑是无色晶体，熔点 90～91℃，易溶于水和乙醇，具有碱性，能与强酸生成稳定的盐。组氨酸及其脱羧产物组胺、生物碱毛果芸香碱是咪唑的衍生物。含咪唑环的药物如抗真菌药克霉唑，抗阿米巴药、抗滴虫药、抗厌氧菌药甲硝唑。

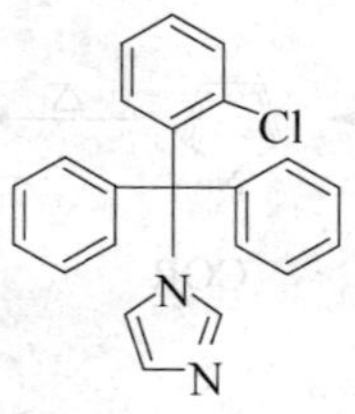

克霉唑

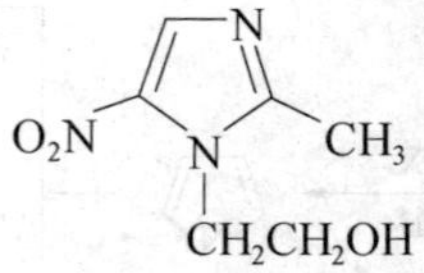

甲硝唑

3. 吲哚 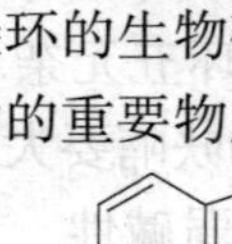

吲哚是白色片状结晶，熔点 52.5℃，有粪臭，但稀释后有愉快香味。溶于有机溶剂和热水中。吲哚与吡咯相似，几乎无碱性，也能与钾作用生成吲哚钾。吲哚的亲电取代反应发生在 β 位上，加成和取代都在吡咯环上进行。吲哚也能使浸有盐酸的松木片显红色。

含吲哚环的生物碱广泛存在于植物中如麦角碱、马钱子碱、利血平等。哺乳动物及人脑中思维活动的重要物质 5－羟基色胺，以及蛋白质组分的色氨酸都含有吲哚环。

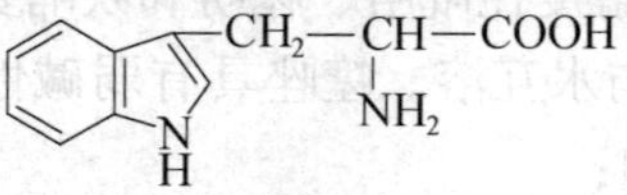

色氨酸

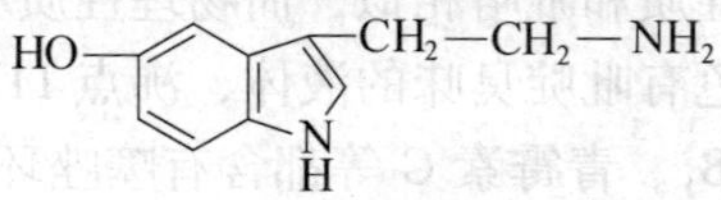

5-羟基色胺

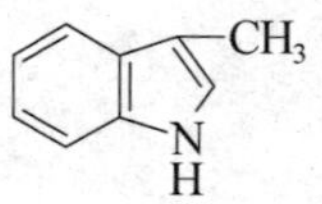

β-甲基吲哚(粪臭素)

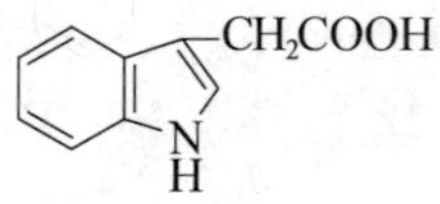

β-吲哚乙酸

4. 糠醛(α－呋喃甲醛) 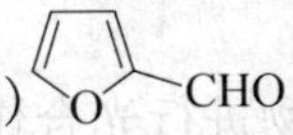

糠醛是呋喃衍生物中最重要的一个，它最初从米糠与稀酸共热制得，所以叫作糠醛。糠醛有毒，纯糠醛为无色液体，因易被空气氧化颜色逐渐变深，由黄色→棕色→黑褐色，所以通常呈黄色或棕色。沸点162℃，可溶于热水，并能与醇、醚混溶。为防止氧化，可加入少量氢醌作为抗氧剂，再用碳酸钠中和游离酸。

糠醛为常用的优良溶剂，常用作精炼石油的溶剂，溶解含硫物质及环烷等，也可以精制松香，脱除色素，溶解硝酸纤维素等。糠醛也是有机合成的重要原料，与苯酚缩合可生成类似电木的酚糠醛树脂等。

糠醛具有一般醛基的性质。

(1) 氧化还原反应

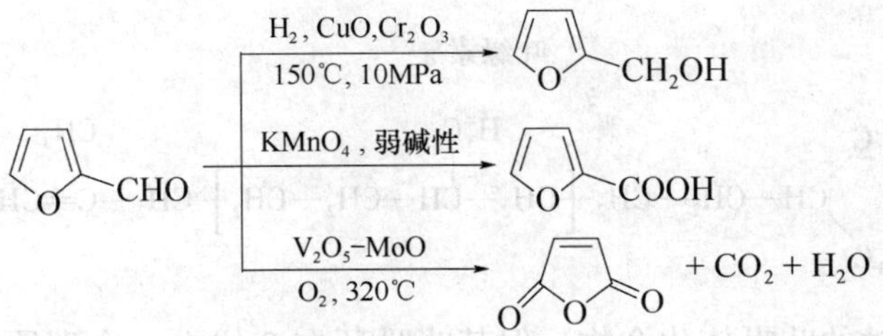

(2) 歧化反应

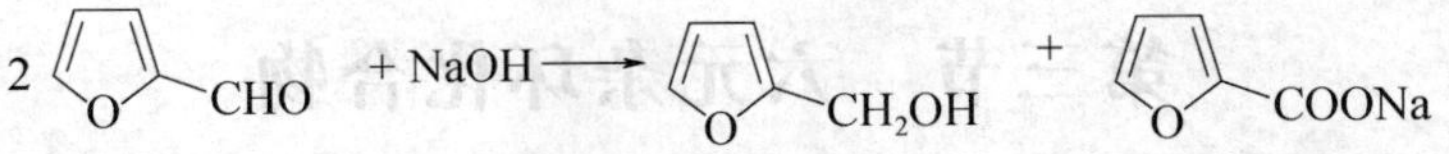

糠醇　　　　糠酸钠

(3) 安息香缩合

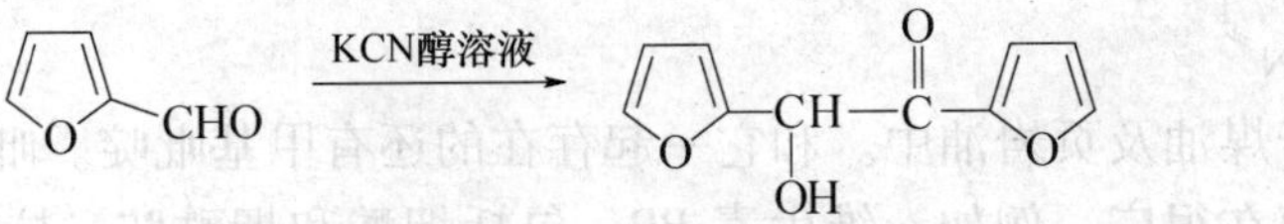

糠嗬

5. 卟啉族化合物

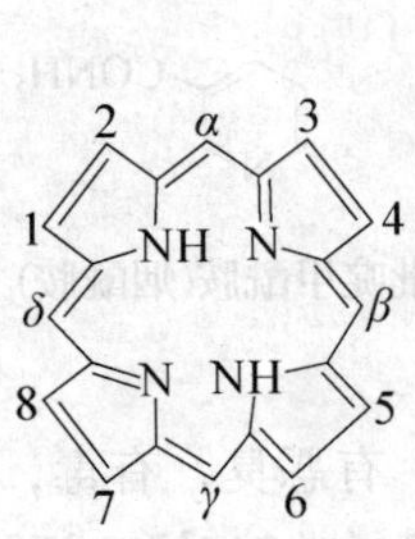

由四个吡咯环和四个次甲基(—CH ═)交替相连组成的大环叫卟吩环。卟吩环碳上氢原子部分或全部被取代后形成的化合物称为卟啉族化合物。卟啉族化合物广泛分布于自然界。血红素、叶绿素等都是含卟吩环的卟啉族化合物。

血红素存在于哺乳动物的红血球中，它与蛋白质结合成为血红蛋白。血红蛋白是运载氧气和二氧化碳。在血红素中环络合的是 Fe。

叶绿素与蛋白质结合存在于植物的叶和茎中。植物进行光合作用时，叶绿素吸收太阳能转变为化学能。叶绿素有 a 和 b 两种。叶绿素环络合的是 Mg。结构如下：

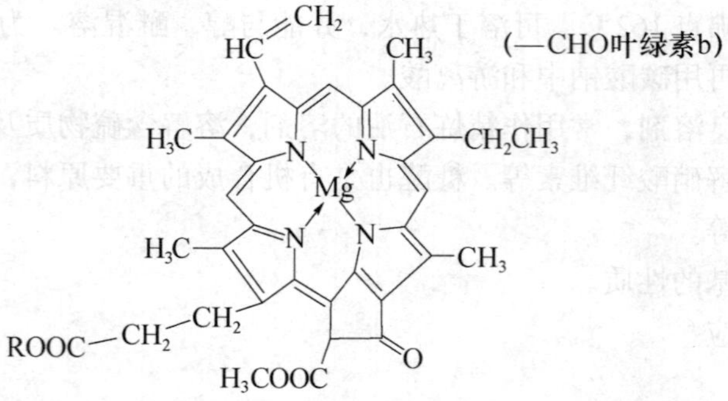

叶绿素 a

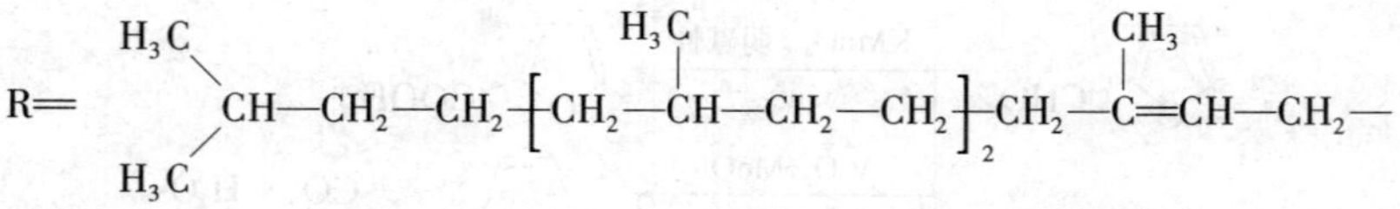

维生素 B_{12} 是含钴的卟啉族化合物，但其卟吩环在 δ 位少一个碳原子。它具有强的已知贫血的功能。

第三节　六元杂环化合物

六元杂环化合物最重要的有吡啶、嘧啶和吡喃等。它们的衍生物广泛存在于自然界中，不少合成药物也含有吡啶环或嘧啶环。

一、吡啶 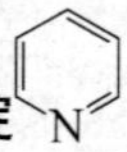

吡啶存在于煤油及页岩油中。和它一起存在的还有甲基吡啶。吡啶的衍生物在自然界及药物中分布和存在很广。例如，维生素 PP，包括烟酸和烟酰胺。抗结核病药异烟肼与维生素 PP 结构相似，二者有拮抗作用，所以长期服用异烟肼者，应适当补充维生素 PP。

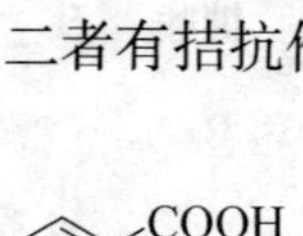

3-吡啶甲酸(烟酸)

3-吡啶甲酰胺(烟酰胺)

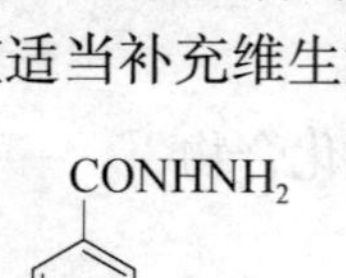

4-吡啶甲酰肼(异烟肼)

1. 吡啶的物理性质

吡啶为无色液体，沸点为 115℃，有恶臭，有毒，在空气中爆炸极限 1.8% ~12.4%(体积分数)，能与水、乙醇、乙醚等混溶。吡啶对酸或碱稳定，对氧化剂也相当稳定。

2. 吡啶的化学性质

吡啶分子中的键合情况和苯相似，吡啶环中 5 个碳原子和 1 个氮原子各供一个 p 电子形成闭合共轭体系。其结构如下：

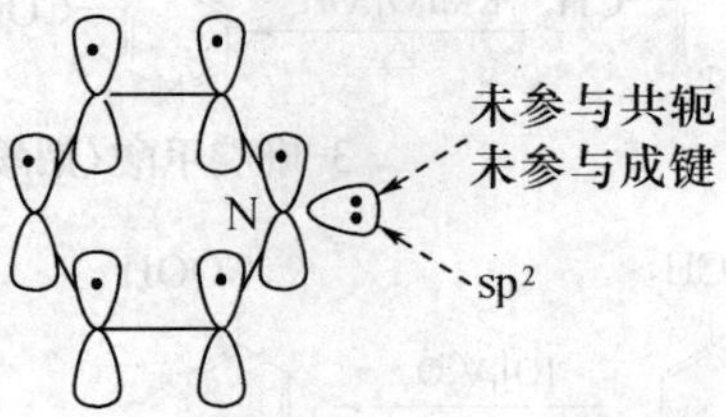

（1）碱性　由于吡啶环上的氮原子有一对未共用电子对没有参与环上的共轭体系，因此能与质子结合，具有弱碱性。它的碱性($pK_a=5.2$)比苯胺强($pK_a=4.7$)，但比脂肪胺及氨弱得多，吡啶可与许多质子酸生成盐。

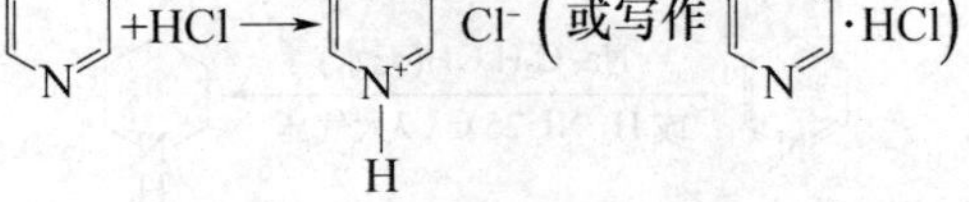

吡啶盐酸盐

因此吡啶可用来吸收反应中所生成的酸，工业上常称吡啶为缚酸剂。

吡啶也可以和非质子的卤化试剂(卤代烷和酰氯)、磺化试剂和硝化试剂成盐。这些盐都是缓和的酰化剂、磺化剂和硝化试剂。

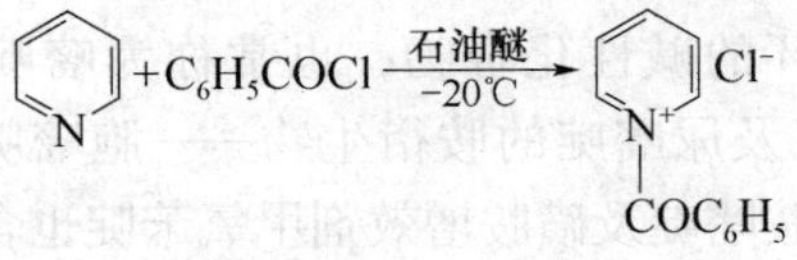

（2）取代反应

① 亲电取代反应：由于吡啶分子中的电负性比碳原子大，环上碳原子电子云密度有所降低，所以吡啶比苯难进行亲电取代反应，反应条件要求较高，和硝基苯类似，不能进行傅氏烷基化和酰基化反应。β-碳上电子出现的几率密度降得较低，所以取代反应主要在反应发生在β位。

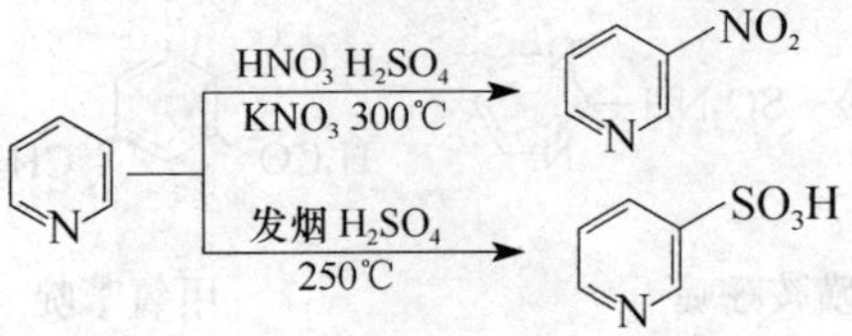

② 亲核取代反应：吡啶环由于电子出现的几率密度低，易进行亲核取代。取代在α位发生，如两个α位都已有取代基，则发生在γ位。

（3）氧化与还原

吡啶比苯稳定，它不易被氧化剂氧化。吡啶的同系物氧化时，总是侧链先氧化而芳杂环不破坏，结果生成相应的吡啶甲酸(烟酸)。例如：

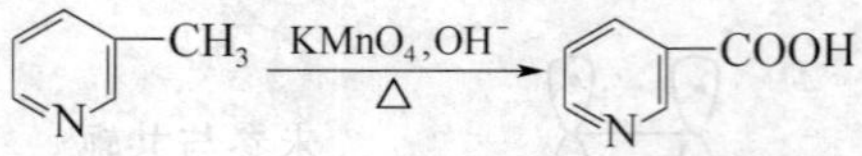

3-吡啶甲酸(烟酸)

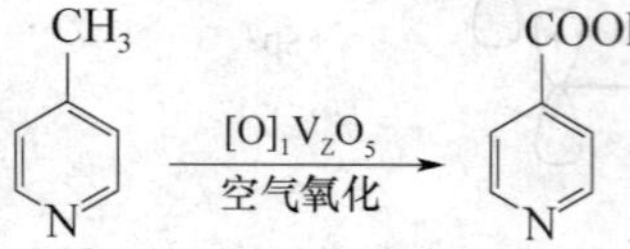

4-吡啶甲酸(异烟酸)

烟酸为 B 族维生素之一，用于治疗癞皮病、口腔类及血管硬化等症。异烟酸是制造抗结核病药物异烟肼(商品名叫雷米封)的中间体。

吡啶环对还原剂比苯环活泼，经催化加氢还原，可得六氢吡啶(又称哌啶)。

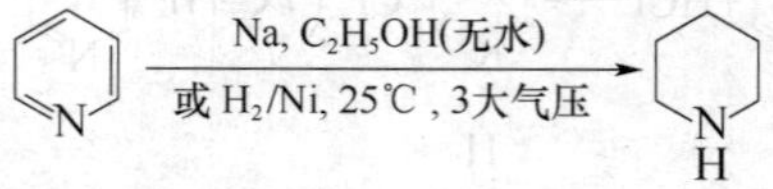

二、其他重要的六元杂环化合物及其衍生物

1. 嘧啶 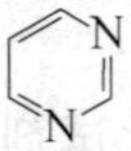

嘧啶是含有两个氮原子的六元杂环化合物，本身并不存在于自然界中。它为无色结晶，熔点 22℃，易溶于水，有弱碱性。嘧啶的衍生物广泛分布于生物体内，在生理和药物上都具有重要的作用。含有嘧啶环的碱性化合物，也常称为嘧啶碱，例如，嘧啶的羟基衍生物——尿嘧啶和胸腺嘧啶，以及尿嘧啶的胺衍生物——胞嘧啶，它们是核酸的重要组成部分。维生素 B_1 和合成药物磺胺嘧啶及磺胺增效剂甲氧苄啶也含有嘧啶环。

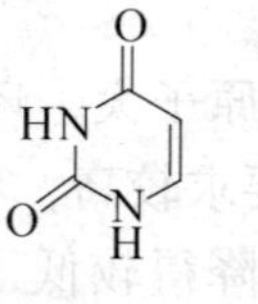

尿嘧啶

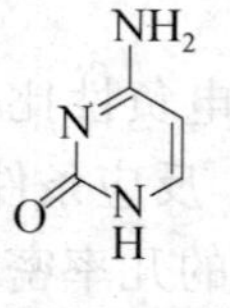

胞嘧啶

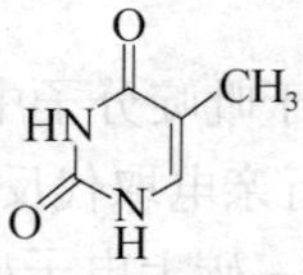

胸腺嘧啶

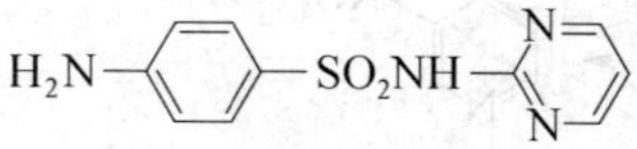

磺胺嘧啶

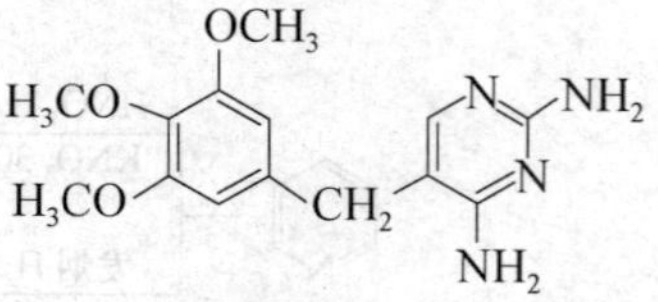

甲氧苄啶

2. 嘌呤

嘌呤可看作是由一个嘧啶环和一个咪唑环共用两个碳原子稠合而成的，嘌呤为无色晶体，熔点 216～217℃，易溶于水，其水溶液呈中性，但却能与酸或碱生成盐。嘌呤是两个互变异构体形成的平衡体系。

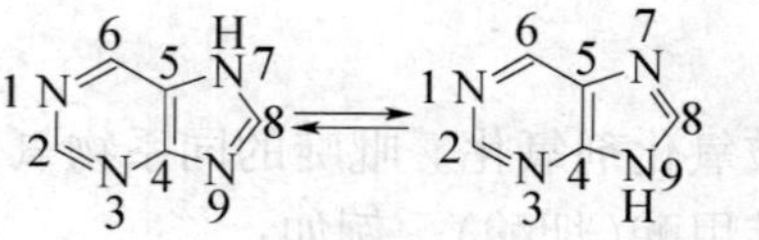

7H-嘌呤　　9H-嘌呤

嘌呤的衍生物广泛存在于动植物体中。

（1）腺嘌呤和鸟嘌呤　为核酸的碱基。

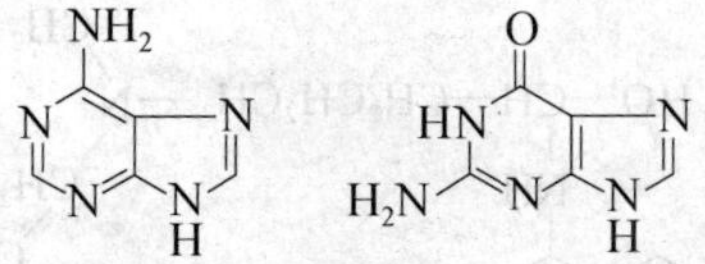

腺嘌呤　　鸟嘌呤

（2）黄嘌呤　存在于茶叶及动物组织和人尿中。

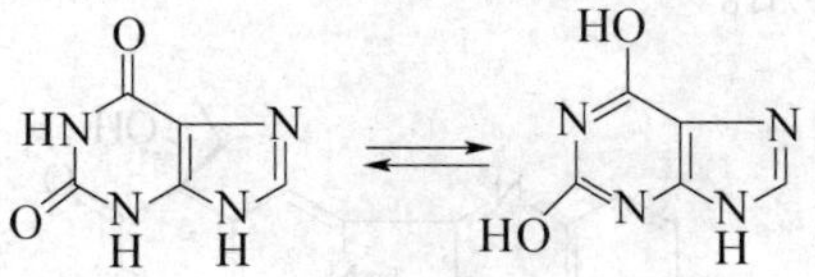

黄嘌呤

（3）尿酸　白色结晶，难溶于水，有弱酸性。存在于鸟粪及爬虫类的排泄物中含量很多，人尿中仅含有少量。在嘌呤代谢发生障碍时，血和尿中尿酸增加，严重时形成尿结石；尿酸沉积在软骨及关节等处，严重者导致痛风症。

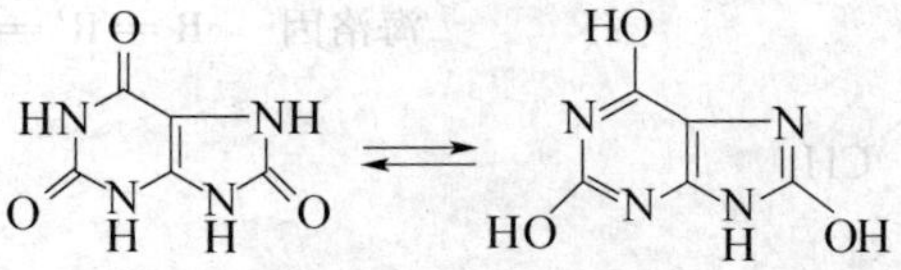

（4）咖啡碱、茶碱和可可碱　都是黄嘌呤的甲基衍生物，存在于茶叶、咖啡和可可中，它们有兴奋神经中枢作用。

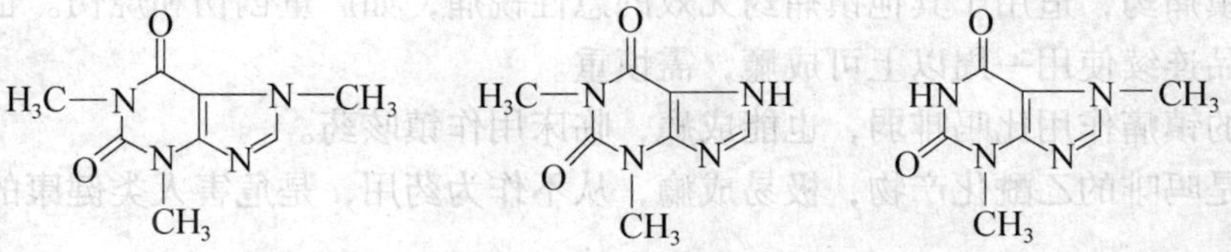

咖啡碱　　茶碱　　可可碱

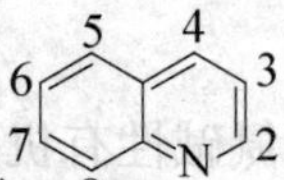

3. 喹啉

喹啉是苯环与吡啶环稠合而成的化合物。喹啉存在于煤焦油和骨焦油中，是无色油状液体，有特殊臭味，沸点238℃，难溶于水，易溶于有机溶剂。它是一种有用的高沸点溶剂。

喹啉的衍生物在自然界存在很多，不少天然的和合成的产物中都含有喹啉环，例如奎宁、氯喹、抗癌药喜树碱、抗风湿病药阿托方(又名辛可芬)等。

（1）奎宁　又名金鸡纳碱，存在于金鸡纳树皮中是抗疟药。

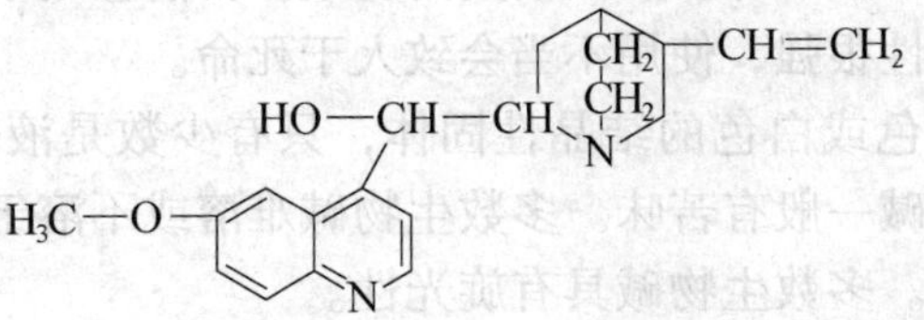

(2) 氯喹　可以合成抗疟药。

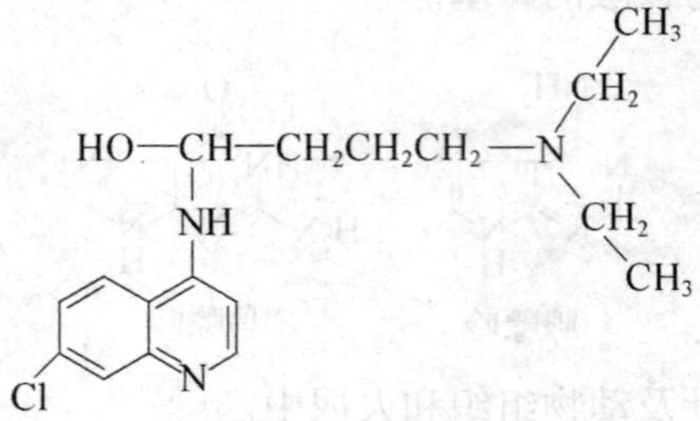

(3) 喜树碱　具有抗癌作用。

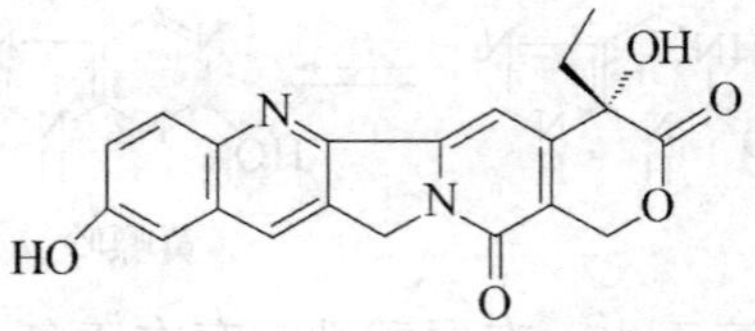

(4) 吗啡碱

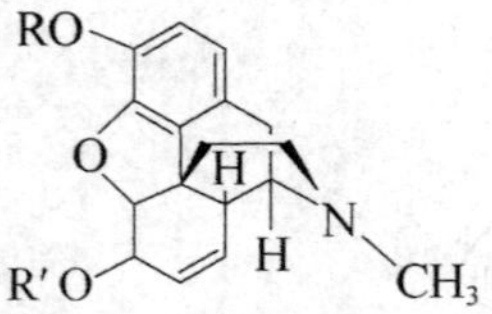

吗啡　R＝R′＝H

可待因　R＝CH_3　R′＝H

海洛因　R＝R′＝$H_3C-\underset{\|}{C}-$（$C=O$）

吗啡从阿片中提取而得，为白色晶体，熔点254～256℃，味苦，微溶于水。吗啡分子中含有酚羟基，易氧化变质；含有叔胺结构，具有碱性，能与酸成盐，临床常用其盐酸盐。吗啡是强效镇痛药，适用于其他镇痛药无效的急性锐痛，如严重创伤和烧伤。也用于缓解癌症疼痛。本品连续使用一周以上可成瘾，需慎重。

可待因的镇痛作用比吗啡弱，也能成瘾，临床用作镇咳药。

海洛因是吗啡的乙酰化产物，极易成瘾，从不作为药用，是危害人类健康的毒品之一。

第四节　生　物　碱

生物碱是一类存在于生物体内，对人和动物有强烈生理作用的含氮碱性有机化合物。大多数生物碱含有氮杂环，也有少数非杂环的生物碱。

生物碱在植物中分布很广，在植物体内常与有机酸(如草酸、柠檬酸、醋酸等)结合成盐而存在，也有和无机酸(如磷酸、硫酸、盐酸)结合的。生物碱在植物体内含量一般很低，但也有少数含量很高的，例如，黄连中的小檗碱就高达9%。

生物碱往往是许多天然药物的有效成分。例如麻黄中的麻黄碱，能发汗解表，平喘止咳；黄连中的小檗碱，有清热解毒、抗菌消炎的功效。目前应用于临床的生物碱有100种以上。但也有一些生物碱毒性很强，使用不当会致人于死命。

绝大多数生物碱是无色或白色的结晶性固体，只有少数是液体或有颜色。如烟碱为液体，小檗碱呈黄色。生物碱一般有苦味。多数生物碱难溶或不溶于水，能溶于有机溶剂，如乙醚、苯、氯仿和丙酮等。多数生物碱具有旋光性。

一、生物碱的化学性质

1. 碱性

大多数的生物碱有碱性，能与酸成盐，遇强碱，生物碱则从它的盐中游离出来，利用这一性质可提取或精制生物碱。

$$\text{生物碱} \underset{OH^-}{\overset{H^+}{\rightleftharpoons}} \text{生物碱盐}$$

（难溶于水）　　（易溶于水）

2. 沉淀反应

大多数生物碱能与生物碱沉淀试剂反应，生成简单盐或复盐的有色沉淀。常用的生物碱沉淀试剂是一些酸和重金属盐类的溶液，如苦味酸、鞣酸、碘化铋钾（$KBiI_4$）、碘化汞钾（K_2HgI_4）、磷钨酸（$H_3PO_4 \cdot 12WO_3$）等。此类反应可以初步断定生物碱的存在。也可以用于生物碱的分离和精制。

3. 显色反应

一般生物碱都能和一些试剂反应出现不同的颜色。常用的生物碱显色试剂有钼酸钠、钒酸铵、甲醛、硝酸、重铬酸钾和高锰酸钾等的浓硫酸溶液。例如吗啡与甲醛－浓硫酸溶液作用呈现紫色。可待因与甲醛－浓硫酸溶液作用呈现蓝色。生物碱的显色反应可用于生物碱的鉴别。

二、重要的生物碱

1. 烟碱

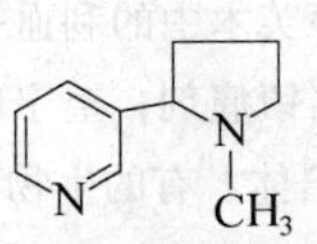

又名尼古丁，存在于烟叶中，无色到微黄色油状液体，露置空气中渐变棕色，味辛辣，易溶于水和乙醇等。烟碱毒性很强，少量能刺激中枢神经，增高血压；大量则抑制中枢神经系统，使心脏麻痹以至死亡。

2. 莨菪碱

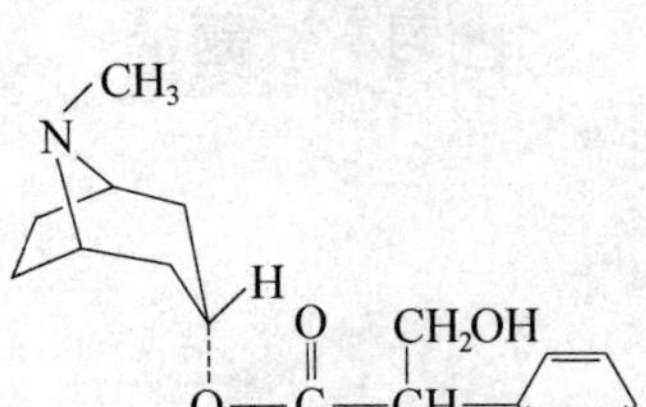

莨菪碱存在于颠茄、莨菪和洋金花等植物中，为白色晶体，味苦。莨菪碱在碱性或加热条件下易消旋，其外消旋体即阿托品，为抗胆碱药。临床上硫酸阿托品用于治疗平滑肌痉挛及胃、十二指肠溃疡等，为急性有机磷中毒的特效解毒药。

3. 麻黄碱

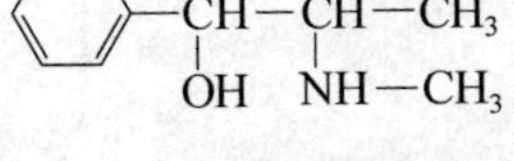

麻黄碱是从麻黄中提取的生物碱，也可人工合成。麻黄碱是无色晶体，味苦。麻黄碱属

于仲胺，具碱性，能与酸成盐，临床上用的是它的盐酸盐。麻黄碱具有平喘、止咳、发汗等作用。

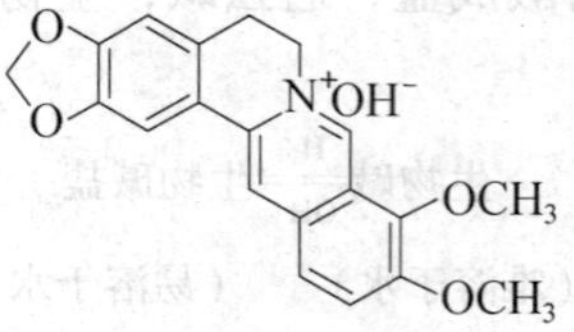

4. 小檗碱(黄连素)

小檗碱从黄连、黄柏和三棵针等植物中提取而得，亦可人工合成。小檗碱为黄色结晶，熔点145℃，味极苦，能溶于水；具有抗菌、消炎作用。临床上使用的是其盐酸盐，用于治疗肠道感染和细菌性痢疾等。

知识链接

生物碱在抗肿瘤药物中的应用

生物碱大多存在于植物中，故又称为植物碱，是一类含氮的有机碱性化合物。大多数生物碱是结构复杂的多环化合物，分子中大多含有含氮杂环，如吡啶、吲哚、喹啉、嘌呤等，也有少数是胺类化合物。它们在植物中常与有机酸结合成盐而存在，还有少数以糖苷、有机酸酯和酰胺的形式存在。

植物体内生物碱含量虽少，但与人类关系密切。许多生物碱是治病良药，如毛茛科黄连根茎中的小蘖碱是黄连素的主要成分，有抗菌消炎作用；萝芙木中的利血平能降血压；石蒜中的加兰他敏对小儿麻痹后遗症有疗效，罂粟果皮中所含的吗啡碱是著名镇痛剂；奎宁碱是有价值的解热药；三尖杉碱和长春花碱是治癌良药；秋水仙素(碱)能人工诱变产生多倍体。有的生物碱可用来制作农业用的杀虫剂。人们在脊椎动物和无脊椎动物体内也分离到了生物碱，其中某些动物的生物碱与它们报摄取食用的植物有关，蟾蜍、蝾螈和某些鱼类中发现的生物碱是真正的动物代谢产物。大量研究发现，天然植物中的生物碱具有明显的抗肿瘤功效，如喜树碱、原小檗碱、长春碱、苦参碱、秋水仙碱、玫瑰树碱、三尖杉酯碱等。目前，从植物中寻找高效、低毒的抗肿瘤活性成分已成为国内外学者共同关注的热点。

习 题

一、写出下列化合物的名称

1. 

2. 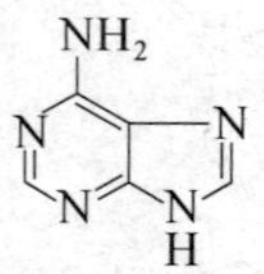

3. 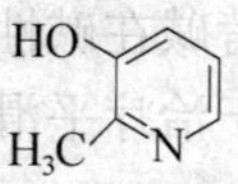

4. 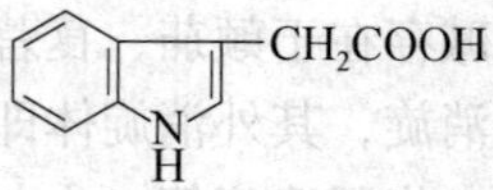

二、写出下列化合物的结构简式

1. β－吡啶甲酰胺

2. 3－甲基吲哚

3. 5－羟甲基－2－呋喃甲醛

4. 3－甲基吡啶

三、完成下列化学反应式

1.  $+ (CH_3CO)_2O \xrightarrow{H_3PO_4}$

2. 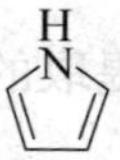 $\xrightarrow{H_2,Ni或Pd}$

3. 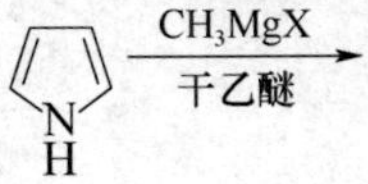

4. 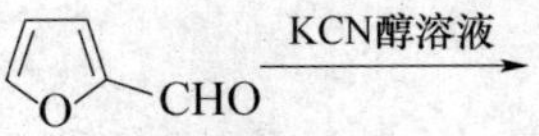

5. 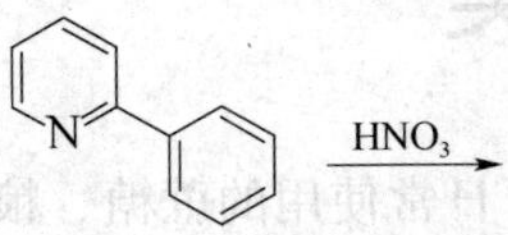

四、下列杂环化合物，含有哪些杂环母核

1. 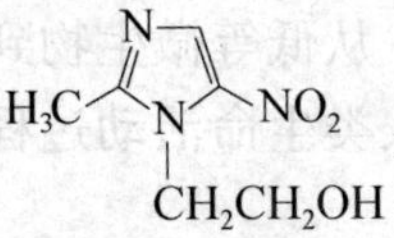

2. 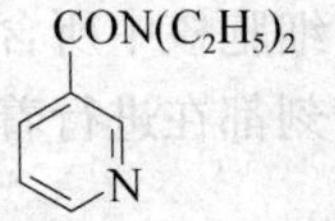

3. 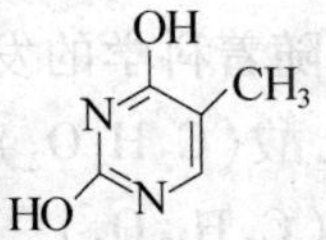

4. 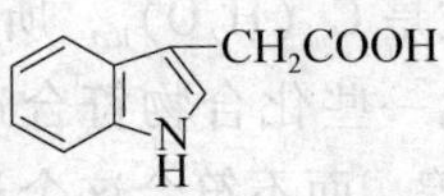

5. 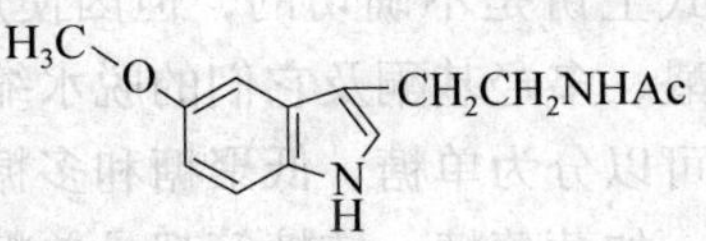

第十二章　糖　　类

糖类是非常重要的一类天然有机物，在自然界中分布很广，日常使用的蔗糖、粮食中的淀粉、植物体内的纤维素、人体血液中的葡萄糖、哺乳动物乳汁中所含的乳糖、肝脏和肌肉中所含的糖原、细胞核中所含的核糖及脱氧核糖等都是糖类化合物。从低等微生物到高等生物的机体中，时刻都在进行着一系列复杂的糖代谢，糖类化合物在人类生命活动过程中起着非常重要的作用。

糖类化合物由 C、H、O 三种元素组成。人们最初对大多数的糖类分析，发现这一类化合物的通式是 $C_m(H_2O)_n$，所以糖类最早被称为“碳水化合物”。但是，随着科学的发展，后来发现虽然一些化合物符合这个通式，但却不属于糖类化合物，如乙酸（$C_2H_4O_2$）、乳酸（$C_3H_6O_3$）等。而不符合这个通式的却属于糖类化合物，如脱氧核糖（$C_5H_{10}O_4$）、鼠李糖（$C_6H_{12}O_5$），因此，碳水化合物这个名称从分子式的形式上讲是不确切的，但因使用已久，迄今仍在沿用。从分子结构上看，糖类化合物是多羟基醛、多羟基酮及它们的脱水缩合物。

根据能否水解和水解情况的不同，糖类化合物一般可以分为单糖、低聚糖和多糖。所谓单糖，即不能再被简单地水解成为更小的糖分子的糖类。如葡萄糖、核糖等都是单糖。低聚糖也称寡糖，一般可以看作是由两个到十个左右的单糖脱水而成的糖类。低聚糖又可分为双糖、三糖等，其中最重要的是双糖，如麦芽糖、乳糖等。多糖是十个以上甚至几百、几千个单糖脱水而成的糖类，如淀粉、纤维素等。多糖属于高分子化合物。

第一节　单　　糖

单糖是最简单的糖，一般是含有 3 ~ 6 个碳原子的多羟基醛或多羟基酮。按碳原子数目，单糖可分为三碳（丙）糖、四碳（丁）糖、五碳（戊）糖、六碳（己）糖等。根据构造，单糖又可分为醛糖和酮糖。自然界最简单的醛糖是甘油醛，它是丙醛糖；最简单的酮糖是 1，3 - 二羟基丙酮，是丙酮糖；自然界最广泛的葡萄糖是己醛糖，在蜂蜜中的果糖是己酮糖。在体内以戊糖和己糖最常见。

一、单糖的结构

1. 葡萄糖的结构

（1）开链式　葡萄糖的分子式为 $C_6H_{12}O_6$，分子中含 5 个羟基和 1 个醛基，是己醛糖。

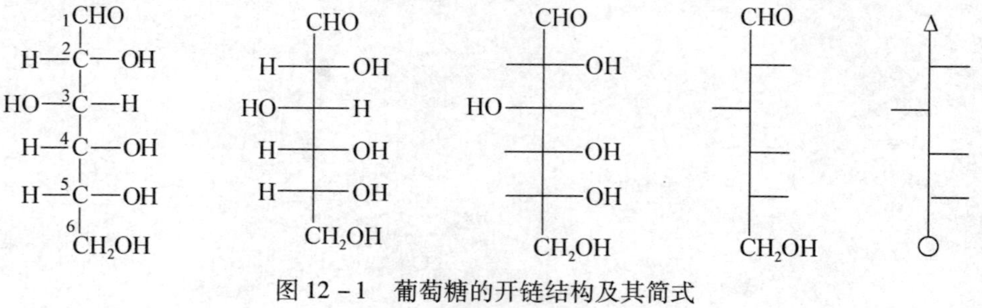

图 12 - 1　葡萄糖的开链结构及其简式

在葡萄糖链状分子中，第1位碳上连有1个醛基，其余5个碳原子上各连接1个羟基。在费歇尔投影式中，第3位碳上的羟基排在碳链的左边外，其余2、4、5位上的羟基均排在右边。

（2）氧环式　由于葡萄糖分子中既含有醛基又含有羟基，两者之间发生加成反应。醛基一般与第5位碳上的羟基发生反应生成环状的半缩醛结构。糖分子中的半缩醛羟基称为苷羟基。由于1位碳上的苷羟基和氢原子在空间有2种排列方式，通常把苷羟基与 C_5 上原来羟基处于同侧的称α型，反之则称β型。这2种异构体在溶液中可以通过开链式结构互相转变，成为1个平衡体系。由于葡萄糖的环状结构是由1个氧和5个碳形成的六元环，与含氧六元杂环吡喃相似，故称为吡喃型葡萄糖。

α－吡喃葡萄糖和β－吡喃葡萄糖的互变关系如下：

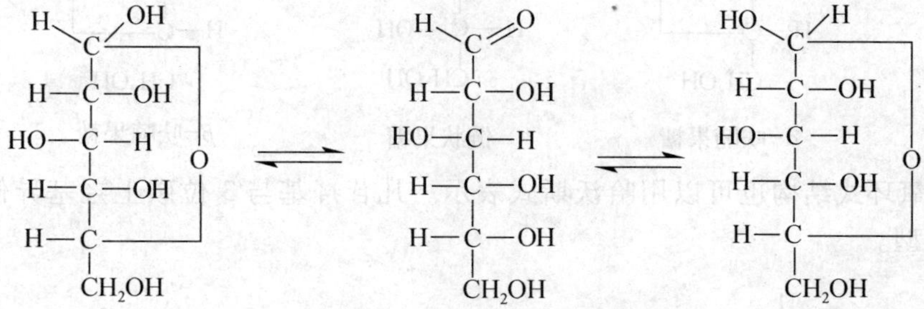

α－吡喃葡萄糖(37%)　　开链式葡萄糖　　β－吡喃葡萄糖(63%)

在葡萄糖的环状结构中，碳原子不可能是直线排列的，1位和5位碳原子通过氧桥连接的键不可能那样长。为了更接近真实地表示葡萄糖分子在空间的环状结构，常用哈沃斯式来表示其环状结构：

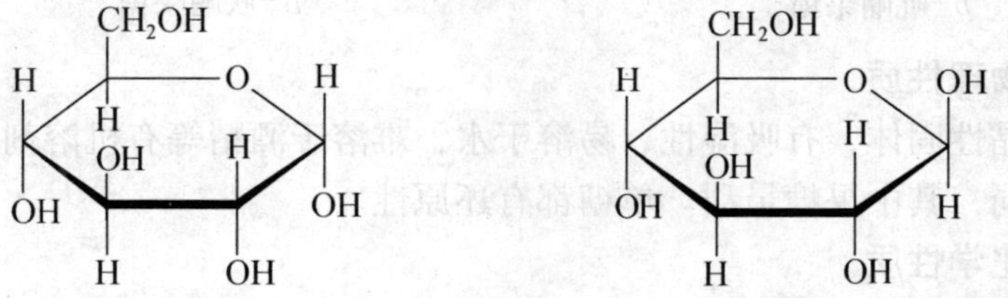

α－吡喃葡萄糖　　β－吡喃葡萄糖

在葡萄糖的哈沃斯式中，苷羟基与5位碳上羟甲基异侧的为α型，同侧的为β型。

2. 果糖的结构

（1）开链式　果糖的分子式为 $C_6H_{12}O_6$，是已酮糖，与葡萄糖互为同分异构体，果糖开链式分子中2位碳是酮基，其余5个碳原子上各连有1个羟基，除1位碳外，3、4、5位碳

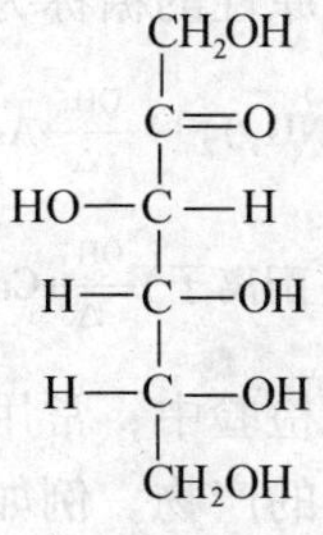

开链式果糖

上羟基的空间位置与葡萄糖相同。

(2) 氧环式　由于果糖分子中与酮基相邻的碳原子上都有羟基，使酮基活泼性提高，可与5位或6位碳上的羟基作用生成半缩酮。果糖以游离状态存在时，以六元环(吡喃型)的形式存在为主(约80%)；当果糖以结合状态(如蔗糖中)存在时，则以五元环(呋喃型)的形式存在。氧环式果糖的结构也有α型和β型两种，苷羟基在碳链右边的为α型，在左边的为β型。

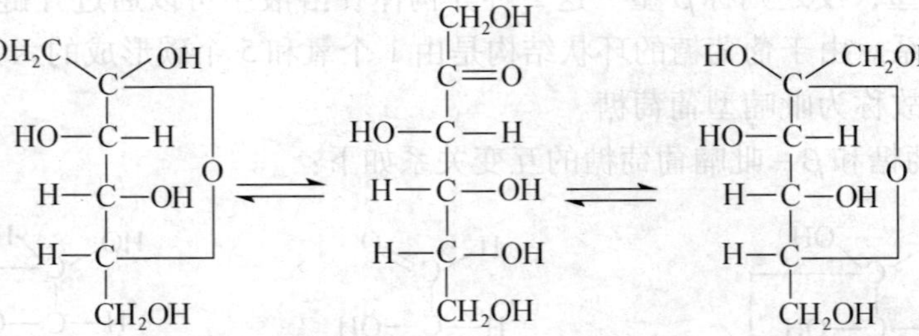

α-呋喃果糖　　链状果糖　　β-呋喃果糖

果糖的氧环式结构也可以用哈沃斯式表示。凡苷羟基与3位碳上羟基异侧的为α型，同侧的为β型。

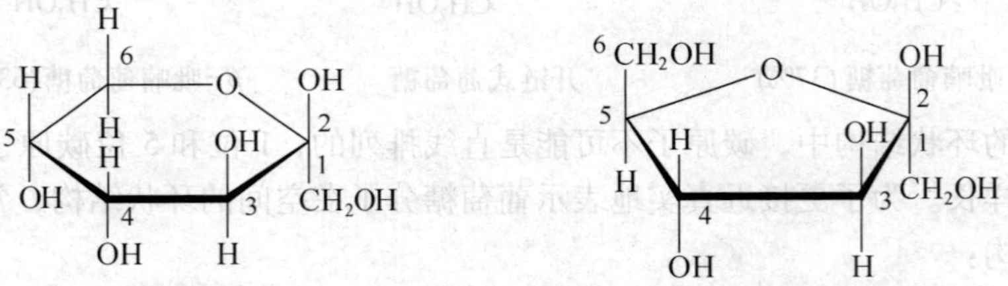

β-吡喃果糖　　β-呋喃果糖

二、单糖的物理性质

单糖都是结晶性固体，有吸湿性，易溶于水，难溶于酒精等有机溶剂。单糖有甜味，不同的单糖甜度不同，其中果糖最甜。单糖都有还原性。

三、单糖的化学性质

由于单糖分子中均含有醛基(或酮基)和羟基，因此，既具有一般醛酮和醇的性质，如醛酮的羰基可发生还原反应，醇羟基可发生酯化反应等。又具有不同功能基之间的相互影响，导致产生特殊的性质。

1. 氧化反应

单糖无论是醛糖还是酮糖，在碱性条件下，都能被弱氧化剂托伦试剂、斐林试剂等氧化，说明单糖具有还原性。凡是具有还原性的糖称为还原性糖，反之称为非还原性糖。

$$C_6H_{12}O_6 + [Ag(NH_3)_2]^+ \xrightarrow[\Delta]{OH^-} Ag\downarrow + \text{复杂氧化产物}$$

$$C_6H_{12}O_6 + Cu^{2+}(\text{配离子}) \xrightarrow[\Delta]{OH^-} Cu_2O\downarrow + \text{复杂氧化产物}$$

葡萄糖与斐林试剂的反应，在临床检验中，常用这一反应来检验尿液中的葡萄糖。

单糖还可被其他氧化剂氧化成不同的产物。例如，葡萄糖被硝酸氧化成葡萄糖二酸，被溴水氧化成葡萄糖酸，而酮糖则不被溴水氧化。溴水氧化能力较弱，它把醛糖的醛基氧化为羧基。当醛糖中加入溴水，稍加热后，溴水的棕色即可褪去，而酮糖则不被氧化，因此可用溴水来区别醛糖和酮糖。

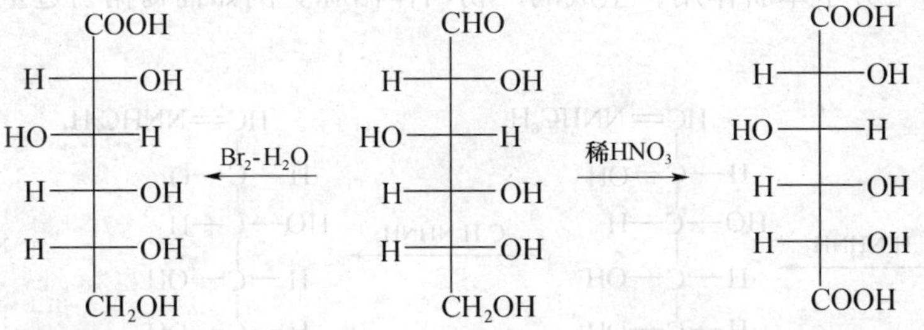

葡萄糖酸　　　　葡萄糖　　　　葡萄糖二酸

2. 成苷反应

由于单糖多以环状结构存在，其中环状结构的苷羟基比较活泼，能够与另 1 分子糖或非糖中的羟基、氨基等脱水生成缩醛或缩酮。这种化合物称为糖苷(简称苷)。如葡萄糖与甲醇在干燥的 HCl 催化作用下，脱去 1 分子水生成甲基葡萄糖苷。

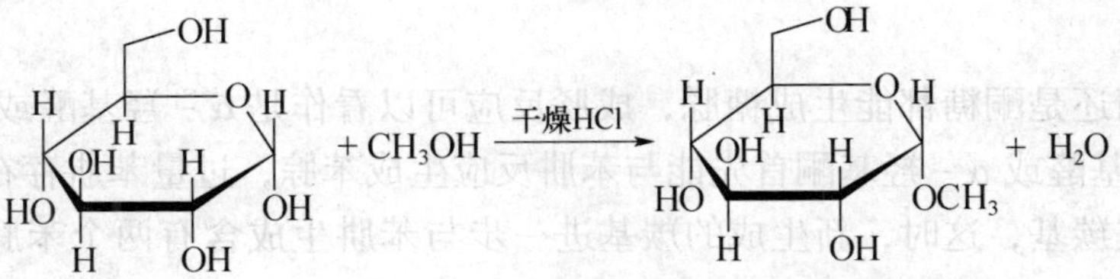

α-吡喃葡萄糖　　　　α-甲基吡喃葡萄糖苷

糖苷是由糖和非糖部分通过苷键连接而成的一类化合物。糖的部分称为糖苷基，非糖部分称为配糖基，糖苷基和配糖基之间由氧原子连接而成的键称为糖苷键(或苷键)。糖苷的化学名称是用构成此分子的糖的名称后面加苷字，并将配基的名称及其所连接碳的构型 α 或 β 写在糖的名称之前，如上述反应中生成的糖苷称为 α-甲基吡喃葡萄糖苷等。

由于糖苷分子中已没有苷羟基，所以糖苷不再具有还原性。糖苷在水溶液中也不能转变为开链结构。糖苷广泛存在于植物体中，且大多数具有生物活性，是许多中草药的有效成分之一。

3. 成酯反应

单糖分子中的羟基能和酸作用生成酯。例如，人体内的葡萄糖在酶的作用下可与磷酸作用生成葡萄糖-1-磷酸酯、葡萄糖-6-磷酸酯或葡萄糖-1，6-二磷酸酯，它们是糖代谢的中间产物，在生命过程中具有重要作用。其反应式为：

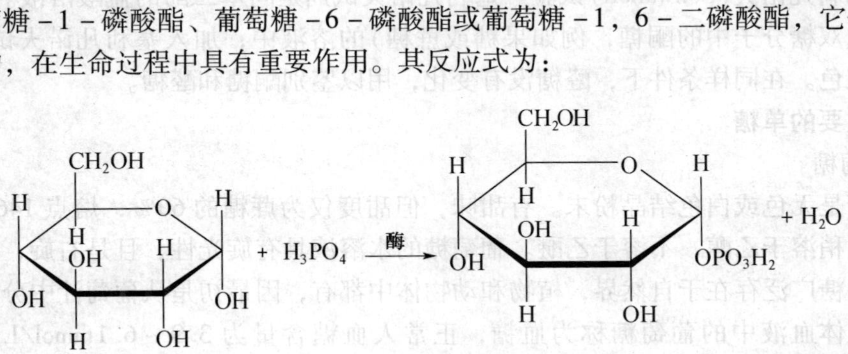

α-吡喃葡萄糖　　　　α-吡喃葡萄糖-1-磷酸酯

核糖和果糖也可形成磷酸酯，如1－磷酸核糖酯和1，6－二磷酸果糖酯。

4. 成脎反应

单糖分子与三分子苯肼作用，生成的产物叫作糖脎。例如葡萄糖与过量苯肼作用，生成葡萄糖脎。

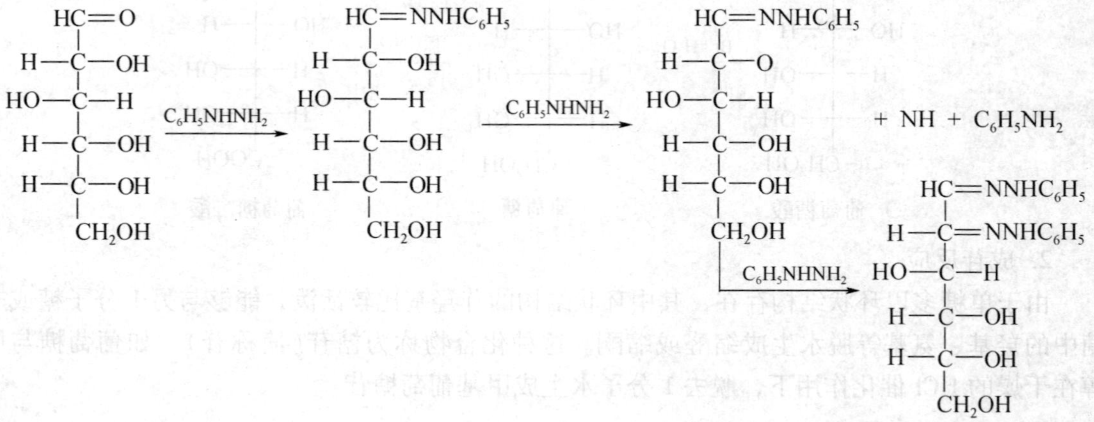

葡萄糖脎

无论是醛糖还是酮糖都能生成糖脎，成脎反应可以看作是α－羟基醛或α－羟基酮的特有反应。α－羟基醛或α－羟基酮首先能与苯肼反应生成苯腙，过量苯肼存在时，α－羟基会被苯肼氧化生成羰基，这时，新生成的羰基进一步与苯肼生成含有两个苯腙基团的化合物，即糖脎。

糖脎是难溶于水的黄色晶体。不同的脎具有特征的结晶形状和一定的熔点。常利用糖脎和这些性质来鉴别不同的糖。

成脎反应只在单糖分子的C－1和C－2上发生，不涉及其他碳原子，因此除了C－1和C－2以外碳原子构型相同的糖，都可以生成相同的糖脎。

5. 颜色反应

（1）莫立许（Molisch）反应　在糖的水溶液中加入α－萘酚的酒精溶液，然后沿管壁慢慢加入浓硫酸，不得振摇，密度较大的浓硫酸沉到管底，在浓硫酸与糖溶液的交界面很快出现紫色环，这就是莫立许反应。所有糖均可发生此反应，而且反应很灵敏，常用于糖类物质的鉴定。

（2）塞利凡诺夫（Seliwanoff）试验　塞利凡诺夫试剂是间苯二酚的盐酸溶液。在酮糖（游离的酮糖或双糖分子中的酮糖，例如果糖或蔗糖）的溶液中，加入塞利凡诺夫试剂，加热，很快出现红色。在同样条件下，醛糖没有变化，用以鉴别酮糖和醛糖。

四、重要的单糖

1. 葡萄糖

葡萄糖是无色或白色结晶粉末。有甜味，但甜度仅为蔗糖的60%，熔点146℃（分解），易溶于水，稍溶于乙醇，不溶于乙醚。葡萄糖的水溶液具有旋光性，且是右旋，故又称为右旋糖。葡萄糖广泛存在于自然界，植物和动物体中都有，因最初是从葡萄汁中分离结晶得到而得名。人体血液中的葡萄糖称为血糖，正常人血糖含量为3.9～6.1mmol/L（或0.70～1.10g/L）。糖尿病患者的尿液中含有葡萄糖，含量随病情的轻重而不同。

葡萄糖是人类重要的营养物质，因为不需消化就可直接被人体吸收利用，所以体弱病人和血糖过低的患者可利用静脉注射葡萄糖溶液的方式来迅速补充营养，并且还有强心、利尿、解毒的作用，临床上用于治疗水肿、血糖过低、心肌炎等。在人体失水、失血时用于补充体液，增加人体能量。

在肝脏内，葡萄糖在酶作用下氧化成葡萄糖醛酸，即葡萄糖末端上的羟甲基被氧化生成羧基。葡萄糖醛酸在肝中可与有毒物质如醇、酚等结合变成无毒化合物由尿排出体外，可达到解毒作用。

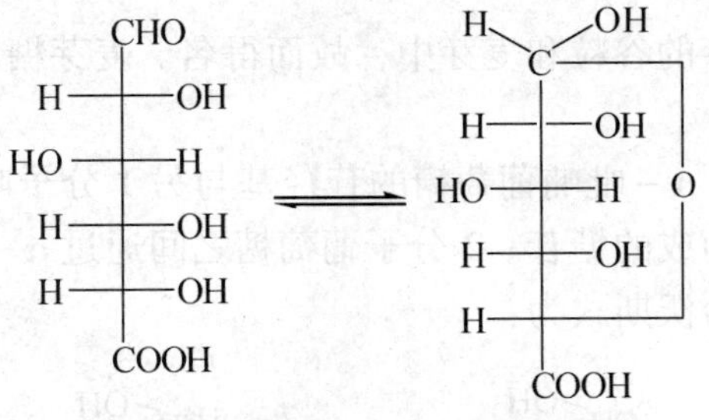

葡萄糖醛酸 α-葡萄糖醛酸

2. 果糖

果糖是天然糖中最甜的糖。纯净的果糖是白色晶体。熔点为 103～105℃（分解），易溶于水。其水溶液具有旋光性，且是左旋，故又称为左旋糖。常以游离态存在于蜂蜜和水果浆汁中，以结合状态存在于蔗糖中。果糖在游离状态下时，主要以吡喃环形式存在；在结合状态时则多以呋喃环形式存在。某些植物中含有一种多糖叫菊根粉，是由果糖组成的。动物的前列腺和精液中也含有果糖。

3. 核糖和 2－脱氧核糖

核糖以糖苷的形式存在于酵母和细胞中，是核酸以及某些酶和维生素的组成成分，核糖为片状结晶，熔点为 87℃。核酸中除核糖外，还有 2－脱氧核糖（简称为脱氧核糖），2－脱氧核糖的熔点为 78～82℃。核糖和脱氧核糖的环为呋喃环，故称为呋呋喃糖。

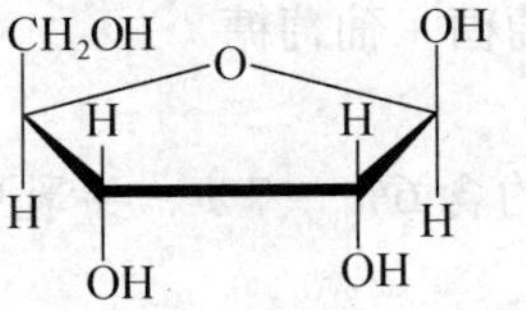

呋喃核糖

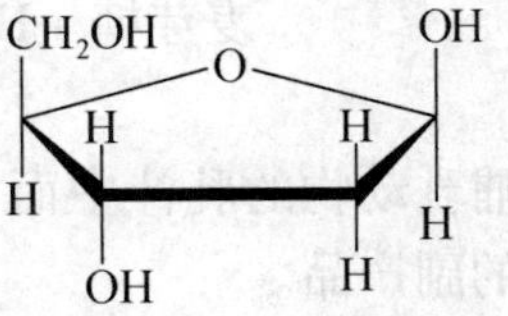

脱氧呋喃核糖

核酸中的核糖或脱氧核糖 C－1 上的 β－苷键结合成核糖核苷或脱氧核糖核苷，统称为核苷。核苷中的核糖或脱氧核糖，再以 C－5 或 C－3 上的羟基与磷酸以酯键结合即成为核苷酸。含核糖的核苷酸统称为核糖核苷酸，是 RNA 的基本组成单位；含脱氧核糖的核苷酸统称为脱氧核糖核苷酸，是 DNA 的基本组成单位。它们是人类生命活动中非常重要的物质。

第二节 二 糖

低聚糖中最重要的是二糖。它是由 2 分子单糖脱水缩合而成，其中单糖可以相同，也可以不同。常见的双糖有蔗糖、麦芽糖和乳糖，三者分子式均为 $C_{12}H_{22}O_{11}$，它们互为同分异构体。

单糖分子结构中的苷羟基和醇羟基均具有一定的反应活性。因此，单糖能产生不同的衍生物，其中也包括2个相同或不同的单糖分子之间脱去1分子水通过“苷键”结合而成的双糖。其脱水方式有两种，一种是一个单糖的苷羟基与另一单糖的醇羟基间脱水，生成的二糖仍保留一个苷羟基，还具有还原性称为还原性二糖，如麦芽糖和乳糖等。另一种是2分子单糖的苷羟基间脱水，生成的二糖结构中没有苷羟基，因而不具有还原性称为非还原性二糖，如蔗糖等。因此，严格地说，双糖也是糖苷。

一、麦芽糖

麦芽糖主要存在于发芽的谷粒和麦芽中，故而得名。麦芽糖一般是在淀粉酶的作用下由淀粉水解而得到的产物。

麦芽糖分子是由1分子α-吡喃葡萄糖的苷羟基与另1分子吡喃葡萄糖中4位碳上的醇羟基间脱去1分子水缩合而成的糖苷。2分子葡萄糖之间通过α-1，4苷键相结合，分子中还保留了1个苷羟基。其哈沃斯式为：

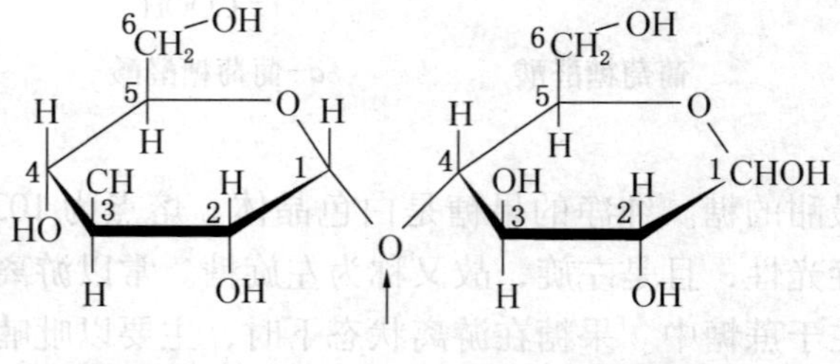

α-吡喃葡萄糖　　α-1, 4苷键　　吡喃葡萄糖

纯净的麦芽糖为白色晶体。熔点102～103℃，易溶于水，有甜味，甜度约为蔗糖的70%，是饴糖的主要成分，可用作糖果以及细菌的培养基。

由于麦芽糖分子中仍有1个游离的苷羟基，所以麦芽糖是还原糖。能与托伦试剂、班氏试剂作用，也能发生成苷反应和成酯反应，能形成糖脎，糖苷。在酸或酶作用下，1分子麦芽糖能水解生成2分子葡萄糖：

$$\text{麦芽糖} + H_2O \xrightarrow{H^+\text{或酶}} \text{葡萄糖} + \text{葡萄糖}$$

二、乳糖

乳糖存在于哺乳动物的乳汁中而得名。人乳中约含6%～7%，牛乳中约含4%～5%。乳糖是奶酪工业的副产品。

乳糖分子是由1分子β-吡喃半乳糖1位碳上的苷羟基与另一分子吡喃葡萄糖4位碳上的醇羟基间脱去1分子水缩合而成的糖苷。半乳糖和葡萄糖之间通过β-1，4苷键相结合，分子中还保留了1个苷羟基。其哈沃斯式为：

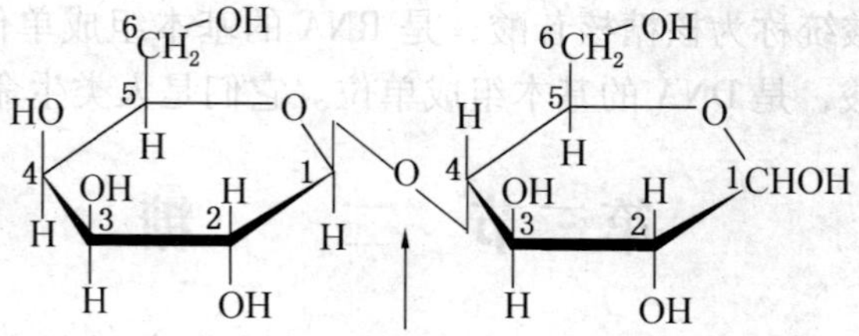

β-吡喃半乳糖　　β-1, 4苷键　　吡喃葡萄糖

纯净的乳糖是白色粉末，在水中溶解度小，味不甚甜。因吸湿性小，在医药上用作片剂、散剂的矫味剂和填充剂。

由于乳糖分子中仍有1个游离的苷羟基，所以乳糖也是还原糖。能与托伦试剂、班氏试剂作用，也能发生成苷反应和成酯反应。在酸或酶的作用下，能水解生成1分子β-半乳糖和1分子葡萄糖：

$$乳糖 + H_2O \xrightarrow{H^+或酶} 半乳糖 + 葡萄糖$$

三、蔗糖

蔗糖是常见的非还原性二糖，广泛存在于植物中，可以从甘蔗或甜菜中提取。食用糖中的红糖、白糖、冰糖都是蔗糖。

蔗糖分子是由1分子α-吡喃葡萄糖1位碳上的苷羟基与1分子β-呋喃果糖2位碳上的苷羟基脱去1分子水缩合而成的糖苷。葡萄糖与果糖之间是通过α-1，2苷键相结合的。蔗糖分子中不存在游离的苷羟基，蔗糖既可看作是葡萄糖苷，又可看作是果糖苷。蔗糖的哈沃斯结构式为：

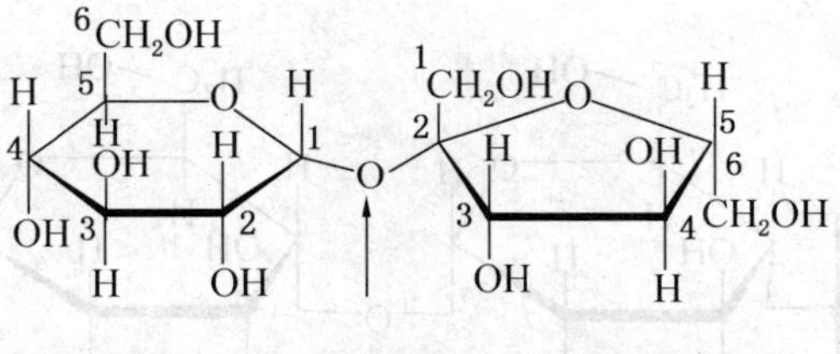

α-吡喃葡萄糖部分　1，2苷键　β-呋喃果糖部分

纯净的蔗糖为白色晶体，熔点168~186℃(分解)，易溶于水，甜度仅次于果糖。

由于蔗糖分子中不存在游离的苷羟基，因此没有还原性，是非还原性糖，不能与托伦试剂、班氏试剂作用，也不能发生成苷反应。在酸或酶的作用下，可以水解生成1分子葡萄糖和1分子果糖。

$$蔗糖 + H_2O \xrightarrow{H^+或酶} 葡萄糖 + 果糖$$

蔗糖在医药上用作矫味剂，制成糖浆应用。由蔗糖加热生成的褐色糖浆，在饮料(如可口可乐)和食品(如酱油)中用作着色剂。蔗糖高浓度时能抑制细菌生长，因此可用作医药上的防腐剂和抗氧剂。

第三节　多　糖

多糖是成千上万个单糖分子间脱水缩合，通过苷键连接而成的天然高分子化合物，通式为$(C_6H_{10}O_5)_n$。多糖不是纯净物，而是聚合程度不同的混合物。广泛存在于动物和植物体中：一些多糖，如淀粉、糖原作为能量贮存在生物体内；一些不溶性多糖，如植物的纤维素和动物的甲壳素，则构成植物和动物的骨架；还有一些多糖，如黏多糖，血型物质等，具有复杂多样的生理功能，在生物体内起着重要的作用。

根据多糖的组成单元，多糖可分为匀多糖(或同多糖)和杂多糖。由相同的单糖缩合而成的多糖称为匀多糖，如淀粉、糖原和纤维素等，它们都是由葡萄糖缩合而成的。由不同的单糖缩合而成的多糖称为杂多糖，如透明质酸、硫酸软骨素、肝素、α-球蛋白、血型物质等。

多糖与单糖、双糖不同，无甜味，大多数不溶于水，少数能与水形成胶体溶液。因多糖分子中的苷羟基几乎都被结合成氧苷键，所以多糖无还原性，属于非还原性糖，不能与托伦试剂、班氏试剂作用。在酸或酶的作用下，多糖可以逐步水解，最终产物为单糖。

一、淀粉

淀粉是绿色植物进行光合作用的产物，是植物储存营养物质的一种形式，亦是人类最重要食物之一。广泛存在于植物的种子和块茎等部位，大米中含 75% ~80%，小麦中含 60% ~65%，玉米中约含 65%。

淀粉是匀多糖，其组成单元是 α－葡萄糖，可用通式$(C_6H_{10}O_5)_n$表示。根据结构不同，淀粉又可分为直链淀粉和支链淀粉。

直链淀粉又称可溶性淀粉，可溶于热水形成胶体溶液。存在于淀粉的内层，约占淀粉的 20% ~30%。它是一种没有或很少分支的长链多糖，其分子由 3800 个以上的 α－葡萄糖单元组成，葡萄糖之间由 α－1，4 苷键相连接。具有规则的螺旋状空间排列，每一圈螺旋有六个葡萄糖。

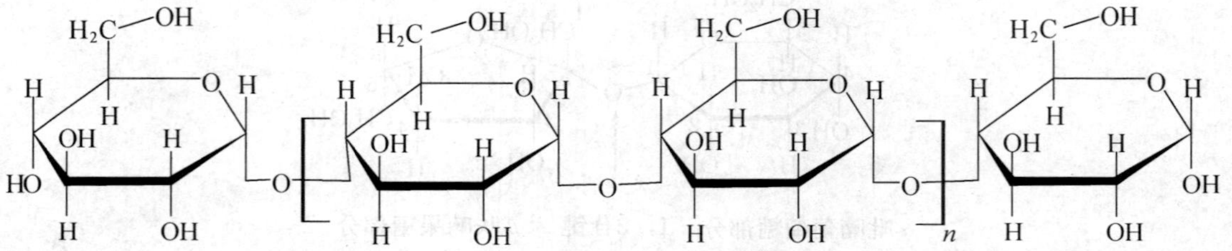

支链淀粉又称为胶体淀粉，较易溶于冷水，在热水中膨胀而成糊状。存在于淀粉的外层，组成淀粉的皮质。在淀粉中约占 70% ~80%。是一种分支较多、相对分子质量比直链淀粉大的多糖。一般含有 1.45×10^6 个葡萄糖，主链部分的葡萄糖之间是 α－1，4 苷键，支链是以 α－1，6 苷键与主链相连接。

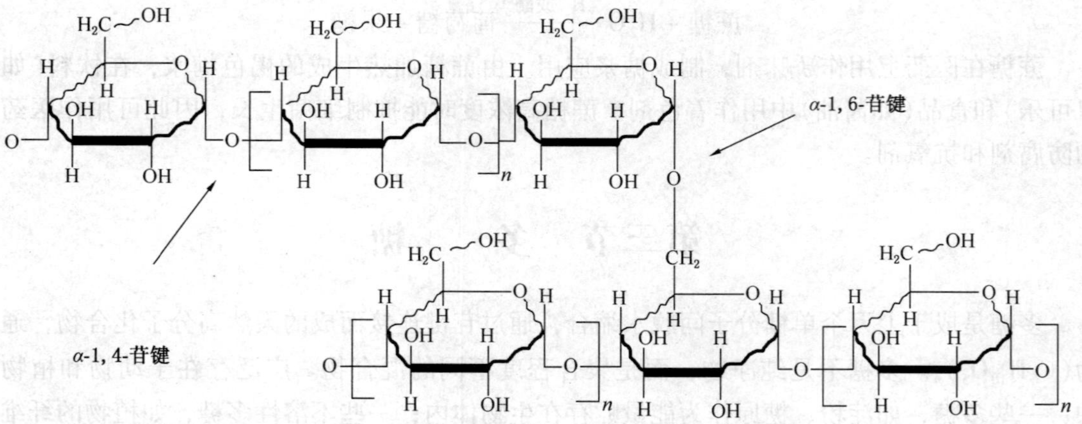

如以小圆圈表示葡萄糖单元，直链淀粉和支链淀粉的结构如图 12－1、12－2 所示。玉米淀粉中直链淀粉占 27%，其余为支链淀粉；而糯米几乎全部是支链淀粉，所以黏性较大。有些豆类淀粉全是直链淀粉，直链淀粉比支链淀粉容易消化。

淀粉为白色、无臭和无味的粉状物质，与碘溶液作用显深蓝色或蓝紫色，这个反应非常灵敏，加热蓝色消失，冷却后颜色重现。直链淀粉与碘作用显深蓝色，支链淀粉与碘作用显蓝紫色。这用于直链淀粉的定性鉴定反应，目前认为是碘分子钻入螺旋空隙中形成复合物。

图 12－1 直链淀粉结构示意图

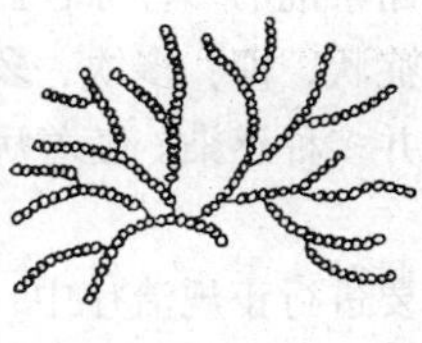

图 12－2 支链淀粉结构示意图

淀粉在酸或酶的作用下能水解。人体内，在淀粉水解酶作用下水解生成糊精，继续水解生成麦芽糖，在麦芽水解酶作用下，最后水解得到α－葡萄糖。

$$\underset{\text{淀粉}}{(C_6H_{10}O_5)_n} \xrightarrow{\text{水}} \underset{\text{糊精}}{(C_6H_{10}O_5)_m} \xrightarrow{\text{水}} \underset{\text{麦芽糖}}{C_{12}H_{22}O_{11}} \xrightarrow{\text{水}} \underset{\text{葡萄糖}}{C_6H_{12}O_6} \ (n>m)$$

二、糖原

糖原是人和动物体内储存葡萄糖的一种多糖，也属匀多糖；又称肝糖或动物淀粉。糖原主要存在于肝脏和肌肉中，因此有肝糖原和肌糖原之分。

糖原的组成单元是α－葡萄糖，结构与支链淀粉相似，但支链更多、更稠密、相对分子质量更大，各支链点之间的间隔大约是5个或6个葡萄糖单元。其结构如图12－3所示。

糖原是无定形粉末，不溶于冷水，溶于热水成透明胶体溶液，与碘作用显红棕色。糖原水解的最终产物是α－葡萄糖。

糖原对维持人体血糖浓度有着重要的调节作用。当血糖浓度增高时，在胰岛素的作用下，肝脏把多余的葡萄糖转变成糖原储存起来；当血糖浓度降低时，在体内高血糖素的作用下，肝糖原就分解为葡萄糖进入血液，以保持血糖浓度正常。

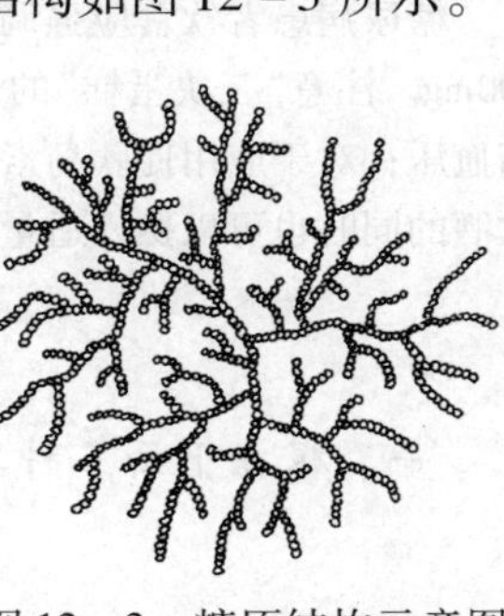

图 12－3 糖原结构示意图

三、纤维素

纤维素的组成单元是β－葡萄糖，它们之间以β－1，4苷键连接而成，是匀多糖。其相对分子质量很大，结构与直链淀粉相似。

纤维素是自然界分布最广的多糖，它是构成植物细胞壁的基础物质。木材中含纤维素50%～70%，棉花中含90%以上。纤维素是白色固体，韧性强，一般不溶于水和有机溶剂，但在一定条件下，某些酸、碱和盐的水溶液可使纤维素产生无限溶胀、溶解。如能溶于浓硫酸和二硫化碳的氢氧化钠溶液中。纤维素比淀粉难水解，要在高温高压下与无机酸共热，才能水解成β－葡萄糖。牛、羊、马等食草动物的胃能分泌纤维素水解酶，能将纤维素水解成葡萄糖，所以纤维素可作为食草动物的饲料。人的胃肠不能分泌纤维素水解酶，因此纤维素不能直接作为人类的能源物质。但膳食中的纤维素虽不能被人体消化吸收，但能促进肠蠕动，防止便秘，排除有害物质，减少胆酸和中性固醇的肝肠循环，降低血清胆固醇，影响肠道菌丛，抗肠癌等。所以纤维素在人类的食物中也是不可缺少的。因此，多吃蔬菜、水果以保持一定的纤维素对人类健康是有益的。

知识链接

糖 尿 病

近年来，随着生活水平的提高、生活方式的改变，糖尿病已经成为继恶性肿瘤、心血管疾病之后的第三大“健康杀手”。什么是糖尿病？糖尿病是由于胰岛素不足或胰岛素的细胞代谢作用缺陷所引起的葡萄糖、蛋白质及脂质代谢紊乱的一种综合症。其特征为血循环中葡萄糖浓度异常升高及尿糖。血糖过高时可出现典型的三多一少症状，即：多饮、多尿、多食及体重减轻，且伴有疲乏无力。严重者可发生酸中毒及高渗性昏迷，且易合并多种感染。随着病程的延长，其代谢紊乱可导致眼、肾、神经、血管及心脏等组织器官的慢性并发症。

糖尿病患者不仅要进行正规治疗中，饮食治疗相当也重要。饮食治疗，堪称各型糖尿病的基础治疗，也是糖尿病自然病程中任何阶段都必不可少的措施。不良的饮食习惯，会导致相关的心血管危险因素，如高血压、血脂异常、肥胖或营养不良。对于糖尿病患者来说，饮食的原则当是在合理控制总热量的基础上，采用合理搭配，即碳水化合物、蛋白质、脂肪三大营养物质按一定比例进食，并且确保富含膳食纤维和维生素。只要符合这些大原则，糖尿病人的饮食也可以有乐趣。

注意“三块蛋糕”合理分配

三大营养物质好比“三块蛋糕”，该如何分配呢？碳水化合物所提供的热量应占总热量的55%至65%。所以，我们鼓励糖尿病人多摄入复合碳水化合物，以及富含水溶性食物纤维素的碳水化合物，比如粗粮、杂粮等，忌食葡萄糖、蔗糖及其制品。对碳水化合物总热量的选择，要比碳水化合物的种类选择更为重要。

饮食中的蛋白质，所提供的热量应小于总热量的15%。有微量蛋白尿的患者，每日蛋白质摄入量应限制在0.8～1.0g之内；有显性蛋白尿的患者，每日蛋白质摄入量应限制在低于0.8g水平；肾功能不全失代偿期，每日蛋白质则应低于0.6g。建议患者尽可能选择优质的动物蛋白。

糖尿病患者饮食应强调低脂，脂肪所提供的热量应占总热量的20%至30%，每天胆固醇摄入量应低于300mg。注意“三块蛋糕”的分配之时，限制食盐和饮酒，对糖尿病患者也至关重要。因为过多食盐会引发高血压；对于应用促胰岛素分泌剂或胰岛素治疗的患者，酒精则会出现低血糖。为防止酒精引起低血糖，饮酒的同时也可以摄入适量的碳水化合物。

习　题

一、根据下面三种单糖的结构式：

A. 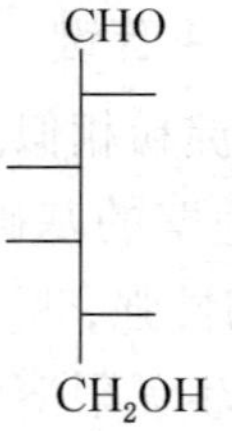

B. 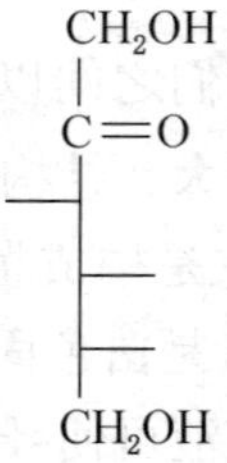

C. 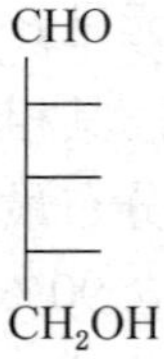

1. 写出A、B、C的构型和名称
2. 写出A和B的α－吡喃型环状结构的哈沃斯式
3. 写出B和C的β－呋喃型环状结构的哈沃斯式

二、完成下列反应

1. 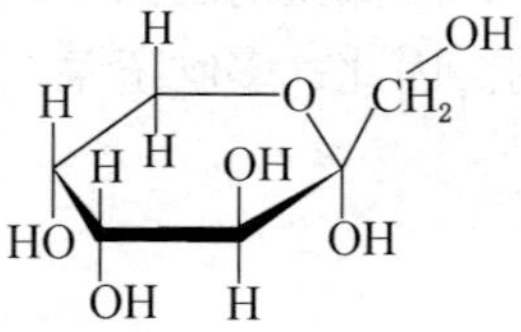

$+ [Ag(NH_3)_2]OH \longrightarrow$

2. 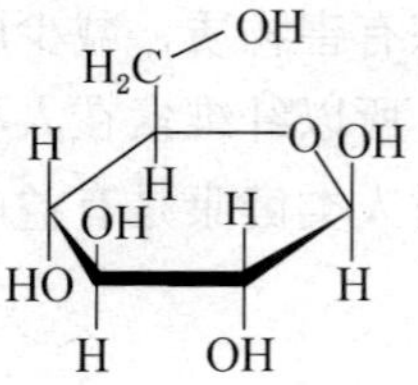

$+ CH_3OH \longrightarrow$

3. $C_{12}H_{22}O_{11}$(麦芽糖) $+ H_2O \xrightarrow{H^+或酶}$

4. 写出甘露糖与下列试剂反应的主要产物及名称：

(1)羟氨(2)苯肼(过量)(3)溴水(4)HNO_3(6)CH_3OH，HCl

三、用化学方法鉴别下列各组化合物

1. 乳糖和淀粉　　2. 己六醇和葡萄糖

3. 葡萄糖和果糖　　4. 葡萄糖、蔗糖和淀粉

四、推断题

柳树枝中存在有一种糖苷叫作糖水杨苷。当用杏仁酶水解时得葡萄糖和水杨醇(邻羟基苯甲醇)。水杨苷用硫酸二甲酯和氢氧化钠处理得到五甲基水杨苷，经酸催化水解得2，3，4，6－四甲基葡萄糖和邻甲氧基甲酚。写出水杨苷的结构式。

第十三章 氨基酸和蛋白质

蛋白质广泛存在于生物体内，是组成细胞的基础物质。动物的肌肉、皮肤、发、毛、蹄、角等主要成分都是蛋白质。蛋白质是构成人体的物质基础，它约占人体干重的50%以上。许多植物的种子也含有丰富的蛋白质。一切重要的生命现象和生理机能都与蛋白质密切相关。如有机体内起催化作用的各种酶，调节代谢的激素，运输氧气的血红蛋白，以及免疫作用的抗体等，都含有蛋白质。所以，蛋白质是生命的基础，没有蛋白质就没有生命。

分子中含有氨基的羧酸，叫做氨基酸，蛋白质是由 α - 氨基酸通过肽键(酰胺键)组成的是一种生物大分子。习惯上，将相对分子质量在一万以下的聚酰胺称为多肽；而把相对分子质量在一万以上的称为蛋白质(但也不很严格)。多肽不仅可以构成蛋白质，而且很多多肽本身具有重要的生理功能，被称为活性肽。

第一节 氨 基 酸

一、氨基酸的分类和命名

1. 氨基酸的分类

根据氨基酸分子中烃基的种类不同，可分为脂肪族氨基酸、芳香族氨基酸和杂环氨基酸；根据氨基酸分子中所含氨基与羧基的数目不同，又可分为中性(一氨基一羧基)氨基酸、酸性(一氨基二羧基)氨基酸、碱性(二氨基一羧基)氨基酸。

一般说来，酸性氨基酸水溶液显酸性，碱性氨基酸水溶液显碱性，由于羧基电离常数较氨基大，中性氨基酸水溶液显弱酸性。

2. 氨基酸的命名

(1) 系统命名法　以羧酸为母体，氨基为取代基，称为“氨基某酸”。氨基的位置，也可用希腊字母标示。如下：

H_2NCH_2COOH

氨基乙酸

(α - 氨基乙酸)

H_3C—CH—COOH (CH 上连 NH_2)

2 - 氨基丙酸

(α - 氨基丙酸)

—$CH_2CH(NH_2)COOH$

2 - 氨基 - 3 - 苯基丙酸

(α - 氨基 - β - 苯基丙酸)

(2) 俗名　天然氨基酸常根据其来源或性质多用俗名。例如胱氨酸是因它最先来自尿结石；甘氨酸是由于它具有甜味而得名，常见的 α - 氨基酸见表 13 - 1。

表 13 - 1　常见的 α - 氨基酸

俗　名	系统命名	结　构　式	等电点
中性氨基酸			
甘氨酸	氨基乙酸	H_2C—COOH (C 上连 NH_2)	5.97

续表

俗 名	系统命名	结 构 式	等电点
丙氨酸	α－氨基丙酸	$H_3C-CH(NH_2)-COOH$	6.00
丝氨酸	α－氨基－β－羟基丙酸	$CH_2(OH)-CH(NH_2)-COOH$	5.68
半胱氨酸	α－氨基－β－巯基丙酸	$CH_2(SH)-CH(NH_2)-COOH$	5.05
*苏氨酸	α－氨基－β－羟基丁酸	$H_3C-CH(OH)-CH(NH_2)-COOH$	5.60
*缬氨酸	α－氨基－β－甲基丁酸	$H_3C-CH(CH_3)-CH(NH_2)-COOH$	5.96
*蛋氨酸	α－氨基－γ－甲硫基丁酸	$H_3C-S-CH_2-CH_2-CH(NH_2)-COOH$	5.74
*亮氨酸	α－氨基－γ－甲基戊酸	$H_3C-CH(CH_3)-CH_2-CH(NH_2)-COOH$	5.98
*异亮氨酸	α－氨基－β－甲基戊酸	$H_3C-CH_2-CH(CH_3)-CH(NH_2)-COOH$	6.02
*苯丙氨酸	α－氨基－β－苯基丙酸	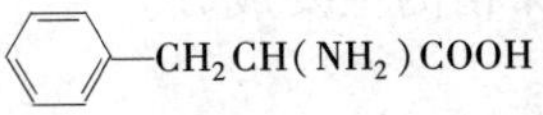	5.48
酪氨酸	α－氨基－β－对羟苯基丙酸	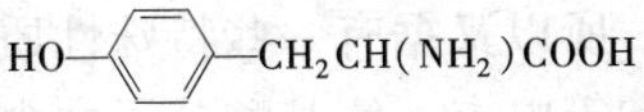	5.68
脯氨酸	α－羧基四氢吡咯	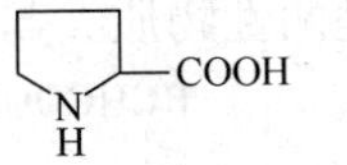	6.30
*色氨酸	α－氨基－β－(3－吲哚基)丙酸	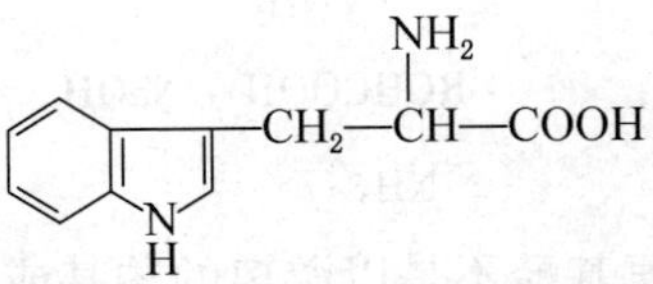	5.89
酸性氨基酸			
天门冬氨酸	α－氨基丁二酸	$H_2N-CH(COOH)-CH_2-COOH$	2.77
谷氨酸	α－氨基戊二酸	$H_2N-CH(COOH)-CH_2-CH_2-COOH$	3.22

续表

俗 名	系统命名	结 构 式	等电点
		碱性氨基酸	
精氨酸	α－氨基－δ－胍基戊酸	$\underset{\| \atop NH}{H_2N—C}—NHCH_2CH_2CH_2CH(NH_2)COOH$	10.76
* 赖氨酸	α，ε－二氨基己酸	$\underset{NH_2}{H_2C}—CH_2—CH_2—CH_2—\underset{NH_2}{CH}—COOH$	9.74
组氨酸	α－氨基－β－(4－咪唑基)丙酸	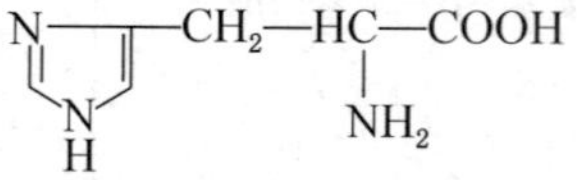	7.59

注：各种蛋白质中所含的氨基酸的种类和数量各不相同。有些氨基酸在人体内不能合成或合成量不足，但又是人体必需的，只有依靠食物供给，这种氨基酸称为必需氨基酸，表中注有 * 号者即是。

二、氨基酸的结构

氨基酸是羧酸分子中烃基上的氢原子被氨基（$—NH_2$）取代而生成的化合物。氨基酸分子中同时含有羧基（—COOH）和氨基（$—NH_2$）两种官能团，它是具有复合官能团的的化合物。天然产氨基酸都是 α－氨基酸。

三、α－氨基酸的性质

1. 物理性质

氨基酸多为无色结晶形固体，熔点很高，一般在 230 ~ 300℃之间，加热到熔点时，容易脱羧分解并放出 CO_2。氨基酸都能溶于强酸或强碱溶液中，除少数外，一般溶于水，难溶于乙醇、乙醚等有机溶剂。有的氨基酸具有鲜味、甜味，但也有无味或苦味的。例如谷氨酸的钠盐具有鲜味，是味精的主要成分。

2. 化学性质

氨基酸分子中含有氨基和羧基，因此具有氨基和羧基的典型性质。此外，因为两种官能团之间的相互影响，所以又据有一些特殊性质。

（1）两性电离和等电点　氨基酸分子中含有碱性的氨基和酸性的羧基，因此既具有碱的性质又具有酸的性质，是两性物质，与酸或碱作用可生成盐：

$$\underset{NH_2}{RCHCOOH} + HCl \rightleftharpoons \underset{NH_3^+Cl^-}{RCHCOOH}$$

$$\underset{NH_2}{RCHCOOH} + NaOH \rightleftharpoons \underset{NH_2}{RCHCOONa} + H_2O$$

一般情况下，氨基酸不是以游离的羧基或氨基存在的，而是两性电离，在固态或水溶液中碱性氨基和酸性羧基也可相互作用而成两性离子（内盐）。

$$\underset{NH_2}{RCHCOOH} \rightleftharpoons \underset{NH_3^+}{RCHCOO^-}$$

这种由分子内部的酸性基团和碱性基团作用所成的盐叫内盐。内盐中同时含有阳离子和阴离子，所以内盐又称为两性离子。氨基酸在水溶液中的存在形式，取决于溶液的 pH。若将某种氨基酸溶液的 pH 调至一特定值，使酸式电离程度恰好等于碱式电离程度，氨基酸则

全部以两性离子存在，此时其净电荷为零，氨基酸分子呈电中性，在电场中不向任何一极移动，这时溶液的 pH 叫作该氨基酸的等电点，用 pI 表示。

氨基酸在不同 pH 溶液中的变化及存在形式，可表示如下：

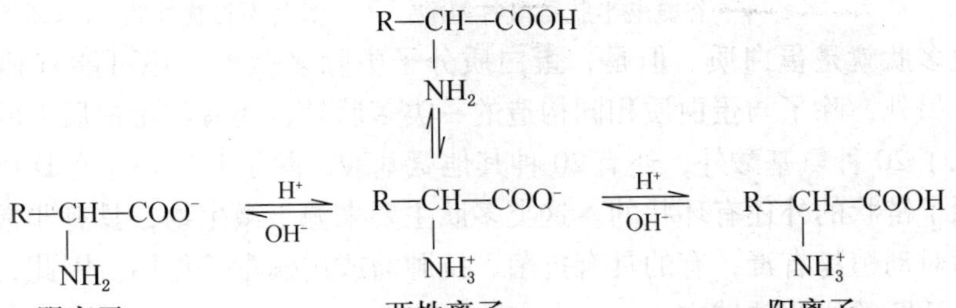

阴离子　　　　　　两性离子　　　　　　阳离子

溶液pH＞pI　　　　溶液pH=pI　　　　溶液pH＜pI

由于各种氨基酸化学结构不同，因此它们的等电点也各不相同。组成蛋白质各种氨基酸的等电点见表 13－1。在中性氨基酸的溶液中，因为酸式电离程度略大于碱式电离程度，所以中性氨基酸的等电点小于 7(4.8～6.3)；酸性氨基酸的等电点也小于 7(2.7～3.2)；碱性氨基酸的等电点大于 7(7.6～10.8)。

在等电点时，氨基酸的黏度、溶解度最小，最容易从溶液中析出，利用调节等电点的方法，可以从氨基酸的混合物中分离、提纯氨基酸。

(2) 成肽反应　两个氨基酸分子在酸或碱的条件下加热时，一个氨基酸的羧基和另一个氨基酸的氨基之间，可以脱去一分子水缩合而成具有酰胺键(—CONH—)结构化合物的反应，称为成肽反应。

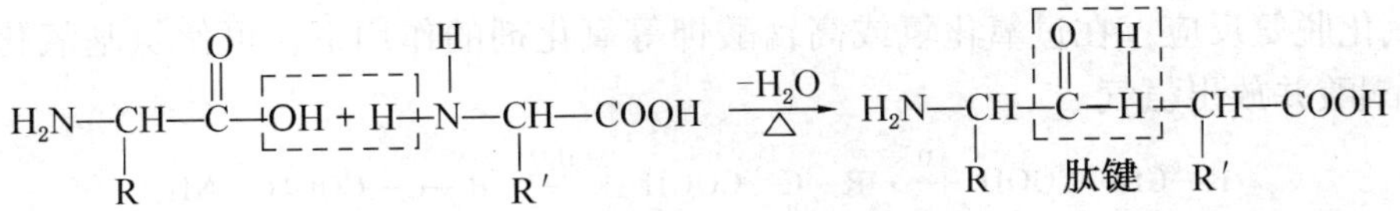

氨基酸　　　　　　氨基酸　　　　　　　　二肽

由两个氨基酸缩合而成的肽称为二肽。二肽分子中的酰胺键(—C(=O)—N(H)—)称为肽键，二肽分子两端的自由氨基和羧基还可以继续与其他的氨基酸缩合成三肽、四肽以至多肽。由此可知，由两个或两个以上氨基酸分子脱水后，生成以肽键相连的化合物，称为肽。肽链中每个氨基酸单位称为氨基酸的残基，由于 C ═O 双键中 π 键的原因，构成肽键的 6 个原子共处于一个平面，称为肽键平面，含肽键平面的链称作主链，连结在主链上的烃基(R_1、R_2、R_3、R_n)称为侧链。肽链的一端具有未结合的氨基，称为 N 端，通常写在左边，链的另一端有未结合的羧基，称为 C 端，通常写在右边。

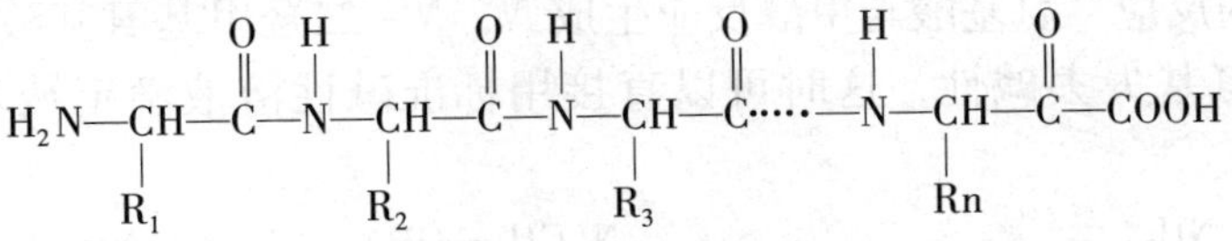

N 端　　　　　　多肽　　　　　　C 端

多肽的命名是以含有完整羧基的氨基酸为母体(即 C 端)，从另一端(即 N 端)开始，将形成肽键的氨基酸的“酸”字改为“酰”字，依次列在母体名称之前。如：

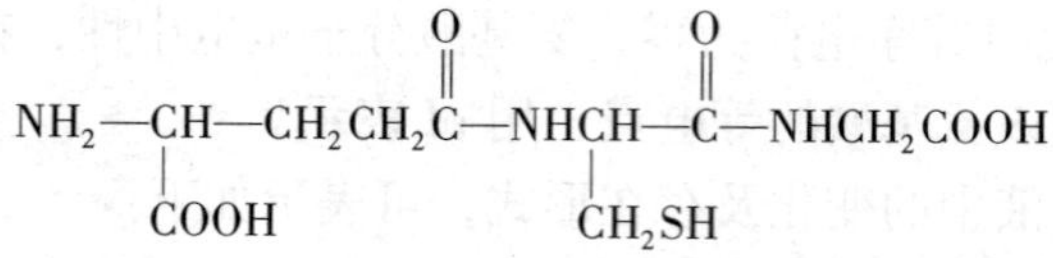

γ－谷氨酰半胱氨酰甘氨酸　　　俗名为谷胱甘肽

广义上说多肽就是蛋白质。但是，蛋白质分子中除多肽外，还可能有其他成分，如多糖、脂肪等。另外，除了与蛋白质相同构造的一类多肽外，还有与蛋白质不同的一类肽。后者的分子中除了20种氨基酸外，还有20种其他氨基酸，除了L型外还有D型的，除了酰胺外还有酯，除了链状的外还有环状的。这类多肽主要来源于微生物，具有非常重要的生理活性。其中有的对动植物有毒，有的具有抗菌、抗肿瘤或抗病毒等作用。因此，引起广泛的兴趣，为近年来活跃的研究领域之一。

（3）氨基酸中氨基的反应

① 酰化反应：氨基酸酰化后生成酰胺。

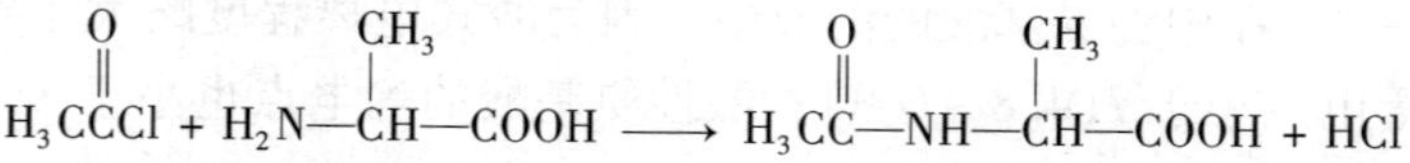

② 与亚硝酸反应：氨基酸（脯氨酸除外）中的氨基属于伯胺类，因此，它能与亚硝酸反应，生成羟基酸和水，并放出氮气。

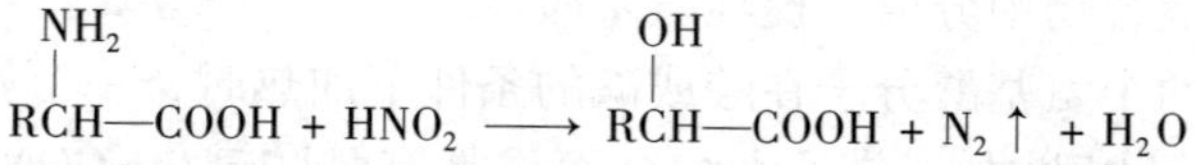

反应是定量的，衡量放出氮气，可用于定量测定氨基酸、多肽。蛋白质中的 $\alpha-NH_2$ 的数目。

③ 氧化脱氨反应：在过氧化氢或高锰酸钾等氧化剂的作用下，可使氨基氧化脱氨，生成的 α－酮酸并放出氨气。

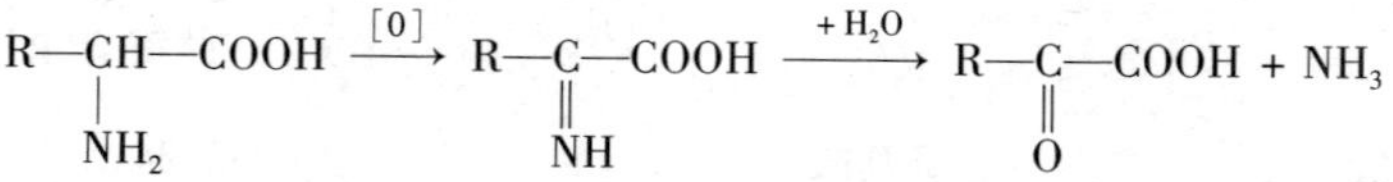

（4）与茚三酮反应　α－氨基酸与茚三酮水合物的溶液共热，经过一系列的反应，生成蓝紫色的化合物，称为罗曼紫。

根据反应中蓝紫色的深浅程度，以及释放出 CO_2 的体积，可用于 α－氨基酸的定量分析。

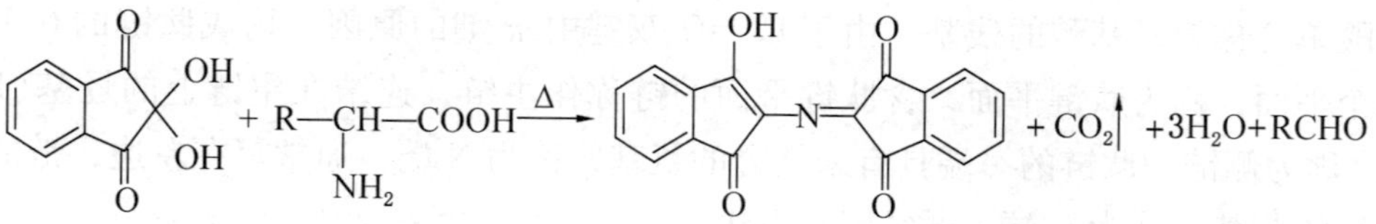

（5）与甲醛的反应　氨基酸与甲醛反应生成 N，N－二羟甲基氨基酸，然后生成 N－亚甲基氨基酸，使氨基失去碱性，这时可以直接用标准碱性溶液滴定羧基，测定氨基酸的含量。

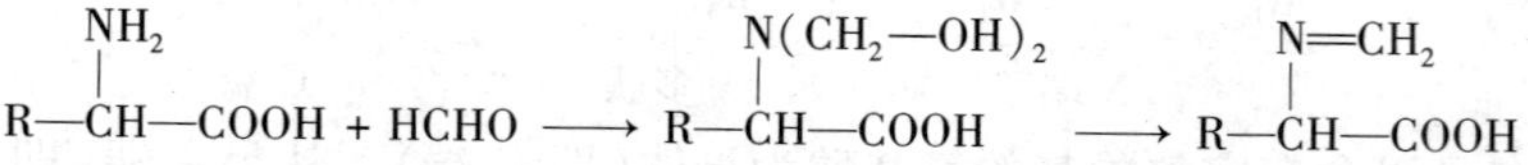

第二节 蛋 白 质

蛋白质和多肽均是氨基酸的多聚物，它们都由各种 L－α－氨基酸残基通过肽键相连。因此在小分子蛋白质与大分子多肽之间不存在绝对严格的分界线，通常将相对分子质量较大，结构较复杂的多肽称为蛋白质，如胰岛素被认为是最小的一种蛋白质。

一、蛋白质的元素组成和分类

1. 蛋白质的组成

蛋白质种类虽然繁多，结构复杂，但其组成的元素并不多，主要有碳、氢、氧、氮、硫等元素组成。天然蛋白质元素含量大约为 C：50% ~55%；H：6.0% ~7.3%；O：19% ~24%；N：13% ~19%；S：0 ~4%。有些蛋白质还含有磷、铁、碘、锰、锌等元素。

大多数蛋白质含氮量相当接近，平均约为 16%。因此，通常生物组织中 1g 氮相当于 6.25g(即 16/100)的蛋白质。6.25 称为蛋白质系数。化学分析时，只要测出生物样品中的含氮量，就可推知其中蛋白质的大致含量。

样品中蛋白质的百分含量 = 每克样品含氮的克数 ×6.25 ×100%

2. 蛋白质的分类

蛋白质种类繁多，其化学结构复杂，而且大多数不清楚，故无法按化学结构来分，目前一般是根据蛋白质的组成、分子形状及其生理功能来进行分类。

(1) 按组成分类　蛋白质分子的组成成分不同，可分为单纯蛋白质和结合蛋白质两大类。

单纯蛋白质即是由蛋白质水解的最终产物而知，基本上是仅由 α－氨基酸组成，称为单纯蛋白质。根据其来源及理化性质，又可分为清蛋白、球蛋白、谷蛋白、醇溶谷蛋白、硬蛋白、精蛋白、组蛋白植物谷蛋白等七类。

结合蛋白质是由单纯蛋白质和非蛋白质物质组成。其非蛋白部分称为辅基。根据辅基不同，又可分为核蛋白(辅基为核酸)、脂蛋白(辅基为脂类)、糖蛋白(辅基为糖类)、血红蛋白(辅基为亚铁血红素)等。

(2) 按蛋白质分子形状分类　根据按蛋白质分子形状的不同，可将蛋白质分为球状蛋白质和纤维状蛋白质两大类。

球状蛋白质的形状近似于球形或椭圆形，多属于功能蛋白质，有特异的生物活性，如血红蛋白、肌红蛋白，酶、免疫球蛋白等。

纤维状蛋白质的分子多呈纤维状，多属结构蛋白质，主要起支持作用，如皮肤、结缔组织、骨中的角原蛋白、毛发、指甲中的角蛋白和弹性蛋白等。

(3) 按蛋白质的生理功能　按生理功能可将蛋白质分为保护蛋白、酶蛋白、激素蛋白、受体蛋白、膜蛋白、防御蛋白、和调节蛋白等。

二、蛋白质构型

蛋白质分子结构中最显著的特征是在天然状态下均具有独特而稳定的构象。各种蛋白质的特殊功能和活性不仅取决于多肽链的氨基酸组成、数目及排列顺序，而且与其特定的空间构象密切相关。为了表示蛋白质分子不同层次的结构，常将蛋白质结构分为一级结构、二级结构、三级结构和四级结构。一级结构也叫初级结构，其他可统称为高级结构或空间结构。

1. 一级结构

在蛋白质分子的多肽链中，氨基酸残基之间的连接方式和排列顺序称为蛋白质的一级结构，又称为初级结构或基本结构。肽键是其中的主键。任何特定的蛋白质都有其特定的氨基酸排列顺序，有些蛋白质就是一条多肽链，有些蛋白质则由两条或两条以上的多肽链构成。

每种蛋白质的一级结构不仅对它的二级、三级和四级结构起着决定作用，而且对它的生理功能也起着决定性的作用。一级结构中任何一个氨基酸的变动，都可能导致整个蛋白质的立体构象和生理功能发生极大地变化，是有机体出现病态甚至死亡。例如镰刀型细胞贫血病患者的病因就是内部的血红蛋白的多肽链中，从 N 端起第六位上谷氨酸被缬氨酸代替的结果。

2. 二级结构

蛋白质的二级结构是指蛋白质分子中多肽链的构象，即肽链在空间的实际排布关系。根据 X 射线分析证明，组成蛋白质的多肽链并不是以线型伸展的形式在空间展开的，而是卷曲、折叠成具有一定形状的空间构型。在二级结构中，以氢键维持它的稳定性。

（1）α－螺旋形　多肽链的构象为螺旋形，且多半为右旋螺旋，如图 13－1。在这种 α－螺旋形模型中，每一圈含有 3.6 个氨基酸单元，相邻的螺圈之间形成链内氢键。氢键是由肽键中氮原子上的氢与它后面的第 4 个氨基酸羰基上的氧之间形成的。

（2）β－折叠形　蛋白质二级结构中的 β－折叠形结构如图 13－2 所示。这种结构模型中，蛋白质的肽链排列在折叠形的各个平面上，相邻的肽链上的羰基和氨基之间通过氢键相互连接，两条肽链可以是平行的，也可以是反平行的。

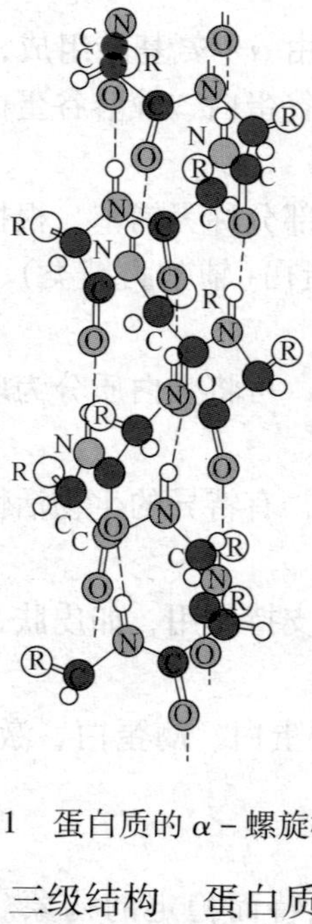

图 13－1　蛋白质的 α－螺旋模型图

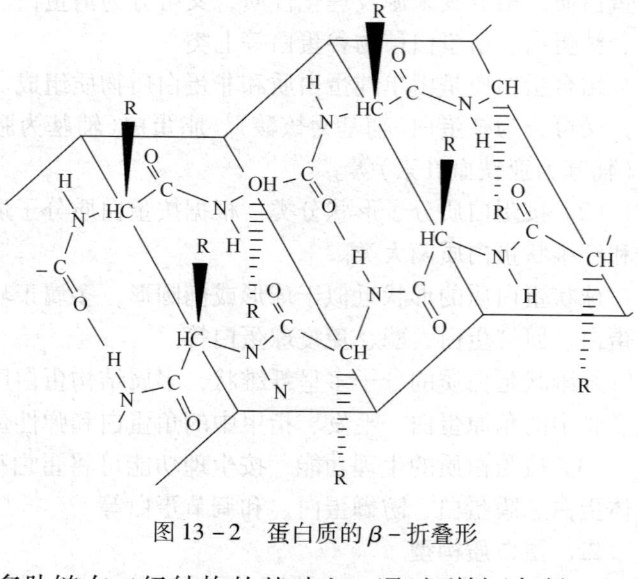

图 13－2　蛋白质的 β－折叠形

（3）三级结构　蛋白质分子中的多肽链在二级结构的基础上，通过副键（氢键、二硫键、酯键和盐键）或肽链之间的范德华力，进一步形成卷曲状、折叠状和盘旋状的较复杂的空间构象，称为蛋白质的三级结构，见图 13－3。蛋白质的三级结构的形成和它的稳定性与一级结构有关。因为蛋白质所以能形成稳定的空间结构，必须要有某种力量将链与键之间或链内某些片段联系在一起。对蛋白质的三级结构来说，这种力量便是疏水基团的相互作用。

三级结构表示了多肽链内所有原子的空间排布，包括主链构象和侧链构象，以及它们相互间复杂的空间关系。多肽链经过折叠卷曲形成的三级结构，使分子表面形成某些具有生物功能的区域，如酶的活性中心等。

（4）四级结构　结构复杂的蛋白质分子由两条或多条具有三级结构的多肽链以一定形式聚合成一定空间构型的聚合体，这种空间构象称为蛋白质的四级结构。蛋白质的四级结构中的肽链之间具有可逆的缔合性能，参加缔合的最小单位称为亚基。见图 13－4。三级（含三级）以上结构的蛋白质具有生物活性。

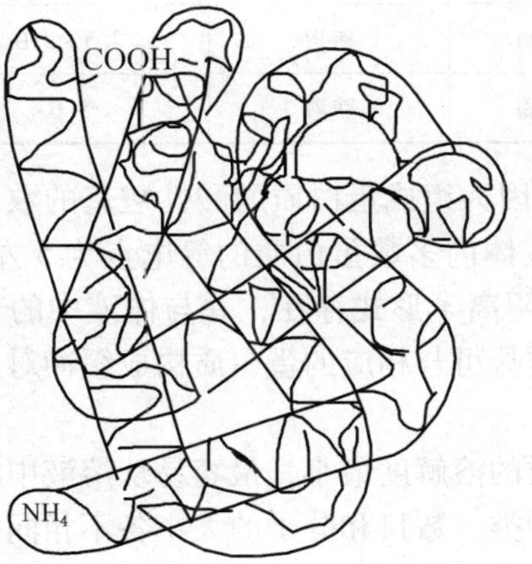

图 13－3　蛋白质的三级结构

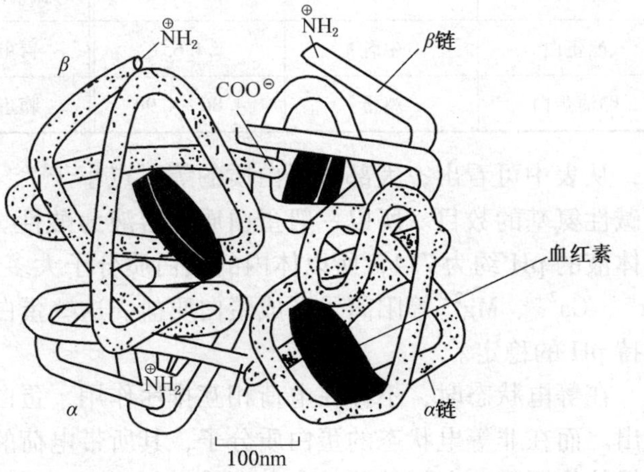

图 13－4　蛋白质的四级结构

三、蛋白质的性质

蛋白质是由氨基酸残基组成的结构复杂的高分子化合物，其分子中存在着自由的氨基和羧基，因此蛋白质也具有两性电离的性质和等电点等；同时也有与氨基酸不同的性质，如胶体性质、沉淀、变性等。

1. 两性电离和等电点

蛋白质分子中除多肽链两端存在氨基和羧基外，还存在许多自由的氨基和羧基等碱性和酸性基团，与 α－氨基酸相似也是两性电解质，在水溶液中产生酸式电离、碱式电离和两性电离。在酸性溶液中，可以得到 H^+，使蛋白质分子带正电荷，以正离子形式存在，在碱性溶液中失去 H^+ 而使蛋白质分子带负电荷，以阴离子形式存在。

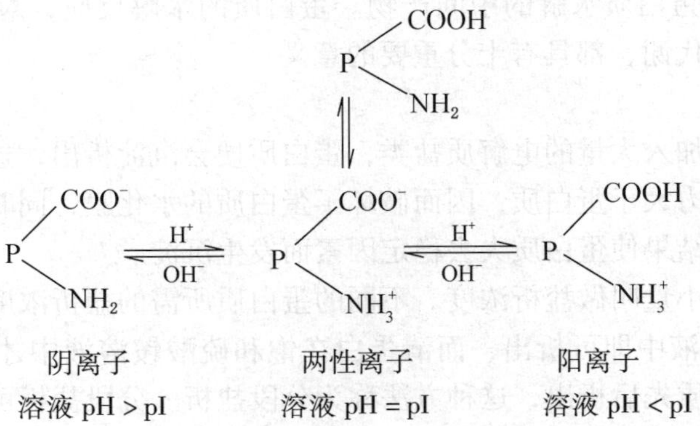

式中 P 表示蛋白质分子。

调节溶液的 pH，使蛋白质分子以两性离子形式存在，在电场中既不向正极移动，也不向负极移动，这时溶液的 pH 称为该蛋白质的等电点，以 pI 表示。一些常见蛋白质的等电点见表 13－2。

表 13－2　常见蛋白质的等电点(pI)

蛋白质名称	来　源	等电点	蛋白质名称	来　源	等电点
白明胶	动物皮	4.8～4.85	血清蛋白	马血	4.88
乳球蛋白	牛乳	4.5～5.5	血清球蛋白	马血	5.4～5.5
酪蛋白	牛乳	4.6	胃蛋白酶	猪胃	2.5～3.0
卵清蛋白	鸡蛋	4.86～4.90	胰蛋白酶	胰液	5.0

从表中可看出，大部分蛋白质的等电点小于 7，是因为组成蛋白质的酸性羧基的数目多于碱性氨基的数目。所以一般蛋白质的溶液为酸性。人体内多数蛋白质的等电点为 5 左右，而体液的 pH 约为 7.4，所以体内的蛋白质分子大多以阴离子形式存在，并与体液中的 K^+、Na^+、Ca^{2+}、Mg^{2+} 等阳离子形成蛋白质盐。这些蛋白质盐可与相应的蛋白质构成缓冲对，来维持 pH 的稳定。

在等电状态时，不存在电荷相互排斥作用，蛋白质的溶解度最小，最容易从溶液中沉淀析出。而在非等电状态的蛋白质分子，其所带电荷的种类、数目和分子的大小各不相同，在电场的作用下，它们的移动方向和速度也不同。利用这种差别，可用电泳法将混合蛋白质分离和纯化。

2. 胶体性质

多数蛋白质可溶于水或其他极性溶剂，但不溶于非极性溶剂。蛋白质的水溶液具有亲水胶体溶液的性质，能电泳，不能透过半透膜。相对分子质量低的有机化合物和无机盐能透过半透膜。利用这个性质来分离、提纯蛋白质的方法称为渗析法。

3. 水解

蛋白质在酸、碱或酶的作用下，水解成相对分子质量较小的肽类化合物，最终得到各种 α－氨基酸。食物中的蛋白质进入人体的肠道内，在相应蛋白酶的作用下分解成各种 α－氨基酸，被吸收后，再重新合成人体所需的蛋白质。

$$\text{蛋白质}\rightarrow\text{脲}\rightarrow\text{脙}\rightarrow\text{多肽}\rightarrow\text{二肽}\rightarrow\alpha-\text{氨基酸}$$

脲、脙和肽均为蛋白质水解的中间产物。蛋白质的水解反应，对于蛋白质的研究以及蛋白质在生物体中的代谢，都具有十分重要的意义。

4. 盐析

在蛋白质溶液中加入大量的电解质盐类，蛋白质便会沉淀析出，这种作用叫盐析。由于盐的离子结合水的能力大于蛋白质，因而破坏了蛋白质的水化膜，同时盐的离子又能中和蛋白质所带的电荷，其结果使蛋白质失去稳定因素而发生沉淀。

盐析所需盐的最小量叫做盐析浓度。不同的蛋白质所需的盐析浓度是不同的。例如球蛋白在 50% 的硫酸铵溶液中即可析出，而清蛋白在饱和硫酸铵溶液中才能析出。因此调节盐浓度，使不同的蛋白质先后析出，这种方法称为分段盐析。分段盐析可用于分离和提纯蛋白质。在盐析时，先把蛋白质溶液的 pH 调到等电点，则盐析效果会更好。

盐析所得的蛋白质，性质并未发生改变，加水仍可重新溶解，形成稳定的蛋白质溶液。

5. 变性

蛋白质在某些物理因素(例如加热、高压、震荡、干燥、紫外线、X 射线、超声波等)或化学因素(强酸、强碱、重金属盐、丙酮或酒精等)的影响下，分子的空间结构发生了改变，其理化性质和生物活性也随之发生了改变，这种作用叫作蛋白质的变性。

在变性因素作用下，可导致各种变性现象，首先是生理活性丧失，如酶变性后，失去催化功能；激素变性后，失去生理调节功能；微生物体内的蛋白质变性后，微生物失去生命力而死亡。这是变性作用最主要的特征。此外，变性后的蛋白质还表现出各种物理和化学性质的改变。天然蛋白质变性后，多肽链松驰伸展，导致黏度增大，内部的侧链疏水基团暴露于表面，导致溶解度下降而易沉淀。同时由于变性后，结构松散，侧链基团暴露，还使得其易于发生化学反应。

(1) 加入脱水剂 甲醇、乙醇、丙酮等极性较大的有机溶剂，对水的亲和能力较大，能够破坏蛋白质的水化膜。在等电点时加入脱水剂，能使蛋白质沉淀。沉淀后若迅速将蛋白质与脱水剂分离，仍可保持蛋白质原来的性质，沉淀是可逆的，但作用时间长或温度较高时，则是不可逆沉淀。95% 的酒精吸水性强，与细菌接触时，细菌表面上的蛋白质立即凝固，使酒精不能继续扩散到其内部，细菌只是暂时丧失活性且并不死亡。而 75% 的酒精可扩散到细菌内部，所以 75% 的酒精消毒效果最好。

(2) 加入重金属盐 蛋白质在 pH > pI 时的溶液中带负电荷，因此可与 Hg、Cu、Pb、Ag 等重金属离子结合成不溶性的蛋白质盐，使蛋白质发生不可逆沉淀，例如：

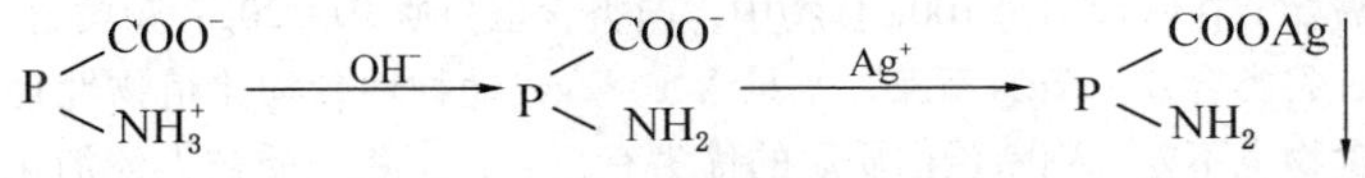

急救铅、汞等重金属盐中毒时，服用蛋清或牛乳以解毒，也是根据这一原理。

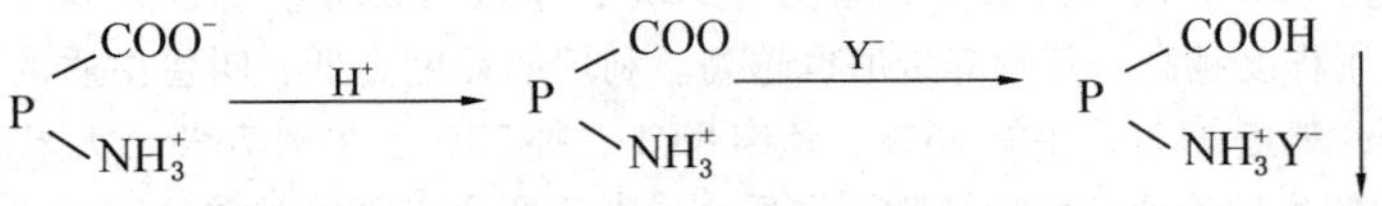

(3) 加入生物碱沉淀剂 蛋白质在 pH < pI 时的溶液中带正电荷，因此可与生物碱沉淀剂(如苦味酸、鞣酸、三氯醋酸、磷钨酸等)结合，生成不溶性的蛋白质盐，使蛋白质发生不可逆沉淀。

在临床检验和生化检验中，常用这些试剂除去血液中干扰测定的蛋白质。

蛋白质的变性已广泛应用于医学实践，例如乙醇、加热、高压紫外线等用于消毒灭菌；重金属盐中毒急救时，可先呕吐、洗胃，然后让病人口服大量蛋清或牛奶、豆浆等，以减少机体对重金属盐的吸收。在制取和保存蛋白质制剂时，应选用低温及适宜的 pH 等条件，以免蛋白质变性。

6. 颜色反应

蛋白质分子中的肽链和氨基酸残基能与某些试剂发生作用，生成有颜色的化合物，利用蛋白质的这一性质，可对蛋白质进行定性鉴定和定量测定。

(1) 茚三酮反应 与氨基酸相似，蛋白质与茚三酮水溶液一起加热反应，生成蓝紫色的化合物，可作为蛋白质的定性定量测定。

(2) 缩二脲反应 蛋白质分子在碱性溶液中与微量硫酸铜溶液反应呈现紫红色。且蛋白质含量越多，反应的颜色越深。

（3）黄蛋白反应　分子中含有苯丙氨酸、酪氨酸和色氨酸的蛋白质，与浓硝酸反应，产生白色沉淀，加热，沉淀变黄色，冷却后再加碱，沉淀变为橙色，这个反应称为黄蛋白反应。皮肤、指甲不慎沾上浓硝酸出现黄色就是这个原因。

（4）米伦反应　含有酪氨酸残基的蛋白质遇米伦试剂（硝酸汞和硝酸亚汞的硝酸溶液）即产生白色沉淀，加热后转变为砖红色。

知识链接

合理食用蛋白质

一个人每天需要多少蛋白质，要根据年龄、性别、劳动条件和健康情况而定，并因食物来源而有所不同。例如，一个体重65kg的健康成年男子，根据其体力劳动强度的不同，每天约需要蛋白质75～100g。一般成年女子略微少些。而儿童、青少年在生长发育期，以及妇女怀孕和授乳期间所需要的蛋白质便多些。至于人在生病的情况下，如烧伤、骨折、感染、肾炎等，患者的蛋白质需要量可根据病情作相应增减。

一个体重65kg、从事较轻劳动的成年男子，可以从他每天所吃的主副食（粮食500g，肉100g，蛋一个，豆制品50g，蔬菜500g）中获得所需要的75g蛋白质。根据需要与可能，他还可以适当地调剂副食，如增加些乳、蛋、肉类、豆制品、花生等提高蛋白质的质和量。如果调配得当，充分发挥各种植物蛋白质的“互补作用”，少加甚至不加动物性食品也可保证蛋白质的需要。

其他儿童、青少年、成年、老年男女以及孕妇、产妇和病人可以此为参考，调剂每天的主副食，酌情增减蛋白质的摄入量。

我们选择蛋白质食物，首先应考虑蛋白质含量的多少。如果食物中蛋白质含量很少，即使营养价值很高，也不能满足人体需要。在常用的每100g食物中，肉类含蛋白质10～20g，鱼类含15～20g，全蛋含13～15g，豆类含20～30g，谷类含8～12g，蔬菜、水果含1～2g，动物性食物比植物性食物含量多，豆类含量很多，质上比动物性食物也不差。判断蛋白质质的优劣有三点：①蛋白质被人体消化、吸收得越彻底，其营养价值就越高。整粒大豆的消化率为60%，做成豆腐、豆浆后可提高到90%，其他蛋白质在煮熟后吸收率也能提高，如乳类为98%，肉类为93%，蛋类为98%，米饭为82%。②被人体吸收后的蛋白质，利用的程度有高有低，利用程度越高，其营养价值也越高。利用的程度高低，叫蛋白质的生理价值。常用食物蛋白质的生理价值是：鸡蛋94%，牛奶85%，鱼肉83%，虾77%，牛肉76%，大米77%，白菜76%，小麦67%。动物蛋白质的生理价值一般比植物蛋白质高。③看所含必需氨基酸是否丰富，种类是否齐全，比例是否适当。种类齐全，数量充足，比例适当，叫完全蛋白质，如动物蛋白质和豆类蛋白质。种类齐全，但比例不适当，叫半完全蛋白质，在谷物中含量较多。种类不全，叫不完全蛋白质，如肉皮中的胶质蛋白，平米中的平米胶蛋白。将两种以上的食物混合食用，使含的氨基酸相互补充，能更好适合人体的需求。多吃蛋白质也不好，会增加肾脏负担，增加额外的热能消耗，不经济。所以，要合理食用蛋白质。

习　　题

一、名词解释

1. 必需氨基酸　2. 两性离子　3. 等电点　4. 肽键　5. 蛋白质的变性

二、写出下列反应的化学方程式

1. $H_3C\underset{\underset{NH_2}{|}}{C}HCOOH + HCl \rightleftharpoons$

2. $(CH_3CO)_2O + H_2N—\overset{\overset{\overset{CH_3}{|}}{\underset{|}{H_2C}}}{CH}—COOH \longrightarrow$

3. $H_3C\overset{NH_2}{\overset{|}{C}}H{-}COOH + HNO_2 \longrightarrow$

4. $H_3C\overset{NH_2}{\overset{|}{C}}HCOOH \xrightarrow{Ba(OH)_2}$

5. $CH_3CH_2CH_2\overset{NH_2}{\overset{|}{C}}HCOOH \xrightarrow[\triangle]{H^+\text{或}OH^-}$

三、写出下列 pH 介质中各氨基酸的主要存在形式

(1) 结氨酸在 pH 为 8 时

(2) 赖氨酸在 pH 为 10 时

(3) 丝氨酸 pH 为 1 时

(4) 谷氨酸在 pH 为 3 时

四、简答题

1. 将 pI = 4.6 的胱氨酸放在 pH = 6.5 的水溶液中，在电场作用下，向何极移动？为什么？

2. 蛋白质溶液稳定的因素有哪些？如何将蛋白质从溶液中沉淀析出？

3. 误服重金属盐后，可用什么方法减少重金属盐对人体的危害？

4. 消毒灭菌是利用蛋白质的什么性质？

5. 怎样用化学方法鉴别牛奶和米汤？

附录 1　我国法定计量单位

我国法定计量单位主要包括下列单位。

(1) 国际单位制(简称 SI 制)的基本单位

量 的 名 称	单 位 名 称	单 位 符 号
长　度	米	m
质　量	千克(公斤)	kg
时　间	秒	s
电　流	安[培]	A
热力学温度	开[尔文]	K
物质的量	摩[尔]	mol
发光强度	坎[德拉]	cd

(2) 国际单位制的辅助单位

量 的 名 称	单 位 名 称	单 位 符 号
平面角	弧度	rad
立体角	球面度	sr

(3) 国际单位制中具有专门名称的导出单位(摘录)

量 的 名 称	单 位 名 称	单 位 符 号	其他表示式例
频率	赫[兹]	Hz	s^{-1}
力；重力	牛[顿]	N	$kg \cdot m \cdot s^{-2}$
压力；压强；应力	帕[斯卡]	Pa	$N \cdot m^{-1}$
能量；功；热	焦[耳]	J	$N \cdot m$
功率；辐射通量	瓦[特]	W	J/s
电荷量	库[仑]	C	$A \cdot s$
电位；电压；电动势	伏[特]	V	$W \cdot A^{-1}$
电容	法[拉]	F	$C \cdot V^{-1}$
电阻	欧[姆]	Ω	$V \cdot A^{-1}$
电导	西[门子]	S	$A \cdot V^{-1}$
磁通量	韦[伯]	Wb	$V \cdot s$
磁通量密度；磁感应强度	特[斯拉]	T	$Wb \cdot m^{-2}$
摄氏温度	摄氏度	℃	
光通量	流[明]	lm	$cd \cdot sr$
光照度	勒[克斯]	lx	$lm \cdot m^{-2}$
放射性活度	贝可[勒尔]	Bq	s^{-1}

(4)国家选定的非国际单位制单位(摘录)

量的名称	单位名称	单位符号	换算关系和说明
时间	分	min	1min = 60s
	[小]时	h	1h = 60min = 3600s
	[天]日	d	1d = 24h = 86400s
平面角	[角]秒	(″)	1″ = (π/648000) rad (π 为圆周率)
	[角]分	(′)	1′ = 60° = (π/10800) rad
	度	(°)	1° = 60″ = (π/180) rad
旋转速度	转每分	r/min	1r/min = (1/60) s^{-1}
质量	吨 原子质量单位	t u	1t = 10^3 kg 1u ≈ 1.6605655 × 10^{-27} kg
体积	升	L，(l)	1L = 1dm^3 = 10^{-3} m^3
能	电子伏	eV	1eV ≈ 1.6021892 × 10^{-19} J

（5）用于构成十进倍数和分数单位的词头

所表示的因数	词头名称	词头符号	所表示的因数	词头名称	词头符号
10^{18}	艾[可萨]	E	10^{-1}	分	d
10^{15}	拍[它]	P	10^{-2}	厘	c
10^{12}	太[拉]	T	10^{-3}	毫	m
10^{9}	吉[咖]	G	10^{-6}	微	μ
10^{6}	兆	M	10^{-9}	纳[诺]	n
10^{3}	千	k	10^{-12}	皮[可]	p
10^{2}	百	h	10^{-15}	飞[母托]	f
10^{1}	十	da	10^{-18}	阿[托]	a

注：1. [ ]内的字，是在不致混淆的情况下，可以省略的字。

2. ( )内的字为前者的同义语。

附录 2　基本物理常数

物理量的名称	符　号	物理量的值
真空中光的速度	c	$2.9979 \times 10^{8} m \cdot s^{-1}$
电子质量	m_e	$9.109 \times 10^{-31} kg$
电子电荷	e	$1.602 \times 10^{-19} C$
法拉第常数	F	$9.6485 \times 10^{4} C \cdot mol^{-1}$
阿伏伽德罗常数	N_A	$6.022 \times 10^{23} mol^{-1}$
摩尔气体常数	R	$8.315 J \cdot mol^{-1} \cdot K^{-1}$
摩尔理想气体标准体积	V_0	$2.241 \times 10^{-2} m^{3} \cdot mol^{-1}$

附录3　某些物质的标准生成焓、标准生成吉布斯自由能，标准熵(25℃)

（标准态压力 $p^{\theta}=100kPa$）

物　质	$\frac{\Delta_f H_m^{\theta}}{kJ \cdot mol^{-1}}$	$\frac{\Delta_f G_m^{\theta}}{kJ \cdot mol^{-1}}$	$\frac{S_m^{\theta}}{J \cdot mol^{-1} \cdot K^{-1}}$
Ag(s)	0	0	42.55
AgCl(s)	-127.07	-109.78	96.2
Ag_2O(s)	-31.0	-11.2	121
Al(s)	0	0	28.3
Al_2O_3(α，刚玉)	-1676	-1582	50.92
Br_2(l)	0	0	152.23
Br_2(g)	30.91	3.11	245.46
HBr(g)	-36.4	-53.45	198.70
Ca(s)	0	0	41.6
CaC_2(s)	-62.8	-67.8	70.3
$CaCO_3$(方解石)	-1206.8	-1128.8	92.9
CaO(s)	-635.09	-604.2	40
$Ca(OH)_2$(s)	-986.59	-896.69	76.1
C(石墨)	0	0	5.740
C(金刚石)	1.897	2.900	2.38
CO(g)	-110.52	-137.17	197.67
CO_2(g)	-393.51	-394.36	213.7
CS_2(l)	89.70	65.27	151.3
CS_2(g)	117.4	62.12	237.4
CCl_4(l)	-135.4	-65.20	216.4
CCl_4(g)	-103	-60.60	309.8
HCN(l)	108.9	124.9	112.8
HCN(g)	135	125	201.8
Cl_2(g)	0	0	223.07
Cl(g)	121.67	105.68	165.20
HCl(g)	-92.307	-95.299	186.91
Cu(s)	0	0	33.15
CuO(s)	-157	-130	42.63
Cu_2O(s)	-169	-146	93.14
F_2(g)	0	0	202.3
HF(g)	-271	-273	173.78
Fe(α)	0	0	27.3
$FeCl_2$(s)	-341.8	-302.3	117.9
$FeCl_3$(s)	-399.5	-334.1	142

续表

物质	$\frac{\Delta_f H_m^\theta}{kJ \cdot mol^{-1}}$	$\frac{\Delta_f G_m^\theta}{kJ \cdot mol^{-1}}$	$\frac{S_m^\theta}{J \cdot mol^{-1} \cdot K^{-1}}$
FeO(s)	-272		
Fe_2O_3(赤铁矿)	-824.2	-742.2	87.40
Fe_3O_4(磁铁矿)	-1118	-1015	146
$FeSO_4$(s)	-928.4	-820.8	108
H_2(g)	0	0	130.68
H(g)	217.97	203.24	114.71
H_2O(l)	-285.83	-237.18	69.91
H_2O(g)	-241.82	-228.57	188.83
I_2(s)	0	0	116.14
I_2(g)	62.438	19.33	260.7
I(g)	106.84	70.267	180.79
HI(g)	26.5	1.7	206.59
Mg(s)	0	0	32.5
$MgCl_2$(g)	-641.83	-592.3	89.5
MgO(s)	-601.83	-569.55	27
$Mg(OH)_2$(s)	-924.66	-833.68	63.14
Na(s)	0	0	51.0
Na_2CO_3(s)	-1131	-1048	136
$NaHCO_3$(s)	-947.7	-851.8	102
NaCl(s)	-411.0	-384.0	72.38
$NaNO_3$(s)	-466.68	-365.8	116
Na_2O(s)	-416	-377	72.8
NaOH(s)	-426.73	-379.1	
Na_2SO_4(s)	-1384.5	-1266.7	149.5
N_2(g)	0	0	191.6
NH_3(g)	-46.11	-16.5	192.4
N_2H_4(l)	50.63	149.3	121.2
NO(g)	90.25	86.57	210.76
NO_2(g)	33.2	51.32	240.1
N_2O(g)	82.05	104.2	219.8
N_2O_3(g)	83.72	139.4	312.3
N_2O_4(g)	9.16	97.89	304.3
N_2O_5(g)	11	115	356
HNO_3(g)	-135.1	-74.72	266.4
HNO_3(l)	-173.2	-79.83	155.6
NH_4HCO_3(s)	-849.4	-666.0	121
O_2(g)	0	0	205.14
O(g)	249.17	231.73	161.06
O_3(g)	143	163	238.9
p(α，白磷)	0	0	41.1
P(红磷，三斜)	-18	-12	22.8

续表

物　　质	$\frac{\Delta_f H_m^\theta}{kJ \cdot mol^{-1}}$	$\frac{\Delta_f G_m^\theta}{kJ \cdot mol^{-1}}$	$\frac{S_m^\theta}{J \cdot mol^{-1} \cdot K^{-1}}$
P_4(g)	58.91	24.5	280.0
PCl_3(g)	-287	-268	311.8
PCl_5(g)	-375	-305	364.6
$POCl_3$(g)	-558.48	-512.93	325.4
H_3PO_4(s)	-1279	-1119	110.5
S(正交)	0	0	31.8
S(g)	278.81	238.25	167.82
S_8(g)	102.3	49.63	430.98
H_2S(g)	-20.6	-33.6	205.8
SO_2(g)	-296.83	-300.19	248.2
SO_3(g)	-395.7	-371.1	256.7
H_2SO_4(l)	-813.989	-690.003	156.90
Si(s)	0	0	18.8
$SiCl_4$(l)	-687.0	-619.83	240
$SiCl_4$(g)	-657.01	-616.98	330.7
SiH_4(g)	34	56.9	204.6
SiO_2(石英)	-910.94	-856.64	41.84
SiO_2(s，无定形)	-903.49	-850.79	46.9
Zn(s)	0	0	41.6
$ZnCO_3$(s)	-394.4	-731.52	82.4
$ZnCl_2$(s)	-415.1	-369.40	111.5
ZnO(s)	-348.3	-318.3	43.64
CH_4(g)(甲烷)	-74.81	-50.72	188.0
C_2H_6(g)(乙烷)	-84.68	-32.8	229.6
C_3H_8(g)(丙烷)	-103.8	-23.4	270.0
C_4H_{10}(g)(正丁烷)	-124.7	-15.6	310.1
C_2H_4(g)(乙烯)	52.26	68.15	219.6
C_3H_6(g)(丙烯)	20.4	62.79	267.0
C_4H_8(g)(1-丁烯)	1.17	72.15	307.5
C_2H_2(g)(乙炔)	226.7	209.2	200.9
C_6H_6(l)(苯)	48.66	123.1	
C_6H_6(g)(苯)	82.93	129.8	269.3
$C_6H_5CH_3$(g)(甲苯)	50.00	122.4	319.8
CH_3OH(l)(甲醇)	-238.7	-166.3	127
CH_3OH(g)(甲醇)	-200.7	-162.0	239.8
C_2H_5OH(l)(乙醇)	-277.7	-174.8	161
C_2H_5OH(g)(乙醇)	-235.1	-168.5	282.7
HCHO(g)(甲醛)	-117	-113	218.8
CH_3CHO(l)(乙醛)	-192.3	-128.1	160
CH_3CHO(g)(乙醛)	-166.2	-128.9	250
$(CH_3)_2CO$(l)(丙酮)	-248.2	-155.6	

续表

物质	$\frac{\Delta_f H_m^\theta}{kJ \cdot mol^{-1}}$	$\frac{\Delta_f G_m^\theta}{kJ \cdot mol^{-1}}$	$\frac{S_m^\theta}{J \cdot mol^{-1} \cdot K^{-1}}$
$(CH_3)_2CO(g)$(丙酮)	-216.7	-152.6	
$HCOOH(l)$(甲酸)	-424.72	-361.3	129.0
$CH_3COOH(l)$(乙酸)	-484.5	-390	160
$CH_3COOH(g)$(乙酸)	-432.2	-374	282
$CH_3NH_2(l)$(甲胺)	-47.3	36	150.2
$CH_3NH_2(g)$(甲胺)	-23.0	32.2	243.4
$(NH_2)_2CO(s)$(尿素)	-322.9	196.7	104.6

注：数据摘自《Lange's Handbook of Chemistry》，11th ed.，并按 1cal = 4.184J 加以换算。标准态压力 p^θ 已由 101.325kPa 换算至 100kPa。

附录4　国际原子量表

序　数	名　称	英　文　名	符　号	原　子　量
1	氢	Hydrogen	H	1.00794(7)
2	氦	Helium	He	4.002602(2)
3	锂	Lithium	Li	6.941(2)
4	铍	Beryllium	Be	9.012182(3)
5	硼	Boron	B	10.811(5)
6	碳	Carbon	C	12.011(1)
7	氮	Nitrogen	N	14.00674(7)
8	氧	Oxygen	O	15.9994(3)
9	氟	Fluorine	F	18.9984032(9)
10	氖	Neon	Ne	20.1797(6)
11	钠	Sodium(Natrium)	Na	22.989768(6)
12	镁	Magnesium	Mg	24.3050(6)
13	铝	Aluminum	Al	26.981539(5)
14	硅	Silicon	Si	28.0855(3)
15	磷	Phosphorus	P	30.973762(4)
16	硫	Sulfur	S	32.066(6)
17	氯	Chlorine	Cl	35.4527(9)
18	氩	Argon	Ar	39.984(1)
19	钾	Potassium(Kolium)	K	39.0983(1)
20	钙	Calcium	Ca	40.078(4)
21	钪	Scandium	Sc	44.955910(9)
22	钛	Titanium	Ti	47.88(3)
23	钒	Vanadium	V	50.9415(1)
24	铬	Chromium	Cr	51.9961(6)
25	锰	Manganese	Mn	54.93805(1)
26	铁	Iron(Ferrum)	Fe	55.847(3)
27	钴	Cobalt	Co	58.93320(1)
28	镍	Nickel	Ni	58.69(1)
29	铜	Copper(Cuprum)	Cu	63.546(3)
30	锌	Zinc	Zn	65.39(2)
31	镓	Gallium	Ga	69.723(4)
32	锗	Germanium	Ge	72.61(2)
33	砷	Arsenic	As	74.92159(2)
34	硒	Selenium	Se	78.96(3)
35	溴	Bromune	Br	79.904(1)
36	氪	Kryplon	Kr	83.80(1)
37	铷	Rubidium	Rb	85.4678(3)

续表

序数	名称	英文名	符号	原子量
38	锶	Strontium	Sr	87.62(1)
39	钇	Yurium	Y	88.90585(2)
40	锆	Zirconium	Zr	91.224(2)
41	铌	Niobium	Nb	92.90638(2)
42	钼	Molybdenum	Mo	95.94(1)
43	锝	Technetium	Tc	98.9062
44	钌	Ruthenium	Ru	101.07(2)
45	铑	Rhodium	Rh	102.90550(3)
46	钯	Palladium	Pd	106.42(1)
47	银	Silver(Argenhum)	Ag	107.8682(2)
48	镉	Cadmim	Cd	112.411(8)
49	铟	Indium	In	114.82(1)
50	锡	Tin(Stannum)	Sn	118.710(7)
51	锑	Antimony	Sb	121.75(3)
52	碲	Tellurium	Te	127.60(3)
53	碘	Iodine	I	126.90447(3)
54	氙	Xenon	Xe	131.29(2)
55	铯	Caesium	Cs	132.90543(5)
56	钡	Barium	Ba	137.327(7)
57	镧	Lanthamum	La	138.9055(2)
58	铈	Cerium	Ce	140.115(4)
59	镨	Praseodymium	Pr	140.90765(3)
60	钕	Neodymium	Nd	144.24(3)
61	钷	Promethium	Pm	(147)
62	钐	Samarium	Sm	150.36(3)
63	铕	Europium	Eu	151.965(9)
64	钆	Gadolinium	Gd	157.25(3)
65	铽	Terbium	Tb	158.92534(3)
66	镝	Dysprosium	Dy	162.50(3)
67	钬	Holmium	Ho	164.93032(3)
68	铒	Erbium	Er	167.26(3)
69	铥	Thulium	Tm	168.93421(3)
70	镱	Ytterbium	Yb	173.04(3)
71	镥	Lutetium	Lu	174.967(1)
72	铪	Hafnium	Hf	178.49(2)
73	钽	Tantalum	Ta	180.9479(1)
74	钨	Tungsten(Wolfram)	W	183.85(3)
75	铼	Rhenium	Re	186.207(1)
76	锇	Osmium	Os	190.2(1)
77	铱	Iridium	Ir	192.22(3)
78	铂	Platinum	Pt	195.08(3)

续表

序　数	名　称	英　文　名	符　号	原　子　量
79	金	Gold(Aurum)	Au	196.96654(3)
80	汞	Mercury(Hydrargyrum)	Hg	200.59(3)
81	铊	Thallium	Tl	204.3833(2)
82	铅	Lead(Plumbum)	Pb	207.2(1)
83	铋	Bismoth	Bi	208.98037(3)
84	钋	Polonium	Po	[209]
85	砹	Astatine	At	[210]
86	氡	Radon	Rn	[222]
87	钫	Francium	Fr	[223]
88	镭	Radium	Ra	226.0254
89	锕	Actinium	Ac	227.0278
90	钍	Thorium	Th	232.0381(1)
91	镤	Protactinium	Pa	231.03588(2)
92	铀	Uminum	U	238.0289(f)
93	镎	Nepumium	Np	237.0482
94	钚	Plutonium	Pu	[242]
95	镅	Americium	Am	[243]
96	锔	Cunum	Cm	[247]
97	锫	Bcrkelium	Bk	[245]
98	锎	Californium	Cf	[248]
99	锿	Einsteinium	Es	[254]
100	镄	Fermium	Fm	[253]
101	钔	Mendelevium	Md	[256]
102	锘	Nobelium	No	[254]
103	铹	Lawrencium	Lr	[257]
104	* *	Unnilquadium	Unq	[261]
105	* *	Unnilpentium	Unp	[262]
106	* *	Unnilsexium	Unh	[263]
107	* *	Unnilseptium	Uns	[262]
108	* *	Unniloctium	Uno	[265]
109	* *	Unnilennium	Une	[266]

1. 本表系国际纯粹与应用化学联合会 1985 年发布的国际原子量表，以 $^{12}C=12$ 为基准。原子量值后面括号内的数字表示末位数的准确度，如 H 原子量为 1.00794(7) 即位于高限 1.00801 和低限 1.00787 间。

2. 原子量加方括号的为放射性元素半衰期最长的同位素的质量数。

3. 国际纯粹与应用化学联合会(IUPAC)于 1997 年 8 月 27 日通过决议对 101 ~ 109 号元素重新定名，中国科技名词审定委员会于 1998 年 7 月公布 101 ~ 109 号元素的中文定名，其中 101，102，103 号元素的元素符号、中文命名同前，而 104 ~ 109 号元素的英文命名、元素符合及相应的中文定名如下：

104	𬬻	Rutherfordium	Rf
105	𬭊	Dubnium	Db
106	𬭳	Seaborgium	Sg
107	𬭛	Bohrium	Bh
108	𬭶	Hassium	Hs
109	鿏	Meitnerium	Mt

附录5　元素周期表

主族元素　过渡元素　内过渡元素

原子序数——47 Ag——元素符号，红色指数性元素
元素名称——银
注 · 的是人造元素　$4d^{10}5s^1$——外围电子层排布，括号指可能的电子层排布
107.9——原子量

准金属　非金属　稀有气体

周期＼族	ⅠA	ⅡA	ⅢB	ⅣB	ⅤB	ⅥB	ⅦB	Ⅷ			ⅠB	ⅡB	ⅢA	ⅣA	ⅤA	ⅥA	ⅦA	0	电子层	0族电子数
1	1 H 氢 $1s^1$ 1.008																	4 He 氦 $1s^2$ 4.003	K	2
2	3 Li 锂 $2s^1$ 6.941	4 Be 铍 $2s^2$ 9.012											5 B 硼 $2s^22p^1$ 10.81	6 C 碳 $2s^22p^2$ 12.01	7 N 氮 $2s^22p^3$ 14.01	8 O 氧 $2s^22p^4$ 16.00	9 F 氟 $2s^22p^5$ 19.00	10 Ne 氖 $2s^22p^6$ 20.18	L K	8 2
3	11 Na 钠 $3s^1$ 22.99	12 Mg 镁 $3s^2$ 24.31											13 Al 铝 $3s^23p^1$ 26.98	14 Si 硅 $3s^23p^2$ 28.09	15 P 磷 $3s^23p^3$ 30.97	16 S 硫 $3s^23p^4$ 32.07	17 Cl 氯 $3s^23p^5$ 35.45	18 Br 氩 $3s^23p^6$ 39.95	M L K	8 8 2
4	19 K 钾 $4s^1$ 39.10	20 Ca 钙 $4s^2$ 40.08	21 Sc 钪 $3d^14s^2$ 44.96	22 Ti 钛 $3d^24s^2$ 47.88	23 V 钒 $3d^34s^2$ 50.94	24 Cr 铬 $3d^44s^2$ 52.00	25 Mn 锰 $3d^54s^2$ 54.94	26 Fe 铁 $3d^64s^2$ 55.85	27 Co 钴 $3d^74s^2$ 58.93	28 Ni 镍 $3d^84s^2$ 58.69	29 Cu 铜 $3d^{10}4s^1$ 63.55	30 Zn 锌 $3d^{10}4s^2$ 65.39	31 Ga 镓 $4s^24p^1$ 69.72	32 Ge 锗 $4s^24p^2$ 72.61	33 As 砷 $4s^24p^3$ 74.92	34 Se 硒 $4s^24p^4$ 78.96	35 Br 溴 $4s^24p^5$ 79.90	36 Kr 氪 $4s^24p^6$ 83.80	N M L K	8 18 8 2
5	37 Rb 铷 $5s^1$ 85.47	38 Sr 锶 $5s^2$ 87.62	39 Y 钇 $4d^15s^2$ 88.91	40 Zr 锆 $4d^25s^2$ 91.22	41 Nb 铌 $4d^45s^1$ 92.91	42 Mo 钼 $4d^55s^1$ 95.94	43 Tc 锝 $4d^55s^2$ [98]	44 Ru 钌 $4d^75s^1$ 101.1	45 Rh 铑 $4d^85s^1$ 102.9	46 Pd 钯 $4d^{10}$ 106.4	47 Ag 银 $4d^{10}5s^1$ 107.9	48 Cd 镉 $4d^{10}5s^2$ 112.4	49 In 铟 $5s^25p^1$ 114.8	50 Sn 锡 $5s^25p^2$ 118.7	51 Sb 锑 $5s^25p^3$ 121.8	52 Te 碲 $5s^25p^4$ 127.6	53 I 碘 $5s^25p^5$ 126.9	54 Xe 氙 $5s^25p^6$ 131.3	O N M L K	8 18 18 8 2
6	55 Cs 铯 $6s^1$ 132.9	56 Ba 钡 $6s^2$ 137.3	57-71 La-Lu 镧系	72 Hf 铪 $5d^26s^2$ 178.5	73 Ta 钽 $5d^36s^2$ 180.9	74 W 钨 $5d^46s^2$ 183.9	75 Re 铼 $5d^56s^2$ 186.2	76 Os 锇 $5d^66s^2$ 190.2	77 Ir 铱 $5d^76s^1$ 192.2	78 Pt 铂 $5d^96s^1$ 195.1	79 Au 金 $5d^{10}6s^1$ 197.0	80 Hg 汞 $5d^{10}6s^2$ 200.6	81 T1 铊 $6s^26p^1$ 204.4	82 Pb 铅 $6s^26p^2$ 207.2	83 Bi 铋 $6s^26p^3$ 209.0	84 Po 钋 $6s^26p^4$ [209]	85 At 砹 $6s^26p^5$ [210]	86 Rn 氡 $6s^26p^6)$ [222]	P O N M L K	8 18 32 18 8 2
7	87 Fr 钫 $7s^1$ [223]	88 Ra 镭 $7s^2$ 226.0	89-103 Ac-Lr 锕系	104 Rf 𬬻 $(6d^27s^1)$ [261]	105 Db 𬭊 $(6d^37s^2)$ [262]	106 Db 𬭳 $(6d^47s^2)$ [263]	107 Bh 𬭛 $(6d^57s^2)$ [262]	108 Hs 𬭶 $(6d^67s^2)$ [265]	109 Mt 鿏 $(6d^77s^2)$ [266]											

镧系	57 Ac 镧 $5d^16s^2$ 138.9	58 Ce 铈 $4f^15d^16s^2$ 140.1	59 Pr 镨 $4f^36s^2$ 140.9	60 Nd 钕 $4f^46s^2$ 144.2	61 Pm 钷 $4f^56s^2$ [145]	62 Sm 钐 $4f^66s^2$ 150.4	63 Eu 铕 $4f^76s^2$ 152.0	64 Gd 钆 $4f^75d^16s^2$ 157.3	65 Tb 铽 $4f^96s^2$ 158.9	66 Dy 镝 $4f^{10}6s^2$ 162.5	67 Ho 钬 $4f^{11}6s^2$ 164.9	68 Er 铒 $4f^{12}6s^2$ 167.3	69 Tm 铥 $4f^{13}6s^2$ 168.9	70 Yb 镱 $4f^{14}6s^2$ 173.9	71 Lu 镥 $4f^{14}5d^16s^2$ 175.0
锕系	89 Ac 锕 $6d^17s^2$ 227.0	90 Th 钍 $6d^27s^2$ 232.0	91 Pa 镤 $5f^26d^17s^2$ 231.0	92 U 铀 $5f^36d^17s^2$ 238.0	93 Np 镎 $5f^46d^17s^2$ 237.0	94 Pu 钚 $5f^67s^2$ [244]	95 Am 镅* $5f^77s^2$ [243]	96 Gm 锔* $5f^76d^17s^2$ [247]	97 Bk 锫* $5f^97s^2$ [247]	98 Cf 锎* $5f^{10}7s^2$ [251]	99 Es 锿* $5f^{11}7s^2$ [252]	100 Fm 镄* $5f^{12}7s^2$ [257]	101 Md 钔* $(5f^{13}7s^2)$ [258]	102 No 锘* $(5f^{14}7s^2)$ [259]	103 Lr 铹* $(5f^{14}6d^17s^2)$ [260]

注：

1. 原子量录自1985年国际原子量表，并全部取四位有效数字。
2. 原子量加括号的为放射性元素的半衰期最长的同位素的质量数。

参 考 文 献

1 同济大学普通化学及无机化学研究室．普通化学．北京：高等教育出版社，2008

2 浙江大学普通化学教研组．普通化学．北京：高等教育出版社，2003

3 赵玉娥．基础化学．北京：化学工业出版社，2006

4 高职高专化学教材编写组．分析化学．北京：高等教育出版社，2008

5 胡伟光．无机化学．北京：化学工业出版社，2001

6 大连理工大学无机化学教研室．无机化学．北京：高等教育出版社，2002

7 李淑丽主编．基础应用化学．北京：中国石化出版社，2009

8 吉林大学等．无机化学(第7版)．北京：高等教育出版社，2008